学术引领系列

国家科学思想库

中国学科发展战略

纳米碳材料

中国科学院

科学出版社

北 京

内 容 简 介

　　本书系统地展示了纳米碳材料的发展历程和战略意义,详细地介绍了纳米碳材料家族成员石墨烯、碳纳米管、富勒烯和石墨块的性质、制备、应用领域、产业发展现状、存在的问题和挑战。涵盖了纳米碳材料在国内外的最新研究进展、产业化现状和发展前景,并提出推动我国纳米碳材料领域健康发展的对策与建议。

　　本书适合高层次的战略和管理专家、相关领域的高等院校师生、研究机构的研究人员阅读,是科技工作者洞悉学科发展规律、把握前沿领域和重点方向的重要指南,也是科技管理部门重要的决策参考,同时也是社会公众了解碳材料的发展现状及趋势的权威读本。

图书在版编目(CIP)数据

纳米碳材料 / 中国科学院编. —北京:科学出版社,2021.10
(中国学科发展战略)
ISBN 978-7-03-069817-9

Ⅰ.①纳…　Ⅱ.①中…　Ⅲ.①碳–纳米材料–研究　Ⅳ.①TB383

中国版本图书馆 CIP 数据核字(2021)第 185309 号

丛书策划:侯俊琳　牛　玲
责任编辑:朱萍萍　付林林 / 责任校对:韩　杨
责任印制:吴兆东 / 封面设计:黄华斌　陈　敬

科 学 出 版 社 出版
北京东黄城根北街 16 号
邮政编码:100717
http://www.sciencep.com
北京虎彩文化传播有限公司印刷
科学出版社发行　各地新华书店经销
*
2021 年 10 月第 一 版　开本:720×1000 1/16
2024 年 3 月第三次印刷　印张:46
字数:730 000
定价:298.00 元
(如有印装质量问题,我社负责调换)

中国学科发展战略

指 导 组

组　　长：侯建国
副组长：高鸿钧　包信和
成　　员：张　涛　朱日祥　裴　钢
　　　　　郭　雷　杨　卫

工 作 组

组　　长：王笃金
副组长：苏荣辉
成　　员：钱莹洁　赵剑峰　薛　淮
　　　　　王　勇　冯　霞　陈　光
　　　　　李鹏飞　马新勇

中国学科发展战略·纳米碳材料

项 目 组

组　长: 刘忠范

成　员 (以姓名汉语拼音为序):

陈永胜	成会明	丁古巧	范守善	高　超
侯士峰	康飞宇	李清文	李玉良	刘云圻
刘兆平	彭海琳	彭练矛	曲良体	任文才
史浩飞	王春儒	魏　迪	魏　飞	解思深
杨全红	张　锦	赵宇亮	智林杰	朱彦武

九层之台，起于累土 ①

白春礼

近代科学诞生以来，科学的光辉引领和促进了人类文明的进步，在人类不断深化对自然和社会认识的过程中，形成了以学科为重要标志的、丰富的科学知识体系。学科不但是科学知识的基本的单元，同时也是科学活动的基本单元：每一学科都有其特定的问题域、研究方法、学术传统乃至学术共同体，都有其独特的历史发展轨迹；学科内和学科间的思想互动，为科学创新提供了原动力。因此，发展科技，必须研究并把握学科内部运作及其与社会相互作用的机制及规律。

中国科学院学部作为我国自然科学的最高学术机构和国家在科学技术方面的最高咨询机构，历来十分重视研究学科发展战略。2009 年 4 月与国家自然科学基金委员会联合启动了"2011～2020年我国学科发展战略研究"19 个专题咨询研究，并组建了总体报告研究组。在此工作基础上，为持续深入开展有关研究，学部于2010 年底，在一些特定的领域和方向上重点部署了学科发展战略研究项目，研究成果现以"中国学科发展战略"丛书形式系列出版，供大家交流讨论，希望起到引导之效。

根据学科发展战略研究总体研究工作成果，我们特别注意到学

---

① 题注：李耳《老子》第 64 章："合抱之木，生于毫末；九层之台，起于累土；千里之行，始于足下。"

科发展的以下几方面的特征和趋势。

一是学科发展已越出单一学科的范围，呈现出集群化发展的态势，呈现出多学科互动共同导致学科分化整合的机制。学科间交叉和融合、重点突破和"整体统一"，成为许多相关学科得以实现集群式发展的重要方式，一些学科的边界更加模糊。

二是学科发展体现了一定的周期性，一般要经历源头创新期、创新密集区、完善与扩散期，并在科学革命性突破的基础上螺旋上升式发展，进入新一轮发展周期。根据不同阶段的学科发展特点，实现学科均衡与协调发展成为了学科整体发展的必然要求。

三是学科发展的驱动因素、研究方式和表征方式发生了相应的变化。学科的发展以好奇心牵引下的问题驱动为主，逐渐向社会需求牵引下的问题驱动转变；计算成为了理论、实验之外的第三种研究方式；基于动态模拟和图像显示等信息技术，为各学科纯粹的抽象数学语言提供了更加生动、直观的辅助表征手段。

四是科学方法和工具的突破与学科发展互相促进作用更加显著。技术科学的进步为激发新现象并揭示物质多尺度、极端条件下的本质和规律提供了积极有效手段。同时，学科的进步也为技术科学的发展和催生战略新兴产业奠定了重要基础。

五是文化、制度成为了促进学科发展的重要前提。崇尚科学精神的文化环境、避免过多行政干预和利益博弈的制度建设、追求可持续发展的目标和思想，将不仅极大促进传统学科和当代新兴学科的快速发展，而且也为人才成长并进而促进学科创新提供了必要条件。

我国学科体系由西方移植而来，学科制度的跨文化移植及其在中国文化中的本土化进程，延续已达百年之久，至今仍未结束。

鸦片战争之后，代数学、微积分、三角学、概率论、解析几何、力学、声学、光学、电学、化学、生物学和工程科学等的近代科学知识被介绍到中国，其中有些知识成为一些学堂和书院的教学内容。1904年清政府颁布"癸卯学制"，该学制将科学技术分为格致科（自然科学）、农业科、工艺科和医术科，各科又分为诸多学科。1905 年清朝废除科举，此后中国传统学科体系逐步被来自西方的新学科体系取代。

民国时期现代教育发展较快，科学社团与科研机构纷纷创建，现代学科体系的框架基础成型，一些重要学科实现了制度化。大学引进欧美的通才教育模式，培育各学科的人才。1912 年詹天佑发起成立中华工程师会，该会后来与类似团体合为中国工程师学会。1914 年留学美国的学者创办中国科学社。1922 年中国地质学会成立，此后，生理、地理、气象、天文、植物、动物、物理、化学、机械、水利、统计、航空、药学、医学、农学、数学等学科的学会相继创建。这些学会及其创办的《科学》《工程》等期刊加速了现代学科体系在中国的构建和本土化。1928 年国民政府创建中央研究院，这标志着现代科学技术研究在中国的制度化。中央研究院主要开展数学、天文学与气象学、物理学、化学、地质与地理学、生物科学、人类学与考古学、社会科学、工程科学、农林学、医学等学科的研究，将现代学科在中国的建设提升到了研究层次。

中华人民共和国成立之后，学科建设进入了一个新阶段，逐步形成了比较完整的体系。1949 年 11 月中华人民共和国组建了中国科学院，建设以学科为基础的各类研究所。1952 年，教育部对全国高等学校进行院系调整，推行苏联式的专业教育模式，学科体系不断细化。1956 年，国家制定出《十二年科学技术发展远景规划纲要》，该规划包括 57 项任务和 12 个重点项目。规划制定过程中形成的"以任务带学科"的理念主导了以后全国科技发展的模式。1978 年召开全国科学大会之后，科学技术事业从国防动力向经济动力的转变，推进了科学技术转化为生产力的进程。

科技规划和"任务带学科"模式都加速了我国科研的尖端研究，有力带动了核技术、航天技术、电子学、半导体、计算技术、自动化等前沿学科建设与新方向的开辟，填补了学科和领域的空白，不断奠定工业化建设与国防建设的科学技术基础。不过，这种模式在某些时期或多或少地弱化了学科的基础建设、前瞻发展与创新活力。比如，发展尖端技术的任务直接带动了计算机技术的兴起与计算机的研制，但科研力量长期跟着任务走，而对学科建设着力不够，已成为制约我国计算机科学技术发展的"短板"。面对建设创新型国家的历史使命，我国亟待夯实学科基础，为科学技术的持续发展与创新能力的提升而开辟知识源泉。

反思现代科学学科制度在我国移植与本土化的进程，应该看到，20世纪上半叶，由于西方列强和日本入侵，再加上频繁的内战，科学与救亡结下了不解之缘，中华人民共和国成立以来，更是长期面临着经济建设和国家安全的紧迫任务。中国科学家、政治家、思想家乃至一般民众均不得不以实用的心态考虑科学及学科发展问题，我国科学体制缺乏应有的学科独立发展空间和学术自主意识。改革开放以来，中国取得了卓越的经济建设成就，今天我们可以也应该静下心来思考"任务"与学科的相互关系，重审学科发展战略。

现代科学不仅表现为其最终成果的科学知识，还包括这些知识背后的科学方法、科学思想和科学精神，以及让科学得以运行的科学体制，科学家的行为规范和科学价值观。相对于我国的传统文化，现代科学是一个"陌生的""移植的"东西。尽管西方科学传入我国已有一百多年的历史，但我们更多地还是关注器物层面，强调科学之实用价值，而较少触及科学的文化层面，未能有效而普遍地触及到整个科学文化的移植和本土化问题。中国传统文化以及当今的社会文化仍在深刻地影响着中国科学的灵魂。可以说，迄20世纪结束，我国移植了现代科学及其学科体制，却在很大程度上拒斥与之相关的科学文化及相应制度安排。

科学是一项探索真理的事业，学科发展也有其内在的目标，探求真理的目标。在科技政策制定过程中，以外在的目标替代学科发展的内在目标，或是只看到外在目标而未能看到内在目标，均是不适当的。现代科学制度化进程的含义就在于：探索真理对于人类发展来说是必要的和有至上价值的，因而现代社会和国家须为探索真理的事业和人们提供制度性的支持和保护，须为之提供稳定的经费支持，更须为之提供基本的学术自由。

　　20 世纪以来，科学与国家的目的不可分割地联系在一起，科学事业的发展不可避免地要接受来自政府的直接或间接的支持、监督或干预，但这并不意味着，从此便不再谈科学自主和自由。事实上，在现当代条件下，在制定国家科技政策时充分考虑"任务"和学科的平衡，不但是最大限度实现学术自由、提升科学创造活力的有效路径，同时也是让科学服务于国家和社会需要的最有效的做法。这里存在着这样一种辩证法：科学技术系统只有在具有高度创造活力的情形下，才能在创新型国家建设过程中发挥最大作用。

　　在全社会范围内创造一种允许失败、自由探讨的科研氛围；尊重学科发展的内在规律，让科研人员充分发挥自己的创造潜能；充分尊重科学家的个人自由，不以"任务"作为学科发展的目标，让科学共同体自主地来决定学科的发展方向。这样做的结果往往比事先规划要更加激动人心。比如，19 世纪末德国化学学科的发展史就充分说明了这一点。从内部条件上讲，首先是由于洪堡兄弟所创办的新型大学模式，主张教与学的自由、教学与研究相结合，使得自由创新成为德国的主流学术生态。从外部环境来看，德国是一个后发国家，不像英、法等国拥有大量的海外殖民地，只有依赖技术创新弥补资源的稀缺。在强大爱国热情的感召下，德国化学家的创新激情迸发，与市场开发相结合，在染料工业、化学制药工业方面进步神速，十余年间便领先于世界。

　　中国科学院作为国家科技事业"火车头"，有责任提升我国原始创新能力，有责任解决关系国家全局和长远发展的基础性、前瞻性、战略性重大科技问题，有责任引领中国科学走自主创新之路。中国科学院学部汇聚了我国优秀科学家的代表，更要责无旁贷地承担起引领中国科技进步和创新的重任，系统、深入地对自然科学各学科进行前瞻性战略研究。这一研究工作，旨在系统梳理世界自然科学各学科的发展历程，总结各学科的发展规律和内在逻辑，前瞻各学科中长期发展趋势，从而提炼出学科前沿的重大科学问题，提出学科发展的新概念和新思路。开展学科发展战略研究，也要面向我国现代化建设的长远战略需求，系统分析科技创新对人类社会发展和我国现代化进程的影响，注重新技术、新方法和新手段研究，提炼出符合中国发展需求的新问题和重大战略方向。开展学科发展战略研究，还要从支撑学科发展的软、硬件环境和建设国家创新体系的整体要求出发，重点关注学科政策、重点领域、人才培养、经费投入、基础平台、管理体制等核心要素，为学科的均衡、持续、健康发展出谋划策。

2010 年，在中国科学院各学部常委会的领导下，各学部依托国内高水平科研教育等单位，积极酝酿和组建了以院士为主体、众多专家参与的学科发展战略研究组。经过各研究组的深入调查和广泛研讨，形成了"中国学科发展战略"丛书，纳入"国家科学思想库—学术引领系列"陆续出版。学部诚挚感谢为学科发展战略研究付出心血的院士、专家们！

按照学部"十二五"工作规划部署，学科发展战略研究将持续开展，希望学科发展战略系列研究报告持续关注前沿，不断推陈出新，引导广大科学家与中国科学院学部一起，把握世界科学发展动态，夯实中国科学发展的基础，共同推动中国科学早日实现创新跨越！

前　言

碳材料家族是贯穿整个人类历史的传奇家族。碳材料在人类生活和生产中自始至终扮演着不可替代的角色。从石器时代的钻木取火，到工业时代的冶金炼钢，再到现代科技的航空航天、信息传播，碳材料无处不在，而且不可替代。20世纪下半叶，纳米科技的兴起则不断地为古老的碳材料家族注入新鲜血液，富勒烯、碳纳米管、石墨烯和石墨炔，纳米碳材料"明星"成员依次登场。这些横跨学术界和产业界的超级"明星"们，几乎到了家喻户晓、妇孺皆知的程度。

21世纪，纳米碳材料是当之无愧的战略新兴材料，吸引着全世界学术界和产业界的目光。纳米碳材料拥有无与伦比的性能，又互为补充。碱金属掺杂的富勒烯分子为超导体；碳纳米管根据手性不同，可以呈现半导体性质，也可以呈现金属性质；石墨烯呈现半金属性质，是迁移率最高的材料；石墨炔既可以有带隙，又有极高的迁移率。纳米碳材料是导电性、导热性最好的材料之一，也是理想的轻质高强材料。纳米碳材料已经并将持续造就一个又一个全新的产业，也将成为未来全球高科技产业竞争的制高点。

2020年是富勒烯被发现的第35个年头。迄今，凝聚了一代甚至几代科学家的智慧的纳米碳材料家族斩获了两次诺贝尔奖。1985年，英国化学家哈罗德·沃特尔·克罗托和美国科学家罗伯特·科尔、理查德·斯莫利制备出第一种富勒烯——C_{60}分子，并在蒙特利尔世博会美国馆球形圆顶薄壳建筑的启发下提出了C_{60}分子可能是类似球体的结构。因此以该建筑的设计者巴克明斯特·富勒的名字命名了C_{60}分子，称其为巴克明斯特·富勒烯。1991年，日本科学家饭岛澄男在透射电子显微镜（TEM）下观察到多壁碳纳米管，并详细分析了它的结构。2004 年，安德烈·海姆和他的学生康斯坦丁·诺沃肖洛夫首次成功地利用简单的"透明胶带剥离法"得到石墨烯，并研究了石墨烯的独特电子学性质。2010 年，中国科学院化学研究所李玉良团队在国际上首次合成出新型二维纳米碳材料——石墨炔，在纳米碳材料发现史上留下了中国人的足迹。纳米碳材料家族在一代代科学家的不懈探索中，一次又一次地为世界带来惊喜。

从 1985 年发现至 2020 年，短短 35 年，纳米碳材料已走出实验室，走进了人们的生活。随着碳材料研究的深入，纳米碳材料的产业化脚步不断加快，因此 21 世纪或许可被称为碳世纪。2018 年，全球纳米碳材料市场达到 60 亿美元。纳米碳材料在涉及国计民生的诸多领域有广阔的应用前景，其实用化将对国家安全、信息通信、新能源、航空航天、智能交通、资源高效利用、环境保护、生物医药及新兴产业的发展起到极大的推动作用。当前，纳米碳材料产业的竞争十分激烈，美国、欧洲和日本互相不甘其后，韩国和新加坡也是志在必得。欧洲启动"欧盟石墨烯旗舰计划"，从 2013 年起，每年投资 1 亿欧元，连续 10 年，通过科学家、工程师和企业家们的通力合作，加速了新材料的产业化进程。日本政府为碳纳米管发现者饭岛澄男教授团队提供了为期 5 年、共 2 亿美元的经费，旨在寻求诺贝尔奖的新突破并成为碳纳米管产业的引领者。

我国的纳米碳材料研究在国际上起步较早且发展迅速。全国拥有理工科院系的高等院校中，绝大多数都或多或少地开展着纳米碳材料的相关研究。我国科学家自 1994 年以来在纳米碳材料领域发表论文的数量就已超越美国，跃居世界第一位，且呈遥遥领先之势。但需要强调的是，这种领先不仅体现在统计数字上，其中不乏原创性和引领性的成果，如石墨炔、超级石墨烯玻璃、超洁净石墨烯、碳纳米管集成电路、烯碳光纤等。我国在纳米碳材料的产业化方面也成果丰硕。以石墨烯为例，中国石墨烯产业的市场规模在 2018 年已经上升至 100 亿元，来自中国大陆的石墨烯专利申请量高达 47 397 件，占全球石墨烯专利申请量的 68.4%，可谓独占鳌头。截至 2020 年 2 月，我国拥有石墨烯相关业务的企业达 12 090 家，粉体石墨烯年产能超过 5100 t、石墨烯薄膜年产能达到 650 万 m²。因此，从统计数据上看，中国的纳米碳材料研究与产业化进程无疑是世界领先的。当然，不可否认的是，这些数字的背后也掩盖着一些深层次的问题。

我国的纳米碳材料应用研究主要集中于储能、复合材料和透明导电薄膜领域。相比之下，我国在纳米碳材料的电子器件等高精尖产业应用方面与主要发达国家还有很大差距，队伍规模与布局不足。以石墨烯为代表的纳米碳材料产业化热潮席卷全国，产业园区、创新中心遍地开花，甚至吸引了包括诺贝尔奖得主在内的众多来自海外的"淘金者"。但由于缺少顶层设计和强有力的组织，低水平重复和恶性竞争的问题相当严重。日益增长的纳米碳材料产量甚至已经导致产能过剩问题。而材料品质参差不齐、鱼龙混杂，尚不足以支撑起未来的纳米碳材料产业，这是一条漫长而崎岖的产业化之路。

早在 2013 年，国家科学技术部基础研究司就组织相关专家进行"纳米碳材料"重大科学前沿与产业发展现状调研，刘忠范担任总召集人。经过全体调研专家近一年的努力，形成了"国家纳米碳材料重大科学前沿与产业推进计划"调研报告，又称"新飞计划"。随后几年，作为标志性的"纳米碳材料"，石墨烯产业快速发展，甚至出现波及全国的"大跃进"现象。2017 年 1 月 30 日，刘忠范接受澎湃新闻采访时明确表达了对中国石墨烯产业发展过热现象的担忧，随后很快得到习近平总书记的高度关注和批示。同年，中国科学院学部工作局启动了"我国石墨烯产业发展的关键问题及对策"学部咨询项目，由刘忠范和成会明担任项目负责人。为了准确把脉石墨烯和纳米碳材料产业发展现状，协助国家做出相关战略决策，课题组成员和相关专家花了半年多的时间，实地考察了 14 个省和直辖市、29 座城市、逾百家代表性企业、产业园和研发机构，获取了大量的一手资料。课题组还利用在深圳、厦门、合肥、北京等地召开国内外相关学术会议的机会，广泛听取同行专家的意见。在此基础上，课题组多次召集专题讨论会，形成了本书的基本框架。

本书倾注了课题组全体成员和众多参与者的心血,希望能够系统地展示纳米碳材料的发展历程、国内外最新研究进展、产业化现状和发展前景,尤其希望能够充分体现国人在纳米碳材料领域的贡献,并提出推动我国纳米碳材料领域健康发展的对策建议。为便于阅读参考,全书按石墨烯、碳纳米管、富勒烯及其衍生物、石墨炔等独立成章,分别由刘忠范、成会明、王春儒、李玉良牵头执笔完成。第一章绪论概括了纳米碳材料大家族的发展史、纳米碳材料研究的战略意义、中国纳米碳材料研究现状;第二~第五章分别介绍了石墨烯、碳纳米管、富勒烯及其衍生物和石墨炔的性质、分类、制备和应用等;第六章则浓缩了整个课题组的调研成果,提出了相关对策与建议,由刘忠范牵头执笔完成。此外,林立、亓月、张金灿、孙禄钊、王欢、贾开诚、单婧媛、薛玉瑞、李勇军、王太山、刘畅等参与了大量的文字整理和撰写工作。全书统稿工作由刘忠范完成,北京石墨烯研究院孟艳芳、李静文在全书编辑定稿和附录材料整理过程中付出了巨大心血。DT新材料产业研究院王自豪、盛园园、荣吉赞为附录内容提供了大量材料。借此机会,对参与课题研究和报告撰写各个环节的所有人员致以诚挚的感谢。

纳米碳材料是一个朝气蓬勃的新材料家族,新丁不断,发展空间广阔。这个华丽的家族既孕育着新的原创性科学发现,有望摘取新的诺贝尔奖桂冠;又孕育着新的高技术产业,延续碳材料家族造福人类数千年的历史荣光。纳米碳材料是历史给予我们的机遇,我们不能等闲视之。希望本书能够给相关部门的决策提供参考,对中国碳材料领域的健康发展有所贡献。由于时间、水平等因素所限,书中难免存在诸多瑕疵,恳请广大读者批评指正。

刘忠范

2020 年 9 月 10 日

于墨园

摘　　要

　　碳材料家族是贯穿整个人类历史的传奇材料家族。碳材料从古至今一直在人类生活和生产中扮演着不可替代的角色。从石器时代的钻木取火，到工业时代的冶金炼钢，再到现代科技的航空航天、信息传播，碳材料无处不在，在人类的生活中已经不可替代。20世纪下半叶，纳米科技登上了历史的舞台，不断地为古老的碳材料家族注入新鲜血液，富勒烯、碳纳米管、石墨烯和石墨炔，纳米碳材料家族"明星"成员依次登场。这些横跨学术界和产业界的超级"明星"们，几乎到了妇孺皆知的程度。

一、纳米碳材料的结构与性能

　　纳米碳材料具有优异的电学、光学、力学、热学等性质，其优异的性质是由其特殊的结构所决定的。富勒烯（fullerene，亦称足球烯）是一类由碳元素构成的中空分子，形状以球形和椭球形为主。与石墨的成键结构不同，富勒烯中的碳原子不仅会形成六元环，还会形成五元环，并按照一定规则排列形成零维的立体构型。碳纳米管（carbon nanotube，CNT）可以看作由单层石墨片卷曲而成的中空管状一维纳米结构，具有优异的电学、力学和热学特性。根据结构的不同，碳纳米管可以细分为单壁碳纳米管、多壁碳纳米管、金属性碳纳米管、半导体性碳纳米管。石墨烯其实就是单层石墨片，是由 sp^2 杂化的碳原子构成的六方蜂窝状的二维晶体材料。人们一般把10层以下的少层石墨片称为石墨烯，层数不同、层间堆垛结构不同，性质也有所差异。石墨烯号称"新材料之王"，是当今最炙手可热的新型纳米碳材料。石墨炔是以 sp 和 sp^2 两种杂化态碳原子形成的二维碳同素异形体,正是由于碳碳双键、碳碳三键之间可以具有多种组合形式,石墨炔具有多种不同的结构,如 α-石墨炔、β-石墨炔等,丰富的结构也对应着不同的电子结构和理化性质。

从 1985 年发现至 2020 年,短短 35 年,纳米碳材料已走出实验室,走进了人们的生活。随着碳材料研究的深入,纳米碳材料的产业化脚步不断加快,因此,21 世纪或许可被称为碳世纪,纳米碳材料的战略意义不言而喻。纳米碳材料因其优异的性能已经成为主导未来高科技竞争的战略材料之一,碳纳米管的杨氏模量为 0.27 T~1.34 TPa,抗拉强度为 11 G~200 GPa,热导率高达约 3500 W/(m·K)。在室温下,碳纳米管具有极高的本征载流子迁移率,超过了硅基半导体材料的本征载流子迁移率 [典型的硅场效应晶体管的电子迁移率为 1100 cm^2/(V·s)]。金属性碳纳米管的费米面上的电子速度为 8×10^5 m/s,室温电阻率为 10^{-6} Ω·cm,性能优于最好的金属导体(如铜)。它可以承受超过 10^9 A/cm^2 的电流,远远超过集成电路中铜互连所能承受的 10^6 A/cm^2 的上限,而石墨烯是由单层碳原子构成的蜂窝状二维晶体材料。石墨烯集众多优异性能于一身,如超高的载流子迁移率、超高的机械强度、良好的柔性、超高的热导率、高透光性、良好的化学稳定性等。石墨烯是零带隙半金属材料。单层石墨烯的电子在狄拉克点附近的有效质量为零,为典型的狄拉克费米子特征,因此也称为狄拉克材料。石墨烯中电子的费米速度高达 10^6 m/s,是光速的 1/300。石墨烯独特的能带结构带来诸多神奇的性质,如室温量子霍尔效应、整数量子霍尔效应、分数量子霍尔效应、量子隧穿效应、双极性电场效应等。尤其需要强调的是,石墨烯是已知载流子迁移率最高的材料,室温迁移率大于 150 000 cm^2/(V·s),理论电导率达 10^8 S/cm,比铜和银还高。石墨烯也是导热性能最好的材料,其热导率高达 5300 W/(m·K)。石墨烯的卓越特性还体现在其力学性能上。它是已知材料中兼具强度和硬度最高的超级材料,力学强度达 130 GPa,弹性模量达 1.1 TPa,平均断裂强度达 55 N/m,是相同厚度钢的 100 倍。此外,单层石墨烯在可见光全波段的吸光率仅为 2.3%,高透光率使其有望成为理想的柔性透明导电材料，也为高灵敏度宽光谱光电探测提供了新的材料选项。石墨炔作为新的碳同素异形体在具有能带带隙的同时，还保留着远高于硅材料的载流子迁移率。美国《科学》速评指出，这是可望超越石墨烯的新一代纳米碳材料。

二、纳米碳材料的产业化进展

基于纳米碳材料优异的材料性能，纳米碳材料在涉及国计民生的诸多领域有广阔的应用前景，其实用化将对国家安全、信息通信、新能源、航空航天、智能交通、资源高效利用、环境保护、生物医药及新兴产业的发展起到极大的推动作用。在电子信息技术领域，纳米碳材料为下一代纳电子器件开发提供了材料支撑。碳基电子学被认为是下一代电子技术的重要选项，可能在未来10~15年显现出商业价值。碳纳米管基集成电路的大规模芯片有望未来实现大规模的产业应用，而石墨烯被认为是新一代柔性透明导电薄膜材料，有望替代传统的氧化铟锡透明导电玻璃，推动柔性显示器、柔性触摸屏、柔性可穿戴器件、电子标签、柔性电子等相关产业快速发展。在光电器件领域，人们正在研发基于纳米碳材料的光电探测器、传感器、电光调制器、锁模激光器、太赫兹发生器等相关应用。未来的碳基电子和光电子器件将体现出速度更快、功能更强大、质量更轻等无与伦比的特性。在新能源领域，纳米碳材料本身耦合了优异的导电性、极高的比表面积和可控的三维网络结构等特性，赋予了其在电化学储能领域巨大的应用潜力。在高强复合材料领域，碳纳米管具有非常优异的力学、电学、光学和热学等性能，是金属基复合材料理想的增强体。同时，纳米碳材料在热管理和电加热领域显示出巨大的发展潜力。毋庸置疑，纳米碳材料的实用化将对新兴产业链的发展起到积极的推动作用。这些纳米碳材料的新技术完全不同于已有的工业技术，可拥有自主的知识产权。我们需要抓住机遇，加大投入，整合我国在纳米碳材料可控制备方面的优势力量，同时强化"撒手铜"级的应用研发，打造具有国际竞争力的纳米碳材料高科技产业。

　　纳米碳材料也带来巨大的产业机遇和挑战。近二十年来，全球富勒烯、碳纳米管和石墨烯的产业化进程不断推进，市场价值逐年增加。纳米碳材料表现出巨大的商业价值。紧跟时代步伐，抓住纳米碳材料的产业化重大机遇，决定着我国未来高科技产业的核心竞争力。其中，富勒烯产业主要集中于制药工业、化妆品制造及超级电容器、储氢材料、催化剂等能源化工领域。富勒烯的商业化产品仍然集中在 C_{60}、C_{70} 和 C_{76}。虽然受高成本和制备、分离技术所限，其应用仍处在起步阶段，但可以预期的巨大市场容量将促使各国对富勒烯的制备和应用研发投入巨资。全球富勒烯产业保持每年 8%的增长速度。其中，中国、日本和印度等亚洲国家在富勒烯的产业化过程中起到了主导作用，应用领域主要集中在医疗和制药领域。碳纳米管的全球市场价值在 2019 年达到 45 亿美元，预计在 2023年将达到 98 亿美元，每年保持 16%的增长率。碳纳米管在集成电路芯片、高强复合材料、储能等领域的产业化推进速度较快。碳纳米管在纳米复合材料领域有巨大的应用潜力，约有 69%的碳纳米管用于复合材料领域。多壁碳纳米管仍是碳纳米管的主要产品，应用在透明导电薄膜、显示屏、传感器、超级电容器和锂离子电池等领域。碳纳米管的大规模制备为其产业化提供了坚实的基础。其中，化学气相沉积方法逐渐成为近几年大规模制备碳纳米管的主流方法，制备成本逐年下降。石墨烯的全球市场价值保持每年 40%的增速。其中，中国石墨烯产业的市场规模在 2015 年约为 6 亿元，2016 年达到 40 亿元，2017 年达到 70 亿元，到 2018 年已经上升到100 亿元规模，年均复合增长率超过 100%。石墨烯作为复合材料和柔性电子器件占据主要份额。石墨烯产品主要包括石墨烯纳米片、氧化石墨烯和石墨烯薄膜。近几年，全球石墨烯产能迅速增长，其中化学气相沉积方法制备的石墨烯薄膜产量增长最迅速。

　　纳米碳材料领域的基础研究和产业推进可以有助于打造其在未来高科技产业领域中的核心竞争力，形成拳头优势。中国纳米碳材料产业发展面临着全球性的竞争。在重大机遇面前，各国政府出台各种资助政策，加大基础研究资助力度，刺激新兴产业快速发展。与此同时，全球性的产业竞争也带来全球性的合作机遇。因此，在全球化的大背景下，我国纳米碳材料的发展应该在结合自身特点的同时，加强国际合作、交流，吸引海外顶尖人才。总体上讲，人才竞争和知识产权竞争将是纳米碳材料领域的竞争焦点，也是形成拳头优势的关键抓手。

　　中国拥有全球最大的纳米碳材料研究队伍和产业大军，在基础研究、技术研发和产业化推进方面处于全球第一方阵，取得了举世瞩目的成就。我国科学家在纳米碳材料领域发表论文的数量早已跃居世界首位，且呈遥遥领先之势。在纳米碳材料的产业化应用方面也呈蓬勃发展之势，尤其在纳米碳材料的规模化生产和下游初级产品开发方面更是引领群雄。然而，机遇与挑战共存，中国纳米碳材料产业也面临诸多挑战：首先是大而不强、缺少原创性的成果和"撒手锏"级的核心技术。从统计数字上看，中国的纳米碳材料基础研究和产业化推进速度是独步全球的。但是，这些新材料都是舶来品，并非我们的 0 到 1 的原创性研究。急功近利的短平快追求模式极为普遍，且存在着简单重复和低水平竞争等严重问题。缺少对未来核心技术的关注和布局是必须引起重视的另一个严重问题。以石墨烯为例，大健康和电加热产品、导电添加剂、防腐涂料是我国石墨烯行业关注的"三大件"，占当前石墨烯产业的 90% 以上。实际上，我们的关注点与美国、欧洲和日本等发达国家和地区根本不在一个频道上，后者更关注未来的技术研发，如碳基光电子技术和芯片、碳基传感器和物联网、碳基可穿戴技术、新一代碳基复合材料等。一方面的原因是投入力度不够和急功近利的成果评价机制。另一方面是创新主体的差异，我国的纳米碳材料产业主体是小微和初创企业，综合实力弱，大多没有自己的研发团队，关注的只是一些投入小、产出快的领域。反观美国、欧盟、日本、韩国等发达国家和地区，龙头企业发挥了主导作用，有足够的实力进行长远布局，久久为功，必将促进纳米碳材料产业的可持续性的高速发展。

三、纳米碳材料产业发展的建议

　　纳米碳材料产业即将迎来重大的历史机遇，同时也面临着巨大的挑战。它挑战着我们的原始创新能力，挑战着我们的政产学研用协同创新能力，挑战着我们的耐心和可持续发展能力，挑战着中华民族在下一个百年高科技产业领域的全球引领能力。我们应抓住机遇，科学地应对挑战。以下是几点建议，希望能够对纳米碳材料产业的健康发展有所助益。

其一，发挥制度优势，加强顶层设计：在时间维度上，在明确纳米碳材料未来发展的主线脉络基础上，制定纳米碳材料产业发展的路线图，通过五年规划、十年规划、二十年规划，稳步推进纳米碳材料产业的可持续发展，同时对各阶段的发展目标、关键技术、下游应用、产业布局等进行统一部署，分阶段长远布局，确保未来的核心竞争力。同时，根据国际和国内纳米碳材料产业发展的实时进展，合理规划、及时调整研发产业布局。在空间维度上，我国纳米碳材料产业发展的区域差异明显，应统筹合理规划全国纳米碳材料的产业发展布局，因地制宜，推进差异化、特色化、集群化发展，有效避免低水平重复建设和恶性竞争。其二，聚焦"卡脖子"技术，加大经费支持力度，培育核心竞争力：真正把握纳米碳材料产业发展的主线脉络，加强对基础研究、关键共性技术、颠覆性技术创新等"卡脖子"技术的支持力度。纳米碳材料的制备是未来纳米碳材料产业的基石，也是制约纳米碳材料产业发展的主要"卡脖子"问题。因此，必须整合资源，加大投入力度，潜心攻坚克难，突破纳米碳材料规模化制备的核心技术。与此同时，布局未来，探索纳米碳材料的"撒手锏"级应用，方能使我国在未来纳米碳材料高端产业应用竞争中立于不败之地。我们不能只关注立竿见影的"味精"角色的纳米碳材料应用产品，而是应该探索真正意义上的战略新兴材料。其三，加快纳米碳材料标准体系建设，建立行业准入标准：根据我国纳米碳材料发展现状，对下游快速发展的应用领域尽快完善相关产品统一的定义、检测和使用标准。同时，加快研究制定纳米碳材料行业准入标准，从产业布局、生产工艺与装备、环境保护、质量管理等方面加以规范，使纳米碳材料的应用及其产品有标准可依，有规范可循。此外，加强国际交流合作，积极参与国际标准制定，确保我国的纳米碳材料标准体系及时与国际接轨。

其四，试点"研发代工"，打造纳米碳材料领域产学研结合新模式：研发代工是指由科技研发机构针对特定企业的技术需求，组建由高水平专业人员构成的专门研发团队，面向市场需求开展订制化的技术研发，通过全过程利益捆绑，实现从基础研究到产业化落地的无缝衔接，解决研究缺乏应用牵引和企业创新能力不足的难题，推动纳米碳材料科技成果快速转化。其五，释放政策红利，培育创新生态：通过及时有效的政策引导，极大限度地释放政策红利，营造适于创新的文化环境和高科技研发生态。与此同时，充分发挥政策和资金的引导作用，鼓励社会资本积极参与，共同设立产业基金，建立完善的投资和培育机制，实现人才、资金等资源向优质企业和科研单位汇聚，并促进产学研有机结合，协同创新。其六，还需要加强国际交流合作，加快国际优秀人才引进，形成人才技术优势。

Abstract

Through the entire history of human beings, the family of carbon materials has always been playing an irreplaceable role in daily life and production. From the drilling wood for fire in Stone Age, to the steelmaking in Industrial Age, and to the modern technologies covering aerospace and information science, carbon materials are ubiquitous. During the second half of the 20th century, the rise of nanotechnology initiated the discovery of new members in carbon materials family, including fullerene, carbon nanotube, graphene, and graphyne. Currently, nanocarbon material has become one of the central topics in science and technology community.

1. The Structures and Properties of Nanocarbon Materials

The excellent electrical, optical, mechanical, and thermal properties are provided by the unique structures of nanocarbon materials. Fullerene is a zero-dimensional allotrope of carbon, and its molecule consists of carbon atoms connected by single and double bonds in such a way that a closed or partially closed mesh can be formed with fused rings of five to seven atoms. Single-wall carbon nanotubes with a hollow cylinder structure can be formed by rolling up a two-dimensional hexagonal lattice of carbon atoms. Carbon nanotube has exhibited promising electrical, mechanical, and thermal properties. According to its structure, carbon nanotube can be categorized into single-wall carbon nanotubes, multi-wall carbon nanotubes; or according to its electronic properties, carbon nanotube can also be categorized into metallic carbon nanotubes and semiconducting carbon nanotubes. The third star of nanocarbon materials is graphene which is a carbon allotrope consisting of a single layer of carbon atoms arranged in a two-dimensional honeycomb lattice. Actually, monolayer graphene is single-layer graphite, and graphite with layer number less than 10 is usually called graphene, otherwise it would be regarded as graphite. The stacking order and layer number of graphene flakes would determine their properties. The structure of graphyne is a one-atom-thick planar sheet consisting of sp and sp^2-bonded carbon atoms. Based on the structural details, there are α -graphyne, β -graphyne, etc., resulting in the richness of properties.

From 1985 to 2020, over the last 35 years, nanocarbon materials have been gradually used in daily life. With the promising progress of nanocarbon materials research, we have also witnessed a fast growth of carbon material industry, and therefore the 21st century is also called the Carbon Century. The excellent properties of nanocarbon materials make them promising materials with strategic significance, which would dominate the global scientific competition in the future. Carbon nanotubes have exhibited excellent mechanical properties, and its Young's modulus ranges from 0.27 T to 1.34 TPa, while tensile strength ranges from 11 G to 200 GPa. At room temperature, the carrier mobility of carbon nanotube is higher than that of silicon semiconductors. As for metallic carbon nanotube, the Fermi velocity exceeds 8×10^5 m/s, and its room-temperature resistivity is near 10^{-6} Ω cm, demonstrating a better electrical properties than that of metals, such as copper. Owing to its excellent electrical, mechanical, and thermal properties, graphene has become the "king material" of the 21st century, such as ultrahigh carrier mobility, high flexibility, ultrahigh thermal conductivity, high optical transparency, and good chemical stability. Graphene is a zero-gap semiconductor, because its conduction and valence bands meet at the Dirac points. In ideal, room-temperature mobility of free-standing graphene is 200 000 cm^2/(V·s) at a carrier density of 10^{12}/cm^2, while its resistivity is around 10^{-6} Ω cm. The thermal conductivity of free-standing graphene was reported to be over 5300 W/(m · K). A lot of new physics has been observed in this exciting two-dimensional materials, such as room-temperature quantum Hall effect, integer quantum Hall effect, fractional quantum Hall effect, and quantum tunnelling effect. Only 2.3% of the incident light would be absorbed by single-layer graphene, enabling many graphene-based optical and optoelectronic applications, such as flexible transparent conducting films, high-sensitivity and wide-spectrum photodetectors. With a suitable bandgap, graphyne can retain a carrier mobility higher than that of silicon semiconductor; therefore, graphyne would potentially replace graphene as the next-generation nanocarbon material.

2. The Industries of Nanocarbon Materials

Owing to their promising properties, the commercial and military applications of nanocarbon materials has covered national security, information communication, energy, aerospace, smart transportation, efficient utilization of resources, environmental protection, and biomedicine. Furthermore, the nanocarbon materials have already created and stimulated the development of new industries. In electronic applications, nanocarbon materials would provide a promising material platform for nanoelectronics. Nanocarbon materials have been regarded as a possible alternate for silicon-based electronics, and was predicted to exhibit promising commercial potentials in the next 10 years. Graphene has become a new material candidate for next-generation flexible transparent conductive films, and would replace indium tin oxide to stimulate the industries of flexible display, flexible touch screen, and flexible wearable electronics. As for the applications in optoelectronics, relying on the new nanocarbon materials, we have witnessed a promising progress of the applications including photodetection, sensing, electro-optic modulator, and Terahertz generator. Especially, nanocarbon materials are advantageous in the high-speed calculation, the integration of multifunctions, and lighter mass. The excellent properties including high conductivity, high specific surface area, and controllable three-dimensional grid structure make nanocarbon materials potential candidates for the energy-related applications. In the applications of reinforced composites, owing to their exceptional mechanical, electrical, optical and thermal properties, nanocarbon materials are ideal reinforcement components in metal-based composites. In addition, the applications of nanocarbon materials in electrical heating and thermal management have exhibited great commercial potentials in recent years.

Different from existing industrial technologies, current technologies of carbon materials are relying on independent intellectual properties, and thus deserve great attentions from our government and industries. Therefore, timely and sufficient investments from government are important for seizing the opportunities to develop nanocarbon-based industries. In addition, integration of outstanding enterprises and research institutes would contribute to the formation of the strong competence of our nanocarbon materials-based industries.

Nanocarbon materials-based industries have created great industrial opportunities along with challenges. In recent twenty years, global industries of fullerene, carbon, and graphene have progressively increased, with greatly improved commercial values. In the progress of globalization, whether we can seize the great opportunities of the nanocarbon materials industry would determine the future of our nation in the global technological competition. The industries of fullerene mainly focus on pharmaceutical, cosmetics, and energy-related applications. Currently, the commercial products of fullerene are primarily C_{60}, C_{70} and C_{76}. Despite the high cost of production and separation, it is predictable that great investments from governments in fundamental researches on synthesis would stimulate the progress of the entire fullerene industry. During the industrialization of fullerene, Asian countries (including China, Japan and India) play the dominating roles, and mainly focus on the medical and pharmaceutical applications. In the year of 2019, the global market of carbon nanotube has increased to 4.5 billion dollars, and is estimated to be 9.8 billion dollars in the year of 2023. The carbon nanotube industry concentrates on the applications in chip materials, reinforcement composites, energy storage, etc. Among them, 69% of carbon nanotubes are used in the composites. Multi-wall carbon nanotube is still the main commercial product, and is widely used in flexible display, flexible transparent conductive films, sensing, supercapacitor, and lithium ion battery. The industrial production of carbon nanotubes would provide strong basis for the commercialization of carbon nanotube. In recent years, the chemical vapor deposition method has become the mainstream route for producing carbon nanotubes, and the related cost has decreased during the past 10 years. The graphene industry has kept an annual growth rate of 40%. Taking graphene market in China as an example, the commercial value was 0.6 billion yuan in 2015, 4 billion yuan in 2016, 7 billion yuan in 2017, and in the year of 2018, the entire value of graphene market has exceeded 10 billion yuan. The mainstream commercial applications of graphene are composites and flexible electronics. The graphene products can be categorized into graphene nanoplates, graphene films and graphene oxides. During the past few years, chemical vapor deposition has become the dominating method for the large-scale production of graphene.

In China, the nanocarbon materials-based industry has been facing fierce global competition on both scientific research and industrialization. Confronted with the great opportunities, foreign governments also formulated policies to increase the investment on fundamental research, and encourage the new industries. The globalization brings about new challenges along with exciting opportunities for the global corporation. Therefore, we should fully exploit the current advantages of our advanced carbon materials-based research and industry, strengthen

global communication and cooperation, and attract outstanding talents from overseas. Basically, the competition over talents and intellectual properties would dominate the future global competition.

China has the largest group of nanocarbon materials-based research and industries, and has made great achievements. Regarding the number of published papers, Chinese scientists have taken the first place, and will continue to lead in the future. China has also been dominating in the industrial production and applications of nanocarbon materials. However, challenges coexist with the opportunities, which means that the nanocarbon materials-based industries in our country are confronted with several issues: Firstly, original innovation and "killer-class" technologies are insufficient for fueling the continuous progress of the entire industry. Although we are leading the global scientific research and commercialization of nanocarbon materials, related research or applications are usually not original. Our nanocarbon materials-based research and industries are suffering from low-level internal competition caused by simple repeat. Secondly, emphasis on future core technologies is highly required. Taking graphene as an example, healthcare, electrical heating, composites are three main commercial applications in our country, occupying 90% of the entire industrial values. However, our main focuses are different from those of western countries, which are emphasizing the future technologies, such as carbon-based electronics, carbon-based sensors, wearable electronics, and next-generation carbon-based composites. This difference between China and western countries is caused by insufficient investment, aggressive assessment system and the different main bodies of innovation. For instance, in China, the main bodies of nanocarbon materials-based industries are small startup and fledgling business enterprise with limited investment in the original innovation. In contrast, in western counties, leading enterprises are playing dominating roles in the commercialization of nanocarbon materials, whose investment is based on long-term plans and sustainable development.

3. The Suggestion for Future Development of Our Nanocarbon Materials-based Industries

The nanocarbon materials-based industries provide the global market with exciting opportunities and challenges. The success of nanocarbon materials-based industries require our original creativity, sufficient patience, and global leadership of our nation in the regime of next one-hundred-year new technologies. Therefore, we should reasonably tackle the challenges. The suggestion for future development of our nanocarbon materials-based industries are as follows:

① Exploit the merits of socialist system and strengthen the top-level design: in temporal dimension, we should make clear the future direction of nanocarbon materials-based industries, and make timely changes based on current development status. In spatial dimension, the future development plan should be based on regional development status to avoid simple repeat and destructive competition. ② Focus on the stranglehold technologies and enhance the investment to cultivate the core competence: the industrial production of high-quality carbon materials is the main stranglehold technology in the future; therefore, the enhancement of investment is highly needed for initiating new breakthroughs in industrial production. ③ Speed up the formulation of the industrial standardization and market access standard: according to the current developing status, unified standard for inspections and uses of downstream products should be completed for promoting the healthy development of the entire industry. In addition, related standards should be compatible to international standards, and modified according to the course of commercialization of the entire industries. ④ Explore the "research foundry" model — assembling research teams to develop technologies based on the demand from companies. According to the specific needs from the first-line enterprises, research institutions could build customized teams that consist of experienced researchers. Hence, the research institutions and enterprises would be integrated together, so that scientific breakthroughs can be fast converted to commercial and industrial success. ⑤ Unleash the policy benefits to cultivate innovative environment: the formulation of policies and government investment would enable the scientific and technological talent aggregation, promoting the cooperation of industry, education, and research. ⑥ We should also encourage international cooperation and attract overseas talents to form talent advantages.

目　录

第一章
绪　论

第一节　新丁不断的纳米碳材料家族

碳元素是构成地球生命的核心元素。碳元素的起源可以用宇宙大爆炸模型理论来解释，137 亿年前，宇宙在大爆炸初期是一个高温密闭的火球，内部含有巨大的能量。随着宇宙的不断膨胀和温度的不断下降，能量转化为物质，促使各种粒子开始形成，即我们熟知的质子、中子和电子等。宇宙中的温度继续下降，粒子之间相互组合形成了氢元素，进而形成氦、锂。接下来，经过一系列不断的反应，形成了碳原子，碳元素便诞生了。碳在地球上物种的形成和进化过程中发挥着至关重要的作用，是地球上一切生物有机体的骨架元素，没有碳就没有生命。

碳可以说是人类最早接触到的元素之一，也是人类最早开始利用的元素之一。碳材料在人类生活和生产中从古至今均扮演着不可替代的角色。人类开始利用碳材料的历史可以追溯到钻木取火的旧石器时代。步入新石器时代，人类开始利用木炭来烧制陶瓷，到铁器时代，人类开始利用木炭来冶金炼铁、铸造兵器，碳在其中起着关键作用。到 18 世纪初，焦炭作为还原剂被广泛用于高炉炼铁、炼钢工业，起到还原剂和发热剂的作用。18 世纪，工业革命开启了煤炭作为工业燃料的时代。直到今天，煤炭也是重要的能量来源。工业革命以后，碳材料主要以电极、炭黑等形式用于炭砖、炼钢、炼铝等冶金、橡胶轮胎、电动机械等传统工业领域。现代科学技术的不断进步也推动着碳材料的不断发展和碳材料家族的不断壮大，不同产品形式的碳材料不断涌现出来。碳在工业生产中被赋予新的功能，主要以热解石墨、热解炭的形式用于精密加热器、高强度结构、新型电池、核反应堆等。直到今天，碳材料已经作为工业基础材料广泛应用于机械工业、电子工业、电器工业、航空航天、核能工业、冶金工业、化学工业等领域。

在化学成键过程中，碳原子可以采用多种杂化形式成键，成就了丰富多彩的碳材料世界。在纳米科技之前，碳材料家族已经历史悠久、种类繁多。在碳材料的表述中，"炭"和"碳"的使用常容易混淆。炭是指材料，古代已经使用，是以碳为主要成分的固体物质，化学成分不纯，常含其他杂质，如煤炭、炭黑、焦炭等。碳是指元素，是新造字，与碳原子和碳元素有关的词语会使用。我们所指的碳材料不仅包含与碳元素相关的同素异形体，如石墨、金刚石等，也包含含碳的复合材料。从这个意义上讲，"碳材料"用"碳"比用"炭"更为准确。

传统的碳同素异形体包括由 sp^3 杂化碳原子构成的金刚石、sp^2 杂化碳原子构成的石墨，同时碳材料家族的老成员还包括碳纤维及无定形碳、活性炭等，在工业生产和日常生活中都有广泛的应用。接下来首先介绍一下碳材料家族的"老前辈"们。此处将着重介绍一下碳的同素异形体石墨和金刚石及最近研究与应用比较火热的碳纤维。

sp^2 杂化的碳原子与相邻的三个碳连接可以形成二维六方蜂窝状结构，这种平面结构由于离域 π 键的存在可以通过范德瓦耳斯作用堆叠在一起，形成体相材料——石墨。石墨的层内碳原子由较强的共价键相连接，而石墨层间以较弱的范德瓦耳斯力相结合，所以石墨的层与层之间容易受到外力的作用而发生滑移，很久之前人们就发现了石墨的这种性质，并利用它制作铅笔和润滑剂。最早的铅笔起源于两千多年前的古罗马时期。那时的铅笔很简陋，只不过是金属套里夹着一根铅棒，甚至是铅块，所以后来称其为"铅"笔。我们今天使用的铅笔是用石墨和黏土制造的。16世纪，英国人发现了一种名为"石墨"的黑色矿物。石墨能像铅一样在纸上留下痕迹，且比铅的痕迹要黑，因此当时人们称石墨为"黑铅"。不久，英国国王将石墨矿收归皇室所有，石墨成为皇家的专用品。18世纪末，只有英国和德国能够生产铅笔。后来，法国科学家孔德在石墨中掺入黏土，放进窑里烧制，提高了铅笔的耐用度和硬度，加快了铅笔的推广。19 世纪初，美国人给铅笔芯套上木杆"外套"，制成了第一支现代意义上的铅笔杆，也使得石墨材料逐渐走进了人们的生活。除了铅笔以外，目前石墨还用作润滑剂和耐火材料的原材料等。

金刚石是碳的另一种同素异形体。"金刚石"（diamond）一词具有金刚不坏之身的寓意。英文中的 diamond 也是源于希腊词汇 adámas，有牢不可破之意。金刚石具有天然产物中最高的硬度和非常高的热导率，是一种电绝缘体（带隙约 5.5 eV），对可见光透明。金刚石的高硬度源于 sp^3 杂化碳原子之间的共价键的高结合能及原子间交互构成的三维网络结构。由于金刚石所有的碳碳键都是 sp^3 杂化碳原子构成的纯 σ 共价键，电子的高度局域化导致其导电性很差。"钻石恒久远，一颗永流传"。形状完整的金刚石经过打磨后被称为钻石，在生活中往往被当作爱情永恒的象征，被称作是"爱神丘比特的眼泪"。金刚石的开采历史悠久，这是源于人们对钻石的渴望。钻石开采可以追溯至 3000 年以前，世界上第一颗钻石在古印度的克里希纳河谷被偶然发现，当时的人们并不知道这到底是什么东西，由于它本身晶莹剔透且坚硬无比，人们把钻石当作是星星陨落的碎片或者是天神的眼泪。因为当时钻石实在是过于稀有，再加上开采难度很大，13 世纪时，法国国王路易九世曾下令禁止所有女性佩戴钻石，即便是王室的公主和贵族也不例外。到了 15 世纪，钻石逐渐成为欧洲上流人士的时尚配饰。19 世纪晚期，随着钻石需求的不断增加，探险家不断开拓新的矿床，并发现了南非产量丰富的钻石矿藏，钻石开始被大量开采。到 20 世纪 90 年代，钻石的开采量达到每年 1 亿克拉。20 世纪中后期，人们也开始尝试模拟自然界高温高压的环境并施加于金刚石晶种上，来人工合成金刚石。目前除了作为高档饰品外，金刚石主要用于制造钻探用的探头和磨削工具。

碳纤维（carbon fiber）是一种含碳量在 95% 以上的高强度、高模量、耐高温的新型纤维材料。它是有机纤维经碳化和石墨化处理后得到的微晶石墨材料，由片状石墨微晶沿纤维轴向堆砌而成。碳纤维各层之间的间距约为 0.34 nm，各平行层面间各个碳原子的排列不如石墨那样规整，层与层之间依靠范德瓦耳斯力连接。碳纤维材料已经逐渐形成一个庞大的产业，在航空航天领域是"撒手锏"级的存在，并且应用领域还在迅速扩张之中。碳纤维在现代工业中举足轻重。碳纤维材料的研究和产业化之旅充满了艰辛，也很有借鉴意义。1860 年碳纤维材料诞生于美国,当时仅用作白炽灯的发光体。然而在 20 世纪上半叶,碳纤维的发展尚处于黎明前的黑暗阶段,此时由天然纤维制得的碳纤维的质量和可靠性都不佳,在使用过程中很容易碎裂、折断。而碳纤维材料真正的黄金发展时期得益于材料制备上的突破,20 世纪下半叶,日本科学家于 1960 年率先研发出聚丙烯腈碳纤维。在此基础上,于两年后开始大量生产低模量聚丙烯腈碳纤维。同时,作为碳纤维行业龙头老大的日本东丽公司于 1961 年成立碳纤维研发部,十年后开始小批量的工业化生产(1 t/月)。自此,从 1971 年的 T300 出发,日本东丽公司不断致力于提升碳纤维材料的性能,陆续推出 T800、T1000、M60、M70J 等不同型号的碳纤维产品。然而,碳纤维的产业化之路并非从此一帆风顺。虽然日本东丽公司在碳纤维材料研发上的投入超过 1400 亿日元,却一直都处于亏损状态,直到 2003 年赢得了波音公司的合同才开始扭亏为盈。这主要还是因为早期的碳纤维材料性能较差,只能用于钓鱼竿、高尔夫球杆等对材料性质要求不高的领域。1990 年,碳纤维开始被用于生产波音 777 的尾翼,2011 年才开始真正"挑大梁",被用于生产波音 787 主翼和机身。从工业试生产算起,花了 40 年时间。实际上,东丽碳纤维从 2011 年开始才进入稳定的盈利期。预计仅向波音公司一家的销售额,到 2021 年将达到 1 万亿日元。日本东丽公司在碳纤维产业发展上做出了不可磨灭的贡献,也找到了碳纤维从低端到高端不同的应用市场,是他们创造了碳纤维产业和碳纤维市场。2008 年,全球的碳纤维市场规模大约为 4.5 万 t,现在已接近 30 万 t。

伴随着科技文明的进步,纳米科技蓬勃发展,为古老的碳材料家族不断地注入新鲜的血液,不断诞生出新的纳米材料。纳米材料广义上是指在三维空间中至少有一维处于纳米尺度范围或者由该尺度范围的物质为基本结构单元所构成的材料的总称。纳米的概念很新,但是纳米材料本身并不是新生事物,它们在自然界中天然存在,同时几百年、上千年前人类社会就已经在使用各种纳米材料了。公元 4 世纪的古罗马教堂里面的莱克格斯杯的颜色鲜艳,这是金属纳米颗粒特有的颜色;中世纪欧洲教堂的圆花窗的颜色是氧化铁、氧化钴这些纳米颗粒产生的;大马士革刀的刀片用电镜分析之后,发现里面含有碳纳米管和碳化铁纤维,这也是它锋利无比、特别结实的主要原因。中国东晋的大书法家王羲之的书法流芳百世,使用的墨是纳米级别的碳颗粒。

马王堆出土的西汉铜镜，表面上有一层氧化锡的纳米涂层。

自 20 世纪下半叶以来，纳米碳材料的家族不断有"明星"材料登场，碳材料家族不断壮大，这些纳米碳材料包括零维的富勒烯、一维的碳纳米管，以及二维的石墨烯、石墨炔等。不同的碳原子杂化键合形式和碳骨架结构赋予了这些纳米碳材料新奇的力学、电学、光学和热学等性质，也展示出极为广阔的应用前景，并有望催生出未来的高科技产业。碳纳米结构的认识与发现历程跌宕起伏，高潮迭起，颇具戏剧性。回顾其发现历程，总结和吸取其经验教训，能够带给我们许多有益的启示。

纳米碳材料家族的第一个"明星"新成员是富勒烯。富勒烯（fullerene，也称足球烯）是一类由碳元素构成的中空分子，形状以球形和椭球形为主。与石墨的成键结构不同，富勒烯中的碳原子不仅会形成六元环，还会形成五元环，并按照一定规则排列形成零维的立体构型。在富勒烯家族中，以 20 个六元环和 12 个五元环连接形成的 20 面体 C_{60} 分子最稳定。C_{60} 的结构与足球非常相似，但它的直径却仅仅是足球的一亿分之一（0.71 nm）。富勒烯的家族成员还有 C_{70}、C_{84} 等。在形成富勒烯的过程中，金属原子可能会进入笼状结构内部，形成所谓的内嵌富勒烯。富勒烯及其衍生物在生物医药（如提高核磁共振成像衬度、药物输送、光动力治疗等）和光电转换材料领域有广阔的应用前景。特别是在新型有机太阳能电池领域，富勒烯衍生物优异的电子受体性质使其成为独树一帜的电极材料，并已被广泛应用。富勒烯发现至今，大规模制备及其纯化仍然面临巨大的挑战，这决定了富勒烯的价格和应用前景。

此前，牛津大学制备出了内嵌一个氮原子的 C_{60} 材料（$N@C_{60}$）。这种材料可以用于制造便携式原子钟（目前原子钟的体积相当于一个房间大小），而且还能将全球定位系统（global positioning system，GPS）的导航精度控制在 1 nm。后来，研究人员拍卖了这批 $N@C_{60}$，总共 200 μg（相当于一片雪花质量的十五分之一），成交价为 3.2 万美元。

富勒烯的发现之旅充满了传奇色彩，许多人与富勒烯的发现和诺贝尔奖失之交臂。富勒烯的发现是一个曲折且偶然的过程。1970 年，日本科学家大泽映二在与儿子踢足球时受到启发，首先在论文中提出了 C_{60} 分子的设想。但遗憾的是，由于文字障碍，他的两篇用日文发表的文章并没有引起人们的普遍重视，而大泽映二本人也没有继续对这种分子进行研究。同一时期，琼斯（David E. H. Jones）在《新科学人》（*New Scientist*）上发表了《空心分子》的文章，同时提出了空心石墨气球的概念，但是由于没有实验支持，也未能引起科学界的重视。

值得一提的是，碳纳米管的发现者饭岛澄男（Sumio Iijima）在富勒烯的发现史上也留下了自己的足迹。饭岛澄男在分析碳膜的透射电子显微镜（transmission electron microscope，TEM）图时发现同心圆结构就像切开的洋葱，这是 C_{60} 的第一张电子显微镜图 [1]。1983 年，哈罗德·沃特尔·克罗托（Harold Walter Kroto）在蒸发石墨棒产生的碳灰的紫外可见光谱中发现 215 nm 和 265 nm 的吸收峰，他们称其为"驼峰"。后来，他们推断这些吸收峰是富勒烯产生的 [2]。

富勒烯的第一个光谱证据是在 1984 年由美国新泽西州的艾克森实验室的罗芬（Rohlfing）、考克斯（Cox）和科多（Kldor）发现的，当时他们使用由莱斯大学理查德·斯莫利（Richard Smalley）设计的激光气化团簇束流发生器，用激光气化蒸发石墨，用飞行时间质谱发现了一系列 C_n（n=3，4，5，6）和 C_{2n}（n=10）的峰，其中相距较近的 C_{60} 和 C_{70} 的峰是最强的。不过很遗憾，他们没有做进一步的研究，也没有探究强峰的意义 [2]。

1985 年 9 月，科学家宣布发现超级稳定的 C_{60} 分子，随即引起巨大的轰动。C_{60} 的发现来自充满传奇色彩的 11 天的发现之旅。来自英国萨塞克斯大学的天文学家克罗托的研究兴趣是太空星球大气层和星级云层的成分分析。他对碳含量居高的星球充满了兴趣。在分析大气谱线时，他发现了一些碳和氮组成的长链分子，同样的分子也出现在星际云层，所以克罗托非常希望进一步研究这些长链分子。1984 年的复活节，这位英国教授收到美国莱斯大学罗伯特·科尔（Robert Curl）教授的访问邀请，并在科尔教授的建议下参观了他的同事和研究伙伴斯莫利实验室新研发的一台仪器。这台仪器可以将物质蒸发为原子气体，进而形成原子团簇。克罗托认为这个仪器可以模拟星球大气的化学环境，以提供长链分子存在的证据。他向科尔教授提出了自己的想法，科尔建议大家一起合作。

这时谁也不知道激动人心的富勒烯将从此走上历史舞台。从那次访问到 1985 年 9 月，三人又经历了一年多的准备。终于在 1986 年的 9 月 1 日，克罗托又来到休斯敦，立刻与科尔、斯莫利及他的学生投入实验当中。通过十天的实验他们发现，大功率激光束轰击石墨使其气化，用 1 MPa 压强的氦气产生超声波，使被激光束气化的碳原子通过一个小喷嘴进入真空膨胀，并迅速冷却形成新的碳原子，可以得到含有大量偶数碳原子的分子，其中含有 60 个碳原子的分子 C_{60} 最多且最稳定。经过反复推敲，团队于 9 月 10 日达成结论，认为合成的 C_{60} 的结构应该是截角正二十面体，60 个碳原子通过 20 个六边形和 12 个五边形连接而形成足球状空心对称分子。克罗托受蒙特利尔世博会美国馆球形圆顶薄壳建筑的启发，认为 C_{60} 可能具有类似球体的结构，因此为纪念其设计者巴克明斯特·富勒（Buckminster Fuller），将 C_{60} 命名为 Buckminsterfullerene。第二天，也就是 9 月 11 日，团队完成了论文撰写，并于 9 月 12 日将论文投稿到《自然》（Nature）期刊。《自然》期刊在同年 11 月 14 日发表了标题为 "C_{60}: Buckminsterfullerene"、篇幅不到两页的文稿，C_{60} 此时也被简称为巴基球（Buckyball）[3]。

1990 年克拉奇默（Kratschmer）及哈夫曼（Huffman）发现了大量合成和纯化富勒烯的方法，使得研究富勒烯的结构和性质成为可能，并得到 C_{60} 晶体，确定了 C_{60} 分子结构的推测[4]。值得一提的是，自富勒烯发现和报道的 1985 年到其推测被证实的 1990 年之间的这段时间，由于缺乏足够的实验证据（只有质谱上的一个尖峰），很多人对所谓的足球笼状分子提出了质疑。1989 年，富勒烯的研究跌入谷底，当年只有 24 篇相关文章发表。但是，自从 1990 年 C_{60} 结构被精确测定，相关的研究开始爆炸式地增长。1991 年，《科学》（Science）评选 C_{60} 为年度分子，克罗托、科尔和斯莫利三人于 1996 年斩获诺贝尔化学奖。

富勒烯之后，纳米碳材料家族的第二个"明星"成员碳纳米管在 1991 年闪亮登场。碳纳米管（carbon nanotube，CNT）可以看作由单层石墨片卷曲而成的中空管状一维纳米结构，具有优异的电学、力学和热学特性。碳纳米管的发现可以追溯到 20 世纪 70 年代甚至更早，1991 年被日本科学家饭岛澄男重新发现，引起了世界范围的研究热潮。根据结构不同，碳纳米管可以细分为单壁碳纳米管（single-wall carbon naotube）、多壁碳纳米管（multi-wall carbon nanotube）、金属性碳纳米管、半导体性碳纳米管。碳纳米管是理想的轻质高强材料，其抗拉强度可达 800 GPa，而同等厚度的普通钢的抗拉强度则小于 1.2 GPa。莫斯科大学的研究人员曾将碳纳米管置于 10^{11} Pa 的水压下（相当于水下 18 000 m 深的压强）。由于巨大的压力，碳纳米管被压扁。撤去压力后，碳纳米管像弹簧一样立即恢复了形状，表现出良好的韧性。碳纳米管具有极高的载流子迁移率，金属性碳纳米管的承载电流能力可高达 10^9 A/cm^2。碳纳米管的导热性非常好，单壁碳纳米管的室温热导率达 3500 W/(m・K)，而金属铜只有 400 W/(m・K)。

现在大家普遍认为碳纳米管是在 1991 年 1 月由日本电气公司（NEC）基础研究实验室（Nippon Electric Company's Fundamental Research Laboratories）的物理学家饭岛澄男使用高分辨 TEM 从电弧法生产富勒烯的产物中发现的。然而在此之前，人们其实也观察到了类似碳纳米管的结构。如早在 1952 年，苏联科学家 Radushkevich 和 Lukyanovich 就在苏联国内期刊发表了关于直径在 50 nm 左右的空心石墨碳纤维的文章[5]。1971 年，Liebermanj 也报道了石墨丝状结构，并发表了 TEM 照片，这些观察到的空心管状结构后经证实是多壁碳纳米管。1976 年，A. Oberlin、Morinobu Endo 和 T. Koyama 报道了化学气相沉积（chemical vapor deposition，CVD）方法制备的纳米尺寸的碳纤维，很多此类碳纤维也是空心结构[6]。1987 年，Howard G. Tennent 甚至申请了空心纳米碳纤维的美国专利。然而只有饭岛澄男系统地研究了碳纳米管的结构、尺寸和形成机理，并将相关结果于 1991 年发表出来[7]。饭岛澄男的文章发表后迅即引起世人的关注，开启了碳纳米管研究的热潮。

有趣的是，其实早在偶然得到碳纳米管之前，碳纳米管已经在自然界中存在了几百万年。最近，来自俄罗斯的学者 Ponomarchuk 研究发现，在距今 2 亿多年形成的岩浆岩中发现了碳纳米管。他们认为碳纳米管的形成和火山爆发、岩浆岩形成有关。地壳矿物中存在的大量金属可以作为碳纳米管形成的催化剂。压浆形成以后，表面流动的碳氢化合物，如甲烷、二氧化碳、一氧化碳，会在催化剂的作用下形成碳纳米管。同样，碳纳米管也出现在距今 1 万年的格陵兰岛的冰层里。需要指出的是，这些碳纳米管的存在仍然需要更加明确的 TEM 的表征和光谱学的证据。

碳纳米管的发现者饭岛澄男接受采访时被问到是什么促使他发现了碳纳米管。他回答说："第一个想到的词是机缘巧合，然而我真正的答案是理性和逻辑性。"在发现碳纳米管之前，饭岛澄男一直致力于高分辨率电子显微技术的研究。1970 年，饭岛澄男在美国亚利桑那州立大学做博士后时，课题组发展了一种高分辨率的电子显微成像技术，饭岛澄男首次拍摄到氧化物晶体里的金属原子。在此之后，饭岛澄男利用 TEM 对碳材料也进行了相关研究。例如，早于富勒烯的发现，饭岛澄男首先拍摄到 C_{60} 的第一张电子显微镜图片。"所有的这些碳材料的技能和知识的积累，使我在之后遇到碳纳米管时可以迅速解决问题，高分辨电子成像是我一生的研究项目"，饭岛澄男说道。

饭岛澄男于 1982 年回到日本继续从事相关领域的研究。1990 年，富勒烯的成功制备也吸引了饭岛澄男的注意。同年 12 月，饭岛澄男参加了在美国波士顿举办的美国材料学会年会，在电子显微镜分会会议结束后，又参加了当时的富勒烯分会会议，那场分会的报告一直持续到午夜。在会议室，饭岛澄男遇到了富勒烯的发现者克罗托教授。看到饭岛澄男拍摄的空心石墨球的电镜照片后，克罗托教授鼓励饭岛澄男继续在这方面进行研究。因此，从波士顿回到日本后，饭岛澄男开始利用 TEM 研究富勒烯的形成机理，以解释之前观察到的空心石墨球的形成过程。这仿佛是碳材料家族发现者之间智慧和灵感的传递。1991 年 6 月，在制备富勒烯的副产物中，饭岛澄男发现了一些奇怪的拉长的结构，这种针状结构和大量的石墨球一起出现。这立刻引起了饭岛澄男的注意，经过系统分析，认定是多壁碳纳米管，相关工作发表在同年的《自然》期刊上 [7]。1993 年，饭岛澄男继续发现了单壁碳纳米管。由此，碳纳米管正式走入人们的视野，并以其良好的物理和化学性能吸引了诸多领域专家的极大关注，掀起了碳纳米结构研究的新热潮。

纳米碳材料家族的第三个"明星"成员是石墨烯。石墨烯号称新材料之王，是当今最炙手可热的新型纳米碳材料。2004 年，英国科学家安德烈·盖姆（Andre Geim）和康斯坦丁·诺沃肖洛夫（Konstantin Novoselov）用简单的胶带剥离方法从石墨片中成功地获得了石墨烯，从而引发了延续至今的石墨烯淘金热 [8]。两位科学家在短短六年后的 2010 年获得了诺贝尔物理学奖。石墨烯其实就是单层石墨片，是由 sp^2 杂化的碳原子构成的六方蜂窝状的二维晶体材料。人们一般把 10 层以下的少层石墨片称为石墨烯，层数不同、层间堆垛结构不同，性质也有所差异。单层石墨烯具有线性能带结构，带隙为零，因此具有极高的载流子迁移率。理论上，石墨烯中的电子"奔跑"速度比传统硅材料中的电子"奔跑"速度（即迁移率）快十倍至百倍，对未来高频电子器件性能的提升有举足轻重的作用。石墨烯也是最强、最坚硬的材料，强度是普通钢的 100 倍，比金刚石还硬。作为高导电性的轻质高强材料，在航空航天、国防及涉及国计民生的诸多领域有广阔的应用前景。单层石墨烯是迄今发现的最好的导热材料，理论热导率达 5300 W/(m·K)，不仅可用作散热材料，也可用作优良的发热材料。

很多人误认为石墨烯是 2004 年由盖姆及其学生诺沃肖洛夫发现的。其实关于石墨烯的前期研究积淀很多，由来已久，时间跨度有近六十年。石墨烯研究是理论先行，早在 1947 年，物理学家 Philip R. Wallace 就计算了单层石墨片的电子能带结构[9]。但是，传统理论认为，石墨烯只是一个理论上的结构，不会实际存在。根据经典二维晶体理论，准二维晶体材料由于其自身的热力学扰动，在常温常压下不能稳定存在，自然也无从制备出来了。"graphene"（中文译为石墨烯）这个词是 H. P. Boehm 等在 1986 年首次提出来的。1997 年，国际纯粹与应用化学联合会（IUPAC）明确统一了"石墨烯"的定义。

石墨烯的发现是与科学家们的努力密不可分的。早期的研究有三条轨迹可循：第一条轨迹是关于氧化石墨的研究，可以追溯到 1840 年德国科学家 Schafhaeutl 等使用硫酸和硝酸插层剥离石墨的工作，后来有大量的研究跟进直至今天，已经成为粉体石墨烯规模化制备的主要手段之一。第二条轨迹是高温生长研究，至少可以上溯到 1970 年 J. M. Blakely 等有关 Ni(100) 表面上碳原子的偏析行为研究[10]。五年后，A. J. Van Bommel 等通过 SiC(0001) 高温外延方法获得了单层石墨片。这两种实验方法都已成为今天高温生长石墨烯薄膜的典型手段。在这里不得不提的是佐治亚理工大学 Walter de Heer 的贡献，他在碳化硅表面外延生长石墨烯薄膜及其电学性质的研究方向上做了大量开拓性工作。第三条轨迹可以说是无心栽柳的工作，早在 20 世纪 60 年代，人们在研究铂等贵金属表面气体吸附行为时，在低能电子衍射实验中发现了少层甚至单层石墨的存在证据。

然而，真正对于发现石墨烯材料起到临门一脚作用的实验方法却非常简单，那就是从传统石墨出发的机械剥离方法。这种实验尝试始于 20 世纪 90 年代末，美国科学家 Rodney Ruoff 是其中代表性的人物之一，采用的是微机械摩擦方法，但没有取得最后的成功。2004 年，美国的 Philip Kim 等循着 Ruoff 的思路也仅仅得到厚度为 10～100 nm 不等的石墨微晶，并且对这些微晶进行了电学性质的测量。这种幸运最终落到盖姆和诺沃肖洛夫的头上，他们前期也走了许多弯路，最后竟然通过普通透明胶带在高定向石墨上反复剥离获得了少层乃至单层石墨烯。

最初，盖姆尝试使用机械研磨的方法得到石墨薄片，但是打磨到极限也只能得到 10 层原子厚度的样品。后来，诺沃肖洛夫无意中发现，在做扫描隧道显微镜实验时，通常会用透明胶带粘掉表层的高定向热解石墨（HOPG），来得到新鲜的表面。他们在显微镜下观察用过的胶带，发现胶带上会有一些薄的石墨片。于是，他们另辟蹊径，利用胶带不断剥离减薄石墨，最终得到单层石墨烯材料：先用透明胶带在石墨表面粘黏，揭下石墨薄片，然后将胶带对折，粘黏，再次撕开，使石墨薄片变薄，如此重复直到分离出单层石墨烯为止。此前，许多科学家尝试过极为复杂的分离方法，却都未能制备出石墨烯薄膜。这种方法简单可重复，应该说是实验室制备真正的石墨烯样品的重要突破。作为物理学家，盖姆等对这种石墨烯材料进行了一系列的表征和电学性质测量，发现了石墨烯独特的场效应特性。简单的胶带剥离方法使得更多的科学家有机会开展石墨烯的独特性质研究，从而引发了全球范围的石墨烯研究热潮。2010 年，盖姆和诺沃肖洛夫因其在石墨烯领域的开创性工作获得诺贝尔物理学奖，为石墨烯材料的发现史画了一个圆满的句号。

2010 年，就在人们为胶带剥离方法制备石墨烯获得诺贝尔物理学奖欢呼雀跃之时，中国科学院化学研究所李玉良团队利用六炔基苯在铜片的催化作用下发生偶联反应，成功地在铜片表面上通过化学方法合成了大面积石墨炔薄膜[11]。石墨炔是以 sp 和 sp^2 两种杂化态碳原子形成的二维碳同素异形体，正是由于碳碳双键、碳碳三键之间可以具有多种组合形式，石墨炔具有多种不同的结构，如 α-石墨炔、β-石墨炔等，丰富的结构也对应着不同的电子结构和理化性质。目前在合成上研究最多的结构是石墨双炔。这种石墨炔的结构是由双炔键与苯环共轭连接形成的二维平面网络，目前理论计算结果也表明其具有很多优异的性质。石墨炔独特的纳米级孔隙、二维层状共轭骨架结构及半导体性质等特性，使其在新能源、单原子催化和光催化、信息技术等诸多领域有潜在的应用前景。

1968 年，Baughman 通过理论计算，认为石墨炔结构可稳定存在，国际上的著名功能分子和高分子研究组都开始了相关的研究，但是并没有获得成功。直至 2010 年，李玉良团队终于合成出石墨炔这种自然界不存在的物质，这种只存在于理论中的物质第一次真实地呈现在人类面前，并且第一次被李玉良等研究人员用汉语命名为"石墨炔"。石墨炔的发现在全球科学界产生了重大反响，吸引了国际上很多科学家加入纳米碳材料家族的这一新成员研究领域。著名期刊《纳米技术》（*NanoTech*）于 2012 年发布年度报告回顾了几类重要的材料，指出石墨炔的发现提升了科学界对碳材料研究的强烈兴趣。欧盟已将石墨炔等研究列入下一个框架计划，美国、英国等也将其列入政府计划，并将石墨炔列为未来最具潜力和商业价值的材料之一。世界两大著名的商业信息公司 Research and Markets 公司和日商环球讯息有限公司也将石墨炔列入最具潜力的纳米材料之一。石墨炔的研究成果还被科学技术部作为重大基础研究进展列入 2010 年《中国科学技术发展报告》中，2015 年又被中国科学院评为"十二五" 25 项重大科技成果之一。

第二节 纳米碳材料研究的战略意义

纵观人类社会发展的历史，碳材料家族一直扮演着举足轻重的角色，与人类生产、生活息息相关。16 世纪中期，英国发现了石墨矿，开采出来的石墨被切割成细条状，这就是世界上最早的石墨铅笔。金刚石的硬度非常高，主要用于制造钻探用的探头和磨削工具。形状完整的金刚石经过打磨后得到钻石，价格非常昂贵。20 世纪 50 年代开始，碳纤维因其强度大、耐高温等优异性质，在航空航天、土木工程、军事和体育运动制品领域受到欢迎。20 世纪 80 年代中期以来，纳米碳材料家族不断壮大，富勒烯、碳纳米管、石墨烯等一系列碳元素的新型同素异形体被陆续发现，从而掀起了纳米碳材料延续至今的研究热潮。

以一维的碳纳米管和二维的石墨烯为代表的纳米碳材料具有极其优异的电学、光学、磁学、热学和力学性能，是理想的纳电子、光电和能源材料。已故诺贝尔化学奖得主、C_{60} 的发现者之一斯莫利教授曾经说过，如果 C_{60} 的应用可以写满一页纸的话，碳纳米管的应用可以写一本书。实际上，纳米碳材料的实用化将对能源、环境、信息、航空航天等诸多领域及新兴产业发展起到极大的推动作用，有望主导未来全球高科技领域的竞争。

以碳纳米管、石墨烯为代表的纳米碳材料和与其相关的纳米技术将带来巨大的产业机会和商业价值。我国的纳米碳材料研究在国际上起步较早且拥有庞大的研究队伍，目前从事纳米碳材料研究的高校和科研院所超过 1000 家。我国的纳米碳材料相关科技论文和专利申请数逐年递增，已跃居世界第一位。2015 年 9 月，国家制造强国建设战略咨询委员会发布《〈中国制造 2025〉重点领域技术路线图》（2015 版），明确未来十年我国石墨烯产业的发展路径，总体目标是"2020 年形成百亿元产业规模，2025 年整体产业规模突破千亿元"。

目前，纳米碳材料研究已经逐渐从发散性的基础探索进入工程化和产业化推进阶段。中国纳米碳材料领域的发展面临着激烈的国际竞争，欧盟、美国、日本、韩国等国家和地区均对纳米碳材料给予高度重视，纷纷出台了各自的纳米碳材料产业支持政策。中国研发模式的不足之处也凸显出来，如仍沿循着遍地开花式的自由和自发探索模式、缺少顶层设计和强有力的导向、片面追求发表论文、产学研的协同创新能力差等。

纳米碳材料研究已经进入产业化前夜，并不断孕育着新的原创性突破。我们正面临着一个纳米碳材料新兴产业发展的战略机遇期，须果断决策，迅速布局，组织力量迎接挑战，把握住时代赋予我们的发展机遇，占领纳米碳材料研究和产业化的制高点。

一、主导未来高科技竞争的战略材料

碳纳米管的杨氏模量为 0.27 T～1.34 TPa，抗拉强度为 11 G～200 GPa，热导率高达 3 500 W/(m·K) 左右。在室温下，碳纳米管具有极高的本征载流子迁移率，超过了硅基半导体材料（典型的硅场效应晶体管的电子迁移率为 1 100 cm^2/(V·s)。金属性碳纳米管的费米面上的电子速度为 8×10^5 m/s，室温电阻率为 10^{-6} Ω·cm，性能优于金属导体（如铜）。其可以承受超过 10^9 A/cm^2 的电流，远远超过集成电路中铜互连所能承受的 10^6 A/cm^2 的上限。

石墨烯是由单层碳原子构成的蜂窝状二维晶体材料。石墨烯集众多优异性能于一身，如超高的载流子迁移率、超高的机械强度、良好的柔性、超高的热导率、高透光性、良好的化学稳定性等。石墨烯是零带隙半金属材料。单层石墨烯的电子在狄拉克点附近的有效质量为零，为典型的狄拉克费米子特征，因此也称其为狄拉克材料。石墨烯中电子的费米速度高达 10^6 m/s，是光速的 1/300。石墨烯独特的能带结构带来诸多神奇的性质，如室温量子霍尔效应、整数量子霍尔效应、分数量子霍尔效应、量子隧穿效应、双极性电场效应等。尤其需要强调的是，石墨烯是已知载流子迁移率最高的材料，其室温迁移率大于 150 000 cm^2/(V·s)，理论电导率达 10^8 S/cm，比铜和银还高。石墨烯也是目前为止导热性最好的材料，其热导率高达 5300 W/(m·K)。石墨烯的卓越特性还体现在其力学性质上。它是已知材料中兼具强度和硬度最好的超级材料，其力学强度达 130 GPa、弹性模量达 1.1 TPa、平均断裂强度达 55 N/m，是相同厚度钢的 100 倍。此外，单层石墨烯在可见光全波段的吸光率仅为 2.3%。高透光率使其有望成为理想的柔性透明导电材料，也为高灵敏度宽光谱光电探测提供了新的材料选项。

与此同时，中国科学院化学研究所李玉良团队于 2010 年通过液相合成的方法首次报道了新型二维纳米碳材料——石墨炔的制备方法。这种新的碳同素异形体在具有能带带隙的同时，还保留着远高于硅材料的载流子迁移率。《科学》(Science) 速评指出，这是可望超越石墨烯的新一代纳米碳材料。当然，石墨炔的研究仍在初期，与研究相对成熟的碳纳米管和石墨烯相比，仍面临许多未知和挑战。

与其他金属和半导体纳米材料相比，纳米碳材料具有极高的稳定性，且易于大规模制备。因此，可望在结构和功能增强复合材料、储能、光电检测与转换、微纳电子器件等广阔的领域获得应用，被认为是最有希望获得实际应用的超级纳米材料。纳米碳材料涉及国计民生等诸多领域，其在新兴产业的实用化过程在一定程度上也推动了新兴产业的发展。

例如，在电子信息技术领域，纳米碳材料为下一代纳电子器件开发提供了材料支撑。逻辑电路是计算机、数字控制、自动化等诸多领域的基础，逻辑电路运算中最基本的开和关需要对材料中载流子浓度进行有效的快速调控，其运算速度则在很大程度上依赖于材料中的载流子迁移率。现在电子信息技术的基石是集成电路芯片，而组成集成电路芯片的器件中约 90% 都是源于硅基互补金属氧化物半导体 (complementary metal-oxide-semiconductor, CMOS) 技术。国际半导体技术路线图 (ITRS) 委员会于 2005 年指出，2020 年左右硅基 CMOS 技术将达到其性能的绝对极限，微电子工业走到 10 nm 技术节点时,可能不得不面临放弃继续使用硅材料作为晶体管导电沟道的可能性。碳基电子学被认为是下一代电子技术的重要选项,可能在未来 10～15 年显现出商业价值,ITRS 相关工作组已经给出了详细的技术路线图。

虽然中国的微电子产业在近几年得到快速发展,但许多高科技产业的发展,包括国防科技的发展,都在不同程度上受到制约。截至 2013 年,中国计算机产量位居世界第一,但 2012 年进口芯片约 1650 亿美元,超过了进口石油的 1200 亿美元。而这一指标在 2018 年超过 3100 亿美元,年增长保持在 20% 左右,这个数字占全球总量的 33.1%,也就是说全球 1/3 的芯片都是中国消费的。虽然国产集成电路产业在近几年也有所发展,但数量和质量上仍然无法做到自给自足。2018 年中国集成电路产业的销售额为 6532 亿元,同比增长 20.7%,仅相当于同期进口额的 1/3 左右。低维碳材料的出现给中国未来的电子产业的发展带来了新的希望。经过不懈的努力,中国的研究人员已经在纳米碳材料的可控制备和相关器件研究方面走到国际前沿。在材料制备方面已成功实现可控地合成半导体性碳纳米管和高品质石墨烯晶圆。

国际上,国际商业机器公司(IBM)、三星集团已成功研制出碳纳米管和石墨烯基高性能集成电路,而我国科学家则掌握着关键的无掺杂碳纳米管集成电路技术,并成功制备出逻辑复杂度最高的碳基集成芯片,实现了用 0.4 V 或更小的电压来驱动这些电路。2017 年,我国实现了 5 nm 碳纳米管 CMOS 器件。该成果表明碳纳米管 CMOS 器件不仅在 10 nm 以下的技术节点较硅基 CMOS 器件具有明显优势,且有望突破由测不准原理和热力学定律所决定的二进制电子开关的性能极限。该研究成果展现出碳纳米管电子学的巨大潜力,为之后的集成电路技术发展和选择提供了重要参考。2018 年,中国科学家首先研发了超低功耗的高性能晶体管,在实验上实现室温下 40 mV/dec 左右的亚阈值摆幅。碳纳米管同时兼具最高的导热性和导电性,因此也是理想的下一代集成电路互联材料。柔性和可弯折性是碳基芯片相比于硅基芯片的另一个巨大优势。碳基信息产业将是我国实现微电子技术跨越性发展的关键所在。虽然碳纳米管基集成电路的大规模芯片加工仍在初期阶段,但我国在该领域的研究始终处于国际领先水平,有雄厚的积累、特色与优势。如何充分利用现有优势,决定着我国在纳米碳材料产业中的核心竞争力。

由于极高的载流子迁移率,自成功制备以来,人们一直认为石墨烯有可能替代半导体硅材料，成为下一代超快集成电路和信息产业的基石。石墨烯集成电路已经得到 IBM 公司等的广泛关注，也已取得一定的研究进展。对于高频和射频器件来说，石墨烯的超高载流子迁移率有望实现超高的截止频率，同时具有超高的响应速度。与此同时，由于出色的导电性能和柔性，石墨烯被认为是新一代柔性透明导电薄膜材料，有望替代传统的氧化铟锡透明导电玻璃。石墨烯在该领域的研究和应用推动着柔性显示器、柔性触摸屏、柔性可穿戴器件、电子标签、柔性电子等相关产业快速发展。在光电器件领域，人们正在研发基于石墨烯的光电探测器、传感器、电光调制器、锁模激光器、太赫兹发生器等。未来的石墨烯基电子和光电子器件将体现出速度更快、功能更强大、质量更轻等无与伦比的特性。

在新能源领域，纳米碳材料本身耦合了优异的导电性、极高的比表面积和可控的三维网络结构等特性，被赋予了在电化学储能领域巨大的应用潜力。在锂离子电池和超级电容器的应用中，碳纳米管和石墨烯均显示出巨大的优势。碳纳米管因其大长径比、高导电性等特点可用作高性能锂离子电池的导电添加剂。相对于传统的导电剂，碳纳米管导电剂添加量少，间接增加了电池的能量密度，使电池的充放电和循环性能得到有效提升。经过近十年的推广，碳纳米管导电剂在锂电池行业中的使用已经越来越普遍。除了应用于动力电池外，碳纳米管导电剂也开始应用于数码电池中。2018 年，全球碳纳米管导电浆料市场出货量为 3.44 万 t，同比增长 25.9%，其中中国碳纳米管导电浆料市场出货量达 3.25 万 t。国内深圳比亚迪股份有限公司、天津力神电池股份有限公司等锂电池大厂均开始采用碳纳米管逐步替代传统导电添加剂。世界主要国家均在大力发展新能源汽车产业，并限制燃油车的销售。欧洲国家中荷兰、挪威最严格，禁售时间为 2025 年。受动力电池需求的驱动，预计到 2023 年，中国动力锂电池用碳纳米管导电浆料市场产值将超过30 亿元。随着国家各大城市对汽车尾气污染的日益关切和对清洁能源的需求，电动汽车将在未来几年内得到长足发展，而碳基导电添加剂也将迎来大发展时期。

石墨烯的新能源市场前景也一片向好。石墨烯具有优良的导电性和极大的比表面积，自发现以来一直受到储能领域的高度关注。在我国，有关石墨烯储能技术研究和产业化应用几乎占据了石墨烯应用领域的半壁江山，很多人对石墨烯的认识是从石墨烯电池、石墨烯充电宝、石墨烯超级电容器开始的。最具代表性的应用是锂离子电池的导电添加剂和超级电容器材料，这些应用很好地体现了石墨烯的超大比表面积和超高导电性能优势。石墨烯改性电池可望在大幅度缩短充电时间的同时提升功率密度。随着对电池能量密度和安全性的要求不断提高，以及节能减排的发展需求，近年来石墨烯在硅负极、锂硫电池、氢燃料电池等新型能源存储技术中展现出巨大的发展空间，并已积累大量的基础研究数据。

在高强复合材料领域，碳纳米管具有非常优异的力学、电学、光学和热学等性能，是金属基复合材料理想的增强体。以金属或合金为基体添加碳纳米管组成的复合材料被称为碳纳米管增强金属基复合材料。相较于单一的金属或者合金材料，碳纳米管增强金属基复合材料一般具有轻量化、高强高韧、耐腐蚀和耐高温等优势，已经成为航空航天、国防及汽车等新材料领域关注的热点。纳米碳材料是理想的轻质高强材料。碳纳米管纤维具有极高的本征强度，其断裂伸长率高达17.5%，目前人工合成的碳纳米管长度最长已接近1 m。这种超强碳纳米管纤维的基本性能远高于美国国家航空航天局（NASA）提出的制造太空梯的要求。未来的碳纳米管太空梯能够将地面与地球同步轨道上的空间站连接起来，把卫星、飞船和其他装置低成本地送入环绕地球的轨道，并实现普通人的飞天梦想。将碳纳米管与高分子材料可控复合，可获得高强度柔性材料，其力学性能可超越现有的凯夫拉防弹衣材料。这种碳基复合材料不仅具有优良的防弹性能，还将同时具备导电或抗静电特性，可应用于特殊领域的防护服及轻便舒适的防弹衣等。

高性能复合材料也是石墨烯的重要应用方向。石墨烯是已知力学强度最高的材料，其弹性模量高达1 TPa，拉伸强度高达180 GPa，断裂强度高达125 GPa，被认为是增强材料力学性能的理想添加剂，可在较小添加量的情况下显著提高材料的韧性、强度、刚度等力学性能。石墨烯复合增强技术就是利用石墨烯这些优良的力学特性，利用各种制备方法，将石墨烯增强体置于基体材料内，以实现显著提升材料特定性能的目的。根据基体材料不同，可将石墨烯复合增强材料分为石墨烯/聚合物复合增强材料、石墨烯/无机非金属复合增强材料、石墨烯/金属复合增强材料三类。石墨烯的存在将使材料性能更强、更轻量化，在航空航天、国防军工及诸多民生领域有广阔的应用前景。利用石墨烯的轻质高强和导电导热特性，可与高分子聚合物、无机非金属材料及金属材料复合，制备新一代轻质高强材料、复合增强材料、电磁屏蔽材料、柔性导电导热材料。

另外，纳米碳材料在热管理和电加热领域显示出巨大的发展潜力。以石墨烯为例，其优势为超高热导率和电导率、机械柔性、极高的化学稳定性。我国在该领域积累了丰富的研究和产业化经验。例如，华为手机已经开始使用石墨烯散热膜，未来市场空间巨大。石墨烯材料也给传统的电加热行业带来了新的发展机遇，如石墨烯电暖器、石墨烯电暖画、石墨烯地板、石墨烯护腰、石墨烯电热服等已经逐渐走进市场。此外，石墨烯或氧化石墨烯（graphene oxide，GO）薄膜还被用于海水淡化、污水处理及气体分离。石墨烯涂料与传统的涂料相比，防腐性能更好，价格更低廉。在健康医疗领域，石墨烯可用于基因测序、杀菌除臭、靶向给药、生物成像、脑机接口、远程健康诊断等诸多方面。

需要指出的是，富勒烯的商业化应用领域受到其制备和分离提纯工艺的限制。一般可通过电弧法、激光蒸发法、燃烧法和化学气相沉积法等方法制备富勒烯。富勒烯具有硬度高、稳定性好、超导性等特性，下游应用主要集中在化妆品、保健品、化工添加剂、催化剂等领域。随着近几年人们对富勒烯基础研究的深入，富勒烯在有机光伏和太阳能电池领域的应用价值凸显。可以预见的是，随着应用的扩展和制备技术的进步，富勒烯的成本将不断降低，进而促进富勒烯的应用市场的拓展。从全世界来看，2014年普通富勒烯的价格为300元/g，至2018年已降至150元/g。富勒烯的国内市场价格也在降低，2018年C_{60}的价格约为145元/g，C_{70}的价格约为1000元/g，纯度越高，价格越高。

另一类新兴的纳米碳材料是石墨炔。石墨炔具有天然的带隙，载流子迁移率极高。在逻辑电路应用中，相较于石墨烯，它更易提供高的开关比。石墨炔还表现出高的电导率、大的泽贝克系数和低的热导率等特点。因此，石墨炔吸引了来自化学、物理、材料、电子、微电子和半导体领域的科学家们对其诱人的半导体、光学、储能、催化和机械性能进行了深入探索。石墨炔特殊的电子结构和孔洞结构使其在信息技术、电子、能源、催化及光电等领域具有潜在、重要的应用前景。近几年，石墨炔的基础和应用研究不断取得进展，并迅速成为碳材料研究领域的新热点。随着制备工艺的不断提高，其研究领域的拓展和产业链的初步形成将指日可待。

毋庸置疑，纳米碳材料的实用化将对新兴产业链的发展起到积极的推动作用。这些纳米碳材料的新技术完全不同于已有的工业技术，可拥有自主的知识产权。我们需要抓住机遇，加大投入，整合我国在纳米碳材料可控制备方面的优势力量，同时强化"撒手锏"级的应用研发，打造具有国际竞争力的纳米碳材料高科技产业。

二、巨大的产业机会和商业价值

近二十年来，全球富勒烯、碳纳米管和石墨烯的产业化进程不断推进，市场价值逐年增加。纳米碳材料表现出巨大的商业价值。紧跟时代步伐，抓住纳米碳材料的产业化重大机遇，决定着我国未来高科技产业的核心竞争力。

富勒烯产业主要集中于制药工业、化妆品制造及超级电容器、储氢材料、催化剂等能源化工领域。富勒烯的商业化产品目前仍然集中在 C_{60}、C_{70} 和 C_{76}。虽然受高成本和制备、分离技术所限，目前其应用仍处在起步阶段，但可以预期巨大的市场容量将促使各国对富勒烯的制备和应用研发投入巨资。全球富勒烯产业保持每年 8% 的增长速度。其中，中国、日本和印度等亚洲国家在富勒烯的产业化过程中起到了主导作用，应用领域主要集中在医疗和制药领域。富勒烯是目前市面上最强的抗氧化成分，能快速将体内的自由基吸收。与其他成分相比，富勒烯成分可以在肌肤老化连锁反应源头吸附、扫除自由基，降低人体的老化反应速率。据不完全统计，到 2016 年，日本市场含有富勒烯成分的化妆品有 345 款，涉及 87 家生产企业，而在 2017年一年新增含有富勒烯成分的化妆品数量超过 1200 款，涉及 300 多家厂商。国内富勒烯概念护肤品在 2014 年底首次出现在国家食品药品监督管理总局的化妆品备案名录中。截至 2017 年底，国产护肤品产品名称中含有"富勒烯"信息的护肤品总数为 349 款，其中 2015 年 28 款、2016 年 68 款、2017 年 249 款。另外，富勒烯在有机光伏和太阳能电池领域发展迅速，欧洲地区大量的太阳能电池的安装促进了富勒烯相关产业的快速发展。因此，随着其应用范围不断扩大、制备技术不断进步，富勒烯产量开始上升，成本有所降低，富勒烯的市场前景广阔。

碳纳米管的全球市场价值在 2019 年达到 45 亿美元，预计在 2023 年达到 98 亿美元，每年保持 16% 的增长率。如前所述，碳纳米管在集成电路芯片、高强复合材料、储能等领域的产业化推进速度较快。碳纳米管在纳米复合材料领域有巨大的应用潜力，约有 69% 的碳纳米管用于复合材料领域。多壁碳纳米管仍是碳纳米管的主要产品，应用在透明导电薄膜、显示屏、传感器、超级电容器和锂离子电池等领域。碳纳米管的大规模制备为其产业化提供了坚实的基础。其中，化学气相沉积方法近几年逐渐成为大规模制备碳纳米管的主流方法，制备成本逐年下降。亚洲已经成为碳纳米管产业发展最为迅速的区域。全球碳纳米管的制备和应用公司主要包括阿科玛［Arkema S. A.（法国）］、江苏天奈科技股份有限公司［Jiangsu Cnano Technology Co., Ltd（中国）］、CNT Co., Ltd.（韩国）、韩华集团［Hanwha Chemical Corp.（韩国）］、Nano-C Inc.（美国）、东丽集团［Toray International Group Limited（日本）］、昭和电工［Showa Denko K. K.（日本）］等。需要指出的是，中国在碳纳米管产业化方面已有国际瞩目的突出表现。例如，基于清华-富士康纳米科技研究中心的技术于 2012 年实现了全球首个碳纳米管触摸屏的产业化，月产 150 万片；江苏天奈科技股份有限公司碳纳米管导电浆料出货量和销售金额均处于国内第一，2018 年碳纳米管导电浆料出货量 7891.31 t，占国内总出货量的 24.3%，销售额 3.25 亿元，占总销售额的 34.1%。深圳纳米港有限公司已实现碳纳米管粉体年产 200 t、浆料年产 1000 t 规模；深圳三顺中科新材料有限公司已建成年产 100 t 碳纳米管复合导电剂生产线。

近几年，石墨烯的全球市场价值保持每年 40% 的增速。其中，中国石墨烯产业的市场规模在 2015 年约为 6 亿元，2016 年达到 40 亿元，2017 年达到 70 亿元，到 2018 年已经上升到 100 亿元规模，年均复合增长率超过 100%。其中石墨烯作为复合材料和柔性电子器件占据主要份额。需要指出的是，这些数据只能作为参考，定义方式和统计方式不同，差别很大。石墨烯产品主要包括石墨烯纳米片、氧化石墨烯和石墨烯薄膜。

近几年，全球石墨烯产能迅速增长，其中化学气相沉积方法制备的石墨薄膜产量增长最迅速。以中国为例，2013 年以来，石墨烯粉体材料生产能力不断提升，产能从 2013 年的 201 t，到 2015 年的 502 t，再到 2017 年的 1400 t，一步一个台阶，2020 年已超过 5000 t。常州第六元素材料科技股份有限公司于 2013 年 11 月建成了国内首条自动控制的年产 10 t 氧化石墨烯粉体的规模化生产线，年产100 t石墨烯项目也在推进之中。我国氧化石墨烯产量也是逐年递增，2013年的产能为108 t，2015年的产能为132 t，2017年的产能跃升到710 t。杭州高烯科技有限公司于2019年6月建成年产10 t纺丝级单层氧化石墨烯生产线并试车成功。此外，山东利特纳米技术有限公司建成了年产100 t的氧化石墨烯粉体生产线。我国在化学气相沉积方法制备石墨烯薄膜的规模化生产方面，也处于全球领先地位。2013年，常州二维碳素科技股份有限公司建立了年产能3万 m^2 的全国首条石墨烯薄膜生产线，并在2014年将年产能扩张为20万 m^2。2015年，无锡格菲电子薄膜科技有限公司建成年产能9万 m^2 的石墨烯薄膜生产线。2016年重庆墨希科技有限公司建成年产能100万片（单片样品尺寸为15 in①）的单层石墨烯薄膜生产线。同年，常州瑞丰特科技有限公司发布了国内首台百万平方米产能的石墨烯薄膜大幅卷对卷低温（低于600℃）连续制造装备，并突破了石墨烯宏量制造中薄膜幅面尺度极限。2018年10月25日，北京大学刘忠范团队创建的北京石墨烯研究院（BGI）揭牌成立，并快速推动建立了多条高质量石墨烯薄膜的生产示范线，推出了石墨烯卷材、片材和晶圆三类产品，率先在全球范围内实现了超洁净石墨烯薄膜、4~6 in石墨烯单晶晶圆、大单晶石墨烯薄膜、高导电性氮掺杂石墨烯薄膜等高品质石墨烯薄膜材料的稳定批量制备，在高品质石墨烯原材料制备及装备开发方面处于国际领先地位，能够满足石墨烯产品更高端的应用需求。

因此，面对纳米碳材料产业发展的重大契机，更加需要国家意志、企业远见及行业内的坚持和不懈努力。只有合理的政策规范、良性的发展模式，才能使我国在全球碳材料产业蓬勃发展的良好机遇下抢占先机，在高科技产业竞争中脱颖而出。

三、打造拳头优势，形成核心竞争力

中国纳米碳材料产业发展面临着全球性的竞争。在重大机遇面前，各国政府出台了各种资助政策，加大了基础研究资助力度，刺激新兴产业快速发展。与此同时，全球性的产业竞争也带来全球性的合作机遇。因此，在全球

---

① 1 in=0.0254 m。

化的大背景下，我国纳米碳材料的发展应该在结合自身特点的同时加强国际合作、交流，吸引海外顶尖人才。总体上讲，人才竞争和知识产权竞争将是纳米碳材料领域的竞争焦点，也是形成拳头优势的关键抓手。

以石墨烯为例，欧洲是石墨烯新材料的发源地，欧洲人也希望成为石墨烯产业的引领者，其一个重要的举措是启动"欧盟石墨烯旗舰计划"，从2013年起，每年投资一亿欧元，连续十年，共有23个国家参与，以利用石墨烯及相关二维材料的独特性能推动信息通信等领域的技术革命，支持石墨烯新材料从实验室走向产业化。曼彻斯特大学是石墨烯新材料呱呱坠地的场所，也是世界上最早成立石墨烯专门研究机构的地方。2015年3月，英国国家石墨烯研究院（National Graphene Institute, NGI）在曼彻斯特大学启航。2018年12月，曼彻斯特大学又成立了石墨烯工程创新中心（Graphene Engineering Innovation Centre, GEIC），基础与应用并举，矢志确保石墨烯产业的领头羊地位。2006～2011年，美国国家自然科学基金和国防部立项支持了近200个石墨烯项目，包括石墨烯超级电容器应用、石墨烯等纳米碳材料连续大规模制备及下一代超高速、低耗能的石墨烯晶体管等项目。日本政府对石墨烯研发给予积极支持，日本学术振兴会（JSPS）从2007年起开始对石墨烯材料与器件技术进行资助。韩国是石墨烯研究与产业化发展最为活跃的国家之一，韩国贸易、工业和能源部制订的2014～2018年产业技术开发战略中，将石墨烯材料与器件的商用化作为未来五大产业领先技术开发计划中的重要一项，韩国政府为Yong-Hee Lee教授团队提供了为期10年、总经费1亿美元的资助，以用于纳米碳材料的研究。新加坡于2010年投入4000万新币建立了石墨烯研究中心，后续设备和项目经费投入约1亿新币。新加坡国立大学2019年引进石墨烯诺贝尔物理学奖得主诺沃肖洛夫加盟，加大投入力度，持续推动纳米碳材料研究向纵深发展。

目前全球已有80多个国家和地区布局石墨烯产业。虽然我国石墨烯研究相比英国、美国等发达国家起步稍晚，但2018年中国经济信息社发布的全球石墨烯指数报告显示：中国和美国在全球石墨烯产业中处于领先地位，中国石墨烯综合发展实力连续四年稳居全球首位。第二梯队国家（澳大利亚、德国、韩国和日本）的石墨烯产业水平与第一梯队相比差距不大。

与欧盟、美国、日本、韩国等发达国家和地区相比，我国的纳米碳材料相关产业发展具有显著不同的特征。我国的纳米碳材料应用研究主要集中于储能、复合材料和透明导电薄膜领域。我国在基于纳米碳材料的锂离子电池和超级电容器的电极材料的设计、制备、性能改善和储能机制及复合材料应用涉及的复合工艺、功能利用及增强机制的探索方面开展了大量工作，并已逐步走向产业化。美国纳米碳材料研究应用的重点集中在更小、更快的下一代电子器件，如石墨烯和碳纳米管晶体管、石墨烯太赫兹器件和新型量子器件，以及超级电容器和锂离子电池等能源领域，专利布局的重点主要集中在集成电路、晶体管、传感器、信息存储、增强复合材料等领域。总体来说，我国在纳米碳材料的器件应用方面队伍规模有限，和美国、韩国等国家相比，企业的参与较少。欧盟石墨烯旗舰计划所布局的13个领域，除了石墨烯制备和能源、复合材料外，基本以通信、电子信息、医疗健康、仪器设备、可穿戴设备等领域为主，石墨烯方向与美国的研究方向大体一致。日本、韩国则主要集中在触摸屏、柔性显示等方面的应用，侧重于支持基础科学、健康与环境、电子器件、光子学和光电子学、传感器、柔性电子、能量转换和存储、复合材料和生物医学设备等高端应用领域。相比之下，我国在石墨烯产业培育引导方面侧重于粉体、涂料、热管理等领域，不利于石墨烯高精尖产业的发展。

我国与其他国家纳米碳材料的产业主体也存在差异。以石墨烯为例，石墨烯产业作为技术、资金密集型的高科技产业，不但需要长期持续的研发投入，更需要与主导产业紧密结合。科研投入和产业政策的支持必不可少，龙头企业的大力参与也极为重要。纵观美国、欧盟、韩国等国家和地区，龙头企业在石墨烯产业发展过程中均发挥了重要作用。龙头企业关注的都是相对比较高端、前沿的领域，如可穿戴技术、芯片、光电器件、生物医药高端领域。美国拥有IBM、英特尔、波音等众多行业巨头，这些企业依托自身在半导体、航空航天等领域巨大的影响力，有针对性地布局石墨烯在晶体管、芯片、航空材料等方面的应用研究。同时，其良好的创业环境也催生了众多小型石墨烯企业，石墨烯产业布局呈现多元化格局，形成了从制备及应用研究到石墨烯产品生产，直至石墨烯产品下游应用的产业链条。欧盟拥有诺基亚公司、Aixtron等大型企业及众多小型专业化石墨烯企业，对石墨烯技术的开发各有侧重。韩国石墨烯产业发展主要围绕三星集团开展，重点围绕电子器件、光电显示、新能源等领域开展石墨烯全产业链的布局，以确保韩国石墨烯产业在全球的竞争优势。

而我国石墨烯产业则以小微企业为主体，90%以上均为小型初创企业，年销售额大多不超过百万元量级。我国石墨烯企业数量虽多，但竞争力普遍不强。关注的也是一些投入小、产出快的领域，如电加热、大健康、复合材料等，企业研发能力和核心竞争力非常有限，很难实现可持续发展。另外，缺乏龙头企业引领，截至2020年3月，以石墨烯概念上市A股、科创板、新三板和新四板的公司超过80家，虽数量可观，但真正以石墨烯为主业的公司不到20%，且石墨烯业务多数处于亏损状态。除了上市公司以外，其他大公司的参与度也不高，龙头企业的牵引对于石墨烯技术应用推广和产业拓展极为重要。目前只有华为技术有限公司等极少数大公司在零星布局石墨烯应用技术，介入形式主要以与科研机构合作为主。

与欧洲、美国、日韩等国家和地区相比，我国在纳米碳材料领域相关的概念和标准、产业主体、研究应用方向、产业发展模式等方面存在显著差异。这种差异对产业竞争力的打造有至关重要的影响。中国的纳米碳材料产业发展有自身特点和优势，但也有自身的严重不足。

纳米碳材料产业的发展需要保持足够的耐心并坚持。就现状而言，突破材料制备工艺、探索"撒手锏"级的用武之地依然是重中之重。根据Garner技术成熟度曲线预测（图1-1），我们目前仍处于期望的顶峰，而绝非发展的高峰，不能盲目乐观，尤其不能"遍地开花"地搞"大炼钢铁运动"。

与其他新材料和高新技术产业发展过程一样，纳米碳材料产业也需要经历以下几个阶段：基础研究—演示性产品（小试）—示范生产线（中试）—规模化生产—商品化及市场推广。每个阶段都不可或缺，并且都存在风险，不可能一蹴而就。从实验室基础研究算起，这个过程需要10年、20年甚至几十年的时间。近十年来，中国石墨烯产业发展在经历了萌芽期和高速膨胀期以后，研究队伍规模庞大，石墨烯相关企业数量逐年递增，产业规模迅速扩大，产业链不断完善，在材料制备方面已经处于全球领先地位。尽管如此，我国仍处于"期望顶峰"稍过一点的阶段，并且有滑向"泡沫谷底期"的风险。虽然我国石墨烯企业数量快速增加，但真正有实质性成形业务的企业数量不足30%，说明行业快速发展的同时也造成了短期的急功近利的市场行为。工业和信息化部（简称工信部）、科学技术部（简称科技部）等部委也对石墨烯产业重新进行梳理，遏制市场炒作行为。不可否认，目前的石墨烯新材料研究已经从基础研究阶段为主，逐渐转向技术研发、应用转化为主，部分领域的产业化推进很快，但必须重视有可能很快到来的期望和信任危机。

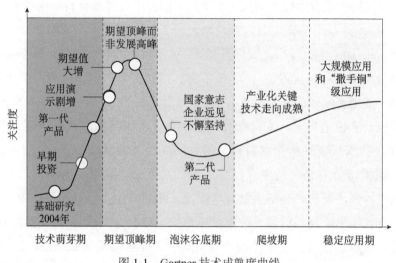

图 1-1　Gartner 技术成熟度曲线

总之，虽然我国在纳米碳材料领域的论文数量、专利数量、企业数量和产业规模上处于绝对领先地位，但这并不意味着中国在未来的产业竞争中能够脱颖而出。核心技术的掌握、产业特点的把握、产业方向的布局、产业模式的确立、资源的有效配置才是决定未来产业竞争的核心要素。就纳米碳材料产业而言，征程伟大，挑战巨大。我们应抓住机遇，迎难而上。在前期雄厚的积淀基础上，国家应加大投入力度，组织纳米碳材料领域的优势团队，集中力量攻关，鼓励与企业密切合作，以及基础和应用研究相衔接，形成"产学研"协同创新的科学发展局面。

第三节　中国的纳米碳材料研究现状

中国的纳米碳材料研究在国际上起步较早，也取得了令世界瞩目的成绩。总体上讲，中国的纳米碳材料研究位居全球第一梯队，也拥有全球最大规模的基础研究和产业化大军。在过去二十多年里，国家自然科学基金委员会、科技部和中国科学院等部门积极部署了纳米碳材料相关研究项目逾千项，经费投入也不断增长，致力于解决纳米碳材料制备和应用中的关键科学技术问题。与此同时，国家各部门也积极出台各项计划以推进相关产业健康、快速发展。以石墨烯为例，2012年，工信部出台《新材料产业"十二五"发展规划》，将石墨烯作为前沿新材料之一，首次明确提出支持石墨烯新材料发展，中国的石墨烯产业发展开始步入快车道；2015年底，国家发展和改革委员会（简称国家发改委）、工信部、科技部等三部门印发《关于加快石墨烯产业创新发展的若干意见》，明确提出将石墨烯产业打造成先导产业，助推传统产业改造提升、支撑新兴产业培育壮大、带动材料产业升级换代。2013年，我国从事纳米碳材料相关研究的高校和科研院所已超过1000家，覆盖中国大部分省份，其中在江苏、浙江、上海、北京、重庆、广东、山东、福建等经济发达、科研力量雄厚的地区相对集中。可喜的是，越来越多的企业看到纳米碳材料的发展前景，纷纷投入经费与大学和科研机构合作推进产业化进程，一批实力雄厚的研发机构和企业也逐渐成长起来。2002年，富士康科技集团投资3亿元与清华大学范守善院士团队合作，建立了清华-富士康纳米科技研究中心，集中开展碳纳米管材料的应用研发工作。2016年，北京市政府批准成立北京石墨烯研究院，由北京大学刘忠范院士团队牵头建设，全力推进石墨烯新材料的基础研究和产业化核心技术研发工作，目前已成为引领中国乃至世界石墨烯产业技术研究的知名石墨烯研究机构。

据Web of Science统计，截至2020年4月，中国学者在纳米碳材料领域发表论文数量超过200 000篇，占全球论文总量的28%以上，专利申请数量超过70 000项，占全球总量的52%以上。以石墨烯为例，截至2020年4月，全球石墨烯论文数量高达310 000余篇，专利申请总量达80 000余项，其中中国占比分别为33.3%和70.1%。值得强调的是，我国在纳米碳材料基础研究迅速推进的同时，材料制备工艺研发、批量化生产、应用探索及商品化工作也在蓬勃发展中。

制备决定未来，纳米碳材料的制备水平在一定程度上决定着纳米碳材料产业的未来。我国在纳米碳材料的制备方法研究和规模化生产方面具有很大的优势，尤其在碳纳米管的结构调控生长、高质量石墨烯的制备及富勒烯的规模化生产方面都做出了一系列原创性和引领性的工作。例如，在碳纳米管制备方面，中国科学院物理研究所解思深团队和清华大学范守善团队在国际上率先提出并实现了碳纳米管定向阵列、超细碳纳米管、碳纳米管超顺排阵列的制备；清华大学魏飞团队成功制备出高拉伸强度的超级碳纳米管纤维，并且提出规模化制备碳纳米管的流态床方法；中国科学院金属研究所成会明团队建立了利用浮动催化剂化学气相沉积法宏量制备单壁碳纳米管及非金属催化剂制备单壁碳纳米管的方法；北京大学张锦团队通过对碳纳米管成核效率和生长速度的控制，实现了特定结构的碳纳米管阵列的富集生长；北京大学李彦团队成功实现了单壁碳纳米管结构/手性的可控生长。在石墨烯新材料的制备领域更是不断取得突破，中国科学院化学研究所刘云圻团队率先在氮化硅衬底上成功制备出高质量的石墨烯薄膜；北京大学刘忠范团队在国际上率先实现了超洁净、超平整高质量石墨烯薄膜的制备；北京大学刘开辉团队成功制备出 5 cm × 50 cm 单晶石墨烯薄膜；浙江大学高超团队实现了石墨烯纤维的高性能化，在石墨烯纤维的规模化制备领域也取得突破性进展等。此外，富勒烯的合成工作也有重要突破，中国科学院化学研究所王春儒团队首次发现并表征了一系列具有新奇结构和独特物理化学性质的富勒烯与内嵌金属富勒烯等。

规模化生产是新材料产业化的基础，我国在纳米碳材料的工业化生产方面走在了国际前列。以碳纳米管为例，北京天奈科技有限公司于 2009 年建成了全球最大的碳纳米管生产线，年产达到 500 t；深圳纳米港有限公司已实现碳纳米管粉体年产 200 t、浆料年产 1000 t 规模。常州第六元素材料科技股份有限公司年产氧化石墨烯粉体达到百吨级；2013 年，常州二维碳素科技股份有限公司建立了年产能 3 万 m² 的全国首条石墨烯薄膜生产线，并在 2014 年将年产能扩张至 20 万 m²；宁波墨西科技有限公司的石墨烯业务资金投入合计约 3 亿元，目前具备了年产 500 t 石墨烯粉体的生产能力；厦门凯纳石墨烯技术股份有限公司建成年产能 200 t 的石墨烯生产线，同时正在规划建设年产 2200 t 的石墨烯生产线；中国科学院金属研究所成会明团队、中国科学院宁波材料技术与工程研究所刘兆平团队与企业合作实现了高质量石墨烯的吨级规模制备；北京石墨烯研究院刘忠范-彭海琳团队成功建立了年产能

20 000 m^2 的石墨烯薄膜生产线，同时在国际上率先推出了 4 in 单晶石墨烯晶圆产品，年产能可达 1 万片；中国科学院上海微系统与信息技术研究所谢晓明团队与上海市石墨烯产业技术功能型平台合作，实现了 8 in 石墨烯单晶晶圆的中试生产等。此外，国内多家研发机构和企业积极推进富勒烯的生产研发，其中内蒙古碳谷科技有限公司已经创建了国内首条吨级富勒烯生产线。

材料的应用价值是其生命力所在，我国在纳米碳材料的应用探索和产品研发方面也不断取得新的突破，涉及储能、透明导电薄膜、集成电路、柔性显示、生物医学、航空航天及国防军工等诸多领域。近年来，基于纳米碳材料的锂离子电池和超级电容器的电极材料设计、制备、性能改善和储能机制研究取得了令人瞩目的成绩。例如，中国科学院金属研究所成会明团队设计制备出系列石墨烯/碳纳米管复合电极材料，极大地提高了锂离子电池的性能，开拓了纳米碳材料在柔性储能器件中的应用；南开大学陈永胜团队在石墨烯超级电容器研究方面取得重要突破。国家纳米科学中心赵宇亮团队研究发现，金属富勒烯纳米材料 Gd@C$_{82}$(OH)$_{22}$ 在对正常乳腺上皮细胞没有毒副作用的前提下，可以有效抑制三阴乳腺癌细胞。我国在碳基电子器件研究领域已跃居世界前列，特别是北京大学彭练矛团队研制出性能优良的碳纳米管芯片，有望成为我国在集成电路领域实现跨越发展的抓手。

截至 2020 年 4 月，我国纳米碳材料相关的注册企业数量已经超过 17 000 家，遍及多个省份，横跨多个行业。以石墨烯为例，2017 年全国石墨烯相关企业约有 4500 家，截至 2020 年 4 月，该数量已经超过 15 000 家。纳米碳材料商品化进程不断推进。例如，清华-富士康纳米科技研究中心与富士康科技集团合作，于 2012 年实现了全球首个碳纳米管触摸屏的产业化，月产 150 万片；深圳三顺中科新材料有限公司已建成 100 t/a 的碳纳米管复合导电剂生产线。我国已实现碳纳米管复合导电剂、碳纳米管复合高功率人造石墨负极、碳纳米管复合磷酸亚铁锂正极等材料的中试和规模化生产，相关产品已在深圳比亚迪股份有限公司、深圳无极电子科技有限公司、东莞新能源科技有限公司、天津力神电池股份有限公司、哈尔滨光宇蓄电池股份有限公司、浙江微宏动力系统（湖州）有限公司等电池公司获得批量使用。杭州高烯科技有限公司依托于浙江大学高超研究团队，专注于氧化石墨烯及相关产品，如石墨烯纤维和石墨烯发热膜的开发，拥有石墨烯浆料、粉体、复合材料、电热产品、散热产品、电池、石墨烯基碳纤维等多领域的研发及检测能力；江苏天奈科技股份有限公司致力于碳纳米管粉体、碳纳米管导电浆料、石墨烯复合导电浆料、碳纳米管导电母粒等产品的研发和生产，导电浆料产能12 000 t/a；常州二维碳素科技股份有限公司致力于石墨烯透明导电薄膜产品、石墨烯传感器的开发和生产等。为了保证纳米碳材料商品市场健康有序地发展，国家陆续出台了相应的规范和标准。2016年底，国家标准化管理委员会会同工信部成立了石墨烯标准化工作推进组，全面加强石墨烯标准化顶层设计，加紧研制《石墨烯材料的名词术语与定义》《光学法测定石墨烯层数》等7项国家标准，引领石墨烯产业健康发展。如雨后春笋般出现的纳米碳材料相关企业极大地推动了纳米碳材料产业化、商品化的发展进程，成功地将纳米碳材料产品推上货架。与此同时，纳米碳材料市场份额的不断扩大也带动了高端科技产品的快速发展。例如，锂电池用碳纳米管技术的突破将推动5G手机、智能穿戴设备、无人机等高级终端产品性能的进一步提升。随着国家支持力度的增加及企业投资积极性的提高，未来纳米碳材料的市场规模将呈现继续增长的态势。以石墨烯为例，方象知产研究院、涂布在线、中投顾问产业研究中心等机构预测，我国石墨烯薄膜的市场规模预计将从2015年的1.5亿元快速增长到2022年的450亿元。另外，以锂电池用碳纳米管为例，预计到2023年，全球动力锂电池用碳纳米管导电浆料市场产值将超过45亿元，中国动力锂电池用碳纳米管需求量也将突破10万 t。可以预期，未来纳米碳材料市场将继续保持迅猛发展的势头。

我国学者在新型纳米碳材料探索方面也取得重要突破。2010年，中国科学院化学研究所李玉良团队在国际上首次合成出新型纳米碳材料——石墨炔，在纳米碳材料发现史上留下了中国人的足迹。随后，北京大学张锦-刘忠范团队提出了以石墨烯为模板的少层石墨双炔薄膜的液相范德瓦耳斯外延生长法，进一步推动了石墨炔领域的发展。石墨炔作为一种新型纳米碳材料在具有能带带隙的同时，还保留着远高于硅材料的载流子迁移率，在光电器件领域具有得天独厚的优势。除此之外，石墨炔在层间和面内都有对锂离子特定的吸附位点，有望用于锂离子电池领域；石墨炔具有本征均匀的大孔结构，可以用于气体过滤和分离等。《科学》速评对于石墨炔给予了高度评价，称其为有望超越石墨烯的新一代纳米碳材料。目前，针对石墨炔更加全面、深入的研究仍在进行中，相信在不久的将来会有更多的突破。

在纳米碳材料如火如荼的发展过程中，我国在该领域发展模式的不足之处也逐渐暴露出来。经过多年的努力，我国纳米碳材料研究已经从发散性的基础研究探索阶段逐渐进入产业化、商品化发展阶段。值得注意的是，虽然目前我国的论文发表数量、专利申请数量已跃居全球首位，但是缺少原创性的研究成果和"撒手锏"级的技术突破。其原因主要包括两个方面：一是科研经费投入力度不够；二是缺少自上而下的整体布局。与美国、欧盟、英国、日本、韩国、新加坡等国家和地区相比，我国在纳米碳材料领域的经费投入总量上和对单个项目的支持力度都存在较大差距。以石墨烯为例，欧盟专项投入资金高达 14 亿美元，新加坡达 3 亿美元，韩国的实质性投入也超过中国。例如，韩国政府为 Y. H. Lee 团队提供了为期 10 年、总经费 1 亿美元的纳米碳材料专项资助；日本政府为碳纳米管发现者饭岛澄男团队提供了为期 5 年、共 2 亿美元的经费支持，项目结束后每年仍持续提供约 1000 万美元的后续研发经费；2015 年 3 月，英国政府和欧盟共同投资 6100 万英镑在曼彻斯特大学成立国家石墨烯研究院；2018 年 12 月，英国政府又投资 6000 万英镑在曼彻斯特大学成立国家石墨烯工程创新中心，全力推进石墨烯材料的基础研究和产业化研发工作。相比之下，我国与纳米碳材料相关的最大项目经费仅约 800 万美元，且没有自上而下的布局和基地建设。这极大地限制了我国纳米碳材料领域的可持续发展能力。

综上所述，我国在纳米碳材料研究领域和产业化推进方面有很好的基础和积淀，尤其在规模化制备技术和生产方面具有一定优势，在以石墨炔为代表的新型纳米碳材料探索方面有重要突破。但是，中国纳米碳材料产业发展的问题和挑战也是严峻的，缺少国家层面的顶层设计，缺少有针对性的专业平台建设，更缺少对优势团队的稳定支持机制。纳米碳材料是未来高科技产业的重要抓手，是实现传统产业转型升级和跨越式发展的新机遇，需要政府相关部门给予足够重视。

本章参考文献

[1] Iijima S. Direct observation of the tetrahedral bonding in graphitized carbon black by high resolution electron microscopy. Journal of Crystal Growth, 1980, 50(3): 675-683.

[2] Rohlfing E A, Cox D M, Kaldor A. Production and characterization of supersonic carbon cluster beams. The Journal of Chemical Physics, 1984, 81(7): 3322-3330.

[3] Kroto H W, Allaf A W, Balm S P. C_{60}: Buckminsterfullerene. Chemical Review, 1991, 91(6): 1213-1235.

[4] Kratschmer W, Lamb L D, Fostiropoulos K, et al. Solid C_{60}: A new form of carbon. Nature, 1990, 347(6291): 354-358.

[5] Radushkevich L V, Lukyanovich V M. O strukture ugleroda, obrazujucegosja pri termiceskom razlozenii okisi ugleroda na zeleznom kontakte. Zurn Fisic Chim, 1952, 26: 88-95.

[6] Oberlin A, Endo M, Koyama t. Filamentous growth of carbon through benzene decomposition. Journal of Crystal Growth, 1976, 32(3): 335-349.

[7] Iijima S. Helical microtubules of graphitic carbon. Nature, 1991, 354(6348): 56-58.

[8] Novoselov K S, Geim A K, morozov S V, et al. Electric field effect in atomically thin carbon films. Science, 2004, 306(5696): 666-669.

[9] Wallace P R. The band theory of graphite. Physical Review, 1947, 71(9): 622-634.

[10] Blakely J M, Kim J S, Potter H C. Segregation of carbon to the (100) surface of nickel. Journal of Applied Physics, 1970, 41(6): 2693-2697.

[11] Li G X, Li Y L, Liu H B, et al. Architecture of graphdiyne nanoscale films. Chemical Communications, 2010, 46(19): 3256-3258.

第二章
石　墨　烯

第一节　石墨烯的定义、分类和性质

一、石墨烯的定义及分类

石墨烯可以视作石墨中的一层，是 sp^2 杂化碳原子组成的六方晶格准二维孤立原子层[1]。根据化学键理论，石墨烯应具有完美的二维平面结构［图 2-1(a)］，但实际上，悬空状态下的石墨烯并非如此。20 世纪 60 年代，理论研究认为孤立的二维晶体的长程有序结构无法稳定存在，热扰动会导致二维晶体在一定的温度下熔化。当薄膜厚度低于几个原子层时，薄膜会很不稳定，以至于分离或分解[2]。然而盖姆和诺沃肖洛夫等通过机械剥离方法得到的单原子层的石墨烯却可以稳定存在，这激发了科学工作者的好奇心。后续的实验和理论研究表明，石墨烯晶格在面内和面外具有一定的起伏和扭曲，这些"不平整"的结构可以增加单层石墨烯的结构稳定性［图 2-1(b)］。

石墨烯中面内碳碳键长为 0.142 nm，每个碳原子与其他三个碳原子通过一个 σ 键相连接，是石墨烯蜂窝状网络结构的基础；而剩下的一个 p_z 轨道与石墨烯平面垂直，互相以"肩并肩"形式形成一个离域的大 π 键，这一离域大 π 键使得石墨烯具有优异的电子传导性质[3]。石墨烯通过范德瓦耳斯力层层堆叠，最后形成人们所熟知的石墨。热力学稳定的 AB 堆垛双层石墨烯的层间距为 0.335 nm。

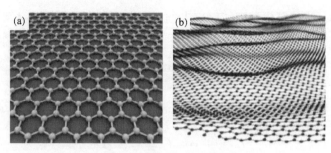

图 2-1　单层石墨烯的结构
(a) 六方晶格结构示意图; (b) 波纹状起伏示意图

　　根据不同的关注角度，石墨烯的分类方式也不同。最基本的分类方式是按层数分类。从严格意义上讲，只有单层石墨片才被称为石墨烯材料。但在实际应用中，人们的基本共识是，10层以下的少层石墨片可统称为石墨烯材料。一般有单层石墨烯、双层石墨烯、少层石墨烯之分，依层间堆垛方式不同，又可细分为 AB 堆垛（双层）石墨烯、非 AB 堆垛（双层）石墨烯。

　　另一种常见的分类方式是根据使用的外在形态进行分类。主要包括石墨烯薄膜、石墨烯粉体、石墨烯纤维、石墨烯泡沫等。石墨烯薄膜一般特指从碳氢化合物前驱体出发，通过高温化学反应过程生长出来的薄膜状石墨烯材料，最常用的制备方法是化学气相沉积技术。石墨烯粉体是由大量的单层或少层石墨烯微片聚集而成的粉末状石墨烯材料，制备方法很多，主要有氧化还原法、液相剥离法、电化学剥离法、化学气相沉积法等，微片大小分布很宽，从数十纳米到数十微米不等。石墨烯纤维是由石墨烯结构基元构成的宏观纤维状石墨烯材料，制备方法包括粉体石墨烯组装法、化学气相沉积生长法等，近几年来引起人们的广泛关注。泡沫石墨烯是石墨烯片层之间首尾相连形成的具有一定三维贯通结构的多孔状石墨烯材料。此外还有石墨烯量子点和石墨烯纳米带之说，特指石墨烯微片的横向尺寸达到纳米级的一类石墨烯材料。从严格意义上讲，量子点的尺寸必须小到呈现三维量子限域效应，通常在数纳米到数十纳米。

　　此外，还有一类化学修饰或掺杂的石墨烯材料或石墨烯衍生物。最常见的有氧化石墨烯和还原氧化石墨烯（reduced graphene oxide，rGO）。从粉体石墨出发制备石墨烯粉体时，在强酸和强氧化剂作用下，生成氧化石墨或少层的氧化石墨烯，进一步化学还原即可得到还原氧化石墨烯，其通常含有大量的羟基、羧基等化学官能团。人们还可以根据应用需求引入氟（F）、氢（H）等其他官能团，形成氟化石墨烯、石墨烷等石墨烯衍生物。在化学气相沉积生长过程中，引入氮（N）、硼（B）等杂原子，可以制备 N 掺杂石墨烯和 B 掺杂石墨烯等。

二、石墨烯的性质

石墨烯大多数独特的性质都来自其特殊的能带结构，因此在对其各项物理性质进行具体阐述之前，首先介绍石墨烯的倒易晶格和基本能带结构。

石墨烯的六方晶格结构如图 2-2(a) 所示，石墨烯的倒空间仍然是六方结构，六边形的中心、边界中点和顶点分别被称为 Γ 点、M 点和 K 点［图 2-2(b)］。通过紧束缚模型计算得到的石墨烯的能带结构模型图［图 2-2(c)］可以看出，价带和导带在高度对称的 K 和 K' 点相连，而 K 和 K' 点分别对应着实空间的两套碳原子（A 和 B）。本征石墨烯的每个碳原子提供一个电子，这些电子可以将价带完全填满，进而空出了导带。故而费米能级 E_F 就精确地落在价带与导带相连的位置，即为 K 点。与之相应的，石墨烯在该点的电子有效质量和态密度均为零，符合相对论条件下的薛定谔方程，即狄拉克方程。因而这些电子又被称为"狄拉克-费米子"，相应的 K 点及其他性质中与 K 点有关的点均可被称为"狄拉克点"[1]。

这些能带结构上的特点决定了石墨烯特殊的电学性质，具体有以下几点。

（1）价带和导带在狄拉克点处相连，因此石墨烯是零带隙半导体。

（2）靠近狄拉克点处石墨烯的色散关系是线性的。载流子（电子或空穴）作为无质量的狄拉克费米子，具有极大的本征载流子迁移率。其室温迁移率大于 150 000 $cm^2/(V \cdot s)$[4,5]，远高于传统的硅材料（约 100 倍），是已知载流子迁移率最高的材料。

（3）石墨烯中的电子传输认为是通过 K 和 K' 狄拉克锥同时发生，石墨烯中的载流子除了轨道和自旋量子数之外，还有二重简并的伪自旋量子数。

除此以外，石墨烯还展现出许多特殊的性质，如室温量子霍尔效应、整数量子霍尔效应、分数量子霍尔效应、量子隧穿效应、双极性电场效应等[6,7]。

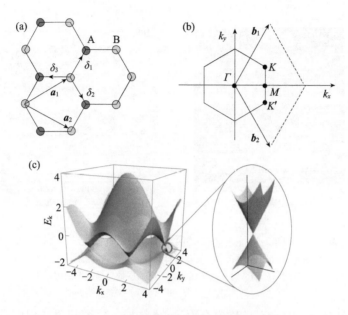

图 2-2　石墨烯的晶体结构和能带结构 [1]

(a) 实空间中的石墨烯的二维六方晶格，基矢量 a_1、a_2；(b) 石墨烯的倒易空间示意图，倒易晶格（虚线）的倒易晶格矢量为 b_1、b_2；(c) 石墨烯的能带结构示意图，导带和价带在 K 点相接，表现为狄拉克锥型，狄拉克点处的放大图表示其线性色散关系

　　除了电学性质外，石墨烯的特殊的能带结构和键合方式还赋予了其多种优异的物理化学性质。例如，光学上，通过对不同层数的悬空石墨烯的吸光率进行实验检测，盖姆课题组发现石墨烯在可见光范围内吸光率保持不变，每层吸光率为 2.3%，且在层数不多的情况下呈现 (1−0.023 × 层数)×100% 简单线性关系（图 2-3）[8]，高透光率使其非常适合应用于透明导电领域。石墨烯的特殊能带结构决定了它具有宽光谱吸收的特性，通过设计和制备光探测器件，可使其应用于红外探测等领域。

　　石墨烯也是导热性最好的材料之一。石墨烯的横向导热性能主要取决于其中声子在晶格平面内的传输。加利福尼亚大学河滨分校的 Alexander A. Balandin 组利用光热拉曼技术成功测定了机械剥离石墨烯的热导率高达 5300 W/(m·K)[9]，而化学气相沉积法生长的石墨烯薄膜的热导率在近室温下也高达 2500 W/(m·K)[10]。石墨烯的二维结构及其易加工性和化学稳定性，使其有望成为微纳器件的散热器中的主要导热部件。

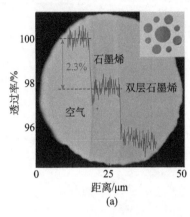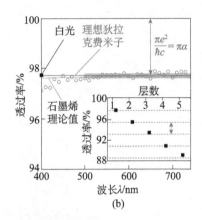

图 2-3 悬空石墨烯吸光系数的精确测定 [8]

(a) 单层石墨烯及双层石墨烯吸光率测定;

(b) 单层石墨烯透射光谱 (插图为石墨烯层数与透过率的关系)

在力学方面,由于石墨烯完全由 sp^2 碳构成,轨道间重叠程度是最大的,因此十分牢固。化学键的强度对于材料的熔点、相变活化能、拉伸和抗剪强度及硬度有很大影响,故而石墨烯所展现的力学性质十分优异。对于本征石墨烯来说,使用纳米压印法,李长谷等测得其力学强度为 130 GPa,断裂强度为 42 N/m,换算成杨氏模量约为 1 TPa,弹性常数为 1~5 N/m[11]。但石墨烯中可能存在的缺陷和多晶化会对石墨烯薄膜的力学性质有一定的不良影响。另外,石墨烯氧化物及氧化还原石墨烯因其具有制备成本低,其上官能团容易设计与反应等特点,为众多复合材料的设计者所青睐。实验证明,石墨烯氧化物的杨氏模量也可达到 0.2 TPa[12],还原氧化石墨烯则可达到 0.185 TPa[13]。

石墨烯的主要物理性能如表 2-1 所示。

表 2-1 石墨烯的主要物理性能

性 能	指 标
结构特性	厚度为 0.335 nm;理论比表面积为 2630 m^2/g
光学特性	单层透光率为 97.7%
电学性能	室温迁移率 >150 000 $cm^2/(V \cdot s)$(硅的 100 倍)
热学性能	热导率为 5300 W/(m·K)
力学性能	力学强度为 130 GPa;弹性模量为 1.0 TPa;平均断裂强度为 42 N/m(远高于相同厚度钢)

石墨烯因其特殊的能带结构和键合方式具有多种优异的物理化学性质，同时具有极好的化学惰性。如前所述，本征石墨烯的碳碳键根据最大重叠原理结合得十分稳定，在温和条件下很难破坏其苯环的结构。石墨烯的化学惰性可以保护金属在较高温度（200℃）下 4 h 内都不被氧化[14]，但石墨烯晶格中的缺陷位点和石墨烯的边缘常常是化学反应的活性位点。本征石墨烯的骨架上的化学反应通常需要比较剧烈的反应条件，如一定强度的光照可以引发氯化反应等[15,16]。科学家们还利用石墨烯的大 π 键易于与其他有芳香环的分子形成 π-π 堆叠的特点，实现石墨烯的掺杂和改性。

另外，石墨烯具有非常致密的电子云结构，一般物质很难穿透本征石墨烯薄膜。但胡胜等发现，单层石墨烯对质子具有高度可穿透性（图 2-4），在高温下或者覆盖铂纳米颗粒时，这种穿透效果更显著[17]。这种质子选择性有望用于选择性质子转运或氢分离技术。致密堆垛的氧化石墨烯薄膜不能透过氦气、氢气、氮气等气体和有机物，然而对水却有相当大的通透性，这种紧密堆叠的氧化石墨烯膜可看成是具有二维纳米通道的毛细网络，内部的毛细管压力使溶液中的水分子和小尺寸离子快速渗透过膜，透过的离子大小与膜的层间距相关，精确控制氧化石墨烯片层间距可实现海水脱盐[18-20]。

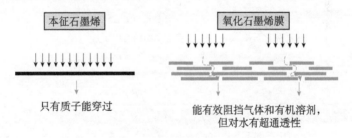

图 2-4　不同材料对物质的通透性对比

第二节　石墨烯的制备方法

石墨烯的制备可分为"自上而下"（top-down）和"自下而上"（bottom-up）两类方法。"自上而下"的方法指的是从石墨出发，通过物理或化学方法不断剥离获得单层或少层石墨烯；"自下而上"的方法指的是从含碳小分子出发，通过化学反应把一个个碳原子通过共价键连起来，形成二维蜂窝状石墨烯结构。"自上而下"的方法包括机械剥离法、液相剥离法、氧化还原法等；"自下而上"的方法包括化学气相沉积法、碳化硅表面外延生长法、有机合成法等。这里，根据不同的石墨烯材料依次进行制备方法的介绍。

一、石墨烯粉体的制备方法

石墨烯粉体是石墨烯产品形态的一种，是由大量单层石墨烯和少层石墨烯以无序方式相互堆积而成的，宏观上显示为粉末状形态。对于石墨烯粉体的制备，"自上而下"方法主要有机械剥离、液相剥离和氧化还原方法，其中机械剥离法和液相剥离法属于物理方法，而氧化还原法则属于化学方法。"自下而上"方法主要有化学气相沉积法和电弧放电法。图 2-5 总结了目前商业化石墨烯粉体的"自上而下"制备方法[21]。下面将根据不同的方法分别进行介绍。

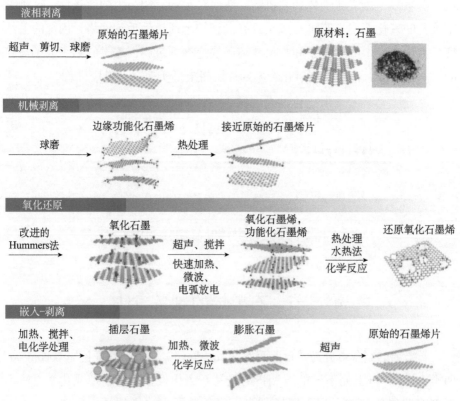

图 2-5　石墨烯粉体的常用"自上而下"制备方法[21]

（一）机械剥离法

机械剥离法的基本原理是利用机械外力来克服石墨层间的范德瓦耳斯相互作用，从石墨粉体出发获得石墨烯粉体。2004 年，盖姆课题组报道了利用胶带辅助剥离的方法制备得到的石墨烯的特殊物理性质[22,23]。他们使用 Scotch 胶带反复将高定向热解石墨撕薄，接着用镊子将得到的石墨薄片揭下来转移到硅片上（图 2-6）。但这种方法得到的石墨烯层数往往在十层以上。为了获得更少的层数，他们将最后一次剥离改用硅片来完成，通过石墨烯与氧化硅之间的范德瓦耳斯力进一步制备得到少层甚至单层石墨烯。这种传统朴素的机械剥离的方法虽然耗时耗力，但为石墨烯优异性质的发现奠定了基础。

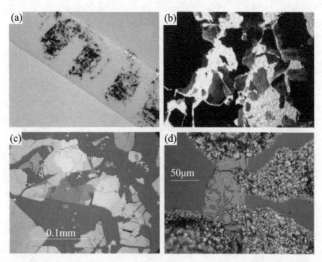

图 2-6　胶带剥离法得到的薄层石墨烯样品及器件照片[23]

(a) 通过胶带剥离法剥离后在 Scotch 胶带上残留的高定向热解石墨；(b) 胶带剥离法剥离得到的石墨烯晶体；(c) 石墨烯转移到硅片上的光学照片；(d) 早期制成的简易器件

胶带剥离法是通过胶带产生的黏附作用在石墨上施加一个垂直方向上的力来实现剥离。显然，这种方法的效率极低，只适用于实验室研究而不适合规模化生产。球磨法则是对石墨施加剪切力来得到石墨烯。在球磨法制备石墨烯的过程中存在两种作用力，一种是使石墨减薄、完成剥离的切向力，另一种是在碰撞过程中存在的法向力，会导致石墨片碎片化。在球磨过程中应尽量避免碰撞以获得高质量大面积石墨烯片[24]。

球磨法制备石墨烯一般会遇到效率低、石墨烯易团聚等问题。高能球磨机和有机溶剂的配合使用可以有效提高球磨法的制备效率。N,N-二甲基甲酰胺（DMF）、N-甲基吡咯烷酮（NMP）、四甲基脲（TMU）等有机溶剂的加入可有效抑制石墨烯的团聚[25,26]。除此之外，十二烷基磺酸钠等表面活性剂的加入也可起到同样的效果。除加入液态有机溶剂外，还可加入二氧化碳、水溶性的盐等无机物，以辅助石墨的剥离。戴黎明课题组在球磨的过程中加入干冰，球磨时石墨烯的边缘被官能化，经过在水中超声处理得到石墨烯分散液，干燥后得到石墨烯粉体。其中，干冰的主要作用是使石墨烯的边缘被官能团修饰，增加了石墨烯在水中的可分散性［图 2-7(a)］[27]。同样是为了实现石墨烯的分散，聂宗秀课题组将水溶性的硫酸钠与石墨粉体混合进行球磨，在球磨的过程中石墨烯粉体分散在硫酸钠粉体表面，随后以去离子水洗净、过滤、干燥后即可得到石墨烯粉体［图 2-7(b)］[28]。

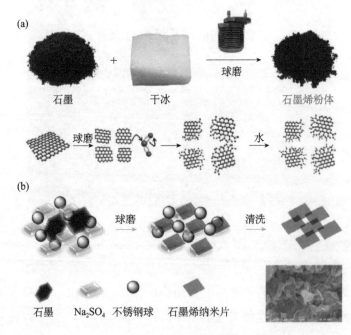

图 2-7 球磨法制备石墨烯粉体

(a) 石墨与干冰混合通过球磨法制备石墨烯粉体[27]；(b) 石墨与硫酸钠混合通过球磨法制备石墨烯粉体[28]

（二）液相剥离法

机械剥离法可以简便快捷地制备石墨烯，但其产量低且可控性差，因此不适用于规模化制备。液相剥离法是研究者重点研究的实用规模化制备方法。该方法以石墨为原料,借助溶剂插层、金属离子插层、剪切作用、超声等外力破坏石墨层间的范德瓦耳斯力,将溶剂、溶剂中的表面活性剂等小分子及溶质离子等插入石墨烯片层之间,以实现块体石墨的层层分离,从而得到少层或单层石墨烯分散液,最后经干燥获得石墨烯粉体。

液相剥离主要有超声剥离、剪切力剥离和插层剥离三种手段。

1. 超声剥离

超声剥离石墨烯的方法主要利用的是溶剂的瞬态真空泡的产生与消失产生的剥离力[24],这一作用被称为空化作用。其中溶剂的作用,不仅是为石墨烯的剥离提供作用力,还需满足使石墨烯片可以良好分散而不团聚的要求。常用于石墨烯超声剥离的溶剂有 NMP、N,N-二甲基乙酰胺(DMA)、γ-丁内酯(GBL)和 1,3-二甲基-2-咪唑啉酮(DMEU)。借鉴超声处理分散碳纳米管的经验,爱尔兰都柏林大学的 Coleman 课题组于 2008 年首先报道了超声辅助液相剥离石墨高产量生产石墨烯的工作,并研究了不同溶剂在分散石墨烯粉体上的表现[29]。在他们的工作中,石墨粉分别分散在特定的有机溶剂中,包括 NMP、DMA、GBL 和 DMEU,然后超声处理并离心去除未剥离产物,最后获得较高浓度的石墨烯分散液,如图 2-8 所示。TEM 表征证明石墨烯以单层及少层为主。另外结果表明,不同溶剂因其具有不同的表面能而对最终获得的石墨烯分散液浓度产生了不同的影响。

超声剥离的方法为石墨烯的大规模和低成本生产开辟了一个全新的道路。然而,最近的一些研究报道了通过超声处理制备的石墨烯具有比预期更多的缺陷,这个缺点归因于超声过程中的空化作用。尽管空化有利于剥离,但它是一个相对苛刻的过程,可以产生较高的局部温度,极端高压和快速加热/冷却速率[30],涉及空化的这些苛刻条件可能导致石墨烯的损坏。Polyakova 等通过对经超声处理制备的石墨烯进行 X 射线光电子能谱法(X-ray photoelectron spectroscopy, XPS)表征发现,超声处理制成的石墨烯薄片含有大量的氧。他们还首次通过扫描隧道显微镜(scanning tunneling microscope, STM)观察了超声处理得到的石墨烯薄片中的缺陷。这些结果给超声剥离面向工业化高质量石墨烯的制备带来了巨大的挑战。此外,超声剥离的方法仍然面临获得的单层石墨烯浓度较低的问题,这与实际应用相差

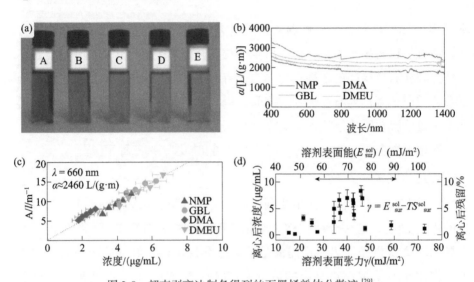

图 2-8 超声剥离法制备得到的石墨烯粉体分散液 [29]

(a) 以 NMP 为溶剂时不同浓度的石墨烯粉体分散液，从 A 到 E，石墨烯粉体的浓度依次降低; (b) 石墨烯粉体以不同浓度分散在不同溶剂中测得的吸收谱; (c) 在四种溶剂中，石墨烯粉体的光吸光度除以比色皿长度（A/l）与其浓度的函数关系; (d) 离心后测定的石墨烯浓度与溶剂表面张力的关系图

甚远。而且用于分散的有机溶剂与石墨烯的结合性较强，不利于后续石墨烯的纯化与应用。

2. 剪切力剥离

为了避免超声剥离中空化作用对石墨烯的损坏，剪切力剥离法得以发展。剪切力剥离法主要是利用液体介质与石墨片层相互作用时产生的剪切力来实现石墨烯的剥离，石墨片可随液体一起移动，因此可在不同位置反复剥离，这是与超声剥离法相比具有优势的点，使其成为石墨烯可规模生产的潜在高效技术。

为了强化剪切作用，提高剥离效率，Coleman 课题组设计了一种转子-定子混合剥离的设备来实现无缺陷石墨烯粉体的大规模生产［图 2-9(a) ～ (c)］[31]。在这种方法中，作者选取 NMP 作为分散液，由转子和定子组成的剪切混合器使分散液产生高剪切速率，同时向其中添加石墨粉末。当控制转速合适时，即可发生石墨烯的剥离，同时对不同体积液体的剥离效率进行验证。结果表明，该方法可以在数百毫升至数百升甚至更高的液体体积中实现。TEM 测量结果表明，石墨烯-NMP 分散液中的石墨烯薄片具有 300～800 nm 的横向尺寸，同时石墨烯主要为单层或者少层。进一步进行 XPS 表征和拉曼光谱表征，结果显示石墨烯片层未被氧化且几乎无缺陷。

这种转子-定子混合剥离的设备与超声剥离相比，所得石墨烯的质量有一定提高，但是剥离所需高剪切速率只存在于局部区域——转子-定子附近，意味着剥离效率被限制。易敏等巧妙地使用厨房搅拌机来解决这一问题 [图 2-9(d)、(e)] [32]。他们选用了一种简单易用的旋转叶片搅拌机，高剪切区占比很大。尽管剪切速率随着与叶片距离的增加而减小，但如果湍流充分发展，高剪切速率区域可以覆盖所有液体。该方法使剥离效率进一步提高，同时这些结果意味着工业旋转叶片搅拌釜反应器存在大规模生产石墨烯的潜力。

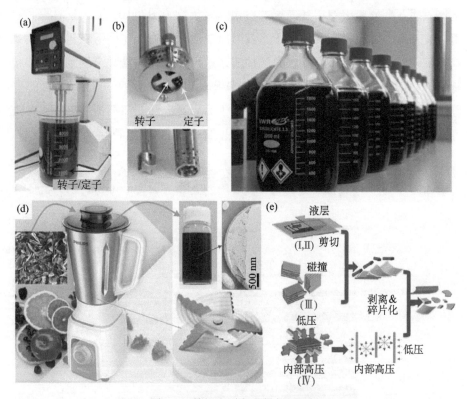

图 2-9　剪切力剥离法制备石墨烯

(a)～(c)基于高剪切转子-定子混合器的液相剥离装置及其宏量制备效果[31]；
(d)、(e)厨房搅拌机用于剪切力剥离法制备石墨烯[32]

3. 插层剥离

插层剥离主要包括化学插层和电化学插层。化学插层是指在溶液中将特

定的小分子或离子插入石墨烯层之间，从而降低层间相互作用力，实现石墨烯层的分离。早在 1981 年，具有"碳材料之母"美誉的美国麻省理工学院（Massachusetts Institute of Technology，MIT）教授 Dresselhaus 就对石墨的插层技术进行了全面系统的研究。她发现，钾离子、钙离子等金属离子都可以与石墨形成石墨插层化合物 [33]。石墨烯的概念成熟之后，人们成功地利用钾离子插层石墨后再进行剥离，得到分离的石墨烯层，但是这种方法初期得到的石墨烯质量和尺寸都不尽理想。近年来，美国麻省理工学院的 Michael S. Strano 课题组利用 ICl、IBr 等互卤化物对石墨进行插层后，得到间二插层和间三插层的石墨插层化合物。这种化合物在 800℃氩气气氛下退火后，互卤化物的挥发会分离出双层和三层的石墨烯聚集物（图 2-10）[34]。这种聚集物用溶液分离后滴在衬底表面烘干，就可以在表面张力的作用下在衬底上得到双层或三层的石墨烯样品。经表征证实，这种样品的质量并未受到破坏，拉曼光谱中很难观测到 D 峰，样品的迁移率达到 400 cm^2/(V·s)。此外，这种方法不改变石墨烯层间的堆垛方式，基于双层石墨烯的双栅器件表现出带隙可调的开关特性，而三层石墨烯也表现出带间交叠可调的特性。

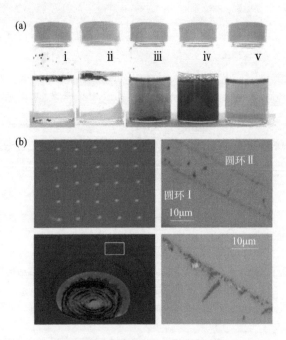

图 2-10　互卤物插层分离法制备少层石墨烯的过程及相应表征 [34]

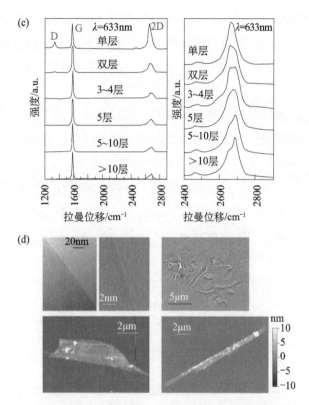

图 2-10 互卤物插层分离法制备少层石墨烯的过程及相应表征（续）

(a) 不同阶段的石墨烯粉体分散液照片，ⅰ、ⅱ表示石墨烯粉体悬浮在溶剂表面，ⅲ表示 30 min 均一化后，ⅳ表示 10 min 超声后，ⅴ表示离心后；(b) 石墨烯粉体液滴在硅片上的光学照片及出现的咖啡环效应；(c) 不同层数石墨烯的拉曼光谱；(d) 不同层数的石墨烯 TEM 及原子力显微镜（atomic force microscope，AFM）表征

电化学剥离法的优势在于剥离速度快，操作简单，产量高。该方法利用石墨电极的电解过程，通过选取合适的电解条件将石墨直接剥离出少层或单层石墨烯。该方法的制备条件相对温和，电解液能够循环使用，原材料石墨电极在工业界普遍使用，制备成本较低。所制备的石墨烯材料相比其他方法获得的石墨烯缺陷少，因此得到广泛应用。

（三）氧化还原法

氧化还原法是目前规模化制备石墨烯粉体最成熟的方法之一。其基本原理是对石墨在强酸、强氧化性环境中进行处理，造成石墨烯的表面和边缘产生大量羟基、羧基及环氧键等含氧官能团。由于含氧基团的引入，特别是 sp^3

杂化碳原子的存在，石墨烯无法再维持其共轭平面结构，表面出现因键角导致的起伏。这种起伏使得石墨层间距拉大，石墨片层之间的范德瓦耳斯力减弱，易于分离，加上含氧基团的亲水性质，使得石墨氧化物很容易在水相中分散，因此可以得到氧化石墨烯水溶液，进一步将氧化石墨烯还原，消除其表面官能团处理即可制备得到还原氧化石墨烯粉体（图 2-11）[35]。这种方法的原料和试剂都价廉易得，所需设备和制备过程简单，是一种大规模制备石墨烯的方法。但是这种方法制备得到的石墨烯的氧化基团很难被完全还原，且在氧化过程中石墨烯的骨架结构遭到一定程度的破坏，所以还原氧化石墨烯的导电性普遍较低，缺陷浓度也较大。由于其制备过程可以实现放大量产，易于实现工业化，因此近年来该方法在不断地发展改进中。这里，我们将分别论述氧化石墨烯的制备与氧化石墨烯的还原。

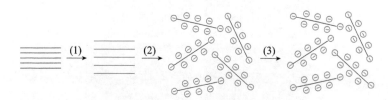

图 2-11　氧化石墨烯的制备机理 [35]
(1)、(2)、(3) 代表顺序

1. 氧化石墨烯的制备

其实人们对石墨氧化物的研究由来已久，最早的石墨氧化物制备方法来自 1859 年 Brodie 对"石墨的分子量"的研究 [36]。Brodie 将发烟硝酸与石墨混合，再加入氯酸钾，首次得到石墨氧化物。然而限于当时的认识局限，并没有人试图将其与石墨烯建立联系。在此基础上，相继出现了 Staudenmeier 法 [37]、Hummers 法及改进的 Hummers 法等。Hummers 法是经典的制备氧化石墨烯的方法 [38]，自 1958 年提出以来已经有六十余年的历史。Hummers 法采用浓硫酸和高锰酸钾作为强氧化剂。这种方法相对温和，不会产生氯氧化物等有害气体，因此 Hummers 法被研究者广泛采用，但这种方法制备得到的石墨烯质量较差，而且存在金属离子等杂质污染的问题，反应需要较长时间（几十至数百小时），并有爆炸的危险，后续研究者在此基础上做了大量改进。

2015 年，浙江大学高超课题组有了新的突破。他们用 K_2FeO_4 做氧化剂，实现了 1 h 内氧化石墨烯的快速制备［图 2-12(a)］[39]，有效减少了制备时间、制备成本、污染问题。具体方法为：在反应器中加入浓 H_2SO_4、K_2FeO_4 和片状石墨，经过搅拌处理得到氧化石墨烯水溶液，将水溶液经过不断离心纯化、水洗后即可获得高水溶性的单层氧化石墨烯。该反应过程不需要加热或冷却步骤，避免了有害物质的产生，同时浓硫酸可循环使用，因此可直接放大生产，但考虑到 K_2FeO_4 在酸性条件下的不稳定性，需向反应体系引入稳定剂。

值得一提的是，最近中国科学院沈阳金属研究所成会明团队在氧化石墨烯制备方法探索方面也取得了重要进展[40]。他们发展了基于电解水剥离石墨制备氧化石墨烯的方法［图 2-12(b)］。该方法预先在石墨中插层硫酸分子，以抑制后续电解水过程中的氧气析出，之后在稀硫酸中进行快速电化学剥离，获得氧化石墨烯粉体。其优点是快速高效，绿色环保。

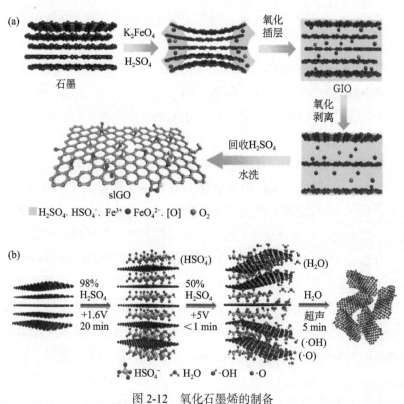

图 2-12　氧化石墨烯的制备

(a) K_2FeO_4 为氧化剂制备氧化石墨烯[39]；(b) 电解水剥离石墨制备氧化石墨烯[40]

2. 氧化石墨烯的还原

氧化石墨烯的还原方法主要有化学还原法与热还原法两种，其中化学还原法可以实现较好的还原度。由于氧化石墨烯可以被分散在水中，因此常采用溶液化学法来还原氧化石墨烯。最常用的还原剂是一水合肼[41]和硼氢化钠[42]。选择一水合肼做还原剂是因为大多数强还原剂会与水反应，而一水合肼是个例外。硼氢化钠虽然会缓慢地发生水解反应，但由于这一动力学过程十分缓慢，因而其仍能有效地还原氧化石墨烯。Stankovich等用肼作为还原剂，所得还原氧化石墨烯的比表面积只有466 m^2/g，远低于石墨烯的理论值（约2620 m^2/g）[41]。原因可能包括氧化石墨在超声处理过程中不完全解离，以及氧化石墨烯表面极性基团被还原后，片层表面疏水性增加，无法继续稳定地分散在水中，发生了团聚和沉淀。使用化学还原法时可能会引入杂原子基团，且这些杂原子基团通常难以去除。例如，用肼作为还原剂时，在还原含氧基团的同时会引入含氮基团；硼氢化钠还原剂也有可能在还原氧化石墨烯中引入少量杂原子[43]。

除此以外，分散在乙二醇、二甲基呋喃、NMP或四氢呋喃（THF）等极性溶剂中的石墨氧化物片层在联氨、硼氢化钠甚至氢氧化钠等碱性条件下可以退去大部分含氧基团，无需使用强还原剂也能将氧化石墨烯还原。樊晓兵等发现，氧化石墨烯在强碱性溶液中可被有效还原，并能形成稳定的还原氧化石墨烯水分散液［图2-13(a)、(b)］[44]。将150 mL的氧化石墨烯分散液（0.5～1 mL/mg）和1～2 mL的氢氧化钠或氢氧化钾溶液（8 mol/L）混合，恒温（如80℃）、低功率超声处理数分钟后，黄色的氧化石墨烯分散液变为黑色的还原氧化石墨烯分散液。这种方法操作简单，且所得还原氧化石墨烯形成了分散液而并未聚沉。2016年，罗格斯大学的Manish Chhowalla教授组利用微波还原法得到高效还原的还原氧化石墨烯[45]。首先对氧化石墨烯进行部分热还原处理，使其具有一定的导电性，从而可以吸收微波，接着通过1～2 s的微波脉冲辐射即可将氧化石墨烯还原。作者推测微波还原的原理是微波瞬间产生的巨大的热量使含氧官能团脱附，碳原子发生重排。这种方法得到的还原氧化石墨烯氧含量低至4%，远低于化学还原法与热还原法得到的还原氧化石墨烯（15%～25%），同时XPS表征与拉曼光谱均证明这种还原氧化石墨烯结晶度高且缺陷密度低，因此具有较高迁移率［>1000 $cm^2/(V \cdot s)$］

［图 2-13(c)～(f)］。这种方法将通过氧化还原法制备的石墨烯的质量提到新的高度。

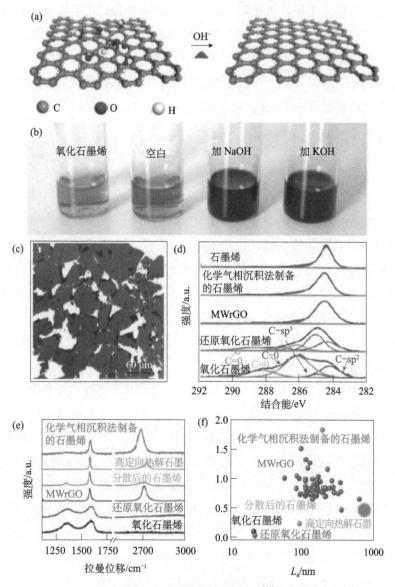

图 2-13　氧化石墨烯的还原[44]

(a) 碱性环境下氧化石墨烯还原示意图; (b) 不做处理的氧化石墨烯分散液，以及分别对氧化石墨烯分
散液、加入氢氧化钠的氧化石墨烯分散液、加入氢氧化钾的氧化石墨烯分散液加热后所得产物;
(c) 氧化石墨烯粉体扫描电子显微镜表征结果; (d) 石墨、化学气相沉积法制备的石墨烯、微波法制备
的石墨烯（MWrGO）、还原氧化石墨烯和氧化石墨烯的 XPS C 1s 谱; (e)、(f) 化学气相沉积法制备的
石墨烯、高定向热解石墨、分散后的石墨烯、微波法得到的石墨烯、还原氧化石墨烯、氧化石墨烯
拉曼光谱与 I_{2D}/I_G 统计

氧化还原的方法虽然易于大规模生产与应用，但化学氧化过程及还原过程很难避免石墨烯产生较多缺陷，如五/七元环等拓扑缺陷及附着于石墨烯表面和边缘的羟基与羧基等官能团。这些缺陷往往会导致石墨烯电学性能、化学稳定性的显著降低。此外，由于石墨烯片层之间存在强 π-π 相互作用，该类粉体材料非常容易团聚，不利于均匀分散，这也给石墨烯粉体的溶液加工工艺及其器件制备带来了挑战。

（四）化学气相沉积法

近几年来，化学气相沉积法也被用于制备高性能石墨烯粉体。这是一种"自下而上"的制备方法，拥有诸多显著的优点，如层数可控、结晶度高、杂质含量少等，已被广泛用于石墨烯薄膜的制备。这种方法通常需要特殊的粉体材料作为石墨烯的生长模板，在高温条件下，含碳前驱体在模板上进行热裂解或者催化裂解形成石墨烯，然后刻蚀模板得到石墨烯粉体。由此制得的三维结构的石墨烯粉体有助于解决石墨烯片层之间的团聚问题。尤为重要的是，化学气相沉积法能够显著提高粉体石墨烯的结晶质量及层数的可控性。对于模板的选择多种多样，常用的包括金属氧化物、盐、二氧化硅及一些天然材料等。

由于金属颗粒熔点低，容易在高温下烧结，因此很难作为石墨烯粉体的生长模板，而高熔点、难还原的金属氧化物在高温下稳定，常常作为石墨烯的生长衬底。早在 2007 年，Rümmeli 等利用高分辨 TEM 分析了一系列金属氧化物纳米颗粒表面催化气态碳源石墨化的过程[46]。以纳米氧化镁（MgO）粉体表面石墨化为例，在 850℃的生长温度下，以乙醇或甲烷为碳源，能够在 MgO 晶体表面生成连续的少层石墨烯。使用稀盐酸溶解掉 MgO 颗粒后，完整的石墨烯壳层被保留下来 ［图 2-14(a)～(c)］。但由于无金属催化剂作用，该石墨烯材料含有大量的缺陷结构。该方法对其他类型氧化物同样适用，如氧化铝（Al_2O_3）和二氧化钛（TiO_2）等 ［图 2-14(e)、(f)］。

以金属氧化物作为生长模板，常常需要对衬底进行化学刻蚀，这在增加了工艺的同时也会造成环境污染。为了解决这一问题，北京大学刘忠范课题组提出以水溶性氯化钠（NaCl）微晶粉末为衬底来生长石墨烯粉体[47]。在该过程中，采用双温区管式炉生长石墨烯，高温区（850℃）促进碳源（乙烯）热裂

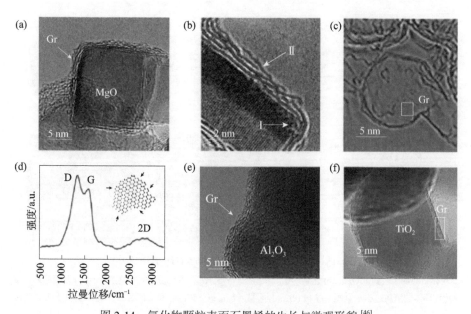

图 2-14 氧化物颗粒表面石墨烯的生长与微观形貌 [46]

(a)、(b) 少层石墨烯包覆的 MgO 纳米晶的 TEM 图像; (c) 去除 MgO 后石墨烯层的 TEM 图像;
(d) 石墨烯层的拉曼光谱, 插图为边缘存在大量缺陷的石墨烯片层的示意图; 在拉曼光谱中,
大量的边缘缺陷导致出现强的拉曼 D 峰; 石墨烯包覆氧化物纳米颗粒的 TEM 图像: 氧化铝 (e)、
二氧化钛 (f) 作为模板生长得到的石墨烯 TEM 表征

解, 低温区（700℃, 低于 NaCl 熔点）完成 NaCl 粉体上石墨烯的生长。NaCl 在自然界中储量丰富且易溶于水, 有利于实现石墨烯粉体的快速分离和纯化。将石墨烯包覆的 NaCl 颗粒在水溶液中溶解 60 s 后, 便可以提纯出石墨烯粉体 ［图 2-15(a)～(c)］。从微观结构看, 石墨烯经水纯化后保留了立方体形貌的结构 ［图 2-15(d)］。

除上述模板外, 自然界中存在多种多样的具有三维微结构的天然材料, 也可用于石墨烯生长的模板。刘忠范课题组基于硅藻土等生物矿化材料, 利用常压化学气相沉积反应制备出三维分级结构的石墨烯粉体 ［图 2-16(a)］[48]。硅藻土由单细胞生物硅藻遗骸沉积矿化而成, 具有丰富的三维分级多孔生物结构, 储量丰富, 在工业上应用广泛。反应完成后, 使用氢氟酸腐蚀液去除硅藻土衬底, 提纯后获得黑色的石墨烯粉末 ［图 2-16(b)］。该石墨烯具有较少的层数和较高的结晶度 ［图 2-16(c)］, 并且经过化学气相沉积生长和模板去除过程后, 石墨烯粉体几乎完全复制了硅藻细胞壳的形貌, 具有较精细的分级多孔结构 ［图 2-16(d)～(g)］。这种表面起伏的结构大大减小了石墨烯层间

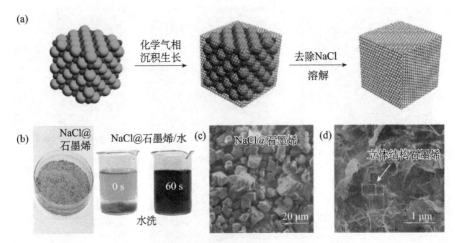

图 2-15　以氯化钠粉体为模板制备石墨烯粉体 [47]

(a) 粉体石墨烯生长的示意图; (b) 化学气相沉积生长后 NaCl@ 石墨烯粉末的实物照片 (左) 及石墨烯包覆氯化钠晶体的溶解过程示意图 (右) ; (c)、(d) 石墨烯包覆氯化钠晶体和提纯后的石墨烯粉体的 SEM 图像

的强相互作用, 有利于石墨烯粉体快速均匀的自分散过程, 在 NMP 溶液中表现出良好的分散性和稳定性。得益于三维分级多孔结构, 该粉体石墨烯具有较高的比表面积 (1137.2 m²/g)。该合成策略取材简单, 与流化床反应工艺兼容, 有望放大至工业级规模, 可望低成本宏量制备高结晶度石墨烯粉体及其复合材料。

（五）其他方法制备石墨烯粉体

电弧放电法也被用来制备石墨烯粉体, 早期曾被用于制备富勒烯、碳纳米管等其他纳米碳材料。其原理非常简单, 即在高真空环境下对碳棒进行大电流电弧放电即可。电弧法具有设备简单、产物缺陷少、纯度高、产率高等诸多优点, 近年来在石墨烯制备方面也取得了突出进展。Subrahmanyam 等第一次报道了通过电弧放电制备石墨烯。他们以氢气和氩气的混合气作为放电气氛, 发现经过电弧放电后, 腔体内壁上可以获得均一的 2～4 层的石墨烯片, 同时伴随产生了多壁碳纳米管等副产物 [49]。此外, 利用二氧化碳和氦气气氛下的电弧放电技术, 也能够高效制备出导电性能良好的少层石墨烯。但是, 此法一直无法摆脱其他副产物伴生的问题。

除此以外值得一提的是北京石墨烯研究院张锦团队最近发展的微波电晕

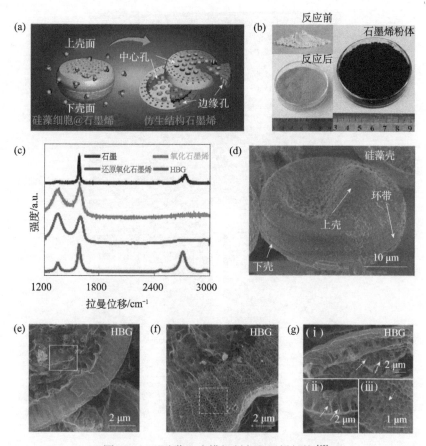

图 2-16　以硅藻土为模板制备石墨烯粉体 [48]

(a) 硅藻细胞壳表面生长石墨烯及其生物分级结构的示意图；(b) 石墨烯在硅藻土上生长前后的实物图片及硅藻土去除后石墨烯粉体的实物图片；(c) 生物形貌石墨烯粉体的拉曼光谱（与氧化石墨烯和还原氧化石墨烯粉末相比较）；(d) 硅藻细胞壳的伪色 SEM 图像；(e)、(f) 去除硅藻细胞壳后得到的石墨烯分级结构的伪色 SEM 图像；(g) 石墨烯生物分级结构的 SEM 图像（ⅰ）及其中心孔结构横截面的 SEM 图像（ⅱ）和边缘孔结构的 SEM 图像（ⅲ）

放电方法（图 2-17）[50]。这种方法利用电介质在微波中电晕放电来促进碳源的热裂解，从而实现在无催化剂、无衬底条件下的石墨烯粉体制备。获得的石墨烯具有小尺寸（100～200 nm）、少层（<10 层）、高品质和低氧含量等特点。尽管存在放量制备和降低成本等诸多问题，但这种微波放电的制备方法为高品质石墨烯粉体的制备提供了新的思路。

2020 年 1 月 28 日，美国莱斯大学詹姆斯·M. 图尔（James M. Tour）课题组报道了一种全新的"闪蒸制备法"。该方法利用所谓的闪蒸焦耳加热技

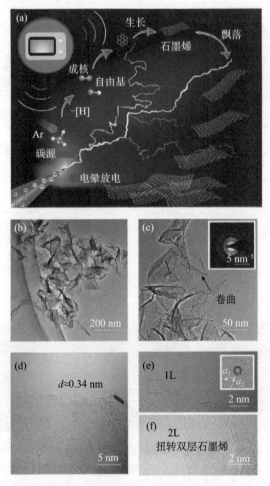

图 2-17　微波法制备石墨烯粉体 [50]

(a) 微波法制备石墨烯示意图；(b) ～ (f) 微波法制备得到的石墨烯 TEM 表征

术，在导电性含碳原材料中通电使其温度瞬间上升到近 3000 K，即可在极短时间（10 ms）内获得石墨烯粉体 [51]。这种"闪蒸石墨烯"的原料来源很广，食物垃圾、塑料、石焦油、木屑、煤炭、生物炭等均可，收率可达 80%～90%，碳纯度高达 99% 以上。尽管存在着放量制备、成本、质量可控性等诸多问题，"闪蒸制备法"仍值得引起重视。

二、石墨烯薄膜的制备方法

制备决定未来，高品质石墨烯薄膜的可控制备一直是学术界和产业界关注的重点。对于石墨烯薄膜的制备，通常采用"自下而上"方法，主要包括碳化硅外延法、化学气相沉积法。下面我们将分别进行介绍。

（一）碳化硅外延法

碳化硅（SiC）是由硅和碳以1∶1组成的宽禁带（2.3～3.3 eV）半导体材料。碳化硅表面外延生长石墨烯和传统的外延有些不同。传统的外延指的是晶体衬底上的晶体层随着衬底结构生长，而这里的碳化硅外延生长石墨烯是通过表面硅的耗尽实现碳原子的重排，进一步形成石墨烯。具体来讲，在高温和高真空环境下，碳化硅表面的硅元素比碳元素更容易升华，硅升华后留下碳元素，随后碳原子表面发生重排形成稳定的石墨烯以降低自身能量。这里的外延仅表示石墨烯与碳化硅衬底之间的取向关系。

早在20世纪60年代，研究者就在高温退火后的碳化硅上发现了薄层石墨，而21世纪初佐治亚理工大学沃尔特·德希尔（Walter de Heer）课题组的工作使碳化硅外延法成为制备石墨烯薄膜的重要方法[52]。他们通过将单晶的4H-SiC(0001)或6H-SiC(0001)衬底在超高真空、1400℃以上的高温条件下加热，在碳化硅的特定晶面制备得到石墨烯薄片［图2-18(a)～(d)］，具有超高的载流子迁移率［25 000 cm²/(V·s)，< 58 K下测量］。此外，2009年伯克利大学塞勒（Seyller）研究小组将碳化硅外延生长从超高真空的苛刻环境扩展到常压环境中［图2-18(e)～(h)］[53]。这种方法可以得到圆晶尺寸的单层石墨烯，石墨烯的迁移率也可达到2000 cm²/(V·s)（27 K下测量）。该方法得到的石墨烯与碳化硅衬底作用力比较强，可以观测到石墨烯和碳化硅衬底的莫尔条纹。

碳化硅上外延制备石墨烯的优势在于，碳化硅自身是宽禁带半导体，可以直接用作制备石墨烯电子器件的衬底，因此避免了极复杂的石墨烯剥离-转移问题。另外，这一方法无需提供额外碳源，并且通常在高真空环境下进行，因此所制备的石墨烯是十分洁净的。不足之处在于，硅的升华难以控制，因此不易控制石墨烯的层数。另外，这种方法技术复杂，成本较高，而且石墨烯与衬底的结合作用力强，难以进行后续转移，因此也不适合宏量制备石墨烯。

（二）化学气相沉积法

化学气相沉积法可实现石墨烯的大面积、高可控性制备，是目前实验研

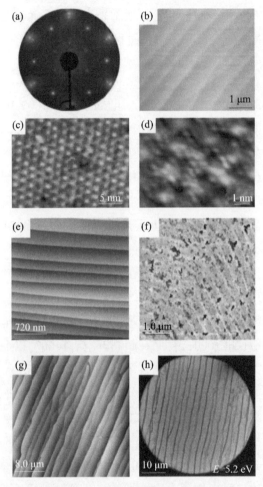

图 2-18　碳化硅外延法制备石墨烯

(a)～(d) 超高真空下碳化硅单晶衬底外延石墨烯低能电子衍射（LEED）、AFM、STM 表征;
(e)～(h) 常压下碳化硅单晶衬底外延圆晶尺寸石墨烯 AFM、低能电子显微镜 (LEED) 表征

究与工业制备石墨烯的首选。而在化学气相沉积法用于制备石墨烯之前，已经广泛用于合成各种纳米材料，如硅纳米线、碳纳米管等，且在半导体工业中实现了产业化应用。化学气相沉积法制备石墨烯自 2009 年被提出以来，已经取得了长足进展，具有良好的可控性和可放大性，是规模化制备高品质石墨烯薄膜的最有前景的方法。

　　制备石墨烯薄膜的衬底可分为金属衬底和非金属衬底，其中金属衬底的催化活性有助于提高石墨烯薄膜的结晶性并降低生长温度，也是深入研究石墨烯的生长动力学,更好地调控石墨烯生长参数的模型体系。但面向应用时,往往需要将金属衬底上生长得到的石墨烯转移到目标绝缘衬底上,而转移往往会带来杂质(金属、转移溶剂残留等)、破损、褶皱及额外的成本和能耗。为此,发展各种基于绝缘衬底制备高质量石墨烯薄膜的方法也是实现石墨烯薄膜应用的重要路径。本节将分别介绍基于金属衬底与绝缘衬底的化学气相沉积生长方法,其中重点以金属衬底为例,简述化学气相沉积法的基本过程、生长机理及相关领域的研究热点和最新进展。

1. 基于金属衬底的化学气相沉积法

1)化学气相沉积的基本过程

化学气相沉积是利用气态或蒸气态的物质在气相或气固界面上发生反应,生成固态沉积物的过程。化学气相沉积过程涉及气相中的均相反应和在生长衬底表面的异相反应。以衬底表面合成薄膜材料为例,化学气相沉积的基本过程如图 2-19 所示 [54]。

首先,气相反应物(前驱体)被输送到化学气相沉积腔体内。反应前驱体通过气相化学反应形成活性更高的反应基团,并迁移到生长衬底表面。吸附在衬底表面的活性基团可以通过进一步的表面化学反应深度裂解。这些活性基团在衬底表面迁移的过程中,相互之间有一定的概率发生碰撞。在达到临界条件时,会形成相对稳定的核,并逐渐长大形成更大尺寸的核。这些核再进一步长大、拼接,就在衬底表面形成了连续的薄膜结构。

2)石墨烯在不同金属衬底上的生长机制

石墨烯在不同的金属衬底上有不同的生长机制,这种生长机制的差异取决于多个因素,包括金属对碳的溶解性、金属-碳相互作用强弱等。美国得克萨斯大学奥斯汀分校 Ruoff 课题组利用同位素标记方法详细地研究了石墨烯在铜箔与镍箔上的生长机理(图 2-20)[55]。他们使用含有不同碳同位素的甲烷($^{12}CH_4$ 和 $^{13}CH_4$)先后作为前驱体交替通入化学气相沉积体系来研究镍和铜衬底的石墨烯生长过程。对得到的石墨烯进行拉曼光谱的 G 峰峰位空间面扫描分析发现,对于镍衬底生长的石墨烯,^{12}C 和 ^{13}C 在石墨烯薄膜内均匀分布;对铜衬底生长的石墨烯,^{12}C 和 ^{13}C 从成核中心在二维平面按照通入 $^{12}CH_4$ 和 $^{13}CH_4$ 的时间顺序依次分布。这个现象揭示了石墨烯在金属表面生长的两种机制:对于铜衬底,遵循表面扩散生长机制,高温时石墨烯在铜上伴

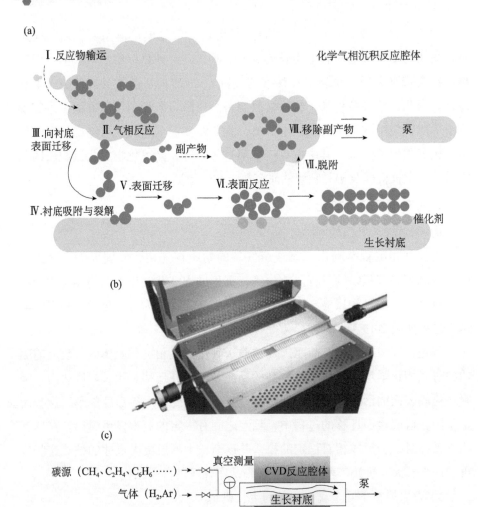

图 2-19　化学气相沉积的基本过程 [54]

(a) 基本化学气相沉积反应过程示意图; (b)、(c) 常见的化学气相沉积生长石墨烯的高温反应炉体示意图

随甲烷的供给而成核生长，如果碳源被切断，石墨烯即终止生长；对于镍衬底，遵循偏析生长机制，碳源在高温下分解后渗透到镍基体中，待降温时一起从体相析出到表面进行成核长大。

同时，当铜箔表面的石墨烯达到满层覆盖率后，尽管仍然有碳源供给，但生长几乎停止，其主要原因是，石墨烯的生长依赖于铜箔催化裂解碳源。当石墨烯完全覆盖铜衬底以后，铜衬底的催化活性被抑制，石墨烯的生长停

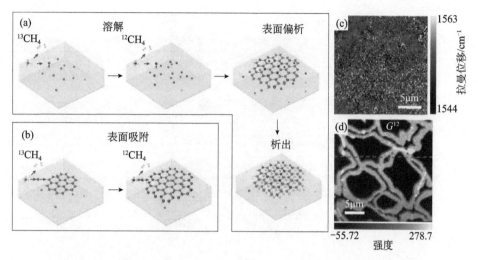

图 2-20 利用同位素标记法探究石墨烯在铜、镍衬底表面的生长行为 [55]

(a) 石墨烯在镍表面偏析生长过程的示意图; (b) 石墨烯在铜表面催化生长过程的示意图; (c)、(d) 镍与铜衬底经同位素标记法得到的石墨烯的拉曼光谱 G 峰峰位的空间面扫描分析

止，将其称为表面自限制生长。

石墨烯在不同金属衬底上的生长机制主要分为三种：对于以铜为代表的 I B~II B 族过渡金属，对碳溶解度较低（铜，0.001 wt%~0.008 wt%，1084℃），碳源在金属衬底表面脱氢裂解后，形成的碳活性物种很难溶解进入金属体相内，只能在金属表面直接形成石墨烯，因而遵循表面催化机制；对于以镍为代表的ⅧB 族过渡金属，对碳溶解度较高（镍，0.6 wt%，1326℃），碳源高温分解后，碳会溶解在金属衬底体相内，在降温过程中，由于碳溶解度的降低迫使溶解在体相中的碳原子在金属衬底表面析出而形成石墨烯，因而遵循偏析生长机制。除此以外，对于ⅣB~ⅥB 族过渡金属 [（如铬 (Cr)、钼 (Mo)、钨 (W)]，对石墨烯的生长具有较弱的催化活性，但是当该类金属与碳形成金属碳化物后，对石墨烯生长的催化活性会显著提高，因此可以继续有效促进碳源裂解和石墨烯的生长（图 2-21）[56]。

3）大单晶石墨烯的可控制备

石墨烯薄膜在化学气相沉积生长的过程中会产生缺陷、晶界、褶皱及表面污染等问题，会限制其进一步应用。尤其是，作为新一代高性能碳基电子器件的核心材料，石墨烯的能带结构和物理性质与其层数、堆垛方式和扭转角度、畴区尺寸、缺陷浓度和掺杂类型密切相关，而这些因素的精确控制是石墨烯薄

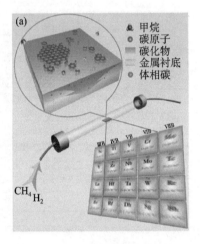

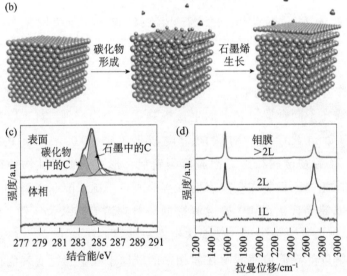

图 2-21 ⅣB～ⅥB 族过渡金属上石墨烯的生长[56]

(a) 满足先形成具有催化活性的碳化物再进行石墨烯生长的ⅣB～ⅥB 族过渡金属列表；
(b) ⅣB～ⅥB 族过渡金属上石墨烯的生长示意图；(c) 钼衬底表面及体相的 XPS C 1s 谱；
(d) 钼衬底表面生长得到的石墨烯拉曼光谱表征

膜规模化制备的难点。近年来，人们发展了一系列石墨烯薄膜的化学气相沉积
生长方法，在化学气相沉积石墨烯膜的畴区尺寸、层数与扭转角度、生长速
度、掺杂类型与浓度和表面洁净度等方面均取得了一系列显著的进展。

畴区尺寸的大小是衡量石墨烯薄膜品质的重要指标，提高单畴尺寸的大
小对提升石墨烯品质至关重要，因此大单晶石墨烯的制备被广泛关注。大单

晶的制备通常有两种思路：一是控制石墨烯成核密度，实现小密度甚至单核的石墨烯生长；二是采用单晶衬底，通过调控石墨烯多成核位点的单一取向实现无缝拼接生长，形成单晶薄膜。其中，成核密度的控制可以通过衬底表面预处理，如抛光、退火、钝化等方法，减少活性成核位点，也可以通过调控碳源供给量和供给位置、改变载气种类或分压及体系压强等参数来实现。2013年，Ruoff课题组首次报道了氧气辅助调节石墨烯成核密度，通过对铜箔表面进行氧化处理或者使用富氧铜箔，可以有效地抑制铜箔表面的活性位点，从而控制石墨烯的成核密度，实现厘米级石墨烯单晶的生长［图 2-22(a)～(c)］[57]。

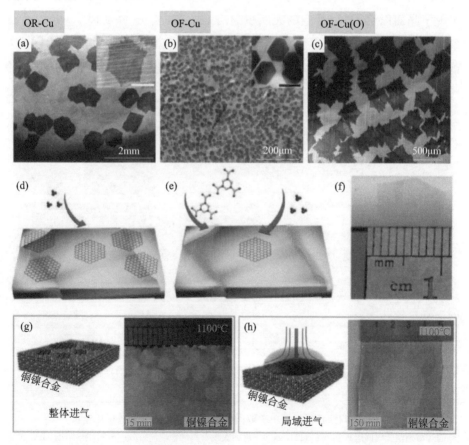

图 2-22　通过调控石墨烯的成核位点实现大单晶的石墨烯生长 [57-59]

(a)～(c) 富氧铜箔（OR-Cu）、无氧铜箔（OF-Cu）、氧化处理后的 OF-Cu(O) 表面石墨烯的生长情况；(b)～(f) 以三聚氰胺钝化铜箔表面活性成核位点的方法实现厘米级大单晶石墨烯的制备；(g)、(h) 以铜镍合金为衬底，分别通过普通进气方式及局域进气方式的石墨烯生长结果对比

北京大学刘忠范课题组，利用三聚氰胺钝化铜箔表面活性成核位点，也实现了厘米级高质量大单晶石墨烯的制备［图 2-22(d)～(f)］，其迁移率高达 25 000 cm^2/(V·s)[58]。2016 年，谢晓明课题组，通过局域给气，控制碳源供给位置，实现了石墨烯单个成核位点的控制，结合铜镍合金的等温偏析生长机制，实现了厘米尺寸石墨烯单晶的制备［图 2-22(g)、(h)］[59]。

石墨烯核取向一致性的实现多依赖于单晶衬底，目前研究发现最有优势的衬底是 Cu(111)。对于铜箔，可以在接近熔点的温度对衬底进行长时间退火，也可通过引入额外的应力或借鉴提拉硅单晶的方法等来得到密排堆积的 Cu(111) 面[60]。2013 年，Jinwoong Park 组采用对铜箔长时间退火的方法实现了晶面以 Cu(111) 为主的大面积铜箔（16 cm 长），并实现了 >90% 的石墨烯核取向一致的生长［图 2-23(a)、(b)］[61]。2015 年，Young Hee Lee 课题组通过对铜箔的多次反复退火得到了厘米尺寸的 Cu(111) 单晶，并证明了

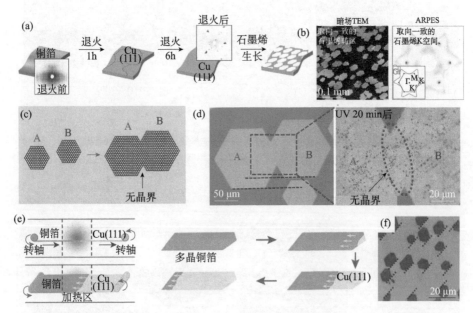

图 2-23　通过调控石墨烯核单一取向实现大单晶石墨烯无缝拼接生长[61-63]

(a) 通过对铜箔长时间退火实现 Cu(111) 晶面，进而实现石墨烯核取向一致；(b) 石墨烯暗场 TEM 表征（不同颜色代表不同取向）及角分辨光电子谱（angle resolved photoemission spectroscopy，ARPES）表征；(c) 石墨烯畴区无缝拼接示意图；(d) 紫外辐照前后石墨烯光学图像，辐照后未观察到晶界的产生；(e) 基于温度梯度驱动晶界运动，实现大面积的 Cu(111) 单晶衬底示意图；(f) 石墨烯薄膜在氢气刻蚀后的光学照片

石墨烯在其表面的无缝拼接生长行为，但仍存在约 5% 的石墨烯畴区取向不一致的问题［图 2-23(c)、(d)］[62]。2017 年，北京大学刘开辉课题组发展了一种基于温度梯度驱动晶界运动的技术，成功制备了大面积的 Cu(111) 单晶衬底，实现了石墨烯畴区取向高于 99% 的一致性，最后完美拼接制备得到 5 cm×50 cm 的石墨烯单晶［图 2-23(e)、(f)］[63]。刘忠范、彭海琳团队实现了 4～6 in 的 Cu(111)/蓝宝石单晶晶圆上无褶皱石墨烯单晶的生长[64]，为高质量石墨烯真正走向实用化奠定了更坚实的基础。

Cu(111) 晶面除了可作为多晶种取向一致成核的理想生长衬底外，也常被用来生长无褶皱石墨烯，主要原因是 Cu(111) 晶面是石墨烯与铜箔衬底作用力最强、承受应力分布最均匀的晶面[65]。在降温过程中，由于石墨烯与铜的热膨胀系数差别较大，铜的晶格收缩而石墨烯的晶格膨胀。因此，石墨烯会受到额外的应力。一旦应变大到可以克服褶皱的形成势垒，石墨烯便会在铜箔表面发生弯曲折叠形成褶皱，释放面内应力，减弱石墨烯与铜衬底的界面作用力和界面能[64]。而 Cu(111) 晶面与石墨烯晶格失配小（3%～4%），铜表面与石墨烯的作用力较强，可以有效降低褶皱的形成密度。

4）石墨烯的快速制备方法

在石墨烯的生长过程中，通常需要降低碳源供给量以减少成核密度来获得更大的单畴尺寸。但是当碳源供给量减少时，往往需要耗费很长的时间来实现石墨烯的生长。并且石墨烯的化学气相沉积制备过程一般是高温反应，石墨烯的生长速度直接影响生长过程中的能耗和薄膜的成本，因此在追求石墨烯单晶尺寸的同时也要考虑石墨烯薄膜的快速制备方法。早在 2013 年，Rouff 课题组率先在《科学》上发文报道了氧气能够改变石墨烯生长动力学，降低碳原子迁移到石墨烯边缘后用于石墨烯成核长大所需跨过的能垒［图 2-24(a)～(d)］[57]。2016 年，刘开辉、彭海琳、丁峰课题组合作[66]发展了氧化物衬底辅助的持续供氧法，利用氧气协助甲烷的碳氢键催化裂解，进而降低石墨烯生长势垒的作用，实现了生长速度高达 60 μm/s 的石墨烯快速制备，所得单晶尺寸达 500 μm。类似地，利用高温下能够释放电负性更强的氟自由基的氟化钡衬底，石墨烯的生长速度可进一步提高到 200 μm/s[67]。刘忠范课题组发展了多种快速制备石墨烯大单晶的方法。他们采用氧气多次钝化法和梯度供气相结合的方法，有效地提高了石墨烯的平均生长速率

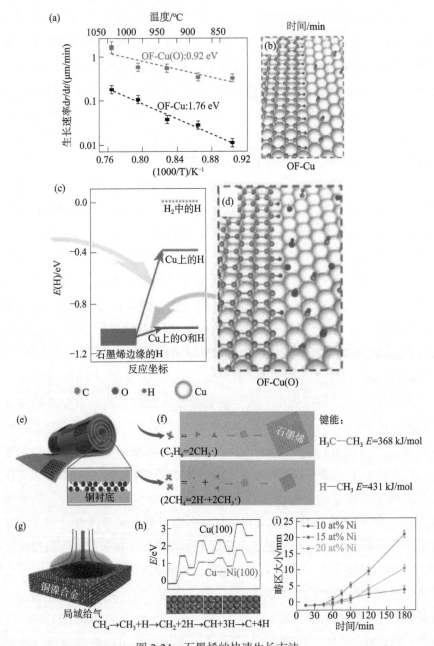

图 2-24　石墨烯的快速生长方法

(a)有/无氧气处理的铜箔表面石墨烯生长速度对比; (b)～(d) 密度泛函理论（density functional theory, DFT）计算得到的无/有氧气辅助时不同构型的能量; (e) 通过铜箔堆垛结构实现石墨烯的快速生长示意图，即甲烷分子在铜箔间隙处发生剧烈的碰撞; (f) 乙烷与甲烷分别作为碳源石墨烯生长过程示意图; (g) 石墨烯在铜镍合金上的生长; (h) 铜和铜镍（100）晶面催化碳源裂解的能垒比较; (i) 铜镍合金中不同镍含量石墨烯生长速度对比

（101 μm/min）[68]，生长速度最快可达 360 μm/min[69]。通过铜箔堆垛结构，利用两片铜箔之间的狭缝在铜箔表面形成分子流［图 2-24(e)］[70]，并选用更易热裂解的乙烷碳源，实现了毫米尺寸的石墨烯单晶的低温快速制备，晶畴生长速度达 420 μm/min［图 2-24(f)］[71]。谢晓明课题组在铜镍合金衬底表面通过控制碳源局域供给选定的成核位点，在 2.5 h 内制备出 1.5 in 的石墨烯单晶。这是较大的碳源供给量和铜镍合金更高的催化活性两方面因素共同作用的结果［图 2-24(g) ～ (i)］[59]。

5）掺杂石墨烯的可控制备

尽管本征石墨烯具有极高的载流子迁移率，但其载流子浓度极低，导致本征石墨烯的电导率较低。通过掺杂可以使石墨烯的费米能级相对狄拉克点发生位移，从而调节石墨烯的载流子浓度［图 2-25(a)］，其中费米能级位于狄拉克点之上为 n 型掺杂，位于狄拉克点之下则为 p 型掺杂。硼元素和氮元素是最常见的用于石墨烯掺杂的两种元素。

以氮掺杂石墨烯为例，在化学气相沉积制备过程中，可以引入额外的氮源（如氨气、联氨、二氧化氮等气体）或选用碳氮源（如乙腈、吡啶、吡咯和固态的一些三嗪及其衍生物），通过调节反应温度、氮源类型及引入时间和含量等，实现氮元素掺杂类型和掺杂浓度的控制。中国科学院化学研究所的刘云圻课题组首次使用化学气相沉积法制备出氮掺杂的石墨烯，他们分别以甲烷和氨气作为碳源和氮源，以铜为衬底制备出氮掺杂石墨烯[72]。化学气相沉积掺杂主要的问题是，杂原子的掺入会破坏石墨烯骨架结构，使其载流子迁移率明显降低，违背了掺杂石墨烯的初衷。而对氮掺杂的石墨氮、吡啶氮和吡咯氮［图 2-25(b)］三种形式，石墨氮掺杂的结构最稳定，对石墨烯本身晶格破坏最小，因而相对来说，该掺杂结构对载流子的散射也尽可能小，能保持较高的迁移率。为了进一步降低掺杂结构对载流子的散射，北京大学刘忠范课题组发展了一种簇状石墨氮掺杂的方法［图 2-25(c) ～ (e)］[73]。该方法通过选用乙腈作为前驱体，同时采用高温氧气钝化的方式，一方面扩大了单晶畴区，减少了晶界散射带来的迁移率降低，另一方面通过簇状的石墨氮掺杂有效地减少了电子散射，实现稳定的掺杂，室温迁移率高达 8600 $cm^2/(V \cdot s)$，其电导率比普通化学气相沉积掺杂石墨烯高一个数量级。

除了单一元素的掺杂，人们还关注多元素共掺杂的石墨烯制备，主要包

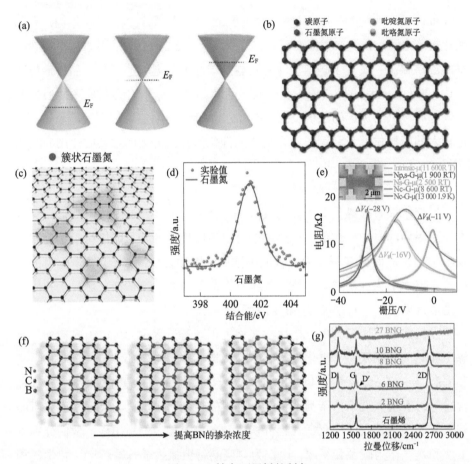

图 2-25　掺杂石墨烯的制备

(a) 磷掺杂、本征和氮掺杂石墨烯的能带结构示意图; (b) 三种不同类型的氮掺杂结构; (c) 簇状石墨氮掺杂示意图; (d) 簇状石墨氮掺杂石墨烯的 XPS 氮元素化学位移; (e) 本征、单点掺杂及簇状石墨氮掺杂石墨烯的电学性质; (f) 硼氮共掺杂石墨烯的结构随掺杂浓度提高的示意图; (g) 不同掺杂浓度的硼氮共掺杂石墨烯拉曼光谱

括两类: 一是对石墨烯进行硼氮共掺杂以调节石墨烯带隙和催化活性, 二是选区掺杂制备石墨烯的面内 PN 结。台湾研究机构的陈桂贤等采用甲烷和硼氨烷为前驱体制备了硼氮共掺杂的石墨烯(BNG), 并且他们研究了不同掺杂浓度的石墨烯结构及其性质的变化。拉曼结果显示, 随着硼氮掺杂浓度的提高, 拉曼光谱中 D 峰和 D′ 峰逐渐增加, 当掺杂浓度达到 27% 以上时, 2D 峰会消失。这意味着此时硼氮的掺杂已经严重破坏了石墨烯晶格 [图 2-25(f)、(g)]。此外, 北京大学刘忠范课题组按照顺序通入不同前驱体, 实现了选区

掺杂石墨烯的制备，并同时实现了石墨烯 IN 结和 PN 结的制备，并测量出了结区依赖的光电性质[74]。

6）双层石墨烯的可控生长

石墨烯层数和堆垛方式及扭转角度的严格控制非常重要，直接影响石墨烯的能带结构和物理性质。单层石墨烯的透光性最好，双层和少层石墨烯薄膜则拥有更高的电导率和机械强度。双层石墨烯的堆垛形式主要有两种，更稳定的结构为 AB 堆垛，即上层石墨烯的碳原子位于底层石墨烯碳原子形成的六元环的中心；另一种称为扭转双层石墨烯，随两层相对扭转角度的变化，石墨烯范托夫奇点的位置也会呈现角度依赖性，进而表现出特定波长光的更高吸收。在化学气相沉积生长过程中对石墨烯层数和堆垛方式进行精准控制一直是化学气相沉积技术的瓶颈性问题。美国加利福尼亚大学洛杉矶分校的段镶锋课题组通过增大氢气含量、减弱石墨烯边缘与铜的作用力、促使碳原子迁移到石墨烯底部成核生长的方法完成了双层石墨烯的制备［图 2-26(a) ~ (c)］[75]。Ruoff 课题组利用单晶 CuNi(111) 衬底并控制 Ni 含量，也实现了厘米尺寸 AB 堆垛双层和 ABA 堆垛的三层单晶石墨烯的可控制备［图 2-26(d) ~ (f)］[76]。在双层扭转石墨烯的制备方面，刘忠范、彭海琳团队[77]通过控制第一层和第二层石墨烯在不同位点成核，制备出 4°、13°、21° 和 27°等不同转角的双层石墨烯［图 2-26(g) ~ (i)］，并检测到光电流和光化学活性的选择性增强效应。2018 年，通过机械剥离和逐层转移法制备的小扭转角（如1.1°）的双层"魔角石墨烯"被发现具有神奇的超导效应，但对化学气相沉积直接生长来说，魔角石墨烯的制备及扭转角度的精准控制仍然面临挑战。

7）化学气相沉积生长过程中的本征污染与超洁净石墨烯的可控制备

在化学气相沉积生长条件下，在衬底表面生成石墨烯的同时，也伴随着各种无定形碳的生成，造成对石墨烯薄膜的"本征污染"。这些污染物会对石墨烯的物理化学性质和器件性能造成很大的影响。北京大学刘忠范课题组率先对石墨烯本征污染物的结构、起源、影响和消除方法做了系统研究。首先，石墨烯表面的本征污染物主要是边界层中的气相反应所产生的过量的活性碳物种，而气相中铜蒸气的含量有限，因此催化碳源重复裂解的能力不足，加剧了结晶性较差的大的碳氢团簇化合物的生成。在石墨烯/铜箔表面生成的污染物成分以无定形碳为主，结构上富含碳的五、七元环和畸变的六元

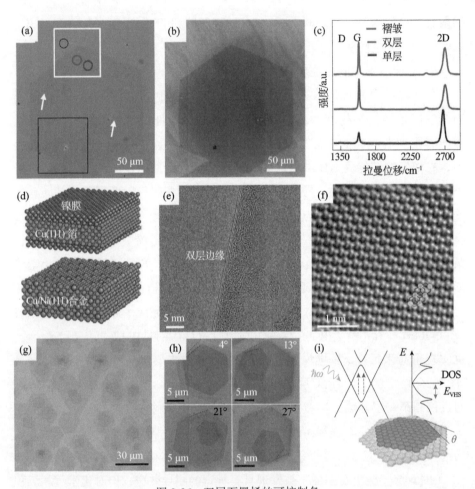

图 2-26 双层石墨烯的可控制备

(a)~(c) 通过极小的碳氢比实现双层石墨烯的制备，双层石墨烯光学图像、SEM 表征、拉曼光谱；
(d) ~ (f) 利用铜镍合金实现双层石墨烯的制备，铜镍合金形成示意图、TEM 表征；(g)、(h) 不同转角
的双层石墨烯光学图像及 SEM 表征，(i) 扭转双层石墨烯的结构和范托夫奇点的位置示意图，其中 E
表示能量，DOS 表示态密度，E_{VHS} 表示范托夫奇点能量

环。该课题组采用了多种策略来提高石墨烯的洁净度。通过构筑泡沫铜/铜箔
的垂直堆垛结构，借助泡沫铜提供额外的铜蒸气，该课题组成功制备出洁净
度高达 99%，连续洁净面积 1 μm 的超洁净石墨烯薄膜[78]。而常规化学气相
沉积制备的石墨烯样品其连续洁净面积仅为几十纳米，洁净度小于 50% ［图
2-27(a)、(b)］。基于类似的原理，他们选用了含铜碳源-乙酸铜来作为碳源，
发现对石墨烯洁净度的提升也有帮助 ［图 2-27(c)、(d)］[79]。基于无定形碳和石

墨烯反应活性的差异，通过选择合适的温度阈值范围，他们使用二氧化碳气体直接对石墨烯表面的无定形碳进行了选择性刻蚀，处理温度约 500℃即可［图 2-27(e)］[80]。另外，利用多孔碳材料与无定形碳相互作用较强的特点，他们

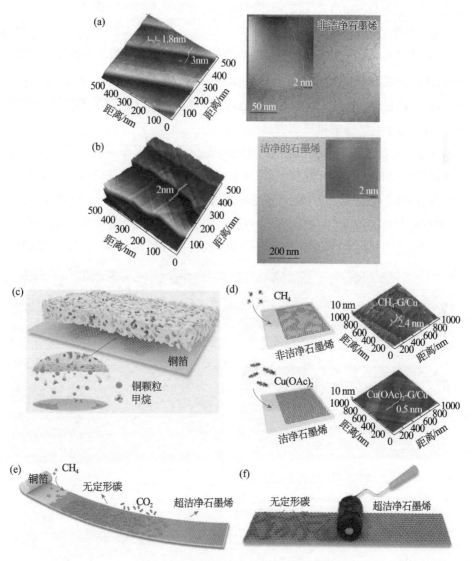

图 2-27　超洁净石墨烯的可控制备 [78-81]

(a) 普通化学气相沉积方法制备的洁净度较差的石墨烯样品的 AFM 及 TEM 表征结果; (b) 超洁净石墨烯 AFM 及 TEM 表征结果（表面无明显的颗粒、杂质和污染物）; (c) 使用泡沫铜/铜箔垂直堆垛结构制备超洁净石墨烯; (d) 以乙酸铜为碳源制备超洁净石墨烯; (e) 通过二氧化碳选择性刻蚀无定形碳制备超洁净石墨烯; (f) 通过"魔力粘毛辊技术"制备超洁净石墨烯

将活性炭做成滚轮状，实现了清洁石墨烯薄膜表面的目的，此被称为"魔力粘毛辊技术"［图 2-27(f)］[81]。超洁净石墨烯薄膜表现出优异的电学、光学、力学性质和亲水性，如超高的载流子迁移率［1 083 000 cm²/(V·s)]］和极低的接触电阻（96 Ω·μm）等，进一步证明了超洁净石墨烯的重要性。

8）石墨烯薄膜的规模化制备

除了对石墨烯薄膜的质量的调控之外，铜箔衬底上的石墨烯的放量制备和转移也是石墨烯实现工业化需要关注的问题。批次制程（batch-to-batch process）和卷对卷制程（roll-to-roll process）两种制备工艺被学术界和工业界广泛研究用于石墨烯的批量制备。

批次制程通常是通过搭建大尺寸的高温化学气相沉积系统，成批制备石墨烯薄膜。2010 年，韩国成均馆大学的 Byung Hee Hong 课题组将成卷的铜箔放入炉体，制备了 30 in 的大面积石墨烯薄膜［图 2-28(a)］[82]。利用管式炉在石英管径向温度均一的特点，将铜箔弯曲紧贴石英管壁使铜箔整体受热均匀，生长得到的石墨烯薄膜在大范围内具有良好的均一性。除了将铜箔卷

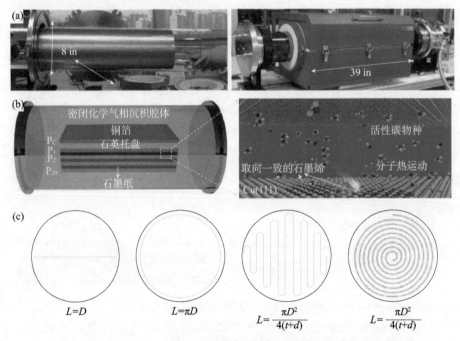

图 2-28　石墨烯薄膜规模制备的批次制程 [82, 83]

(a) 30 in 铜箔卷曲在 8 in 石英管内部照片；(b) 铜箔在石英管内部的堆垛放置结构；
(c) 不同铜箔堆垛方式的空间利用率

曲起来之外，也可以采用其他的堆积方式来更加有效地利用石英管内部空间。2018 年，中国科学院苏州纳米技术与纳米仿生研究所的刘立伟研究组采用了将铜箔堆叠的放置方式，中间以碳纸分隔开来以防止铜箔在高温下黏连［图 2-28(b)］[83]。同时作者采用了一种所谓的"静态气流"常压化学气相沉积方法，在通入足够量生长气体后切断气体供给，保持生长腔体内部稳定的气体环境，有利于提高石墨烯生长的均匀性。另外，铜箔的堆叠在铜箔之间形成了小狭缝，使得气体的流动变成分子流，甲烷分子可以与铜箔快速碰撞，从而可以大大地提高生长速度。对于提升批量制备的生产效率和降低成本，高效利用石英管内部空间非常重要。如图 2-28(c) 所示，不同的铜箔堆叠方式具有完全不同的铜箔有效长度，采取堆叠放置和卷曲放置能实现的铜箔生长尺寸远远大于炉体特征尺寸，可显著提高制备效率，对于降低石墨烯的生产成本具有重要价值。

卷对卷制程借助卷对卷生产设备，使得高温生长和连续化过程相结合。2011 年，日本的 Hesjedal[84] 首次展示了卷对卷制程，如图 2-29(a) 所示。这是一种典型的卷对卷设备示意图。该方法采用常压化学气相沉积法，生长气体通过气体扩散装置进入生长系统，铜箔通过 1 in 的管式炉连接在两个辊轮上。该方法制备的石墨烯质量不高，缺陷较多。2015 年，北京大学的刘忠范-彭海琳研究团队 [85] 改进该生长方法，提出了石墨烯的低压卷对卷化学气相沉积制备方法，实现了 5 cm × 10 m 尺寸铜箔表面石墨烯薄膜的连续化制备［图 2-29(b)］，其中石英管的直径为 4 in。通过精确地控制气体流量、运转速度等，制备得到的单层石墨烯面电阻可达约 600 Ω/sq。此外，他们还将石墨烯采用电化学鼓泡的方法转移到塑料衬底上，实现了尺寸达到 5 cm × 10 m 的石墨烯透明导电薄膜的制备。

通常在石墨烯生长之前，需要将铜箔在氢气环境下退火以除去铜箔表面的氧化层。以上提到的两种卷对卷的炉体设计均无法实现退火的过程。为此，美国麻省理工学院的 Hart 等 [86] 提出了使用同心轴卷对卷化学气相沉积方法，如图 2-29(c) 所示。炉体由内管和外管构成，薄铜箔缠绕在内管上，在辊轮的作用下连续地在内管和外管之间运转。高温区分为退火区和生长区，退火区由外管供给氢气退火，生长区由内管供给甲烷生长，在一次卷对卷过程中同时实现了退火和生长两个步骤。通常而言，石墨烯薄膜的质量与产能

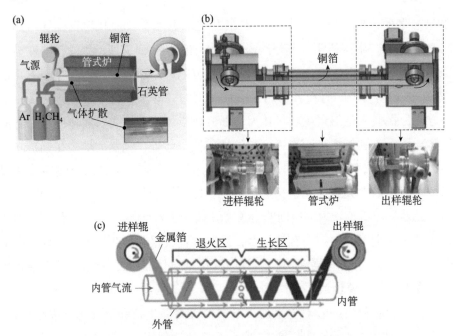

图 2-29　石墨烯的卷对卷批量制备制程 [84-86]

(a) 小尺寸铜箔表面石墨烯的卷对卷制备系统; (b) 石墨烯同心轴卷对卷制备系统;

(c) 大尺寸铜箔表面石墨烯的卷对卷批量制备示意图

不可兼得。要考虑石墨烯的成核和生长速度、气体供给等决定最优化的生长时间，进而确保在尽可能大的运转速度下进行高质量石墨烯薄膜的制备。

2. 基于绝缘衬底的化学气相沉积法

对于石墨烯的应用，通常是在金属衬底上先通过化学气相沉积法生长得到石墨烯薄膜，之后通过复杂的物理化学过程把石墨烯从铜箔表面金属衬底剥离下来，再转移到目标衬底上。而在目前，石墨烯薄膜的剥离和转移仍是一个重大的技术挑战。这一过程很容易引入各种污染物，同时可能造成石墨烯的褶皱和破损，并且提高了石墨烯面向应用的成本。为此，发展各种基于绝缘衬底制备高质量石墨烯薄膜的方法，使其可以直接用于石墨烯的性能表征和器件构筑，也是实现石墨烯薄膜应用的重要路径。

本节对石墨烯在绝缘衬底上的生长过程和生长机理进行了分析，并在此基础上重点介绍几种常见的生长方法，最后介绍超级石墨烯玻璃的制备方法。

1）石墨烯在绝缘衬底上生长的特殊性

与金属衬底上的生长相比，在绝缘衬底上生长的石墨烯是极具挑战性的。

金属衬底本身具有良好的催化性，可以降低碳源的裂解势垒，降低碳源裂解分度和石墨化温度对石墨烯的生长是十分有利的；绝缘衬底催化活性极弱，不利于石墨烯的生长。这里以金属铜为参照，比较金属衬底与绝缘衬底表面石墨烯的生长过程（图 2-30）[87]。对铜衬底而言，石墨烯的成核通常发生在晶界、缺陷及其他能量高的位点。成核之后，以这些核为中心，裂解形成的碳活性基团迁移并键连到石墨烯核边缘上。在这个过程中，碳原子迁移势垒低 [0.06 eV，Cu(111) 晶面[88]]，并且石墨烯边缘以铜原子终止，进一步降低了碳原子键连到石墨烯边缘所需跨过的能垒。然而对于绝缘衬底，非晶态的绝缘衬底表面更加粗糙，缺陷密度更大，因此成核密度通常比金属表面高出几个数量级。并且，碳原子迁移势垒高（>1 eV，石英[89]），碳原子键连到石墨烯边缘的能垒也更大，这就导致绝缘衬底表面的石墨烯往往质量较差而生长速度缓慢。

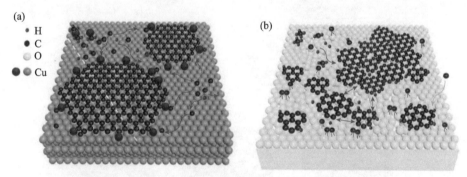

图 2-30 铜衬底与绝缘衬底表面石墨烯生长过程对比示意图[87]

2）高温热裂解生长法

利用高温使碳源分子的化学键断裂是最直接的裂解手段，也是绝缘衬底生长石墨烯最常用到的方法。高温热裂解的优势在于反应不引入其他物质，避免对石墨烯的掺杂和污染，同时高温有利于石墨烯的生长，获得质量更高的石墨烯薄膜。

对于高温热裂解生长石墨烯的过程，碳源种类及浓度、衬底前处理、生长温度、生长时间等都是对石墨烯质量的重要影响因素。常用甲烷作为气态碳源。由于甲烷热裂解效率较低，通常采用常压化学气相沉积生长工艺。乙醇是常用的液态碳源，通常采用低压化学气相沉积工艺。不同气体氛围下退火会对衬底带来不同的影响。在氧气氛围下退火，衬底表面吸附的氧能够捕获碳氢化合物自由基，有利于石墨烯成核。相反，还原气氛下退火处理的衬底不利于石墨烯成核[90]。

　　高温对石墨烯在绝缘衬底上的生长通常是十分有利的。一方面，温度越高，碳源的热裂解效率越高，碳活性物种浓度增大，石墨烯的生长速度加快。另一方面，高温可以促进碳原子在绝缘衬底表面的迁移，有助于石墨烯的长大。

　　碳源浓度对石墨烯生长的影响与金属衬底类似。借鉴金属衬底，可以采用"两段法"对碳源浓度进行控制，在成核阶段提供较高的碳源浓度，在生长阶段提供较低的碳源浓度，抑制成核，从而获得较大畴区的石墨烯。2013年，中国科学院化学研究所刘云圻课题组在氮化硅衬底表面，通过两步生长法制备出了较高质量的石墨烯薄膜（图 2-31）[91]。通过不同的碳源浓度分别

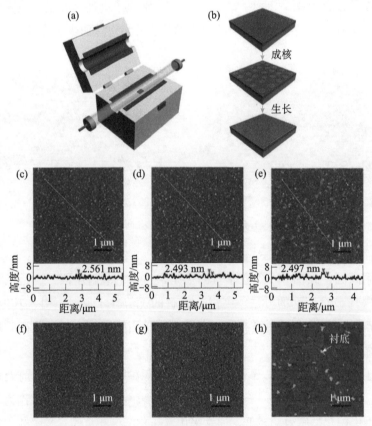

图 2-31　"两段法"生长石墨烯[91]

(a)、(b) 两段法生长石墨烯的化学气相沉积系统、成核与生长过程示意图；(c)、(d) 氮化硅衬底 AFM 表征；(e)、(f) 石墨烯在氮化硅衬底上成核过程的 AFM 表征；(g)、(h) 石墨烯在氮化硅衬底上生长过程的 AFM 表征

调控成核过程与生长过程，从而可以调控石墨烯的成核密度与生长速率，最后得到的薄膜的迁移率可达 1510 cm²/(V·s)。

3）等离子体辅助生长法

除了常规的热裂解之外，碳源还可以通过其他辅助手段进行裂解，等离子体增强化学气相沉积（plasma enhanced chemical vapor deposition，PECVD）技术是纳米材料制备中常用的手段。PECVD 技术利用高能等离子体所提供的活性粒子（高能电子、激发态分子和原子、自由基及光子）来辅助前驱体碳源的裂解，可以有效降低石墨烯生长所需的温度，并且缩短石墨烯生长所需的时间。常用的 PECVD 生长石墨烯装置如图 2-32(a) 和 (b) 所示，图中所示为射频（radio frequency，RF）等离子体发生器。在气路的上游，等离子体发生器产生高能等离子体以促进碳源裂解成活性碳物种，随后进行石墨烯的生长。PECVD 体系适用性广泛，如图 2-32(c) 和 (d) 所示。在 400~600℃的低温下，PECVD 体系在多种衬底上都可完成石墨烯的生长，但不同衬底

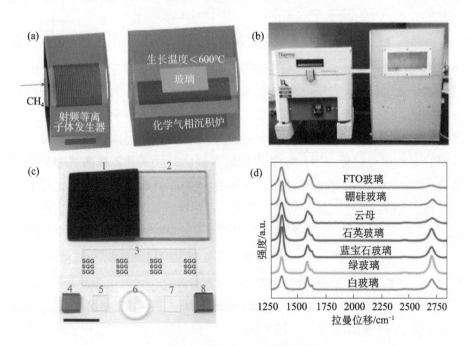

图 2-32　PECVD 生长石墨烯 [92]

(a)PECVD 体系生长石墨烯示意图; (b) 由等离子体线圈（右）与管式炉（左）构成的 RF-PECVD 装置; (c) 不同衬底上 PECVD 法生长得到石墨烯的光学照片; (d) 不同衬底上 PECVD 法生长得到石墨烯的拉曼表征

上得到的石墨烯质量仍然存在差异[92]。

通常情况下，在电场诱导、离子轰击、应力等多种因素的共同作用下，基于 PECVD 体系低温生长的石墨烯为呈垂直取向的纳米片结构［图 2-33(a)、(c)、(e)、(f)］。这种纳米片的厚度一般在几纳米至几百纳米之间。这种特殊的三维结构在某些领域具有特殊的用途，如光热转换、传感器等。电磁场是诱导石墨烯垂直取向的重要原因。因此，通过引入法拉第笼来有效屏蔽电磁场作用，可以抑制石墨烯在垂直取向上的生长［图 2-33(b)、(d)、(g)、(h)］[93]。同时法拉第笼可以有效地阻止离子轰击效应，降低衬底附近的电场强度，减少样品表面的电荷积累及活性物种的吸附，进而提升石墨烯的品质。

4）助剂辅助生长法

由于金属可以有效催化碳源裂解、促进石墨烯的生长，因此常被用作催化剂来辅助绝缘衬底上石墨烯的生长。实现金属催化的方式有很多种，主要包括金属蒸气远程催化、界面偏析方法、牺牲金属层方法、含金属前驱体辅助方法。

远程催化通常的做法是，将金属箔或蒸镀的金属层置于气路上游或者金属周围，利用高温时金属挥发产生的蒸气催化碳源的裂解，使碳原子在远处的绝缘衬底上成核、生长。与单纯的热裂解相比，金属催化剂使得碳源裂解的反应活化能降低，裂解效率更高，石墨烯生长速度加快；同时使得碳氢化合物的分解更加完全，所制备的样品中的缺陷更少，质量更高。由于金属铜的熔点相对较低，因此常被用作远程催化的金属源。韩国浦项科技大学 Hee Cheul Choi 课题组通过图 2-34(a) 所示的方法放置铜箔，使绝缘衬底上方有尽可能高的金属蒸气浓度，从而制备出高质量的单层石墨烯薄膜［图 2-34(b)］[94]。在此基础上，为了进一步提高金属蒸气的浓度，他们又采用了如图 2-34(c) 所示的三明治结构[95]，将铜箔置于目标衬底与 SiO_2/Si 衬底之间。在一定的温度下，铜箔与 SiO_2/Si 衬底形成铜硅合金，合金相的熔点更低，可以导致铜的大量挥发，从而获得更高的铜蒸气浓度。与悬空铜箔的方法相比，这种方法在保证石墨烯高质［图 2-16(d)］的同时可以实现更大面积石墨烯的均匀制备。同时，XPS 表征结果显示该方法无铜残留。

界面偏析的方法通常是，利用金属镍的高溶碳量，在高温条件下，碳原子溶解进入镍的体相中，然后在降温过程中通过镍的偏析生长机理在绝缘衬底

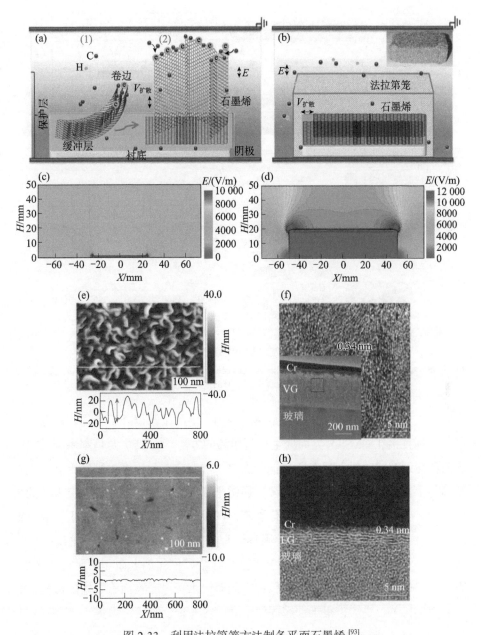

图 2-33　利用法拉第笼方法制备平面石墨烯[93]

(a) 电场诱导作用下石墨烯垂直纳米片形成示意图; (b) 法拉第笼制备二维平面石墨烯示意图; (c)、(d)
无法拉第/有法拉第笼时电场强度模拟; (e)、(f) 垂直结构石墨烯纳米片的 AFM 表征及 TEM 表征;
(g)、(h) 二维平面石墨烯薄膜的 AFM 表征及 TEM 表征

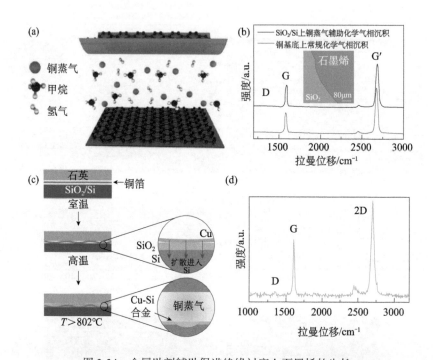

图 2-34　金属助剂辅助促进绝缘衬底上石墨烯的生长

(a) 金属铜远程催化石墨烯生长示意图; (b) 铜蒸气远程催化与铜箔表面生长得到的石墨烯拉曼光谱对比; (c)、(d) 铜硅合金催化石墨烯生长示意图以及得到的石墨烯拉曼光谱表征

表面生长出石墨烯薄膜，最后将金属刻蚀即可。除了镍以外，李连钟课题组发展了一种直接在 Cu/SiO₂ 界面处生长石墨烯的方法[96]。其主要是利用碳源在铜表面催化裂解成碳原子后，通过铜的晶界扩散到金属和绝缘衬底的界面完成石墨烯的生长。而牺牲金属层的方法，通常是在绝缘衬底表面蒸镀一层很薄的金属薄膜，碳源在金属表面进行催化裂解，产生的活性碳物种在表面生长成石墨烯[97]。在高温的条件下，金属薄膜逐渐挥发，直至石墨烯贴合于绝缘衬底表面。在这个过程中，石墨烯实际上是生长在金属催化剂上而非绝缘衬底表面，因此石墨烯与绝缘衬底的附着力较差。同时，由于金属表面石墨烯的覆盖，金属表面生长了石墨烯，很难彻底挥发干净，容易有金属残留物。

　　为了进一步减少金属残留，刘忠范课题组提出了以二茂镍作为碳源快速生长石墨烯的方法[98]。二茂镍在高温下可以裂解产生镍原子和碳五元环，可以实现原位催化，有效提高绝缘衬底上石墨烯生长的速度，从而实现大规模、高质量石墨烯/氮化硼层间结构的可控制备。

除了金属助剂以外，含氧助剂（如氧气、水、甲醇）、含氟助剂、硅烷等同样可以辅助石墨烯的生长。中国科学院金属研究所的任文才课题组[99]利用在生长过程中通入微量水实现了在SiO_2/Si上石墨烯的均匀快速生长，他们认为水的温度和氧化作用可以有效降低其边缘生长势垒，提升其制备的石墨烯的均匀性和生长速率［图2-35(a)～(c)］。中国科学院化学研究所的于贵课题组[100]提出在生长前驱体中加入甲醇，修饰二氧化硅衬底表面，使硅终止的表面转变为羟基终止的表面，促进石墨烯初次成核的边缘生长，并且抑制二次成核，控制石墨烯的层数为单层［图2-35(d)～(f)］。北京大学刘忠范课题组将金属氟化物置于目标衬底下方，利用其高温释放的氟降低碳活性物种与石墨烯边缘键连的能垒，从而促进石墨烯的快速生长［图2-35(g)～(i)］[101]。

5）超级石墨烯玻璃

玻璃是一种古老的透明装饰材料，是常见的绝缘衬底。玻璃在我们生活中具有广泛的用途，而石墨烯与玻璃的结合是新兴纳米材料与传统材料的完美碰撞。一方面，石墨烯可赋予玻璃导电、导热、疏水、生物相容等新属性；另一方面，玻璃可作为石墨烯的良好载体，为石墨烯大规模应用提供重要的切入点。

北京大学刘忠范团队率先在传统玻璃衬底上实现了石墨烯薄膜的直接生长，并提出了"超级石墨烯玻璃"的概念。他们首先通过常压化学气相沉积法实现了石墨烯层数可调的石墨烯玻璃的制备［图2-36(a)～(c)］[102]。为解决常压化学气相沉积过程中石墨烯生长速度慢、不均匀的问题，他们借助乙醇碳源在低压化学气相沉积体系中实现了60 cm均匀石墨烯玻璃的快速制备［图2-36(d)和(e)］[103]。另外，他们发展了在熔融态玻璃表面生长石墨烯的技术，实现了以普通钠钙玻璃为衬底在高温下石墨烯的生长［图2-36(f)～(h)］[104]。不同于耐高温石英玻璃上石墨烯的生长，石墨烯生长初期会同时形成很多均匀分布的石墨烯小核，小核逐渐长大，形成大小均匀的石墨烯圆片，这归因于熔融玻璃表面是各向同性的，并且碳原子在熔融玻璃表面迁移势垒低，因此石墨烯可以获得较高的生长质量。当石墨烯逐渐拼接为完整的薄膜后，石墨烯的生长会逐渐减慢甚至停止，符合"自限制"生长机制。采用熔融床生长方法可以在一定程度上缓解由于玻璃表面碳迁移能力弱引起的石墨烯结晶质量差的问题。

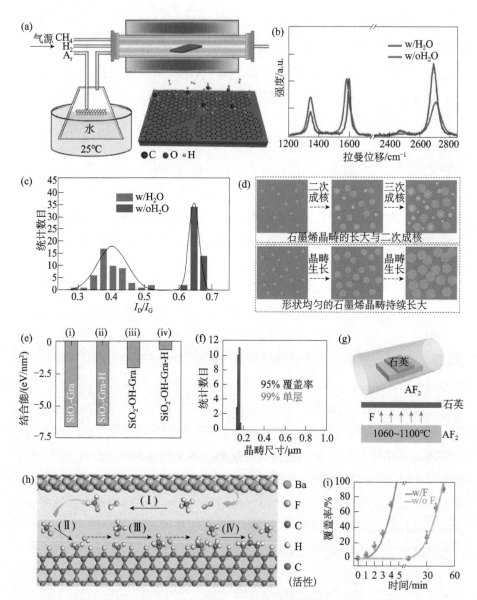

图 2-35　水、甲醇、金属氟化物作为助剂辅助石墨烯生长 [99-101]

(a) 水辅助生长石墨烯装置；(b) 有水/无水时石墨烯生长结果拉曼表征；(c) 有水/无水时石墨烯 I_D/I_G 比值统计；(d) 甲醇辅助抑制石墨烯二次成核示意图；(e) 无/有羟基修饰的 SiO_2 表面与石墨烯的结合能；(f) 有羟基修饰的 SiO_2 表面石墨烯晶畴尺寸统计；(g) F 辅助生长石墨烯示意图；(h) 氟辅助时碳氢物种与石墨烯边缘键连示意图；(i) 有/无氟辅助时石墨烯的生长速度

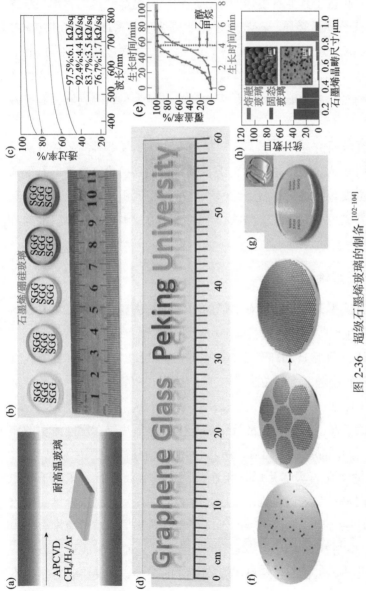

图 2-36　超级石墨烯玻璃的制备 [102-104]

(a) 常压化学气相沉积生长石墨烯流量任硼硅玻璃衬底生长长石墨烯的光学图像；(b) 不同甲烷流量任硼硅玻璃衬底生长长石墨烯的光学图像；
(c) 石墨烯玻璃紫外可见透射光谱及面电阻；(d) 低压化学气相沉积法制备的 60 cm 长石墨烯玻璃光学图像；
(e) 甲烷与乙醇分别作碳源时石墨烯生长速度对比；(f) 熔融态玻璃表面生长石墨烯过程示意图；
(g) 熔融床法制备得到的石墨烯玻璃光学图像；(h) 熔融玻璃与固态玻璃上生长的石墨烯晶畴的比较，比例尺为 1 μm

三、石墨烯纤维的制备方法

石墨烯纤维（graphene fiber）是由微观二维石墨烯单元组成的具有宏观一维结构的材料。相较于其他石墨烯的存在形式，石墨烯纤维能够在一维维度更好地发挥本征石墨烯轻质、高导电导热和高强度［密度约为 $0.1\ g/cm^3$，电导率约为 $10^5\ S/m$，热导率约为 $100\ W/(m\cdot K)$，抗拉强度约为 $1000\ MPa$，杨氏模量约为 $100\ GPa$］等诸多优异特性，并易于与已有纺织技术结合，在高敏超快光电探测器、多功能柔性电子织物、先进复合材料等领域具有广阔的应用前景。

随着石墨烯纤维研究逐渐兴起，人们更加关注石墨烯纤维的制备方法并开拓其全新的应用领域。图 2-37 所示为石墨烯纤维发展简史。迄今，石墨烯纤维的制备方法主要包括氧化石墨烯纺丝和化学气相沉积两种途径，根据具体工艺流程的差异又可分为湿法纺丝法、干法纺丝法、水热法、薄膜加捻法和模板法等。

（一）氧化石墨烯纺丝法

在诸多制备方法中，基于氧化石墨烯的湿法纺丝法具有步骤简单、原料成本低、易规模化生产等优势，是目前最广泛使用的制备方法。

浙江大学高超课题组于 2011 年首次提出利用液相氧化石墨烯湿法纺丝，辅以还原工艺得到石墨烯纤维的做法[105]。他们首先利用氧化石墨烯水分散液的液晶性质发展了湿法纺丝制备氧化石墨烯纤维的方法[106]。如图 2-38 所示，纺丝的形成可分为三步。首先，分散液中的氧化石墨烯片层在定向流动的作用下形成单向排列的液晶结构；随后，纺丝原液与凝固浴之间发生溶剂交换，使得原本溶剂化的氧化石墨烯片层互相连接并形成凝胶纤维，在此过程中拉拔促使其沿轴向进一步定向排列；最后，随着溶剂挥发，凝胶纤维径向收缩、氧化石墨烯片层弯曲，形成干燥的纤维，氧化石墨烯片层紧凑堆叠、表面布满褶皱[106]。将制备的氧化石墨烯纤维经还原后进而可制成还原氧化石墨烯纤维，得到的还原氧化石墨烯纤维具有极佳的柔性，即使将其打结也不会断裂。这一方法可以得到数米的石墨烯纤维。在此基础上，后续该团队通过纺丝过程的缺陷工程设计、微流控调控等方案进一步提升了石墨烯纤维的性能[107]。

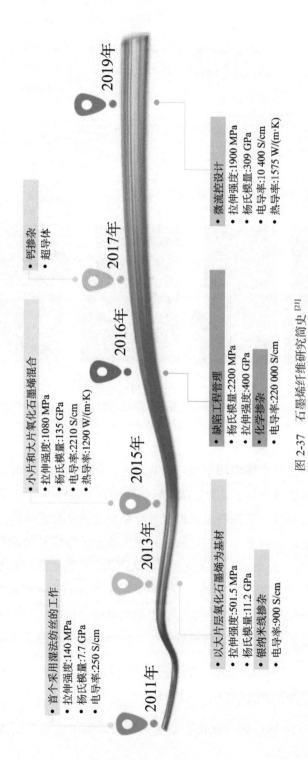

2019年
- 微流控设计
- 拉伸强度:1900 MPa
- 杨氏模量:309 GPa
- 电导率:10 400 S/cm
- 热导率:1575 W/(m·K)

2017年
- 钙掺杂
- 超导体

2016年
- 小片和大片氧化石墨烯混合
- 拉伸强度:1080 MPa
- 杨氏模量:135 GPa
- 电导率:2210 S/cm
- 热导率:1290 W/(m·K)

- 缺陷工程管理
- 杨氏模量:2200 MPa
- 拉伸强度:400 GPa
- 化学掺杂
- 电导率:220 000 S/cm

2015年

2013年
- 首个采用湿法纺丝的工作
- 拉伸强度:140 MPa
- 杨氏模量:7.7 GPa
- 电导率:250 S/cm

- 以大片层氧化石墨烯为基材
- 拉伸强度:501.5 MPa
- 杨氏模量:11.2 GPa
- 银纳米线掺杂
- 电导率:900 S/cm

2011年

图 2-37　石墨烯纤维研究简史 [21]

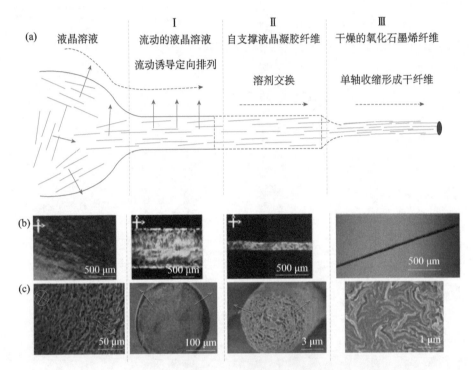

图 2-38　氧化石墨烯纤维的制备过程示意图和形貌 [106]

(a) 湿法纺丝制备氧化石墨烯纤维示意图; (b) 不同阶段的氧化石墨烯纤维实物图;

(c) 不同阶段的石墨烯纤维打结后的扫描电子显微镜图

此后，东华大学李耀刚和朱美芳团队改进了传统的湿法纺丝法，在纺丝液中加入脱氧胆酸钠制备了具有三维交联结构的石墨烯纤维 [108]。为减少湿法纺丝过程中纤维水洗时溶剂挥发过慢对纤维结构、性能稳定性和生产效率的影响，高超团队还发展了一种利用氧化石墨烯凝胶干法纺丝制备石墨烯纤维的方法 [109]。此外，北京理工大学曲良体团队还提出一种水热还原制备石墨烯纤维的方法 [110]。他们将氧化石墨烯分散液封装到毛细石英管模具中，在水热还原的过程中石墨烯片层自发组装形成石墨烯纤维。该方法省去了氧化石墨烯纤维繁杂的还原过程，且制备的纤维可与其他功能性小分子或纳米颗粒均匀复合。

（二）化学气相沉积法

上述几种方法都是基于氧化石墨烯来制备纤维的，后续还原过程较烦琐，且纤维表面氧化官能团难以完全被还原，会影响纤维的性能。化学气相沉积法作为批量制备高品质石墨烯薄膜的理想方法，也激起了人们尝试用其合成石墨烯纤维的兴趣。清华大学朱宏伟团队通过刻蚀除去铜箔衬底，让化学气相沉积生长的石墨烯薄膜在乙醇等有机溶剂中自发卷曲成石墨烯纤维。美国凯斯西储大学戴黎明团队和清华大学朱宏伟团队分别以金属丝和金属网格为模板生长石墨烯后，刻蚀去除模板后得到相应的石墨烯纤维和织物。

北京大学刘忠范团队在传统化学气相沉积法制备石墨烯/石英纤维的基础上，提出了采用强制流化学气相沉积法来实现石墨烯/石英纤维的批量制备[111]。他们以两个石英管嵌套构筑了一个狭小的空间来实现强制流，同时将石英纤维作为生产衬底卷绕在内层石英管外壁，以这样的方式增加碳活性物种碰撞频率来实现低压下石墨烯在石英纤维表面的均匀生长（图2-39），并且可以实现批量化制备。在得到单束纤维的基础上进一步编织加工，可以得到石墨烯纤维织物，这种织物具有良好的柔性及优异的电加热性能，在叶片除冰等领域存在潜在应用。

同样在化学气相沉积制备体系中，为避免后刻蚀工艺，哈尔滨工业大学深圳研究院于杰团队发展了一种基于聚合物前驱体纤维氨气碳化再生长石墨烯纤维的新方法[112]。值得一提的是，该方法本质上制备的是石墨烯/碳复合纤维，但其依然具有优异的导电、导热和力学性能。该方法过程简便，在批量制备石墨烯纤维方面有一定的优势。

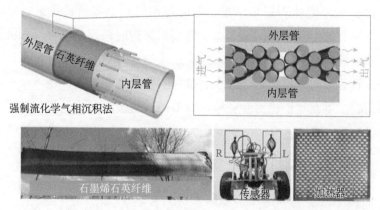

图 2-39　强制流化学气相沉积法实现石墨烯/石英纤维的批量制备 [111]

四、泡沫石墨烯的制备方法

泡沫石墨烯是一种以少层石墨烯连接形成的具有三维网络结构的宏观材料，具有气相与固相双连续的结构特征。这种新型石墨烯材料保持了单层和少层石墨烯的诸多优良特性并具有独特的性能。首先，泡沫石墨烯拥有超高比表面积、丰富的孔隙和开放孔道。同时，它还具有密度低、导电性好、对气体/活性物质吸附性好、良好的机械柔性和化学稳定性高等特点。这些优良的特性给人们带来了广阔的想象空间。例如，超高比表面积有利于物质的负载和交换，在催化、环境保护、生物医学领域显示出巨大的应用潜力。加之其优良的导电性能，泡沫石墨烯也给高性能传感器件开发带来了新的材料选项。泡沫石墨烯中丰富的多孔结构为原子、离子及分子的传输提供了通道，有望改善动力电池和超级电容器的性能。除此之外，近年来人们还将泡沫石墨烯材料用于高效光热转换、海水淡化、油水分离、电磁屏蔽等领域，展示出其广阔的应用前景。

泡沫石墨烯材料的制备方法主要有组装法和化学气相沉积合成法两大类。组装法可以直接通过水热还原、化学还原或者冷冻干燥的方法将氧化石墨烯片或还原氧化石墨烯片组装得到具有网状结构的泡沫石墨烯，也可与高分子溶液混合通过三维打印法制备得到泡沫石墨烯。这种方法得到的泡沫石墨烯通常形貌不可控、纯度不高、结晶性相对较差、导电性较低，但产量大，可规模化制备。化学气相沉积合成法则是利用化学气相沉积技术依托于模板直接生长出泡沫石墨烯结构，如此得到的石墨烯质量更高、导电性更好，并可以通过生长模板的设计实现对形貌结构的调控。化学气相沉积合成法的挑战是规模化和低成本制备，还有很大的努力空间。另外，采用模板法生长泡沫石墨烯时，模板的去除也会增加工艺难度和成本，还涉及模板衬底的残留问题。下面我们将对制备泡沫石墨烯的组装法和化学气相沉积合成法分别进行介绍。

（一）组装法制备泡沫石墨烯

1. 水热还原法制备泡沫石墨烯

水热还原法制备泡沫石墨烯的过程可以描述为氧化石墨烯片层在水热釜

的高温高压环境下被还原，部分发生物理堆叠并通过片层间 π–π 相互作用连接，进而形成具有网络状结构的泡沫石墨烯。清华大学石高全课题组将氧化石墨烯作为原料投入反应釜中，于 180 ℃加热反应 12 h 得到具有网状结构的泡沫石墨烯（图 2-40）[113]。作者在实验过程中尝试了不同的氧化石墨烯浓度，发现前驱物的浓度对最终产物的结构有直接影响。当氧化石墨烯的浓度低于临界值 0.5 mg/mL 时，无法得到泡沫结构的产物。另外，随着水热反应时间的延长，产物体积减小，结构趋于紧密。这种方法制得的泡沫石墨烯结构相对松散，在后续干燥处理和使用过程中容易发生结构坍塌，因而会在一定程度上降低其性能表现。

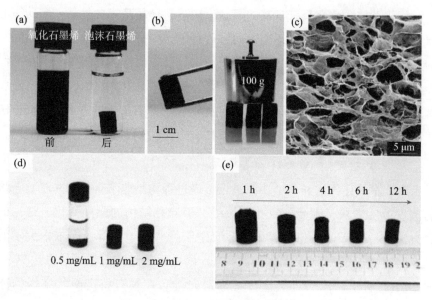

图 2-40　水热法制备泡沫石墨烯 [113]

(a) 氧化石墨烯悬浮液进行水热反应前后照片; (b) 泡沫石墨烯的实物照片; (c) 泡沫石墨烯内部微观结构的 SEM 图像; (d) 不同氧化石墨烯浓度（C_{GO}）得到的泡沫石墨烯的实物照片; (e) 不同水热反应时间下得到的泡沫石墨烯的实物照片

　　一般来说，通过水热法制备得到的石墨烯宏观结构的机械强度不高，主要是由于还原反应导致氢键数量减少及干燥过程的体积膨胀。解决该问题的一种有效途径是加入"交联剂"，增强石墨烯片层之间的相互作用。例如，可在水热反应过程中加入硫脲（CH_4N_2S）作为辅助试剂 [114]，硫脲可以在泡沫石墨烯形成期间热分解而造孔，同时可在石墨烯上引入新的官能团

（—NH$_2$、—SO$_3$H）以增加氢键的数量，从而增强石墨烯片层之间的机械强度。除此之外，也可向体系中加入一些贵金属（Au、Ag、Pb、Ir、Rh、Pt 等）纳米粒子[115]及二价正离子（Ca$^+$、Ni$^+$、Co$^+$）[116]来增强泡沫石墨烯的结构强度。

水热还原法可以有效构筑泡沫石墨烯的网状结构，并且具有工艺简单、原料便宜且可规模化制备等优点，是泡沫石墨烯的常用制备方法，但石墨烯纯度问题仍是其面临的重大挑战。水热法处理氧化石墨烯的还原条件大都比较温和，其含氧残基难以完全被去除，故泡沫石墨烯产物的导电性、导热性和吸油性会有所损失。

2. 化学还原法制备泡沫石墨烯

氧化石墨烯片上具有丰富的羟基、羧基、环氧基等含氧基。多功能的还原剂不仅可以将含氧基团还原，而且可利用这些基团的相互作用将不同片层的石墨烯通过化学键连接起来，形成结构较稳定的泡沫石墨烯。现在人们已经发展了使用 NaHSO$_3$、Na$_2$S、HI、维生素 C、抗坏血酸钠、对苯二酚、间苯二酚树脂、NH$_4$OH 等还原剂直接还原制备泡沫石墨烯的方法。这些方法可在常压下实现，但是需要较长的时间来除去还原过程中使用的还原剂。

3. 冷冻干燥法制备泡沫石墨烯

对于水热还原法和化学还原法，干燥过程均是非常重要的一步，若溶剂的蒸发速度太快，则会导致孔洞塌缩，引起孔结构的剧烈变化。常见的干燥方法有冷冻干燥、超临界干燥、真空干燥、热干燥等。墨尔本大学的李丹课题组提出了一种巧妙的借助冷冻干燥法制备泡沫石墨烯的方法[117]。如图 2-41(a) 所示，他们将氧化石墨烯定向排布在具有特定网状结构的冰晶体上，使得其依附于冰晶体相互连接组成网络结构，最后通过高真空低温冷冻干燥的方法去除冰模板，便可制备出具有多孔结构的泡沫石墨烯［图2-41(b)～(d)］。这种制备方法简便快捷、绿色环保，并且泡沫石墨烯的结构可通过冰模板的微观形貌来"定制"。

（二）化学气相沉积合成法制备泡沫石墨烯

组装法制备泡沫石墨烯主要存在两大问题与挑战：一是泡沫石墨烯为无数小片层石墨烯的组装体，存在无法完全还原的残基和较大的层间接触电阻，因此通常获得的泡沫石墨烯的导电性很差；二是其不稳定的拼接方式导致大部分

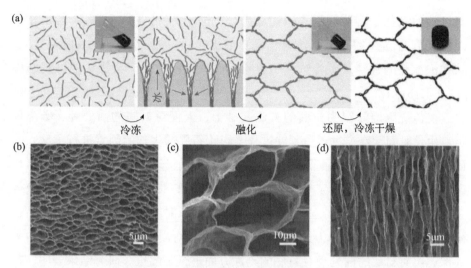

图 2-41 冷冻干燥法制备泡沫石墨烯[117]

(a) 冷冻干燥法制备泡沫石墨烯的过程示意图; (b)～(d) 多孔结构的泡沫石墨烯 SEM 图像

材料的结构稳定性差强人意。化学气相沉积法目前已广泛用于高质量石墨烯薄膜的规模化制备,在泡沫石墨烯制备方面也得到高度重视,有广阔的发展前景。

石墨烯的化学气相沉积生长通常需要在衬底表面进行。在三维多孔的生长衬底上进行石墨烯的生长,可在衬底表面生长出单层或少层石墨烯,其结构完全复制衬底的三维结构,去除衬底后则可获得对应形貌的泡沫石墨烯。这种石墨烯材料可以实现畴区拼接,其面内可看作是完全连续的,因而导电性能普遍优于组装法获得的泡沫石墨烯。由于模板不同,我们可将其分成金属模板法和非金属模板法两种。

1.金属模板法

过渡金属可以有效催化碳源裂解和石墨烯的生长。另外,从商业化的角度看,泡沫铜、泡沫镍已经实现大规模廉价的工业化制备,因此被广泛用作三维石墨烯的生长衬底。

中国科学院金属研究所成会明院士课题组使用商用泡沫镍作为生长模板成功制备了可自支撑的泡沫石墨烯[118]。首先,作者采用常压化学气相沉积系统,使用甲烷作为碳源,于 1000℃下在泡沫镍表面生长得到石墨烯;然后,利用高聚物聚甲基丙烯酸甲酯(polymethyl methacrylate, PMMA)辅助支撑,通过热的氯化铁溶液对泡沫镍衬底进行刻蚀；最后，用热丙酮除去 PMMA 即可得到自支撑的石墨烯泡沫［图 2-42(a)］。这种方法可通过对不同尺寸结构泡沫镍的选择及碳源浓度、生长时间等方便地调节石墨烯的微观结构［图 2-42(b)、(c)］。

在传统以泡沫镍为衬底的方法基础上，人们对衬底的前处理、碳源种类、生长时间、降温过程、刻蚀过程等影响石墨烯生长的因素进行了深入的研究，实现了对泡沫石墨烯生长过程的优化。南洋理工大学范洪金课题组从碳源的种类着手，通过鼓泡法引入乙醇作为碳源，在较低的生长温度下获得了高质量泡沫石墨烯[119]。Ruoff 课题组则从生长时间和降温过程着手，通过延长生长时间和降低降温速度获得了厚层泡沫石墨烯[120]。得克萨斯大学史立课题组对衬底的前处理及衬底的刻蚀方面进行了改进。研究结果表明，在 1100℃的高温下对泡沫镍退火处理可使泡沫镍表面变得平滑的同时增大镍的晶粒，有利于高质量石墨烯的生长。并且，用硝酸铁溶液及过硫酸铵溶液替代稀盐酸溶液作为刻蚀剂，刻蚀过程更温和，没有气泡产生[121]。

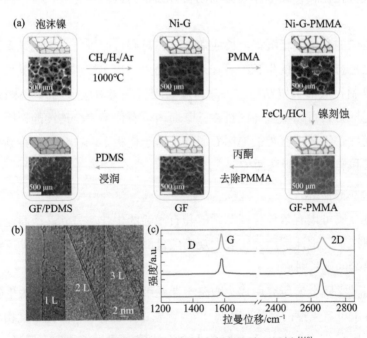

图 2-42　泡沫镍作为生长衬底制备泡沫石墨烯[118]

(a) 泡沫石墨烯的制备过程示意图及对应的 SEM 表征；泡沫石墨烯的 TEM(b) 和拉曼光谱 (c) 表征

金属衬底的选择也可以更多样化，商业化的泡沫金属作为生长衬底，孔隙大，孔隙率高，结构固定，难以调控。为了得到形貌可控的金属衬底，研究人员采用了多种物理、化学方法来构建三维多孔模板，如金属颗粒压实形成的孔模板[122]、合金去合金化（dealloying）[123]等。合金去合金化方法的巧妙之处在于，通过去合金化来塑造多孔结构，通过合金的成分、比例、去合金化方法等的调控来实现对模板形貌的调节。日本东北大学陈明伟课题组将 $Ni_{30}Mn_{70}$ 合金锭用 1.0 mol/L 的 $(NH_4)_2SO_4$ 溶液在 50℃下刻蚀，得到去合金化的三维泡沫镍模板（图 2-43）[123]。与商用模板相比，这种模板具有面密度大、孔隙小（<10 μm）的特点。通过化学气相沉积方法得到的泡沫石墨烯可完全复制这种泡沫镍模板的结构。另外，若将碳源由苯替换为吡啶，可得到氮掺石墨烯。

2. 非金属模板法

金属模板衬底因其对石墨烯生长具有一定催化性，通常获得的石墨烯质量更高，但在高温下容易形成难以被刻蚀的金属碳化物，刻蚀会有少量的残留；相比金属模板，非金属模板具有结构可控或微孔结构丰富的特点，但其

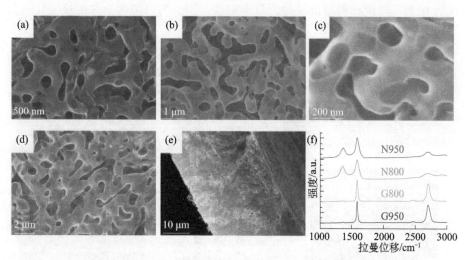

图 2-43　去合金化金属衬底化学气相沉积法生长泡沫石墨烯[123]

(a) 800℃下生长得到的泡沫石墨烯的 SEM 表征；(b) 950℃下生长得到的泡沫石墨烯的 SEM 表征；
(c) 800℃下生长得到的氮掺泡沫石墨烯的 SEM 表征；(d)、(e) 950℃下生长得到的氮掺泡沫石墨烯的
SEM 表征；(f) 不同条件下得到的泡沫石墨烯的拉曼图谱

催化活性通常较弱，石墨烯的质量较差，并且生长需要较高的温度和较长的时间。非金属模板的选择是多种多样的，如氧化物、盐等。

中国科学院上海硅酸盐研究所黄富强课题组通过化学气相沉积方法于1100℃下在多孔二氧化硅泡沫表面生长得到石墨烯（图 2-44）[124]，用氢氟酸刻蚀衬底后，继而在 2250℃下退火来提高石墨化程度，最终可得到质量较高的泡沫石墨烯，其比表面积高达约 970.1 m/g。该泡沫石墨烯由石墨烯空心管通过共价键连接形成，因此具有更好的机械强度，但由于二氧化硅衬底要使用氢氟酸刻蚀，对环境具有一定危害，因而还有待探索更为环保的制备方式。

自然界中存在多种多样的三维泡沫结构材料，使用这种天然材料作为生长模板也是一种常见的三维石墨烯制备方法。北京大学刘忠范课题组发展了使用天然贝壳、墨鱼骨为衬底生长泡沫石墨烯的方法（图 2-45）[125]，该衬底的主要成分为 $CaCO_3$，经过高温煅烧可分解为 CaO 和 CO_2，在反应过程中随着气体的产生而形成连续的细小孔道，剩下的 CaO 则形成了连续的泡沫骨架结构。石墨烯生长完成后，该模板材料 CaO 可用氯化氢水溶液去除，接着通过冷冻干燥法得到结构完整的泡沫石墨烯。这种基于碳酸钙的生物质模板的优势在于，模板材料廉价易得，易于刻蚀，因此为石墨烯泡沫的规模化制备提供了广阔的前景。

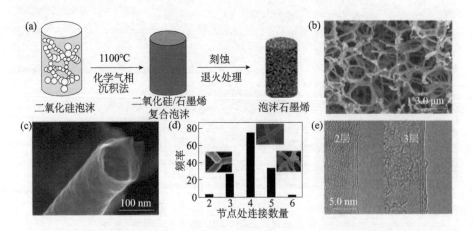

图 2-44　以多孔二氧化硅泡沫为模板化学气相沉积法生长泡沫石墨烯[124]

(a) 泡沫石墨烯的制备过程示意图；泡沫石墨烯 (b) 独立的石墨烯空心管 (c) 的 SEM 表征；
(d) 泡沫石墨烯连通性统计图；(e) 不同层数的石墨烯空心管管壁的 TEM 表征

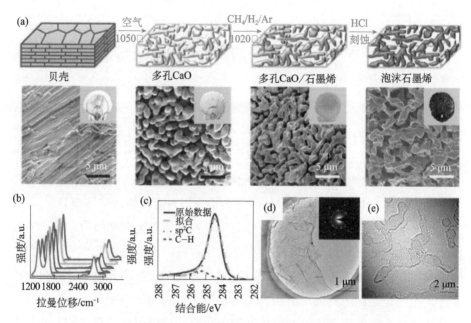

图 2-45　以天然贝壳作为模板化学气相沉积法生长泡沫石墨烯[125]
(a) 泡沫石墨烯的制备过程示意图及对应的 SEM 表征; (b)～(e) 泡沫石墨烯的拉曼、XPS 及 TEM 表征

　　化学气相沉积法具有可放大、工艺简单、石墨烯质量高等优点，被广泛地用于泡沫石墨烯的制备中，特点是通常需要借助多孔模板来构筑石墨烯的泡沫结构。金属模板因其可有效催化碳源裂解及石墨烯的生长，制备得到的泡沫石墨烯质量通常更高，性能更好。另外，通过压实粉末、合金去合金化等方法可进一步对模板的结构进行设计，从而得到不同形貌结构的泡沫石墨烯，满足多方面的应用。非金属模板对石墨烯的生长无催化作用或有较弱的催化作用，但与金属模板相比，通过对模板的设计可得到微孔或者介孔结构，实现更丰富的结构，并且刻蚀残留问题少。制备决定性能。在探索制备方法的同时，人们还需以具体应用性能为导向去设计满足相应需要的泡沫石墨烯材料。

第三节　石墨烯的应用领域及研究现状

石墨烯是由单层碳原子构成的蜂窝状二维晶体材料。这种独特的结构赋予了石墨烯良好的电学、力学、热学和光学等特性，如超高的载流子迁移率、机械强度、热导率、透光率，以及良好的柔性、化学稳定性和阻隔性能等。这些优异的性质使得石墨烯在能源存储、热管理、节能环保、复合增强、电子信息、生物医疗和特种技术等诸多领域具有广泛的应用前景。

石墨烯在储能领域最具代表性的应用是锂离子电池和超级电容器。石墨烯超大的比表面积和超高的导电性有望大幅提高能源器件的功率密度、倍率性能和循环稳定性。在热管理领域，石墨烯超高的热导率和电导率、良好的柔性及化学稳定性使其展现出巨大的应用潜力，有望解决手机、计算机、通信基站等现代信息技术领域的散热问题，也给传统的电加热行业和蓄热行业带来新的发展机遇。在节能环保领域，石墨烯良好的导电特性、阻隔性能和机械强度使其在防腐涂料、海水淡化、污水处理和空气净化等方面的应用前景广阔。此外，利用石墨烯比表面积大、柔性好、机械强度高、导电导热性好等特点，可将其与有机聚合物、金属材料或无机非金属材料复合，制备新一代轻质高强的复合增强材料，为航空航天、国防军工及交通运输等领域的发展提供材料支撑。在电子信息领域，得益于其超高的载流子迁移率及优异的光学和电学性质，石墨烯的加入有力地改善了原有材料体系的瓶颈问题，石墨烯基柔性透明导电薄膜、传感器、光通信和射频器件等方面的研究推动着新一代电子器件向数字化、集成化和智能化的方向发展。在生物医疗领域，石墨烯独特的纳米结构及理化性质使其在药物输运、抗菌杀菌、光热治疗、生物成像及健康诊断等方面表现出巨大的应用潜力。此外，在国防军工领域，石墨烯优异的性质使其在电磁屏蔽和氢氘分离等特种应用领域同样表现出巨大的应用价值。

一、石墨烯在储能领域的应用

石墨烯具有超大的比表面积、优良的导电性和导热性，可以显著改善锂离子电池、锂硫电池、钠离子电池、超级电容器、太阳能电池、燃料电池等能源器件的性能[126]。下面将以石墨烯材料在锂离子电池和超级电容器中的应用为例来介绍其在储能领域的应用。

（一）锂离子电池

锂离子电池是一种高效的可充电电池，通过锂离子在电池正负极之间的移动和吸脱附等过程实现电能和化学能之间的可逆转化［图 2-46(a)］[127]。锂离子电池的关键组成部件包括正极、负极、集流体、电解液和隔膜等，而石墨烯的加入能显著提升上述组件的性能。例如，利用石墨烯的孔洞或缺陷可以提高负极材料的储锂能力，从而提高锂离子电池的比容量和功率密度；使用石墨烯作为导电添加剂，能够在整个电池中构建更完善的电子传输网络，提高锂离子电池的电化学转化效率；通过石墨烯修饰，能够改善电解质内部载流子的迁移及与活性材料的界面接触，提高固体电解质界面膜的稳定性等。

利用石墨烯作为电极材料，可以显著提升锂电池的功率密度、能量密度、倍率性能及循环稳定性。2009 年，澳大利亚伍伦贡大学汪国秀课题组[128]使用还原氧化石墨烯作为锂离子电池的负极，通过改善局部电流密度及锂金属的成核密度，有效抑制了锂枝晶的生长，从而提升了电极的储锂能力和电池的循环性能。2011 年，中国科学院崔光磊课题组[129]利用氨气在 800℃下对氧化石墨烯进行热处理，制备得到氮掺杂的石墨烯片层。氮掺杂石墨烯的活性位点数目更多，与电极材料的相互作用更强，也具有更好的导电性。将其用作锂的储存材料后，显著提高了电池的循环稳定性和充放电容量。2014 年，中国科学技术大学陈乾旺课题组[130]使用亚微米尺寸的含氮金属有机骨架材料 ZIF-8 作为前驱体，通过 800℃条件下前驱体的热解反应，合成了含氮量高达 17.72% 且尺寸均匀的多孔掺杂石墨烯颗粒［图 2-46(b)］。该材料中超高的氮含量和比表面积为电池反应提供了丰富的活性位点，显著提高了电池的容量和循环稳定性。2019 年，加利福尼亚大学伯克利分校卢云峰课题组[131]使用化学气相沉积法，以氧化镁为生长模板和催化剂制备出高质量的三维介孔氮掺杂石墨烯（high-quality nitrogen-doped mesoporous graphene，HNMG）。将其作为锂离子电池的负极材料后，有效提高了电池的充电速率

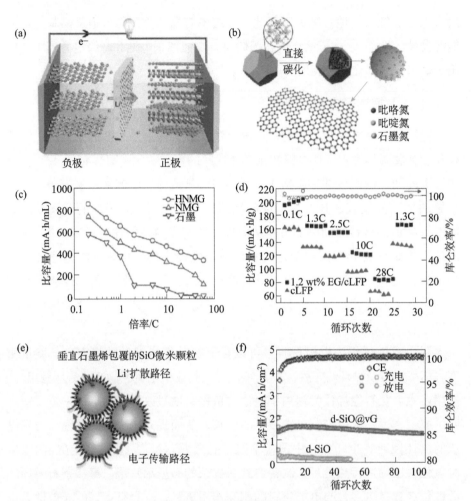

图 2-46　石墨烯在锂离子电池中的应用

(a) 石墨烯用作锂离子电池电极材料的示意图[126]；(b) 制备氮掺杂石墨烯工艺流程图[130]；(c) 氮掺杂石墨烯与石墨用作电极材料改善超级电容器的倍率性能[131]；(d) 以石墨烯/磷酸铁锂复合材料作为正极材料的锂离子电池的倍率性能提升[132]；(e) 垂直石墨烯包覆 SiO 用作负极材料的示意图；(f) 石墨烯包覆对锂离子电池循环性能的影响[133]

和能量密度。同时，该锂离子电池的倍率性能和库仑效率也都有所改善，且循环 500 次仍能保持 99% 的容量［图 2-46(c)］。

　　通过包覆改性或者导电添加剂引入等形式将石墨烯与具有电化学活性的纳米颗粒复合后用作电极材料，能够构建良好的导电网络，有效提高电池的比容量，改善其循环性能和倍率性能。2013 年，李连忠课题组[132]使用电化学剥离法制备出石墨烯（exfoliated graphene，EG），随后将其包覆在碳包覆的磷酸铁锂（carbon-coating on LiFePO₄，cLFP）表面，得到 EG/cLFP 的复合结构。将 EG/cLFP 作为正极材料后，锂离子电池的比容量提高到 208 mA·h/g，并且在不同的充放电速率下都能有 100% 的库仑效率 [图 2-46(d)]。2017 年，北京大学刘忠范课题组 [133] 使用 PECVD 法制备了垂直结构石墨烯包覆的硅负极材料 [图 2-46(e)]，实现了电子的快速传输，同时有效抑制了硅的体积膨胀，从而提高了电池的循环稳定性、活性物质负载量和容量 [图 2-46(f)]。2018 年，天津大学杨全红课题组 [134] 使用硫作为牺牲剂，增加了石墨烯/SnO₂ 复合物负极材料的空位利用率，进而增大了锂离子电池的比容量和循环稳定性。2019 年，卢云峰课题组 [135] 使用一维氧化镁作为生长模板，构筑了氮掺杂石墨烯/SnO₂ 复合结构，将其用作电极材料使锂离子电池的质量容量和体积容量分别提高到 590 W·h/kg 和 1252 W·h/L。

集流体是沟通锂离子电池内外电路的桥梁，是二次电池中不可或缺的组件。2017 年，北京大学刘忠范/彭海琳课题组 [136] 使用 PECVD 法直接在铝箔表面生长石墨烯薄膜，得到石墨烯/铝箔复合材料，并将其用作锂离子电池的集流体，即烯铝集流体。从图 2-47(a) ～ (c) 可以看出，少层石墨烯薄膜良好的阻隔性能能够抑制铝离子的溶出，显著提升集流体的抗腐蚀能力。2020 年，该团队 [137] 通过改进工艺，在铝箔表面生长了垂直结构的石墨烯，使集流体与电极材料之间的接触更加紧密，同时微观导电通路的搭建有效降低了电极和集流体之间的界面接触电阻，从而减小了电池内部的阻抗，提高了电池的循环稳定性和倍率性能 [图 2-47(d) 和 (e)]。目前，通过与卷对卷工艺相结合，该类材料已经可以初步实现 12 cm × 100 m 尺寸的连续化制备 [图 2-47(f)]。

（二）超级电容器

超级电容器具有功率密度高、循环寿命长、工作温限宽、节能和绿色环保等特点。与锂电池不同，超级电容器是通过活性材料表面吸附电荷（双电层电容器）或发生氧化还原反应（赝电容器）来储存能量的 [图 2-48(a) 和 (b)] [126]。石墨烯巨大的比表面积和良好的电荷传输性质使其在超级电容器应用领域展现出了独特的优势。

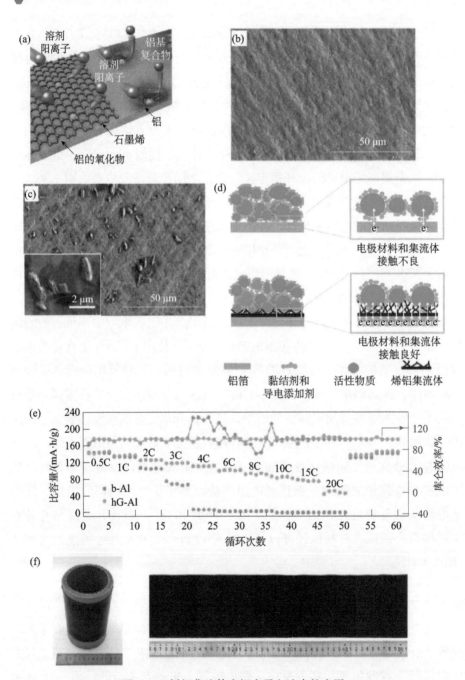

图 2-47　烯铝集流体在锂离子电池中的应用

(a) 石墨烯保护提高铝箔抗腐蚀能力的示意图；烯铝集流体 (b) 和铝箔 (c) 在电化学测试后的表面形貌
比较 [136]；(d) 集流体与电极材料接触界面的示意图；(e) 烯铝集流体和铝箔集流体的倍率性能比较；
(f) 批量制备的烯铝集流体的实物图 [137]

在双电层电容器中,石墨烯作为电极活性材料主要是发挥了其高导电性和高比表面积的特性［图 2-48(a)］。2009 年,南开大学陈永胜课题组[138] 利用氧化石墨烯片作为超级电容器电极材料的导电碳网格,在 28.5 W·h/kg 能量密度下,超级电容器的功率密度高达 10 kW/kg,同时比电容大于 200 F/g。经过 1200 次循环实验之后,该超级电容器仍保持了 90% 的比电容,展现出优异的长寿命循环稳定特性。2011 年,清华大学石高全课题组[139] 使用石墨烯水凝胶作为负极材料,有效提高了超级电容器的倍率性能。同年,中国科学院马衍伟课题组[15] 研究发现,还原氧化石墨烯作为电极能够有效提高超级电容器的性能。这是因为,与氧化石墨烯相比,还原氧化石墨烯的含氧官能团更少,导电性更好。2014 年,加利福尼亚大学洛杉矶分校段镶锋课题组[140] 使用三维多孔石墨烯作为电极材料,有效提高了超级电容器的比容量［图 2-48(c) 和 (d)］。

在赝电容器中,使用石墨烯/金属氧化物复合材料作为电极活性材料,能

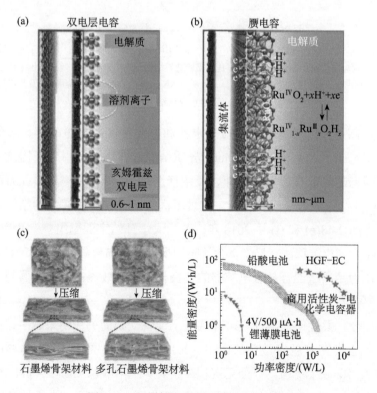

图 2-48　石墨烯在超级电容器中的应用

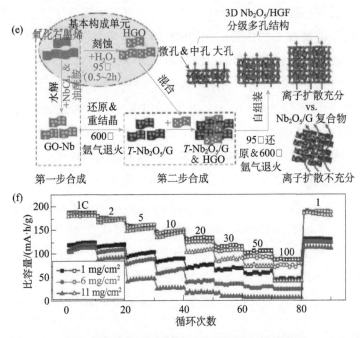

图 2-48　石墨烯在超级电容器中的应用（续）

(a) 石墨烯应用于双电层电容器的示意图；(b) 石墨烯应用于赝电容器的示意图 [126]；(c) 三维石墨烯骨架的多孔结构为离子输运提供通道；(d) 多孔石墨烯骨架结构用作电极材料提高超级电容器的能量密度和功率密度 [140]；石墨烯分级多孔结构骨架材料与 Nb₂O₅ 复合物的制备流程图 (e) 及其用作超级电容器的倍率性能测试结果 (f) [142]

够同时提高电极的导电性、机械稳定性和电化学性能。2016 年，东华大学朱美芳课题组 [141] 使用石墨烯/MnO₂ 异质结纤维作为负极材料，构筑了高性能柔性固态超级电容器。2017 年，段镶锋课题组 [142] 使用三维多孔石墨烯和 Nb₂O₅ 复合物作为电极活性材料，实现了高的活性物质负载量和超快速的能量存储 [图 2-48(e) 和 (f)]。2018 年，苏州大学孙靖宇课题组 [143] 使用等离子体增强化学气相沉积法直接将富含缺陷的少层石墨烯包覆在 Nb₂O₅ 纳米线上，并将其作为钠离子混合超级电容器的负极材料，有效提高了电容器的能量密度和功率密度。

现如今，柔性储能器件与可穿戴电子设备受到的关注越来越多，而石墨烯在其中也发挥着越发重要的作用。2013 年，加利福尼亚大学洛杉矶分校 Richard B. Kaner 课题组 [144] 使用沉积在聚对苯二甲酸乙二醇酯（polyethylene terephthalate，PET）上的氧化石墨烯薄膜作为电极材料，结合激光打印的方法，构筑了可集成于柔性电子芯片上的高功率密度微型超级电容器［图 2-49(a)～(c)］。同年，德国马普高分子研究所 Klaus Mullen 课题组[145]也基于氧化石墨烯薄膜构筑了具有高功率密度、高能量密度和良好的弯折性能的微型超级电容器阵列。2014 年，北京理工大学曲良体课题组[146]利用石墨烯纤维比表面积大、强度高、导电导热性好、质量轻、易功能化等特点，在石墨烯纤维周围的三维石墨烯网格上直接沉积了 MnO_2 纳米粒子，制备出新型石墨烯复合纤维。采用该复合纤维作为电极材料的超级电容器表现出更优异的电化学性能和良好的压缩与拉伸性能。2015 年，凯斯西储大学戴黎明课题组[147]使用化学气相沉积法在多孔阳极氧化铝模板上生长了石墨烯/碳纳米管的复合结构作为电极材料，构筑出全固态柔性超级电容器。2020 年，中国科学院金属研究所李峰课题组[148]通过调控氧化石墨烯和石墨烯的比例，制备出片层间距可调的复合石墨烯薄膜。他们发现，当电极材料的孔隙尺寸与电解液的离子尺寸相匹配时，孔隙的空间利用达到最优化，此时电容器的体积能量密度最高（88.1 W·h/L）。他们在此基础上设计了弯折性能良好的全固态柔性电化学电容器，并进一步构筑了智能器件，达到输出效果可控的目的［图 2-49(d)～(f)］。

二、石墨烯在热管理领域的应用

热管理系统控制着器件内部与外部环境的热交换过程。先进的热管理材料是热管理系统的物质基础，而热传导率则是所有热管理材料的核心技术指标[149]。本征单层石墨烯的热导率高达 5300 W/(m·K)，是目前已知热导率最高的材料，这也是石墨烯在热管理领域应用的独特优势。从系统温度管理的角度来看，石墨烯基热管理材料可用作散热材料、加热材料和蓄热材料。

（一）散热材料

石墨烯基散热材料在电子器件的热管理中发挥着重要的作用。合适的工作温度是电子设备长时间稳定运行的必要条件。随着电子器件集成度的增加，其在运行过程中不可避免会产生大量热量，导致局部温度显著高于设备正常运行温度，从而影响设备的稳定运行[150]。因此在微电子产品系统组装时要选用合适的散热材料，以保证电子器件所产生的热量能够及时有效地散出。石

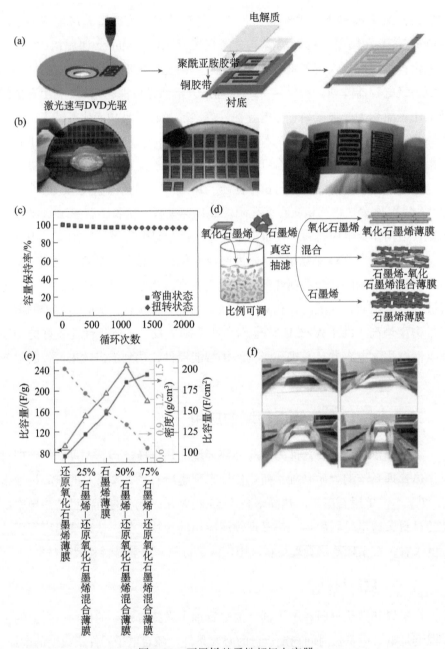

图 2-49　石墨烯基柔性超级电容器

激光直写法制备柔性超级电容器阵列器件的示意图 (a) 和实物图 (b) ; (c) 柔性超级电容器的弯曲和扭
转性能测试 [144] ; (d) 真空抽滤法制备层间距可调的石墨烯薄膜的示意图; (e) 层间距对超级电容器比容
量的影响; (f) 不同弯折程度的超级电容器的实物图 [148]

墨烯基散热材料可以通过与电子器件中出现热点的区域或散热器直接接触实现热量的快速导出，从而使系统温度稳定在器件正常工作的温度范围。

石墨烯基散热材料在电子器件中的形态和封装方式都会影响散热效果。以蓝宝石为衬底制备的 GaN 和 AlN 是商用紫外发光二极管（light-emitting diode，LED）的常用发光材料。然而，蓝宝石衬底的导热性差，对于芯片面积大、驱动电流大的高亮度紫外 LED 器件会导致过热问题，并对器件的性能造成严重损伤。2011 年，加利福尼亚大学河滨分校 Alexander A. Balandin 课题组[151]将少层石墨烯薄膜精确转移到 AlGaN/GaN 器件的漏极上，并通过与作为散热器的石墨棒相接触来共同构造散热沟道［图 2-50(a)］，成功地将栅极和漏极之间的沟道产生的大量热量及时导出，有效地降低了自热效应对大功率 GaN 基电子和光电子器件的影响［图 2-50(b) 和 (c)］。在不同条件下，石墨烯的加入能够使 GaN 晶体管的热点温度降低 14～68℃，器件的使用寿命也会有明显提升。2013 年，全北国立大学洪章熙课题组[152]通过构建蓝宝石/氧化石墨烯/GaN 层状结构，将氧化石墨烯整合到 GaN 基 LED 中，利用石墨烯基材料优良的散热性质和低的热界面阻抗，降低了 LED 器件的接合温度和热阻抗，从而有效减少了 LED 器件高电流工作条件下自身焦耳热对器件性能的影响。2019 年，北京大学刘忠范课题组[153]通过构建 AlN/垂直石墨烯/Al$_2$O$_3$ 异质散热增强结构，给紫外 LED 装上了垂直石墨烯纳米片"散热器"［图 2-50(d)］。测试结果表明，石墨烯的加入使得该器件的输出功率提升了 37%，同时温度降低了 3.7%。

相比于传统散热材料，石墨烯基散热材料还具有柔性高的特点。浙江大学高超课题组[154]在 3000℃的高温条件下，对交叠起来的氧化石墨烯进行处理，将富含缺陷的氧化石墨烯进行还原和缺陷修复后，得到富含"气囊"结构的石墨烯。随后施加压力将微气囊中的气体排出，石墨烯就会形成丰富密集的"微褶皱"结构［图 2-50(e)］。这种结构的石墨烯薄膜具有高达 (1940±113) W/(m·K) 的热导率和超高的柔性，有望满足下一代柔性电子器件对热管理材料的需求［图 2-50(f) 和 (g)］。

（二）加热材料

石墨烯基加热材料主要是基于电加热的原理工作的，当对其通入电流

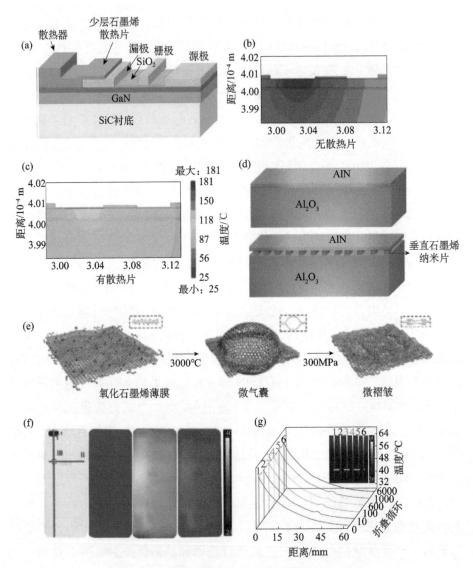

图 2-50 石墨烯基散热材料的应用场景和典型结果

(a) GaN 基晶体管中石墨烯基散热结构的示意图；AlGaN/GaN 异质场效应晶体管中无 (b) 和有 (c) 少层
石墨烯散热片的温度分布[151]；(d) AlN/Al₂O₃ 结构中有/无垂直石墨烯纳米片的示意图[152]；
(e) 制备柔性石墨烯薄膜的示意图；(f) 不同散热材料对智能手机散热效果的影响，从左向右依次是：
手机不工作时的温度分布、手机工作时石墨化的聚酰亚胺薄膜的散热效果和手机工作时柔性石墨烯
薄膜的散热效果；(g) 柔性石墨烯薄膜折叠不同次数后的红外热成像结果，从 1 到 6 依次为 0 次、10 次、
100 次、600 次、1000 次折叠后的测试结果和 6000 次折叠后未折叠时的测试结果[153]

时，能够将电能转化为热能，并以辐射的形式释放出去。优异的导热导电性和高的电热转化效率使得石墨烯基加热材料在电加热领域展现出其他材料无法比拟的优势。

2011 年，南开大学陈永胜课题组[155]通过将氧化石墨烯溶液旋涂在石英或聚酰亚胺衬底上，并在高温氢气或氢碘酸蒸汽下还原的方法，制备出不同透光性和结晶质量的石墨烯基电加热膜［图 2-51(a)］。2015 年，北京大学刘忠范课题组使用化学气相沉积法在玻璃表面成功实现了石墨烯的直接生长[92, 102, 156]。该方法得到的石墨烯均匀性好，无需转移，且与玻璃衬底的作用力强，避免了旋涂法制备的石墨烯薄膜与衬底界面接触不良的问题。石墨烯玻璃能够同时发挥玻璃透光率高和石墨烯导电、导热性好等特点，能够在低电压下对石墨烯表面快速加热，可用于快速高效除雾（<21 s）［图 2-51(b) 和 (c)］[87]，有望作为一种比较理想的防雾视窗材料投入使用，在建筑和装修等领域具有广阔的应用前景。

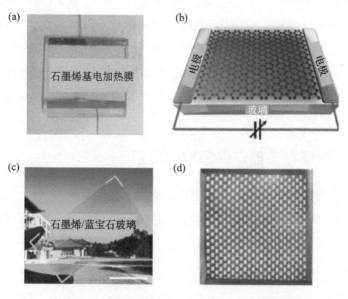

图 2-51 石墨烯基加热材料的工作原理图和实物图
(a) 氧化石墨烯加热膜的加热示意图[155]；石墨烯玻璃加热时的原理图 (b) 和实物图 (c)[102]；
(d) 石墨烯石英纤维加热器工作时的光学照片[111]

2020 年，北京大学刘忠范课题组[111]提出了一种批量化制备石墨烯石英纤维的强制流化学气相沉积生长方法。基于该方法制备的新型石墨烯纤维织物将石墨烯的高导热导电性和石英纤维轻质高强的特点有机结合，展现出面电阻均匀、阻值可调、电热转换效率高（>90%）、可加热温区宽（55~980℃）、升温速率快、温度分布均匀、柔性好等诸多优异性能，在构筑高温工业电加热器件［图 2-51(d)］方面具有广阔的应用前景。

（三）蓄热材料

相变材料（phase change materials，PCM）是利用相变（如凝固/熔化、凝华/升华、液化/汽化等）过程产生的相变热来进行热量的存储和利用的蓄热材料，其在热管理应用领域得到广泛的关注。石墨烯与 PCM 复合能够提高其热导率、相变速率、热效率、储能密度和循环稳定性[149]。2013 年，北京大学林建华课题组在常压化学气相沉积系统中利用 Al_2O_3 表面的碳热还原反应进行石墨烯的成核和生长，制备出新颖的三维石墨烯/多孔 Al_2O_3 复合结构，并将其作为 PCM 硬脂酸的热导载体[157]。石墨烯的连续介孔网络结构能够充分发挥其高热导率的优势，显著提高蓄热材料的综合性能［图 2-52(a)和 (b)］。2015 年，四川大学杨伟课题组[158]将氧化石墨烯用作支撑材料来稳定相变过程中聚乙二醇的形状，同时将石墨烯纳米片用作填料来提升材料的导热性，制备得到具有良好的形状稳定性和蓄热循环稳定性的蓄热复合材料，热导率比纯聚乙二醇提高了 490%，能量储存密度在多次循环后仍能保持 100%［图 2-52(c) 和 (d)］。

三、石墨烯在节能环保领域的应用

石墨烯作为一种单原子层二维材料，拥有出色的化学稳定性、良好的阻隔性能、高透光率、高机械强度等特点，在防腐涂料、空气净化和海水淡化等方面具有广阔的发展空间。

（一）防腐涂料

防腐涂料是指以防腐蚀为主要功能的涂料，主要由成膜物质、溶剂、颜料、添加剂等组成。石墨烯作为新兴的纳米材料，具有良好的阻隔性能和屏蔽性能，同时还兼具导电导热性高、透光率高、力学性能优异和化学稳定性好等优势，可以直接替代传统涂料作为成膜物质或作为添加剂对传统防腐涂料进行改性。石墨烯基防腐涂料具有防护效果好、涂层厚度小、附着力高、

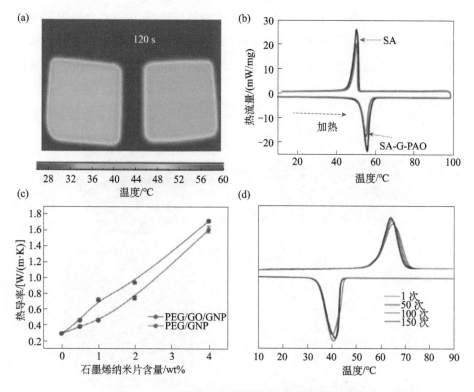

图 2-52　石墨烯基蓄热材料的应用场景和典型结果

(a) 硬脂酸/多孔氧化铝（stearic acid-filled porous alumina，SA-PAO）和硬脂酸/石墨烯/多孔氧化铝
（SA-G-PAO）蓄热能力比较; (b) SA-PAO 和 SA-G-PAO 复合材料的差示扫描量热曲线 [157]；
(c) 聚乙二醇/石墨烯纳米片（polyethylene glycol/ graphene nanoplatelets，PEG/GNP）和聚乙二醇/氧化
石墨烯/石墨烯纳米片（PEG/GO/GNP）复合结构热导率随石墨烯纳米片含量的变化趋势;
(d)PEG/GO/GNP 复合热相变材料不同循环次数下的差示扫描量热曲线 [158]

漆膜质量轻、耐盐雾性能极佳、热稳定性好、抗菌性能好等优势。

　　石墨烯具有单原子层结构及分子不可渗透性，被认为是最薄的防护材料。但是，单原子层石墨烯作为防腐涂层使用时，对其质量和被保护金属衬底等要求很高。2011 年，得克萨斯大学奥斯汀分校 Rodney S. Ruoff 课题组首次证明通过化学气相沉积法在铜和铜/镍合金上生长石墨烯薄膜可以保护金属表面免受潮湿空气或过氧化氢氧化的影响［图 2-53(a) 和 (b)］[14]。X 射线光电子能谱研究表明，在 200℃空气中加热 4 h 后，被石墨烯薄膜保护的铜/镍合金的化学组成没有变化，而未被保护的铜/镍合金表面则被明显氧化［图 2-53(c)］。然而，在石墨烯的晶界处，金属的腐蚀仍然在发生。2017 年，北

京大学刘开辉课题组[159] 研究发现石墨烯和 Cu(111) 之间的强耦合作用可以阻止水在石墨烯/铜界面的扩散，保护 Cu(111) 免受潮湿空气氧化的影响，而石墨烯与 Cu(100) 晶面之间耦合作用弱，石墨烯对 Cu(100) 晶面的保护作用较弱 ［图 2-53(d)～(f)］。

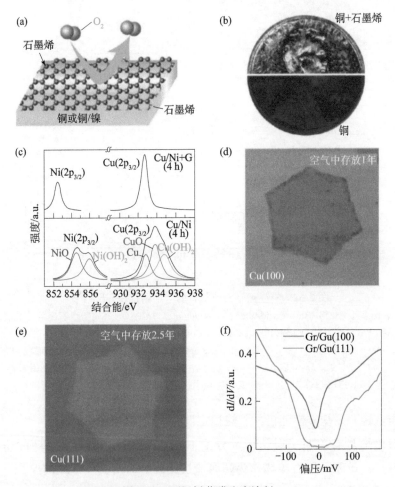

图 2-53　石墨烯薄膜防腐涂料

(a) 石墨烯薄膜作为防腐涂层的示意图；(b) 过氧化氢（30%）处理后覆盖（上）和未覆盖（下）石墨烯薄膜的便士实物图；(c) 空气退火后覆盖（上）和未覆盖（下）石墨烯薄膜的铜/镍合金 XPS 谱图[14]；(d) 石墨烯/Cu(100) 在空气中存放一年后的光学图像；(e) 石墨烯/Cu(111) 在空气中存放两年半后的光学图像；(f) 石墨烯/Cu(111) 和石墨烯/Cu(100) 的 dI/dV 光谱[159]

　　将石墨烯与其他材料复合后用作防腐涂层是目前主流的研究方向。石墨烯基防护层的层层堆叠结构能够迟滞腐蚀性物质的扩散过程，起到动力学防腐的作用。2017 年，青岛大学刘敬权课题组[160]通过恒电位技术将氧化石墨烯沉积在碳钢上，并通过氧化聚合的方法获得聚吡咯（polypyrrole，PPy），最后通过扫描循环伏安法将氧化石墨烯还原为还原氧化石墨烯，从而成功制备出聚吡咯/还原氧化石墨烯（PPy/rGO）纳米复合材料。将 PPy/rGO 用作碳钢的防护层后，起到很好的防腐效果［图 2-54(a) 和 (b)］。2017 年，青岛科技大学杨涛课题组[161]在 Q235 钢表面涂覆了氧化石墨烯/磺化苯胺三聚体（sulfonated aniline trimer，SAT）复合涂料，之后在 3.5 wt% 的氯化钠溶液中进行电化学测试，结果表明涂覆有氧化石墨烯/SAT/环氧树脂涂层的 Q235 钢，相比于使用普通环氧树脂防腐涂层的 Q235 钢，具有更低的腐蚀电流密度（2.67 $\mu A/cm^2$）和更高的腐蚀电位（-447.8 mV），展现出优异的防腐蚀性能［图 2-54(c) ～ (e)］。2019 年，韩国光州科学研究院 Moon-Ho Ham 课题组[162]将氧化石墨烯水溶液喷涂至金属板上，之后选择合适的温度退火，使其上表面还原为还原氧化石墨烯，得到还原氧化石墨烯 / 氧化石墨烯（rGO/GO）双层结构［图 2-54(f)］，其中还原氧化石墨烯的疏水性可以阻止水的渗透，氧化石墨烯的强化学反应活性能够与金属基板形成强相互作用，进一步阻止水的渗入，因此金属板的耐腐蚀性能得到显著提升。此外，基于金属材料的传统电化学防腐的原理，将石墨烯加入富锌的防腐涂料中，利用石墨烯优良的导电特性使其参与导电网络通道的形成和电化学腐蚀过程，也能阻止腐蚀的发生，并节省金属牺牲剂的用量。

（二）筛分膜

石墨烯筛分膜能够基于选择性吸附、扩散速率差异或分子筛等机理实现对混合物质的有效筛分。其中，选择性和透过性是评估其分离效果的两个重要指标。按照被分离物质形态的不同，可以分为气体筛分和离子筛分两大类，其中前者可用于空气净化，而后者可用于海水淡化与污水处理。

单原子层石墨烯多孔筛分膜可以通过氧等离子体、离子、电子轰击等手段制备，并通过调节纳米孔的尺寸提高筛分选择性。理论上，当纳米孔的尺寸合适时，H_2 能够通过，而 N_2 和 O_2 等尺寸较大的分子则不能［图 2-55(a)］。2012 年，科罗拉多大学 J. Scott Bunch 课题组[163]利用紫外线诱导氧化的方法将石墨烯薄膜刻蚀出亚纳米孔，用于筛分气体，并且发现不同气体（H_2、

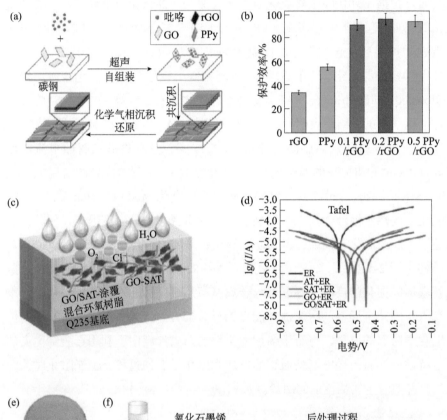

图 2-54　石墨烯粉体防腐涂料

(a) 碳钢上制备 PPy/rGO 纳米复合涂层的工艺流程图；(b) 不同涂层保护效率的统计结果对比[160]；
(c) Q235 钢表面 GO/SAT/环氧树脂涂层的抗腐蚀过程示意图；(d) 不同涂层的 Tafel 测量结果；
(e) 经过电化学测量后有（上）和无（下）GO/SAT/环氧树脂复合涂层保护的 Q235 钢电极的
实物图比较[161]；(f) 制备 GO/rGO 涂层金属板的工艺流程图[162]

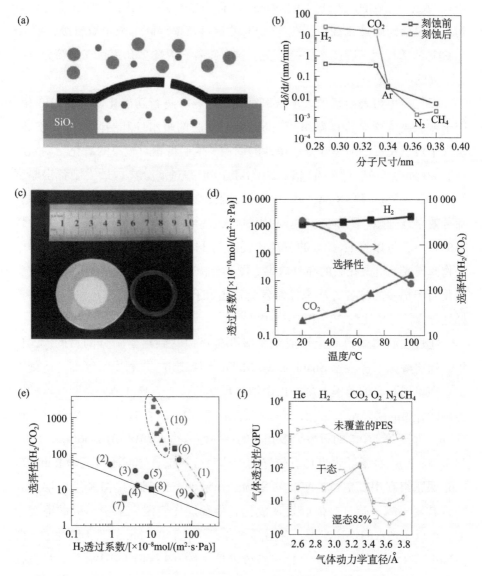

图 2-55　石墨烯基气体筛分膜

(a) 多孔石墨烯薄膜对氢气和其他气体分子分离效果的示意图，图中红点代表氢气，绿点代表空气，以氮气和氧气为主；(b) 石墨烯薄膜刻蚀前及刻蚀后气体分子尺寸和传输效率的关系[163]；(c) 氧化铝载体上 9 nm 厚度的氧化石墨烯膜的实物图[164]；(d) H_2/CO_2 气体混合物的分离结果；(e) 超薄氧化石墨烯膜、聚合物膜和无机微孔膜对 H_2/CO_2 分离选择性与 H_2 透过系数的关系，蓝点代表文献相关数据，红点代表超薄氧化石墨烯膜相关数据；(f) 在干态和湿态条件下，氧化石墨烯膜的气体透过率和动力学直径的关系[165]

CO_2、Ar、N_2、CH_4 和 SF_6)的透过速率有明显差异。从图 2-55(b) 中可以看到，石墨烯薄膜被刻蚀后，H_2 和 CO_2 的透过速率提高了两个数量级，而 Ar 和 CH_4 的透过速率则基本保持不变，这意味着石墨烯多孔膜在气体筛分方面有巨大的应用潜力。

氧化石墨烯表面富含大量含氧官能团，易于进行功能化设计。2013 年，南卡罗来纳大学余淼课题组[164]通过调节薄膜的疏水性和层间尺寸等参数，实现了对氧化石墨烯膜筛分选择性的调控。他们将相对较厚的氧化石墨烯膜（约 180 nm）分别稀释 100 倍、20 倍和 10 倍并过滤分离，最终制备出厚度约 1.8 nm、9 nm 和 18 nm 的氧化石墨烯膜，其中 9 nm 厚度的氧化石墨烯膜筛分效果最理想［图 2-55(c)］。利用氧化石墨烯膜富含结构缺陷和 H_2 尺寸较小的特点，可以将 H_2/CO_2 的分离比提高到 3400，远优于此前文献报道的聚合物薄膜或无机微孔膜的筛分效果［图 2-55(d) 和 (e)］。此外，还可通过改变氧化石墨烯膜的堆叠方法来控制气流通道和孔径，实现对 CO_2 和 N_2 的高选择性分离，分离比约 20［图 2-55(f)］[165]。

通过在石墨烯薄膜上形成纳米级孔也可以达到离子筛分的目的。2015 年，橡树岭国家实验室 Shannon M. Mahurin 课题组[166]利用氧等离子体刻蚀工艺在单层石墨烯薄膜上刻蚀出微纳米尺寸的孔洞。测试结果表明，这种石墨烯筛分膜的缺陷密度越低，脱盐率越高。其中，拉曼 D 峰与 G 峰的强度比（I_D/I_G）小于等于 0.5 的石墨烯多孔膜的选择性高达 1×10^5［图 2-56(a) ～ (c)］。类似地，氧化石墨烯膜也具有较好的液体筛分效果。曼彻斯特大学 Rahul R. Nair 课题组利用真空过滤氧化石墨烯悬浮液的方法制备出微米厚的层压膜并将其用于离子筛分。他们发现氧化石墨烯层压膜浸入水中形成的毛细通道，可以实现水的快速渗透，并阻隔水合直径大于 0.9 nm 的离子的通过［图 2-56(d) 和 (e)］。然而，由于受到渗透阈值（约 0.9 nm）的限制，一些直径小于阈值的普通盐的水合离子（如 K^+）也可以和水一起通过氧化石墨烯层压膜。因此获得较小的氧化石墨烯膜层间距是进一步提高离子筛分效率的关键。随后，该课题组[20]进一步用环氧树脂约束氧化石墨烯层压膜，将其层间距从 0.9 nm 优化到 0.64 nm，有效阻止了氧化石墨烯层压膜在水中的膨胀行为，实现了接近 97% 的脱盐率［图 2-56(f) 和 (g)］。此外，选用不同大小的水合离子插层到石墨烯层间来精确调控氧化石墨烯膜的层间距，也可以高

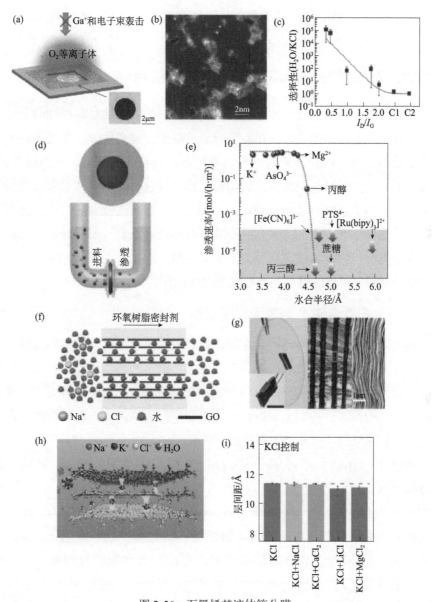

图 2-56　石墨烯基液体筛分膜

(a) 采用离子、电子轰击和氧等离子体处理制备纳米孔单层石墨烯示意图；(b) 氧等离子体处理石墨烯
薄膜 1.5 s 后的扫描 TEM 图像；(c) 水/盐选择性与石墨烯薄膜 I_D/I_G 的关系，图中 C1 代表完全破损的
石墨烯的实验对照组，C2 代表有大的撕裂的石墨烯的实验对照组 [166]；(d) 铜箔上的氧化石墨烯膜照
片（上）和透过率测试实验装置示意图（下）；(e) 通过滤膜筛分不同进料溶液的渗透速率的比较 [19]；
(f) 氧化石墨烯层压膜对水/盐离子有效分离的示意图；(g) 氧化石墨烯滤膜的实物图（左）、光学图像
（中）和扫描电子显微镜图像（右）；(h) 利用水合钾离子固定氧化石墨烯膜中层间距的示意图；
(i) 浸泡过 KCl 溶液的氧化石墨烯膜再浸入其他盐溶液后的层间距统计结果 [20]

效滤除体积大于相应水合离子的成分［图 2-56(h) 和 (i)］，实现有效的离子筛分[167]。

四、石墨烯在复合增强材料领域的应用

复合材料是由两种或两种以上材料组合而成的。各种材料在性能上互相取长补短，产生协同效应，使得复合材料的综合性能更优异，能满足更加苛刻和复杂的要求。根据元素组成和性质特点，现有的材料可以分为聚合物、金属和无机非金属材料三大类，它们都能作为复合材料的基体材料。石墨烯具有优异的力学性能，其杨氏模量为 1.02 TPa，初始抗拉强度是已知材料中最高的，达到 130 GPa。同时，石墨烯还具有高电导率、高热导率、各向异性、低渗透性、高化学稳定性等诸多优异性质。因此，以石墨烯作为增强体制备复合材料，可以使材料的综合性能更加优异。

（一）石墨烯/聚合物复合增强材料

石墨烯具有优异的物理化学性能，经过改性，可在聚合物中形成较好的纳米级分散相，进而显著改善聚合物的力学、电学和热学性能，并提高其稳定性，延长其使用寿命[168]。作为一种理想的增强体材料，石墨烯可以以微米片或纳米片的形式，均匀地分散在基体内部。一般来说，石墨烯在基体内分布越均匀、越细密，则复合增强效果越理想。

2012 年，复旦大学叶明新课题组[169]制备了氧化石墨烯/聚烯丙胺 [poly(acrylic acid)，PAA] 复合材料的水凝胶。水凝胶中交联剂 N,N-亚甲基双丙烯酰胺（N,N-methylenebisacrylamide，BIS）的存在会降低 PAA 的机械强度。而氧化石墨烯的加入，能够与 PAA 之间形成氢键网络，改善其力学性能［图 2-57(a)］。研究结果表明，普通 PAA 水凝胶拉伸断裂所允许的最大形变量不足 100%，而加入石墨烯后，复合材料的断裂率高达 300%［图 2-57(b)］。2013 年，美国佐治亚理工学院 Vladimir V. Tsukruk 课题组[170]使用层层自组装的方法，将氧化石墨烯插层到丝素蛋白内部，制备出超薄高强的氧化石墨烯/丝素蛋白纳米复合材料。当丝素蛋白的含量为 80% 左右时，该复合材料的拉伸模量达到 145 GPa，极限应力大于 300 MPa，韧性也提高到 2.2 MJ/m³［图 2-57(c)］。2014 年，清华大学石高全课题组[171]将氧化石墨烯溶

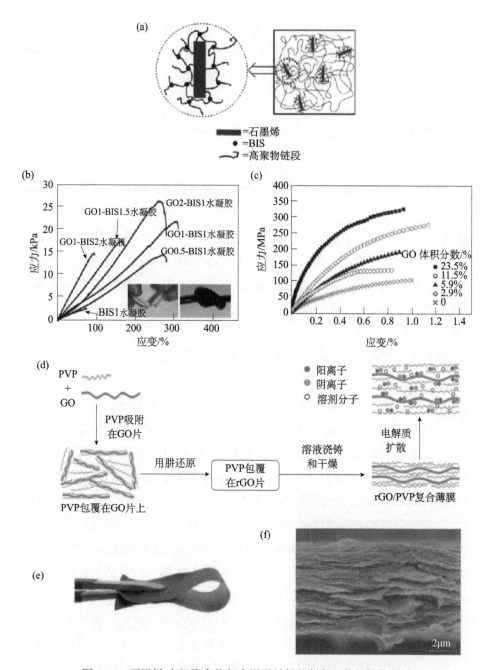

图 2-57　石墨烯/有机聚合物复合增强材料的制备工艺与性能测试

(a) 石墨烯增强 PAA 水凝胶力学性能的原理示意图；(b) 石墨烯添加量对 GO/PAA 复合材料水凝胶力学性能的影响[169]；(c) GO/丝素蛋白复合材料的典型应力-应变曲线[170]；(d) GO/PVP 复合材料的制备流程图；(e) GO/PVP 复合材料的实物图；(f) GO/PVP 复合材料截面的 SEM 图像[171]

液和聚乙烯吡咯烷酮 [poly(vinyl pyrrolidone)，PVP] 溶液混合后，使用水合肼还原，得到分散均匀的还原氧化石墨烯/聚乙烯吡咯烷酮（rGO/PVP）复合材料 [图 2-57(d) ～ (f)]。该复合材料具有更高的机械强度 [(121.5 ± 10.8) MPa]、良好的柔性和导电性（247.9 S/m），可用于构筑高性能的柔性超级电容器。

（二）石墨烯/金属复合增强材料

传统的金属基复合材料主要是指以金属（Al、Cu、Ni、Mg 等）或其合金为基体，以纤维、晶须、颗粒等为增强体复合而成的材料，表现出两相最优的性能。近年来，石墨烯因具有高导热性、高阻尼性容量、高弹性模量、高机械强度和良好的自润滑性而成为金属复合材料中重要的结构和功能增强体。金属复合材料中的石墨烯纳米薄片能够起到细化晶粒、阻碍位错、传递载荷等作用，从而提高材料的强度和韧性[172-175]。因此，石墨烯在金属基体中的分散性、石墨烯与基体金属的润湿性和石墨烯/金属界面的结合强度等都会对复合材料的性能有影响[176]。

目前主流的石墨烯金属复合增强材料的制备方法主要包括熔融冶金法、粉末加工法、化学合成法和电沉积法。2013 年，韩国 Seokwoo Jeon 课题组[177]通过化学合成法制备出石墨烯/铜的复合增强材料。具体过程如下：首先以石墨为原料，采用 Hummers 方法制备氧化石墨烯，并将铜盐均匀分散在氧化石墨烯溶液中，随后加入氢氧化钠，得到粉末状的氧化铜/氧化石墨烯复合材料。之后通过 400℃的氢气还原和 600℃的真空烧结，最终得到还原氧化石墨烯/铜（rGO/Cu）的复合增强材料 [图 2-58(a)]。含有 2.5 vol% 石墨烯的复合材料，拉伸强度和屈服强度分别高达 131 GPa 和 284 MPa，相当于纯铜材料的 1.3 倍和 1.8 倍。2015 年，上海交通大学张荻课题组[178]选用冷杉木的有序多孔结构作为模板电沉积铜，随后将还原氧化石墨烯沉积到铜表面，并填充进入铜多孔结构的内部。之后通过热压处理，就得到类似"砖混结构"的石墨烯/铜的复合材料 [图 2-58(b)]，其中石墨烯类似于砖块，铜类似于混砖砂。这种材料性能卓越，屈服强度相比于未添加石墨烯增强剂的铜基体提升了 120%，高达 (233 ± 15) MPa；抗拉强度从 (218 ± 10) MPa 增加到 (308 ± 10) MPa；杨氏模量从 (97 ± 4) GPa 增大到 (109 ± 4) GPa，实现了高机械强度和强韧性的结合 [图 2-58(c) 和 (d)]。

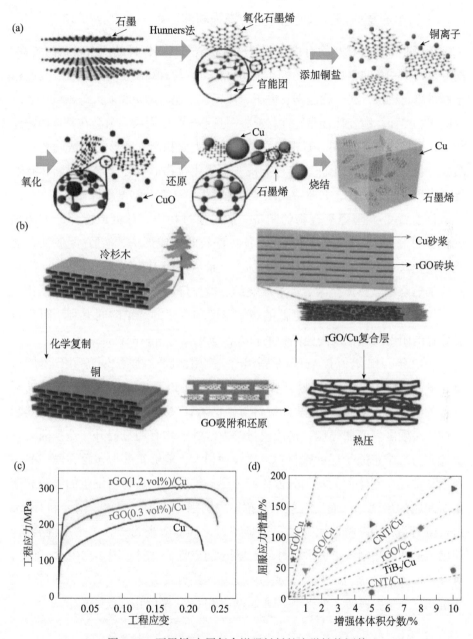

图 2-58 石墨烯/金属复合增强材料的力学性能评估

(a) 分子水平均匀分散的 rGO/Cu 复合材料的制备工艺流程图; (b) "砖混结构" rGO/Cu 复合材料的制备工艺流程图 [177]; (c) rGO/Cu "砖混结构"复合材料的应力-应变曲线; (d) 不同增强体材料和增强体含量对 Cu 基复合材料强化效率的影响 [178]

（三）石墨烯/无机非金属复合增强材料

无机非金属材料是除有机高分子材料和金属材料以外的所有材料的统称。陶瓷是其中一类非常典型的无机非金属材料，它具有高硬度、高强度、高温稳定性等卓越特性，在生物医学、电子、汽车、工业、国防和航天等领域得到广泛应用。然而，陶瓷往往是脆性材料，一旦形成初始裂纹，就会在基体内快速传播，导致陶瓷的断裂。石墨烯柔性好、比表面积高，能够与组成陶瓷的硅酸盐、氮化硅、二氧化硅等各种无机非金属化合物形成复合增强材料，有效提高陶瓷材料的韧性，并改善其硬度、弹性模量、弯曲强度等性质[179,180]。

目前石墨烯/陶瓷复合物的制备一般是通过超声、球磨或搅拌的方法预先将原料混合均匀，之后采用粉末加工法、胶体成形法、溶胶-凝胶法、前驱体转化法或分子水平混合法进行加工，最后采用火花等离子体烧结、高频感应加热烧结、热压烧结、等静压烧结、微波烧结等对其进行压实和固化烧结[179-180]。需要注意的是，更低的烧结温度和更短的烧结时间有利于阻止石墨烯片的团聚或氧化及陶瓷晶粒的长大，避免复合材料的性能衰退。

2012 年，匈牙利 P. Arato 课题组[181]使用溶胶-凝胶法制备了石墨烯与氮化硅材料的复合增强材料。从图 2-59(a) 中可以看出，在相同实验条件下制备的多层石墨烯/氮化硅复合材料与碳纳米管/氮化硅复合材料相比，其断裂韧性、硬度、弯曲强度、杨氏模量等力学性能均有明显提升。这是因为石墨烯作为二维单原子层的碳材料，比表面积大，能够很好地包覆在陶瓷晶粒表面，实现在基体内的均匀分散，避免了一维碳纳米管容易发生的缠结和聚集等问题的出现，从而更有效地发挥结构增强的作用。同年，匈牙利 Csaba Balazsi 课题组[182]将脱团聚的石墨烯与氮化硅等陶瓷粉末在溶剂中混合后，使用高速球磨法制备了分散良好的石墨烯/陶瓷复合材料［图 2-59(b)］。随后，对复合增强材料进行研究，发现与陶瓷基体接触良好的石墨烯可以通过使裂纹桥联、分叉和偏转三种机制［图 2-59(c) 和 (d)］来阻止裂纹的扩散。

五、石墨烯在电子信息领域的应用

（一）透明导电薄膜

透明导电薄膜是一种既具有高透光率又具有良好导电性的薄膜材料，通

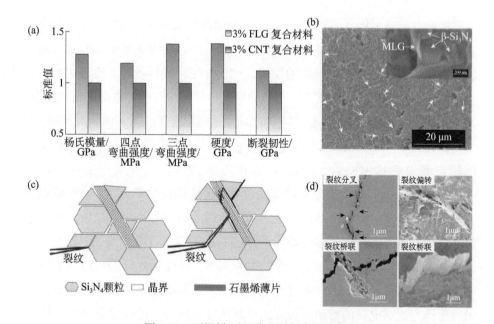

图 2-59　石墨烯/无机非金属复合增强材料

(a) 石墨烯/氮化硅和碳纳米管/氮化硅复合材料的力学性能比较[181]；(b) 石墨烯/氮化硅复合增强材料的 SEM 图像[182]；(c)、(d) 石墨烯增强陶瓷韧性的作用机制[179, 180]

常在液晶显示器、触摸屏、智能窗和太阳能电池等电子设备中作为透明电极使用。氧化铟锡（indium tin oxide，ITO）是一种重掺杂的 n 型半导体材料，具有较宽的带隙和较高的自由电子浓度，因此具有良好的透光性和导电性，是目前应用最广泛的透明导电薄膜材料。如今，随着科技的进步和社会的发展，人们对透明导电薄膜的性能提出了更高的要求，如更高的透光率和电导率、柔性、可拉伸、安全环保等。ITO 的原料铟是稀有金属，在酸碱环境中的稳定性较差，本身脆性易折，逐渐满足不了透明导电薄膜材料发展的需求[183]。相比而言，石墨烯作为一种新兴的二维原子晶体材料，具有诸多优异的物理化学性质，包括良好的透光率和导电性、出色的机械强度、柔性易弯折及良好的化学稳定性，使其可以作为良好的透明导电薄膜材料，在高效、轻薄、柔性的新一代电子器件中具有更加广泛的应用前景。

透光率和电导率是透明导电薄膜材料的两个重要性能指标。对于前者，理论上石墨烯每层的吸光率仅为 2.3%，是理想的高透光性材料[8]。对于后者，缺陷、晶界、褶皱及污染物等都会降低石墨烯薄膜的导电性，对石墨烯材料的制备提出了更高的要求[184]。化学气相沉积法制备的石墨烯薄膜具有质量高、面积大、层数及掺杂程度可控等优点，因此在透明导电薄膜的应用领域具有明显优势。经过十余年的发展，化学气相沉积制备技术逐渐完善，石墨烯薄膜的光学和电学性质有了明显的提升，其作为透明导电薄膜在触摸屏、发光二极管、太阳能电池等诸多具体的应用领域取得了一系列的研究进展。

2010 年，韩国成均馆大学 Byung Hee Hong 课题组[82]将化学气相沉积与卷对卷技术结合，实现了 30 in 石墨烯薄膜的大面积生长和转移[图 2-60(a)]。他们利用硝酸对制备的石墨烯薄膜进行化学掺杂，大幅降低了石墨烯薄膜的面电阻。掺杂后单层石墨烯薄膜的面电阻为 110 Ω/sq，透光率为 97.4%。之后他们通过逐层转移的方法制备了四层石墨烯薄膜。测量结果表明，其面电阻仅为 30 Ω/sq，透光率为 90%，性能指标已经可以与 ITO 相媲美（面电阻 <100 Ω/sq，透光率为 90%）[图 2-60(b) 和 (c)]。利用该石墨烯薄膜作为透明电极的触摸屏表现出更好的可弯折性，可以承受 6% 的应力，而 ITO 作为电极的触摸屏在应力超过 3% 就发生了损坏[图 2-60(d)～(f)]。

2012 年，韩国浦项科技大学 Tae-Woo Lee 课题组[185]利用硝酸掺杂的四层化学气相沉积石墨烯薄膜作为透明电极，并用导电高分子来降低石墨烯和有机层之间的功函梯度，成功实现了高性能有机发光二极管（organic light-emitting diode，OLED）器件的制备[图 2-61(a)～(c)]。实验结果表明，用石墨烯作为电极构筑的柔性绿色磷光 OLED 的发光效率高达 102.7 lm/W，可以承受 1000 次的弯折[图 2-61(d) 和 (e)]。相比之下，ITO 作为电极的OLED 器件的发光效率仅为 85.60 lm/W，且弯折次数达到 800 次后器件就会完全损坏。

2015 年，香港理工大学严锋课题组[186]通过使用导电聚合物聚 3,4-乙烯二氧噻吩/聚苯乙烯磺酸盐（PEDOT：PSS）对双层化学气相沉积法制成的石墨烯薄膜进行掺杂，使得双层石墨烯的面电阻由 550 Ω/sq 降低至 240 Ω/sq。他们用掺杂后的双层石墨烯薄膜作为电极，成功构筑了高效、半透明的钙钛矿太阳能电池。实验结果表明，该太阳能电池的能量转换效率可以达到 12.02%。同年，北京大学彭海琳/刘忠范课题组[85]通过将金属纳米线封装在石墨烯和塑料之间，成功制备了石墨烯/金属纳米线/塑料复合透明导电薄膜[图 2-62(a)]。一方面，金属纳米线可以连接石墨烯的畴区，提高薄膜的导电

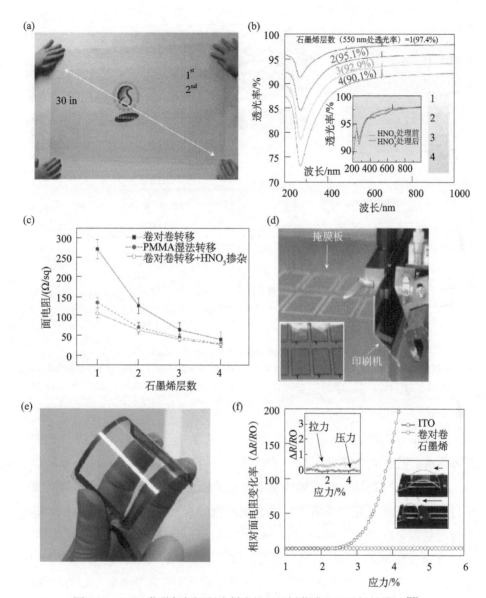

图 2-60　30 in 化学气相沉积法制成的石墨烯薄膜和石墨烯触摸屏[82]

(a) 卷对卷生长、转移后的 30 in 石墨烯薄膜; (b) 1～4 层石墨烯薄膜的透光率曲线; (c) 1～4 层石墨烯薄膜的面电阻对比; (d) 触摸屏电路加工实物图; (e) 柔性触摸屏实物图; (f) 石墨烯和 ITO 作为电极制备的触摸屏的可弯折性能测试结果对比

性; 另一方面, 石墨烯封装可以避免金属纳米线的氧化, 提高薄膜的稳定性。因此该方法制备的复合薄膜具有超高的导电性和透光性, 透光率为 94%, 面电阻仅为 8 Ω/sq [图 2-62(b) 和 (c)], 且具有优异的化学稳定性和抗蚀性。利

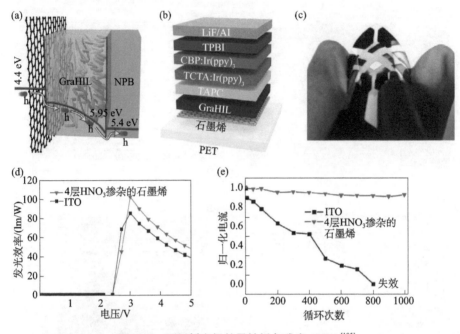

图 2-61　石墨烯电极的柔性绿色磷光 OLED[185]

(a) 导电高分子降低石墨烯和有机层功函梯度示意图; (b) OLED 器件结构图; (c) OLED 器件实物图;
(d) 石墨烯和 ITO 作为电极构筑的 OLED 的发光效率对比; (e) 石墨烯和 ITO 作为电极构筑的 OLED
的可弯折性对比

用该薄膜作为透明电极制备的电致变色器件具有变色速度快（4.1 s）、稳定性好等优点 [图 2-62(d) 和 (e)]。

　　表面污染问题是影响石墨烯透明导电薄膜光学和电学性质的重要因素。2017 年，中国科学院金属研究所成会明课题组 [187] 通过使用小分子松香来代替聚甲基丙烯酸甲酯（polymethyl methacrylate，PMMA）等高聚物作为化学气相沉积石墨烯薄膜转移的媒介，有效减少了转移后石墨烯表面污染物的含量，石墨烯薄膜的光学和电学性质均有明显提升。在光学方面，松香转移的石墨烯薄膜的透光率为 97.4%，而 PMMA 转移的样品透光率仅为 96.6%。在电学方面，松香转移的石墨烯薄膜的面电阻为 560 Ω/sq，波动仅有 1%，而 PMMA 转移样品的面电阻为 632 Ω/sq，且波动高达 66% [图 2-63(a) ~ (c)]。他们利用松香转移的化学气相沉积石墨烯薄膜作为电极，成功构筑出了性能优异的大面积 [8 cm × 7 cm] 绿色磷光 OLED 器件。该器件具有良好的发光效率（102.6 lm/W）、更高的发光强度（10 000 cd/m^2）和更长的稳定工作时

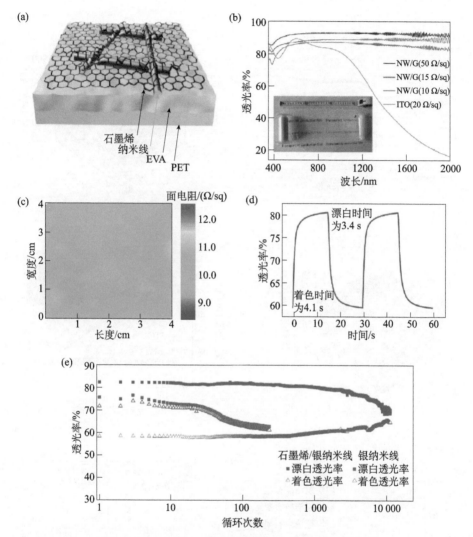

图 2-62　石墨烯/金属纳米线/塑料复合透明导电薄膜 [85]

石墨烯/金属纳米线/塑料复合薄膜的结构示意图 (a) 透光率 (b) 和面电阻 (c)；电致变色器件的响应时间曲线 (d) 和循环稳定性测试曲线 (e)

间 [图 2-63(d)]。

　　2019 年，北京大学刘忠范课题组[188]通过使用泡沫铜助催化法有效减少了在石墨烯化学气相沉积生长过程中产生的无定形碳污染物，成功制备了洁净度 >99% 的超洁净石墨烯。更关键的是，相比于普通洁净度的化学气相沉积法制成的石墨烯，超洁净石墨烯转移后表面依然洁净，没有明显的高聚物

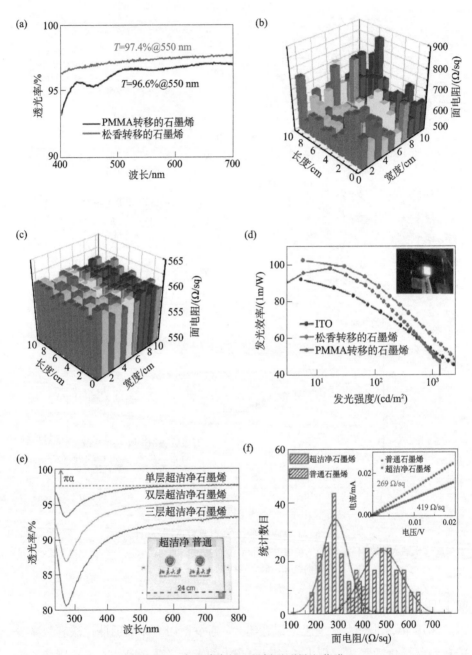

图 2-63　表面洁净的石墨烯透明导电薄膜

(a) 松香和 PMMA 转移的石墨烯薄膜的透光率对比; (b) PMMA 转移的石墨烯薄膜的面电阻; (c) 松香转移的石墨烯薄膜的面电阻; (d) OLED 器件发光性能对比 [187]; (e) 1～3 层超洁净石墨烯薄膜的透光率; (f) 超洁净石墨烯薄膜和普通洁净度石墨烯薄膜的面电阻对比 [188]

残留。由于石墨烯表面无定形碳污染物和转移过程中引入的污染物都大幅减少，超洁净石墨烯薄膜表现出更加优异的光学和电学性质。单层超洁净石墨烯的透光率高达 97.6%，与理论值 97.7% 非常接近；面电阻仅为 272 Ω/sq，且数值分布更加均匀［图 2-63(e) 和 (f)］。同年，该课题组[73] 使用乙腈（CH₃CN）作为碳源前驱体，通过在石墨烯的生长过程中引入氧的刻蚀来调控氮原子的掺杂类型，成功制备了高迁移率、高电导率的氮掺杂石墨烯薄膜。实验结果表明，该方法制备的氮掺杂石墨烯薄膜的面电阻仅为 130 Ω/sq，是高性能石墨烯触摸屏的理想电极材料。

综上可知，化学气相沉积石墨烯薄膜光学和电学性质的提升可以通过对其层数、洁净度、掺杂程度的调控或与金属纳米线复合的方式来实现［图 2-64(a)］。目前，化学气相沉积石墨烯薄膜的透光率和面电阻等性能与 ITO 材料的差距正在逐渐缩小，一系列石墨烯基电子器件（石墨烯触摸屏、柔性

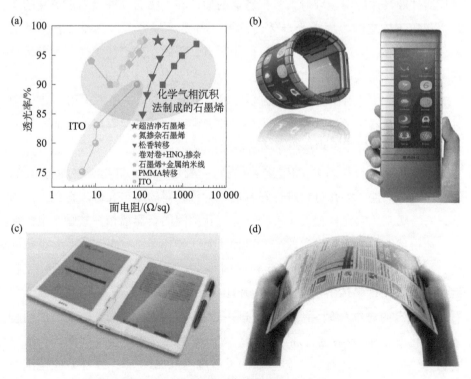

图 2-64 石墨烯透明导电薄膜的示范性应用

(a) 不同方法制备的化学气相沉积石墨烯的透光率和面电阻结果对比; (b) 柔性石墨烯手机;

(c) 石墨烯电子书; (d) 石墨烯纸

石墨烯手机、石墨烯电子书等）也开始由实验室走向市场，为柔性电子器件产业注入了新的活力［图 2-64(b) ～ (d)］。

（二）传感器

传感器是一种转化装置，可以将检测到的力、热、光、磁等信息按一定的规律转换为电信号输出。在如今电子信息的时代，传感器已经广泛应用于物联网、人工智能、航天技术、国防军工和医疗健康等领域，并朝着高效化、数字化、智能化、集成化的方向发展。石墨烯由于具有超高的载流子迁移率，良好的透光性、导电性和化学稳定性，在新一代柔性力学传感器和高性能光电传感器等方面表现出巨大的应用前景。

1. 柔性力学传感器

近年来，随着医疗健康领域的快速发展，电子皮肤、健康监测和植入式医疗器件等具体应用领域对力学传感器的柔性和生物安全性提出了更高的要求。相比于传统的金属或半导体传感器，石墨烯基力学传感器具有灵敏度高、稳定性好、柔性易拉伸、无毒性等优点，因此受到广泛关注。力学传感器可以分为压阻式、压电式、电容式和场效应晶体管（field-effect transistor, FET）式四种[73]。对于石墨烯基力学传感器来说，主要是压阻式和 FET 式两种。根据传感器压敏元件原理的不同，前者多以还原氧化石墨烯为原料，而后者多使用化学气相沉积法制成的石墨烯薄膜。

对于压阻式石墨烯力学传感器来说，一般是将还原氧化石墨烯与海绵、纸、塑料等柔性、多孔材料进行复合后作为传感器的压敏元件。在压力作用下，石墨烯基压敏元件会发生形变，导致孔隙间的石墨烯相互接触、电阻变小，使得传输的电信号发生改变。这种压阻式传感器具有组装简单、灵敏度高、反应时间短等优点。2013 年，中国科学技术大学余书宏课题组[189]将海绵浸入氧化石墨烯溶液中，然后用 HI 对其进行还原，从而得到还原氧化石墨烯包裹的海绵压敏元件。为了进一步提高压敏元件的灵敏度，他们将还原氧化石墨烯-海绵进行加压处理，使得海绵的内部结构发生断裂。通过这种方法构筑的石墨烯压力传感器的灵敏度为 0.26 kPa^{-1}，线性响应范围为 0～2 kPa［图 2-65(a) 和 (b)］。2016 年，中国科学院半导体研究所沈国震课题组[190]将还原氧化石墨烯与聚偏氟乙烯（plyvinylidene fluoride, PVDF）纳

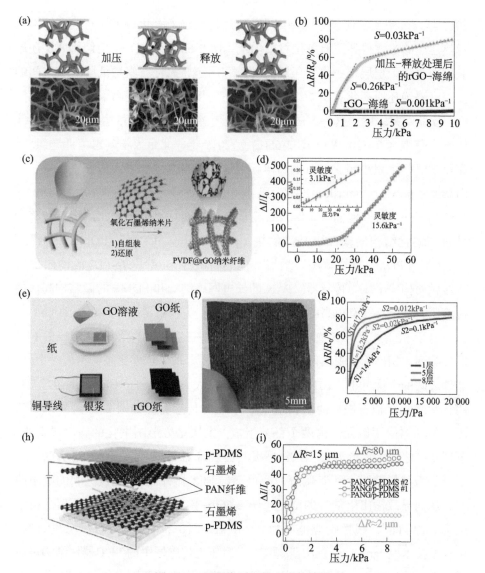

图 2-65 压阻式石墨烯力学传感器

(a) 还原氧化石墨烯 - 海绵压敏元件工作原理示意图; (b) 还原氧化石墨烯 - 海绵压力传感器的灵敏度测试曲线[189]; (c) rGO/PVDF 纳米线网格压敏元件制备示意图; (d) rGO/PVDF 纳米线网格压力传感器的灵敏度测试曲线[190]; 还原氧化石墨烯纸压力传感器的制备示意图 (e) 和实物图 (f); (g) 还原氧化石墨烯纸压力传感器的灵敏度测试曲线[191]; (h) a-PAN/G/p-PDMS 压力传感器结构示意图; (i) a-PAN/G/p-PDMS 压力传感器的灵敏度测试曲线[192]

米线网格相复合，构筑了具有三维网状结构的石墨烯压力传感器。该传感器的灵敏度提高到 15.6 kPa^{-1}，线性响应范围为 20～60 kPa［图 2-65(c) 和 (d)］。

2017 年，清华大学任天令课题组[191]通过将纸浸入氧化石墨烯溶液中，再进行热还原的方式得到还原氧化石墨烯纸［图 2-65(e) 和 (f)］。他们将 8 层还原氧化石墨烯纸层层堆叠作为压敏元件，利用还原氧化石墨烯纸层与层之间的空气来隔绝还原氧化石墨烯纸相邻片层间的接触，大幅提高了传感器的灵敏度。实验结果表明，这种方法构筑的压力传感器的灵敏度可达 17.2 kPa^{-1}，线性响应范围为 0～20 kPa［图 2-65(g)］。2019 年，北京大学刘忠范课题组[192]在化学气相沉积法制成的石墨烯薄膜上通过静电纺丝加退火的方法制备了聚丙烯腈（polyacrylonitrile，PAN）纳米纤维/石墨烯复合薄膜（a-PAN/G）［图 2-65(h)］）。之后，他们将 a-PAN/G 薄膜从金属衬底剥离下来，再将其转移到具有图案化结构的聚二甲基硅氧烷（polydimethylsiloxane，PDMS）上得到 a-PAN/G/p-PDMS 复合薄膜。最后，他们将两片 a-PAN/G/p-PDMS 薄膜面对面接触便构成了压力传感器。PAN 的导电网络结构和 PDMS 的微结构起伏使得该压力传感器具有很高的灵敏度（44.5 kPa^{-1}）和稳定性［图 2-65(i)］。

对于 FET 式力学传感器来说，压敏元件是在石墨烯薄膜上构筑的 FET 器件阵列。相比于压阻式传感器，FET 式传感器的分辨率更高，集成度更好，器件之间的干扰更小。2014 年，韩国成均馆大学 Jeong Ho Cho 课题组[193]利用化学气相沉积石墨烯薄膜构筑了 FET 压力传感器。如图 2-66(a) 所示，该压力传感器的压敏元件由两个部分组成：上层是方形图案化的石墨烯薄膜，下层是"之"字形的源极-漏极-栅极共面 FET 器件阵列。当施加压力时，上下层的石墨烯薄膜会相互接触，使得下层 FET 器件源极-漏极之间的电阻改变，从而导致输出电信号的变化［图 2-66(b)］。该 FET 式压力传感器的灵敏度为 0.12 kPa^{-1}，线性响应范围为 0～40 kPa［图 2-66(c)］。2017 年，韩国蔚山科学技术院 Jang-Ung Park 课题组[194]对压力传感器中的 FET 器件结构进行了改进。他们先在一片化学气相沉积法制成的石墨烯薄膜上构筑 FET 器件的源极和漏极，然后在另一片化学气相沉积法制成的石墨烯薄膜上构筑 FET 器件的栅极，接着像折纸一样将两片石墨烯薄膜对折在一起，利用空气作为介电层［图 2-66(d) 和 (e)］。当施加压力时，空气介电层的厚度会发生变化，依此来输出不同的电信号。这种压力传感器的线性测量范围有了极大的提升，可以实现 250 Pa～3 MPa 范围的测试［图 2-66(f)］。

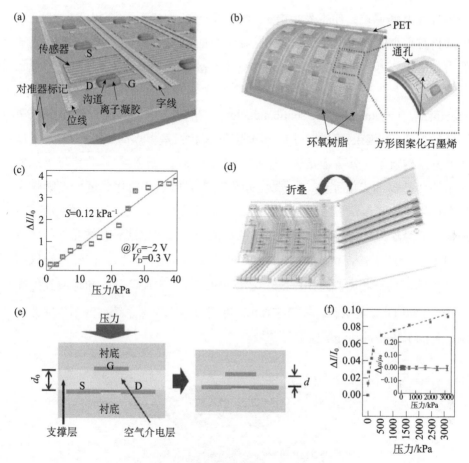

图 2-66　FET 式石墨烯力学传感器

(a) 源极-漏极-栅极共面 FET 器件阵列示意图; (b) FET 式压力传感器结构图; (c) FET 式传感器的灵敏度测试曲线[193]; 折纸式 FET 压敏元件的示意图 (d) 和工作原理图 (e); (f) 折纸式 FET 式传感器的灵敏度测试曲线[194]

2. 高性能光电传感器

在光电探测和传感技术领域，Si、GaN、InGaAs、InSb 等半导体薄膜一直占据着市场的主导地位。如今，新一代光电器件正朝着多波段、超灵敏、超小像素、超大面阵的方向发展，传统的半导体薄膜已经逐渐满足不了市场需求，这就为以石墨烯为代表的二维纳米材料带来了新的机遇。2009年，美国 IBM 公司 Phaedon Avouris 团队[195]通过研究石墨烯-金属结的光伏效应，证明了石墨烯在超快光电传感领域具有巨大的应用潜力。通常来说，石墨烯吸光后，产生的光生电子-空穴对会在数十皮秒迅速复合。所以需要外加电场调控，使得光生电子-空穴对分离，从而形成光电流。由于石墨烯具有超高的载流子迁移率，因此在很小的偏压下就可以实现光生载流子的快速高效分离，从而实现超快光电信号传感。2017年，西班牙巴塞罗那光子科学研究所 Frank Koppens 课题组[196]首次实现了互补金属氧化物半导体（complementary metal oxide semiconductor，CMOS）电路与化学气相沉积法制成的石墨烯薄膜的集成，并基于石墨烯-硫化铅量子点的 388×288 光电探测器阵列构筑了高分辨率光学传感器［图 2-67(a)］。石墨烯-硫化铅量子点构成了该传感器的光敏元件，其原理如图 2-67(b) 所示。硫化铅量子点吸收光后会产生光生载流子，会对石墨烯形成类栅极的电场调控，从而将光信号转换成电信号输出。得益于石墨烯超高的载流子迁移率，这种光敏元件的增益高达 10^8，响应度达 10^7 A/W，$1/f$ 噪声明显降低。用该压敏元件阵列构成的图像传感器的探测率高达 10^{12} cm·$\sqrt{\text{Hz}}$ /W，可以实现可见光和短波红外光（300～2000 nm）的成像［图 2-67(c)］，有望应用于安保系统、汽车传感器系统、智能手机相机和环境监测等领域。

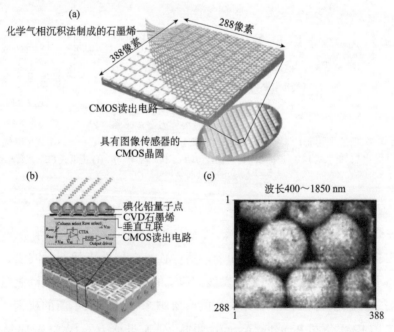

图 2-67　石墨烯光电传感器[196]

(a) 388 像素 ×288 像素石墨烯 – 碘化铅量子点光电探测器阵列；
(b) 石墨烯–碘化铅量子点光敏元件工作原理图；(c) 基于石墨烯基光电探测器的红外成像

（三）光通信

光纤通信已成为现代信息的主要传播途径。随着 5G 的普及和互联网行业的快速发展，信息的需求呈现爆炸式增长，因此高速、大容量、长距离传输就成为目前光纤通信领域发展的必然趋势。光纤通信的发展离不开激光器、电光调制器、光电探测器、光衰减器等光电器件的革新。石墨烯具有狄拉克锥形的能带结构，超高的载流子迁移率及宽光谱响应特性，既可以通过栅压调控费米能级来改变石墨烯的光子吸收行为，又可以反过来通过光生载流子调控石墨烯的栅压来输出电信号。这使得石墨烯在非线性光纤器件、电光调制器、光电探测器等领域具有广阔的应用前景。

2011 年，美国加利福尼亚大学伯克利分校张翔课题组[197]首次报道了基于石墨烯材料构筑的电光调制器。他们将化学气相沉积法制成的石墨烯薄膜直接转移到硅波导上，通过调控石墨烯和硅波导之间的驱动电压，就可以调控石墨烯的费米能级，改变石墨烯的透光率，从而实现电光调制［图 2-68(a) 和 (b)］。具体来说，当驱动电压为 -1~3.8 V 时，石墨烯的费米能级在狄拉克点附近，此时石墨烯中的电子可以吸收光子发生带间跃迁；当驱动电压小于 -1 V 时，石墨烯的费米能级低于跃迁阈值，此时没有电子可以发生跃迁；当驱动电压大于 3.8 V 时，石墨烯的电子态被占满，此时跃迁禁阻，因此这两个电压区间石墨烯都不会吸收光子。测试结果表明，该光电调制器的调制深度为 0.1 dB/μm，调制带宽为 1.2 GHz［图 2-68(c)］。

因为上述电光调制器是将石墨烯直接覆盖在波导面，所以石墨烯与光的相互作用较弱，调制器的调制深度较小。2013 年，哥伦比亚大学 Dirk Englund 课题组[198]将石墨烯薄膜转移到具有纳米谐振腔结构的光子晶体上构筑了电光调制器。谐振腔结构增强了石墨烯和光的相互作用，使得该光电调制器的调制深度提高到 10 dB［图 2-68(d) 和 (e)］。

在光纤通信中，电光调制器等光学器件的插入会带来额外的插入损耗。2015 年，韩国亚洲大学 Dong-Ⅱ Yeom 课题组[199]通过将 4 层化学气相沉积法制成的石墨烯薄膜转移到侧抛光纤上，构筑了全光纤光电调制器。实验结果表明，该全光纤光电调制器的插入损耗明显降低，且通过栅压调控可以实现 90.1% 的透光率变化［图 2-68(f) 和 (g)］。

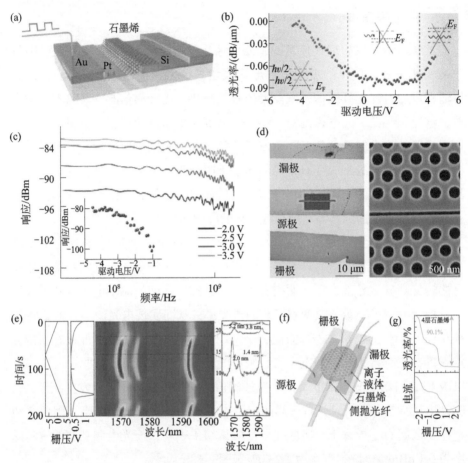

图 2-68　石墨烯电光调制器

石墨烯电光调制器的示意图 (a)、工作原理 (b) 和电光响应曲线 (c)[197]；(d) 石墨烯-纳米谐振腔光子晶
体器件结构图及纳米微腔的扫描电镜照片；(e) 石墨烯-纳米谐振腔光子晶体调制器的电光响应曲
线 [198]；(f) 石墨烯-侧抛光纤调制器示意图；(g) 石墨烯-侧抛光纤器件的栅压-透光率曲线 [199]

　　相比于传统光纤，光子晶体光纤（photonic crystal fiber，PCF）是一种具
有周期性微孔洞的光纤材料，具有许多新奇的性质，也可以通过向 PCF 的孔
洞中添加固体、液体或气体来实现对光的调控。将石墨烯与 PCF 复合，既可
以利用石墨烯与光纤中传输的倏逝波之间强烈的相互作用，实现对光的吸收
和操控，又可以减小插入损耗，制备出低功耗的光纤调制器。2019 年，北京
大学刘忠范/刘开辉课题组 [200] 通过化学气相沉积在 PCF 上直接生长石墨烯
的方法，实现了半米级长度石墨烯光子晶体光纤材料（G-PCF）的制备 [图
2-69(a) 和 (b)]。通过对化学气相沉积体系生长参数的调节，他们发现在低

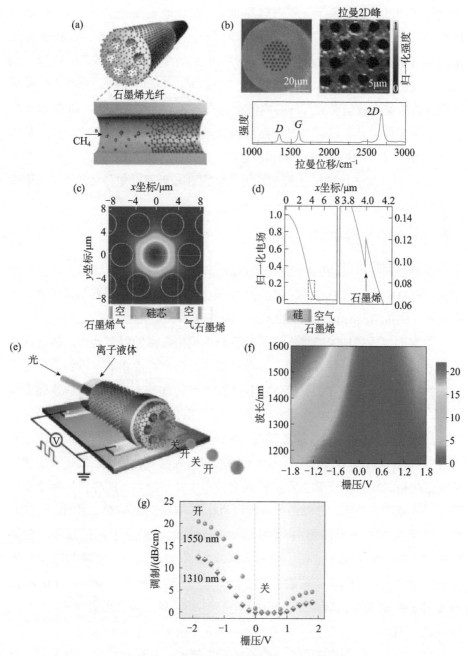

图 2-69　石墨烯-光子晶体光纤电光调制器[200]

(a) G-PCF 结构示意图; (b) PCF 上生长石墨烯的表征结果; (c) 激光模场分布的模拟结果;

(d)、(c) 图虚线处的电场-距离曲线; (e) G-PCF 组装成的电光调制器结构图;

(f) 不同栅压和激光波长下调至深度的面扫描结果; (g) 在 1550 nm 和 1310 nm 处的调制曲线

压化学气相沉积的条件下，气态碳源前驱体的流动更接近于分子流，因此可以在 PCF 孔洞内实现石墨烯薄膜的均匀生长。这种方法制备的 G-PCF 避免了转移导致的石墨烯破损和污染，光纤调制器的性能有了明显的提升。从图［图 2-69(c) 和 (d)］的激光模场分布的模拟结果可以看到，光纤内传输的光束能够以倏逝波的形式与纤芯内壁上的石墨烯进行强烈耦合。向 G-PCF 内注入离子液体后，可以通过对石墨烯施加栅压来改变石墨烯的化学势，从而影响石墨烯光纤的透光率，实现电光信号的调制［图 2-69(e)］。实验结果表明，由 G-PCF 组装成的电光调制器可以实现在较低驱动电压（约 2 V）下高达 20 dB/cm 的调制深度［图 2-69(f) 和 (g)］。

（四）射频器件

射频指的是可以辐射到空间进行远距离传播的高频电磁频率，其频率范围为 300 kHz～300 GHz。目前射频电子技术主要有频率倍频器和无线射频识别技术（radio frequency identification，RFID）两种应用。

频率倍频器是指能够将低频信号的频率成倍提高的射频器件。传统的倍频器材料一般非线性特性较弱，导致倍频器的频谱纯度很低，需要借助复杂的滤波系统来提高纯度。石墨烯材料具有极高的载流子迁移率和非线性光学性质，可以显著提升输出频谱信号的纯度，因此在倍频器相关应用领域具有明显的优势。2009 年麻省理工学院 Tomas Palacios 课题组[201]首次构筑了石墨烯 FET 倍频器。他们利用石墨烯独特的双极性性质，将偏压置于石墨烯狄拉克点附近，使得电子和空穴半周期交替产生输出信号，这样输出频率就变成了输入频率的两倍，且频谱的纯度可以达到 94%［图 2-70(a) 和 (b)］。2015 年，北京大学彭练矛课题组[202]在柔性塑料衬底上构筑了高迁移率石墨烯 FET 倍频器。实验结果表明，当输入频率为 10 kHz 时，石墨烯 FET 倍频器的转换增益为 -13.6 dB，频谱纯度为 96.6%。当输入频率提高到 10 MHz 时，石墨烯 FET 倍频器的转换增益提高到 -17.7 dB，频谱纯度提高 97.7%［图 2-70(c) ～ (f)］。

RFID 是一种非接触式的自动数据采集技术，具有采集信息速度快、准确度高等优点，广泛应用于物流仓储、交通运输、安全防伪、移动支付等领域。石墨烯作为一种兼具柔性、透明、导电的材料，可以方便地构建射频电

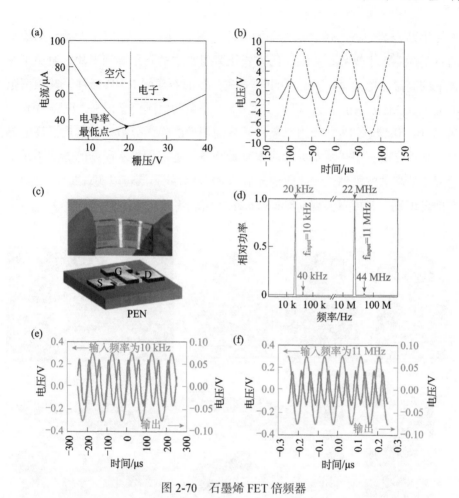

图 2-70 石墨烯 FET 倍频器

(a) 石墨烯 FET 器件的栅压-电流曲线; (b) 石墨烯 FET 倍频器的输入和输出信号曲线 [201]; (c) 柔性石墨烯 FET 倍频器的器件结构和实物图; 柔性石墨烯 FET 倍频器的输出功率谱 (d)、输入频率为 10 kHz 的输出曲线 (e) 和输入频率为 10 MHz 的输出曲线 (f)[202]

子线路并集成于各种物体表面, 因此在 RFID 领域具有广阔的应用前景。石墨烯 RFID 天线的构筑方法一般分为两种。一种是利用石墨烯纳米片制备的石墨烯墨水, 通过印刷的方法构筑 RFID 器件; 另一种是以石墨烯薄膜为基础, 通过图案化刻蚀的方法来构筑 RFID 天线。对于前者来说, 石墨烯墨水的配置是影响 RFID 器件性能的关键。通常来说, 石墨烯墨水中需要加入黏结剂来提高墨水的黏度, 但是黏结剂的去除一般需要高温过程, 这就限制了印刷衬底的使用温度。2016 年, 英国曼彻斯特大学胡之润课题组 [203] 发展了一种不使用黏合剂的石墨烯墨水的印刷方法［图 2-71(a)］。他们在无黏合剂添加的石墨烯墨水干燥后，用辊压的方式压紧墨水中的石墨烯纳米片，避免了黏合剂的高温去除过程。用这种印刷方式构筑的石墨烯 RFID 器件，其频率范围覆盖 10 MHz～10 GHz，可以实现 0.5 m 距离的射频信息识别［图 2-71(b)］。2018 年，该课题组[204] 利用二氢乙烯基葡萄糖酮作为分散剂，实现了高电导率、高浓度的石墨烯墨水的低成本批量制备。他们用墨水印刷的方法构筑了适用于从高频波段到微波波段全覆盖的 RFID 天线，既可以实现 3 cm 的短距离信息识别，又可以实现 9.8 m 的长距离信息传输［图 2-71(c)～(e)］。对于

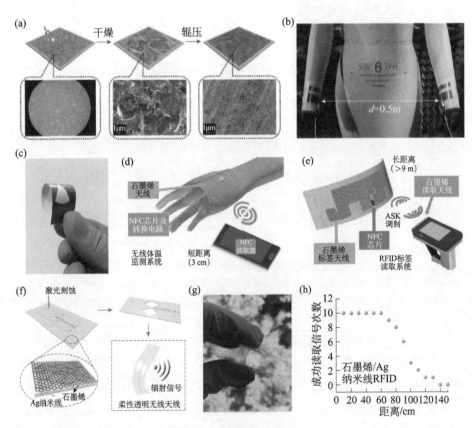

图 2-71　石墨烯 RFID 天线

(a) 使用无黏合剂添加的石墨烯墨水进行辊压印刷示意图; (b) 0.5 m 的射频信号识别[203]; (c) 柔性石墨烯 RFID 天线实物图; (d) 3 cm 短距离信息识别示意图; (e) 9.8 m 长距离信息识别示意图[204]; 石墨烯薄膜/Ag 纳米线构筑的 RFID 天线的示意图 (f) 和实物图 (g); (h) RFID 读取距离测试[205]

后者来说，石墨烯薄膜的导电性是影响 RFID 器件性能的关键。2020 年，北京大学刘忠范课题组[205]利用面电阻仅为 6 Ω/sq 的化学气相沉积石墨烯/Ag 纳米线复合薄膜构筑了透明柔性 RFID 天线。实验结果表明，该 RFID 天线的透光率为 75%，频率覆盖范围 5.6 G～12.8 GHz，最远可以实现 13 m 距离的信息读取和识别［图 2-71(f) ～ (h)］。

六、石墨烯在生物医疗领域的应用

得益于良好的导电性、透光性和生物相容性，石墨烯在生物医药领域逐渐崭露头角，在纳米药物运输、抗菌材料、肿瘤治疗、细胞成像及生物检测等方面表现出巨大的应用潜力。

（一）纳米药物输运

如何在人体内实现药物的精准输送，是生物医药领域的重要课题。纳米药物输运具有靶向性好，输送效率高，毒副作用小等优点。在石墨烯材料中，氧化石墨烯一方面具有较大的比表面积，且表面含有丰富的含氧官能团，可以实现纳米药物的高效负载；另一方面，氧化石墨烯具有良好的亲水性和分散性，并且原料廉价易得，因此在纳米药物输运领域具有良好的应用前景。2008 年，斯坦福大学戴宏杰课题组[206]利用 π-π 非共价相互作用，将具有芳香环结构的 SN38 抗癌药物负载到聚乙二醇修饰的氧化石墨烯上，制备出高浓度、高分散性的 SN38 抗癌药物试剂［图 2-72(a)］。细胞实验的结果表明，该试剂对癌细胞的杀伤效率明显提升，比 CPT-11（以 SN38 为主要成分的抗癌药剂）高 2～3 个数量级［图 2-72(b)］。同年，天津医科大学杨晓英课题组[207]发现阿霉素（doxorubicin，DOX）可以通过氢键相互作用负载在氧化石墨烯上。通过氧化石墨烯的负载可以将阿霉素由初始浓度 0.47 mg/mL 提高到 2.35 mg/mL［图 2-72(c)］。此外，通过调控溶液的 pH 可以控制氧化石墨烯上阿霉素的负载和释放［图 2-72(d)］。2010 年，中国科学院苏州纳米技术与纳米仿生研究所张智军课题组[208]在氧化石墨烯上实现了阿霉素和喜树碱的联合负载，并用叶酸对氧化石墨烯进行修饰，使其对 MCF-7 肿瘤细胞具有靶向性，实验结果表明该药物体系对肿瘤细胞表现出了更强的杀灭效果。

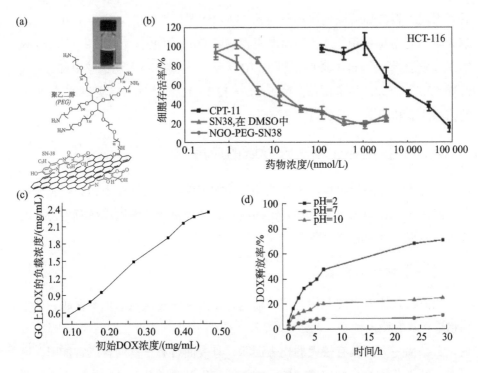

图 2-72　石墨烯纳米药物负载

(a) 聚乙二醇修饰的氧化石墨烯上负载 SN38 示意图；(b) 氧化石墨烯负载 SN38 的体外细胞毒性实验结果对比 [206]；(c) 不同阿霉素初始浓度下氧化石墨烯上阿霉素的负载浓度 [94]；
(d) 不同溶液 pH 下氧化石墨烯上阿霉素的释放速率曲线 [207]

（二）抗菌材料

抗菌材料是指具有杀灭或抑制细菌功能的材料，是健康防护中必不可少的组成部分。传统的抗菌材料包括以抗生素为代表的有机抗菌材料和以金属离子、季铵盐化合物为代表的无机抗菌材料。尽管这些材料可以有效阻止细菌在其表面上的黏附和增殖，但仍存在耐药性、环境污染和加工成本等问题。实验结果表明，石墨烯材料具有优异的抗菌性能，尽管目前其抗菌机理尚不明确，但有三种主要理论被广泛接受——物理切割、氧化应激和磷脂抽取。

2010 年，伊朗沙力夫理工大学 Mid Akhavan 课题组 [209] 发现氧化石墨烯和还原氧化石墨烯会对金黄色葡萄球菌产生明显的杀菌作用。实验结果表明，用氧化石墨烯和还原氧化石墨烯溶液对金黄色葡萄球菌处理 1 h 后，氧化石墨烯表面的细菌残留降低至 26%，还原氧化石墨烯表面的细菌残留降低至 5%，且溶液中可以检测到大量的细菌核糖核酸（ribonucleic acid，RNA）流出物。经过分析，他们认为原因可能是氧化石墨烯和还原氧化石墨烯纳米片具有锋利的边缘。细菌经过还原氧化石墨烯纳米片时细胞膜会被切割破裂，从而起到杀菌的作用。同年，上海应用物理研究所樊春海课题组[210]发现使用浓度为 85 g/mL 的氧化石墨烯溶液处理 2 h 就可以杀死 98.5% 的大肠杆菌［图 2-73(a)］，证实了氧化石墨烯对大肠杆菌有明显的杀菌作用。通过透射电镜表征可以看到，氧化石墨烯处理后大肠杆菌的细胞结构被明显破坏，有大量细胞质流出［图 2-73(b) 和 (c)］。

2011 年，新加坡南洋理工大学袁晨课题组[211]通过比较石墨、氧化石墨、氧化石墨烯和还原氧化石墨烯杀灭大肠杆菌的能力［图 2-73(d)］，提出了一种氧化应激的杀菌机制。他们认为，氧化石墨烯具有较大的比表面积和较多的含氧官能团，与细菌的细胞膜接触后会产生超氧阴离子，通过发生氧化应激反应破坏细胞膜的结构来实现杀菌作用。

2013 年，哥伦比亚大学周如鸿课题组[212]结合分子动力学模拟的结果发现，石墨烯不但可以对细菌的细胞膜进行物理切割，而且可以通过抽取细胞膜上的磷脂分子的方式来破坏其结构，从而达到杀死细菌的目的。理论模拟的结果表明，石墨烯的二维平面结构会与细菌细胞膜上的磷脂分子发生较强的相互作用，导致大量的磷脂分子脱离细胞膜并吸附到石墨烯的表面［图 2-73(e)］。

（三）肿瘤治疗

在肿瘤治疗方面，基于石墨烯的光热疗法被认为是一种微创、高效的癌症治疗方法。光热疗法是利用石墨烯良好的光热转化性能，首先通过靶向识别技术将石墨烯聚集在肿瘤细胞附近，然后在近红外光的照射下石墨烯将光能转化为热能来杀死癌细胞[100]。除此之外，由于石墨烯具有近红外吸收特性，而生物组织对近红外光的吸收较少，因此这种方法可以降低生物组织被灼伤的可能性。2015 年，得克萨斯理工大学邱晶晶课题组[213]发现，用卟啉对还原氧化石墨烯进行修饰，可以显著提高石墨烯的光热效率［图 2-74(a)］。他们用 808 nm 波长的近红外光对卟啉修饰的还原氧化石墨烯进行照射，

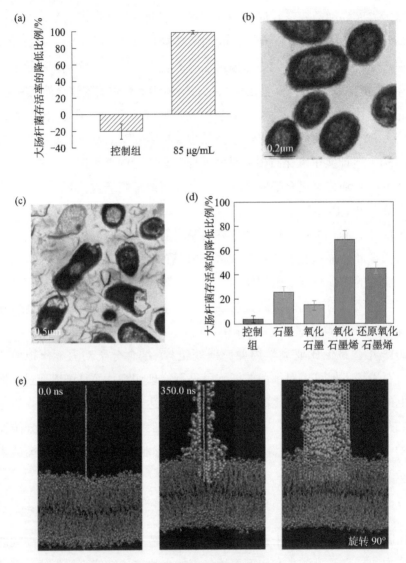

图 2-73 石墨烯抗菌材料

(a) 氧化石墨烯对大肠杆菌的杀菌效果；氧化石墨烯处理前 (b) 和处理后 (c) 大肠杆菌的透射电镜结果
对比 [210]；(d) 石墨、氧化石墨、氧化石墨烯和还原氧化石墨烯对大肠杆菌的杀菌作用结果对比 [211]；
(e) 石墨烯抽取细胞膜上磷脂分子的模拟结果 [212]

4 min 后 63% 的癌细胞被杀死，表现出很高的光热疗效。2017 年，第三军医
大学李容课题组 [214] 在氧化石墨烯上同时负载了阿霉素和 siRNA，将光热疗
法和化疗相结合，实现了癌细胞的高效靶向性凋亡 [图 2-74(b)]。

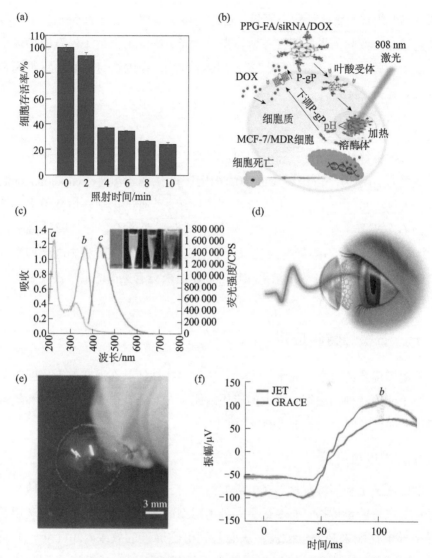

图 2-74　石墨烯在癌症治疗、细胞成像和生物检测方面的应用

(a) 近红外光照射不同时间后癌细胞的残留量统计 [213]；(b) 石墨烯光热疗法和化学疗法协同杀死癌细胞机理示意图 [214]；(c) 不同激发光波长下石墨烯量子点的发光情况 [215]；(d) 石墨烯角膜接触电极示意图；(e) 石墨烯角膜接触电极实物图；(f) 石墨烯电极和商用电极信号强度的对比图 [216]

（四）细胞成像

在细胞成像方面，石墨烯量子点作为一种具有良好生物相容性的荧光材料，在活体成像领域具有广泛的应用前景。2013 年，美国北达科他大学赵晓

军课题组[215]以天然氨基酸为原料，通过一步热解法制备了高荧光效率的石墨烯量子点。实验结果表明，在紫外光、蓝光、绿光的照射下，石墨烯量子点会发出较强的蓝光、绿光和红光［图2-74(c)］，在生物目标的敏感监测和成像上具有明显优势。

（五）生物检测

石墨烯良好的透光性、导电性和化学稳定性使其在柔性生物检测方面具有巨大的应用潜力。以眼科诊断中的视网膜电流图检测（electroretinogram，ERG）为例。2018年，北京大学段小洁课题组[216]通过化学气相沉积法直接在曲面石英模具上生长了石墨烯，构筑了柔性透明的石墨烯角膜接触电极［图2-74(d)和(e)］。石墨烯的柔性保证了全视野ERG测试过程中电极和角膜的紧密接触，使得ERG测试结果相比于商用电极具有更高的信号强度和更好的图像质量［图2-74(f)］。

七、石墨烯特种应用

石墨烯优异的电学、光学、力学、热学等特性使其在航空航天、国防军工、原子能等特种领域拥有巨大的应用潜能，尤其是在电磁屏蔽材料和氢氘分离等方面已经展示了极重要的应用价值。

（一）电磁屏蔽

电磁屏蔽是利用屏蔽材料对电磁波的反射、衰减等来阻断屏蔽区域与外界区域的电磁能量传播。石墨烯是一种电阻型的电磁屏蔽材料，主要利用其优异的导电性能来减弱电磁波，从而起到电磁屏蔽的效果。2011年，北京化工大学于中振课题组[217]以还原氧化石墨烯为原料，通过溶液共混法制备了石墨烯/PMMA复合材料。为了降低复合材料的密度，提高材料的延展性，他们用CO_2发泡技术向复合材料中引入了微孔结构。这种方法制备的具有微孔结构的石墨烯/PMMA材料的电磁屏蔽效能可以达到17~25 dB［图2-75(a)］。2013年，中国科学院金属研究所成会明课题组[218]以泡沫镍为模板，通过化学气相沉积法制备了三维石墨烯泡沫。他们先在石墨烯表面涂覆一层PDMS，之后把金属镍刻蚀，就可以得到具有交联网状结构的石墨烯/PDMS 电磁材料。实验结果表明，这种电磁屏蔽材料的屏蔽效能可以达到 30 dB［图 2-75(b)］。2014 年，香港科技大学 Jang-Kyo Kim 课题组[219] 通过自组装的方法实现了还原氧化石墨烯纳米片在环氧树脂衬底中取向一致的结构的排布，并基于此将石墨烯基复合材料的电磁屏蔽性能进一步提高到 38 dB［图 2-75(c) 和 (d)］。

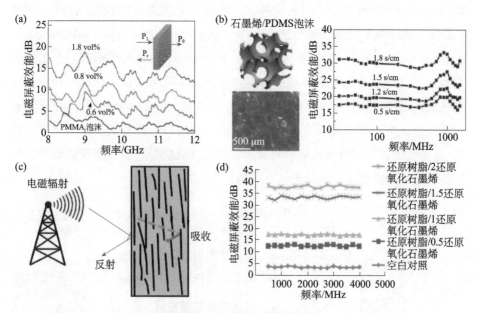

图 2-75　石墨烯电磁屏蔽材料

(a) 具有微孔结构的石墨烯/PMMA 材料的电磁屏蔽性能测试结果[217]；(b) 石墨烯/PDMS 材料的示意图、SEM 表征结果及电磁屏蔽性能测试结果；(c) 取向一致的还原氧化石墨烯纳米片用于电磁屏蔽的原理示意图[218]；(d) 取向一致的还原氧化石墨烯纳米片的电磁屏蔽性能测试结果[219]

（二）氢氚分离

　　氚是氢的同位素，不仅在示踪技术中有重要应用，其和氧组成的化合物重水，更是作为减速剂被广泛用于铀核裂变中。然而，现有的氢氚分离技术（如水-硫化氢交换法和低温蒸馏法）的能耗较大，分离效率较低（分离因子 <2.5）。因此，发展低能耗、高效率的氢同位素分离技术有重要的意义。石墨烯作为仅有质子和电子能通过的单层二维原子晶体，在氢氚分离中表现出良好的选择透过性。2016 年，英国曼彻斯特大学盖姆课题组[167] 研究了石墨烯对质子的透过行为。他们将机械剥离的石墨烯薄膜与电子传导聚合物

Nafion 膜结合，并用电子束蒸镀的方法在石墨烯上进行 Pt 纳米粒子修饰，构筑成重水分离膜。质谱检测的结果表明，石墨烯分离膜可以高效地分离氘，分离因子可以达到 10 左右 [图 2-76(a) 和 (b)]。其具有较高分离因子主要是由于氢核和氘核穿过石墨烯是一个热激活的过程，且氢核和氘核在溶液中会形成氢键，而两者形成氢键的零点能不同，有 60 meV 的能垒差，导致二者跨过石墨烯薄膜时具有不同的能垒，其渗透速率就会明显不同。此外，这种同位素分离方法的能源消耗仅为 0.3 kW·h/kg，且该过程不含有毒物质或腐蚀性物质，不会造成污染问题。2017 年，该课题组 [220] 将机械剥离的石墨烯薄膜换成了化学气相沉积法制成的石墨烯薄膜，实验结果表明化学气相沉积法制成的石墨烯薄膜同样具有优异的氢氘分离能力 [图 2-76(c)]。尽管化学气相沉积法制成的石墨烯薄膜存在一定的缺陷和裂痕，但其氢氘分离比仍可达到 8，这意味着该方法具有良好的可放大性和工业化前景，有望实现高效率、低能耗的重水分离和核废料处理。

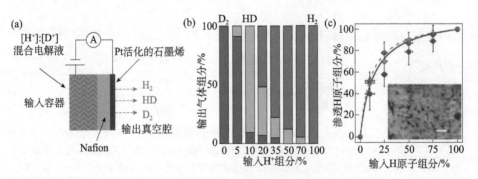

图 2-76　石墨烯氢氘分离膜

(a) 质谱分析法检测氢氘分离效率示意图；(b) 输出气体组分分布随输入 H+ 组分的变化关系图 [50]；
(c) 渗透 H 原子组分随输入 H 原子组分变化的关系图 [220]

除了电磁屏蔽和氢氘分离外，石墨烯优异的物理化学性质使其在特种技术领域的许多方面都有巨大的应用潜力。例如，石墨烯极高的光响应灵敏度和响应速度，有望实现速率高、容量大、方向性强、安全性高及穿透性好的石墨烯太赫兹器件的构建，在通信、雷达、安检等领域具有重大前景。石墨烯极高的载流子迁移率有望制造出灵敏度高、响应快、体积小、柔性可穿戴的生化探测器，实现特种环境下的快速生化检测。石墨烯优异的机械性能，可以与合金材料复合，制备出轻质高强的合金材料，在航空航天方面具有显著优势。

第四节　中国石墨烯产业发展现状

一、发展历程

石墨烯作为碳材料家族中的一员，可以说是含着"金汤匙"诞生的，尤其在诺贝尔奖的光环下，全球石墨烯产业的发展可谓是如火如荼。世界各国纷纷布局石墨烯，投入巨资加强石墨烯的研发、生产和应用，以期抢占产业制高点。然而，新材料的研发到最终走向市场通常都面临着长周期、高投入、高风险，必须要有一代人甚至几代人的坚守和积累。例如，硅材料历经了 20 多年，而碳纤维坚持了半个多世纪之久。石墨烯作为一种前沿新材料，从实验室走向产业化，最终转化为商品，按照经验需经过以下几个阶段：实验室研发（基础研究）—试验工厂（小试）—示范中产线（中试）—规模化生产—商品化。每个阶段必不可少，不可一蹴而就。实际上，从 2004 年第一篇有关石墨烯的热点学术论文刊登在美国《科学》期刊上，如今石墨烯只不过还是个不到 20 岁的"孩子"，一切还不能操之过急。目前石墨烯产业对标 Gartner 技术成熟度曲线，其正处于"期望顶峰"稍过一点的阶段（图 1-1）。然而，急于求成、"揠苗助长"式促生产使其有滑向"泡沫谷底期"的风险。

2010 年，诺贝尔物理学奖授予石墨烯材料研究的两位拓荒者海姆和诺沃肖洛夫，标志着石墨烯产业从这一年开始萌芽。在过去的 10 年里，中国石墨烯产业呈现快速发展的态势。从全球视野来看，中国是推进石墨烯产业化应用最活跃的国家，也是"明星"级的存在。我国石墨烯产业受到从中央到地方各级政府的高度关注，拥有全球最庞大的石墨烯基础研发和产业化队伍，多数有理工科专业的大学和科研院所都有石墨烯研究团队。在国家政策、民营企业和社会资本的共同推动下，我国石墨烯产业在规模化制备、市场规模和企业数量等方面均呈现爆发式增长（表 2-2）。尤其，企业数量在 2013 年初就有 2596 家，到 2019 年增至 10 835 家，并持续增加。

截至 2020 年 6 月底，在工商部门注册的石墨烯相关企业及单位数量达 16 800 家，石墨烯市场规模持续增加。虽然中国石墨烯产业正在蓬勃发展，各个领域均有涉及，但真正体现石墨烯特性的应用尚不明确，创新渠道转化不畅，因此石墨烯产业整体上正处于实验室研究到产业转化的初级阶段。纵观我国石墨烯产业近 10 年的发展历程，按照 Gartner 技术成熟度曲线，可分为技术萌芽期、期望膨胀期及调整期（图 1-1）。

表 2-2　2013 年以来我国石墨烯产业的相关发展速度

产业规模		时间			
		2013 年	2015 年	2017 年	2019 年
规模化生产能力	石墨烯粉体/t	201	—	1 400	>5 000
	石墨烯薄膜/万 m²	—	19	350	>650
	氧化石墨烯/t	108	132	710	—
市场规模/亿元（CGIA Research 统计）		—	6	70	
相关企业数量/家		2 596	3 843	6 619	10 835

（一）技术萌芽期（2010～2012 年）

在 2010 年前，我国仅有北京大学、清华大学和中国科学院化学研究所等少数院校和科研院所开展有关石墨烯的基础研究，石墨烯相关的专利数量较少。随着 2010 年诺贝尔物理学奖的揭晓，石墨烯成为科学界讨论的焦点，也正是从这一年，我国大量的科研团队投入石墨烯领域的相关研究。在这一阶段，我国石墨烯产业的主要特点是基础研究与应用研发齐头并进，每年都有大量的新增发明人进入石墨烯相关的技术领域，以及引进众多海归人才，加强石墨烯领域的研究和探索。代表性的高校和科研院所包括北京大学、清华大学、中国科学院化学研究所、浙江大学、国家纳米科学中心、中国科学院沈阳金属研究所、南京大学及中国科学院宁波材料技术与工程研究所和中国科学院山西煤炭化学研究所等。同时，以科研院所学术骨干或地方政府牵引的中小企业和石墨烯研究院相继涌现出来，如 2011 年常州市政府主导的江南石墨烯研究院和石墨烯科技产业园。随着石墨烯研究热潮的兴起，我国也将石墨烯产业发展列入重点支持项目，从政策层面给予前所未有的扶持力度。2012 年 1 月，工信部发布了《新材料产业"十二五"发展规划》，将石墨烯列为前沿新材料之一，首次明确提出支持石墨烯新材料的发展，从此开启了中国石墨烯产业的"快跑"模式。

（二）期望膨胀期（2013～2016 年）

从 2013 年起，我国石墨烯研究百花齐放，各类石墨烯下游产品陆续面世，促使我国石墨烯行业市场急速发展。2015 年，我国石墨烯产业综合发展实力甚至赶超了一些先行国家，与美国、日本占据了全球前三位。在此阶段，国家政策不断加码石墨烯，多个重要文件提及石墨烯发展目标。特别是 2015 年 10 月国务院出台的《中国制造 2025》重点领域技术路线图（2015版）进一步明确了石墨烯在战略前沿材料中的关键地位，并设立了关于 2020年和 2025 年的石墨烯产业规模的目标，强调战略布局。随后，国家发改委、工信部、科技部三部门联合发布《关于加快石墨烯产业创新发展的若干意见》，明确提出将石墨烯产业打造成先导产业，着力构建石墨烯材料示范应用产业链，加快规模化应用进程，推动石墨烯产业做大做强。在这些政策的扶持下，我国石墨烯研究呈现爆发式的增长，石墨烯产业园和研发基地遍布全国，各种小型的初创企业也相继建立起来。目前，我国石墨烯产业已形成新能源、涂料、大健康、复合材料、节能环保和电子信息为主的六大市场化领域，其中新能源领域占绝对优势（图 2-77）。在此阶段，石墨烯产业虽然得到快速发展，但是存在诸多问题，如低质重复建设、低端产品过剩、上下游脱节及资本市场过度透支石墨烯概念等。我国石墨烯论文和专利数量虽居

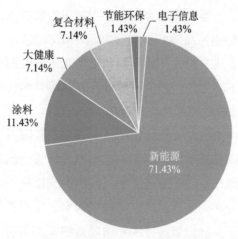

图 2-77　中国石墨烯产业领域分布情况

数据来源: CGIA Research

世界首位，但转化为实际应用的成果甚少。科研成果转化渠道不畅的根本原因在于科技界和产业界结合不紧密，让资本操控有机可乘，引发了很多炒作风波。为了规范行业发展，国家标准化管理委员会于2016年底同工信部等部门成立了石墨烯标准化工作推进组，制定了《石墨烯材料的名词术语与定义》等7项国家标准，指导石墨烯产业健康科学发展。

（三）调整期（2017年至今）

针对石墨烯乱炒作的乱象，自2017年以来，深圳证券交易所（简称深交所）、上海证券交易所（简称上交所）等加大对"石墨烯"题材上市公司的监管力度，如深圳市大富科技股份有限公司收购石墨烯的业绩不达标被深交所问询、宝泰隆新材料股份有限公司收到上交所问询函、常州第六元素材料股份有限公司被中国证监会浙江监管局约见等，遏制了市场炒作行为。工信部、科技部等部委也对石墨烯产业进行重新梳理。随着政府各部门和产业界对石墨烯的认识不断深入，加上有识之士的不断呼吁，以及石墨烯从实验室到市场的产业化实践，如今中国的"石墨烯热"有所降温，中国的石墨烯产业发展开始趋于理性。2020年，随着石墨烯关键技术的不断突破和下游应用的不断成熟，预计石墨烯产业市场规模将继续扩大，产业发展也将更加理性。石墨烯的批量制备问题是其产业化发展中的关键前提，而这正是中国石墨烯产业的主要优势。北京大学和北京石墨烯研究院联合开发的超洁净石墨烯薄膜和石墨烯单晶晶圆已经成为具有自主知识产权的国际品牌。石墨烯导电浆料、石墨烯电加热产品和石墨烯涂料是中国石墨烯产业的三大"明星"产品，绝大多数企业从事相关产品研发和市场化工作。随着我国高质量石墨烯薄膜制备技术的不断突破，相信石墨烯在导热膜、柔性显示、传感器、电子芯片等中高端领域也将逐渐进入产业化。

通过以上三个时期的发展及多年的自主研发，我国石墨烯的规模化生产技术、工艺装备和产品质量均取得了一定突破，尽管仍然存在诸多挑战性的问题，但中国石墨烯产业的发展速度和所取得的成绩是毋庸置疑和值得肯定的。石墨烯行业在发展初期面临诸多不确定因素，在石墨烯产业版图未完全显现之前，专注于研发创新制备技术和布局高端应用市场才是占据产业制高点的硬道。随着国家和地方政府的介入，石墨烯产业初步形成了政府、科研机构、产业和用户共同参与的政产学研协同创新机制，有力促进了我国石墨烯相关科技研发及产业化应用。随着政策、环境的不断优化、投资力度的不断加大及中美贸易战和"一带一路"建设等国际因素的影响，中国石墨烯产业发展总体向好，将面临着前所未有的发展机遇。

二、区域发展格局

经过十年的发展，中国的石墨烯产业已遍及全国众多地区，并初步形成了"一核两带多点"的空间分布格局（表 2-3）。"一核"是以北京为核心、环京津冀地区为主体，依托其独有的研发资源，打造国内石墨烯技术发展的重要引擎；"两带"是指东部沿海地区及内蒙古-黑龙江地区，充分利用资源、产业、人才和市场优势，促进产业聚集；"多点"是指四川、重庆、湖南、陕西、广西等地区依托其资源和人才优势，发展石墨烯产业。

表 2-3　中国石墨烯产业发展的空间分布及发展特色

空间格局	省份和地区	石墨烯发展特色
一核	以北京为核心、环京津冀地区为主体	人才和科技资源丰富、石墨烯基础研究处于国内一流水平，拥有全国最顶尖的石墨烯研发资源和融资平台
两带	内蒙古-黑龙江产业带	石墨储量最丰富，但石墨烯产业较晚，绝大多数企业尚处于初创阶段
	东部沿海产业带	石墨烯产业发展最活跃、产业体系最完善、下游应用市场开拓最迅速
多点	四川	研发起步较早，主要布局在攀枝花、德阳、巴中等地，以高等院校为主，相关企业较少，初步实现产业化
	重庆	主要布局在高新区，国内率先拥有石墨烯单层薄膜材料量产工艺的省份
	湖南	主要布局在郴州和长沙，微晶石墨资源储量居全国之首，高端石墨新材料方面基础较好
	陕西	基础研究起步较早，主要布局在西安和汉中，石墨资源丰富，具有发展石墨烯产业的良好基础
	广西	主要布局在南宁，依托广西大学，重点在南宁布局石墨烯产业

（一）京津冀地区研发力量强大，"一核"优势凸显

1. 区域优势和代表企业

1）北京

依托其丰富的高校和科研院所等研发资源，北京市在石墨烯高技术研发方面遥遥领先，是京津冀地区乃至全国的产业核心所在。北京拥有无与伦比的智力资源，集聚了20多个高水平石墨烯研究团队，分布在北京大学、清华大学、中国科学院化学研究所、国家纳米科学中心、北京航空材料研究所、北京理工大学、北京化工大学、中国科学院物理研究所等高校和科研院所（表2-4）。强大的研发能力和雄厚的技术积淀是北京市最大的优势所在。在高品质石墨烯薄膜材料、单晶石墨烯晶圆、超级石墨烯玻璃、烯合金、烯碳光纤、石墨烯海水淡化膜等研发方面，北京市居国际领先地位。

表2-4　北京市主要石墨烯研发团队

序号	研发机构	团队	主要研发方向
1	中国科学院化学研究所	刘云圻团队	石墨烯薄膜生长及掺杂
2	北京大学	刘忠范团队	石墨烯薄膜生长及装备、超级石墨烯纤维、烯碳光纤、超级石墨烯玻璃、石墨烯LED
3		彭海琳团队	石墨烯薄膜生长及装备、批量转移技术
4	清华大学	魏飞团队	三维介孔石墨烯粉体宏量制备、石墨烯导电添加剂和超级电容器
5		曲良体团队	功能化石墨烯粉体材料与组装、石墨烯新能源器件
6		朱宏伟团队	石墨烯材料制备及其在光电转换、柔性器件、吸附过滤等领域的应用
7	国家纳米科学中心	智林杰团队	石墨烯透明导电膜、石墨烯储能技术
8	北京航空材料研究院	王旭东团队	石墨烯粉体、石墨烯金属复合材料
9	北京化工大学	张立群团队	石墨烯复合橡胶材料和轮胎
10		于中振团队	石墨烯高分子复合导热材料
11	中国石油大学（北京）	李永峰团队	材料化工、石墨烯的制备与应用
12	中国科学院半导体研究所	李晋闽团队	石墨烯LED照明器件

序号	研发机构	团队	主要研发方向
13	北京石墨烯研究院	孙禄钊团队	石墨烯薄膜制备
14		高翾团队	石墨烯玻璃制备技术及其应用、石墨烯制备装备
15		尹建波团队	石墨烯太赫兹器件、石墨烯微纳光电器件
16	北京航空航天大学	沈志刚团队	石墨烯材料规模制备、石墨烯负极材料

2017 年 4 月 11 日，在北京市经济和信息化局的推动下，北京石墨烯产业创新中心正式成立，致力于整合资源优势，构建多层次人才激励机制，建立"众智型"石墨烯研发模式和"共享型"产业化平台和基地。北京石墨烯产业创新中心的总体目标是打造"全球一流的石墨烯复合技术研究及产业孵化中心"。北京市拥有一批知名石墨烯企业，在海淀、房山、丰台等区均有石墨烯产业布局，并拥有完整的企业孵化服务体系，帮助成果转化和产业落地。代表性企业包括北京石墨烯研究院（BGI）、北京石墨烯技术研究院（BIGT）、东旭光电科技股份有限公司、北京北方国能科技有限公司、绿能嘉业新能源有限公司及北京创新爱尚家科技股份有限公司等。其中，BGI 已成为国际知名的石墨烯综合研发机构和具有强大生命力的产学研协同创新平台，推出"研发代工"新型产学研协同创新模式，积极推动与产业界的实质性合作，已与相关企业和科研院所建立 8 个研发代工中心、3 个特种领域联合实验室和 4 个协同创新中心。

2）天津

作为中国北方最大的沿海开放城市，天津市在京津冀协同发展中的定位是着力提高先进制造业水平，成为科技成果转化和产业化基地，支撑和引领全国制造业发展。天津市的理工科院校的研究团队也十分重视石墨烯的发展，如天津大学杨全红团队和南开大学陈永胜团队，主要研究方向分别为石墨烯粉体材料组装、石墨烯锂电池和超级电容器及石墨烯粉体材料制备、石墨烯新能源技术。2017 年 8 月 28 日，天津滨海高新区与英国国家石墨烯研究院（NGI）签署合作协议，共同推进 5 年总预算为 1000 万英镑的研发计划。天津石墨烯产业主要依托东丽石墨烯产业化基地、天津滨海高新区石墨烯工程技术中心、宝坻天津北方石墨烯产业研究院等构建石墨烯产业链，形成产业集聚区。代表性企业主要包括天津玉汉尧石墨烯储能材料有限公司及天津普兰纳米科技有限公司等。

3）河北

作为京津冀协同发展的重要组成部分，河北省的定位是建设重点产业技术研发基地，其充沛的载体供给及资源储备，对生产制造业及北京外迁的一般制造业企业来说，都是企业选址和未来发展中不可或缺的要素。目前河北省的石墨烯相关企业主要集中在石墨烯粉体生产领域。唐山市高新技术开发区自2013年以来以科技创新为驱动，加快石墨烯产业的科学布局，目前初步形成了14家石墨烯相关企业共同发展的产业集群，拥有河北省石墨烯产业院士工作站、石墨烯材料工程技术研究中心等研发机构，并与一批国内外石墨烯高精尖技术的汇集单位建立了合作关系。相关企业主要以新奥石墨烯技术有限公司和唐山建华实业集团有限公司为代表。

2. 区域产业特点和问题分析

京津冀地区的石墨烯产业正在逐渐形成协同发展和错位发展态势。北京市着重于高端引领和技术创新平台建设，天津市重点定位石墨烯工程化平台建设，而河北省则致力于产业基地建设。北京市石墨烯产业主要从以下三方面推进：①研发平台建设，重点推动建设北京石墨烯研究院和北京石墨烯技术研究院。②抓好石墨烯产业的源头工作，即高品质石墨烯材料是未来石墨烯产业的基石和核心竞争力。北京石墨烯研究院在这方面已取得国际公认的一系列重要突破。③面向未来的高端石墨烯应用技术研发，包括石墨烯光通信技术、石墨烯LED器件、石墨烯可穿戴器件及石墨烯传感器等。

天津市的石墨烯产业主要围绕当地新能源汽车产业发展工程化应用。天津市已基本形成整车开发、动力电池、控制系统、实验检测和推广应用等较为完善的新能源汽车产业体系。因此，天津成立的石墨烯工程技术中心主要聚焦于石墨烯技术在电动汽车的电池及新材料领域的工程化应用。

河北省的石墨烯产业主要围绕着石墨烯粉体及其应用相关产品展开，企业以生产型为主。在京津冀协同创新发展规划中，河北省的主要任务是承接和疏解北京非首都功能，调整产业结构和空间结构，推动三地产业、交通、生态环保的一体化。为了实现产业升级，许多传统的生产型企业纷纷进入石墨烯行业，同时也有一些北京的石墨烯企业在河北设立生产基地。

截至 2020 年 2 月的统计数据显示，京津冀地区在工商部门注册的营业范围包含石墨烯相关业务的企业数量为 906 家，其中北京市 178 家、天津市 136 家、河北省 592 家。目前京津冀地区石墨烯产业营收主要来自北京。据统计，2018 年京津冀地区的石墨烯产业规模为 2.6 亿元。但伴随着石墨烯领域的一些上市公司在 2019 年营业收入的整体萎缩，京津冀地区 2019 年的石墨烯产业规模呈下降趋势，大约为 1.5 亿元。京津冀地区涉及石墨烯业务的上市公司共 4 家：东旭光电（000413）、新奥股份（600803）、爱家科技（838385）和绿能嘉业（100019）（表 2-5）。

表 2-5 京津冀地区石墨烯相关上市公司概况

序号	证券名称	股票代码	类别	地域	上市时间	领域
1	东旭光电	000413	A 股	北京	1996 年 9 月	新能源、节能环保
2	新奥股份	600803	A 股	河北	1994 年 1 月	新能源、化工领域
3	爱家科技	838385	新三板	北京	2016 年 7 月	石墨烯健康服饰
4	绿能嘉业	100019	新四板	北京	2017 年 8 月	石墨烯发热材料

以北京为核心的京津冀地区具有地域、科研等方面明显的优势，尤其在基础研究和应用研发方面实力雄厚，已拥有一系列国际先进甚至领先水平的石墨烯相关研究成果。然而，石墨烯产业在发展过程中面临着明显的问题和挑战，主要包括以下几个方面。

（1）基础研究成果与下游应用脱节。科研成果大部分以学术论文和发明专利形式发表，尚未真正形成产业化。由于大部分基础研究成果缺少实用化研发和孵化中试，距离产业化成熟阶段较远，导致下游企业投资热情不够。此外，很多成果拥有者直接成立公司，力求成果转化，形成大量的初创型小微企业。但是由于经验不足，缺乏市场牵引，成功率并不高，而且还严重影响进一步的研发创新。

（2）政府层面缺乏统一规划。京津冀协同发展石墨烯产业合作缺乏统一规划和配套政策，产业同质化问题严重。如果政府部门能够从更高的层面进行规划布局，借助京津冀地区的石墨烯产业错位发展特色和优势，将会促进石墨烯产业健康、有序和快速发展。

（3）社会资本参与度较低。石墨烯产业的健康发展需要投融资方式支持，即政府发起的石墨烯产业基金需要社会资本进行配资，但京津冀地区社会资本的活跃度比珠三角区域低，导致该地区石墨烯产业基金融资难度较大。

（二）东部沿海地区和黑龙江-内蒙古地区集群发展，形成产业推进的"两带"

1. 区域优势和代表企业

1）东部沿海地区

该地区包括江苏、上海、浙江、广东、山东、福建等地。这条产业带汇聚了目前我国石墨烯产业发展最早且最活跃、下游应用市场开拓最迅速的石墨烯企业，已经形成了石墨烯制备装备制造、石墨烯材料生产、下游应用及科技服务等产业链上中下游协同发展的产业格局。其中，江苏、上海、浙江构成的中国第一大经济区长江三角洲地区，是中国最具发展潜力的经济板块。由于优越的地理位置、便利的交通和雄厚的经济实力及有力的政策扶持，长江三角洲地区的石墨烯产业是中国石墨烯产业发展最早的区域，据不完全统计，企业数量累计已超过 2500 家。

（1）江苏。该省的常州市和无锡市先后发布了一系列政策引导产业发展，成为石墨烯产业聚集地。2011 年，常州石墨烯小镇成立江南石墨烯研究院，继而开始了石墨烯产业的发展，目前已建成集"研究院—众创空间—孵化器—加速器—科技园"于一体的较完善的创新创业生态体系，是国家石墨烯新材料高新技术产业化基地，并计划构筑"一轴一港两廊五区"的总体布局框架。截至 2020 年，常州石墨烯园区内石墨烯企业已达 137 家，其中包括 2 家新三板挂牌企业（表 2-6）。企业注册资本在 100 万以下的企业有 10 家，注册资本 100 万～1000 万的企业有 66 家，1000 万～1 亿的企业有 48 家，注册超过 1 亿的企业共有 10 家。园区已推动建成具有全国影响力的石墨烯粉体和薄膜材料规模化生产企业，并推动了石墨烯在热管理、储能、涂料、复合材料、电磁屏蔽材料、智能穿戴材料和传感器等产品应用研发和生产制造企业的建设与发展。其中石墨烯散热产品已得到市场认可，具有较高的知名度。

表 2-6　江苏省石墨烯新三板挂牌企业

证券名称	股票代码	主营石墨烯相关业务	上市类别
第六元素	831190	新型碳材料研发、生产、销售及石墨烯膜、石墨烯粉体的制备与生产	新三板
二维碳素	833608	应用于触摸屏、太阳能电池、柔性电子、OLED 领域透明电极的石墨烯薄膜材料的研发、技术服务、技术咨询；触摸器件与配件、光电触控面板、平板显示器与配件、石墨烯导电膜的制造、销售	新三板

无锡是江苏省另一个石墨烯产业聚集区，于 2013 年 8 月成立无锡石墨烯产业发展示范区，打造众创空间—孵化器—加速器—产业园的创新创业发展链条。该园区主要围绕培育和发展超电储能、导电薄膜、导热发热材料、复合材料、电子元器件等五大应用领域的产业化项目。迄今，示范区内已引进培育了格菲电子薄膜科技有限公司、烯晶碳能电子科技无锡有限公司等各类团队和企业 50 余家，其中产业化企业 15 家。无锡已建成无锡石墨烯产业发展示范区和经国家市场监督管理总局认证的国家级石墨烯产品质量监督检验中心，成为国家火炬石墨烯新材料特色产业基地。此外，无锡具有较好的国际化研发合作基础，已与英国格拉斯哥大学合作成立了石墨烯英国格拉斯哥大学离岸孵化器。据不完全统计，江苏省涉及石墨烯相关业务的企业数量已超过 2500 家，主要包括常州二维碳素科技股份有限公司、常州第六元素材料股份有限公司、烯晶碳能电子科技无锡有限公司、常州恒利宝纳米新材料科技有限公司、无锡盈芯半导体科技有限公司及无锡格菲电子薄膜科技有限公司等。其中，常州第六元素材料股份有限公司已成功研发并生产出 6 大系列石墨烯粉体产品，包括氧化石墨烯、储能型石墨烯、防腐型石墨烯、导电型石墨烯、导热型石墨烯和增强型石墨烯，广泛应用于涂料、塑料、树脂、碳纤维等复合材料领域。

（2）浙江。宁波作为浙江省石墨烯产业的主要聚集地，很早就对石墨烯产业比较重视，并于 2014 年投入 9000 万元财政资金支持石墨烯产业化应用重大科技专项。由中国科学院宁波材料技术与工程研究所牵头成立的石墨烯制造业创新中心是具有独立企业法人资格的石墨烯产业技术创新平台，重点面向电动汽车、海洋工程、功能复合材料、柔性电子、电子信息等领域。针对石墨烯及其改性材料的重大需求，计划 5 年投入 10 亿元，突破关键技术，打通石墨烯基础研究与产业需求之间缺失的关键创新环节，并关注下游技术，促进传统产业的转型升级和先导产业的培养发展。目前已初步形成一些有石墨烯材料生产能力和上下游贯通的石墨烯企业，产品种类包括石墨烯粉体材料、石墨烯导电浆料及石墨烯重防腐涂料、石墨烯纤维材料和电热织物等。其中，石墨烯重防腐涂料已在沿海地区推广应用，有关石墨烯电热板和电采暖系列产品，已在民用住房内安装使用。据不完全统计，浙江省涉及石墨烯相关业务的企业数量已超过694家，企业主要以宁波墨西科技有限公司和杭州高烯科技有限公司为代表。

（3）上海。作为全国国际经济、金融、贸易、航运和科技创新中心，上海在人才、资金、技术方面具有显著的优势。上海市成立了上海石墨烯产业技术功能性平台，通过联合上海交通大学和中国科学院上海微系统与信息技术研究所等高校院所及上海利物盛企业集团有限公司、烯旺新材料科技股份有限公司等企业，重点加强石墨烯产业上下游的合作，助力石墨烯产业化进程。产业发展重点集中在石墨烯复合材料、新能源电池材料等领域。同时，上海市与宝山区市区联合成立了石墨烯研发与转化功能型平台，以石墨烯应用需求为牵引，着力构建石墨烯应用技术创新、中试及产业化的核心服务能力。通过"基地＋基金＋人才"模式，促进实验室成果的产业化，解决产业面临的共性技术问题，培育打造石墨烯产业集群。主要研究领域涉及石墨烯薄膜材料、石墨烯量子点材料、多孔石墨烯材料、石墨烯金属复合材料及石墨烯加热技术等方面。据不完全统计，上海市涉及石墨烯相关业务的企业数量约为264家，主要集中在原材料生产和设备制造上，代表性企业包括上海烯望材料科技有限公司及上海利物盛企业集团有限公司等。

（4）广东。依托良好的经济发展基础和创新创业政策，广东省集聚了大批优秀人才和团队，为区域工业技术升级输送源源不断的能量。广东省是我国石墨烯产业发展极为活跃、下游应用市场开拓较为迅速的地区。从石墨烯整体产业链来看，广东省主要布局在石墨烯粉体材料规模化生产和应用产品设计研发上。广东省历来注重产学研结合，高校与企业合作研究通道顺畅。在企业创新能力方面，约175家企业拥有石墨烯相关的自主知识产权，是继江苏省之后拥有石墨烯自主知识产权企业最多的地区。2019年4月，广东省成立石墨烯创新中心，着力建设服务于石墨烯产业技术创新的研发设计中心、测试评价中心和行业服务基地，打造粤港澳大湾区石墨烯行业发展新高地。

广州和深圳两市对石墨烯等新兴产业的发展给予了强大的政策支持，形成了较完整的石墨烯产业链，涉及石墨烯业务的企业占广东省的 80% 以上。2016 年 12 月，广州市依托"国家石墨烯产品质量监督检验中心（广东）"（华南地区首家国家级石墨烯产品质检机构），有针对性地研发石墨烯产品检验检测新技术，检测内容涵盖各种石墨烯材料，为广东省及全国石墨烯产业的发展与转型升级发挥技术支撑和引领作用。

深圳市作为广东省石墨烯产业重点发展基地，在 2012～2018 年累计投资近亿元用于石墨烯的基础研究和应用基础研究。2015 年 11 月，深圳市先进石墨烯应用技术研究院成立，旨在解决石墨烯材料的产业化应用问题，对推动深圳石墨烯产业发展具有重要意义。2018 年，深圳市成立广东省石墨烯创新中心，努力打造"石墨烯制造 + 计量检测 + 装备制造 + 终端应用"全产业链。经初步统计，截至 2018 年，深圳市已培育和引进 20 余个具有国际影响力的石墨烯研发团队，建设了 10 余家石墨烯相关科研创新载体，培育了 30 余家石墨烯相关企业。

据不完全统计，广东省涉及石墨烯相关业务的企业数量已超过 2500 家，注册资本在 5000 万以上的企业 633 家，高新技术企业 37 家，涉及石墨烯概念的上市企业共 15 家。代表性企业包括烯旺新材料科技股份有限公司、鸿纳（东莞）新材料科技有限公司、广东墨睿科技有限公司（东莞市道睿石墨烯研究院）及深圳市本征方程石墨烯技术股份有限公司。

（5）福建。该省石墨烯产业链较完整，从资源开采、材料制备、下游应用到终端产品均有布局，在石墨烯生产设备、石墨烯材料制备、电池电极材料、防腐涂料和环保材料等领域共有四十多家企业，位于福州、厦门、泉州和三明永安等地，并初步形成了以厦门火炬高新区、泉州晋江和三明永安为产业集聚区的"两核三区"产业发展格局。福州研发服务核心区依托福州大学等高校科研院所及相关应用企业，打造石墨烯检测、研发技术服务平台，在福州高新区承接石墨烯科技成果转化落地。厦门创新孵化核心区依托厦门大学等高校科研院所及相关应用企业，设立开放实验室，构筑集研发、中试、产业化、成果评价、产品检测认证等于一体的综合性创新孵化平台。厦门火炬高新区石墨烯产业聚集区以现有在国内具有竞争优势的一批石墨烯骨干企业为主体，重点发展石墨烯导热、散热、防腐和微电子新材料产业，努力形成以石墨烯研发、设备、应用为一体的产业发展格局。该区集聚了三十多家石墨烯新材料企业，为石墨烯初创企业提供材料检测等诸多便利。泉州晋江石墨烯产业聚集区以福建海峡石墨烯产业技术研究院、晋江市创意创业创新园（简称三创园）、晋江龙湖石墨烯产业园为依托，结合晋江传统产业基础，加强石墨烯下游领域应用，布局前瞻石墨烯半导体材料，加快科技成果转化。三明永安高端石墨及石墨烯产业聚集区依托丰富的石墨资源，以清华大学、厦门大学、中国航空发动机研究院等产学研用平台为支撑，重点发展石墨负极材料等高端石墨和石墨烯制备，在锂电、储能、橡胶改性等下游领域拓展应用，已有十余家石墨和石墨烯应用企业入驻，逐步形成产业集聚。

据报道，2017 年福建省高端石墨和石墨烯产业实现产值约 20 亿元，下游应用相关产业近 100 亿元。经过近几年的培育和快速发展，福建省涌现出一批杰出的代表性石墨烯企业，主要包括厦门凯纳石墨烯技术有限公司、厦门烯成石墨烯科技有限公司和厦门泰启力飞科技有限公司等。

（6）山东。为抢占未来新材料产业竞争制高点的关键所在，山东省对石墨烯新材料产业给予了高度重视，正超前布局石墨烯产业发展。其中，青岛和济宁两市是山东省具有代表性的石墨烯产业聚集地。青岛是国内最早关注和发展石墨烯产业的城市之一，拥有一定的先发优势和产业基础。该市的石墨烯产业以国家火炬青岛石墨烯及先进碳材料特色产业基地为依托，成立了青岛市石墨烯科技创新中心，致力于完善上下游产业链，建设研发、检测及孵化载体，提供公共配套服务。为发挥其资源、产业和海洋特色优势，青岛市在高新区重点发展储能技术、防腐涂料、海水淡化、橡胶复合材料等领域的石墨烯应用技术产品。截至 2018 年底，青岛高新区已累计引进 52 家石墨烯相关企业，并成功引进了一系列国内外石墨烯领域的优秀人才和创业团队。青岛高新区内石墨烯相关企业在 2018 年已实现产值近一亿元。

济宁市是石墨烯新材料领域的后起之秀，近年来高度重视石墨烯产业布局，出台了一系列扶持政策。济宁国家高新区新材料产业园作为山东省发展高端新材料产业的省级开发区，重点发展"煤基新材料、石墨烯新材料、生物基新材料和高端精细化学品"四大产业集群。2019年，高新区与北京石墨烯研究院签订战略合作协议，共同推进石墨烯高新技术在园区内产业落地，重点打造国际领先的石墨烯粉体材料和氧化石墨烯材料生产基地，推动石墨烯新材料与当地优势产业的有机融合。

根据工商注册信息，据不完全统计，截至2020年2月，山东省涉及石墨烯相关业务的企业数量已经超过1000家。其中代表性企业包括山东利特纳米技术有限公司、青岛华高墨烯科技股份有限公司、青岛赛瑞达电子科技有限公司、济南圣泉集团股份有限公司、青岛昊鑫新能源科技有限公司、山东欧铂新材料有限公司等。

2）黑龙江-内蒙古地区

该地区石墨烯产业具有资源优势，拥有国内一半以上的石墨资源储量。因此，聚集了一批从事从石墨矿资源开发到石墨烯材料制备和产业应用的石墨烯企业。

（1）黑龙江。煤炭、石油、石墨等不可再生矿产资源占据该省规模工业的重要比重，随着石墨烯这一"新材料之王"出现，黑龙江省储量丰富的石墨矿产资源有了新的产业出路。为抢占石墨烯产业创新链及价值链高端，黑龙江省结合实际，培育了一批石墨烯创新团队和优势企业，实现战略新兴产业重点领域突破。黑龙江省七台河市依托高品质石墨资源，坚持高起点进入、高标准建设，与周边地区错位发展，规划建设石墨烯产业园区。截至2018年底，哈尔滨石墨烯及石墨新材料高端产品研发中心和鹤岗、鸡西两个石墨（烯）生产加工基地建设初具规模，极力推进石墨烯技术研发和生产应用，目前已初步形成了亿元的产业规模。哈尔滨工业大学、哈尔滨工程大学等高校积极孵化培育石墨烯在新能源领域应用等项目，促进石墨烯前沿技术研发和成果转化。同时，为加强石墨烯在军工领域及军民融合领域的应用发展，石墨烯军工应用委员会在哈尔滨成立。黑龙江省代表性企业包括宝泰隆新材料股份有限公司、哈尔滨万鑫石墨谷科技有限公司、黑龙江省华升石墨股份有限公司等。值得一提的是，宝泰隆新材料股份有限公司和哈尔滨万鑫石墨谷科技有限公司均与北京石墨烯研究院签署全面战略合作协议，以"研发代工"模式深化双方在石墨烯领域的实质性合作。

（2）内蒙古。与黑龙江类似，内蒙古拥有得天独厚的石墨资源，现探明天然石墨资源储量 2 亿多吨，位居全国第一位，具有发展石墨烯产业的天然优势。同时，自治区电力装机居全国首位，输配电价可直接进行电力市场交易，这对于发展石墨烯产业具有较强的成本竞争优势。2013 年 6 月，内蒙古石墨烯材料研究院成立，技术依托力量主要是清华大学和国家纳米科学中心。研究院通过"研发+中试+产业孵化"的发展思路，在青山区装备制造园区内建立了石墨烯产业化项目孵化基地，围绕石墨烯及其复合材料的应用建设了一条年产 100 kg 石墨烯粉体的示范线。该示范线可生产石墨烯粉体、石墨烯浆料、氧化石墨烯粉体和氧化石墨烯浆料等多种石墨烯衍生产品，主要用于下游应用开发和芳纶中试项目。2016 年 8 月，内蒙古矿业集团联合成立了自治区石墨产业发展联盟，面向国家和自治区重点发展领域，组织产学研用联合攻关，加快推进自治区石墨产业转型升级和科技创新，将资源优势变为产业优势和经济优势，为石墨及石墨烯产业从研发、生产、加工到交易的一体化全产业链发展奠定了基础。2019 年 7 月 16 日，习近平总书记视察内蒙古时要求围绕石墨烯、稀土、氢能等 5 大重点方向加大前沿技术攻关力度，力争取得重大突破。内蒙古把石墨烯产业作为战略性新兴产业之一着力发展，涉及石墨烯相关业务的企业 221 家，从石墨的开采和利用逐渐发展石墨烯相关业务。代表性企业包括内蒙古瑞盛新能源有限公司（内蒙古瑞盛天然石墨应用技术研究院）、内蒙古碳烯石墨新材料有限公司、内蒙古石墨烯应用研究院和包头市石墨烯材料研究院等。

2. 区域产业特点和问题分析

1）东部沿海地区

这条产业链涵盖了我国长三角地区、珠三角地区及山东和福建等地。江浙沪地区是我国石墨烯产业发展较早的地区，同时产业链也较完善。广东省以深圳市和广州市为主体的石墨烯产业链下游应用市场发展较快，尤其是在石墨烯的生产、设备制造方面具有较大的优势。此外，山东省也是国内石墨烯产业极具发展势头的地区之一。

（1）江苏。从引进领军人才入手，江苏省积极扶持创办石墨烯高科技企业，带动新兴石墨烯产业快速发展，是中国石墨烯产业的先行者。同时引导金融资源集成支持，构建产业创新发展的优良生态。经过多年来的不懈努力和坚持，江苏省已成为长三角地区石墨烯产业发展的主力军。业务领域涵盖了石墨烯装备制造、原材料制备、产品下游应用等石墨烯产业的各个方面。在总体定位上，江苏以国家重点领域和石墨烯行业的发展需求为导向，实现突破制约产业链各环节发展的技术和机制障碍，开展石墨烯前瞻性技术研发，抢占全球未来制造业的制高点。然而，江苏省石墨烯产业的发展与当地优势产业结合不够。绝大多数企业是石墨烯初创小微企业，更多关注的是石墨烯原材料生产及独特产品研发，基本上孤立于当地产业之外。另外，江苏省将近 60% 的企业研发产品属于低品质石墨烯原材料和简单作为添加剂应用的低附加值技术产品，低水平重复竞争现象也比较严重，缺少真正的具有自主知识产权的主打技术产品，关键技术和核心技术有待突破。此外，由于对石墨烯产业发展的长期性和艰巨性认识不足，江苏省部分企业盲目扩大产能，导致出现产能过剩问题。

（2）浙江。从总体上看，浙江省的石墨烯产业布局较全面，涉及原材料生产、节能环保、新能源汽车、服装业等诸多领域，已逐渐形成自己的特色。然而，同样存在低水平重复和同质化竞争问题，与当地优势产业的积极融合也还有很大的提升空间。此外，浙江省石墨烯产业仍处于发展初期阶段，政府缺乏对石墨烯产业的整体布局和具体规划，绝大部分石墨烯业务活动是自下而上的个人兴趣和市场行为，缺少对石墨烯核心技术的关注。

（3）上海。从长三角区域整体看，上海市更偏重高端石墨烯技术和高附加值产品研发，着力突破高端制造业和关键核心技术，强调发展具有自主知识产权的"上海制造"。相对而言，上海市的石墨烯企业数量较少，规模小，现有企业主要集中于原材料生产和设备制造上，在石墨烯新材料领域的投入较少，区域内尚未总体布局整合石墨烯产业，缺少政府层面的整体规划布局。中国科学院上海微系统与信息技术研究所拥有雄厚的石墨烯研发实力，但其成立的上海烯望材料科技有限公司尚未完全发挥其科研技术优势，需进一步加强基础研究成果向应用产品的转化工作。此外，上海的石墨烯研发活动并不突出，更未形成鲜明的区域特色，尚未充分展现出其强大的人才优势和基础研发优势。

（4）广东。巨大的应用需求和市场牵引快速推动了该地区石墨烯产业的发展，广东省特别重视市场和技术的结合，企业和政府以示范性项目为抓手，在重点领域快速推动技术产业化落地。广东省政府制定详细的石墨烯产业规划，融合区域产业发展特色和工业基础，有序推动石墨烯产业健康发展。同时，区域间的合作与协调发展在政府的宏观调控下相互借力，在更多新兴领域挖掘石墨烯"撒手锏"级的应用产品。深圳市活跃的资本市场和整合机制助推新产品研发进入市场投放，具有目标市场明确、市场投放周期短等优点。而引进人才政策吸引了各行各业的优秀人才集聚于此，多元化的设计与创新，会进一步提高该区域的竞争优势。

经过多年的努力和发展，以深圳和广州为代表的珠三角地区已形成一批石墨烯优势研发平台和创新企业主体，在新能源、电加热、红外理疗等领域崭露头角，初步获得市场认可。主要特色为石墨烯材料在大健康、新能源及电加热领域的示范应用上，应用类企业众多且竞争激烈，而设备研制、检测认证类企业相对较少。其中，大部分石墨烯企业属于初创型中小型企业和小微企业，既需要积累核心技术，更需要开拓市场通道，企业的可持续发展完全依赖于石墨烯业务本身，生存压力巨大。一直以来，珠三角地区始终强调终端应用牵引，却忽略未来产业健康发展的基础——原材料制备和规模化生产，而应用领域的核心技术还有待深入的研发积淀和不懈的坚持，需要巨大的成本和时间投入。值得注意的是，以深圳市为龙头的珠三角石墨烯行业拥有极活跃的企业、众多的平台和研发团队，但是基本处于个人英雄主义状态，尚未形成真正的合力来共同推进区域产业特色的形成和产业健康发展。

（5）福建。该省是全国较早出台省级石墨烯专项发展规划的省份，决心举全省之力推动石墨烯产业发展，把石墨烯打造成福建省经济发展先导产业。政府着力打造石墨烯技术创新先导区、国际合作引领区、产业应用示范区，促进创新链和产业链的对接，推动石墨烯产业快速发展。福建省石墨烯产业融合传统产业来借力发展，很多企业围绕并依托福建省成熟的下游产业发展，如纺织鞋服、LED、锂电、涂料等产业。然而，福建省的石墨烯产业尚处于培育和发展初级阶段，创新平台数量不多，尤其是缺少骨干团队、龙头企业和领军人物，资源要素有待整合，创新平台建设和综合性服务保障机制亟须完善。福建省的科技人才主要集中在厦门大学和中国科学院福建物质结构研究所，但从事石墨烯新材料研发的团队较少，需从政策层面加强引进和培育石墨烯研发人才，加强人才队伍建设和产学研的深度融合。如何发挥自身优势、融合区域产业优势、打造区域产业特色，是福建省石墨烯产业面临的挑战。

（6）山东。青岛高新区是山东省石墨烯产业布局的领头羊，致力于打造"政、产、学、研、金、用"一体化组织合作链条，确立了"政府引导、体制保障、企业主体、产研融合、共促发展"的石墨烯发展模式。积极推动与高校科研院所共建石墨烯协同创新平台，为石墨烯高新技术的产业转化落地和规模化生产提供技术支撑。山东省还创建了石墨烯材料创新中心、山东省石墨烯产业知识产权保护战略联盟及石墨烯天使投资基金等，以此促进石墨烯产业的快速、健康、可持续发展。

尽管山东省发展石墨烯产业具有雄心壮志，但由于技术和高端人才的缺乏，石墨烯产业发展面临诸多挑战。目前石墨烯企业基本上属于初创期的小微企业，从事单纯的石墨烯业务，如何与优质的传统行业龙头企业有机融合，仍需要深入探索与实践。此外，现有石墨烯企业研发能力不足，缺乏创新性，行业同质化竞争严重，目前基本集中在锂电导电添加剂和防腐涂料等低端石墨烯产品的研发上，缺乏亮点和特色，需要寻找石墨烯新材料的"撒手锏"级应用，当然这也是中国石墨烯产业发展的共性挑战。

2）黑龙江-内蒙古地区

该地区最大的优势是石墨资源丰富，但与东部沿海地区相比，人才匮乏且人才外流现象愈演愈烈，科技研发实力很弱。长期以来，石墨产业处在原料加工阶段，缺少高附加值、深加工石墨制品。近年来，依托其丰富的石墨资源，该地区着力打造高端石墨产业，大力发展石墨烯的生产制造和应用产品开发，逐步形成了以石墨烯粉体制备、石墨烯导电浆料和石墨烯电加热产品为主要特色的石墨烯产业。但是必须指出的是，目前我国天然石墨产品的深加工技术仍比较落后，很多产品处于产业链的中低端，因此重视石墨深加工产业、发展高附加值石墨烯新材料及其产品应成为本地区发展石墨烯产业的重要战略。由于缺少技术研发力量，石墨烯产业发展面临更加严重的同质化现象和低水平重复问题，导致石墨烯原材料的产能严重过剩。因此，加强人才引进政策和产学研协同创新机制探索是本地区未来石墨烯产业发展的关键所在。

（三）中西部地区"多点"齐发，石墨烯产业快速发展

1.区域优势和代表企业

石墨烯产业在全国范围内呈现蓬勃发展的态势，以四川、重庆、广西、陕西、安徽等为代表的中西部地区也在积极加快石墨烯产业推进的步伐，从资源保障、政策促进等方面加快石墨烯产业发展，逐渐形成了各自的优势方向和产业特色，与京津冀、东南部沿海地区、东北地区共同构成了我国石墨烯产业"一核两带多点"的区域发展格局。

1）四川

该省拥有丰富的石墨矿产资源，集中在攀枝花和巴中南江两地，石墨烯研发起步也较早，但多数以高等院校和科研院所为主。四川省先进碳材料应用开发创新中心是该地区石墨烯产业的重要平台载体。通过依托成都市科技创新资源优势，该平台集聚了一批科研机构和优秀的石墨烯企业参与，重点开展锂离子电池石墨负极材料、石墨烯复合材料、石墨烯电子器件、石墨烯涂料、石墨烯储能材料、石墨烯电子信息器件等应用研发、公共检测及技术交易服务。据不完全统计，目前四川省石墨烯相关企业共有315家，代表性企业有德阳烯碳科技有限公司及大英聚能科技发展有限公司等。

2）重庆

早在2013年，重庆市就将石墨烯定位为十大战略性新兴产业之一。同年，重庆石墨烯产业园落户重庆高新区。依托重庆石墨烯产业园，重庆市逐步形成了从石墨烯原材料研发到元器件批量化制备再到终端应用的产业链布局。基于其在汽车、电子信息等方面的产业优势，石墨烯应用研发主要集中在智能终端项目、显示触控屏、锂电池电极材料、晶体管等领域。作为重庆市石墨烯产业集聚地，重庆石墨烯产业园已成为石墨烯技术策源地、专业人才聚集地、科技成果转化基地和石墨烯企业孵化地。重庆石墨烯产业园已建成石墨烯标准厂房30万 m^2，围绕石墨烯显示触控屏、石墨烯晶体管、石墨烯电子仪器等产业方向，打造以应用企业为主体、产学研紧密结合的石墨烯产业集群。园区计划培育20家规模以上的石墨烯应用研发企业，引进和发展100家下游应用生产企业，力争形成年产值200亿元的全国石墨烯自主创新基地。经多年的不断发展，重庆市现有180多家从事石墨烯相关业务的企

业。代表性企业包括重庆墨希科技有限公司和重庆石墨烯研究院有限公司。其中，重庆墨希科技有限公司已在石墨烯透明导电薄膜、石墨烯触控屏、石墨烯智能手机、石墨烯电子书等方面实现商品化，并且石墨烯透明导电薄膜、石墨烯商务安全手机和石墨烯电子书被认定为重庆市高新技术产品。

3）广西

该区高度重视石墨烯产业发展，先后出台一系列政策，明确提出将石墨烯产业作为广西重点培育和发展的战略性新兴产业。2016 年 12 月 7 日，由广西大学可再生能源材料协同创新中心起草的五项石墨烯系列地方标准在全国率先发布，涵盖了石墨烯三维构造粉体材料名词、术语、生产装备、生产技术和检测方法。广西最大的工业城市柳州市重点建设石墨烯小镇。2017 年，烯旺新材料科技股份有限公司在广西相继投资建设了三个石墨烯项目，以此助推广西大健康产业和现代特色农业发展。此外，依托南宁市高新区生态产业园，广西引进石墨烯相关企业，构建集产品研发、推广应用、技术服务于一体的石墨烯产业集群，重点支持石墨烯材料在电子信息、生物医药、新能源汽车等领域的应用技术和产品研发。相关企业以广西清鹿新材料科技有限责任公司为代表。

4）湖南

该省具备较好的石墨资源条件，隐晶质（土状）石墨矿占全国70%以上。湖南在石墨烯复合材料研发方面具备较好的基础，省内多所高校在石墨烯材料合成技术、复合材料等领域开展了系列研究工作。位于长沙市芙蓉区的隆平高科技园是湖南省石墨烯研究和应用开发最活跃的产业集聚区，已成功引进 4 家专业研发石墨烯产品的企业。2016 年，湖南省在郴州市高新技术产业园区建立了湖南省石墨烯产业基地，市级财政每年投入 1000 多万元，拥有全国首个国家石墨产品质量监督检验中心，支持企业为主体的石墨产业技术研发和成果转化。目前，湖南省石墨烯相关企业数量有两百多家，代表性企业有湖南医家智烯新材料科技股份有限公司和中蓝科技控股集团（湖南）股份有限公司等。

5）陕西

依托于省内众多的高校和科研院所在石墨烯科研领域具有较强的智力储备和科技创新能力，陕西具有较突出的科技创新资源和人才、技术优势。早在 2007 年，西北大学就组织成立了"西北大学石墨烯制备技术与产业化应用课题组"，积累了石墨烯及其锂电复合电极材料的多种制备技术与产业化应用研究经验和成果。由西安交通大学、西北工业大学、西安电子科技大学、西北大学联合成立的陕西省石墨烯联合实验室是陕西省推进石墨烯科研和产业化的重要载体，近年来在石墨烯新材料规模化制备技术及应用等方面开展了大量研究工作。同时，陕西拥有一批与石墨烯相关的省级创新平台，包括陕西省碳/碳复合材料工程技术研究中心、陕西省先进功能材料重点实验室、陕西省能源新材料与器件重点实验室。目前，陕西省石墨烯企业数量已接近五百家，主要集中在石墨烯热管理、石墨烯粉体、石墨烯防腐涂料等产业方向，代表性企业有陕西墨氏石墨烯科技有限公司和陕西金瑞烯科技发展有限公司等。

6）安徽

通过结合合肥高校和研究院所的研发资源，以需求为牵引，依托当地企业，安徽省着力推进石墨烯高端原材料制备、石墨烯柔性显示、石墨烯柔性触控及石墨烯远红外发热等产品的应用示范。2017 年，安徽省发展和改革委员会批准成立了首个以石墨烯复合功能薄膜新材料为研究对象的省级石墨烯复合功能薄膜新材料工程实验室，致力于提高石墨烯复合功能薄膜材料的制造水平，并逐步发展成为支撑安徽石墨烯产业的省级重大研发平台。安徽从事与石墨烯产品制备相关行业研发和生产的企业有 400 家左右，主要集中在合肥、马鞍山两地，多专注于石墨烯导热和散热功能的应用开发，代表性企业包括合肥微晶材料科技有限公司和安徽山川新材料科技有限公司。

2.区域产业特点和问题分析

1）四川

四川大学、电子科技大学和西南交通大学是该省石墨烯基础研究和技术研发的主力军，不仅在石墨烯高分子复合材料、石墨烯储能器件、特殊功能石墨烯复合材料等方面有很好的研究积累，而且在产业化推进方面也已形成较好的基础。总体上，四川省石墨烯产业总体上发展势头较好，具备了进一步快速发展的基础和条件，但石墨烯产业相对较分散，多数企业仍处于研发阶段，石墨烯原材料制备和规模化生产能力有待提高，下游应用产业链条尚未真正形成，更没有形成产业集聚发展格局。同时，四川省石墨烯产业缺少具有自主知识产权的石墨烯核心技术及引领性的研发团队，面临着技术成熟度不高、技术创新能力不足等现实问题，缺少龙头企业，尚未形成鲜明的特色和标签性产品。

2）重庆

该市的石墨烯产业发展很早，在发展高端石墨烯技术产品方面走在了全国的前列。重庆市把石墨烯新材料作为重庆十大战略性新兴产业之一，结合重庆电子器件制造集群化优势，重点布局石墨烯在电子信息产品终端的应用，让石墨烯产品制造的上中下游形成产业链集群发展。这些发展战略把握了石墨烯产业的关键所在。重庆市积极探索产学研协同创新机制，鼓励研发团队成立企业，明确各方的股权划分，但由于政府、企业、科研院所研发团队的角色定位和任务划分存在模糊地带，还难以形成良性互动。当然，由于石墨烯产业尚处于发展初级阶段，高端技术产品需要大规模的资金投入和不懈的坚持，在这方面面临巨大挑战。就现状而言，政府、企业和社会资本对石墨烯产业发展的长期性和艰巨性认识不足，有时甚至表现得过度功利，导致企业在继续发展的关键阶段资金短缺，可持续发展能力受限。此外，由于下游应用市场尚未成熟，产品缺少市场竞争力，导致出现石墨烯薄膜产能严重过剩等问题。

3）广西

在全国石墨烯产业大盘中，广西的石墨烯产业还处于弱势地位，尚未形成特色和影响力，因此需要结合地方产业特色和优势。除了诸多共性问题外，人才队伍缺乏、创新能力不足是该区域有待解决的问题。

4）湖南

该省新材料总量规模位居中部六省第一位，先进储能材料品种最齐全、产业规模和市场占有率全国第一，硬质合金产量全国第一、世界第二。然而，湖南省从事石墨烯科研和产业化的团队较少，尚未形成成熟的区域性石墨烯产业链，缺少规模化的石墨烯产业创新平台或有效载体。湖南传统优势产业和战略性新兴产业诸多领域具备与石墨烯融合发展的空间，但是石墨烯产品在新能源电池、先进装备制造和电子信息等本地企业中的研发和应用较缓慢，制约了石墨烯相关产业聚集体的形成。此外，针对本省丰富的石墨矿资源优势和区域产业特点，还需进一步规划以确立湖南石墨烯产业重点布局方向。

5）陕西

依托于省内众多的高校和科研院所，陕西在石墨烯科研领域具有较强的智力储备和科技创新能力，但陕西的石墨烯企业较少，而且产品都是偏向于散热功能等低端应用，当地政府部门和产业界需要重点思考如何做好基础研究与高端产业化应用。陕西拥有储量巨大的石墨矿产资源，如何有效开发和深加工助力石墨烯产业的发展也是需要解决的问题。受经济基础所限，在政府资金投入有限的情况下如何加快资源融通、资金引入，以及为科研人员建立有效的成果转化激励机制等方面均是陕西在石墨烯领域面临的挑战。

6）安徽

该省在新材料产业化领域拥有丰富的实践经验，拥有数百家新材料企业，相关产业发展规划清晰。同时，安徽积极依托本省汽车、家电、电子等优势产业，但不同城市间的新材料产业发展水平相对不平衡，需结合不同省市的优势为石墨烯产业化的高端应用寻找出口。安徽省从事环保、纺织、电缆、新能源行业的企业在石墨烯相关专利申请方面占据全省77%，而高校和科研院所的申请数仅占12%，如何与外省市科研单位和大型企业加强协作，推进基础关键技术研发和产业引导是安徽发展石墨烯产业面临的挑战性工作。

三、产业政策和投融资现状

为使石墨烯产业能够健康快速发展，近年来国家和各级地方政府在产业政策、资金、人才和产业配套等方面给予了大力的支持。与其他传统产业不同，石墨烯产业还处于起步阶段，政府的科研基金及配套资金支持十分重要。近年来，通过产业基金等市场化手段推动石墨烯产业发展的重要性受到广泛重视，各级地方政府联合产业界、投资机构成立了多个石墨烯产业基金，成为主导石墨烯科技成果转化和产业化的重要推手。企业方面对石墨烯产业的投融资行为主要以上市公司为主体，并通过直接投资、并购等手段介入石墨烯产业。

（一）产业政策

1.国家产业政策

自 2010 年以来，我国国家和各级地方政府相继出台了一系列石墨烯产业政策（表 2-7），对我国石墨烯产业发展起到积极的推动作用，也对企业提供了一定的产业资金保障。在 2017 年 5 月 24 日工信部、财政部联合发布的《2017 年工业转型升级（中国制造 2025）资金工作指南的通知》工业强基工程专项中，石墨烯作为重点支持的关键基础材料，资金补助标准可达项目总投资的 20%，单个项目专项资金补助总金额可达 5000 万元。2017 年 8 月 31 日，工信部、财政部、中国保险监督管理委员会三部委发布了《关于开展重点新材料批次应用保险补偿机制试点工作的通知》，旨在运用市场化手段，对新材料应用示范的风险控制和分担做出制度性安排。通知要求，符合条件的投保企业，可申请中央财政保费补贴资金，补贴额度为投保年度保费的 80%。保险期限为 1 年，企业可根据需要进行续保。补贴时间按照投保期限据实核算，原则上不超过 3 年。2018 年 8 月 14 日，工信部印发的《2018 年工业转型升级资金（部门预算）项目指南》提出，打造不低于 5 个石墨烯示范应用产业链，补助比例不超过总投资的 50%，单个项目支持额度不超过 2 亿元。2019 年 9 月 18 日工信部发布的《关于组织开展 2019 年度工业强基工程重点产品、工艺"一条龙"应用计划工作的通知》中提出了石墨烯"一条龙"应用计划申报指南。工信部将向国家开发银行、中信银行、中国工商银行、国家开发投资公司等金融机构推荐"一条龙"应用承担单位和示范项目，相关金融机构将按照监管要求和企业（项目）实际情况提供金融支持。

表 2-7　我国政府颁布的部分石墨烯产业促进政策

时间	颁布部门	政策名称
2012 年 2 月	工信部	《新材料产业"十二五"发展规划》
2014 年 10 月	国家发改委、财政部、工信部、科技部等	《关键材料升级换代工程实施方案》
2015 年 3 月	工信部	《2015 年原材料工业转型发展工作要点》
2015 年 6 月	国家发改委、科技部、人社部、中科院	《关于促进东北老工业基地创新创业发展打造竞争新优势的实施意见》

续表

时间	颁布部门	政策名称
2015 年 9 月	国务院	《中国制造 2025》
2015 年 9 月	国家制造强国建设战略咨询委员会	《〈中国制造 2025〉重点领域技术路线图（2015 版）》
2015 年 11 月	国家发改委、工信部、科技部	《关于加快石墨烯产业创新发展的若干意见》
2016 年 3 月	工信部、国家发改委、科技部	《关于加快新材料产业创新发展的指导意见》
2016 年 3 月	国务院	《国民经济和社会发展第十三个五年规划纲要》
2016 年 3 月	工信部	《建材工业鼓励推广应用的技术和产品目录（2016—2017 年本）》
2016 年 5 月	国务院	《国家创新驱动发展战略纲要》
2016 年 5 月	国家发改委、工信部	《制造业升级改造重大工程包》
2016 年 8 月	国务院	《"十三五"国家科技创新规划》
2016 年 10 月	工信部	《石化和化学工业发展规划（2016—2020 年）》
2016 年 11 月	国务院	《"十三五"国家战略性新兴产业发展规划》
2016 年 12 月	国家发改委	《能源发展"十三五"规划》
2016 年 12 月	国家发改委	《全国海水利用"十三五"规划》
2017 年 1 月	工信部、国家发改委、科技部、财政部	《新材料产业发展指南》
2017 年 1 月	工信部	《产业用纺织品行业"十三五"发展指导意见》
2017 年 2 月	国家发改委	《战略性新兴产业重点产品和服务指导目录》
2017 年 2 月	工信部、财政部	《重点新材料首批次应用示范指导目录（2017 年版）》
2017 年 4 月	科技部	《"十三五"材料领域科技创新专项规划》
2017 年 4 月	科技部	《"十三五"先进制造技术领域科技创新专项规划》
2017 年 5 月	工信部、财政部	《2017 年工业转型升级（中国制造 2025）资金工作指南》
2017 年 9 月	工信部、财政部、保监会	《关于开展重点新材料首批次应用保险补偿机制试点工作的通知》
2017 年 9 月	中共中央、国务院	《中共中央国务院关于开展质量提升行动的指导意见》
2017 年 11 月	国家标准委、工信部	《国家工业基础标准体系建设指南》
2017 年 11 月	国家发改委	《增强制造业核心竞争力三年行动计划（2018—2020 年）》
2017 年 12 月	工信部、科技部	《国家鼓励发展的重大环保技术装备目录（2017 年版）》

续表

时间	颁布部门	政策名称
2018 年 3 月	国家质检总局、工信部、国家发改委、科技部、国防科工局、中科院、中国工程院、国家认监委、国家标准委	《新材料标准领航行动计划（2018—2020 年）》
2018 年 5 月	工信部	《建材工业鼓励推广应用的技术和产品目录（2018—2019 年）》
2018 年 9 月	工信部	《重点新材料首批次应用示范指导目录（2018 年版）》
2018 年 10 月	工信部、科技部、商务部、市场监管管理总局	《原材料工业质量提升三年行动计划方案（2018—2020 年）》
2018 年 11 月	国家统计局	《战略性新兴产业分类（2018）》
2018 年 11 月	工信部、国家发改委、财政部、国资委	《促进大中小企业融通发展三年行动计划》
2018 年 11 月	工信部	《产业转移指导目录（2018 年本）》
2019 年 12 月	工信部	《重点新材料首批次应用示范指导目录（2019 年版）》

注：中国科学院简称中科院；中国保险监督管理委员会简称保监会；国家标准化管理委员会简称国家标准委；国家质量监督检验检疫总局简称国家质检总局；国家国防科技工业局简称国防科工局；国家认证认可监督管理委员会简称国家认监委；国务院国有资产监督管理委员会简称国资委。

2. 地方产业政策

地方政府出台的产业资金支持政策更加明确和具体。例如，2013 年，浙江省宁波市实施"石墨烯产业化应用开发"重大科技专项，三年共安排 9000 万元财政资金以扶持与支撑石墨烯应用技术和产品研发相关的下游的应用企业。之后，宁波市在整合市级战略性新兴产业、新材料专项、人才、科技等相关资金的基础上，形成每年 1 亿元的石墨烯产业发展专项资金，加大对石墨烯产业研发、生产、创新平台建设的支持力度，并充分利用创业投资引导基金、天使投资引导基金积极鼓励社会资本参与石墨烯产业项目投资。

相对其他地区，江苏省的石墨烯产业政策出台较早，扶持力度也较大。早在 2014 年，江苏省常州市武进区就制定了《加快先进碳材料产业发展的若干政策》，加大碳产业的扶持、培育力度。2017 年 4 月，常州市出台《常州市关于加快石墨烯产业创新发展的实施意见》，明确提出组建石墨烯产业发展专项资金，总规模为每年 5 亿元，重点支持石墨烯相关产业应用示范、重点企业和项目等。2017 年 7 月，常州市武进区发布《关于进一步加快先进碳材料产业创新发展的若干意见》，提出在 2017～2020 年期间设立 25 亿元"碳专项资金"，其中 20 亿元先进碳材料产业发展基金、5 亿元产业扶持基金，加快先进碳材料产业创新发展，进一步巩固武进在国内石墨烯产业政策高地的地位，推动石墨烯产业做大做强，创立国家级石墨烯创新中心。

2017 年 4 月，深圳市出台相关政策扶持石墨烯制造业创新中心建设，安排政府资助资金总额 2 亿元，用于制造业创新中心的平台建设、技术研发、示范应用推广等项目，重点发展石墨烯在电子信息、新能源领域的应用技术，将石墨烯列为十大重大科技产业专项进行重点布局。

2018 年 10 月福建省永安市出台的《关于加快永安市高端石墨和石墨烯产业集聚发展的若干意见》提出，2019～2023 年，永安市每年安排 2000 万元设立高端石墨和石墨烯产业发展专项资金，对落户在石墨和石墨烯产业园区内企业的扩大投资、增产增效、孵化中试、公共研发等予以奖补，促进高端石墨和石墨烯产业集聚发展。

广西于 2019 年发布《广西石墨烯产业协同创新发展实施方案》，由自治区工业和信息化厅在年度财政性资金中安排 5000 万元，用于推广石墨烯产品应用，引导石墨烯产业高质量发展，落实金融促进经济发展有关政策，鼓励和引导金融机构加大对石墨烯产业自主创新的信贷扶持，引导全社会加大研发资金投入，支持广西石墨烯产业协同创新发展。

在出台石墨烯相关政策的基础上，部分地方政府积极推进石墨烯项目的招商，从前期的企业入驻资金扶持到后期企业落地后生产设备和场所的提供，再到企业税金减免和人才引进，都给予了大力支持。例如，常州市对引进的符合条件的创新创业领军人才给予一次性资助 20 万～100 万元项目启动费和 50 万元安家补贴；青岛市出台石墨烯产业密切相关的税收优惠政策，其中企业所得税优惠 23 项、个人所得税 8 项、房产税和城镇土地使用税 11 项、其他税种 18 项；深圳市将石墨烯高导热材料应用研究工程实验室列入深圳市新能源产业发展专项资金 2015 年第一批扶持计划；重庆市及高新区两级政府每年将会从财政中拿出不少于 3000 万元的资金对入驻园区的石墨烯相关材料企业给予补贴，九龙坡区设立了石墨烯产业发展专项资金，在厂房租赁、能源保障、高层次人才引进等方面给予扶持 1000 万元。

（二）科研基金支持

1. 国家支持

科研基金支持在石墨烯科技和产业起步阶段起到重要的助推作用，这类支持主要来自科技部、国家自然科学基金委员会和地方科技主管部门。在国家层面上，自 2010 年以来，国家自然科学基金委员会、科技部、工信部等对石墨烯相关研究的支持金额超过了 27 亿元（表 2-8）。国家自然科学基金石墨烯相关项目的重点支持方向包括石墨烯复合材料、石墨烯理论计算、石墨烯传感器、石墨烯生物医药应用及石墨烯超级电容器。除此之外，国家自然科学基金石墨烯项目支持领域还有石墨烯制备、石墨烯界面性能、石墨烯半导体特性、石墨烯力学性能、石墨烯吸附性能、石墨烯太赫兹器件等。863 计划、国家科技重大专项、973 计划也围绕"石墨烯宏量可控制备"、"石墨烯基电路制造设备、工艺和材料创新"等方向部署了一批重大项目，取得了一批创新成果。"十三五"以来，科技部在"国家重点研发计划"的"国家质量基础的共性技术研究与应用"、"量子调控与量子信息"、"纳米科技"和"变革性技术关键科学问题"重点专项中，围绕石墨烯相关领域重大基础前沿科学问题进行前瞻部署。其中，2016～2019 年部署与石墨烯相关的重大项目近 20 项，总经费超过 4.4 亿元。重点支持方向包括石墨烯纳米碳材料的宏量可控制备、石墨烯光电和电子器件、石墨烯储能技术、石墨烯标准检测与认证等。工信部通过工业强基专项对单层石墨烯薄膜制备及产业化进行支持，支持额度达到 2000 万元。

表 2-8　国家层面石墨烯科研基金支持情况

项目类别	资助单位	金额	项目数量	重点支持方向
国家自然科学基金	国家自然科学基金委员会	22 亿元（2010～2019 年）	4637	理论基础研究
国家重点研发计划	科技部	4.4 亿元（2016～2019 年）	17	高质量石墨烯材料制备及应用
863 计划、973 计划	科技部	6000 万元	5	石墨烯可控制备及器件
工业强基专项	工信部	2000 万元	2	单层石墨烯薄膜制备及产业化

2.地方政府

地方政府对石墨烯科技发展也予以高度重视。例如，在"十二五"初期，北京市科学技术委员会就开始对石墨烯领域进行布局，重点支持方向包括高品质石墨烯薄膜制备、石墨烯玻璃、石墨烯光电器件、石墨烯射频天线、石墨烯装备等。据不完全统计，2012 年以来北京市总计立项支持石墨烯科技项目超过 40 项，总支持额度达到 1.5 亿元。江苏省常州市武进区设立每年 6000 万元、3 年不低于 2 亿元的"碳材料产业科技创新专项资金以支持注册在西太湖科技产业园、实施先进碳材料产业链内项目的企业，其中优先支持实施石墨烯产业链内项目的企业。2017 年以来，深圳提出前瞻布局石墨烯等新兴领域，重点发展石墨烯在电子信息、新能源领域的应用技术，将石墨烯列为十大重大科技产业专项之一进行重点布局，并成立了深圳市石墨烯制造业创新中心；截至 2019 年 4 月，该中心已完成 11 个项目的评审立项，累计总投资 2.55 亿元，其中政府资助支持 7915 万元。内蒙古财政投入近 5800 万元以支持相关企业和科研机构开展石墨烯规模制备、石墨烯导电剂等关键技术研发，在低成本石墨烯粉体制备技术及锂离子电池正极材料应用等方面取得了一定的进展。

（三）产业基金

产业基金作为金融服务体系中的一环，对于扶持中小企业发展意义重大。通过设立产业基金，可以促进石墨烯产业技术研发、项目孵化、产品开发、科技成果转化和产业融合。借助资本的力量，可以培育更多的石墨烯创新型企业，提高企业融资能力和生存能力，帮助企业健康成长，以最快的速度实现石墨烯产业化，推动我国石墨烯产业快速提档升级。近年来，各级地方政府联合企业和社会资本，成立了多个石墨烯相关的产业基金，具体情况如表 2-9 所示。

表 2-9　石墨烯相关产业基金

基金名称	基金规模/亿元	出资方	投资领域
中国石墨烯产业母基金	200	前海梧桐创客网络科技（深圳）有限公司、深圳天元羲王材料科技有限公司	石墨烯产业

续表

基金名称	基金规模/亿元	出资方	投资领域
青岛高创卓阳天使股权投资基金	1	山东省、青岛市及青岛高新区、社会资本	以石墨烯为代表的新材料及相关产业项目
常州西太湖新兴产业发展基金	50	常州西太湖科技产业园	以石墨烯为代表的先进碳材料产业，以医疗器械为代表的健康产业，互联网产业和文化创意产业，以及中以合作的产业领域等
江苏新材料产业创业投资基金	首期5亿元	江苏省、常州市政府、江苏省新材料产业协会、江苏金茂投资管理股份有限公司	碳纤维、纳米材料、石墨烯等
先进碳材料产业发展基金	20	江苏省常州市武进区	石墨烯基先进碳材料产业
东旭-泰州石墨烯产业发展基金	1	泰州市新能源产业园区、东旭光电科技股份有限公司	石墨烯产业
福建省石墨烯产业基金	10	福建省产业股权投资基金有限公司和基金管理机构	石墨烯产业
石墨烯产业股权投资基金	5	福建省永安市	石墨烯产业
厦门火炬石墨烯新材料基金	2	厦门火炬高新区与社会资本	石墨烯新材料相关企业和孵化器项目
七台河市新材料产业发展投资基金	4	七台河市政府、宝泰隆新材料股份有限公司和其他社会资本	新材料产业及高技术企业
东旭（德阳）石墨烯产业发展基金	2	德阳市旌阳区人民政府、东旭光电科技股份有限公司	石墨烯领域创新型企业
内蒙古石墨（烯）新材料产业基金	10	内蒙古自治区发展和改革委员会、投资机构等	石墨（烯）新材料产业
格瑞石墨烯创投基金	0.85	常州西太湖科技产业园管理委员会、江南石墨烯研究院	石墨烯创业团队
北京航动石墨烯创投基金	2.2	北京市科技创新基金、中国航空发动机集团有限公司、北京石墨烯技术研究院、北京燕和盛投资管理有限公司	石墨烯科技型初创企业
"邀问二期"创投基金	4	上海市宝山区政府、通用电气公司、三星集团、沙特基础工业公司等	新材料及其应用

2017年9月25日，由国家发改委中国投资协会新兴产业中心联合深圳天元羲王材料科技有限公司、深圳市前海梧桐并购投资基金管理有限公司共

同设立的规模达 200 亿元的石墨烯产业母基金正式启动。该基金以"资本＋产业"为核心，构建石墨烯生态圈，旨在解决石墨烯产业发展缓慢的问题，促进石墨烯产业的科研成果转化，推进下游应用开发，助力中国石墨烯产业创新发展，加快中国经济结构的转型，全面推动中国石墨烯产业确立国际领先优势。

除了国家部委层面外，各地政府也较早地注重基金等金融资本的作用，陆续联合相关机构和企业建立起石墨烯产业基金，提供配套金融服务，扶持并助力石墨烯新材料企业和项目的健康发展。据不完全统计，近年来我国地方政府发起成立的石墨烯产业基金规模超过 100 亿元。其中江苏累计石墨烯产业基金规模超过 25 亿元，对石墨烯产业的扶持力度最大。福建、内蒙古、黑龙江、上海、北京、四川、山东等也均具有一定的规模（图 2-78）。

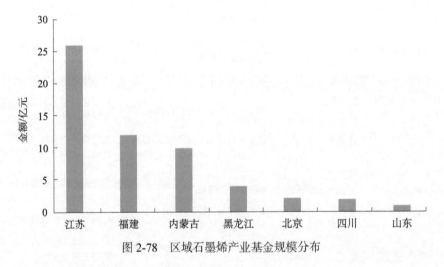

图 2-78　区域石墨烯产业基金规模分布

（四）企业投资并购

2010 年以来，石墨烯以其优异的性能和巨大的产业前景引起了资本市场的高度关注，一度成为资本市场的宠儿，不少上市公司、投资机构纷纷涉足石墨烯产业，掀起了石墨烯投资热潮。石墨烯相关上市企业投资并购事件频发。据 CGIA Rescarch 统计，2012～2019 年，上市企业发生石墨烯相关投资并购事件共 53 项，涉及金额近 101.25 亿元。2012～2017 年，石墨烯产业投资并购金额持续增长，且 2017 年的投资并购金额最高，达 42.9 亿元；2018

年投资并购金额降低，为 15.32 亿元。2017 年，石墨烯上市公司投资并购事件达二十余件，典型案例主要有东旭光电科技股份有限公司收购上海申龙客车有限公司、常州第六元素材料科技股份有限公司收购南通烯晟新材料科技有限公司、东旭光电收购明朔（北京）电子科技有限公司 51% 股权等。2018年，国内石墨烯领域上市公司的投资并购事件数量比 2017 年大幅下降，金额比较大的主要有道氏技术股份有限公司拟以 1.8 亿元收购青岛昊鑫新能源科技有限公司 45% 剩余股权，江苏玉龙钢管股份有限公司以股权转让和现金增资的方式投资天津玉汉尧石墨烯储能材料科技有限公司（投资后公司持有玉汉尧石墨烯储能材料科技有限公司 33.34% 的股权）等。近年来石墨烯行业重要投资并购事件如表 2-10 所示。

表 2-10　石墨烯行业重要投资并购事件

时间	企业简称	事件	金额/万元
2018 年 12 月	方大炭素	全资子公司成都炭素合资成立四川铭源石墨烯科技有限公司，认股 30% 的份额	1 500
2018 年 12 月	第六元素	公司全资子公司南通烯晟新材料科技有限公司建设一期年产 150t 石墨烯微片、500t 氧化石墨（烯）生产项目	18 500
2018 年 8 月	道氏技术	向王连臣和董安钢发行股份、向魏晨支付现金购买其合计持有的青岛昊鑫新能源科技有限公司 45% 的股权全资控股青岛昊鑫新能源科技有限公司	18 000
2018 年 6 月	玉龙股份	控股子公司天津玉汉尧石墨烯储能材料科技有限公司增资全资子公司宁夏汉尧，仍是天津玉汉尧石墨烯储能材料科技有限公司全资控股	30 000
2018 年 6 月	第六元素	增资江苏道蓬科技有限公司，增资后占股 12.20%	442.28
2018 年 3 月	玉龙股份	玉龙股份拟以股权转让和现金增资的方式投资天津玉汉尧石墨烯储能材料科技有限公司，投资后公司持有玉汉尧石墨烯储能材料科技有限公司 33.34% 的股权	78 966.32
2018 年 2 月	第六元素	A 股增发融资，本次募集资金全部用于补充公司流动资金和公司产品的研究、开发，优化公司财务结构	9 600
2017 年 12 月	宝泰隆	联合投资设立北京石墨烯研究院有限公司	4 840
2017 年 11 月	第六元素	增资常州富烯科技股份有限公司，直接持股 25%	750
2017 年 11 月	二维碳素	投资设立常州二维暖烯科技有限公司	1 000
2017 年 9 月	宝泰隆	投资 50t/年物理法石墨烯项目	6 620
2017 年 8 月	宝泰隆	投资成立七台河宝泰隆密林石墨选矿有限公司	5 000
2017 年 5 月	东旭光电	收购明朔（北京）电子科技有限公司 51% 股权	8 000

续表

时间	企业简称	事件	金额/万元
2017 年 4 月	宝泰隆	建设 5 万 t/年锂电负极材料石墨化项目和 2 万 t/年锂电负极材料中间相炭微球前躯体项目	68 000
2017 年 4 月	圣泉集团	投资设立山东圣泉新能源科技有限公司	20 000
2016 年 12 月	第六元素	投资成立江苏江南烯元石墨烯科技有限公司	1 050
2016 年 12 月	华丽家族	收购北京墨烯控股集团股份有限公司 100% 股权	75 000
2016 年 10 月	华西能源	收购恒力盛泰（厦门）石墨烯科技有限公司 15% 的股权	135 000
2016 年 8 月	德尔未来	收购厦门烯成石墨烯科技有限公司	24 154
2016 年 5 月	道氏技术	增资青岛昊鑫新能源科技有限公司，增资完成后拥有昊鑫新能源科技有限公司的 20% 股权	6 000
2016 年 3 月	东旭光电	收购上海碳源汇谷新材料科技有限公司部分股权并增资上海碳源汇谷新材料科技有限公司，增资完成后持有碳源汇谷新材料科技有限公司 50.5% 的股权	7 345.45
2016 年 1 月	正泰电器	增资西班牙公司 GRABAT ENERGY,S.L.25% 股权	3 040 万欧元
2015 年 12 月	第六元素	A 股增发融资	15 000

信息来源：CGIA Rescarch。

从投资和并购所占的比例来看，2013～2016 年投资项目所占比重较大，2017 年则以并购为主。由此可见，在 2016 年之前，石墨烯项目以新建为主，但随着石墨烯产业发展，并购比例逐渐加大，到 2017 年并购涉及金额占据了大部分份额，说明 2017 年开始产业链进一步整合，石墨烯产业开始大规模洗牌。

应当指出的是，在这些上市公司中，不乏部分企业只是借机炒作、抬高股价，真正投入石墨烯产业的资金并非很多。据不完全统计，以石墨烯概念上市 A 股、港股、科创板、新三板和新四板的公司超过 80 家，其中 A 股 52 家、港股 3 家、科创板 1 家、新三板 19 家、新四板 14 家，但真正以石墨烯业务为主业的公司不到 20%。除了上市公司外，全国各地相关机构和有实力的企业争先恐后投资石墨烯项目，各种经济类型投资相继进入石墨烯行业。

截至 2020 年 3 月，上市公司中以石墨烯为主营业务的主要有 5 家，均为新三板挂牌公司，分别是第六元素、二维碳素、凯纳股份、华高墨烯和爱家科技（第六元素和华高墨烯于 2020 年初先后在全国中小企业股份转让系统终止股票挂牌）。这些企业的整体状况在一定程度上反映了石墨烯行业目前的真实状态。

　　根据上市公司财报，5 家主营石墨烯业务上市公司的年度营业收入合计见图 2-79。2014 年度营业收入合计 2440.26 万元，2015 年度营业收入合计 5262.97 万元，同比增长 115.7%；2016 年度营业收入合计 6488.01 万元，同比增长 23.3%；2017 年度营业收入合计 7250.22 万元，同比增长 11.7%；2018 年度营业收入合计 9851.28 万元，同比增长 35.9%。从整体营收数据变化趋势上来看，5 家主营石墨烯上市公司整体营收在 2015 年呈现爆发式的快速增长，2016 年和 2017 年呈稳步增长趋势，2018 年又向上迈了一大步。

　　虽然 5 家主营石墨烯业务上市公司的营业收入呈增长趋势，但净利润目

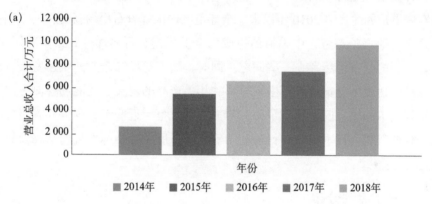

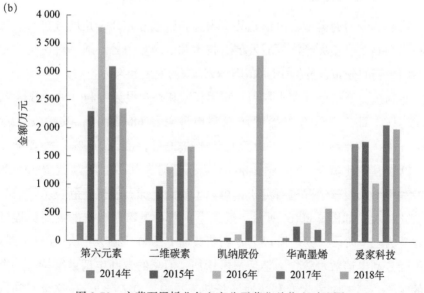

图 2-79　主营石墨烯业务上市公司营业总收入对比图

前依然处于亏损状态，出现增收不增利现象。虽然 2018 年营业收入总额达到最大，但亏损也是最多的，净利润合计达 -6018.99 万元，较 2017 年亏损增加了 25.86%。其中第六元素、凯纳股份和华高墨烯 2018 年的亏损规模比 2016 年、2017 年还在扩大，二维碳素 2018 年的亏损金额比 2017 年稍有增加，只有爱家科技一家公司 2018 年的亏损比 2016 年、2017 年大幅减小。由此可见，石墨烯企业的生存压力很大。

四、石墨烯专利分布与标准建设

科技型产业的发展离不开知识产权体系的完善和标准建设，石墨烯产业的发展更是如此。自 2010 年以来，全球范围内围绕着石墨烯新材料的专利申请呈现高速增长态势，中国目前也成为全世界拥有石墨烯专利最多的国家。但是专利的分布仍然存在一些问题。同时，随着石墨烯产业的快速发展，相关标准的建设十分迫切。石墨烯材料和相关产品的定义、性能和检测方法等一系列基本和核心问题亟待统一并形成标准规范。近些年，国内外各级标准化主管部门联合技术组织和行业社团等积极开展了各类标准化的活动及标准制定工作。

（一）专利分布

我们从专利的类型、申请趋势、内容和区域分布几个角度分析石墨烯相关技术的侧重、相关经济领域发展、技术和区域竞争等。通过对比全球专利和中国专利的分布，分析中国知识产权结构的发展和努力方向。

专利按类型划分有发明专利、实用新型和外观设计专利三种。截至 2018 年 12 月 31 日，全球石墨烯领域专利申请总计 68 234 件，其中发明专利 62 065 件，占比约 91%；实用新型专利 6020 件，占比约 9%；外观设计专利 149 件，占比低于 1%［图 2-80(a)］。通过对全球石墨烯领域 2000～2018 年专利申请及授权情况进行分析，可以了解到全球石墨烯专利技术发展趋势及变化情况。如图 2-80(b) 所示，近二十年来石墨烯专利技术发展历程可以大致分为三个阶段。第一阶段为专利萌芽期（2000～2008 年），在这个时期，石墨烯专利申请数量较少，随后慢慢增加，但总的专利申请量维持在一个较低的水平。第二阶段为专利快速增长期（2009～2016 年）。在这个时期，石

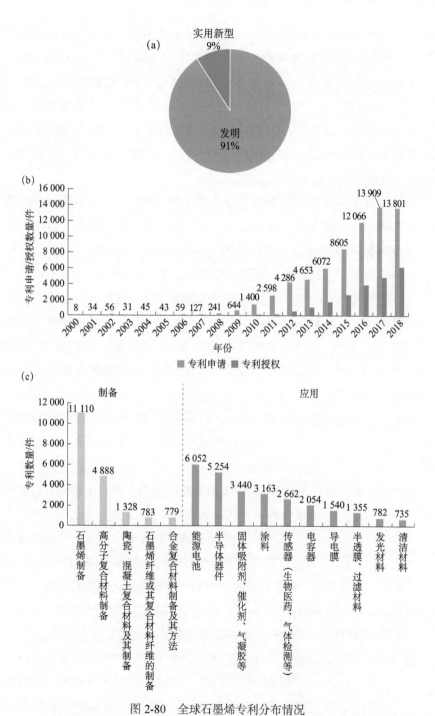

图 2-80 全球石墨烯专利分布情况

(a) 全球申请专利的类型分布图; (b) 全球专利申请和授权数量随年份的增长情况;

(c) 全球申请专利的内容分布图

墨烯的专利申请数量开始急剧增长，2010 年后石墨烯专利数量进入快速发展活跃期，2016 年全球石墨烯相关专利数量为 12 066 件，同比增长 40%，说明石墨烯的相关技术成为研究的热点。第三阶段为专利平稳期（2017 年至今）。在这个时期，从专利申请量的发展趋势来看，全球石墨烯领域的专利申请量依然保持增长态势，但其增长速度整体低于第二阶段专利快速增长期的迅猛态势。从全球石墨烯专利授权情况来看，从 2011 年起授权数量开始平稳提升，且保持较稳定的增长态势。

从全球石墨烯技术领域分布情况来看［图 2-80(c)］，石墨烯专利申请可粗分为制备和应用两大类。制备领域主要包括：石墨烯原材料，石墨烯高分子复合材料，石墨烯陶瓷、混凝土复合材料，石墨烯纤维及其复合材料纤维，石墨烯合金复合材料等。石墨烯原材料制备相关的专利占大半以上，其次是高分子复合材料居多，再次是陶瓷、混凝土复合材料。石墨烯应用专利涵盖面很宽，按专利数量从多到少的次序为能源电池、半导体器件、固体吸附剂/催化剂/气凝胶、涂料、传感器、电容器、导电薄膜、半透膜/过滤材料、发光材料和清洁材料等。其中，新能源电池的专利数量居首位，紧随其后的是半导体器件相关的专利，固体吸附剂/催化剂/气溶胶和涂料相关的专利也比较多。专利的数量及份额都表明，石墨烯原材料和复合材料制备是科研开发和商业投资关注的重点，而能源和电子技术是石墨烯产业竞争较激烈的领域。

通过全球石墨烯专利技术主要来源分布情况分析，可以了解到目前积极进行石墨烯专利布局的国家和地区。在检索到的全球 68 234 件专利申请中，有 48 235 件来自中国，占比 70.69%；其余 19 999 件专利申请来自其他国家或地区，占比 29.31%，主要来自韩国、美国、日本、英国、德国、印度、法国等国家或地区。显而易见，中国的石墨烯专利申请数量居遥遥领先地位，其次是韩国和美国，都超过 6000 件；而作为石墨烯材料发源地的英国的专利占比并不高，不足 1000 件。由此可见，中国在专利布局方面的发展十分迅猛。

通过对中国石墨烯领域 2000～2018 年专利申请及授权情况进行分析（图 2-81）可以看出，所有石墨烯专利申请中，发明专利占比约 87%，实用新型专利占比约 12%，外观设计专利占比不到 1%［图 2-81(a)］，这与全球专利申请类型分布基本一致。而近二十年的石墨烯专利技术发展历程大致可以分为

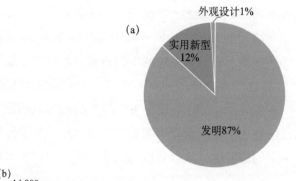

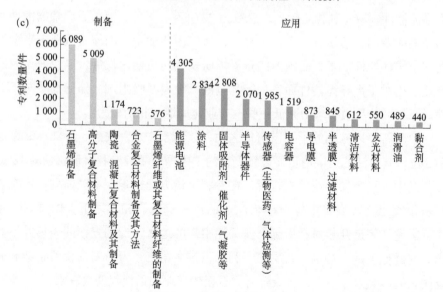

图 2-81 国内专利分布情况

(a) 国内申请专利类型分布图; (b) 国内专利申请和授权数量随年份的增长情况;

(c) 国内专利内容分布图

两个阶段。第一阶段为专利萌芽期（2000～2009 年）。在这个时期，石墨烯专利申请数量非常少。第二阶段为专利成长期（2010～2018 年）。随着近年来政府对石墨烯产业的持续重视，石墨烯专利的申请数量开始逐年增加，石墨烯相关技术进入研究的热点领域。2015～2016 年以后专利申请增长速度进一步加快，至今仍然保持高数量和迅猛增长势头［图 2-81(b)］。也就是说，中国的"石墨烯热"仍在燃烧之中。但结合中国石墨烯专利授权数量发展趋势，并考虑专利授权有一定的滞后性，可以看出国内专利在石墨烯领域的申请授权率在收紧。

从国内石墨烯技术领域分布情况来看［图 2-81(c)］，制备技术和应用技术均受到高度重视。在制备技术方面，石墨烯原材料制备相关专利超过 6000 件，反映出国内石墨烯领域对原材料制备技术的重视程度非常高。事实上，原材料制备和规模化生产是中国石墨烯新材料领域的一大特色和优势，在全球占有举足轻重的地位，产能规模上甚至超过其他国家或地区的总和。石墨烯高分子复合材料在国内也受到广泛重视，专利数量超过 5000 件。在石墨烯应用技术方面，中国的关注重点与国外有显著差异。专利占比最高的是新能源电池、石墨烯涂料及吸附剂/催化剂/气凝胶，总数将近一万件。而在高端半导体器件领域专利相对较少，总数为 2070 件。另外，有关石墨烯润滑油和黏结剂的专利申请接近一千件。显然，从应用角度看，国外更重视未来型的高端半导体器件技术，而国内的石墨烯研发倾向短期内投资可以快速见效的产业。相对于半导体器件而言，能源电池、涂料及吸附剂、催化剂等对于石墨烯原材料的品质要求略微低一些，产业化周期也相对较短。

中国石墨烯专利的主要申请地区中，江苏、广东、安徽、浙江、北京居前 5 位，其中江苏的申请量显著领先，约占中国石墨烯专利申请总量的 18%。江苏是中国石墨烯产业的先行者，在专利申请方面也走在全国前列。广东表现也很突出，代表着中国石墨烯产业的第一梯队。相比之下，内蒙古、重庆、黑龙江等近几年对石墨烯产业关注很多的地区在专利方面的表现并不突出。安徽似乎是个特例，石墨烯专利总量排名第三，但石墨烯相关企业和研究团队的影响力并不大，各级政府对石墨烯产业的重视程度也有限。

如图 2-82 所示，专利申请反映出各地的关注热点不尽相同。江苏在各领域都比较突出，从石墨烯原材料制备、高分子复合材料制备，到新能源电池、涂料及各种器件技术，呈全面开花之势。广东则以能源电池应用和石墨烯制备技术为主。安徽的高分子复合材料专利非常突出，其次是石墨烯涂料，而对原材料制备的关注不多。浙江的专利布局也较集中在石墨烯原材料制备、高分子复合材料及能源电池领域。北京以石墨烯原材料制备技术为主，其次是半导体器件技术，对能源电池的关注也相对较多。

技术领域	IPC	江苏	广东	安徽	浙江	北京	山东	上海	四川	福建	河南
石墨烯制备	C01B	1001	590	196	386	585	341	509	366	221	130
高分子复合材料制备	C08L	786	415	1023	381	176	275	160	263	148	70
能源电池	H01M	549	748	180	365	284	240	306	165	140	227
涂料	C09D	510	369	568	191	129	194	80	210	117	82
固体吸附剂、催化剂、气凝胶等	B01J	544	183	112	188	216	237	209	103	81	122
半导体器件	H01L	317	218	74	114	350	49	245	87	39	47
传感器（生物医药、气体检测等）	G01N	327	134	49	159	138	282	140	70	45	50
电容器	H01G	236	227	77	82	85	67	152	54	40	37
陶瓷、混凝土复合材料及其制备	C04B	239	92	177	93	47	94	43	57	41	19
导电膜、发光器件、黏合剂	H01B	227	91	56	53	60	31	45	47	24	26

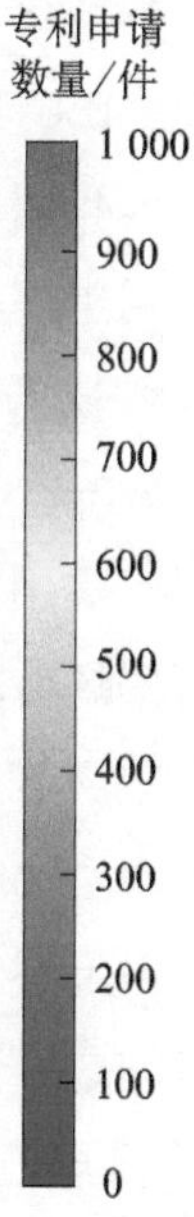

专利申请数量/件（色标 0～1000）

图 2-82　中国专利区域技术热点分布

应当指出的是，中国专利不仅有国内机构申请，还有国外企业及研究单位来华申请专利，主要以美国、日本和韩国为主。这三个国家的来华专利申请占总来华专利申请数量的 70%。来中国申请专利数量较多的有韩国三星集团、日本株式会社半导体能源研究所、美国 IBM、纳米技术仪器公司和积水化学工业株式会社。他们主要看好的商业领域是电子、半导体和复合材料应用。通过这些国外来华专利的布局，我们也可以了解其他国家/地区对中国石墨烯市场的关注重点和竞争领域。

（二）标准建设

标准的建设和完善在产业的发展中至关重要，能从根本上抑制产业乱象、鱼龙混杂的局面，并促进石墨烯产业的健康发展。石墨烯相关制备、检测和应用属于纳米科技的范畴，国际上在这方面最有影响力的国际标准化组织纳米技术委员会（ISO/TC 229）及国际电工委员会纳米电工产品与系统技术委员会（IEC/TC 113）。ISO/TC 229 有 34 个成员国，IEC/TC 113 有 16 个成员国，中国均为其中之一，由全国纳米技术标准化技术委员会（SAC/TC 279）作为对口单位，统一管理协调中国参与 ISO/TC 229 和 IEC/TC 113 的各项标准化工作。现在 ISO/TC 229 已发布 2 个石墨烯相关标准，在研项目有 6 个。IEC/TC 113 已发布 1 个石墨烯相关标准，在研项目有 28 个。

我国石墨烯标准化工作得到国家有关部门的大力支持。石墨烯术语及定义属于该领域首批四项国家标准计划项目之一。2018 年 12 月，国家标准《纳米科技术语第 13 部分：石墨烯及相关二维材料》（GB/T 30544.13—2018）正式发布。该标准是我国正式发布的第一个石墨烯国家标准，为石墨烯的生产、应用、检验、流通、科研等领域提供统一技术用语的基本依据，是开展石墨烯各种技术标准研究及制定工作的重要基础及前提。此标准规定的术语及定义与国际标准 ISO/TS 80004—13：2017 保持一致，与国际和国内广泛共识完全吻合。

上述国家标准首次明确回答了石墨烯上下游相关产业共同关注的核心热点问题：什么是石墨烯？什么是石墨烯层？石墨烯最多可以有几层？双层/三层/少层石墨烯是不是石墨烯？氧化石墨烯最多可以有几层？还原氧化石墨烯最多可以有几层？什么是二维材料？内容不仅充分考虑了国内各界的意见和建议，也和国际标准保持一致。

截至 2020 年 3 月，我国已立项的石墨烯相关国家标准计划有 10 个，详见表 2-11。

表 2-11 中国已立项的部分石墨烯相关国家标准

序号	计划号	项目名称	项目状态
1	20191896-T-491	纳米技术 石墨烯材料的化学性质表征 电感耦合等离子体质谱法（ICP.MS）	正在征求意见
2	20191895-T-491	纳米技术 氩气吸附静态容量法（BET）测定石墨烯材料的比表面积	正在征求意见
3	20170324-T-491	石墨烯薄膜的性能测试方法	正在征求意见
4	20160465-T-491	石墨烯材料电导率测试方法	正在审查

续表

序号	计划号	项目名称	项目状态
5	20160757-T-491	纳米技术 石墨烯材料比表面积的测定 亚甲基蓝吸附法	已发布
6	20160467-T-491	纳米技术 石墨烯材料表面含氧官能团含量的测定 化学滴定法	已发布
7	20140889-T-491	纳米技术 石墨烯相关二维材料的层数测量 光学对比度法	正在批准
8	20140894-T-491	纳米技术 氧化石墨烯厚度测量 原子力显微镜法	正在批准
9	20140890-T-491	纳米技术 石墨烯相关二维材料的层数测量 拉曼光谱法	正在批准
10	20140893-T-491	纳米科技 术语 第13部分：石墨烯及相关二维材料	已发布

注：数据来自全国标准信息公共服务平台，截至2021年5月。

除国家标准外，各社会团体也在开展石墨烯团体标准的制修订工作。目前在全国团体标准信息平台备案的团体标准有15个，详见表2-12。

表 2-12 全国团体标准信息平台备案的现行团体标准

序号	团体名称	标准编号	标准名称	公布日期
1	中关村华清石墨烯产业技术创新联盟	T/CGIA 013—2019	石墨烯材料中硅含量的测定 硅钼蓝分光光度法	2019年9月24日
2	中关村华清石墨烯产业技术创新联盟	T/CGIA 012—2019	石墨烯材料中金属元素含量的测定 电感耦合等离子体发射光谱法	2019年9月24日
3	中关村华清石墨烯产业技术创新联盟	T/CGIA 31—2019	工程机械用石墨烯增强极压锂基润滑脂	2019年9月24日
4	中关村华清石墨烯产业技术创新联盟	T/CGIA 011—2019	石墨烯材料碘吸附值的测定方法	2019年8月24日
5	中关村材料试验技术联盟	T/CSTM 00028—2019	石墨烯改性无溶剂导静电涂料	2019年2月15日
6	中国纺织工业联合会	T/CNTAC 21—2018	纤维中石墨烯材料的鉴别方法 透射电镜法	2018年12月10日
7	中关村石墨烯产业联盟	T/ZGIA 103—2018	石墨烯涂层导电纤维	2018年10月31日
8	中关村石墨烯产业联盟	T/ZGIA 102—2018	石墨烯改性刚性电热板	2018年10月31日
9	中关村华清石墨烯产业技术创新联盟	T/CGIA 001—2018	石墨烯材料术语和代号	2018年7月13日

续表

序号	团体名称	标准编号	标准名称	公布日期
10	中关村华清石墨烯产业技术创新联盟	T/CGIA 002—2018	含有石墨烯材料的产品命名指南	2018 年 7 月 09 日
11	中关村石墨烯产业联盟	T/ZGIA 101—2017	石墨烯改性柔性电热膜	2018 年 4 月 20 日
12	中国涂料工业协会	T/CNCIA 01004—2017	水性石墨烯电磁屏蔽建筑涂料	2018 年 2 月 27 日
13	中国涂料工业协会	T/CNCIA 01003—2017	环氧石墨烯锌粉底漆	2018 年 2 月 27 日
14	中关村标准化协会	T/ZSA 12—2020	石墨烯改性柔性电热膜	2020 年 12 月 17 日

注：数据由全国纳米技术标准化技术委员会低维纳米结构与性能工作组（SAC/TC279/WG9）秘书处提供。

五、产业发展特点与趋势

在国家政策、企业和社会资本的共同推动下，中国石墨烯产业规模迅速扩大，企业数量快速增长，产业链条也不断完善，区域特色显现，逐步进入全球石墨烯产业的第一梯队。然而，石墨烯产业是以新材料为核心的高科技产业，有其固有的、独特的产业发展规律。通过与欧美等国家和地区比较，可以发现我国石墨烯产业在相关的概念与标准、产业主体、研究及应用方向、产业发展模式等方面存在显著的差异，这些差异会潜在影响我国石墨烯产业核心竞争力的打造。因此，针对这些差异，我国石墨烯产业需要顺应发展态势，及时调整发展方向，从而引导石墨烯产业健康、持续、快速发展。

（一）国内外产业发展比较

通过对比欧洲、美国、日韩等国家和地区的石墨烯科技和产业发展，我们发现我国石墨烯领域相关的概念与标准、产业主体、研究及应用方向和产业发展模式上都有显著差异。而这些对于未来核心技术的掌握、产业竞争力的打造非常重要。

1. 概念与标准

国际上，包括美国在内的发达国家普遍认为石墨烯是单层石墨，其优异特性主要体现在单层结构上，随着层数的增加，诸多优越性能都会降低或消失。我国产业界对石墨烯的界定不是十分明确，通常将十层以下的少层石墨片统称为石墨烯材料，包括单层石墨烯、双层石墨烯、少层石墨烯、多层石墨烯等。由于缺乏统一的认识和检测标准，很多企业打着石墨烯的旗号从事其他产品的开发和市场推广，如有些地区和企业将石墨矿、石墨粉和相关产品也纳入石墨烯产业范畴，导致行业鱼目混珠现象十分突出，也导致公众对石墨烯产业的概念混淆，甚至形成一些负面认识，非常不利于产业的健康发展。

2. 产业主体

在欧洲、美国、日本、韩国等国家和地区的石墨烯产业发展中，龙头企业发挥了重要作用。例如，美国的 IBM、英特尔、波音公司，欧盟的诺基亚、Aixtron 等大型企业依托自身在半导体、航空航天、装备研制等领域巨大的影响力，有针对性地布局石墨烯在晶体管、芯片、航空材料等方面的应用研究；韩国的石墨烯产业发展主要围绕三星集团开展，重点围绕电子器件、光电显示、新能源等领域开展石墨烯全产业链的布局，以确保韩国石墨烯产业在全球的竞争优势。在这些龙头企业的带动下，催生了众多小型石墨烯企业，并各有侧重，形成了从制备及应用研究到石墨烯产品生产，直至石墨烯产品下游应用的产业链条。我国石墨烯企业的数量虽多，但竞争力普遍不强，主要以中小微企业为主体，90% 以上均为中小型初创企业，年销售额大多不超过百万量级。虽然以石墨烯概念在 A 股、科创板、新三板和新四板上市的公司数量超过了 80 家，但其中真正以石墨烯为主业的公司不到 20%，且石墨烯业务多处于亏损状态。除了上市公司以外，其他大公司的参与度也不高，缺乏龙头企业引领，目前只有华为技术有限公司等极少数大公司在零星布局石墨烯应用技术，主要以与科研机构合作为主。

3. 研究及应用方向

在美国，研究和应用主要集中在下一代电子器件、石墨烯基航空结构材料及石墨烯超级电容器等方向，专利布局的重点主要集中在集成电路、晶体管、传感器、信息存储、增强复合材料等领域。在欧洲，除石墨烯制备和能源、复合材料外，基本以通信、电子信息、医疗健康、仪器设备、可穿戴设备等领域为主，与美国的研究方向大体一致。日本、韩国则主要集中在化学气相沉积法制备的石墨烯及其在触摸屏、柔性显示等方面的应用。我国石墨烯产业的研究及应用方向则主要集中在石墨烯材料制备、热管理、防腐涂料、储能、大健康、复合材料等领域，总体上技术含量和产品附加值不高，对于未来高精尖产业的拉动能力有限。在石墨烯材料制备方面，除了北京石墨烯研究院、重庆墨希科技有限公司等少数单位在高品质石墨烯薄膜制备技术上具备一定的优势外，多数企业均以石墨烯粉体和氧化石墨烯制备为主。在应用方面，从事石墨烯电加热产品、防腐涂料、导电添加剂这几类产品开发的企业占据了国内石墨烯企业的绝大部分。此外，少数企业在开展触摸屏、石墨烯导电膜、石墨烯传感器等电子器件开发，但由于缺乏应用端的牵引，市场化推进都处于比较艰难的状态。

4. 产业发展模式

美国、欧盟等发达国家和地区在推动石墨烯产业的发展过程中，较好地处理了政府与市场的关系。一方面，在私营非盈利中介组织的作用下，地方和企业有充分的自由竞争空间；另一方面，政府这只"看得见的手"在基础研究、应用研究及商业化整个过程中始终发挥着引导、支撑和支持的作用。例如，美国在推动新技术应用推广和新兴产业发展方面已经形成了一套较为完善的产业组织体系，研究机构、孵化器和大学技术转让办公室、非营利机构和企业等各个主体分工明确且协同有序。同时，政府充分发挥引导、支撑和支持作用，对石墨烯的研究扶持坚持集中、持续性的直接投入，尤其对基础性、战略性、前沿性的研究更是如此。我国石墨烯产业"企业＋研发机构＋孵化器/创新中心"的发展模式尚在摸索起步阶段。目前来看，各地推进石墨烯产业发展的思路大同小异，比较常见的是政策引导加产业园模式，基本属于自发性的群众运动模式。虽然政府和企业都有意愿发展壮大石墨烯产业，但是由于对前端的技术培育和后端的产业牵引重视不够，具体表现在研发投入力度小、支持部门分散、持续性不强，缺乏龙头企业带动，导致企业核心竞争力不足，石墨烯产品低端化、同质化现象严重。

（二）产业发展趋势

根据对我国不同区域石墨烯产业发展特点的分析及国内外石墨烯发展特色的比较，中国石墨烯产业的发展趋势可以概括为以下几点：①"强者愈强"，资源要素继续向优势地区汇聚;②"特色化、差异化"发展,区域分工格局更加明晰;③资本投资开始降温,市场更加趋于理性;④传统企业将逐步介入,"石墨烯+"战略步伐有望加快;⑤国际交流与合作日渐深入,逐步走向国际化合作共赢之路。

京津冀、长三角、东南沿海地区作为目前国内石墨烯产业发展较快的地区,高校及科研院所众多,企业分布密集,产业氛围良好,并且拥有资金、研发、市场等优势,已经初步形成技术、应用与产业相互促进的良好态势,石墨烯产业发展的要素必将进一步向这些区域聚集,呈现"强者愈强"的发展态势。

目前国内石墨烯产业分布已经呈现相对集中的发展态势,未来随着石墨烯产业化规模的不断壮大、下游应用领域的不断拓展,不同区域的石墨烯产业发展将呈现更加突出的"特色化、差异化"特征,使得区域分工进一步明确。例如,北京将依托独特的研发资源,抢占全国石墨烯研发高地;长三角地区基于坚实的产业基础,逐步加快在复合材料、储能材料、新一代显示器件等方面的产业化推进步伐;福建、广东等东南沿海地区则依托广阔的市场空间和灵活的体制机制,在储能、热管理、大健康等领域逐步显现出优势;东北、内蒙古等地区依托其丰富的资源优势,在原料制备方面加强攻关。这些重点区域将充分发挥其先发优势,使其产业地位更加稳固。

石墨烯自面世以来,一直引起资本市场的高度关注,不少上市公司、投资机构纷纷涉足石墨烯概念股,有些涨幅甚至超过2倍,掀起了石墨烯投资热潮。但其中大部分公司只是借机炒作、抬高股价,真正投入石墨烯产业的资金并不多。总体看来,石墨烯产业整体仍处于产业化突破前期,距离成熟还有相当长的一段时间。另外,石墨烯下游应用进展缓慢,下游产品尚处于市场推广过程中,至今尚未出现突破性、颠覆性的"撒手锏"级应用,集成电路、晶体管等高端应用领域短期内难以突破,石墨烯产业正在回归理性。从资本市场角度来看,由于石墨烯的商业价值在短期内难以体现,市场期望值逐渐降低,预计今后对石墨烯的投资将变得更加冷静和谨慎。

新材料石墨烯应用于传统行业中,一方面技术相对较成熟,对现有生产工艺的改变不大,市场易于接受;另一方面应用前景广泛,市场需求量大。为此,工信部组织实施了"石墨烯+"行动,利用石墨烯独特的优异性能,助力传统产业改造升级，以问题为导向，采用"一条龙"模式，以终端应用为龙头，着力构建上下游贯通的石墨烯产业链，推动首批次示范应用，对列入工业强基工程示范应用重点方向的石墨烯改性橡胶、石墨烯改性触点材料、石墨烯改性电极材料及超级电容器等予以重点推进，不断增品种、提品质、降成本、创品牌、增效益，上述政策和措施的出台将会加快推动更多传统企业介入石墨烯产业，为"石墨烯+"战略形成有益带动。

石墨烯的发现带来了 21 世纪产业革命的新希望，成为新材料领域的重点发展方向，必将有力推动全球产业结构的调整。由于中国在全球石墨烯产业化中的领跑地位，以及中国巨大的市场空间，加强与中国的合作已成为全球石墨烯研发机构和企业的共识。因此，越来越多的国际组织加快了同中国合作的步伐。同时，中国政府也将继续鼓励本土企业走出去，将国外的先进技术和高端企业引进来，为国外先进企业进入中国市场搭建桥梁，共同建设合作共赢之路，开启中国乃至全球石墨烯产业发展的新篇章。

第五节　问题与挑战

石墨烯集众多优异性能于一身，成为主导未来高科技产业竞争的战略新兴材料。然而，目前石墨烯领域的发展还面临一系列挑战，这些挑战来自制备技术、应用技术及产业发展等诸多方面。

一、材料制备

（一）石墨烯粉体

对于石墨烯粉体的制备，品质、成本、环保及批量制备的稳定性都还面临着一系列的挑战。2018 年，新加坡国立大学 A.H. Castro Neto 和诺贝尔奖获得者诺沃肖洛夫在《先进材料》（*Advanced Materials*）上发表文章，系统地分析了来自亚洲、欧洲和美洲 60 家公司的石墨烯样品，明确指出大多数公司正在生产的并不是真正的石墨烯（层数少于 10 层），而是石墨片（层数大于甚至远大于 10 层），并且大多数公司样品中石墨烯的含量低于 10%，由此可以看出石墨烯粉体材料品质的现状。事实上，目前国内多数企业用的是氧化还原方法，对设备要求高，纯化过程复杂，所得的石墨烯含有大量缺陷，层数也很难控制。同时，因为这个过程需要大量的强酸和强氧化剂，环保压力非常大，亟须改进和发展新的绿色环保技术。

（二）石墨烯薄膜

作为最接近理想石墨烯的材料，石墨烯薄膜被人们寄予厚望，经过十年的发展，取得了一系列重要突破。但距离真正产业化，还面临着一系列问题和挑战，包括结构调控、性能提升、产能提高和成本降低等方面。

在化学气相沉积生长石墨烯的过程中，会引入晶界、污染物、褶皱等缺陷，影响石墨烯的性能；而在真正应用时，需要对石墨烯的层数、堆垛形式及掺杂等结构进行调控，而这些方面还存在很多不可控因素。虽然人们发展了很多方法对石墨烯的上述结构进行调控，以改善石墨烯的品质，但是在规模放大过程中，这些问题的解决会变得尤为困难。因此还需要长久的努力来逐步解决这些问题。

从实用角度讲，必须考虑成本问题。目前的制备技术和制备工艺成本还很高，还有很大的创新空间。鉴于石墨烯薄膜高温生长过程的巨大能耗，降低生长温度、加快生长速度、缩短升降温时间等均有利于节约成本。金属衬底的重复利用和表面预处理工艺的简化也有助于降低生产成本。在真正的规模化生产过程中，在其他条件不变的情况下，装备的单次产能越大，石墨烯的良品率越高，折合到单位面积的制备成本就越低。

实用化的规模化转移技术是化学气相沉积法制备石墨烯薄膜的伴生课题。石墨烯薄膜通常是生长在铜箔等金属衬底上的，实际应用时需要剥离下来转移到目标衬底（如塑料或其他绝缘衬底）。对于单原子厚度的石墨烯材料来说，这是一个巨大的技术挑战。如何在兼顾成本的基础上逐步攻克转移过程中的样品尺寸受限、完整度低和污染严重等难题，将是接下来需要关注的重点。而免去转移环节，直接在绝缘性目标衬底上生长的石墨烯薄膜的质量仍需进一步提高。

（三）石墨烯纤维

作为一种新兴的功能材料，石墨烯纤维近年来正逐渐进入大众视野，相关基础研究不断突破，产业化关键技术快速发展。然而，石墨烯纤维制备与应用等领域还存在诸多亟待改进之处。

高性能石墨烯纤维制备工艺还有待突破。目前缺乏可靠、简便的方法来制备具有良好机械/电学性能的石墨烯纤维，限制了其广泛应用。石墨烯纤维目前主要由氧化石墨烯经过湿法纺丝、凝固浴及石墨化过程制备，但氧化石墨烯作为一种非均质纳米颗粒和非牛顿流体，在剪切流作用下表现出明显的剪切减薄特性。这种流态行为可能导致砌块的不规则排列和表皮效应的出现，从而降低了石墨烯纤维的力学性能。经过工艺的改进，迄今，石墨烯纤维的机械性能和电导率已得到显著提高，但石墨化过程中苛刻的处理条件（约3000℃）引起了高成本和高能耗的问题。

石墨烯纤维长期工作稳定性有待提高。纤维稳定性不足也在一定程度上限制了石墨烯纤维的应用。在长期工作过程中，纤维堆垛结构的破坏和力学/电学性能的衰减带来的稳定性问题严重影响了石墨烯纤维器件的寿命，亟需科研工作者们深入研究。此外，受限于制备纤维的机械/电学性能，超级电容器与发电器件（如太阳能电池、摩擦纳米发电机）集成在石墨烯纤维上仍鲜有实现，有待进一步发展。

石墨烯纺织品的制备工艺有待完善。在石墨烯纤维的制备方法不断改进与发展的同时，石墨烯纤维纺织品的功能整合同样引起了广泛关注。当下，石墨烯纤维制备工艺与传统工业纺纱工艺难以兼容，限制了后续纺织品的规模化生产和应用。因而，如何利用前期制备的石墨烯纤维原料，结合更成熟的纺纱工艺纺制石墨烯纱线，并直接织造石墨烯纺织品仍是一项颇具挑战的难题。

二、应用技术

（一）储能

石墨烯储能属于新兴领域，处于快速发展阶段，技术集成度高，涉及材料、化学、凝聚态物理、电子等多个交叉学科。除了石墨烯行业的共性问题外，还面临着石墨烯储能技术的特性问题。

首先是原材料的问题，目前大部分石墨烯生产企业仍是采用自上而下的批量制备方法，获得的石墨烯层数多、缺陷密度高、难分散，无法达到高导电性能要求，同时存在片层内阻锂的问题。因此，高质量的石墨烯及石墨烯控制制备技术是石墨烯储能技术发展的根基。现有石墨烯材料生产企业举步维艰，发展后劲严重不足，很难在产品质量上取得突破性进展。

同时，石墨烯导电剂产品同质化严重，缺乏行业统一标准，准入门槛低，市场竞争激烈。作为锂离子电池中一种关键辅材的传统替代产品，缺乏颠覆性的市场定位优势，市场渗透率远远低于同等新型导电剂碳纳米管。石墨烯储能技术处于基础研究向应用输出阶段，对于复杂的实验工艺，不仅产业化难度高，生产成本也高，现有应用市场性价比很难统一，需要上下游长期磨合。

（二）热管理

在热管理领域，石墨烯材料尚未得到大规模的推广，面临的挑战同样有市场和技术两方面：目前石墨烯散热和加热市场鱼龙混杂，产品质量不稳定，因此会影响和打击消费者和市场的信心；在技术上，解决石墨烯与基体材料间的相容性问题，降低微观界面热阻和应力将成为决定石墨烯基热界面材料性能的关键因素；石墨烯电热膜的安全性和稳定性还有待进一步提高，从而实现真正意义上的自限温功能。

（三）节能环保

石墨烯在节能环保领域的应用备受关注，产品种类繁多，在国内多家研发团队的努力下，有些产品已经开始进入实用阶段，如石墨烯口罩、石墨烯防腐涂料、石墨烯润滑油等，但是仍面临着原材料、成本及市场竞争等方面的问题。

显而易见，节能环保技术一般要求低成本，因此石墨烯材料的低成本制备技术是限制这一技术进入实际应用的一大挑战。同时，石墨烯的品质和均一性也限制了其在这一领域应用的性能体现，因此如果不能控制规模化制备的性能稳定性，就很难避免当前存在的鱼目混珠的乱象。事实上，无论是石墨烯防腐涂料，还是石墨烯润滑油和海水淡化技术，工艺稳定性和性能可重复性都有很大的提升空间，甚至在工作原理上也是各说各话，缺少严谨的科学态度。另外，节能环保领域都有成熟的商用技术，因此必须面对严酷的市场竞争。如果不能真正发挥石墨烯的特异性能，很难在市场竞争中脱颖而出。就现状而言，该领域的基础研究和技术研发工作还很不足，需要耐心和坚持，不能操之过急。最后是标准制定问题，目前石墨烯节能环保材料的产品标准和检测标准尚未建立起来，需要组织权威机构尽快填补这个空白。

（四）复合增强

石墨烯的力学性能优异，但复合技术还不成熟。在复合增强领域，还需要大量的基础研发来解决石墨烯原材料的可控制备、针对性的石墨烯复合基元的功能化设计和剪裁、石墨烯与基体材料的界面设计与调控、复合工艺及材料加工工艺等诸多问题。例如，结构完整的石墨烯表面不含有任何基团，表面能较低、呈惰性状态，与其他介质的相互作用较弱；石墨烯片层之间的范德瓦耳斯力导致堆叠团聚严重，因此很难在溶剂中分散，更难与其他有机或无机基体材料均匀地复合。尤其需要强调的是，在石墨烯复合增强材料研究方面，从基础研究出发到产品制造全链条的产学研协同创新极为重要。这一点是目前这一领域非常欠缺的。

（五）电子信息

石墨烯虽然具有优异的物理特性，展示了广阔的应用前景，但是在真正应用于电子信息领域时仍面临诸多问题和挑战。主要可以归结为以下几个方面：①石墨烯自身性质的不足，需要对结构进行针对性的调控或改性；②石墨烯材料的品质无法达到产业要求，需要改进制备方法，完善制备工艺；③单层石墨烯微观尺度的特异性质难以在宏观使用条件下继续稳定地保持下来；④成本高，与现有材料相比，市场竞争优势不足等。

在柔性电子器件市场，石墨烯主要用于透明导电薄膜。虽然石墨烯的迁移率很高，但是其载流子浓度很低，因此其导电性并不高。这时需要通过增加层数、掺杂或与金属网格复合来提升导电性。但是在进行这些改进时，容易影响透光性质，这是目前该领域所面临的主要挑战。

石墨烯传感器件面临着与诸多现有技术的竞争问题。现阶段，石墨烯材料的价格依然偏高，与现有技术的兼容性也是短板。兼容性问题也存在于光电红外成像领域，它与CMOS工艺兼容难度大，量产困难。目前欧美发达国家有实力的大企业参与较多，可持续发展性很强。而这正是国内企业的短板，竞争力不强。

在高速电子器件领域，石墨烯的高载流子迁移率使其具有明显的优势，但没有带隙的特性限制了其在逻辑电路中的应用。对于高频与射频电子器件，石墨烯的超高载流子迁移率造就了其理论上极高的截止频率。IBM公司在石墨烯射频电路上布局很早，投入也很大，并且努力方向明确，包括降低石墨烯的本征缺陷、降低石墨烯与栅极的杂质散射、降低接触电阻。这些对高品质石墨烯薄膜材料本身提出了更高的要求。

石墨烯射频识别器件领域的竞争非常激烈。用导电银浆丝网印刷制造RFID电子标签被认为是实现低成本、小型化、高精度、适应性强、大规模生产最有效的技术路线。但是，由于导电银浆导电性差和导电机理的限制，只能采用高银含量的导电银浆和低网线数的丝网网版。受油墨黏度、延展性、流动性、刮印压力、网版拉伸、网线干扰等众多因素的影响，所印制的RFID电子标签导线结构变形、边界粗糙、短路断路、实际辐射效率与理论辐射效率相差很大。

（六）生物医用

作为与生命息息相关的领域，石墨烯在生物医用方面的应用显示了巨大的潜力，但很多研究还处在基础研究的阶段，所面临的挑战也十分艰巨。

首先面临的是生物相容性的问题。需要发展更有效的方法，在保持石墨烯材料出色特性的前提下，改善其生物相容性、稳定性，以降低对生物体的毒害作用。石墨烯及其衍生物作为药物载体对大分子或蛋白类药物的靶向递送过程和机理还不清楚，而为了开发性能稳定的纳米载体，石墨烯材料的精确控制也十分关键。石墨烯虽然具有诸多优异性质，但并非"万能材料"，需针对各具体应用对其进行修饰改进，开发相应的石墨烯衍生材料，这就需要具有不同学科背景的科研人员进行合作研究，共同协作努力攻关，才能促进石墨烯生物医用产业健康稳定发展。

三、产业发展

（一）政策引导及顶层设计

石墨烯作为新兴产业发展时间短、理论体系不成熟、企业创新能力弱，要抢占行业制高点，必须从国家层面去加强布局、引导和资源整合。目前国家虽然对石墨烯产业的发展高度重视，出台了一系列的政策文件、给予一定的资金加以支持和引导，但是在关键技术研发、成果转化、产业布局、上下游衔接、配套措施等方面缺乏统筹协调。与欧盟、美国、日韩等发达国家和地区相比，我国的石墨烯产业政策系统性不强，缺乏明确的战略目标牵引和具体的政策措施支撑，在石墨烯产业培育引导方面偏重粉体、涂料、热管理等领域，不利于石墨烯高精尖产业的发展。

由于各地资源禀赋不同、研发基础差异较大、产业特点也不尽相同，在石墨烯产业支持政策上绝不能"一刀切"，而是要根据实际情况进行顶层设计。此外，各地政府在政策引导下积极布局石墨烯产业，但是由于对石墨烯产业的认识不够，缺乏明确的产业推进思路，未能根据当地资源禀赋、研发基础和产业特点进行针对性的布局，甚至出现建设的产业园区简单重复等问题，造成了大量的资源浪费。

在科学研究的引导上，我国也存在明显的不足，在纳米碳材料研究领域缺少鲜亮的标签和拳头优势，过度追求发表文章，产学研协同创新能力不足。过去二十多年来，国家各部门已资助相关课题1000余项，累计逾10亿元，但基本上都是支持自发的、自由探索式的基础研究，缺少体现国家目标的重点布局，导致我国在原创性探索和前瞻性技术研发方面的能力严重不足。

（二）产学研结合

科研成果与下游产业应用脱节严重，大部分成果以学术论文和发明专利的形式"躺"在书架上，没有形成真正的产业化。很多基础研究成果还缺少进一步的实用化研发和"中试阶段"，尚未达到产业化成熟阶段，因此存在巨大的风险，导致下游企业的兴趣不足。同时，很多成果拥有者成立公司直接从事转化工作，形成大量的初创型小微企业，"教授办企业"由于学非所用和经验不足，成功率并不高，而且还严重影响进一步的研发创新。因此缺乏有效的机制使产学研有机结合，从而既能保持原创性成果不断产出，又能使已有成果源源不断转化成生产力。

（三）企业竞争

我国大部分石墨烯企业为小微企业，大企业参与少，竞争力和可继续发展能力有限。小企业虽然经营灵活，但综合实力弱，大多都没有自己的研发团队，只能采取合作或委托研发的模式，关注的也是一些投入小、产出快的领域，如电加热、大健康、复合材料等，企业研发能力和核心竞争力非常有限，很难实现可持续发展。反观发达国家，涉足石墨烯的都是三星集团、IBM、巴斯夫股份公司等行业巨头，研发投入巨大，关注的都是相对来讲比较高端、前沿的领域，如可穿戴技术、芯片、光电器件、生物医药高端领域。这也是造成国内外石墨烯行业差异巨大的原因之一。

另外，由于各级政府的支持，小企业纷纷进入门槛低的领域，市场产品同质化竞争严重，造成中低端恶性竞争。我国大部分省份都在积极发展石墨烯产业。据不完全统计，截至2018年底，我国各地成立50余家石墨烯产业园/创新中心/生产基地，掀起了轰轰烈烈的"造烯运动"。但是，其中大部分项目都未经过严密的科学论证，同质化建设非常严重，技术水平参差不齐，不能和当地原有产业充分结合，造成了极大的资源浪费。此外，从应用现状来看，石墨烯虽然基本实现了初步应用，并在部分领域实现产业化，但受制于技术、市场等因素，近80%的下游产品集中在石墨烯电加热、石墨烯理疗产品、石墨烯涂料、石墨烯导电添加剂等领域，技术门槛相对较低，同质化现象严重，产品附加值偏低，再加上石墨烯制备成本相比传统材料仍然偏高，目前的应用产品并不具备太强的市场竞争力。

（四）资本市场与商业炒作

石墨烯由于其优异的性能，成为资本市场的宠儿，资本市场对石墨烯的投资热度持续高涨，不少上市公司、投资机构纷纷涉足石墨烯概念股，而且稍有利好消息，石墨烯概念股便有可能集体涨停。在资本市场的推波助澜下，大量企业发展低端产能赚快钱或借热度进行资本炒作，大量产业基地圈地挂牌盲目跟风。此外，市场上石墨烯产品鱼目混珠、质量参差不齐的现象非常严重，这些都对石墨烯产业造成极为不利的冲击。而在一些科研水平较高的地区，社会资本的参与度却很低，使得资源配置严重失衡。

（五）应用市场

石墨烯是一种"年轻"的材料。从应用现状来看，大多数的产品属于利用石墨烯与原有材料相结合以提升产品性能，技术门槛相对较低，且多数以样品和实验室产品为主，尚未真正形成商品。而且，下游应用企业要应用石墨烯替代那些已经达到极佳性价比的传统材料，不仅需要支出研发、改变生产工艺和生产线、培训员工、市场推广等方面的费用，还要承担石墨烯应用效果不确定带来的风险，市场认可度不高。尤其是珠三角地区过分强调终端应用市场，而忽视应用市场原创性的投入，从而存在巨大的隐患。更重要的是，石墨烯"撒手锏"级应用仍然有待突破，石墨烯大规模的应用市场仍然尚未打开。

（六）标准制定

目前市场中的石墨烯产品良莠不齐，甚至存在弄虚作假的行为。根本原因在于缺乏统一的评价标准。而目前的标准缺口是十分大的，在制定标准方面也存在一些问题。首先，自 2014 年石墨烯相关国家标准开始立项制定以来，目前仅《纳米科技术语第 13 部分：石墨烯及相关二维材料》（GB/T 30544.13—2018）一项国家标准颁布实施，同期立项的其他几项标准未能按计划完成。此外，目前石墨烯相关标准特别是国家标准的立项审核非常严格，每年立项的石墨烯相关标准很少，标准立项没有按照专业或应用领域考虑标准需求，导致当下已实施的石墨烯相关国家标准、地方标准与产业发展不匹配。

另外，石墨烯标准研制方面没有顶层设计，现有的石墨烯标准（包括正在研制的石墨烯标准）没有形成完备的标准化体系，没有形成系列标准，因此对产业的规范和引导还不足。并且随着近年来石墨烯研究的不断深入，石墨烯薄膜和粉体、浆料等材料工业化生产已经具备一定的规模，其后端应用（发热膜、涂料、纺织品等）也在不断开发当中，现有标准已不能适应石墨烯相关材料和产品的工业化发展。因此，社会各界应积极提出石墨烯产业发

展急需的标准化项目，在国家有关部门的统筹协调下，按计划有序推进石墨
烯相关标准的制定工作，逐步充实完善我国石墨烯标准，让标准真正起到对
石墨烯产业的规范和引领作用。

本章参考文献

[1] Novoselov K S, Geim A K, Morozov S V, et al. Two-dimensional gas of massless Dirac fermions in graphene. Nature, 2005, 438(7065): 197-200.

[2] Mermin N D, Wagner H, Absence of ferromagnetism or antiferromagnetism in one-or two-dimensional isotropic Heisenberg models. Physical Review Letters, 1966, 17(22): 1133-1136.

[3] Castro Neto A H, Guinea F, Peres N M R, et al. The electronic properties of graphene. Reviews of Modern Physics, 2009, 81(1): 109-162.

[4] Bolotin K I, Sikes K J, Jiang Z, et al. Ultrahigh electron mobility in suspended graphene. Solid State Communications, 2008, 146(9/10): 351-355.

[5] Du X, Skachko I, Barker A, et al. Approaching ballistic transport in suspended graphene. Nature Nanotechnology, 2008, 3(8): 491-495.

[6] Zhang Y B, Tan Y W, Stormer H L, et al. Experimental observation of the quantum Hall effect and Berry's phase in graphene. Nature, 2005, 438(7065): 201-204.

[7] Novoselov K S, Jiang Z, Zhang Y, et al. Room-temperature quantum Hall effect in graphene. Science, 2007, 315(5817): 1379.

[8] Nair R R, Blake P, Grigorenko A N, et al. Fine structure constant defines visual transparency of graphene. Science, 2008, 320(5881): 1308.

[9] Balandin A A, Ghosh S, Bao W Z, et al. Superior thermal conductivity of single-layer graphene. Nano Letters, 2008, 8(3): 902-907.

[10] Cai W W, Moore A L, Zhu Y, et al. Thermal transport in suspended and supported monolayer graphene grown by chemical vapor deposition. Nano Letters, 2010, 10(5): 1645-1651.

[11] Lee C, Wei X, Kysar J W, et al. Measurement of the elastic properties and intrinsic strength of monolayer graphene. Science, 2008, 321(5887): 385-388.

[12] Suk J W, Piner R D, An J, et al. Mechanical properties of monolayer graphene oxide. ACS Nano, 2010, 4(11): 6557-6564.

[13] Robinson J T, Zalalutdinov M, Baldwin J W, et al. Wafer-scale reduced graphene oxide

films for nanomechanical devices. Nano Letters, 2008, 8(10): 3441-3445.

[14] Chen S S, Brown L, Levendorf M, et al. Oxidation resistance of graphene-coated Cu and Cu/Ni alloy. ACS Nano, 2011, 5(2): 1321-1327.

[15] Liao L, Peng H L, Liu Z F. Chemistry makes graphene beyond graphene. Journal of the American Chemical Society, 2014, 136(35): 12194-12200.

[16] Zhang L M, Yu J W, Yang M M, et al. Janus graphene from asymmetric two-dimensional chemistry. Nature Communications, 2013, 4(4): 1443.

[17] Hu S, Lozada-Hidalgo M, Wang F C, et al. Proton transport through one-atom-thick crystals. Nature, 2014, 516(7530): 227-230.

[18] Nair R R, Wu H A, Jayaram P N, et al. Unimpeded permeation of water through helium-leak-tight graphene-based membranes. Science, 2012, 335(6067): 442-444.

[19] Joshi R K, Carbone P, Wang F C, et al. Precise and ultrafast molecular sieving through graphene oxide membranes. Science, 2014, 343(6172): 752-754.

[20] Abraham J, Vasu K S, Williams C D, et al. Tunable sieving of ions using graphene oxide membranes. Nature Nanotechnology, 2017, 12(6): 546-550.

[21] Ren W C, Cheng H M. The global growth of graphene. Nature Nanotechnology, 2014, 9(10): 726-730.

[22] Novoselov K S, Geim A K, Morozov S V, et al.Electric field effect in atomically thin carbon films. Science, 2004, 306(5696): 666-669.

[23] Geim A K, Nobel lecture: Random walk to graphene. Reviews of Modern Physics, 2011, 83(3): 851-862.

[24] Yi M, Shen Z. A review on mechanical exfoliation for the scalable production of graphene. Journal of Materials Chemistry A, 2015, 3(22): 11700-11715.

[25] Zhao W F, Wu F R, Wu H, et al. Preparation of colloidal dispersions of graphene sheets in organic solvents by using ball milling. Journal of Nanomaterials, 2010, 2010: 1-5.

[26] Zhao W F, Fang M, Wu F Y, et al. Preparation of graphene by exfoliation of graphite using wet ball milling. Journal of Materials Chemistry, 2010, 20(28): 5817-5819.

[27] Jeon I Y, Shin Y R, Sohn G J, et al. Edge-carboxylated graphene nanosheets via ball milling. Proceedings of the National Academy of Sciences of the unitel States of America, 2012, 109(15): 5588-5593.

[28] Lv Y Y, Yu L S, Jiang C M, et al. Synthesis of graphene nanosheet powder with layer number control via a soluble salt-assisted route. RSC Advances, 2014, 4(26): 13350-13354.

[29] Hernandez Y, Nicolosi V, Lotya M, et al. High-yield production of graphene by liquid-phase exfoliation of graphite. Nature Nanotechnology, 2008, 3(9): 563-568.

[30] Flint E B, Suslick K S, The temperature of cavitation. Science, 1991, 253(5026): 1397-

1399.

[31] Paton K R, Varrla E, Backes C, et al. Scalable production of large quantities of defect-free few-layer graphene by shear exfoliation in liquids. Nature Materials, 2014, 13(6): 624-630.

[32] Yi M, Shen Z G. Kitchen blender for producing high-quality few-layer graphene. Carbon, 2014, 78: 622-626.

[33] Dresselhaus M S, Dresselhaus G. Intercalation compounds of graphite. Advances in Physics, 1981, 30(2): 139-326.

[34] Shih C J, Vijayaraghavan A, Krishnan R, et al. Bi- and trilayer graphene solutions. Nature Nanotechnology, 2011, 6(7): 439-445.

[35] Li D, Müller M B, Gilje S, et al. Processable aqueous dispersions of graphene nanosheets. Nature Nanotechnology, 2008, 3(2): 101-105.

[36] Brodie B C, Xiii. On the atomic weight of graphite. Philosophical Transactions of the Royal Society of London, 1859, 149: 249-259.

[37] Staudenmaier L. Verfahren zur darstellung der graphitsäure. Berichte Der Deutschen Chemischen Gesellschaft, 1898, 31(2): 1481-1487.

[38] Hummers W S, Offeman R E. Preparation of graphitic oxide. Journal of the American Chemical Society, 1958, 80(6): 1339.

[39] Peng L, Xu Z, Liu Z, et al. An iron-based green approach to 1-h production of single-layer graphene oxide. Nature Communications, 2015, 6(1): 5716.

[40] Zhong J, Sun W, Wei Q, et al. Efficient and scalable synthesis of highly aligned and compact two-dimensional nanosheet films with record performances. Nature Communications, 2018, 9: 3484.

[41] Stankovich S, Dikin D A, Piner R D, et al. Synthesis of graphene-based nanosheets via chemical reduction of exfoliated graphite oxide. Carbon, 2007, 45(7): 1558-1565.

[42] Shin H J, Kim K K, Benayad A, et al. Efficient reduction of graphite oxide by sodium borohydride and its effect on electrical conductance. Advanced Functional Materials, 2009, 19(12): 1987-1992.

[43] Pei S F, Cheng H M. The reduction of graphene oxide. Carbon, 2012, 50(9): 3210-3228.

[44] Fan X B, Peng W C, Li Y, et al. Deoxygenation of exfoliated graphite oxide under alkaline conditions: A green route to graphene preparation.Advanced Materials, 2008, 20(23): 4490-4493.

[45] Voiry D, Yang J, Kupferberg J, et al. High-quality graphene via microwave reduction of solution-exfoliated graphene oxide. Science, 2016, 353(6306): 1413-1416.

[46] Bachmatiuk A, Mendes R G, Hirsch C, et al. Few-layer graphene shells and nonmagnetic encapsulates: A versatile and nontoxic carbon nanomaterial. ACS Nano, 2013, 7(12):

10552-10562.

[47] Shi L R, Chen K, Du R, et al. Direct synthesis of few-layer graphene on NaCl crystals. Small, 2015, 11(47): 6302-6308.

[48] Chen K, Li C, Shi L R, et al. Growing three-dimensional biomorphic graphene powders using naturally abundant diatomite templates towards high solution processability.Nature Communications, 2016, 7: 13440.

[49] Subrahmanyam K S, Panchakarla L S, Govindaraj A, et al. Simple method of preparing graphene flakes by an arc-discharge method. The Journal of Physical Chemistry C, 2009, 113(11): 4257-4259.

[50] Sun Y Y, Yang L W, Xia K L, et al. "Snowing" graphene using microwave ovens. Advanced Materials, 2018, 30(40): 1803189.

[51] Luong D X, Bets K V, Algozeeb W A, et al. Gram-scale bottom-up flash graphene synthesis. Nature, 2020, 577(7792): 647-651.

[52] Berger C, Song Z, Li X, et al. Electronic confinement and coherence in patterned epitaxial graphene. Science, 2006, 312(5777): 1191.

[53] Emtsev K V, Bostwick A, Horn K, et al. Towards wafer-size graphene layers by atmospheric pressure graphitization of silicon carbide. Nature Materials, 2009, 8(3): 203-207.

[54] Yan K, Fu L, Peng H L, et al. Designed CVD growth of graphene via process engineering. Accounts of Chemical Research, 2013, 46(10): 2263-2274.

[55] Li X S, Cai W W, Colombo L, et al. Evolution of graphene growth on Ni and Cu by carbon isotope labeling. Nano Letters, 2009, 9(12): 4268-4272.

[56] Zou Z, Fu L, Song X, et al. Carbide-forming groups IVB-VIB metals: A new territory in the periodic table for CVD growth of graphene. Nano Letters, 2014, 14(7): 3832-3839.

[57] Hao Y F, Bharathi M S, Wang L, et al. The role of surface oxygen in the growth of large single-crystal graphene on copper. Science, 2013, 342(6159): 720-723.

[58] Lin L, Li J Y, Ren H Y, et al. Surface engineering of copper foils for growing centimeter-sized single-crystalline graphene. ACS Nano, 2016, 10(2): 2922-2929.

[59] Wu T, Zhang X, Yuan Q, et al. Fast growth of inch-sized single-crystalline graphene from a controlled single nucleus on Cu-Ni alloys. Nature Materials, 2016, 15(1): 43-47.

[60] Jo I, Park S, Kim D, et al. Tension-controlled single-crystallization of copper foils for roll-to-roll synthesis of high-quality graphene films. 2D Materials, 2018, 5(2): 024002.

[61] Brown L, Lochocki E B, Avila J, et al. Polycrystalline graphene with single crystalline electronic structure. Nano Letters, 2014, 14(10): 5706-5711.

[62] Nguyen V L, Shin B G, Duong D L, et al. Seamless stitching of graphene domains on polished copper (111) foil. Advanced Materials, 2015, 27(8): 1376-1382.

[63] Xu X Z, Zhang Z H, Dong J C, et al. Ultrafast epitaxial growth of metre-sized single-crystal graphene on industrial Cu foil. Science Bulletin, 2017, 62(15): 1074-1080.

[64] Deng B, Pang Z Q, Chen S L, et al. Wrinkle-free single-crystal graphene wafer grown on strain-engineered substrates. ACS Nano, 2017, 11(12): 12337-12345.

[65] Li B W, Luo D, Zhu L Y, et al. Orientation-dependent strain relaxation and chemical functionalization of graphene on a Cu(111) foil. Advanced Materials, 2018, 30(10): 1706504.

[66] Xu X Z, Zhang Z H, Qiu L, et al. Ultrafast growth of single-crystal graphene assisted by a continuous oxygen supply. Nature Nanotechnology, 2016, 11(11): 930-935.

[67] Liu C, Xu X Z, Qiu L, et al. Kinetic modulation of graphene growth by fluorine through spatially confined decomposition of metal fluorides. Nature Chemistry, 2019, 11(8): 730-736.

[68] Lin L, Sun L Z, Zhang J C, et al. Rapid growth of large single-crystalline graphene via second passivation and multistage carbon supply. Advanced Materials, 2016, 28(23): 4671-4677.

[69] Sun L Z, Lin L, Zhang J C, et al. Visualizing fast growth of large single-crystalline graphene by tunable isotopic carbon source. Nano Research, 2016, 10(2): 355-363.

[70] Wang H, Xu X Z, Li J Y, et al. Surface monocrystallization of copper foil for fast growth of large single-crystal graphene under free molecular flow. Advanced Materials, 2016, 28(40): 8968-8974.

[71] Sun X, Lin L, Sun L Z, et al. Low-temperature and rapid growth of large single-crystalline graphene with ethane. Small, 2018, 14(3): 1702916.

[72] Wei D C, Liu Y Q, Wang Y, et al. Synthesis of N-doped graphene by chemical vapor deposition and its electrical properties. Nano Letters, 2009, 9(5): 1752-1758.

[73] Lin L, Li J Y, Yuan Q H, et al. Nitrogen cluster doping for high-mobility/conductivity graphene films with millimeter-sized domains. Science Advances, 2019, 5(8): eaaw8337.

[74] Yan K Y, Wei Z H, Li J K, et al. High-performance graphene-based hole conductor-free perovskite solar cells: Schottky junction enhanced hole extraction and electron blocking. Small, 2015, 11(19): 2269-2274.

[75] Zhou H, Yu W J, Liu L, et al. Chemical vapour deposition growth of large single crystals of monolayer and bilayer graphene. Nature Communications, 2013, 4(1): 2096.

[76] Huang M, Bakharev P V, Wang Z J, et al. Large-area single-crystal AB-bilayer and ABA-trilayer graphene grown on a Cu/Ni(111) foil. Nature Nanotechnology, 2020, 15(4): 289-295.

[77] Yin J B, Wang H, Peng H, et al. Selectively enhanced photocurrent generation in twisted

bilayer graphene with van hove singularity. Nature Communications, 2016, 7(1): 10699.

[78] Lin L, Zhang J, Su H, et al. Towards super-clean graphene. Nature Communications, 2019, 10(1): 1912.

[79] Jia K C, Zhang J C, Lin L, et al. Copper-containing carbon feedstock for growing superclean graphene. Journal of the American Chemical Society, 2019, 141(19): 7670-7674.

[80] Zhang J C, Jia K C, Lin L, et al. Large-area synthesis of superclean graphene via selective etching of amorphous carbon with carbon dioxide. Angewandte Chemie International Edition, 2019, 58(41): 14446-14451.

[81] Sun L Z, Lin L, Wang Z H, et al. A force-engineered lint roller for superclean graphene. Advanced Materials, 2019, 31(43): 1902978.

[82] Bae S, Kim H, Lee Y, et al. Roll-to-roll production of 30-inch graphene films for transparent electrodes. Nature Nanotechnology, 2010, 5(8): 574-578.

[83] Xu J B, Hu J X, Li Q, et al. Fast batch production of high-quality graphene films in a sealed thermal molecular movement system. Small, 2017, 13(27): 1700651.

[84] Hesjedal T. Continuous roll-to-roll growth of graphene films by chemical vapor deposition. Applied Physics Letters, 2011, 98(13): 133106.

[85] Deng B, Hsu P C, Chen G C, et al. Roll-to-roll encapsulation of metal nanowires between graphene and plastic substrate for high-performance flexible transparent electrodes. Nano Letters, 2015, 15(6): 4206-4213.

[86] Polsen E S, McNerny D Q, Viswanath B, et al. High-speed roll-to-roll manufacturing of graphene using a concentric tube CVD reactor. Scientific Reports, 2015, 5: 10257.

[87] Chen Z L, Qi Y, Chen X D, et al. Direct CVD growth of graphene on traditional glass: Methods and mechanisms. Advanced Materials, 2019, 31(9): 1803639.

[88] Yazyev O V, Pasquarello A. Effect of metal elements in catalytic growth of carbon nanotubes. Physical Review Letters, 2008, 100(15): 156102.

[89] Köhler C, Hajnal Z, Deák P, et al. Theoretical investigation of carbon defects and diffusion in α-quartz. Physical Review B, 2001, 64(8): 085333.

[90] Chen J Y, Wen Y G, Guo Y L, et al. Oxygen-aided synthesis of polycrystalline graphene on silicon dioxide substrates. Journal of the American Chemical Society, 2011, 133(44): 17548-17551.

[91] Chen J Y, Guo Y L, Wen Y G, et al. Two-stage metal-catalyst-free growth of high-quality polycrystalline graphene films on silicon nitride substrates. Advanced Materials, 2013, 25(7): 992-997.

[92] Sun J Y, Chen Y B, Cai X, et al. Direct low-temperature synthesis of graphene on various glasses by plasma-enhanced chemical vapor deposition for versatile, cost-effective

electrodes. Nano Research, 2015, 8(11): 3496-3504.

[93] Qi Y, Deng B, Guo X, et al. Switching vertical to horizontal graphene growth using faraday cage-assisted PECVD approach for high-performance transparent heating device. Advanced Materials, 2018, 30(8): 1704839.

[94] Kim H, Song I, Park C, et al. Copper-vapor-assisted chemical vapor deposition for high-quality and metal-free single-layer graphene on amorphous SiO_2 substrate. ACS Nano, 2013, 7(8): 6575-6582.

[95] Kwak J, Chu J H, Choi J K, et al. Near room-temperature synthesis of transfer-free graphene films. Nature Communications, 2012, 3: 645.

[96] Su C Y, Lu A Y, Wu C Y, et al. Direct formation of wafer scale graphene thin layers on insulating substrates by chemical vapor deposition. Nano Letters, 2011, 11(9): 3612-3616.

[97] Ismach A, Druzgalski C, Penwell S, et al. Direct chemical vapor deposition of graphene on dielectric surfaces. Nano Letters, 2010, 10(5): 1542-1548.

[98] Song X J, Gao T, Nie Y F, et al. Seed-assisted growth of single-crystalline patterned graphene domains on hexagonal boron nitride by chemical vapor deposition. Nano Letters, 2016, 16(10): 6109.

[99] Wei S J, Ma L P, Chen M L, et al. Water-assisted rapid growth of monolayer graphene films on SiO_2/Si substrates. Carbon, 2019, 148: 241-248.

[100] Wang H P, Xue X D, Jiang Q Q, et al. Primary nucleation-dominated chemical vapor deposition growth for uniform graphene monolayers on dielectric substrate. Journal of the American Chemical Society, 2019, 141(28): 11004-11008.

[101] Xie Y D, Cheng T B, Liu C, et al. Ultrafast catalyst-free graphene growth on glass assisted by local fluorine supply. ACS Nano, 2019, 13(9): 10272-10278.

[102] Sun J Y, Chen Y B, Priydarshi M K, et al. Direct chemical vapor deposition-derived graphene glasses targeting wide ranged applications. Nano Letters, 2015, 15(9): 5846-5854.

[103] Chen X D, Chen Z L, Jiang W S, et al. Fast growth and broad applications of 25-inch uniform graphene glass. Advanced Materials, 2017, 29(1): 1603428.

[104] Chen Y B, Sun J Y, Gao J F, et al. Growing uniform graphene disks and films on molten glass for heating devices and cell culture. Advanced Materials, 2015, 27(47): 7839-7846.

[105] Xu Z, Gao C. Graphene chiral liquid crystals and macroscopic assembled fibres. Nature Communications, 2011, 2: 571.

[106] Xu Z, Gao C. Graphene in macroscopic order: Liquid crystals and wet-spun fibers. Accounts of Chemical Research, 2014, 47(4): 1267-1276.

[107] Li Z, Xu Z, Liu Y J, et al. Multifunctional non-woven fabrics of interfused graphene fibres.

Nature Communications, 2016, 7: 13684.

[108] Huang G J, Hou C Y, Shao Y L, et al. Highly strong and elastic graphene fibres prepared from universal graphene oxide precursors. Scientific Reports, 2014, 4: 4248.

[109] Xu Z, Zhang Y, Li P G, et al. Strong, conductive, lightweight, neat graphene aerogel fibers with aligned pores. ACS Nano, 2012, 6(8): 7103-7113.

[110] Hu C G, Zhao Y, Cheng H H, et al. Graphene microtubings: Controlled fabrication and site-specific functionalization. Nano Letters, 2012, 12(11): 5879-5884.

[111] Cui G, Cheng Y, Liu C, et al. Massive growth of graphene quartz fiber as a multifunctional electrode. ACS Nano, 2020, 14(5): 5938-5945.

[112] Zeng J, Ji X X, Ma Y H, et al. 3D graphene fibers grown by thermal chemical vapor deposition. Advanced Materials, 2018, 30(12): 1705380.

[113] Xu Y X, Sheng K X, Li C, et al. Self-assembled graphene hydrogel via a one-step hydrothermal process. ACS Nano, 2010, 4(7): 4324-4330.

[114] Zhao J P, Ren W C, Cheng H M. Graphene sponge for efficient and repeatable adsorption and desorption of water contaminations. Journal of Materials Chemistry, 2012, 22(38): 20197-20202.

[115] Tang Z H, Shen S L, Zhuang J, et al. Noble-metal-promoted three-dimensional macroassembly of single-layered graphene oxide. Angewandte Chemie. International Edition, 2010, 49(27): 4603-4607.

[116] Jiang X, Ma Y W, Li J J, et al. Self-assembly of reduced graphene oxide into three-dimensional architecture by divalent ion linkage. Journal of Physical Chemistry C, 2015, 114(51): 22462-22465.

[117] Qiu L, Liu J Z, Chang S L, et al. Biomimetic superelastic graphene-based cellular monoliths. Nature Communications, 2012, 3: 1241.

[118] Chen Z, Ren W, Gao L, et al. Three-dimensional flexible and conductive interconnected graphene networks grown by chemical vapour deposition. Nature Materials, 2011, 10(6): 424-428.

[119] Chao D L, Xia X H, Liu J L, et al. A V$_2$O$_5$/conductive-polymer core/shell nanobelt array on three-dimensional graphite foam: A high-rate, ultrastable, and freestanding cathode for lithium-ion batteries. Advanced Materials, 2014, 26(33): 5794-5800.

[120] Ji H X, Zhang L L, Pettes M T, et al. Ultrathin graphite foam: A three-dimensional conductive network for battery electrodes. Nano Letters, 2012, 12(5): 2446-2451.

[121] Pettes M T, Ji H X, Ruoff R S, et al. Thermal transport in three-dimensional foam architectures of few-layer graphene and ultrathin graphite. Nano Letters, 2012, 12(6): 2959-2964.

[122] Sha J W, Gao C T, Lee S K, et al. Preparation of three-dimensional graphene foams using powder metallurgy templates. ACS Nano, 2015, 10(1): 1411-1416.

[123] Ito Y, Tanabe Y, Han J H, et al. Multifunctional porous graphene for high-efficiency steam generation by heat localization. Advanced Materials, 2015, 27(29): 4302-4307.

[124] Bi H, Chen I W, Lin T Q, et al. A new tubular graphene form of a tetrahedrally connected cellular structure. Advanced Materials, 2015, 27(39): 5943-5949.

[125] Shi L R, Chen K, Du R, et al. Scalable seashell-based chemical vapor deposition growth of three-dimensional graphene foams for oil-water separation. Journal of the American Chemical Society, 2016, 138(20): 6360.

[126] Bonaccorso F, Colombo L, Yu G H, et al. Graphene, related two-dimensional crystals, and hybrid systems for energy conversion and storage. Science, 2015, 347(6217): 1246501.

[127] Maiyalagan T, Dong X C, Chen P, et al. Electrodeposited Pt on three-dimensional interconnected graphene as a free-standing electrode for fuel cell application. Journal of Materials Chemistry, 2012, 22(12): 5286-5290.

[128] Wang G X, Shen X P, Yao J, et al. Graphene nanosheets for enhanced lithium storage in lithium ion batteries. Carbon, 2009, 47(8): 2049-2053.

[129] Wang H B, Zhang C J, Liu Z H, et al. Nitrogen-doped graphene nanosheets with excellent lithium storage properties. Journal of Materials Chemistry, 2011, 21(14): 5430-5434.

[130] Zheng F C, Yang Y, Chen Q W. High lithium anodic performance of highly nitrogen-doped porous carbon prepared from a metal-organic framework. Nature Communications, 2014, 5(1): 5261.

[131] Mo R, Li F, Tan X, et al. High-quality mesoporous graphene particles as high-energy and fast-charging anodes for lithium-ion batteries. Nature Communications, 2019, 10(1): 1474.

[132] Hu L H, Wu F Y, Lin C T, et al. Graphene-modified LiFePO$_4$ cathode for lithium ion battery beyond theoretical capacity. Nature Communications, 2013, 4: 1687.

[133] Shi L R, Pang C L, Chen S L, et al. Vertical graphene growth on SiO microparticles for stable lithium ion battery anodes. Nano Letters, 2017, 17(6): 3681-3687.

[134] Han J, Kong D, Lv W, et al. Caging tin oxide in three-dimensional graphene networks for superior volumetric lithium storage. Nature Communications, 2018, 9(1): 402.

[135] Mo R, Tan X, Li F, et al. Tin-graphene tubes as anodes for lithium-ion batteries with high volumetric and gravimetric energy densities. Nature Communications, 2020, 11(1): 1374.

[136] Wang M Z, Tang M, Chen S L, et al. Graphene-armored aluminum foil with enhanced anticorrosion performance as current collectors for lithium-ion battery. Advanced Materials, 2017, 29(47): 1703882.

[137] Wang M Z, Yang H, Wang K X, et al. Quantitative analyses of the interfacial properties

of current collectors at the mesoscopic level in lithium ion batteries by using hierarchical graphene. Nano Letters, 2020, 20(3): 2175-2182.

[138] Li X L, Zhi L J. Graphene hybridization for energy storage applications. Chemical Society Reviews, 2018, 47(9): 3189-3216.

[139] Zhang L, Shi G Q. Preparation of highly conductive graphene hydrogels for fabricating supercapacitors with high rate capability. The Journal of Physical Chemistry C, 2011, 115(34): 17206-17212.

[140] Xu Y X, Lin Z Y, Zhong X, et al. Holey graphene frameworks for highly efficient capacitive energy storage. Nature Communications, 2014, 5(1): 4554.

[141] Ma W J, Chen S H, Yang S Y, et al. Hierarchical MnO_2 nanowire/graphene hybrid fibers with excellent electrochemical performance for flexible solid-state supercapacitors. Journal of Power Sources, 2016, 306: 481-488.

[142] Sun H T, Mei L, Liang J F, et al. Three-dimensional holey-graphene/niobia composite architectures for ultrahigh-rate energy storage. Science, 2017, 356 (6338): 599-604.

[143] Wang X, Li Q, Zhang L, et al. Caging Nb_2O_5 nanowires in PECVD-derived graphene capsules toward bendable sodium-ion hybrid supercapacitors. Advanced Materials, 2018, 30(26): 1800963.

[144] El Kady M F, Kaner R B. Scalable fabrication of high-power graphene micro-supercapacitors for flexible and on-chip energy storage. Nature Communications, 2013, 4(1): 1475.

[145] Wu Z S, Parvez K, Feng X L, et al. Graphene-based in-plane micro-supercapacitors with high power and energy densities. Nature Communications, 2013, 4(1): 2487.

[146] Chen Q, Meng Y N, Hu C G, et al. MnO_2-modified hierarchical graphene fiber electrochemical supercapacitor. Journal of Power Sources, 2014, 247: 32-39.

[147] Xue Y H, Ding Y, Niu J D, et al. Rationally designed graphene-nanotube 3D architectures with a seamless nodal junction for efficient energy conversion and storage. Science Advances, 2015, 1(8): e1400198.

[148] Li Z N, Gadipelli S, Li H C, et al. Tuning the interlayer spacing of graphene laminate films for efficient pore utilization towards compact capacitive energy storage. Nature Energy, 2020, 5(2): 160-168.

[149] He P, Geng H Y. Research progress of advanced thermal management materials. Cailiao Gongcheng, 2018. 46 (4): 1-11.

[150] Ghosh S, Calizo I, Teweldebrhan D, et al. Extremely high thermal conductivity of graphene: Prospects for thermal management applications in nanoelectronic circuits. Applied Physics Letters, 2008, 92 (15): 151911.

[151] Ci H N, Chang H L, Wang R Y, et al. Enhancement of heat dissipation in ultraviolet light-emitting diodes by a vertically oriented graphene nanowall buffer layer. Advanced Materials, 2019, 31(29): 1901624.

[152] Yan Z, Liu G, Khan J M, et al. Graphene quilts for thermal management of high-power GaN transistors. Nature Communications, 2012, 3(1): 827.

[153] Han N, Cuong T V, Han M, et al. Improved heat dissipation in gallium nitride light-emitting diodes with embedded graphene oxide pattern. Nature Communications, 2013, 4(1): 1452.

[154] Peng L, Xu Z, Liu Z, et al. Ultrahigh thermal conductive yet superflexible graphene films. Advanced Materials, 2017, 29(27): 1700589.

[155] Sui D, Huang Y, Huang L, et al. Flexible and transparent electrothermal film heaters based on graphene materials. Small, 2011, 7(22): 3186-3192.

[156] Plummer J. Molten bed. Nature Materials, 2015, 14(12): 1186.

[157] Zhou M, Lin T Q, Huang F Q, et al. Highly conductive porous graphene/ceramic composites for heat transfer and thermal energy storage. Advanced Functional Materials, 2013, 23(18): 2263-2269.

[158] Qi G Q, Yang J, Bao R Y, et al. Enhanced comprehensive performance of polyethylene glycol based phase change material with hybrid graphene nanomaterials for thermal energy storage. Carbon, 2015, 88: 196-205.

[159] Xu X Z, Yi D, Wang Z C, et al. Greatly enhanced anticorrosion of Cu by commensurate graphene coating. Advanced Materials, 2018, 30(6): 1702944.

[160] Li M X, Ji X Q, Cui L, et al. In situ preparation of graphene/polypyrrole nanocomposite via electrochemical co-deposition methodology for anti-corrosion application. Journal of Materials Science, 2017, 52(20): 12251-12265.

[161] Lu H, Zhang S T, Li W H, et al. Synthesis of graphene oxide-based sulfonated oligoanilines coatings for synergistically enhanced corrosion protection in 3.5% NaCl solution. ACS Applied Materials & Interfaces, 2017, 9(4): 4034-4043.

[162] Son G C, Hwang D K, Jang J, et al. Solution-processed highly adhesive graphene coatings for corrosion inhibition of metals. Nano Research, 2019, 12(1): 19-23.

[163] Koenig S P, Wang L, Pellegrino J, et al. Selective molecular sieving through porous graphene. Nature Nanotechnology, 2012, 7(11): 728-732.

[164] Li H, Song Z N, Zhang X J, et al. Ultrathin, molecular-sieving graphene oxide membranes for selective hydrogen separation. Science, 2013, 342(6154): 95-98.

[165] Kim H W, Yoon H W, Yoon S M, et al. Selective gas transport through few-layered graphene and graphene oxide membranes. Science, 2013, 342(6154): 91-95.

[166] Surwade S P, Smirnov S N, Vlassiouk I V, et al. Water desalination using nanoporous single-layer graphene. Nature Nanotechnology, 2015, 10(5): 459-464.

[167] Chen L, Shi G, Shen J, et al. Ion sieving in graphene oxide membranes via cationic control of interlayer spacing. Nature, 2017, 550(7676): 380-383.

[168] Hu K S, Kulkarni D D, Choi I, et al. Graphene-polymer nanocomposites for structural and functional applications. Progress in Polymer Science, 2014, 39(11): 1934-1972.

[169] Shen J F, Yan B, Li T, et al. Mechanical, thermal and swelling properties of poly(acrylic acid)–graphene oxide composite hydrogels. Soft Matter, 2012, 8(6): 1831-1836.

[170] Hu K S, Gupta M K, Kulkarni D D, et al. Ultra-robust graphene oxide-silk fibroin nanocomposite membranes. Advanced Materials, 2013, 25(16): 2301-2307.

[171] Huang L, Li C, Shi G Q. High-performance and flexible electrochemical capacitors based on graphene/polymer composite films. Journal of Materials Chemistry, 2014, 2(4): 968-974.

[172] Chu K, Wang X H, Wang F, et al. Largely enhanced thermal conductivity of graphene/copper composites with highly aligned graphene network. Carbon, 2018, 127: 102-112.

[173] Kumar H G P, Xavior M A. Graphene reinforced metal matrix composite (grmmc): A review. Procedia Engineering, 2014, 97: 1033-1040.

[174] Li Z, Guo Q, Li Z Q, et al. Enhanced mechanical properties of graphene (reduced graphene oxide)/aluminum composites with a bioinspired nanolaminated structure. Nano Letters, 2015, 15(12): 8077-8083.

[175] Song B, Li D, Qi W P, et al. Graphene on Au(111): A highly conductive material with excellent adsorption properties for high-resolution bio/nanodetection and identification. ChemPhysChem, 2010, 11(3): 585-589.

[176] Bartolucci S F, Paras J, Rafiee M A, et al. Graphene—aluminum nanocomposites. Materials Science and Engineering A, 2011, 528(27): 7933-7937.

[177] Hwang J, Yoon T, Jin S H, et al. Enhanced mechanical properties of graphene/copper nanocomposites using a molecular-level mixing process. Advanced Materials, 2013, 25(46): 6724-6729.

[178] Xiong D B, Cao M, Guo Q, et al. Graphene-and-copper artificial nacre fabricated by a preform impregnation process: Bioinspired strategy for strengthening-toughening of metal matrix composite. ACS Nano, 2015, 9(7): 6934-6943.

[179] Porwal H, Grasso S, Reece M J. Review of graphene—ceramic matrix composites. Advances in Applied Ceramics, 2014, 112(8): 443-454.

[180] Kvetková L, Duszová A, Hvizdoš P, et al. Fracture toughness and toughening mechanisms in graphene platelet reinforced Si_3N_4 composites. Scripta Materialia, 2012, 66(10): 793-

796.

[181] Tapasztó O, Tapasztó L, Markó M, et al. Dispersion patterns of graphene and carbon nanotubes in ceramic matrix composites. Chemical Physics Letters, 2011, 511(4/5/6): 340-343.

[182] Kun P, Tapasztó O, Wéber F, et al. Determination of structural and mechanical properties of multilayer graphene added silicon nitride-based composites. Ceramics International, 2012, 38(1): 211-216.

[183] Ma Y J, Zhi L. Graphene-based transparent conductive films: Material systems, preparation and applications. Small Methods, 2019, 3(1): 1800199.

[184] Lin L, Peng H L, Liu Z F. Synthesis challenges for graphene industry. Nature Materials, 2019,6(18): 520-529.

[185] Han T H, Lee Y, Choi M R, et al. Extremely efficient flexible organic light-emitting diodes with modified graphene anode. Nature Photonics, 2012, 6(2): 105-110.

[186] You P, Liu Z K, Tai Q D, et al. Efficient semitransparent perovskite solar cells with graphene electrodes. Advanced Materials, 2015, 27(24): 3632-3638.

[187] Zhang Z, Du J, Zhang D, et al. Rosin-enabled ultraclean and damage-free transfer of graphene for large-area flexible organic light-emitting diodes. Nature Communications, 2017, 8: 14560.

[188] Lin L, Zhang J C, Su H S, et al. Towards super-clean graphene. Nature Communications, 2019, 10(1): 1-7.

[189] Yao H B, Ge J, Wang C F, et al. A flexible and highly pressure-sensitive graphene-polyurethane sponge based on fractured microstructure design. Advanced Materials, 2013, 25(46): 6692-6698.

[190] Lou Z, Chen S, Wang L L, et al. An ultra-sensitive and rapid response speed graphene pressure sensors for electronic skin and health monitoring. Nano Energy, 2016, 23: 7-14.

[191] Tao L Q, Zhang K N, Tian H, et al. Graphene-paper pressure sensor for detecting human motions. ACS Nano, 2017, 11(9): 8790-8795.

[192] Ren H Y, Zheng L M, Wang G R, et al. Transfer-medium-free nanofiber-reinforced graphene film and applications in wearable transparent pressure sensors. ACS Nano, 2019, 13(5): 5541-5548.

[193] Sun Q J, Kim D H, Park S S, et al. Transparent, low-power pressure sensor matrix based on coplanar-gate graphene transistors. Advanced Materials, 2014, 26(27): 4735-4740.

[194] Shin S H, Ji S, Choi S, et al. Integrated arrays of air-dielectric graphene transistors as transparent active-matrix pressure sensors for wide pressure ranges. Nature Communications, 2017, 8: 14950.

[195] Xia F N, Mueller T, Lin Y M, et al. Ultrafast graphene photodetector. Nature Nanotechnology, 2009, 4(12): 839-843.

[196] Goossens S, Navickaite G, Monasterio C, et al. Broadband image sensor array based on graphene-CMOS integration. Nature Photonics, 2017, 11(6): 366-371.

[197] Liu M, Yin X B, UlinAvila E, et al. A graphene-based broadband optical modulator. Nature, 2011, 474(7349): 64-67.

[198] Gan X T, Shiue R J, Gao Y D, et al. High-contrast electrooptic modulation of a photonic crystal nanocavity by electrical gating of graphene. Nano Letters, 2013, 13(2): 691-696.

[199] Lee E J, Choi S Y, Jeong H, et al. Active control of all-fibre graphene devices with electrical gating. Nature Communications, 2015, 6: 6851.

[200] Chen K, Zhou X, Cheng X, et al. Graphene photonic crystal fibre with strong and tunable light-matter interaction. Nature Photonics, 2019, 13(11): 754-759.

[201] Wang H, Nezich D, Kong J, et al. Graphene frequency multipliers. IEEE Electron Device Letters, 2009, 30(5): 547-549.

[202] Liang Y, Liang X, Zhang Z, et al. High mobility flexible graphene field-effect transistors and ambipolar radio-frequency circuits. Nanoscale, 2015, 7(25): 10954-10962.

[203] Huang X, Leng T, Zhu M, et al. Highly flexible and conductive printed graphene for wireless wearable communications applications. Scientific Reports, 2016, 5: 18298.

[204] Pan K, Fan Y, Leng T, et al. Sustainable production of highly conductive multilayer graphene ink for wireless connectivity and IoT applications. Nature Communications, 2018, 9(1): 5197.

[205] Sun X, Liu H F, Qiu H C, et al. Utilization of synergistic effect of dimension- differentiated hierarchical nanomaterials for transparent and flexible wireless communicational elements. Advanced Materials and Technologies, 2020, 5(4): 1901057.

[206] Liu Z, Robinson J T, Sun X M, et al. PEGylated nanographene oxide for delivery of water-insoluble cancer drugs. Journal of the American Chemical Society, 2008, 130(33): 10876-10877.

[207] Yang X Y, Zhang X Y, Liu Z F, et al. High-efficiency loading and controlled release of doxorubicin hydrochloride on graphene oxide. Journal of Physical Chemistry C, 2008, 112(45): 17554-17558.

[208] Zhang L M, Xia J G, Zhao Q H, et al. Functional graphene oxide as a nanocarrier for controlled loading and targeted delivery of mixed anticancer drugs. Small, 2010, 6(4): 537-544.

[209] Akhavan O, Ghaderi E. Toxicity of graphene and graphene oxide nanowalls against bacteria. ACS Nano, 2010, 4(10): 5731-5736.

[210] Hu W B, Peng C, Luo W J, et al. Graphene-based antibacterial paper. ACS Nano, 2010, 4(7): 4317-4323.

[211] Liu S B, Zeng T H, Hofmann M, et al. Antibacterial activity of graphite, graphite oxide, graphene oxide, and reduced graphene oxide: Membrane and oxidative stress. ACS Nano, 2011, 5(9): 6971-6980.

[212] Tu Y, Lv M, Xiu P, et al. Destructive extraction of phospholipids from *Escherichia* coli membranes by graphene nanosheets. Nature Nanotechnology, 2013, 8(8): 594-601.

[213] Su S H, Wang J L, Wei J H, et al. Efficient photothermal therapy of brain cancer through porphyrin functionalized graphene oxide. New Journal of Chemistry, 2015, 39(7): 5743-5749.

[214] Zeng Y, Yang Z, Li H, et al. Multifunctional nanographene oxide for targeted gene-mediated thermochemotherapy of drug-resistant tumour. Scientific Reports, 2017, 7: 43506.

[215] Wu X, Tian F, Wang W, et al. Fabrication of highly fluorescent graphene quantum dots using l-glutamic acid for in vitro/in vivo imaging and sensing. Journal of Materials Chemistry C, 2013, 1(31): 4676-4684.

[216] Yin R, Xu Z, Mei M, et al. Soft transparent graphene contact lens electrodes for conformal full-cornea recording of electroretinogram. Nature Communications, 2018, 9(1): 2334-2334.

[217] Zhang H B, Yan Q, Zheng W G, et al. Tough graphene-polymer microcellular foams for electromagnetic interference shielding. ACS Applied Materials & Interfaces, 2011, 3(3): 918-924.

[218] Chen Z P, Xu C, Ma C Q, et al. Lightweight and flexible graphene foam composites for high-performance electromagnetic interference shielding. Advanced Materials, 2013, 25(9): 1296-1300.

[219] Yousefi N, Sun X Y, Lin X Y, et al. Highly aligned graphene/polymer nanocomposites with excellent dielectric properties for high-performance electromagnetic interference shielding. Advanced Materials, 2014, 26(31): 5480-5487.

[220] Lozada-Hidalgo M, Zhang S, Hu S, et al. Scalable and efficient separation of hydrogen isotopes using graphene-based electrochemical pumping. Nature Communications, 2017, 8(1): 15215.

第三章
碳 纳 米 管

第一节　碳纳米管的发现史

　　碳纳米管是由以共价键连接的碳原子构成的准一维中空管状结构，其直径为纳米级，长度通常为微米级或更长。管壁由一层碳原子构成的碳纳米管称为单壁碳纳米管，管壁由多层碳原子嵌套而成的碳纳米管称为多壁碳纳米管。碳纳米管是碳材料家族的新成员，也是一维纳米结构的典型代表。由于具有独特的结构特征，理论和实验研究均表明碳纳米管具有优异的物理化学性质和广阔的应用前景。尽管在1991年之前已有科学家观察到类似结构，但碳纳米管于1991年首次被正式明确报道[1]，从此激起了研究热潮，并有力地推动了纳米科技的快速发展。

一、多壁碳纳米管的发现

　　1991年，日本电气公司基础研究实验室的饭岛澄男博士在利用TEM研究直流电弧炉碳负极表面产物的过程中，发现了一种直径为4～30 nm、长度可达1 μm的"针状"（needle-like）中空纳米结构[1]。由图3-1可见，该针状结构由平行于轴向的石墨（002）晶面构成，且晶格条纹呈对称分布，因此可推断其为无缝管状结构。研究发现，该针状结构的两端通常由曲面、多边形或锥状的端帽封住，管壁层数为2～50，管壁间距约为0.34 nm，与石墨的层间距基本一致。电子衍射分析表明，碳六元环网格呈螺旋状沿轴向排布。

该研究首次明确报道了碳纳米管的一维中空管状结构，并提出了其可能的生长机制，因而被认为是碳纳米管发现的里程碑。有趣的是，该论文题目为"螺旋石墨碳微米管"（Helical Microtubules of Graphitic Carbon），即从管的长度及碳六元环的螺旋排布角度定义了该新型纳米结构。直到 1992 年 7 月，Ajayan 和饭岛澄男发表了题为"最小碳纳米管"（Smallest Carbon Nanotube）的研究论文[2]，"碳纳米管"这一名称才被正式提出及被广泛接受与使用。碳纳米管这一新型纳米结构的发现激起了研究者的极大兴趣，相关制备[3]、填充[4]、生长模型[5]及性能[6, 7]研究工作随即展开。在碳纳米管研究的初期阶段，以饭岛澄男博士为代表的日本学者尤其活跃。

图 3-1　碳纳米管的 TEM 照片及其管状结构的截面示意图[1]
(a) 一个直径为 6.7 nm 的五壁碳纳米管; (b) 直径为 5.5 nm 的双壁碳纳米管;
(c) 直径为 6.5 nm 的七壁碳纳米管，其中空管腔直径为 2.2 nm

二、单壁碳纳米管的发现

在碳纳米管发现初期，制备获得的样品量少[1]且纯度低[3]，因此在该阶段碳纳米管性能的实验研究受到较大的限制。同时，具有独特一维管状结构的碳纳米管吸引了理论研究者的极大兴趣，碳纳米管的导电属性[7, 8]与力学[9]等相关性能的理论研究相继被报道。理论研究工作主要基于单壁碳纳米管，因为其结构简单且性能优异。但实验制得的碳纳米管管壁至少由两层碳原子构成,因此研究者十分关注能否制备获得单壁碳纳米管。

1993年6月17日,《自然》期刊在同期背靠背发表了两篇关于单壁碳纳米管制备的研究论文[10, 11],通讯作者分别为日本电气公司基础研究实验室的饭岛澄男和美国IBM研究实验室的Kiang。饭岛澄男等在与石墨阳极相对的阴极碳棒中加入少量的铁(Fe),并在反应腔体中通入10 Torr①甲烷和40 Torr氩气,经起弧放电后在TEM下观察所得产物,发现有大量直径为0.7~1.6 nm的单壁碳纳米管生成[图3-2(a)]。对一根直径为1.37 nm的单壁碳纳米管进行衍射分析[图3-2(b)和(c)],根据其直径和手性角判断该碳纳米管的手性指数为(18,2)或(18,-2)。美国IBM研究实验室的Kiang等最初的研究目标是利用电弧法制备金属富勒烯或石墨包覆的磁性纳米金属材料,他们在阳极石墨棒中央钻孔并填入石墨与过渡金属粉末的混合物,然后在100~500 Torr氦气氛下起弧放电。研究发现当填充钴(Co)粉末时,在反应腔室中生成了大量类似蜘蛛网的产物。TEM观察表明,产物主要由纳米颗粒和纤维状物构成;高倍TEM观察发现该纤维状物为单壁碳纳米管,其直径约为1.2 nm。以上两个工作在电弧法制备多壁碳纳米管工艺的基础上,引入少量过渡金属作为催化剂,虽然具体的催化剂种类、反应气氛压力等工艺参数有所不同,但均是通过碳在金属纳米颗粒的吸附、扩散、溶解及析出,

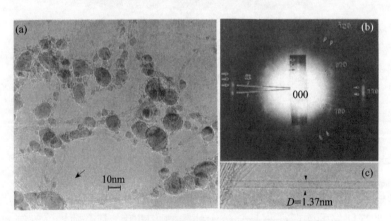

图3-2 电弧法制备单壁碳纳米管的形貌和结构[10]

(a)以Fe为催化剂采用电弧法制备的单壁碳纳米管的TEM照片;

一根直径为1.37 nm的单壁碳纳米管的电子衍射图谱(b)及高倍TEM照片(c)

---

① 1 Torr ≈ 133.322 Pa。

生长获得了单壁碳纳米管。以上研究表明，与多壁管制备不同，生长单壁碳纳米管需使用催化剂，而 Fe、Co、Ni 等过渡金属是最高效的催化剂之一。

如前所述，多壁碳纳米管是在电弧法制备富勒烯研究过程中意外发现的，单壁碳纳米管的发现同样具有偶然性。而且巧合的是，两个研究组几乎同时独立地采用类似方法制备出单壁碳纳米管，并在同一期《自然》期刊上发表。从投稿日期看，饭岛澄男等比 Kiang 等早了大约 1 个月。单壁碳纳米管的成功制备及对碳纳米管手性的指认证实了碳纳米管结构的多样性与可控性，极大地促进了碳纳米管物理化学性质的实验及理论研究。

三、碳纳米管发现的偶然与必然

饭岛澄男博士分别于 1991 年和 1993 年率先报道了多壁碳纳米管和单壁碳纳米管，引领了碳纳米管的研究。因此，领域内通常认为碳纳米管被发现于 1991 年，而饭岛澄男博士为碳纳米管的发现者。但碳纳米管首次被制备出来的时间可能远早于此 [12]。采用化学气相沉积法制备纤维状碳质材料的最早研究报道可追溯至 1890 年 [13, 14]，但当时使用的光学显微镜无法分辨亚微米尺度材料的精细结构，即无法确定产物中是否存在纳米管状物。1939 年，西门子公司推出了商品化的 TEM，显著提高了材料结构表征的分辨率。1952 年，两位苏联学者 L. V. Radushkevich 和 V. M. Lukyanovich 在 *Journal of Physical Chemistry of Russia* 用俄文发表了一篇关于碳纳米纤维的论文 [15]，从 TEM 照片中可以清晰地看到该纤维的直径约为 50 nm，并具有中空管状结构［图 3-3(a)］，端部可能是催化剂纳米粒子。因为当时 TEM 的分辨率仅为纳米级，所以无法清晰分辨管壁的碳层结构，但今天看来其很可能是最早观察到的多壁碳纳米管。1976 年，A. Oberlin 等在 *Journal of Crystal Growth* 发表了一篇题为"苯分解生长碳质纤维"的研究论文 [16]，从图 3-3(b) 可见该纤维直径约为 5 nm，且内部中空，因此其可能是最早观察到的少壁碳纳米管。1985 年，在中国科学院金属研究所攻读硕士学位的刘华在其硕士学位论文工作中开展了气相生长碳纤维的制备研究，以苯为碳源、Fe 为催化剂生长出直径为几个纳米、具有中空管状结构的碳质材料［图 3-4(a)］，并提出其气-液-固生长机制［图 3-4(b)］ [17]。这可能是我国学者第一次制备出并观察到碳纳米管。

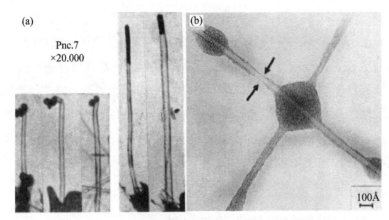

图 3-3 (a) 文献 [15] 中纤维状纳米结构的 TEM 照片和
(b) 文献 [16] 中苯分解生长碳质纤维的 TEM 照片

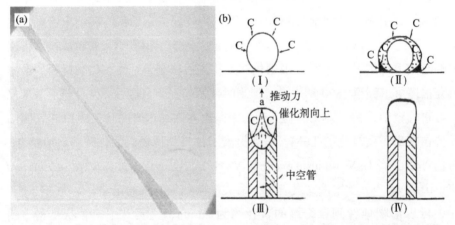

图 3-4 气相生长碳纤维的 TEM 照片（约 160 000×）(a) 和生长机制示意图 (b)[17]

由上可见，实际上在饭岛澄男博士于 1991 年报道碳纳米管之前近四十年就已经有学者观察到碳纳米管。只是当时该材料的结构没有被明确解析，也没有提出"纳米管"这一新概念，而是沿用了"纤维""晶须"等传统名称。碳纳米管之所以直到 20 世纪 90 年代才被发现并引起广泛关注，主要有以下几方面原因：首先，透射电子显微学及透射电镜设备的发展使得对纳米材料进行高分辨率结构表征成为可能，饭岛澄男博士在 1991 年的首篇论文中即清晰观察到碳纳米管的层状管壁并解析出其同轴嵌套结构，而这在 50 年代和 70 年代的研究中显然无法做到；其次，1985 年富勒烯的发现向科学家们展示了碳材料的结构多样性及纳米材料的神奇魅力，整个研究群体在思想意识上更接近于准备好迎接纳米科技时代的到来；最后，与此前相关研究的报道者不同，饭岛澄男博士是一名电子显微学家而不是传统的材料学家，因此他开展碳纳米管研究的思路和角度有所不同，其明确地解析出碳纳米管独特的一维管状结构并将研究结果发表在读者群体广泛的《自然》期刊上，吸引了大量材料、物理、化学及理论研究领域学者的关注和研究兴趣，从而开启了碳纳米管的研究热潮。因此，碳纳米管的发现，在偶然中蕴含着必然。

第二节 碳纳米管的分类及主要性质

结构、性质和应用是材料研究的三大基石，结构决定性质，性质导向应用。碳纳米管具有一维中空管状结构，展现出独特且丰富的电学、力学、热学、光学等性质，这主要源于其碳六角网格螺旋排列及一维径向限域等结构特征。按照碳纳米管的碳层结构对其进行分类，可分为单壁、双壁和多壁碳纳米管；根据电学输运特性，可分为金属性和半导体性碳纳米管；碳纳米管分子易借助范德瓦耳斯力组装为管束，从而降低表面能，因此依据组装形态可将其分为单根、小管束和聚集体形式，后者包括碳纳米管垂直阵列、薄膜和纤维等；依据碳纳米管被修饰状态，可将其分为本征结构和衍生结构，后者包括掺杂结构、官能化结构、杂化和异质结构等。本节重点介绍单壁、双壁和多壁碳纳米管的结构特点及主要性质，然后对碳纳米管的衍生结构作一简要介绍。

一、碳纳米管的结构与分类

（一）碳纳米管的结构

1. 几何结构

碳纳米管是具有超高长径比的一维中空管状晶体结构，其管体由 sp^2 杂化碳原子有序排列而成，两端帽由包含少量 sp^3 杂化碳结构的半球形富勒烯分子构成，如图 3-5(a) 所示。由于端帽结构所占比例很小，理想情况下碳纳米管可以被看作是石墨烯片层卷曲而成的无缝管状结构。根据石墨烯片层卷曲边长和角度的不同，可形成结构各异的碳纳米管。通常用一对指数（n, m）

来表示碳纳米管的结构，被称为碳纳米管的手性指数。n 和 m 分别代表六角网格两个基向量 $\boldsymbol{a}_1$ 和 $\boldsymbol{a}_2$ 方向的网格数，螺旋向量 $\boldsymbol{C}=n\cdot\boldsymbol{a}_1+m\cdot\boldsymbol{a}_2$（$n\geqslant m$）是碳纳米管垂直于该方向卷曲的向量。

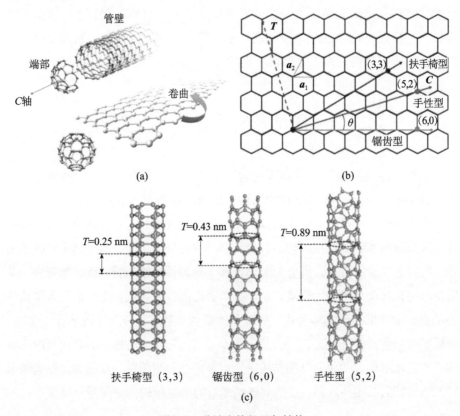

图 3-5 碳纳米管的几何结构

(a) 石墨烯卷曲为单壁碳纳米管的示意图，其中碳纳米管端部可视为半球形富勒烯; (b) 碳纳米管螺旋向量和平移向量的标注方法; (c) 三种不同手性碳纳米管具有不同的晶胞单元结构

螺旋向量的长度为碳纳米管的截面周长。

$$L=\left|\boldsymbol{C}\right|=\sqrt{3}a_{\mathrm{C-C}}\sqrt{n^2+nm+m^2}$$

其中，$a_{\mathrm{C-C}}$ 为石墨烯六角网格碳—碳键的键长，为常数 0.142 nm。

此外，根据碳纳米管的螺旋角度 θ 和直径 d，也可以用（d,θ）唯一确定碳纳米管的结构。角度 θ 是碳纳米管轴向相对于锯齿型碳纳米管轴向的角度，一般称为手性角。由于石墨烯网格结构的六重对称性，仅在 $0°\leqslant\left|\theta\right|\leqslant30°$ 时

讨论碳纳米管的结构。由图 3-5(b) 可见，当单层石墨烯沿三个箭头所示方向进行卷曲之后，θ 由 $0°$ 变至 $30°$。根据碳纳米管螺旋角的不同，碳纳米管可以分为：

（1）扶手椅型碳纳米管，此时 $|\theta|=30°$，$n=m$，见图 3-5(c) 左图的（3,3）碳纳米管；

（2）锯齿型碳纳米管，此时 $\theta=0°$，$m=0$，见图 3-5(c) 中间图的（6,0）碳纳米管；

（3）手性型碳纳米管，此时 $0°<|\theta|<30°$，$n\neq m$ 且 $m\neq 0$，见图 3-5(c) 右图的（5,2）碳纳米管。

扶手椅型和锯齿型碳纳米管是相对简单的两种结构形式，被称为非手性型碳纳米管。根据几何关系，计算得

$$d = \frac{\sqrt{3}a_{C-C}\sqrt{n^2+nm+m^2}}{\pi}$$

$$\theta = \tan^{-1}\left[\frac{\sqrt{3}m}{2n+m}\right]$$

以上分析主要针对单层石墨烯卷曲而成的单壁碳纳米管，实验上可以利用扫描隧道显微镜直接表征碳纳米管的原子排列，或利用 TEM 的成像和电子衍射模式测量碳纳米管的直径和手性角，确定其精细结构。其他类型的碳纳米管将在下节介绍，其精细结构表征方法类似，但更复杂和困难。

不同手性的碳纳米管具有不同的晶体结构单元——单胞结构。碳纳米管轴向周期向量，即平移矢量 $\boldsymbol{T}=t_1\cdot\boldsymbol{a}_1+t_2\cdot\boldsymbol{a}_2$，可由螺旋指数（$t_1,t_2$）表示，该向量端点应为六角网格的晶格点，$t_1$、$t_2$ 均为整数。由于 $\boldsymbol{T}$ 与 $\boldsymbol{C}$ 相互垂直，构成碳纳米管单胞结构，经计算：

$$T = \sqrt{3}a_{C-C}\sqrt{t_1^2+t_1t_2+t_2^2} = \sqrt{3}\frac{L}{d_R}$$

$$\begin{cases} t_1 = -\dfrac{2m+n}{d_R} \\ t_2 = -\dfrac{2n+m}{d_R} \end{cases}$$

其中，d_R 为（$2m+n$）和（$2n+m$）的最大公约数。

综合考虑不同手性碳纳米管的螺旋向量和平移矢量，如图 3-5(c) 所示，晶胞单元的 T 不同，导致晶体螺旋对称性等不同[18]。该精细结构的多样性是碳纳米管具有丰富多样电学、力学、热学等性质的一个重要原因。除此之外，实际制备的碳纳米管结构中不可避免地存在结构缺陷，如碳原子以五元环、七元环或 Stone-Wales五-七元环缺陷对等结构形式，也会对碳纳米管的电学、力学等性质产生影响。

2. 电子结构

由于碳纳米管和石墨烯均是由六角蜂窝结构单元构成，其电子结构也可在二维石墨烯电子结构的基础上加上碳纳米管圆周方向的周期性边界条件推导得出。对石墨烯及碳纳米管的电学性质影响较大的是离域的 π 电子，对其进行紧束缚近似计算，可获得二维石墨烯在整个布里渊区的能量色散曲面。如图 3-6(a) 所示，石墨烯价带中的 π 电子和导带中的 π^* 电子仅在第一布里渊区六个点（K）相交，是一种半金属或称为零带隙的半导体。当石墨烯卷曲形成单壁碳纳米管之后，其在轴向的电子动量不受约束，是连续的，而在圆周方向上因必须满足边界条件而呈现量子化波矢，因此原来连续的石墨烯能带结构被相应地等间距切割成条带状［图 3-6(a)］。将这些分割线沿着焦点折叠投影后，即可得到碳纳米管的能带结构及其电子态密度。从图 3-6(b) 可见，在价带和导带会出现一个能量极大值和极小值，这对应电子态密度的尖峰，称为范托夫奇点，是由一维材料电子限域效应引起的。每一对奇点之间的能

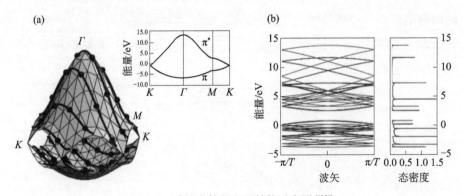

图 3-6　碳纳米管的电子结构示意图 [19,20]
(a) 石墨烯的能带结构示意图及碳纳米管的切割线; (b) 碳纳米管的能带结构示意图及电子态密度

量带隙被称为电子跃迁能，该电子跃迁能对于单壁碳纳米管的共振拉曼光谱非常重要，通常与碳纳米管的直径和手性相关联，在费米能级附近的电子态参与碳纳米管多数的物理和化学状态。

3. 声子结构

同电子结构类似，碳纳米管的声子结构也是由石墨烯的声子能带结构推导而来的。由于一个石墨烯六边形蜂窝结构有两个等效的碳原子，因而理论计算石墨烯的声子色散关系有六个声子支，如图 3-7(a) 自下而上的曲线所示，分别是面外横向声学支、面内纵向声学支、横向声学支、面外横向光学支、面内纵向光学支和横向光学支，前三者分别代表石墨烯在 x、y、z 方向上的平移。该理论计算结果与中子散射实验测得的电子能量损失谱结果相吻合[19]。

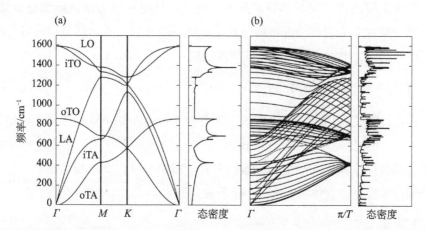

图 3-7　石墨烯的声子色散关系和态密度（a）和（10,10）手性碳纳米管的声子能带结构和态密度（b）[19]

如果只考虑一级近似，单壁碳纳米管的声子色散关系可以借助布里渊区折叠法从上述的石墨色散关系得到。对于手性为（n,m）的碳纳米管，一个原胞内的碳原子数增加到 $2N$ 个，其中 N 为单胞中碳六边形的个数，由面积计算得到：

$$N = \frac{|C \times T|}{|a_1 \times a_2|} = \frac{2(m^2 + n^2 + mn)}{d_R}$$

所以声子模式最多会有 $6N$ 个，如果存在简并的情况，振动模式会少于

$6N$ 个。但把石墨烯层卷曲成碳纳米管时，既会破坏原有的对称性，又会增加新的对称性，所以声子谱形态会有所不同，整体变得更加复杂。以（10,10）手性碳纳米管为例［图 3-7(b) 左］，其声子色散关系图中包含 120 个自由度，简并后有 66 个离散的声学支。碳纳米管含有穿过空间零点的四支声学模，能量最低的两个声学支是双重简并的横声学波，它们在垂直于碳纳米管轴向（z 轴）的 x 和 y 方向振动。能量最高的是纵声学波，它沿着碳纳米管轴向 z 方向振动。值得注意的是，碳纳米管存在第四支声学模，绕着碳纳米管的管轴旋转，与手性角 θ 有关，被称为扭转模。此外，碳纳米管的态密度曲线与二维石墨烯相近，反映了区域折叠碳纳米管的声子色散关系，但由于存在很多光学支，在低频区域（<400 cm^{-1}）也包含了反映一维结构特性的范托夫奇点［图 3-7(b) 右］。

碳纳米管的声子对其热导、热容、电导、热电甚至力学性能均有贡献，尤其是一维体系下表现出独特的范托夫奇点等准连续行为，既是拉曼等光学表征的基础，又带来了极其丰富的物理性质。

（二）碳纳米管的分类

依据以上几何结构，可将碳纳米管分为手性型与非手性型（扶手椅型和锯齿型）；根据管壁数，可分为单壁、双壁和多壁碳纳米管；根据电学输运性质，可分为金属性和半导体性碳纳米管。碳纳米管具有结构依赖的、丰富的物理化学性质，具体将在本节中进行介绍。

1. 单壁、双壁和多壁碳纳米管

一般而言，根据碳纳米管管壁数（N）的不同，可将其分为单壁碳纳米管（$N=1$）、双壁碳纳米管（$N=2$）和多壁碳纳米管（$N>2$），见图 3-8(a)。双壁碳纳米管可以看作由两层石墨烯卷曲的无缝中空管状结构嵌套而成，碳层之间存在弱的范德瓦耳斯力，是介于单壁碳纳米管和多壁碳纳米管之间的一维管状结构。单壁碳纳米管的直径在 0.4 nm 到数纳米之间，大多在 1~2 nm，长度多为微米级；多壁碳纳米管的直径在 2~100 nm，管间距与石墨层间距相近，约为 0.34 nm；双壁碳纳米管直径一般为 1.5~5 nm，管间距为 0.33~0.42 nm。目前报道的最长碳纳米管可达米级[20]，主要以双壁和三壁碳纳米管为主。

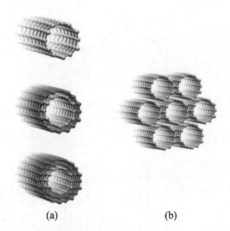

(a)   (b)

图 3-8　单壁、双壁和多壁碳纳米管 (a) 和碳纳米管管束结构 (b) 示意图

不同管壁数的碳纳米管在电、热、力学等性能方面也有所不同。单壁碳纳米管具有更丰富的电学输运特性，更高的电导率、热导率、比强度和柔韧性；多壁碳纳米管具有较好的电学和热学传导性及稳定性；双壁碳纳米管既保持了多壁碳纳米管的电学、热学输运及化学稳定性，同时又具有单壁碳纳米管的柔韧性和丰富的电学输运特性。

同一取向下的相邻碳纳米管之间，特别是直径较小的单壁碳纳米管和双壁碳纳米管之间因范德瓦耳斯力作用易形成管束，如图 3-8(b) 所示。由于早期实验上直接获得的产物多为管束结构，碳纳米管管束成为许多实验上性质测量的主要对象。近期研究表明，管束大小和管间连接方式等对碳纳米管的电学、热学、力学等性能有重要影响。

2.金属性和半导体性碳纳米管

碳纳米管的电学输运特性强烈依赖于其几何结构，不同手性的碳纳米管可表现为金属性（M）或半导体性（S）。碳纳米管的电子结构是将原来连续的石墨烯能带结构相应地切割成条带状。图 3-9(a) 左图所示为石墨烯能带结构在第一布里渊区投影的能量等高线图，碳纳米管波矢对其进行一系列量子化分割线切割。如果这些条带经过石墨烯六个相交的 $K(K')$ 点，则为金属性碳纳米管［图 3-9(a) 中］；不经过，则表现为半导体性［图 3-9(a) 右］。

理论计算表明[24]，对于不同手性的碳纳米管，其中大约 1/3 呈现出金属性，其余 2/3 呈现出半导体性。

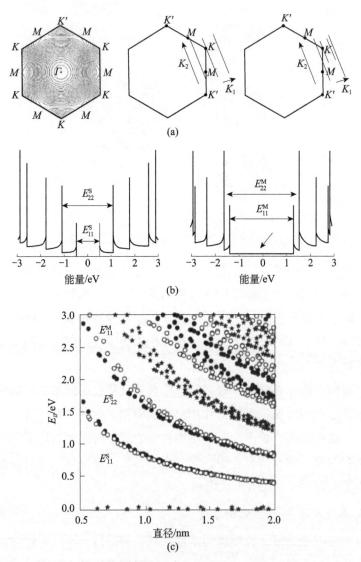

图 3-9   金属性和半导体性碳纳米管的电子结构

(a) 石墨烯能带结构在第一布里渊区的投影图，经量子化切割划分为金属性和半导体性碳纳米管[21]；

(b) 金属/半导体性碳纳米管的电子态密度图；(c) Kataura 图中碳纳米管的电子跃迁能与直径成反比，

图中每一个点代表一种碳纳米管手性[22, 23]

当 $n-m=3q$ 时，平行线通过 K 点，表现为金属性。其中 q 为整数。实际上，当 $q \neq 0$ 时，考虑碳纳米管的三角卷曲效应，其表现出很小的带隙（约毫电子伏特级），在室温下仍表现为金属性。

当 $n-m \neq 3q$ 时，平行线不通过 K 点，带隙很大（0.5~1.0 eV），表现为

半导体性。

图 3-9(b) 是典型的金属/半导体性碳纳米管的电子态密度图。经计算和实验测量，每一对范托夫奇点之间的电子跃迁能 E_{ii}（i=1,2,3,…）与碳纳米管直径 d 成反比，且与手性相关联，常用图 3-9(c) 的 Kataura 图表示[22, 23]。

综上，碳纳米管具有与其手性（螺旋角及直径）相关的可调的电学输运特性及可调的带隙。双壁碳纳米管的电学输运性质也可表现为金属性或半导体性，实验证实双壁碳纳米管的导电属性主要取决于外层管的导电属性[25]。多壁碳纳米管由于外层管的带隙非常小，室温下的热激发电子即能够实现电子跃迁，因此多表现为金属性。与金刚石、石墨烯、富勒烯等同素异形体相比，碳纳米管的电学性质丰富，在不同电学输运性能要求的应用场合展示出优越性，但同时这也为碳纳米管的结构控制带来了挑战。

二、碳纳米管的性质

结构决定性质，碳纳米管具有螺旋手性结构、大长径比、中空管等结构特点，因此纳米材料的小尺寸效应、表面效应、量子尺寸效应和隧道效应等在碳纳米管的电学、热学、力学、光学、化学等性质都有所体现。例如，单壁碳纳米管具有比铜导线更高的电导率，可承载高出铜导线 2~3 个数量级的电流密度；碳纳米管具有与金刚石相近的热导率，但质量更轻；碳纳米管的比强度比不锈钢高 2~3 个量级，是高强碳纤维的 10~15 倍；碳纳米管同时具有高强度和高韧性，管间具有超润滑性等。这些优异的特性使其在诸多领域具有重要的应用前景。

此外，碳纳米管的电子结构对碳纳米管的光学性质有重要影响，每对范托夫奇点间的电子跃迁能和弛豫时间因结构而不同，使得碳纳米管具有独特的非线性光学特性及光学各向异性，能够实现光学的超快开关和偏振吸收；碳纳米管可调节的带隙结构能够实现其在宽波段下的光学响应，尤其在红外波段具有很高的敏感度，能够达到较高的吸收率，典型的拉曼光谱可用于反映碳纳米管的结构信息、弹性模量和取向等；碳纳米管具有优异的光致发光和电致发光特性，后者的发光阈值电压低、发光强度高且寿命长。基于上述光学特性，碳纳米管可望用作紫外偏振器、红外探测器、场致发光灯丝、光学天线等。

在具有完整结构的碳纳米管中，碳原子以 C—C 共价键结合，且侧面没有悬挂键，具有良好的化学稳定性，在真空或惰性气氛下，能够承受 2000 K 以上的高温，高质量碳纳米管在空气中的抗氧化温度可以高达 1000 K。碳纳米管中的结构缺陷使其具有一定的化学活性；经异质原子掺杂后，化学活性进一步增强，可用于催化、传感等领域。碳纳米管的中空管腔提供了大的比表面积及独特的吸附和存储能，一维限域空间和毛细作用力使其可以作为纳米级容器和模板等，从而衍生出新的结构和丰富的性能。

本节重点介绍碳纳米管的电学、热学和力学性质，并简单介绍碳纳米管衍生结构的分类及其电学和化学性质。

（一）电学性质

由于碳纳米管的一维小尺寸结构和电子能带结构，其表现出独特的电学输运性质：不同手性指数的单壁碳纳米管可表现为金属性和半导体性；半导体性碳纳米管的带隙与其直径成反比；电子在碳纳米管中的传输呈现弹道输运和库仑阻塞效应等。

1. 弹道输运

弹道输运是指介质中的电子在输运过程中几乎不会被散射。当电子的平均自由程远大于介质的尺度时，电子在传播过程中较少受到杂质、缺陷或平衡位置附近震荡原子的影响，介质电阻显著降低，表现出"弹道输运"性质。1957 年，朗道提出了描述弹道输运过程的电子传输理论。该理论中定义了单位量子电导 G_0 为 $2e^2/h$，其中 e 为电子电量，h 为普朗克常数，导线的总电导等于单位量子电导乘以导电通道数。实验中，碳纳米管中的电子传输受到量子限域效应的影响，沿轴线上的电导呈现量子化，被证实是一种典型的量子导线（图 3-10）[26, 27]。金属性单壁碳纳米管的费米能级附近有两条交叉的能带，即有两个通道，因此在无电子散射的理想情况下，单壁碳纳米管的电导 G 为 $2G_0$，经计算得到单壁碳纳米管的最小电阻值为 6.45 kΩ，该值与温度无关。

在碳纳米管电学输运的实验测量中，通过选择合适的电极材料（如金属 Ti）[28, 29]，能有效降低其与金属性碳纳米管的接触电阻，研究人员在单壁碳纳米管中测得了接近弹道输运的理论电导值[29]。除金属性碳纳米管外，高质

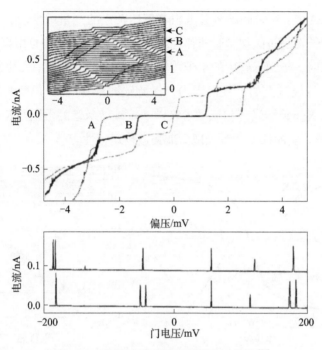

图 3-10 单壁碳纳米管的弹道输运特性 [26]

量的半导体性碳纳米管价带和导带中的载流子也可能是弹道传输的。通过构建高质量的半导体性碳纳米管与高功函数钯电极的场效应晶体管器件，Dai 等 [30] 通过实验验证，半导体性单壁碳纳米管的载流子在器件"开"状态下也遵循弹道输运规律，室温电导接近于 $4e^2/h$ 的弹道输运极限，即实现了碳纳米管弹道场效应晶体管。

实际上，碳纳米管的电阻值随偏压的增加而增加，在高电场下很难保持弹道输运 [31] ［图 3-11(a)］。这是由于在高偏压下，发挥主要限制作用的不是器件中的接触电阻，而是额外的高能光学支电子-声子的散射作用，此时所测电阻几乎不受外界温度的影响。因此，获得弹道或准弹道输运的条件是，场效应晶体管偏压较小或者碳纳米管长度在纳米级尺寸，以满足碳纳米管输运长度在声学支声子或者光学支声子散射作用的平均自由程以内。对短碳纳米管场效应晶体管进行测量证实：室温下长度为 10 nm 的单壁碳纳米管在低偏压和高偏压下，分别表现为弹道输运和准弹道输运性质，此时在尽可能降低碳纳米管与金属电极的接触电阻时，证实单根单壁碳纳米管的电流承载能力高达 70 μA[32]。对长碳纳米管电阻与偏压关系的测量结果表明[33, 34]，当所测碳纳米管长度超过碳纳米管非弹性电子-声子散射的平均自由程（室温下约为 0.5 μm）时，碳纳米管中的电子传输为扩散输运，电阻率大约为 6 kΩ/μm，并且在 4 个量级以上的长度范围内，保持碳纳米管电阻-长度的线性增加趋势，该毫米级长碳纳米管和亚微米级以下短碳纳米管的电阻与长度的关系见图 3-11(b) 虚、实曲线，后者表现为准弹道输运特性。

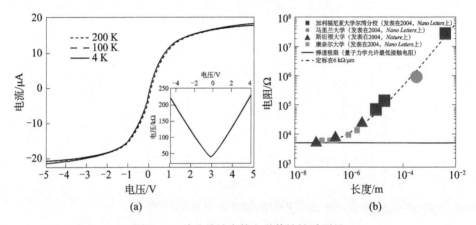

图 3-11 单壁碳纳米管电学传输性质测量
(a) 单壁碳纳米管的电流－偏压曲线，电阻值随偏压增大而增大[31]；
(b) 室温下单壁碳纳米管的电阻值与其测量长度的关系[33]

此外，多壁碳纳米管也具有量子化电导传输效应[27, 35]。实验中，通过将单根碳纳米管浸入水银中，测量得到多壁碳纳米管的电导随其在水银中深度的改变而呈现不连续的跳跃，并且随着浸入的碳纳米管管壁数增多，其电导呈单位量子电导 G_0 的一半的台阶升高，管壁全部浸入后台阶高度变为稳定的单位量子电导及其整数倍。对于为什么多壁碳纳米管的稳定量子电导为单壁碳纳米管极限电导的一半，目前仍没有清晰的解释，可能与管壁间相互作用对费米能级附近电子态密度进行了修饰[36]，而碳纳米管费米能级与金属电极耦合作用[37] 等有关。

与单壁碳纳米管相比，多壁碳纳米管的结构更复杂。每层碳纳米管可以在半导体性和金属性之间随机交替，类似于同轴电缆。在不含金属性壳层的多壁碳纳米管中，其能隙与直径成反比，随着壳层而变化。以内径和外径分别为 2 nm 和 20 nm 的多壁碳纳米管为例，其所对应的内外壳层带隙分别为

0.3 eV 和 0.03 eV[34]，且随着外径的增大，其带隙可进一步降低。因此在室温下，由于热激发超过外层碳纳米管的小带隙，多壁碳纳米管外层能够导电且不受手性的影响[34]。当多壁碳纳米管与金属电极连接时，通常只有最外层的单壁碳纳米管能够实现电学连通。内层虽与之无欧姆接触，但可以通过遂穿、库仑阻力、扩散散射和其他机制对多壁碳纳米管的电学性质产生影响[38]。在低温和低偏压下，这些机制的作用很小，因此测量的电导取决于最外层的特性。此时多壁碳纳米管具有类似于大直径单壁碳纳米管的特性，具有准弹道输运、库仑阻塞效应等。双壁碳纳米管电学性质的原位测量结果也表明：双壁碳纳米管的导电属性仅取决于其外层碳纳米管[25]。

在室温和高偏压下，多壁碳纳米管的导电性可能来自内外多个壳层的综合贡献[34,38]。图 3-12(a) 为高偏压下多壁碳纳米管的逐层剥离过程，首先使每一壳层的电流都达到饱和而逐层剥离，电流值以每层 20 μA 递减。随着管壁数进一步减少，电流-电压呈现越明显的非线性，证实了内壳层以多种方式影响整体的电学性能。如图 3-12(b) 所示，室温下多壁碳纳米管的外层被去除三层和四层后，碳纳米管在半导体性和金属性之间变换。而由于内层金属性碳纳米管的输运贡献，使其在栅压为零时电导不为零，进一步剥离掉金属性管壁层，转变为半导体性且电导值减小。为充分利用多壁碳纳米管内层的电

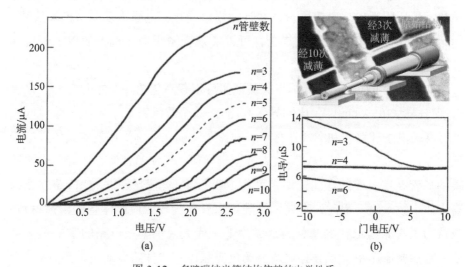

图 3-12　多壁碳纳米管结构依赖的电学性质

(a) 多壁碳纳米管随着管壁数（n）减少的电学性能变化；

(b) 碳纳米管管壁自外向内被逐层剥离的示意图及其栅极电压调制的电导变化[38]

学输运作用以提高导电性，可以通过化学刻蚀方法打开多壁碳纳米管端口，使其与金属电极充分接触；也可以通过高能电子或者原子制造管壁缺陷，使其层间发生电学连通[39]，但该方法也可能造成碳纳米管的缺陷增多而降低导电性，改变偏压或温度对其导电性的影响规律。综上，多壁碳纳米管的管壁数多且内外层导电的交替方式复杂，受外界影响因素多，因此很难精确地定义特定多壁碳纳米管的导电行为。

2. 库仑阻塞效应

碳纳米管中可实现单电子输运并存在库仑阻塞效应。M. Bockrath 等在低温下测量到单壁碳纳米管束的单电子输运现象[40]。这是由于当碳纳米管与电极之间的接触电阻大于量子电阻（h/e^2），且碳纳米管的尺寸足够小，导致系统的总电容很小时，碳纳米管可以被看作一个量子点，此时增加一个电子到量子点中所需的能量 e^2/C（其中 C 表示电容）大于热能 k_BT（其中 k_B 表示玻尔兹曼常数，T 表示热力学温度）。当温度低于 10 K 时，碳纳米管的电势能受栅压调节，当偏压大于一定值后，电流才开始增大，此时碳纳米管的某个电势能的能级位于源、漏电极之间出现了单电子遂穿。当碳纳米管没有能级落在电极的偏压窗口中时，电子无法通过碳纳米管，由于库仑排斥力导致的电子传输受阻，表现为库仑阻塞。单根单壁纳米碳管中的电学输运性质同样在零偏压附近出现电流平台，并且随栅压变化，电导出现一系列峰值[26]。利用碳纳米管库仑阻塞效应[41, 42]，可以实现受微小栅压调控的单电子传导过程。

基于以上效应，单壁碳纳米管被证实可承载高达 70 μA 的电流[32]，电流密度可高达 10^9 A/cm²[31]，比铜导线高出 2～3 个数量级[43]。碳纳米管可同时具有高的电子迁移率和空穴迁移率，载流子浓度和类别受场效应晶体管的栅压调控，可表现为 n 型半导体或者 p 型半导体。经实验证实，半导体性单壁碳纳米管在室温下的本征迁移率可达 10^5 cm²/(V·s) 量级[44]，比传统体相硅高出 3 个数量级。因此，半导体性碳纳米管作为场效应晶体管的沟道材料，被认为最有希望取代硅基材料，成为下一代大规模集成电路的重要组成部分。它在栅压作用下能够有效调节场效应晶体管器件的导通或关闭状态[45]。通过成功构建 5 nm 沟道长度的场效应晶体管，实现了接近场效应晶体管量子极限的性能及超快的响应速度[46]。2020 年，研究人员设计制备了高密度半导体碳纳米管顶栅场效应晶体管，在晶圆尺度下证实其具有比商用传统场效应晶体管更好的性能[47]。此外，碳纳米管的电导率可受外界磁场调制，基于其对单壁碳纳米管内部磁序列的调节，可将其诱导为超导态，实现超导电流的传输[48]。综上，碳纳米管丰富且优异的电学性质及一维管状的结构特点，使其在小型化、多功能纳电子器件等领域的应用显示出明显的优越性。

（二）热学性质

碳纳米管由 sp^2 杂化的 C—C 共价键连接而成，因此具有优异的导热性能。碳纳米管中的热传导主要是碳原子的耦合振动传导，因此可以用声子输运来分析。理论研究表明，即使是在金属性碳纳米管中，相比电子导热，声子导热占据主导作用[49]。所以，碳纳米管热学性质的基础是其声子的色散关系（图 3-8）。

根据晶格热容理论，碳纳米管的比热容与声子色散关系和声子态密度紧密相关。在低温下，碳纳米管的比热容主要由四个声学支所贡献（其色散关系与波矢呈线性关系，声子态密度近似为常数），此时声子比热容与温度成正比。随着温度升高，有越来越多的光学支声子态将被占据，声子比热容与温度之间的幂次依赖关系从 1 逐渐过渡到 2。Hone 等[50]计算了单壁碳纳米管束、（10,10）单壁碳纳米管、单层石墨烯、三维石墨的热容随温度的变化，并测量了单壁碳纳米管束的热容-温度曲线。结果发现，在低温下，（10,10）单壁碳纳米管的热容高于单壁管束和三维石墨。但随着温度升高，几种材料的热容趋于一致。表明碳纳米管只有在低温下才表现出一维的声子态密度。Yi 等[51]采用自加热方法测量了直径为 20～30 nm 的多壁碳纳米管的比热容，发现在 10～300 K 的温度范围内其比热容与温度线性相关。

由于碳纳米管具有非常长的声子平均自由程及很大的声子速率，因此碳纳米管的热导率很高[52]。理论计算表明，单根单壁碳纳米管的热导率在室温下可达 6000 W/(m·K) 以上[53]。该数值远高于金刚石［金刚石在 80 K 时的热导率只有 2000 W/(m·K)］。声子热导率受到比热容、声速和声子平均自由程三个因素的影响，因此碳纳米管的热导率在不同温度范围内有不同的变化特征。理论计算表明[53-56]，碳纳米管的热导率随着温度的升高先增大后减小。产生此现象的原因是，比热容随温度的升高而增大，声子平均自由程随温度升高而减小，两者互相竞争并共同影响着热导率的变化和最高点的位置。另外，很多理论工作[55, 57-59]研究了碳纳米管的热导率与直径和手性的关系。结果表明，碳纳米管的热导率随着碳纳米管直径的增大而减小，而手性对碳纳米管热导率的影响尚无定论。此外，碳纳米管的热导率与其长度有关，当碳纳米管的长度小于声子的平均自由程时，其表现为无散射的弹道传热，量子化的热导为 $k_0 = \dfrac{\pi^2 k_B^2 T}{3h}$[58]。当碳纳米管的长度逐渐增加时，其传热由弹道输运转变为扩散输运。

在实验上准确测量碳纳米管的热导率对碳纳米管的物性基础研究及其热导相关的实际应用非常重要。单根碳纳米管的热导率测量在实验上存在较大的难度，容易受到各种环境因素的干扰，如空气对流、电极与被测物体的接触热阻等。目前用于碳纳米管热导率测量的方法主要分为两类。一类是稳态热流法，通过使用外部热源对碳纳米管一端加热，建立起沿碳纳米管的温度梯度；另一类是自加热方法，使电流通过碳纳米管利用焦耳热进行自加热。目前，利用悬空微器件测量的单壁和多壁碳纳米管在室温下的热导率超过3000 W/(m·K)[60]。Pop 等[61]通过悬空碳纳米管的电流-电压特性反推其热导率，得到单壁碳纳米管的热导率接近 3500 W/(m·K)。Pettes 等[62]测量了双壁碳纳米管的热导率。由于存在较大的界面热阻，其热导率仅为 600 W/(m·K)左右。对于多壁碳纳米管，其热导率的测量结果通常低于单壁碳纳米管。通过估算多壁碳纳米管的界面热阻，得到多壁碳纳米管本征热导率仅为42～343 W/(m·K)，但该数值有待进一步验证。Choi 等[63, 64]采用自加热 3ω 法测得多壁碳纳米管的热导率为 300～830 W/(m·K)。Fujii 等[65]设计了一种 T-传感器方法测量了不同外径的多壁碳纳米管的热导率，得到的结果为500～2950 W/(m·K)，而且发现热导率随管径的增大而减小。基于碳纳米管的超高热导率，其在界面热传导领域具有非常广阔的应用前景。

（三）力学性质

轻质高强材料一直是结构材料研发的一个重要目标，可用于制造高效能航空飞行器、构建大型建筑结构等。碳纳米管具有独特的一维中空管状结构，由纯碳—碳共价键方式结合，故具有超高的强度和较低的密度。相对于其他典型的结构材料，其理论和实验测量的比强度均有数量级的提高（图3-13），因而是一种理想的轻型结构材料，并被认为可用于制造"太空升降机"的缆绳[66,67]。基于碳纳米管的结构特点，其力学性质也表现出各向异性，碳纳米管在具有超高的轴向刚度和拉伸强度的同时，在径向可承担很大的弯曲程度，即使截面发生了极大的扭曲形变也不会断裂，说明碳纳米管同时具有极佳的柔韧性。此外，由于管壁间的范德瓦耳斯力，碳纳米管具有独特的管间超润滑特性。

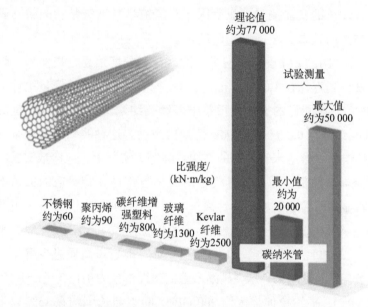

图 3-13 碳纳米管的比强度（理论与实验测量值）与其他典型结构材料的比较[67]

1. 刚性与拉伸强度

弹性模量是在单向应力状态下材料变形难易的度量。模量越大，材料在受力情况下越不容易变形，体现为材料的刚性。拉伸强度是指在静拉伸条件下材料所能承载的最大载荷。由于碳纳米管由纯碳组成，键合方式简单，尺寸小，比表面积大，理论上应具有接近理论的 C—C 共价键强度值。

最初对碳纳米管弹性模量和强度的研究主要依赖于理论计算。根据计算方法不同，所得到的弹性模量也有所不同。Yakobson 等[68]采用 Tersoff 势函数[69]研究了在大形变范围下碳纳米管的力学行为，得到碳纳米管的弹性模量为 5.5 TPa，应变可达 5%。此后，Cornwell 和 Wille[70]、Sinnot 等[71]研究组针对单壁碳纳米管及其管束的理论计算表明，其在有限长度时具有与金刚石相当的弹性模量，且可能与碳纳米管的直径相关。Lu[72]采用经验力常数模型研究了单壁、多壁碳纳米管和单壁碳纳米管管束的弹性性能，计算得到碳纳米管的杨氏模量与金刚石接近，但与直径、螺旋角和管壁数无关。此外，采用紧束缚分子动力学[73]、价电子总能量理论[74]等模拟计算也表明碳纳米管的弹性模量为 1 TPa 左右，泊松比为 0.15～0.28。

因为碳纳米管的尺寸小，难以操控、夹持、加载及测量，因此对单根碳纳米管力学性质的实验测量严重受限于对碳纳米管微观结构的精确表征和准确测量方法的选取，不同结构碳纳米管力学性质的测量结果可比较性不强。Treacy 等利用 TEM 表征碳纳米管的直径和长度信息，进而采用热振动法原位测量得到直径在 1.0～1.5 nm 的单壁碳纳米管的弹性模量统计平均值为 1.25 TPa[75]。用同样的方法测得单根多壁碳纳米管[76]的弹性模量的平均值为 1.8 TPa，但在 0.4 T～4.15 TPa 范围内波动。这种波动来自对碳纳米管结构表征的误差、碳纳米管自身的结构缺陷等。实际上，大多数实验测量结果低于理论计算数值，因此弹性模量的大小与管径和管壁数的关系不甚清晰，但都明显高于体相石墨的弹性模量。采用 AFM 探针[77, 78]和力电共振方法[79]，构建 AFM 悬臂梁[77]，在 SEM 下原位拉伸[80]测得碳纳米管的弹性模量为 0.1T～1.8 TPa。2011 年，Zhang 等[81]对三根超长高质量少壁（三壁为主）碳纳米管的测量结果显示，碳纳米管的弹性模量为 1.16 T～1.51 TPa（平均值 1.34 TPa），平均拉伸强度为 200 GPa，断裂伸长率均在 15% 以上，这是实验上第一次同时测得碳纳米管具有极高的拉伸强度、弹性模量及断裂伸长率。超长碳纳米管表现出如此优异的力学性质，根本原因在于其完美的结构、无可见缺陷，也说明碳纳米管中的缺陷[82]对力学性能的影响极大。一些研究结果表明，多壁碳纳米管的弹性模量与直径存在反比关系，而单壁碳纳米管的弹性模量与直径的关系却不明显。这可能是因为，单壁碳纳米管的直径很小，测量难度大，导致其数据误差较大，而多壁管中的缺陷随直径增大而增多，导致模量下降。

早期，研究人员大多采用间接方式测量碳纳米管的拉伸强度[80, 83]。2018 年，Wei 等[84]采用气流聚焦技术直接对排列整齐、无缺陷、长度为厘米级的少壁碳纳米管管束进行力学测量。结果表明，碳纳米管的顺排度及质量能够有效提升碳纳米管管束的力学性能，同时采用同步拉紧和放松的策略来释放不同碳纳米管间不均匀的初始应变可显著提高管束的拉伸强度，最终获得的拉伸强度值高达 80 GPa。

2019 年，Takakura 等[67] 设计了微机电系统器件用于直接生长和测量高质量单壁碳纳米管，首次实现了对单根单壁碳纳米管拉伸强度的直接测量（图 3-14），统计得到碳纳米管的强度范围为 25 G～66 GPa。该研究也将碳纳米管手性这一本征精细结构特征与强度进行了关联。结果表明，小直径、近扶手椅型碳纳米管具有更高的拉伸强度。

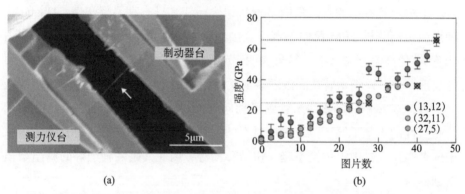

(a)　　　　　　　　　　　　　　(b)

图 3-14　单根单壁碳纳米管的力学性能测量[67]

(a) MEMS 器件测量碳纳米管的拉伸强度；(b) 三种手性单壁碳纳米管的拉伸强度（虚线对应强度值）

2. 塑性与弯曲变形

碳纳米管不仅可以发生弹性形变，在超出弹性形变范围后，仍然可以再经历一段特殊的塑性变形来释放应力，保持相当的强度和塑性而不断裂，这与普通材料有较大的差异。当碳纳米管受到较大的外界应力作用时，会出现三个呈 120° 的滑移面，沿着碳纳米管的 c 轴会同时出现一个五-七圆环拓扑缺陷结构，称为 Stone-Wales 形变，这是碳纳米管发生较大塑性形变的原因。Stone-Wales 理论最初于 1986 年根据富勒烯[85] 的结构变化提出，后来应用于碳纳米管。研究表明[86]，当（n,0）型碳纳米管所受轴向应力超过临界值的 5% 时，就会形成 5/7/7/5 缺陷对，缺陷对发生相互移动以消除应力，使碳纳米管的塑性提高。

通过对碳纳米管的径向强度进行测试[87, 88] 发现，碳纳米管在较大的应力载荷下才会发生断裂。Yakobson 等[66, 68, 89] 采用分子动力学模拟了碳纳米管受到较大变形时的形貌变化和断裂过程。他们发现，随着应力的增加，碳纳米管的变形依次经历：应力均匀分布—出现 Stone-Wales 变形—出现大量 Stone-Wales 变形，碳原子无序排列—少数碳碳键断裂，管壁出现孔洞，最终碳纳米管在缺陷位置断裂。Srivastava 等[90] 采用量子化紧束缚分子动力学模拟发现，碳纳米管在轴向压缩到 12%（压力 153 GPa）时，碳碳键会从 sp^2 杂化转变为 sp^3 杂化，进一步压缩时，出现原子重排现象，逐步塌陷并发生断裂。因此，碳纳米管不仅具有很高的强度，而且具有特别好的塑性，即使截面上发生了极大的扭曲形变也不易断裂。

碳纳米管特殊的碳六角网格管状结构还使其具有高温超塑性。Huang 等利用原位高分辨 TEM 拉伸平台，直接测量了单根单壁[91]、双壁和三壁碳纳米管[92] 的高温延展性能。结果表明，碳纳米管在超过 2000℃ 后表现出超塑性变形，单壁碳纳米管在高温断裂前，可实现 280% 的轴向延伸和 15 倍的径向缩变；双壁和三壁碳纳米管则可轴向延伸 190%，径向缩小 90%。碳纳米管超塑性的来源不同于传统无机材料的键长拉伸，而主要归咎为管壁上碳原子或者空位的扩散、位错攀爬、扭结移动等，因此其是一种很好的高温增强增韧材料。

3. 超润滑性

超润滑是指当两个晶面以非公度的形式接触时，它们之间的摩擦几乎消失的现象。Zhang 等[93] 首次实现了在大气环境宏观尺度下双壁碳纳米管内层的抽出与回复，证明了结构完美的超长碳纳米管的管层之间存在超润滑现象[94]，所测得的双壁碳纳米管层间的最大摩擦力低于 5 nN，最低可至 1 nN，且数值大小与管长度无关。剪切强度只有几帕，这极低的摩擦力和剪切强度证实了厘米级双壁碳纳米管层间存在超润滑。此结果对研究宏观尺度超润滑及实现碳纳米管层间可控抽出及相关应用具有重要意义。

三、碳纳米管的衍生结构及性质

利用碳纳米管的一维限域空间和高比表面积可形成一系列碳纳米管的衍生结构[95]，且能够调制或改变碳纳米管的性能。如图 3-15 所示[95]，碳纳米管的衍生结构包括物理/化学作用的异质元素或小分子掺杂结构、碳纳米管缺陷位的官能化结构、共价/非共价大分子聚合物官能化碳纳米管、利用碳纳米管的外表面或内管腔形成的异质结构等。这些碳纳米管衍生结构通常可以改变碳纳米管的电子结构，丰富其化学性质，增强其生物相容性等。例如，掺杂后碳纳米管的化学活性大大提高，可直接作为能源转换用活性催化剂[96]；单电子氧化性分子的掺杂可有效实现电荷转移及提高 p 型碳纳米管场效应晶体管中载流子的注入能力，提高器件的传输电流[97]。

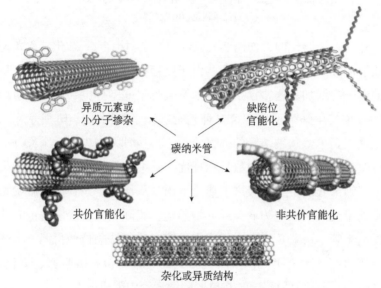

图 3-15　几种典型的碳纳米管衍生结构[95]

（一）掺杂碳纳米管

最简单的碳纳米管衍生结构是利用其管壁、侧壁和内管腔引入非碳原子或小分子，从而获得异质原子或小分子掺杂的碳纳米管。本节首先以常用的氮/硼掺杂碳纳米管和小分子掺杂碳纳米管为例，介绍掺杂的类型并阐释其实现碳纳米管改性的机制。

1.氮/硼掺杂碳纳米管

对碳纳米管进行异质元素共价掺杂，主要通过在碳纳米管端口或者侧壁上以硼、氮、磷、硅、氧等直接取代管壁碳原子或者形成新的局部构型。以氮掺杂单壁碳纳米管为例，共有两种稳定的掺杂形式，见图 3-16。

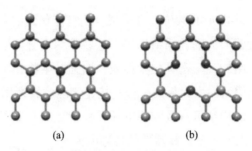

(a)　　　　　　　　　　(b)

图 3-16　氮掺杂碳纳米管的两种常见掺杂方式
(a) 直接取代型; (b) 吡啶型

第一种是直接取代型,如图 3-16(a) 所示,直接在 sp^2 杂化碳六角网格中取代碳原子形成一个三配位氮原子。由于氮存在额外的电子,导致了费米能级之上的电子态增加。这些掺杂碳纳米管表现出 n 型导电,并且更可能与受主类型的分子发生强烈反应。第二种是吡啶型,如图 3-16(b) 所示,双配位构型的氮加入到单壁碳纳米管的晶格中后,将从骨架中去除一个额外的碳原子,形成缺陷。根据氮掺杂的数量和程度、碳纳米管管壁中碳原子缺失情况等,掺杂碳纳米管的费米能级之上或之下出现局域电子态,因此吡啶型氮掺杂单壁碳纳米管可以表现为 p 型或 n 型导电。实际上,直接制备或者化学处理后的碳纳米管不可避免地存在很多点缺陷。这些缺陷位使得两种形式的氮掺杂均易于进行,也有可能出现其他形式的掺杂,包括吡咯氮、氧化吡啶、硝基和氨基等,因此氮原子通常在单壁碳纳米管中随机分布。

硼掺杂碳纳米管与之类似,但主要以直接取代型为主。对于尺寸较大的硅原子,当其取代碳原子掺杂单壁碳纳米管时,会引起碳纳米管表面向外强烈变形,形成隆起。氟化碳纳米管[98]则易通过延伸出侧壁的氟与管壁上的碳形成共价键。

不同种类原子或者不同形式的掺杂通常会改变碳纳米管的电学、化学等性质,掺杂原子会引起碳纳米管局域电子态的升高或者降低,进而导致其整体性质的改变。以扶手椅型(10,10)单壁碳纳米管掺杂硼和氮为例(图3-17,硼和氮的原子百分含量均为 0.2%),相对于本征碳纳米管的电子态密度(虚线),当比碳少或多一个电子的硼和氮原子取代三配位碳原子时,掺杂碳纳米管将分别在价带或导带中引入强烈的局部电子结构变化,并将根据掺杂位置和掺杂浓度显著提高费米能级附近的电子态数量[99]。由此可以认为,硼掺杂碳纳米管是一种 p 型半导体，更可能与施主类型的分子发生反应；氮掺杂则根据碳纳米管的手性表现出不同的电学性质[100]。当氮掺杂半导体性单壁碳纳米管时，会在导带底部引入一个施主能级，从而使本征半导体性单壁碳纳米管转变为主要靠电子导电的 n 型半导体或转变为金属性；而掺杂进金属性单壁碳纳米管时，其中多余的电子有可能进一步提高其导电性。由于掺杂后的碳纳米管通常具有较高的活性和可调的电学性质，因此可用作化学反应的催化剂[96, 101, 102]、化学传感和光电器件等。

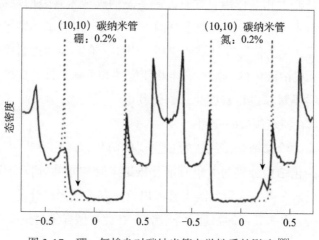

图 3-17　硼、氮掺杂对碳纳米管电学性质的影响[99]

2. 小分子掺杂碳纳米管

还有一类非常广泛的掺杂，即由小分子以物理吸附方式作用于碳纳米管，吸附物与碳纳米管之间的作用力非常弱，没有化学键形成。但在小分子掺杂后，碳纳米管的电学输运性质发生变化，所以常用该特性构筑碳纳米管气体传感器。例如，NO_2（吸附能仅有 0.4～0.9 eV）[103]可强物理吸附在碳纳米管的管壁上并作为电子受体转移电荷（p 型掺杂）；NH_3[104]等以极小的范德瓦耳斯力吸附在碳纳米管上，可以作为电子给体（n 型掺杂）进行电荷转移，但一般不能改变碳纳米管的电学性能。小分子掺杂碳纳米管通过电荷转移，改变载流子浓度或者降低碳纳米管与器件电极的肖特基接触势垒，从而导致传输性能改变，利用该原理构建的气体传感器在常温即可表现出很好的灵敏度[103, 105]。典型的 p 型掺杂分子还有 O_2、溴等卤素单质[106]、硫酸[107]等具有氧化性的物质，它们易使碳纳米管得到电子带正电荷。典型的 n 型掺杂分子包括一些无机插层材料，如碱金属卤化物 $SbCl_6^{-}$[34]、$K_2Ir(Cl)_6$[108] 及金属钾和铷[106] 等，其通过掺杂进行电荷转移提高了载流子浓度。实际上，聚合物掺杂碳纳米管[105, 109]，即一种有机分子官能化的碳纳米管，也可以与碳纳米管进行电荷转移，实现 p-n 型晶体管的转变。

（二）官能化碳纳米管

宏量制备的小直径单壁或双壁碳纳米管常以管束的形式存在，管与管之间以范德瓦耳斯力相互作用。并且，制备态的碳纳米管表面悬键等缺陷少，故在有机溶剂或水溶液中的分散十分困难，极大地限制了碳纳米管在复合材料、分子容器、生物传感等领域的应用。因此，有必要通过官能化修饰增加其在有机和无机溶液中的分散性、生物相容性和可加工性。此外，单根碳纳米管有时也需要对其进行官能化，修饰其电学[110]、力学[111]、化学[112] 等性能，以实现其在特定领域的应用。

共价与非共价修饰是碳纳米管最主要的两种官能化方式[113]（图 3-15），由此形成的杂化结构分别为共价官能化碳纳米管和非共价官能化碳纳米管。其他方式还包括在碳纳米管的疏水管腔内填充有机或无机分子，利用其独特的一维限域孔道引入新奇的物理化学特性，在此不做详细讨论。

1. 共价官能化碳纳米管

共价官能化碳纳米管与其缺陷位化学直接相关，一般是在碳纳米管的端口或侧壁与官能团发生化学反应并形成化学键。碳纳米管的端口由高度弯曲的富勒烯半球组成，具有一定的弯曲应变张力和弱化的离域 π 电子相互作用，具有高的反应活性，因此易发生共价官能化；碳纳米管管壁本身也具有一定的曲率，导致离域的 π 电子作用减弱，sp^2 杂化碳原子的 π 轨道偏离中心[114, 115]，类似于富勒烯结构，表现出的反应活性高于平面石墨烯，并且随着管径减小而增强。以上活性位置有利于发生（环化）加成、聚合和氧化还原反应等，从而由 sp^2 碳原子杂化方式转变为 sp^3，同时失去局部共轭[116]。此外，在碳纳米管制备或纯化过程中可能引入少量本征的 Stone-Wales 五/七元环缺陷对、sp^3 杂化缺陷位及晶格空位缺陷等。这些缺陷可以被反应物中的含氧官能团填充，从而进一步取代或加成其他官能基团，如酰胺基团和苯基等[113]。

　　共价官能化碳纳米管的修饰方式非常多，包括氧化官能化、电化学官能化、光化学官能化等。以最典型的氧化处理碳纳米管为例。碳纳米管端口或管壁形成羰基基团后，碳纳米管管束间范德瓦耳斯力减弱，有利于分散；此后进一步酰胺基化和酯化，有利于改变碳纳米管的亲疏水性能[117]，增加其在水或者有机溶剂的溶解能力，进而实现更多的溶液反应和性能调控[113, 116]。

　　由上可见，共价官能化碳纳米管通常需要较强烈的化学反应过程，对碳纳米管的结构破坏大。官能化后除了增加碳纳米管的溶解和分散特性，还可以提高碳纳米管的可加工性及改性碳纳米管。例如，sp^3杂化碳原子增多后，单壁碳纳米管的载流子迁移率降低，可转变为绝缘体[113, 118]；对于双壁碳纳米管而言，则可能带来管壁间电学、光学等耦合作用的改变[119]。因此，共价官能化碳纳米管有许多潜在应用（图 3-18），可实现碳纳米管衍生结构电子能带结构的调控。而且，官能团的种类和构型丰富，可通过官能化实现构筑纳电子器件、制备识别分析物分子的化学或生物传感器、锚固有机物或金属

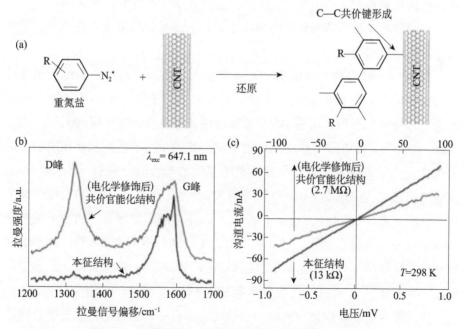

图 3-18　共价官能化对碳纳米管器件电学性能的影响[116]

(a) 经芳香族重氮盐电化学还原修饰后，本征碳纳米管转变为共价官能化碳纳米管的反应流程图；单根金属性单壁碳纳米管在共价官能化前后的拉曼光谱 (b) 和 I-V 曲线 (c)，其中共价官能化后，碳纳米管的结构发生明显变化（D 峰明显增加）

颗粒的催化剂载体，以及通过建立基体和增强体之间有效交联构建力学增强复合物和人工肌肉等。

2. 非共价官能化碳纳米管

通过吸附或包裹两亲性分子等，对碳纳米管进行非共价表面修饰是碳纳米管官能化的又一重要策略。表面活性剂[120]、两亲性聚合物[121]、共轭聚合物[122]、DNA[123]等常被用作非共价官能化试剂。吸附分子与碳纳米管表面之间没有形成化学键，而是形成 π-π 堆积、分子间相互作用、静电作用[112]等，因此与共价官能化相比，非共价官能化对碳纳米管的结构破坏较小，引入的缺陷也较少。这种相互作用最大限度地保持了单根碳纳米管的原始结构和固有性质，但多数官能化试剂很难从碳纳米管上彻底去除，其绝缘特性会在一定程度上影响管与管、管与电极之间的电学传导。

经非共价官能化后，碳纳米管和分散剂分子之间直接接触，使得碳纳米管之间的作用减弱，在两亲性官能团和外力的辅助下，能够增加碳纳米管在溶剂中的溶解度[121]。因此，非共价官能化是分散碳纳米管最常用的方法之一。分散程度即悬浮液的稳定性取决于分散剂的类型和浓度、碳纳米管的长度等。

DNA 是一种序列丰富的螺旋形聚合物，常用作非共价官能化分子分散和分离不同结构与性能的碳纳米管，近年来被用于进一步加工和操纵碳纳米管。计算模拟表明，单链 DNA 可以通过 π-π 堆积缠绕在碳纳米管表面。Zheng 等利用其静电排斥和空间位阻效应，辅助增强了碳纳米管在溶剂中的分散性，并可实现金属型和半导体型单壁碳纳米管的分离[123, 124]。2016 年，该研究组进一步筛选 DNA 序列和碳纳米管手性，实现了左旋和右旋碳纳米管手性的分离[125]。此外，包覆了单链 DNA 的单壁碳纳米管可以在单线态氧环境下进一步共价官能化，对碳纳米管的电子结构进行调节[126]；也可以利用碳纳米管端口与 DNA 端口的共价官能化设计，采用 DNA 折纸术精准定位操纵碳纳米管[127]，最终构筑出高性能图形化器件[128, 129]。

通过在碳纳米管掺杂（或称为官能化）聚合物，如弱结合富氨聚合物聚乙烯亚胺（PEI）[105]，可以促进单壁碳纳米管吸附氧分子以作为电子供体，实现该官能化结构上的电荷转移，将 p 型晶体管转变为 n 型晶体管。此外，利用某些有机分子的电子亲和势大小和浓度调节，还可以控制碳纳米管 p 型掺杂并精细控制载流子浓度[109]。

（三）碳纳米管杂化和异质结构

1. 碳纳米管杂化结构

　　碳纳米管杂化结构是包含碳纳米管在内的两种或两种以上纳米结构以一定方式相互作用形成的新结构，作用力包括范德瓦耳斯力、氢键、弱静电相互作用或共价键结合力，以克服本征结构带来的限制，综合发挥各成分/结构的丰富性质或功能。已有研究表明，通过制备杂化结构可以调控碳纳米管的力学、电学、热学和催化性能，向多功能实际应用更进一步。本质上，以上讨论的部分掺杂碳纳米管和官能化碳纳米管也可被看作是碳纳米管杂化结构，本小节着重关注以上结构以外的同质异构结构、异质杂化结构等。

　　碳纳米管纳米结[130]是一种典型的杂化结构，其通过五-七圆环拓扑缺陷连接两根不同结构的碳纳米管，包含金属性/半导体性、半导体性/半导体性、金属性/金属性碳纳米管，形成局部曲率最小、能量最低、电子能带结构发生变化的区间。其中，金属性/半导体碳纳米管纳米结是一种整流二极管，具有非线性传输特性，可作为电子器件的基本单元。

　　近年来，有研究者发现当富勒烯以共价形式结合到单壁碳纳米管外表面时，可形成一种新的富勒烯-单壁碳纳米管杂化结构，称为纳米芽（nanobud）[131]。此外，利用碳纳米管管腔，将一串富勒烯 C_{60} 分子链封装在单壁碳纳米管内形成豌豆荚结构（peapod）[132]。这两种相对简单的碳纳米管杂化衍生结构具有许多独特的性能[133-135]（图 3-19）。碳纳米豌豆荚、碳纳米芽、碳纳米管纳米结、碳纳米管三维泡沫[136]、碳纳米管-石墨烯桩结构等，都是典型的碳纳

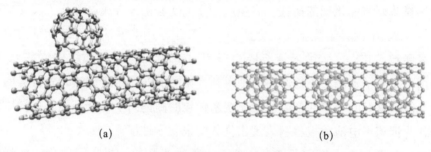

(a)　　　　　　　　　　　　　　(b)

图 3-19　两种典型的单壁碳纳米管杂化结构
(a) 碳纳米芽结构；(b) 碳纳米豌豆荚结构

米管同质杂化结构。这些结构中有些体现出综合维度效应，使其某一方面性能或者综合性能提高[137]，将碳纳米管超高的刚性、热导率和电学输运能力由轴向向各向同性扩展，有些则通过结构杂化引入新奇的物理化学特性。

2. 碳纳米管异质结构

碳纳米管异质结构也是其杂化结构的一种，且种类更多，包含了不同维度的有机分子、金属、非金属纳米结构等在其内部填充和外表面包覆所形成的结构。杂化结构的形成主要基于碳纳米管具有纳米限域的毛细作用力、高的比表面积、疏水特性、表面易被官能化修饰等特点。基于浸润性调节，Ajayan 等通过高温气态反应开口多壁碳纳米管（碳纳米管）并添加氧化官能团，促进了钯（Pd）和铍（Be）等金属纳米线的填充，最终形成碳纳米管 @Pd（PdO）、碳纳米管 @Bi_2O_3 同轴异质结构[138]。有机小分子二茂铁[139]和液态单质硫（S）也被填充进入碳纳米管内部形成异质杂化结构[140]。特别是由于硫能够降低金属熔点且易与管壁碳发生反应，降低表面张力，故可进一步促进铬（Cr）、镍（Ni）、镱（Yb）、镝（Dy）、锗（Ge）等金属纳米线的填充[140, 141]，可增强杂化结构的磁性、力学性能[142]和质量传输性能等。

除气相方法以外，另一种填充或包覆碳纳米管形成异质结构的重要方法是液相方法。其中最令人关注的一类是碳纳米管与金属/无机纳米颗粒的杂化结构，可实现电荷或能量转移导致的协同效应。例如，一维碳纳米管与零维纳米颗粒的杂化结构分为管壁内和管壁外两种方式，纳米颗粒可以是金属或金属氧化物。典型的例子是由金属富勒烯 Sm@C_{82}[143]形成的类似豌豆荚结构的杂化结构。碳纳米管的一维中空限域空间改变了其内的电子微环境，不仅能够连续填充钌（Ru）、铁（Fe）、FeCo、RhMn 等金属纳米颗粒，还能够显著调节催化剂的活性，有望应用于 CO 氢化、合成氨等化工反应的催化[144-147]。中国科学院金属研究所刘畅研究组采用溶液法在碳纳米管内填充纳米颗粒，获得了碳纳米管 @Fe_2O_3 和碳纳米管 @FeS_2 异质结构[148, 149]。后者由填充分子硫和二茂铁经热处理得到，见图 3-20。由于碳纳米管优异的力学性能、良好的导电性，以及填充纳米颗粒的高锂离子存储容量，该异质结构作为锂离子电池负极材料表现出优异的电化学性能。Grzelczak 等[150]在碳纳米管外包覆高密度碲化镉（CdTe）无机纳米颗粒，提高了电荷和能量转移效率，通过电子耦合作用淬灭了半导体量子点的荧光信号，而该光学特性可以进一步被同轴结构的氧化硅壳层所调节。许多其他异质结构综合了纳米颗粒的量子尺寸效应、等离激元效应等，并且协同利用碳纳米管的高比表面积和高导电性，使杂化材料在吸附金属离子、有机物等方面表现出优异的性能[151]。碳纳米管丰富的杂化材料体系显示出优异且可调控的导电、吸附、催化、力学、光学和磁学性能等，可望在能源、催化等领域发挥重要作用。

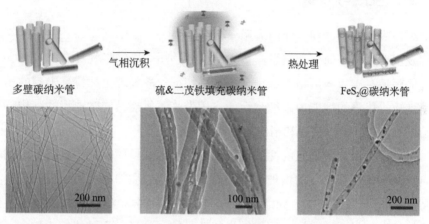

图 3-20　由多壁碳纳米管到 FeS$_2$@ 碳纳米管异质结构[149]

3. 同轴异质结构

双壁碳纳米管是一种典型的同轴管状结构，即在单壁碳纳米管外嵌套另一层同轴结构而获得。将单层碳纳米管替换为其他材料，则可构成同轴异质结构。此前介绍了金属或金属氧化物纳米线填充于碳纳米管内腔构成的同轴异质结构；中国科学院金属研究所刘畅研究组采用氢电弧法直接制备出在单壁碳纳米管表面包覆了无定形氧化硅的异质结构[152]；清华大学魏飞等[153]报道了单晶 MoO$_3$ 与单壁碳纳米管的杂化结构，发现该轴向异质结构的螺旋手性的依赖关系。

范德瓦耳斯异质结构是由不同的材料通过范德瓦耳斯力相互作用而彼此结合的一类材料。有研究者以单壁碳纳米管为模板，在其管腔内和外管壁均实现了异质结构和单壁碳纳米管的同轴嵌套结构[154, 155]。项荣等[155]通过化学气相沉积法将单壁碳纳米管和氮化硼（BN）纳米管套叠，获得了管间无强结构关联且直径小于 5 nm 的异质结。此外，还制备出单壁碳纳米管和单壁二硫化钼（MoS$_2$）纳米管及三者包裹的同轴异质结构。该研究组提出了一维异质结构的生长原则，即管间结构关联弱、无外延关系，且在一定直径范围内可实现高质量异质结构的生长。实验上还测量得到：包覆同轴氮化硼的碳纳米管异质结构的电学响应和热学稳定性不同，氮化硼层提高了异质结构的电阻和抗氧化温度。

四、挑战与展望

结构决定性质，性质导向应用。本节重点关注了不同管壁数碳纳米管的结构及主要性质，简要介绍了其衍生结构及性质。碳纳米管具有小尺寸、一维径向限域、碳六角网格螺旋排列等结构特征，故展现出独特且丰富的物理化学性质。优异的性能为碳纳米管的应用带来了机遇，同时独特的结构特征也给碳纳米管的控制制备和精准表征带来困难。

目前，揭示结构依赖的性质调控规律仍然面临巨大挑战。首先，碳纳米管具有结构依赖且丰富的物理化学性质，但对其性质的研究仍以理论预测和少量实验结果为主。本节介绍了管壁数依赖的电学、热学和力学性质，但由于计算和测量手段不同，所得结果的差异较大。又由于早期的测量多以间接测量手段为主，对微观结构的表征手段有限，实验上对结构依赖的力学性能的测量误差较大，规律不明显。此外，对于管壁引起的性能差异，仍没有明确的解释，如多壁碳纳米管与单壁碳纳米管的电导半数关系等。最关键的是，碳纳米管的精细结构具有多样性，对其多样性物性的实验测量仍不充分。例如，碳纳米管手性结构依赖的管壁间耦合作用关系尚待澄清。

为此，未来需要从多个方面寻找解决方法：①进一步提升对碳纳米管结构和单分散状态的控制能力与水平，获得结构可控、高质量和单根分散的碳纳米管；②进一步提高对碳纳米管微观结构的表征水平；③建立先进的微纳加工、操纵和测量技术方法等，揭示碳纳米管手性相关的物理化学性质。随着越来越多原位研究手段的建立和发展，近几年研究人员已能够对单根高质量碳纳米管进行直接的力学性能测量和微观结构的精细表征，给出较准确的单壁碳纳米管手性、管壁数相关的拉伸强度。但总的来说，碳纳米管精细结构和性质的依赖关系尚需系统研究，新颖性质仍有待深入探索。

本节还简单介绍了碳纳米管衍生结构的几种基本形式，部分显示出较本征结构更优的性能。可以预期，丰富的碳纳米管衍生/杂化结构将进一步扩大碳纳米管的实际应用场景。因此，发现和发展新型碳纳米管异质结构并探索其性能与应用具有重要意义。此外，很多应用需要利用聚集体形式的碳纳米管，如碳纳米管纤维和薄膜等。碳纳米管聚集体的性能通常不同于单根碳纳米管，碳纳米管的管束大小、顺排度、管间相互作用等均有可能显著影响所得材料的性能。如何设计和优化碳纳米管聚集体的结构，尽可能既发挥碳纳米管的本征优异性质，又充分发挥管间协同作用，是实现碳纳米管宏观聚集体在诸多领域实际应用的关键。

第三节　碳纳米管的制备与分离方法

碳纳米管具有多样的几何结构（单壁、双壁、多壁）和电子结构（金属性、半导体性），使得结构/性能均一碳纳米管的制备十分困难。为此，研究者发展了直接制备和后处理分离方法获得不同结构与性能的碳纳米管。

一、碳纳米管的制备方法

碳纳米管的制备方法主要有化学气相沉积法、电弧放电法和激光蒸发法三种。其中化学气相沉积法具有操作简单、可控性强、可宏量生长等优势，已成为当前的主流制备方法。

（一）化学气相沉积法

基于气-液-固生长机制，碳源分子在催化剂表面发生吸附、解离，解离出的碳原子溶解到催化剂中，当其达到饱和后，碳原子从催化剂纳米颗粒中析出而形成碳纳米管。Fe、Co、Ni 等过渡金属是最常用的催化剂。根据催化剂供给方式的不同，化学气相沉积法可分为基板法[156]、担载法[157]和浮动催化剂法[158, 159]。

1. 基板法

基板法是将催化剂纳米颗粒预置于石英、硅片、石墨片等平整基体上，以催化剂颗粒作为"种籽"，在高温下催化分解碳源并在催化剂表面析出碳纳米管。一般而言，采用基板法可制备出纯度较高、有序平行/垂直排列的碳纳米管,即碳纳米管阵列。

2. 担载法

担载法是通过共沉淀或浸渍法将过渡金属纳米颗粒负载在 MgO、Al_2O_3、SiO_2、TiO_2 和 CaO 等粉末状多孔载体上,然后进行化学气相沉积生长碳纳米管。担载法根据反应器的不同又可分为固定床、移动床和流化床法。

1)固定床法

固定床法是将担载有催化剂的粉末置于反应器的恒温区,在适宜的化学气相沉积条件下生长碳纳米管,然后将生长后的碳纳米管移出反应区进行收集〔图 3-21(a)〕。

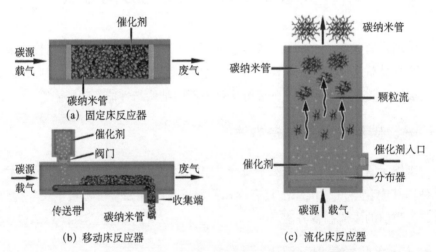

图 3-21 固定床 (a)、移动床 (b) 和流化床 (c) 化学气相沉积法制备碳纳米管的过程示意图

2)移动床法

移动床法是将经还原处理的纳米催化剂通过喷嘴连续、均匀地布洒到以一定速度运动的移动床上。催化剂在恒温区的停留时间可通过控制移动床的运动速度进行调节。原料气的流向可与床层的运动方向一致,也可相反,碳源在催化剂的表面裂解生成碳纳米管。当催化剂在移动床上的停留时间达到设定值时,催化剂连同碳纳米管从移动床上脱出进入收集器,反应尾气通过排气口排出〔图 3-21(b)〕。采用移动床催化裂解法可实现碳纳米管的连续制备,显著降低生产成本,为碳纳米管的工业应用提供保证。Hypersion、

Arkema、三顺中科新材料有限公司和深圳市纳米港有限公司等采用固定床和移动床的碳纳米管制备工艺，已实现直径为 10～30 nm 的多壁碳纳米管的量产。

3）流化床法

而在流化床工艺中，碳纳米管聚团在反应器中保持流动状态，赋予催化剂和碳纳米管较好的流化行为［图 3-21(c)］。北京天奈科技有限公司和德国拜耳公司等采用流化床工艺，实现批量生产直径为 8～20 nm 的多壁碳纳米管。清华大学魏飞团队采用 Fe-MgO[160, 161] 及水滑石结构[162] 的催化剂，实现了流化床中单壁碳纳米管的大量制备[163]。Resasco 等[164] 在流化床中实现了 CoMo 催化生长单壁碳纳米管。流化床化学气相沉积法具有成本低、产量大、实验条件易于控制等优点，是目前宏量制备多壁碳纳米管的主要方法。

3. 浮动催化剂法

浮动催化剂法的原理是催化剂前驱体在气流携带下进入反应区，并在高温下原位分解形成催化剂颗粒，进而在浮动状态下催化生长碳纳米管，生成的碳纳米管在载气携带下进入低温区停止生长［图 3-22(a)］。1998 年，成会明研究组以二茂铁为催化剂前驱体、噻吩为生长促进剂，在 1100～1200℃ 下催化裂解苯，首次采用浮动催化剂化学气相沉积法宏量制备出单壁碳纳米管[158, 159]；2002 年又采用该方法制备出双壁碳纳米管[165]。浮动催化剂法的设备简单，可连续生产，故有可能实现低成本、大量制备高质量单壁碳纳米管的目标［图 3-22(b)］。日本 Saito 课题组[166] 在 2001 年报道了利用注射喷雾辅助浮动催化剂化学气相沉积法制备单壁碳纳米管的方法，即将催化剂/催化剂前驱体和生长促进剂溶解在液体碳源中，利用注射泵将其匀速输入反应腔

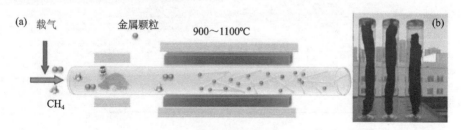

图 3-22　浮动催化剂化学气相沉积法
(a) 浮动催化剂化学气相沉积法生长单壁碳纳米管的过程示意图；
(b) 采用该方法制备的单壁碳纳米管的光学照片

体内，在重力和高速气流的作用下将溶液雾化并带入竖式炉的高温区热解生长单壁碳纳米管。这种方法的优势在于催化剂前驱体的供给由溶液的浓度和注射泵的注射速率共同决定，因此可控性较高。Sen 等[167]在一氧化碳和苯存在的条件下高温分解 $Fe(CO)_5$ 制备出单壁碳纳米管。斯莫利等[168-170]发展了 HiPCO 工艺方法，并用于单壁碳纳米管的宏量制备，即在 $1\sim10$ atm[①] 压力和 $800\sim1200$℃的温度下，以 $Fe(CO)_5$ 热分解生成的 Fe 作为催化剂催化裂解 CO 生长单壁碳纳米管。

（二）电弧放电法

电弧实质上是一种气体放电现象。在两石墨电极间引发电弧可产生高温，使得石墨蒸发，从而生成碳纳米管（图 3-23）。1991 年，饭岛澄男在高分辨透射电镜下首次观察到的碳纳米管就是利用电弧放电法合成的[1]。1992 年，Ebbesen 和 Ajayan 采用电弧法制备出克量级的多壁碳纳米管，极大地促进了碳纳米管的研究[3]。1993 年，饭岛澄男和 Ichihashi[10] 及 Bethune 等[11]分别独立地采用电弧放电法合成出单壁碳纳米管。1997 年，Journet 等使用电弧放电法以镍/钇（Ni/Y）作为催化剂，实现了较高纯度单壁碳纳米管的制备[171]。1999 年，中国科学院金属研究所成会明研究组发展出大量制备单壁碳纳米管的氢电弧放电法[172]，实现了制备过程的半连续化，可在 0.5 h 内获得约 1.0 g 产物；2005 年，成会明研究组又在此基础上实现了双壁碳纳米管的氢电弧法制备[173]。由于用氢取代了氦用作缓冲气体，电弧的高温作用

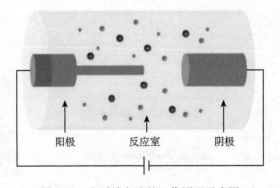

阳极　　　反应室　　　阴极

图 3-23　电弧放电法的工作原理示意图

① 1 atm=101.325 kPa

及氢气的原位还原和刻蚀作用，使得氢电弧放电法制备的单壁碳纳米管具有高结晶度、较高的纯度和较高的产率；通过添加含硫生长促进剂，进一步提高了产物的产量和质量[174]。在氢电弧法制备单壁碳纳米管的工艺基础上，Hutchison 等[175]通过调节催化剂的成分和载气流量，成功制备出较高纯度的双壁碳纳米管。

与化学气相沉积法相比，电弧放电法制备的碳纳米管的结构完整性高，且其力学、热学、化学稳定性等性能更优。电弧放电法的不足之处在于：①电弧等离子体处于远离平衡态的局域稳定态，生长过程的可控性较差；②碳纳米管的产率和纯度仍有待提高，制得的碳纳米管样品中通常含有较多的碳纳米颗粒、催化剂等杂质；③电弧放电法生长碳纳米管的机制仍不明晰，在一定程度上影响了特定结构及高质量碳纳米管的可控制备。

（三）激光蒸发法

激光蒸发法是利用高能脉冲激光轰击石墨靶，挥发出来的碳原子在金属催化剂的作用下催化生长碳纳米管。激光蒸发法制备碳纳米管的装置（图3-24）中，将一根金属催化剂/石墨混合的石墨靶放置于石英管中，当升温至1200℃时，将一束激光聚焦于石墨靶上，石墨靶在激光照射下生成气态碳和金属催化剂粒子，进而生长碳纳米管。

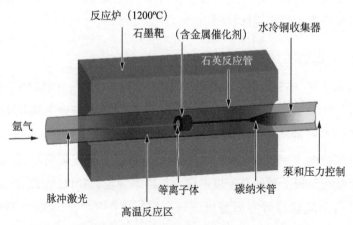

图 3-24　激光蒸发法制备碳纳米管的装置示意图

激光蒸发石墨电极是研究碳簇的常用方法之一，斯莫利等在电极中加入一定量的金属催化剂，从而制备了单壁碳纳米管[176]。1996 年，Thess 等[177]

对实验工艺条件进行改进，在 1200℃下采用 50 ns 的双脉冲激光照射含镍/钴（Ni/Co）催化剂颗粒的石墨靶，获得了高质量的单壁碳纳米管管束。产物中单壁碳纳米管的含量大于 70%，碳管直径约为 1.4 nm。

在采用上述方法制备碳纳米管的过程中，随着石墨的蒸发，金属在石墨靶的表面逐渐富集，致使单壁碳纳米管的产率降低。Yudasaka 等[178]对此进行了改进，将金属/石墨混合靶改为相对放置的纯过渡金属或其合金及纯石墨两个靶，并同时用激光照射。该方法有效地解决了因金属富集而导致碳纳米管产率下降的问题。

由于可制备出高纯度、高质量的单壁碳纳米管，激光蒸发法是早期制备单壁碳纳米管的主要方法之一，基于该方法制备的碳纳米管样品促进了碳纳米管晶体管等器件性能的研究进展[179, 180]。虽然激光蒸发法在早期碳纳米管（主要是单壁碳纳米管）的制备和物性研究中发挥了重要作用，但该方法存在可控性差、设备复杂、价格昂贵等缺点，因此目前其使用范围有限。

二、碳纳米管宏观体的制备方法

一般制备得到的碳纳米管呈无序排列、相互缠绕的团聚态，不仅影响碳纳米管的性能研究，也使得后续的分散和加工过程变得困难。而通过控制实验条件，可直接制备出水平/垂直碳纳米管阵列、碳纳米管薄膜、碳纳米管纤维和碳纳米管泡沫等宏观体材料。

（一）碳纳米管垂直阵列

碳纳米管垂直阵列是取向垂直于基板、高密度生长的碳纳米管宏观体[图 3-25(a)]，碳纳米管壁数可从单层到数十层，阵列长度可从几十纳米到几厘米。碳纳米管的有序排列有助于增强其本身的力学、电学和光学等性能，因此具有广泛的应用前景和较高的理论研究价值。获得碳纳米管垂直阵列的关键因素是在基板上预置高密度的催化剂纳米颗粒，并保持其活性。

中国科学院物理研究所解思深研究组[181]采用溶胶-凝胶法将铁纳米颗粒植入多孔二氧化硅基体中用作催化剂，在 700℃下催化分解乙炔，率先获得了垂直于基体方向、长约 50 μm 的碳纳米管阵列。Maruyama 研究组[182]将 CoMo 催化剂纳米颗粒直接分散在基板上，并制备出单壁碳纳米管垂直

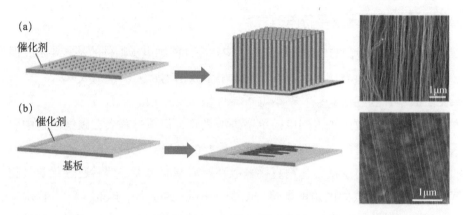

图 3-25　碳纳米管垂直阵列 (a) 和水平阵列 (b) 的生长示意图与实物图

阵列。Hata 等 [183] 通过添加水蒸气，在硅片表面直接合成了单壁碳纳米管阵列。清华大学范守善研究组发展了硅片镀膜、热处理和化学气相沉积生长工艺，在 8 in 硅片表面制备出超顺排碳纳米管垂直阵列 [184]。中国科学院苏州纳米技术与纳米仿生研究所李清文研究组 [185]、美国得克萨斯大学达拉斯分校 Baughman 研究组 [186]、澳大利亚联邦科学与工业研究组 [187]、美国辛辛那提大学研究组 [188]、日本静冈大学研究组 [189] 等，也采用类似的方法制备出超顺排碳纳米管阵列。

为实现碳纳米管垂直阵列的批量化制备，研究者们借鉴微电子工业流水线的概念进行标准制程流水操作，以此获得大批量的定向碳纳米管垂直阵列。清华大学范守善研究组 [184]、日本产业技术综合研究所的 Hata 研究组 [190] 和美国麻省理工学院的 de Villoria 研究组 [191] 等已实现多壁或单壁碳纳米管垂直阵列的批量制备。

清华大学魏飞团队 [192] 借鉴化学工程的概念，将平整的基板曲面化，将间歇操作转变为连续操作，从而实现了垂直定向碳纳米管的连续化、批量、高效制备。他们采用直径为 0.8 mm、总体积为 1 L 的氧化铝基陶瓷球作为生长基板，其表面积可达 7.5 m^2，相当于 14 500 片 1 in 硅片的表面积。这些球体展现出良好的流动性且很容易移入或移出化学反应器 [193, 194]，进而宏量生长出碳纳米管阵列。其他种类的弯曲表面，如石英/ SiC/碳纤维 [195, 196]、硅灰石纤维 [197] 和薄片 [198, 199] 等，也被用来生长定向碳纳米管阵列。

（二）碳纳米管平行阵列

以单根形式存在的单壁碳纳米管是构建高性能纳电子器件的基本要求，但是由于范德瓦耳斯力作用，宏量制备的单壁碳纳米管大多聚集成束状[168, 177]，限制了其本征物性的获得及在纳电子器件领域的应用。尽管可采用后处理的方法（如超声分散）来得到单根单壁碳纳米管，但该过程会在碳纳米管中引入缺陷，降低碳管的本征性质。因此，最好的解决方案是原位生长单根分散的碳纳米管，即将少量催化剂直接分散在所需基底表面，然后通过化学气相沉积法生长水平取向的碳纳米管 [图 3-25(b)]。1998 年，Kong 等[103]首次在硅表面制备出单根的单壁碳纳米管。随后，Dai 研究组[105, 200-203]对单根碳纳米管的制备进行了系统研究，成功获得了定位的单壁碳纳米管网络，并研究了利用电场力实现碳纳米管的平行生长。2007 年，Ago 等发现以单晶蓝宝石为基底可以实现基底诱导（晶格定向和台阶定向）生长单壁碳纳米管平行阵列。该方法是目前制备单壁碳纳米管平行阵列的主要方法[204]。利用上述方法得到的碳纳米管水平阵列结构完整、单根分散性好，且可以直接调控碳纳米管的位置、方向和结构，为碳纳米管在器件领域的应用奠定了基础。

提高碳纳米管水平阵列的密度（一般以垂直于碳纳米管轴向方向，每微米中碳纳米管的根数来表示）和长度对高性能碳纳米管器件制备和高密度集成具有重要意义。基底诱导法是制备高密度碳纳米管水平阵列的常用方法，所用基底一般为石英和氧化铝等单晶。刘杰研究组[205]以铜为催化剂、乙醇为碳源，在 ST-石英基底上首次制备出密度大于 50 根/μm、长度达几毫米的碳纳米管水平阵列。其后，他们[206]采用多次循环活化、生长的方法得到大面积、20～40 根/μm 的大直径 [(2.4 ± 0.5) nm] 碳纳米管水平阵列。Rogers 研究组[207]通过多次加载催化剂、多次生长的方法使碳纳米管水平阵列的密度由 4～7 根/μm 增加到 20～30 根/μm。张锦研究组[208]提出了一种"特洛伊催化剂"生长超高密度单壁碳纳米管水平阵列的方法，即选择（11$\bar{2}$0）晶面的单晶氧化铝为基底，并通过特定的方法将催化剂存储在基底中，在生长过程中催化剂边析出边生长，保证了较高的碳纳米管形核生长密度，从而获得了130根/μm 的超高密度单壁碳纳米管水平阵列，局部密度超过 200根/μm。这是目前直接生长单壁碳纳米管水平阵列密度的最高水平。

（三）碳纳米管纤维

宏观尺度纤维也是碳纳米管的有序结构之一。1998 年，成会明研究组[158, 159]采用浮动催化剂化学气相沉积方法制备出定向性较好的单壁碳纳米管绳。2000 年，该研究组进一步采用氢电弧法制备出长度近 20 cm 的定向单壁碳纳米管绳[174]。2002 年，朱宏伟等[209]采用浮动催化剂化学气相沉积法，以二甲苯为碳源制备出长度达 20 cm 的单壁碳纳米管绳。2004 年，Windle 研究组[210]通过选择合适的反应源、优化工艺参数及对设备进行合理改造（添加旋转棒，对生成的碳纳米管直接进行纺丝），直接从浮动催化剂化学气相沉积法制备产物中纺出连续的定向碳纳米管纤维。然而，该方法获得的纤维中的碳纳米管间的结合力不强，纤维的强度和长度仍有待提高。其后，该课题组发展了丙酮浸润、再蒸发技术，将碳纳米管纤维密实化［图 3-26(a)］，使得碳纳米管纤维的强度提高到 6 GPa，刚度提高到 350 GPa[211]。2010 年，李亚利研究组[212]以丙酮和乙醇为碳源，在碳纳米管反应区内形成连续、同轴、分离的长筒袜状、高纯度、高产率碳纳米管，进而直接纺丝。Koziol 等[211]将化学气相沉积炉中制备出来的纤维经过丙酮蒸气再进行收集，发现纤维的致密度有所提升，纤维密度与水密度的比值由 0.01 升至 1。王健农等[213]优化了上述方法，将从化学气相沉积炉流出的碳纳米管气凝胶经过水或乙醇致密化后再进行轧制，得到致密的碳纳米管纤维。美国 Nanocomp 科技公司已经实现了碳纳米管纤维的连续制备，并开发出标号为 Miralon 的产品[214]，2016 年已可实现万米级碳纳米管纤维的连续制备，年产能达到数百千克以上。该产品使用化学气相沉积直接纺丝法合成，具有高强、轻质、柔性、高导电性等特点。

2002 年，清华大学范守善研究组[215]发现可以从超顺排碳纳米管垂直阵列中抽出连续的碳纳米管线。这类阵列被称为可纺丝碳纳米管阵列。2005 年，Zhang 等[216]发展了一种类似于传统从棉纱中抽丝纺线的技术获得了碳纳米管绳［图 3-26(b)］，即将碳纳米管窄带从阵列中拉出，后经加捻得到碳纳米管绳。目前，范守善研究组已经实现在 8 in 基底上批量化制备高质量纺丝碳纳米管阵列[184]。李清文等[217]在纺丝过程中增加了对微观结构的梳理，提升了纤维的顺排度，将纤维电导率提升至 1.8×10^5 S/m，拉伸强度提升至 3.21 GPa。依托苏州纳米技术与纳米仿生研究所的苏州捷迪纳米科技公司，通过在大面积晶圆上生长超顺排碳纳米管垂直阵列进行阵列纺丝，也实现了千米级碳纳米管纤维的连续制备。

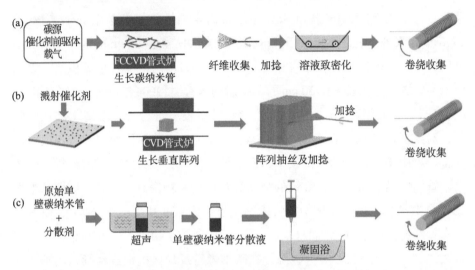

图 3-26 三种典型碳纳米管纤维的制备过程示意图

(a) 浮动催化剂化学气相沉积法直接纺丝; (b) 超顺排碳纳米管垂直阵列连续拉丝和 (c) 湿法纺丝

湿法纺丝是由聚合物织物纺丝演变而来的，即将聚合物溶液或聚熔体挤出进入凝固浴，再将凝固浴中的纤维取出成型［图 3-26(c)］。2000 年，Vigolo 等 [218] 率先将碳纳米管分散在含有十二烷基磺酸钠（SDS）的溶液中，再将溶液挤出至凝固浴中，经干燥获得了连续的碳纳米管纤维。Dalton 等 [219-221] 使用十二烷基硫酸锂替代 SDS 作为表面活性剂，将碳纳米管溶液注入流动的 PVA 溶液中得到碳纳米管纤维，其强度达到 1.8 GPa，模量为 80 GPa。Ericson 等 [222] 使用 102% 发烟硫酸直接溶解碳纳米管。碳纳米管在强酸中由于质子化作用，管壁与管壁之间产生排斥力，抵消了范德瓦耳斯力，从而使碳纳米管分散开。将分散的碳纳米管溶液注射进入凝固浴中，得到连续、纯净的碳纳米管纤维。Davis 等 [223] 研究了碳纳米管在强酸中的相演变过程，提出了溶解碳纳米管的"最合适溶剂"——氯磺酸。Behabtu 等 [224] 将碳纳米管在氯磺酸中的溶解度提升到 2 wt%～6 wt%，通过 65～130 μm 的喷丝孔注射进入丙酮凝固浴中，干燥后得到碳纳米管纤维。该纤维的拉伸强度达到 (1.0 ± 0.2) GPa、模量达到 (120 ± 50) GPa、电导率达 (2.9 ± 0.3) MS/m。美国 DexMat 公司依托 Rice 大学 Matteo 教授课题组的湿法纺丝技术，利用高浓度碳纳米管液晶进行湿法纺丝，制备出电导率高达 3 M～7 MS/m 的高导电碳纳米管纤维。

（四）碳纳米管薄膜

单壁碳纳米管相互搭接可组装成二维网络薄膜，是一种新型的功能材料[225, 226]。单壁碳纳米管可以表现为金属性或半导体性，碳纳米管薄膜的宏观性能随着薄膜厚度（或密度）的增加呈现由半导体到金属性的转变[227]。例如，当薄膜中单壁碳纳米管的密度低于其渗流阈值时，薄膜表现出半导体的特性，可以用作晶体管和传感器的活性材料[228, 229]；当厚度为 10～100 nm 时，碳纳米管薄膜显示出较高的透光性及良好的导电性，可用作透明导电薄膜材料[230]。当碳纳米管薄膜的厚度达到微米级别以上时，通常将其作为超级电容器、燃料电池等的电极[231]，因此不同厚度的碳纳米管薄膜可应用于不同的领域。

碳纳米管薄膜（厚度在微米级以下）的制备方法主要有以下三种：①湿法成膜；②超顺排碳纳米管阵列拉膜[186, 232]；③浮动催化剂化学气相沉积干法成膜[233-235]。

图 3-27(a) 为湿法制备碳纳米管薄膜的流程示意图。首先，将碳纳米管样品与分散剂混合，经超声分散、离心分离后取出上清液；然后，利用真空抽滤、旋涂[236]、喷涂[237]、Mayer 棒法[238] 等方法制备碳纳米管薄膜；最后，通过后处理去除分散剂。2004 年，Rinzler 课题组[239] 采用真空抽滤方法首次制备出单壁碳纳米管透明导电薄膜，其在 70% 透光率下的面电阻仅为 30 Ω。Blackburn 课题组采用一种新型表面活性剂 CMC 分散单壁碳纳米管，获得了单分散、稳定的单壁碳纳米管溶液，然后采用喷涂法制备出透明导电薄膜[237]。Han 等报道了一种快速高效的后处理方法来纯化和修复单壁碳纳米管缺陷，进而提高其透明导电性能[240]。Hersam 课题组[241, 242] 利用表面活性剂分散单壁碳纳米管，再利用密度梯度离心方法分离出金属性单壁碳纳米管，发现金属性富集的单壁碳纳米管薄膜的面电阻为未筛选薄膜面电阻的 1/6 左右。Blackburn 课题组[243] 和 Kim 课题组[244] 构建了高性能半导体性单壁碳纳米管透明导电薄膜，经过 HNO_3 掺杂，在 80% 透光率下薄膜的面电阻仅为 59 Ω。但是湿法成膜存在一个明显的缺点，即分散过程会破坏单壁碳纳米管的本征

结构，而薄膜上吸附的分散剂（绝缘体）很难完全去除，使薄膜的光电性能显著劣化。

2002 年，Jiang 等[215]首次从超顺排碳纳米管垂直阵列中连续拉出碳纳米管薄膜。随后，Baughman 研究组[186]和 Jiang 研究组[232]分别从该类阵列中拉出大面积碳纳米管透明薄膜［图 3-27(b)］。但这种薄膜的透明导电性能并不理想，无法满足高性能器件的使用需求。其原因在于，该超顺排碳纳米管垂直阵列通常由多壁碳纳米管构成，而多壁管的内层不仅对碳管网络的导电性没有贡献，反而还会吸收光[245]。

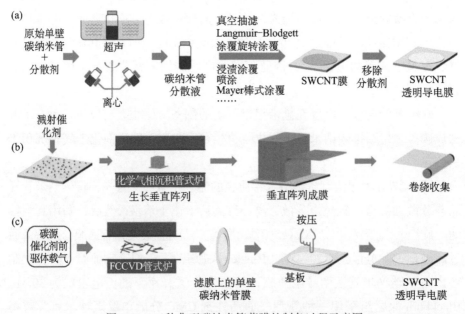

图 3-27　三种典型碳纳米管薄膜的制备过程示意图

(a) 湿法成膜 (b) 超顺排碳纳米管垂直阵列连续拉膜 (c) 浮动催化剂化学气相沉积法干法成膜

1998 年，Cheng 等提出了高效制备单壁碳纳米管的浮动催化剂化学气相沉积法[158, 159]，其特点在于催化剂、碳源、碳纳米管均处于气相浮动状态，生长的单壁碳纳米管随载气流出反应区，在反应器上沉积下来形成薄膜状结构。Ma 等将这种薄膜转移到透明基体上，获得了单壁碳纳米管透明导电薄膜；在70% 透光率下，薄膜方块电阻为 50 Ω[233]。其后，Kauppinen 等[235]在浮动催化剂化学气相沉积反应器的尾端安装了滤膜收集装置，随载气流动的单壁碳纳米管在滤膜上沉积形成均匀的薄膜［图 3-27(c)］，经过转移、硝酸掺杂后得到的透明导电薄膜在 90% 透光率下的方块电阻可达 84 Ω。其后，研究者发展了多种方法来提高浮动催化剂化学气相沉积法制备的单壁碳纳米管透明导电薄膜的光电性能。例如，调控碳纳米管结构（直径、长度、质量和导电属性）[236, 246, 247]、优化碳纳米管网络（管束和管管连接）[233, 248] 及图案化 [230, 249] 等。近期，中国科学院金属研究所制备出具有"碳焊"结构、单根分散的单壁碳纳米管透明导电薄膜，其具有优异的透明导电特性，在 90% 透光率下方块电阻仅为 41 Ω，已达到柔性基底上氧化铟锡的性能[250]。该研究组还提出了一种连续合成、沉积和转移单壁碳纳米管薄膜的技术 [251]，即通过气相过滤系统在室温下连续收集生长的碳纳米管，并可通过卷到卷转移方式转移至柔性 PET 等基底上，从而获得长度超过 2 m 的单壁碳纳米管透明导电薄膜（图 3-28）。

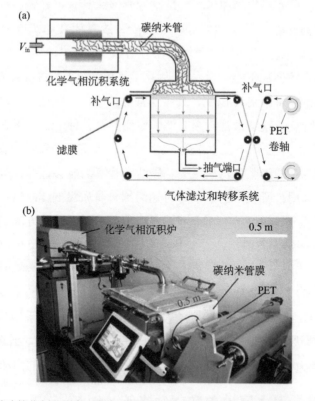

图 3-28 浮动催化剂化学气相沉积法制备大面积单壁碳纳米管薄膜的装置示意图 (a)
和实物图 (b)；(c)、(d) 转移到塑料基底的大面积单壁碳纳米管透明导电薄膜

图 3-28　浮动催化剂化学气相沉积法制备、沉积、转移大面积单壁碳纳米管薄膜的装置示意图 (a) 和实物图 (b)；(c)、(d) 转移到塑料基底的大面积单壁碳纳米管透明导电薄膜（续）

（五）碳纳米管泡沫

碳纳米管泡沫是由随机取向的碳纳米管相互搭接而构成的海绵状三维互连框架结构，尺寸通常为厘米级。碳纳米管泡沫具有重量轻、孔隙率高、亲油疏水、柔韧性好、导电性好等优异性能，故有望在超级电容器、人工肌肉、油污处理、微机电系统等领域获得应用。

北京大学曹安源研究组 [252, 253] 采用化学气相沉积工艺首次合成出碳纳米管海绵，其孔隙率高达 99% 以上，具有非常好的柔性和强度、超轻的质量、疏水亲油性等特点。碳纳米管海绵能够弹性变形至各种形状并可在空气或液体中反复压缩至大应变而不发生塌陷（图 3-29）。致密化的碳纳米管海绵一旦接触油相溶液会立即膨胀为初始形态。碳纳米管海绵能够选择性吸附很多种溶剂并可反复利用，所吸附的溶剂量可达海绵自身质量的 180 倍，比活性炭的吸附量高了两个数量级。Pozuelo 研究组 [254] 也采用同样的方法制备出密度为 0.02 g/cm^3 的碳纳米管海绵，发现其具有高达 1100 dB·cm^3/g 的优异电磁屏蔽性能。曹安源研究组以碳纳米管海绵为骨架，与北京化工大学合作采用真空辅助浸渍法制备出环氧树脂/碳纳米管海绵复合材料 [255]，其在 X 波段频率范围内的电磁屏蔽性能大于 33 dB。清华大学姜开利研究组 [256] 采用自组装方法制备出 3D 蜂窝状碳纳米管海绵，海绵的密度为 1~50 mg/cm^3、孔隙率 97.5%~99.9%，可作为模板制备多种金属、金属氧化物、复合材料的泡沫结构。

三、单一导电属性单壁碳纳米管的制备

单壁碳纳米管具有直径和螺旋角依赖的金属性或半导体特性 [257]。半导体

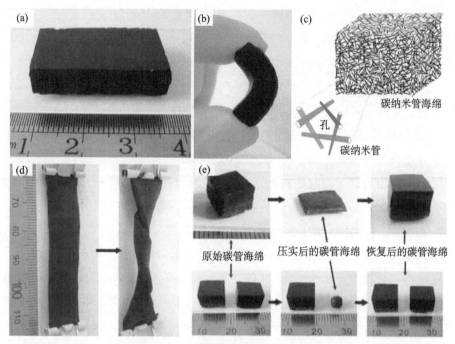

图 3-29　化学气相沉积法制备的碳纳米管海绵的光学照片 [(a) 和 (b)]、结构示意图 (c) 及
海绵的扭转 (d)、压缩与结构恢复 (e) 光学照片 [252]

性单壁碳纳米管可用于高性能场效应晶体管等纳电子器件的沟道材料 [258]，金
属性单壁碳纳米管可作为互连导线及构建柔性透明导电薄膜等 [259]。然而，通
常制备得到的碳纳米管都是金属性和半导体性碳纳米管的混合物，极大地限制
了半导体性或金属性碳纳米管的本征性能发挥及在器件中的应用。近年来，研
究者发展了多种方法以制备单一导电属性甚至单一手性的碳纳米管，根据可控
生长策略可将其分为催化剂结构设计、原位反应刻蚀、外场辅助等方法。

（一）催化剂结构设计

碳纳米管的生长源于催化剂，催化剂结构设计被认为是实现单壁碳纳
米管可控制备的最有效途径之一。通过改变催化剂的化学组分可实现碳
纳米管手性的调控。2003 年，Resasco 研究组 [260] 以 CoMo 双金属为催化
剂，得到以（6,5）和（7,5）手性为主的碳纳米管；2004 年，Miyauchi 等
以 FeCo[261] 为催化剂，也制备出（6,5）和（7,5）手性富集的单壁碳纳米
管；2007 年，Dai 研究组以 FeRu[262] 为催化剂，在 600 ℃获得了（6,5）手

性富集的单壁碳纳米管；2009 年，Chiang 研究组制备了化学组分不同的 Fe_xNi_{1-x} 双金属催化剂，发现催化剂的组分可影响单壁碳纳米管的手性分布 [263, 264]；2010 年，Kauppinen 研究组以 FeCu 双金属为催化剂，实现了（6,5）手性单壁碳纳米管的择优生长；2013 年成会明研究组发展了 CoPt 合金催化剂，实现了高质量（6,5）手性碳纳米管的择优生长 [265]。

"晶格匹配择优生长"被预测是一种手性可控制备方法 [266]。2014 年，李彦研究组首次从实验上证实了该方法的可行性 [267]。他们以含钨和其他过渡金属元素的团簇分子为起始材料，在相对温和的条件下制备了高熔点钨基合金纳米晶颗粒。以乙醇为碳源、W_6Co_7 为催化剂，在 1030℃下沿催化剂的（0012）晶面外延生长出了含量高于 92% 的（12,6）手性碳纳米管。利用具有不同组成和结构的钨基合金为催化剂，他们还实现了（16,0）、（14,4）等手性碳纳米管的可控生长 [268]。对催化剂-碳纳米管界面结构的高分辨电镜研究及密度泛函理论模拟表明，催化剂与单壁碳纳米管管端结构的匹配是实现手性选择性生长的关键因素。Sanchez-Valencia 等以 $C_{96}H_{54}$ 为碳帽前驱体，通过 Pt(111) 晶面催化脱氢环化反应形成（6,6）手性碳管帽，生长获得了长几百纳米的（6,6）手性碳管 [269]。张锦研究组 [270] 从热力学和动力学调控的角度出发，制备出（2m,m）手性的碳纳米管。碳纳米管生长可看作是一种碳的晶体生长，因此其在固态催化剂上形核与晶体对称性相关。在热力学上，根据催化剂与碳纳米管之间的对称匹配，使用催化剂 Mo_2C 和 WC 会分别选择性形核生长六重对称的（6m,6n）和四重对称的（4m,4n）的碳纳米管。在动力学方面，手性角为 19.1° 的碳纳米管生长速率最快。最终，通过控制催化剂 Mo_2C 和 WC 的颗粒尺寸，在无氢气环境下分别实现了纯度为 90% 的（12,6）和 80% 的（8,4）手性富集的单壁碳纳米管水平阵列的生长。

"克隆生长"也被应用于碳纳米管的手性控制制备领域，即利用碳纳米管片段作为"模板"进行再次生长，以保持手性不变 [271]。2009 年，张锦研究组以氧等离子体切断的碳纳米管作为种子，首次实现了碳纳米管的"克隆生长" [272]。拉曼光谱和原子力显微镜表征证实新生长单壁碳纳米管的手性与原碳纳米管完全相同，但其生长效率较低、碳纳米管长度较短（微米级）。在 SiO_2/Si 基底上单壁碳纳米管"克隆"生长的效率约为 9%，在石英基底上其"克隆"效率可提高约 40%。随后，周崇武研究组 [273] 利用液相分离法得

到的（7,6）、（6,5）和（7,7）手性碳纳米管作为"种子"气相外延生长碳纳
米管，进一步提升了"克隆生长"的效率。

（二）原位反应刻蚀

在直径相近的前提下，由于金属性和半导体性单壁碳纳米管在费米能级
附近电子态密度的差异，金属性碳纳米管的化学反应活性要高于半导体性碳
纳米管[274, 275]。另外，由于小直径碳纳米管具有更大的曲率，因此其反应活
性更高。原位反应刻蚀是基于金属性与半导体性、大直径与小直径单壁碳
纳米管化学反应活性的差异而在其生长过程中原位引入刻蚀剂，选择性去
除部分碳纳米管的方法（图3-30）。常用的刻蚀性气体主要有CH_3OH[276-278]、
H_2O[279-281]、O_2[282]、H_2[283, 284]、SO_3[285]等。

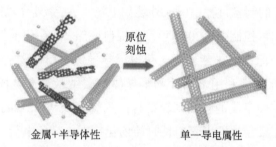

原位
刻蚀

金属+半导体性　　　　　　　　　单一导电属性

图3-30 "原位刻蚀"制备单一导电属性单壁碳纳米管的示意图[286]

Ding等[277]以Cu为催化剂、甲醇为刻蚀剂，选择性生长出半导体性单
壁碳纳米管。Liu研究组以H_2O为刻蚀剂，开展了原位刻蚀生长半导体性单
壁碳纳米管平行阵列的研究[278]，设计了多次循环原位刻蚀、生长方法，实现
了高密度（10根/μm）半导体性单壁碳纳米管的选择性生长。该研究组[279]进
一步探讨了水刻蚀对单壁碳纳米管直径的影响。在以Fe-W纳米颗粒为催化
剂生长直径均一单壁碳纳米管的基础上，通过水蒸气原位刻蚀提高了半导体
性碳纳米管的含量（95%）。成会明、刘畅研究组通过设计类橡树果结构的部
分碳包覆钴催化剂，结合氢气原位刻蚀，实现了窄带隙半导体性单壁碳纳米
管的可控制备[287]。该研究组还以非金属SiO_x[46]、SiC[288]等纳米颗粒为催化剂，
通过控制催化剂结构结合氢气原位刻蚀，实现了半导体性及金属性单壁碳
纳米管的可控生长。

以上选择性制备半导体性单壁碳纳米管的工作主要是基于表面生长法，其

局限性在于所得样品的量非常有限。为此，成会明、刘畅研究组在宏量制备单一导电属性单壁碳纳米管方面开展了系列研究工作[282, 283, 289]。基于氧气对不同导电属性单壁碳纳米管刻蚀作用的差异，率先提出在浮动催化剂法宏量生长单壁碳纳米管过程中原位引入氧气选择性刻蚀高反应活性的金属性碳纳米管，实现了平均直径为 1.6 nm、含量达到约 90% 的半导体性单壁碳纳米管的富集[282]。进而选用氢气为刻蚀剂来选择性制备高质量半导体性碳纳米管，在优化条件下实现了高纯（>93%）、高质量、大直径、半导体性碳纳米管的宏量控制制备[283]。此外，该研究组通过引入氨气调控金属性和半导体性碳纳米管的直径，结合氢气原位刻蚀，实现了金属性富集单壁碳纳米管的宏量制备[284]。

（三）外场辅助

在碳纳米管的制备过程中引入外场如电场[290]、紫外光辐照[291]等，也可实现碳纳米管的可控制备。2009 年，张锦研究组[291]在化学气相沉积法制备碳纳米管过程中原位引入紫外光，获得了半导体性单壁碳纳米管平行阵列。2011 年，张锦课题组利用金属性和半导体性碳纳米管在电场中极化率的差异，制备出金属性富集的碳纳米管平行阵列。姜开利研究组[292]发现碳纳米管带有电荷，如果在碳纳米管生长时使催化剂颗粒带负电荷，则其手性有从金属性转变为半导体性的趋势。如果同时施加适当的电场扰动，则可以克服重新成核的能量势垒，最终实现纯度为 99.9% 的半导体性单壁碳纳米管水平阵列的制备[293]。

四、单一导电属性单壁碳纳米管的液相分离方法

如上所述，直接生长的单壁碳纳米管样品通常含有约 1/3 金属性和 2/3 半导体性碳纳米管。虽然单一导电属性碳纳米管的可控制备研究取得了一定进展，但其纯度、均一性、可重复性等仍有待提高。液相分离法是一种后处理分离技术，一般先将单壁碳纳米管分散在溶液中，再根据不同导电属性或手性碳纳米管理化性能的差异进行分离。目前已发展了多种液相分离方法，主要包括凝胶色谱法、密度梯度离心法、电泳分离法、非共价修饰分离法、液-液萃取分离法等。

（一）凝胶色谱法

凝胶色谱分离是一种利用物质与凝胶固定相作用力不同而实现分离的方法。该方法的分离原理为：当单壁碳纳米管分散液流经色谱柱的固定相时，不同导电属性或手性碳纳米管与固定相间的相互作用力不同，所以各组分在色谱柱中的移动速度不同，经过一定距离的流动后，彼此分离开来。Tanaka等[294]首次采用凝胶柱色谱法分离半导体性和金属性碳纳米管，将 SDS 分散的单壁碳纳米管与琼脂糖凝胶混合。由于半导体性碳纳米管与琼脂糖凝胶的作用更强，金属性碳纳米管随溶液优先被挤压后流出。该研究组[295]进一步采用高通量筛选法从 100 种表面活性剂中筛选出 5 种以用于单壁碳纳米管的凝胶色谱法导电属性分离。Liu 等[296]采用烯丙基右旋糖酐凝胶作为介质，设计了单表面活性剂多柱凝胶色谱法，将多个凝胶柱垂直串联，然后将 SDS 分散的单壁碳纳米管溶液从顶部倒入，再采用多步淋洗的方式得到 13 种不同手性的单壁碳纳米管。该研究组[297]进一步探究了温度对凝胶与单壁碳纳米管吸附性能的影响，通过调控凝胶柱色谱分离时的温度，控制单壁碳纳米管与琼脂糖凝胶的亲和力，获得了 7 种单一手性的单壁碳纳米管。Krupke 研究组[298]以聚丙烯酰胺葡聚糖为固定相，通过调节洗脱液的 pH 获得了单一手性或近单一手性的单壁碳纳米管。

目前，凝胶色谱法分离技术已接近成熟，在欧美、日本均有公司出售采用该方法分离的碳纳米管样品。

（二）密度梯度离心法

密度梯度离心法是利用密度差异分离混合物的方法。在超速离心场和非均匀的梯度密度介质中，待分离物质由于密度差异在与其密度相近的介质层中达到受力平衡，从而在密度不同的介质层中实现分离。单壁碳纳米管的本征密度只和管径有关，管径越大密度越小。但是在溶液中，单壁碳纳米管可以看作是一个大分子，不同的表面活性剂对金属性、半导体性或不同直径碳纳米管的包覆程度不同，进而导致密度梯度的差异。Hersam 研究团队[299]通过在碳纳米管溶液中加入胆酸钠，利用密度梯度离心方法实现了窄直径分布和单一导电属性碳纳米管的分离。Kataura 研究组将蔗糖作为梯度介质，配以表面活性剂获得了纯度为 69% 的金属性碳纳米管和纯度为 95% 的半导体性单壁碳纳米管[300]。Antaris 等[301] 选择 Pluronic 和 Tetronic 两类嵌段共聚物作为分散剂，发现 Pluronic F68 对半导体性碳纳米管具有更强的亲和性，以其为分散剂可获得纯度高达 99% 的半导体性碳纳米管。X 型的 Tetronic 1107 对金属性碳纳米管具有更强的亲和性，以其为分散剂获得了纯度达到 74% 的金属性碳纳米管。Feng 等[302] 将密度均匀分布的碘克沙醇作为起始分离介质，获得了纯度为 90% 的金属性和纯度为 98% 的半导体性碳纳米管。Green 等[303] 发展了三步正交迭代梯度密度超速离心法，实现了（6,5）和（9,1）手性碳纳米管总含量超过 97% 的半导体性碳纳米管的分离。Ghosh 等[304] 发现梯度密度非线性分布的介质层具有更好的手性分离效果。他们用非线性梯度密度介质获得了 10 种高含量的单一手性单壁碳纳米管，进一步利用分散剂与左旋和右旋单壁碳纳米管亲和性不同导致的密度差异，实现了其中 7 种手性单壁碳纳米管对映异构体的分离。

梯度密度离心分离法可以实现不同直径、长度、导电属性、手性、甚至对映异构体的分离，产物纯度高且可实现宏量分离。但该分离方法造成单壁碳纳米管的损耗较大，即回收率较低，且获得的单壁碳纳米管表面通常吸附有难以去除的各类分子，同时由于超高速离心过程耗能大、离心时间长，分层抽取工艺较复杂，导致成本较高。

（三）电泳分离法

金属性和半导体性碳纳米管的介电常数差异很大，对于结构完美、超长的单壁碳纳米管，金属性碳纳米管具有无限大的介电常数，而半导体性碳纳米管的介电常数几乎为零。因此，在不均匀交变电场中，金属性和半导体性碳纳米管所受的介电电泳力大小不同，甚至方向相反。Krupke 等[305] 首次采用介电泳法分离单壁碳纳米管。他们设计了微电极阵列，并施加了频率 10 MHz、峰压 10 V 的交流电压。金属性碳纳米管由于介电常数大，所受介电电泳力大，向电极方向运动；半导体性碳纳米管由于所受介电电泳力很小，几乎不发生运动，最终在电极附近富集了含量达 80%±5% 的金属性碳纳米管。Lee 等[306] 研究了电极构造对分离效率的影响。他们设计了尖峰状、平行状和车轮发散状三种类型的电极结构，发现电场梯度较大的尖峰状和车轮发散状的电极具有更好的分离效果。Lutz 和 Donovan[307] 尝试在大电极体系下宏量分离单壁碳纳米管，由于电极间距离较大，电场梯度很难达到微电极体系下的数量级，而电场强度至少要在 10^6 V/m 以上，介电泳动力才能对单壁碳纳米管的运动产生明显的影响，因此大电极体系下导电属性分离效率很低。Shin 等[308] 发展了微流体管道电泳分离方法（图 3-31），可以连续分离金属性和半导体性碳纳米管。Baik 等[309] 用对羟基苯重氮盐共价修饰金属性碳纳米管，使其在碱性条件下带负荷电，而半导体性碳纳米管基本呈中性。当施加合适电压后，金属性碳纳米管向阳极移动，半导体性碳纳米管留在溶液中。随后，Mesgari 等[310, 311] 用非离子表面活性剂 Brij700 来分散单壁碳纳米管，在垂直电场作用下直接电泳分离获得含量高达 95% 的半导体性碳纳米管。Tanaka 等[312] 结合琼脂凝胶与电泳法分离单壁碳纳米管，在琼脂凝胶柱中对 SDS 分散的单壁碳纳米管施加电压。由于半导体性碳纳米管与琼脂凝胶的结合能力更强，金属性碳纳米管向正极方向移动，半导体性碳纳米管滞留在初始凝胶中，最终获得含量达 95% 的半导体性碳纳米管和含量达 70% 的金属性碳纳米管。

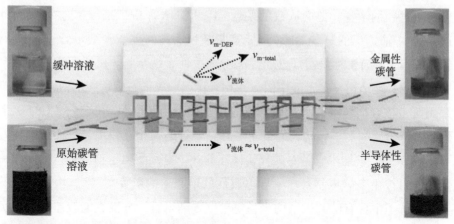

图 3-31　微流体管道电泳分离金属性和半导体性单壁碳纳米管的原理示意图[308]

电泳分离法的优势是在分离单壁碳纳米管的同时可以实现定位，但该方法分离过程较复杂、分离条件苛刻、效率不高。

（四）非共价修饰分离法

单壁碳纳米管中的碳原子以 sp^2 杂化成键，其剩余的 p 轨道电子形成离域大 π 键，这种特殊的价键结构使单壁碳纳米管与许多分子都有很强的非共价相互作用。单壁碳纳米管的结构（直径、导电属性、手性）会影响非共价相互作用的大小，进而实现单壁碳纳米管的分离。根据分离物质的不同，可将非共价修饰分离法分为生物分子分离法、共轭聚合物辅助分离法、纳米钳分子分离法、其他分子分离法等[313]，其中前两种方法是目前非共价修饰分离的主流方法。

1. 生物分子非共价修饰分离法

用于分离单壁碳纳米管的生物分子主要为核苷酸类生物分子。2003 年，Zheng 等[123]首次采用单链 DNA 与碳纳米管之间的 π 键相互作用形成螺旋结构，再通过离子交换色谱法分离得到不同导电属性的单壁碳纳米管。分离的原理是，DNA 包裹的金属性和半导体性碳纳米管的有效电荷密度不同，两者与阴离子交换色谱柱的静电作用力不同。在此基础上，Zheng 等研究了单链 DNA 中脱氧核苷酸种类和序列对分离效果的影响[124]，发现含鸟嘌呤和胸腺嘧啶的单链 DNA 对导电属性分离效果最佳。进而，用鸟嘌呤/胸腺嘧啶单链 DNA 获得了（9,1）、（6,5）和（6,4）手性的碳纳米管[314]。为获得更多手性的单壁碳纳米管，他们从数量级达 10^6 的 DNA 库中识别出超过 20 种短链 DNA[315]，筛选出的每种 DNA 都能富集某种手性的单壁碳纳米管。除 DNA 外，黄素单核苷酸生物分子也被用来分离手性碳纳米管。由于黄素核苷酸含有较大的共轭结构，在溶液中因 π-π 相互作用形成了右旋螺旋结构，Ju 等[316]采用黄素核苷酸包覆、分散碳纳米管，进而获得了含量达 85% 的（8,6）手性碳纳米管。利用该结构与左旋单壁碳纳米管的强相互作用，进而调制获得了（8,6）手性碳纳米管的对映异构体。此外，氨基酸类生物分子包括多肽和蛋白质也被用来分离制备单一导电属性的单壁碳纳米管[317-319]。由于氨基酸类生物分子中含有的共轭结构少，对单壁碳纳米管的分散性能较差，仅能实现一定手性碳纳米管分离和导电属性分离。

生物分子非共价修饰分离单壁碳纳米管的主要问题是用量大、成本高，DNA 与单壁碳纳米管的作用强、分离效果好，但在分离后难以从管壁上去除；氨基酸类生物分子作用弱、分离效果较差，但该类分子具有很好的生物相容性，可望在生物领域发挥重要作用。

2. 共轭聚合物辅助分离法

共轭聚合物是主链由离域的 π 电子共轭体系组成的聚合物。碳纳米管本身是最大的共轭体系之一，共轭聚合物和单壁碳纳米管之间的强π-π相互作用有助于单壁碳纳米管的分散和稳定，而长烷基链可以提供足够的排斥力，防止分散后的碳纳米管重新聚集。Zhao 等[320] 及 Star 和 Stoddart[321] 成功地利用共轭聚合物实现了单壁碳纳米管的分散。Nicholas[322] 等利用长侧链的芴基共轭聚合物，结合超声分散、离心获得了半导体性单壁碳纳米管。目前，用于分离单壁碳纳米管的共轭聚合物主要有五大类[323]——芴基共轭聚合物[322, 324]、噻吩基共轭聚合物[325, 326]、咔唑基共轭聚合物[327, 328]、共轭小分子[329, 330] 和供体-受体共轭聚合物[331]。Santos 等[332] 通过设计改变侧链碳原子的长度，分别合成了侧链碳原子数为 6、12、15 和 18 的 PF6、PF12、PF15 和 PF18 的 PFO同系物，获得了直径在 0.75～1.51 nm 的半导体性单壁碳纳米管。Li 等[333] 在 PFO 聚合物的基础上引入 N 原子合成了咔唑基聚合物 PCz，富电子 N 原子的引入使得咔唑单元与两个长烷基侧链之间的扭转自由度发生变化，在与碳纳米管的相互作用时具有更强的灵活性，因而获得了纯度高达 99.9%、直径在 1.4～1.6 nm 的半导体性单壁碳纳米管。Bao 研究组[325] 采用噻吩基共轭聚合物 rr-P3ATs 选择性分散单壁碳纳米管，并利用 rr-P3DDT 分离获得了直径约为 1.6 nm 的高纯度半导体性单壁碳纳米管。该研究组进而采用供体-受体型共轭聚合物分离碳纳米管，PDPP3T[331] 和 PDPP4T87[334] 均由两个不同基团构成，通过改变两基团的比例使其与碳纳米管的作用力不同，分别获得了直径约为 1.5 nm 和 1.6 nm、纯度高达 99.6% 的半导体性单壁碳纳米管。

（五）液 – 液萃取分离法

溶液萃取分离法的原理是利用待分离物质在液-液两相中分布常数不同而实现分离的。Zheng 等[335] 最先利用聚乙二醇-葡聚糖体系对不同导电属性单壁碳纳米管进行分离。通过控制两种聚合物的浓度，聚乙二醇-葡聚糖自发形成互不相溶的两相体系，顶部是富含聚乙二醇的疏水相，底部是富含葡聚糖的亲水相。结构不同的单壁碳纳米管疏水性不同，使其与葡聚糖和聚乙二醇两相的亲和能力和分布系数不同。研究表明，管径和手性决定单壁碳纳米管的疏水性，当管径小于 1 nm 时，管径主导单壁碳纳米管的疏水性，管径越大疏水性越强；当管径大于 1.2 nm 时，手性主导单壁碳纳米管的疏水性，半导体性管的疏水性大于金属性管。在葡聚糖和聚乙二醇两相体系中，聚乙二醇的疏水性大于葡聚糖，利用亲疏水性的差异在两相中分别获得了金属性和半导体性碳纳米管。其后，该研究组[336]采用双表面活性剂体系（固定某一表面活性剂的浓度，改变另一表面活性剂的浓度）成功调节了碳纳米管在两相中的分布，通过反复迭代实现了单一手性单壁碳纳米管的分离。

液-液萃取分离法对设备要求较低、实验成本低、操作简便、容易放大而分离效率基本不变，是一种很有发展前景的分离方法。但是目前所需的迭代次数较多且聚合物难以去除，这对器件的性能无疑会有很大的影响，仍需要进一步的优化。

五、挑战与展望

经过近三十年的发展，碳纳米管的规模化制备已取得重要突破，年产能呈快速增长趋势。目前，多壁碳纳米管、双壁碳纳米管、单壁碳纳米管、碳纳米管阵列、碳纳米管纤维、碳纳米管薄膜等均可实现一定程度的宏量制备。然而，碳纳米管的制备，尤其是导电属性/手性可控制备，仍有许多关键问题与挑战亟待解决。

（一）碳纳米管的批量、低成本制备（高效率、高质量、分散性、环境友好）

目前，有多个国家成功实现了碳纳米管（尤其是多壁碳纳米管）的批量、低成本制备。中国、日本、美国、德国、法国、比利时和韩国等采用化学气相沉积法批量制备碳纳米管已形成了上千吨的年产能，多壁碳纳米管的价格降至30～50美元/kg，目前主要应用于锂离子电池和导电/增强复合材料等领域。尽管碳纳米管的宏量制备技术得到长足发展，但仍面临以下挑战。

（1）实现批量化、低成本制备单壁碳纳米管仍任重而道远。目前，单壁碳纳米管的价格高达2 000～100 000美元/kg。其原因在于单壁碳纳米管的生长温度较高、碳源转化率低、杂质含量高；宏量制备需要从原子层次、反应器层次、样品收集层次及环境层次上相关工程技术的突破和耦合。

（2）高质量碳纳米管的稳定控制制备。很多应用领域（锂离子电池、导电复合材料和超级电容器等）需要高质量（结晶度和纯度）碳纳米管。然而，碳纳米管的质量一般随生长温度的升高而提升。因此，提高碳纳米管的质量对生长系统提出了更高的要求。此外，单壁碳纳米管的纯度和稳定性一直是困扰科学界和工业界的难题。这需要在理解单壁碳纳米管的催化生长机理及影响其生长的热力学和动力学条件基础上，结合化工、流体力学、工程学设计，才能找到有效的解决途径。

（3）碳纳米管的高效、无损分散。碳纳米管的本征憎水性及范德瓦耳斯力作用所致的成束状态（尤其是单壁、双壁及少壁碳纳米管）使其很难在溶液中实现单分散。然而，从微纳电子器件到宏观导电/增强复合材料的许多实际应用领域，均需要高分散性的碳纳米管，以保证最终材料结构的均一性和性能的稳定性。目前单壁/双壁碳纳米管的分散均需借助分散剂，结合超声、搅拌、震荡等物理方法才能实现分散，但该过程不仅可能引入难以去除的分散剂杂质，而且还会破坏/截短碳纳米管，限制了碳纳米管本征性能在实际应用中的发挥。由于碳纳米管的纳米尺寸、大的长径比和 sp^2 碳原子的本征惰性，后期分散必须借助化学和物理方法。如何从根本上解决分散问题，需要从碳纳米管的制备过程、收集方式着手。如通过引入外场减弱范德瓦耳斯力、降低碳纳米管碰撞概率、使碳纳米管带同性电荷以提高管间排斥力等有望直接制备获得单分散的碳纳米管。

（二）高性能碳纳米管宏观体的组装

阵列、纤维、薄膜等宏观体既保持了单根碳纳米管的优异理化性能，又具有独特的管间排列方式和相互作用方式，适用于广阔的应用领域。但目前碳纳米管宏观体的结构与性能仍有进一步优化的空间。

（1）采用多种技术手段可以调控碳纳米管垂直阵列的高度、密度、直径及质量等结构参数，但仍需重点突破高质量、小直径（<2 nm）、超长单壁碳纳米管阵列的可控生长，进一步提高阵列密度和降低阵列表面粗糙度，同时发展简单、快速、规模化的碳纳米管垂直阵列转移技术。

（2）过去十年间，碳纳米管纤维在性能优化和工业生产方面有一定的发展，但碳纳米管纤维的力学、电学性能仍需进一步提升以满足商业化应用需求。首先，制备大长径比、高结晶度、同时又易于在溶液中分散的碳纳米管是提升纤维力学、电学性能的关键因素。其次，目前所纺纤维尤其是干法纺制纤维中管间孔隙较大，限制了纤维性能的提高，发展纤维密实化技术或界面结合技术尤为迫切。最后，纤维的均匀性仍有待提高，纤维制备成本还需进一步降低，液相纺丝方法的环境友好性也需重视。

（3）单壁碳纳米管透明导电薄膜由于具有优异的柔韧性，是新一代可穿戴电子器件、柔性能源储存与转化器件等的理想透明电极材料。目前研究者发展了多种方法以提高薄膜的光电性能，但要实现其规模化应用仍存在诸多问题与挑战。首先，薄膜性能仍需进一步提高以达到或超过柔性氧化铟锡的性能，这需要对单壁碳纳米管的精细结构，包括长度、质量、纯度、导电属性、管束尺寸、管-管搭接方式等进行调控优化，尤其是管间接触电阻和管束尺寸的控制。其次，需要发展大面积薄膜的宏量、低成本制备技术，浮动催化剂化学气相沉积法在该方面具有显著优势。最后，薄膜的均匀性和稳定性值得关注，这需要控制制备技术与薄膜收集技术的创新与改进。

（三）碳纳米管的手性与导电属性控制

单一导电属性/手性碳纳米管的控制制备研究虽然已取得了较大进展，但要获得可用于光电器件的碳纳米管，仍面临很大挑战。在直接制备单一导电属性单壁碳纳米管方面，需要在催化剂工程、生长机制、非平衡态的生长和刻蚀动力学与热力学控制等方面取得突破，从而进一步提高单一导电属性或手性碳纳米管的纯度与质量。这需要在可控制备和原位刻蚀机理方面取得突破，阐释单一导电属性及手性碳纳米管的生长、刻蚀机制及动力学过程，进而通过设计、制备适用于可控生长的催化剂及优化制备、刻蚀条件，获得单一导电属性甚至单一手性的碳纳米管。原位环境电镜和计算模拟研究可望在该领域发挥重大作用。原位环境透射电镜能够直接观察碳纳米管在催化剂上的形核、生长过程，是揭示碳纳米管生长机制的重要手段。然而由于碳纳米管的纳米尺寸及极快的生长速率，在透射电镜下研究单壁碳纳米管与催化剂的结构对应关系仍是一项极具挑战性的工作，尤其对碳纳米管手性及催化剂结构的同步表征更加困难。另外，环境电镜所能达到的气氛、温度条件与碳纳米管实际生长的气氛环境相差较大，环境电镜下观察到的成核、生长过程有可能与实际生长过程不符。这就需要结合理论模拟和大数据计算还原单壁碳纳米管的实际生长/刻蚀过程。

液相分离法已经可以获得含量高达99.99%纯度的单一导电属性单壁碳

纳米管，而且有些分离方法可以实现单一手性，甚至异构体单壁碳纳米管的分离，然而溶液法也存在着共性问题亟须解决。首先，分离后的碳纳米管通常被截短，并引入缺陷和杂质。由于单壁碳纳米管的纳米尺寸和离域大π键作用，导致碳纳米管在范德瓦耳斯力作用下集结成束；而液相分离法必须建立在单根分散溶液的基础上，进而利用各种导电属性和手性碳纳米管理化性能的差异实现进一步分离，这就必须借助物理和化学外力才能克服碳纳米管间的范德瓦耳斯力；在此分散过程中，碳纳米管被截短并引入各种官能团和缺陷，而化学表面活性剂或分散剂一般与碳纳米管间存在很强的作用力，难以被完全去除。这就导致碳纳米管的本征性能显著劣化，因此亟须发展温和的分散方法或发展直接生长单根、小管束单壁碳纳米管的技术。其次，碳纳米管的分离效率低。只有单分散在溶液中的极稀浓度的单根碳纳米管才能被分离，大部分碳纳米管沉淀在离心分散管底部，因此液相分离法的分离效率极低，获得的样品量有限、价格十分昂贵。未来能否发展出成本更低，可以实现宏量分离，且同时保持碳纳米管本征结构的新方法或技术是溶液法走向规模化应用的关键。

第四节　碳纳米管的应用领域及研究现状

材料的结构决定其性能，具有独特一维中空管状结构的碳纳米管展现出优异的力学、电学、光学、热学、磁学等物理化学性质。基于以上优异性能，研究者探索了碳纳米管在逻辑电路、柔性驱动与显示、传感与检测、能量存储与转换、生物成像、药物输运、热疗、结构与功能（导电、导热）增强复合材料、热界面材料和分离膜等诸多领域的应用。相关应用的需求牵引又在一定程度上促进了碳纳米管的结构调控与性能优化研究。

一、碳纳米管电子器件

信息科学技术的飞速发展推动了相关产业领域的深刻变革，改变了人们的生活和生产方式，并对社会文化产生了深刻影响，已成为重塑社会形态的重要推动力。半个世纪以来，硅基 CMOS 集成电路芯片技术通过缩小半导体器件的特征尺寸，提高集成系统的功能及性价比，对信息科学技术的进步起到决定性的推动作用。随着可穿戴器件的快速发展，柔性电子器件已成为目前信息技术领域的另一个重要发展方向。与硬质的硅基芯片器件不同，柔性电子器件因其独特的柔性和延展性，是可穿戴、便携式的信息处理和交互装备中不可或缺的重要部件，也是实现以物联网和人联网为特质的智能社会的关键技术，将极大地拓展传统电子产品的功能和应用领域。

新材料的研制、新物性的实现及新原理器件的设计，是发展上述新型信息功能器件的重要基石。一方面，基于新材料、新结构、新原理的器件构筑技术，将在突破硅基芯片摩尔定律极限方面提供新的技术候选方案；另一方面，碳纳米管等新型半导体材料及相关技术的发展使得柔性电子的实现成为可能，并作为硅基等硬质器件的有益补充，发展出多功能集成的可穿戴新型信息功能器件。

（一）高速芯片集成电路

1. 晶体管的制备与性能调控

1）导电类型调控

由于空气中水/氧气等的掺杂效应，在大气环境下碳纳米管晶体管通常表现为 p 型为主导的半导体输运特性。当栅极施加负偏压时，沟道中的空穴电荷在源/漏电压作用下流过源/漏极，因此场效应晶体管的源/漏电极与半导体沟道能够形成欧姆接触是非常重要的。这是因为欧姆接触的器件开态特性更佳、开关速率更快，同时欧姆接触也是避免器件短沟道效应的必要条件。要实现碳纳米管器件的 p 型欧姆接触，除了选择高功函数的金属外，还必须满足金属与碳纳米管有良好的浸润性及适宜的相互作用：相互作用太强会破坏碳纳米管的晶格结构；相互作用太弱会导致金属与碳纳米管之间形成间隙，增加势垒高度，从而大大增加接触电阻。综合考虑功函数和浸润性，金属钯成为实现碳纳米管器件 p 型欧姆接触的首选材料。2003 年，美国斯坦福大学 Dai 研究组首次采用金属钯作为接触电极，成功实现了碳纳米管的 p 型欧姆接触，并进一步通过改变金属功函数，验证出金属钯和碳纳米管接触产生的肖特基势垒为零或者负值[26]。

CMOS 逻辑电路具有逻辑摆幅大、静态功耗低等优点，是碳纳米管薄膜晶体管电路研究中的重要环节。由于大气环境中水和氧气的作用，碳纳米管薄膜晶体管通常呈现 p 型半导体特性，因此大多数碳纳米管集成电路都采用 PMOS 结构设计电路。通过掺杂和电荷注入等技术，可以构建 n 型碳纳米管薄膜晶体管器件，如碱金属离子掺杂[337]、有机分子掺杂[338, 339]、氧化铪沉积电荷注入[340, 341]、碳化硅钝化层保护[342] 等。高性能 n 型碳纳米管晶体管的突破是 2007 年由北京大学彭练矛研究组取得的，他们首次证明了金属钪（Sc）与本征碳纳米管可以形成理想的 n 型欧姆接触。这是由于钪满足三个条件：①功函数足够低，约为 3.3 eV，这保证接触时钪的费米能级能够更靠近碳纳米管的导带，从而使得界面处不会形成对电子的较大势垒。②钪与碳纳米管的浸润性好，界面处不会形成缝隙。③钪可以在大气环境中稳定存在。而且与钪处于同一族的下一周期元素钇（Y）也同样满足这三个条件，两者都完全具备作为碳纳米管器件 n 型欧姆接触的电极条件[343]。

2）电学接触

碳纳米管可满足 10 nm 节点技术以下半导体工艺对高性能沟道材料的需求。然而同硅基晶体管相似的是，与电极材料的接触电阻同样会随着器件尺寸的减小而增加，成为构建高性能碳纳米管晶体管器件用于延续摩尔定律的主要障碍。美国 IBM 托马斯·沃森研究中心的曹庆等提出了一种碳纳米管晶体管末端键合（end-bonded）接触技术，获得接触电阻大小与器件尺寸不存在直接关系的高性能碳纳米管晶体管器件，克服了传统平面/侧面接触结构所造成的器件尺寸限制。该方法利用钼作为金属电极，与碳纳米管沟道的两端通过化学反应生成的碳化物进行连接，从而消除肖特基势垒，减小接触电阻，为未来摩尔定律的延续提供了一种有效的解决方案[344]。

另外，由于碳纳米管薄膜是由碳纳米管相互搭接形成的二维网络结构，碳纳米管间接触电阻和管束聚集效应是制约其性能提高的主要瓶颈。因此，如何获得单根分散、低接触电阻的碳纳米管网络成为研制高性能碳纳米管薄膜的关键。中国科学院金属研究所刘畅研究组采用浮动催化剂化学气相沉积法制备出具有"碳焊"结构、单根分散的碳纳米管透明导电薄膜。所得薄膜中约 85% 的碳纳米管以单根形式存在，其余主要为由 2～3 根碳纳米管构成的小管束。通过调控反应区内的碳源浓度，在碳纳米管网络的交叉节点处形成了"碳焊"结构，可使金属性-半导体性碳纳米管间的肖特基接触转变为近欧姆接触，从而显著降低接触电阻。所得碳纳米管薄膜在 90% 透光率下的方块电阻仅为 41 Ω/sq；经硝酸掺杂处理后，其方块电阻进一步降低至 25 Ω/sq，比已报道的碳纳米管透明导电薄膜的性能提高了 2 倍以上，并优于柔性基底上的氧化铟锡性能，展现出碳纳米管在柔性电子及光电子器件中广阔的应用前景[250]。

3）性能调控

器件结构设计及高纯度半导体性碳纳米管薄膜/阵列的制备是获得高性能碳纳米管电子器件的两种行之有效的技术手段。针对栅极尺寸缩小及对碳纳米管沟道的调控能力问题，美国 IBM 托马斯·沃森研究中心的 Franklin 等制备出栅极全包覆沟道结构的碳纳米管晶体管器件［图 3-32(a)］。通过选择不同的介电层材料可获得稳定的高性能碳纳米管 CMOS 器件，同时展现出良好的器件尺寸缩减潜力[345]。针对碳纳米管带隙较小，其晶体管存在双极性明显和电流开关比小的缺点，北京大学彭练矛研究组提出了一种反馈栅结构［图 3-32(b)］，通过在漏端形成一个不随偏压变化的矩形势垒来抑制闭态电流和双极性，并制备出碳纳米管反馈栅晶体管，将碳管顶栅晶体管的电流开关比提高了 2～3 个量级，在 2 V 偏压下达到 10^8。该研究表明，碳纳米管晶体管

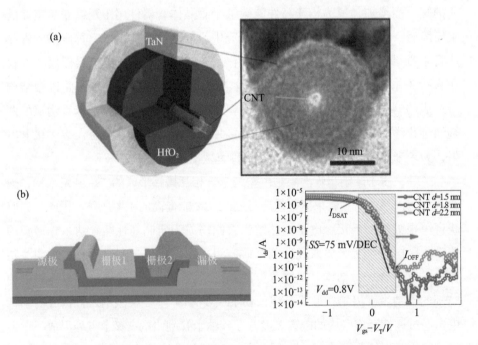

图 3-32　栅极全包覆型 (a)[345] 及反馈栅型碳纳米管晶体管器件 (b)[346]

有潜力满足低功耗电子应用和低漏电应用的工业标准[346]。

超高纯度半导体性碳纳米管的制备及高精度阵列控制是获得理想碳纳米管电子器件沟道材料的主要技术手段。美国威斯康星大学麦迪逊分校的Arnold研究团队使用聚合体筛选技术制备出高纯度半导体性碳纳米管，而后又用一种"浮动蒸发自组装"（FESA）方法解决了碳纳米管的阵列组装问题[347]。近日，清华大学魏飞研究团队发现超长碳纳米管在分米级长度上具有结构一致性。他们率先制备出长达550 mm的碳纳米管，并验证了碳纳米管的数量随长度呈现指数衰减的Schulz-Flory分布规律。该团队设计了层流方形反应器，精准控制气流场和温度场并优化恒温区结构，将催化剂失活概率降至百亿分之一，成功实现了超长水平阵列碳纳米管在7片4 in硅晶圆表面的大面积生长，碳管长度可达650 mm，单位反应位点转化数达到$1.53 \times 10^6 \text{ s}^{-1}$，是一般工业反应的上亿倍。利用所得碳纳米管阵列作为沟道材料构建晶体管器件，其开关比为10^8，迁移率达到4000 cm^2/Vs以上，电流密度为14 A/m，首次展现出超长碳纳米管平行阵列的优异电学性能。这种利用带隙锁定生长速度实现高纯半导体性碳纳米管（99.9999%）可控制备的方法，为制备结构完美、高纯半导体性碳纳米管平行阵列这一世界性难题提供了一种全新的技术路线，为发展新一代高性能碳基集成电子器件奠定了坚实的材料基础[348]。2020年，北京大学彭练矛研究团队在10 cm硅片上制备出排列整齐、每微米含有100～200根碳纳米管的平行阵列。基于该阵列制备的顶栅型场效应晶体管显示出比栅极长度相近的商用硅氧化物半导体场效应晶体管更好的性能，尤其是导通电流为1.3 mA/m，创纪录的跨导为0.9 mS，并保持了室温下亚阈值摆幅小于90 mV/dec[47]。这些研究工作为高性能碳纳米管晶体管电子器件的发展奠定了坚实的基础。

2. 碳纳米管芯片

1）碳纳米管计算机

碳基信息器件的一个重要研究方向是碳基芯片技术及新型电子器件的研发，IBM公司、斯坦福大学和北京大学的研究团队已取得了一系列重要研究成果。2013年，美国斯坦福大学研制出世界首台完全基于碳纳米管场效应晶体管的计算机原型[349]。该计算机采用最小光刻尺寸为1 μm的实验室工艺制造。每台计算机所占面积仅为6.5 mm^2，由178个碳纳米管场效应晶体管构成，其中每个晶体管含有10～200根碳纳米管，全部在单片晶片上的单个管芯中实现。该碳纳米管计算机制造工艺同硅CMOS技术完全兼容，采用标准单元法设计，因此对碳纳米管在晶片上的位置完全不敏感，既不需要对每个单元分别定制，也不需要对工艺进行额外补偿和考虑极大规模集成的兼容性。虽然其工作频率仅1000 Hz，与108/740 kHz主频的首台商用硅基计算机Intel 4004相当，只能发挥演示验证作用，距离实用化还有很远的距离，但这两种计算机都是完备的同步数字计算机，采用冯·诺依曼体系结构，都具有可编程性，可串行执行多种计算任务，并运行基本的操作系统。该里程碑式的进展验证了碳纳米管电子技术的可行性，被列为2013年"世界十大科学进展"。

2）"后摩尔时代"碳纳米管电子器件

集成电路发展的基本方式在于晶体管的尺寸缩减，从而提高性能和集成度，得到运行速度更快、功能更复杂的芯片。目前主流CMOS技术即将发展到7 nm的技术节点，后续发展将受到来自物理规律和制造成本的限制，"摩尔定律"可能面临终结。二十多年来，科学界和产业界一直在探索各种新材料和新原理的晶体管技术，以期替代硅基CMOS技术。碳纳米管被认为是构建亚10 nm晶体管的理想材料，其纳米尺度直径保证了器件具有优异的栅极静电控制能力，更容易克服短沟道效应；超高的载流子迁移率则保证器件具有更高的性能和更低的功耗。理论研究表明碳纳米管器件相对于硅基器件来说在速度和功耗上具有5～10倍的优势，有望满足"后摩尔时代"集成电路的发展需求。

美国加利福尼亚大学伯克利分校的A. Javey等采用单层二硫化钼（MoS_2）作为沟道材料、单壁碳纳米管作为栅电极，制备出栅极长度仅为1 nm的晶体管，突破了传统硅晶体管的物理极限，新材料的应用使摩尔定律得以延续[350]。北京大学彭练矛研究团队采用石墨烯作为碳纳米管晶体管的源漏接触，有效地抑制了短沟道效应和源漏直接隧穿，首次制备出以半导体性碳纳米管作为沟道材料的5 nm栅长高性能晶体管，并证明其性能超越同等尺寸的硅基CMOS场效应晶体管，将晶体管性能推至理论极限[46]。美国IBM托马斯·沃森研究中心曹庆等使用钼金属直接接驳碳纳米管端部，构建电流流入、流出的碳纳米管触点，从而减小了体积；通过在相邻晶体管之间平行放置由数根碳纳米管组成的纳米线来增强器件的传输电流，最终将整个晶体管的接触面积压缩到 40 nm，性能可与 10 nm 节点技术的硅基器件相媲美[351]。

另外，在追求集成电路性能和集成度提升的同时，如何降低功耗也随之变得异常重要，而降低功耗的最有效的方法是降低工作电压。目前，CMOS集成电路（14/10 nm 技术节点）的工作电压已降低至 0.7 V，而 MOS 晶体管中亚阈值摆幅（SS）的热激发限制导致集成电路的工作电压无法缩减到 0.64 V 以下。基于此，北京大学彭练矛研究团队提出一种新型超低功耗的场效应晶体管，采用具有特定掺杂的石墨烯作为一个"冷"电子源，半导体碳纳米管作为沟道材料，构建出顶栅结构的狄拉克源场效应晶体管，其在室温下的 SS 为约为 40 mV/dec。当器件沟道长度缩至 15 nm 时，SS 仍可稳定地保持在低于 60 mV/dec 的范围，完全达到国际半导体发展路线图对器件实用化的标准[352]。

3）碳纳米管"鳍式"场效应晶体管

事实上，作为当今半导体行业的主力军，"鳍式"场效应晶体管（FinFET）是晶体管架构呈现的主要形式，是延续摩尔定律的核心技术。原因是 FinFET 器件相比传统的平面晶体管来说有明显优势。首先，FinFET沟道一般是轻掺杂甚至不掺杂，它避免了离散掺杂原子的散射作用，同重掺杂的平面器件相比，载流子迁移率将会大大提高。另外，与传统的平面CMOS 相比，FinFET 器件在抑制亚阈值电流和栅极漏电流方面有绝对的优势。FinFET 的双栅或半环栅等鳍形结构增加了栅极对沟道的控制面积，使得栅控能力大大增强，从而可以有效抑制短沟效应，减小亚阈值漏电流。

碳纳米管以其独特的结构及优越的电学特性，成为构建 FinFET 器件的理想材料，为摩尔定律的延续提供了新的解决方案。韩国科学技术院的 Lee 等利用硅材料制备出三维鳍结构，然后将半导体性碳纳米管沉积在此结构表面及侧面，构建出碳纳米管 FinFET 器件。通过使用较薄的栅极电介质，可有效降低器件功耗、提高器件性能[353]。北京大学张志勇研究团队设计的碳纳米管FinFET 器件中，每个晶体管包含 3 个 Fin，采用高密度（>125 μm^{-1}）半导体性碳纳米管平行阵列作为沟道材料。仿真结果表明，通过阈值电压设计，由此碳纳米管 FinFET 构成的电路相对于同等技术节点的硅基 CMOS 电路最多具有 50 倍的速度 × 功耗（EDP）优势[354]。近期，中国科学院金属研究所的孙东明与韩拯课题组首次实现了可阵列化、垂直单原子层沟道的 FinFET 阵列器件[355]。研究人员制备出以单层二维材料作为半导体沟道的 FinFET，同时引入碳纳米管替代传统金属作为栅极材料，比传统金属栅极具有更好的包覆性有效提高了器件的性能（图 3-33）。通过对数百个晶体管器件统计测量，测得电流开关比达 10^7，SS 为 300 mV/dec。理论计算表明，所提出的单原子层沟道 FinFET 可有效抑制短沟道效应，漏端引入势垒降低值可以低至 5 mV/V。该项研究工作将 FinFET 的沟道材料宽度减小至单原子层极限的亚纳米尺度（0.6 nm），同时获得了最小间距为 50 nm 的单原子层沟道鳍阵列，为"后摩尔时代"场效应晶体管器件的发展提供了新方案。

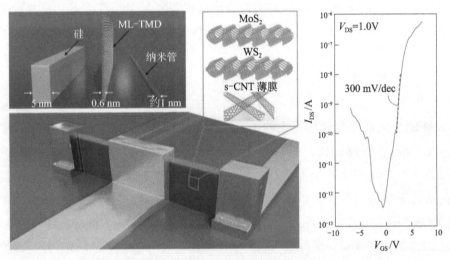

图 3-33　碳纳米管"鳍式"场效应晶体管[355]

ML-TMD 表示单元层过渡金属硫化物；s-CNT 表示半导体性碳纳米管

4）碳纳米管高速器件

虽然碳纳米管被认为是构建亚 10 nm 晶体管的理想材料，具有优于硅基器件的本征速度和功耗优势，有望满足"后摩尔时代"集成电路的发展需求，但由于寄生效应较大，实际制备的碳纳米管集成电路的工作频率较低（一般在兆赫兹以下），比硅基 CMOS 电路的工作频率（千兆赫兹，即吉赫兹）低几个数量级。因此，大幅度提升碳纳米管集成电路的工作频率成为发展碳纳米管电子学的另一重要课题。

2017 年，美国 IBM 托马斯·沃森研究中心的 Han 等利用自组织碳纳米管薄膜构建了高性能碳纳米管 CMOS 环形振荡器，其阶段切换频率高达 2.82 GHz，互补特性利用两种不同功函数的金属电极所实现，为碳纳米管高速电子器件的发展奠定了基础 [356]。同年，北京大学彭练矛研究团队通过优化碳纳米管材料、器件结构和工艺，改善碳纳米管晶体管的跨导和驱动电流，对于栅长为 120 nm 的晶体管，在 0.8 V 的工作电压下，其开态电流和跨导分别达到 0.55 mA/μm 和 0.46 mS/μm，成功实现了振荡频率达到 680 MHz 的碳纳米管五阶环形振荡器 [357]。而后，通过进一步优化器件结构，将振荡频率提升到 2.62 GHz。在此基础上，通过缩减碳纳米管晶体管栅长和优化电路版图，将五阶环形振荡器的振荡频率进一步提升至 5.54 GHz，在没有采用多层互联技术的前提下，速度已接近同等技术节点的商用硅基 CMOS 电路。最近，该研究组利用极高纯度的半导体性碳纳米管平行阵列制备出五阶环形振荡器，最大振荡频率大于 8 GHz，将碳纳米管高速器件的性能提升到一个新高度 [16]。2019 年，Carbonics 公司与美国南加利福尼亚大学合作，首次将碳纳米管在超过 100 GHz 的射频器件（RF）中使用，并在关键性能指标上超过了 RF-CMOS，表明该技术最终可能会远远超过现有的顶级射频 GaAs 技术。研究人员采用了被称为"斑马条纹"（ZEBRA）的沉积技术，即经过改良的漂浮蒸发自组装与自对准半导体性碳纳米管平行阵列技术，使得碳纳米管能够排列紧密地沉积在硅、石英和柔性材料等各种基底上，可以直接与传统的 CMOS 数字逻辑电路进行集成，解决了异构集成的问题 [358]。这一里程碑式的进展表明，基于碳纳米管的芯片技术极有可能为 5G 和毫米波技术应用提供强大的推动力。

5）碳纳米管 CPU

2019 年，麻省理工学院的研究人员提出一套改善碳纳米管薄膜晶体管制备工艺的方法，以克服整个晶圆尺度上的纳米级缺陷。即利用一种剥落工艺防止碳纳米管形成管束结构，通过细致的电路设计，在减少金属性碳纳米管含量的同时又不影响半导体性碳纳米管的数量，发明了一种后处理方法。这种后处理方法在不破坏碳纳米管晶格结构的同时，有效去除残留在碳纳米管薄膜中的杂质，获得了高纯净度的碳纳米管薄膜。最终使用行业标准的工艺流程，利用 14 000 多个 CMOS 碳纳米管晶体管成功构建出一个 16 位微处理器——RV16X-NANO。该微处理器基于 RISC-V 指令集，在 16 位数据和地址上运行标准的 32 位指令,在测试中成功执行了一个程序,生成消息"你好,世界!我是 RV16XNano,由碳纳米管制成"。这成为碳纳米管电子器件走向实际应用的一个重要里程碑[359]。

3. 多功能集成芯片

提高晶体管、数据存储技术或集成电路等单一电子设备的功能性已无法满足未来对数据密集型计算应用的需求,因此需要新的纳米技术来同时实现设备和集成电路结构的多功能集成电子系统。日本大阪府立大学的 Takei 等在 2015 年报道了一种三维叠层结构的柔性 CMOS 集成电路[360]。整个器件分为三层结构:第一层为利用 InGaZnO 作为沟道材料的 n 型薄膜晶体管器件;第二层为采用半导体性碳纳米管作为沟道材料的 p 型薄膜晶体管器件;第三层为基于碳纳米管与 PEDOT:PSS 的温度传感器。获得的 CMOS 反相器具有良好的电学性能与柔性,同时器件性能随温度的变化极小,展现出优异的温度稳定性,有望应用于未来健康监测器件。美国斯坦福大学的 Wong 等在 2013 年研制出一种三维结构碳纳米管集成电路,叠层结构的集成电路单位体积内的运算效率更高,同时在散热方面也具备一定的优势[361]。2017 年,该研究组进一步提出三维多功能集成电子系统的概念,所制备的芯片包括一百多万个电阻式随机存储器单元和两百多万个碳纳米管场效应晶体管。与传统集成电路结构不同,所采用的分层式制备技术可以在层间实现计算、数据存储、输入和输出(如传感)等功能的垂直连通的高集成度三维集成电路结构。这种多功能芯片可在 1 s 内捕捉大量数据,并在单一芯片上直接存储,原位实现数据获取与信息的快速处理。同时,由于每一层都是制备在硅基逻辑电路上,因此与硅基具有完美兼容性[图 3-34(a)]。这种复杂的纳米电子系统对未来高性能、低功耗的电子设备而言是必不可少的[362]。

我国科研人员在 3D 碳纳米管基器件领域也做出重要贡献。北京大学彭练矛等采用"金属加工"策略,通过设计基于金的孔洞状底层等离子激元结构来实现片光操控[363]。由于半导体性碳纳米管薄膜具有原子层尺寸的厚度,故不适于采用离子注入的方式来对器件极性进行调控。研究者通过调节接触金属的功函数来调控器件极性,即利用高功函数(HM)和低功函数(LM)的不同组合来实现 p 型金属氧化物半导体(PMOS)(HM-HM)、n 型金属氧化物半导体(NMOS)(LM-LM)和二极管(LM-HM),从而利

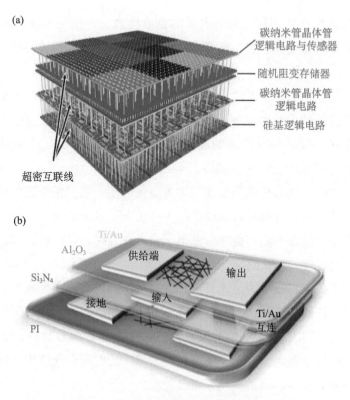

图 3-34　碳纳米管 3D 集成电路 [362, 364]

用低温制备的工艺特性和 CMOS 兼容的方式来实现三维集成等离子激元器件与电子器件。其功能体现为底层无源器件实现光操控和信号传递，上层有源器件实现信号接收和处理。清华大学范守善等在 2016 年报道了双层堆垛的碳纳米管薄膜晶体管，实现了 CMOS 碳纳米管薄膜晶体管电路 [364]。如图 3-34(b) 所示，以 Si_3N_4 为绝缘层的薄膜晶体管为 n 型晶体管，以 Al_2O_3 为绝缘层的器件为 p 型晶体管，p/n 型晶体管共用一个栅极。研究结果表明，三维叠层结构的碳纳米管 CMOS 反相器的电压增益达到 25，噪声容限面积超过 95%，并在不同弯曲条件下可以正常工作，为"后摩尔时代"的 CMOS 器件架构提供重要参考。

（二）碳纳米管柔性电子器件

柔性电子器件以其独特的柔性和延展性及高效、低成本制造工艺，具有与传统刚性基底电子器件迥然不同的属性和应用领域，对于发展高可靠、便携式可穿戴信息处理和交互装备具有创新性意义，也是实现以物联网和人联网为特质的智能社会的关键技术，成为目前信息技术领域的另一重要发展方向。

柔性电子技术是在柔性、可延性塑料或薄金属基板上的电子器件制备技术，以其独特的柔性和延展性及高效、低成本的制造工艺，在信息、能源、医疗、国防等领域具有广阔的应用前景，如电子报纸、柔性电池、电子标签、柔性透明显示、电子皮肤等。柔性电子技术作为一类新兴的电子技术，涵盖范围较广，从基板选用角度被称为塑料电子，从制备工艺角度被称为印刷电子，从晶体管沟道材料角度被称为有机电子或聚合物电子等。柔性电子技术的发展目标并不是与传统硅基电子技术在高速、高性能器件领域内开展竞争，而是实现具有大面积、柔性化和低成本特征的新型电子器件与产品。

随着平板显示技术的迅速发展，薄膜晶体管器件目前已成为大面积电子器件的基本构筑单元。从其出现到成熟，薄膜晶体管器件经历了较长的发展历史。非晶硅和多晶硅是目前最成熟的薄膜晶体管沟道材料，实现了从手机、计算机显示屏到大屏幕高清电视等领域广泛的商业化应用。碳纳米管作为新型纳米碳材料，自被发现以来已展现出优异的电学、光学、力学和热学性质，碳纳米管薄膜也成为理想的柔性电子器件沟道构筑材料。碳纳米管薄膜晶体管在载流子迁移率、低温制备、柔性、大面积、成本及稳定性方面具有优势，是未来柔性电子发展的重要方向之一。

1. 柔性碳纳米管薄膜晶体管及集成电路

碳纳米管薄膜晶体管由沟道、栅绝缘层、电极和基底材料构成，源极、漏极和栅极一般由金属材料构成；介电材料为 SiO_2、Al_2O_3、HfO_2 或聚合物材料等；基底材料包括硬质（如玻璃和硅片等）和柔性（如聚合物塑料）基底；沟道是由随机分布的碳纳米管薄膜构成。碳纳米管薄膜晶体管的器件结构分为顶栅、埋栅结构和共底栅。顶栅结构和埋栅结构的器件属于分立栅结构，每个薄膜晶体管通过单独的栅极控制其开关状态；共底栅结构通常利用重掺杂硅基底表面的热氧化层作为绝缘层，器件工艺主要包括源/漏电极图形化和沟道材料制备等步骤，不需要绝缘层开窗等套刻光刻工艺，具有工艺简单、效率高等特点。

基于沟道材料制备的特点，柔性碳纳米管薄膜晶体管器件的构建方法大体上可分为三类，即基于转移技术的固相法、基于碳纳米管溶液的液相法、基于气相收集碳纳米管薄膜的气相法。

1）基于固相法的柔性器件

固相法是先在硬质基底上生长碳纳米管，再转移到塑料基底上制作薄膜晶体管的方法。美国伊利诺伊大学香槟分校的曹庆等利用固相法在塑料基底上制备出柔性碳纳米管薄膜晶体管中规模集成电路[365]。采用化学气相沉积法在 Si/SiO$_2$ 基底上合成碳纳米管薄膜后，将图形化的碳纳米管薄膜与源/漏极一同转移到柔性聚合物基底上，再利用传统的半导体器件工艺制作绝缘层、栅电极和互连线。为了消除由约 1/3 金属性碳纳米管构成的导电通路，他们利用条带图形化技术使金属性碳纳米管导电通路低于渗流阈值，从而实现了高电流开关比。器件的基底为 50 μm 厚的柔性聚酰亚胺，表现出良好的柔性，在曲率半径为 5 mm 弯曲条件下，薄膜晶体管的性能没有明显变化。进一步构建了反相器、或非门、与非门等基本逻辑电路单元。基于 PMOS 的反相器实现了逻辑"非"功能，最大电压增益为 4，具有一定的噪声容限，电压摆幅大于 3 V。

美国南加利福尼亚大学的 Ishikawa 等报道了以氧化铟锡作为源漏电极、具有约 80% 透光率的碳纳米管薄膜晶体管，可用于构建商用 GaN 发光二极管控制电路，获得了 10^3 的发光强度[366]。中国科学院金属研究所李世胜等通过氧化镍与碳纳米管的碳热还原反应，选择性刻蚀沟道中的金属性单壁碳纳米管，构建出全单壁碳纳米管场效应晶体管，晶体管的电流开关比提高了 3～4 个数量级[367]。该技术通过一步碳热反应即可实现晶体管沟道和电极图形化，且氧化镍模板可重复使用，具有工艺流程简单、快速和成本低的特点。

2）基于液相法的柔性器件

液相法是将合成好的碳纳米管经分散、提纯和分离制成溶液，采用旋涂、喷墨印刷、纳米压印和电泳等方法来制作薄膜晶体管。液相法可与印刷技术相结合，成为柔性电子器件领域具有前景的发展方向。随着碳纳米管液相分离技术不断取得进展，液相法构建碳纳米柔性电子器件受到越来越多的关注。日本名古屋大学的 Miyata 等利用液滴涂覆和单向吹扫技术，对特定长度的碳纳米管定位并构建了薄膜晶体管[368]，他们采用多次循环的过滤纯化工艺显著提高了碳纳米管的纯度，半导体性碳纳米管含量达到约 99%，器件载流子迁移率达 164 $cm^2/(V \cdot s)$，电流开关比达 10^6。美国南加利福尼亚大学的周崇武研究组利用半导体性碳纳米管溶液开展了一系列薄膜晶体管和集成电路方面的研究工作，展现了碳纳米管薄膜晶体管器件在有机发光和显示驱动等领域的应用潜力 [369, 370]。美国加利福尼亚大学伯克利分校在 2012 年报道了高性能的碳纳米管数字和模拟电路 [371]，通过 3-氨丙基三乙氧基硅烷（APTES）对柔性聚酰亚胺基底表面改性，利用浸渍法沉积高密度的半导体性碳纳米管薄膜，晶体管表现出良好的均匀性，开态电流和跨导分别为 15 A/m 和 4 S/m。反相器、与非门、或非门等数字电路在 2000 次弯折条件下性能几乎没有改变，沟道长度为 4 μm 的射频器件获得了 170 MHz 的截止频率，展示了碳纳米管电路在柔性无线通信领域的应用前景。

印刷电子是一种低成本柔性电子器件的制备方法，可以避免半导体工艺中原材料的浪费，有效降低原料成本。结合印刷技术的工业基础，金属、介电层、有源层和封装材料等都可以采用印刷方法制备 [372-374]。美国明尼苏达大学报道了利用喷墨打印的方法制作了柔性碳纳米管薄膜晶体管和电路 [375, 376]，制备的 5 级环形振荡器可以在低于 3 V 的电压下工作，振荡频率大于 20 kHz；中国科学院苏州纳米技术与纳米仿生研究所的崔铮等利用一种共轭聚合物（F8T2）分离大直径碳纳米管，采用喷墨打印技术制备薄膜晶体管 [377, 378]，其载流子迁移率为 42 $cm^2/(V \cdot s)$，电流开关比约为 10^7。该研究组通过在柔性聚合物基底表面预沉积 5 nm 的氧化铪薄膜，提高碳纳米管与基底的浸润性和环境稳定性 [379]，进而改善了碳纳米管薄膜的均匀性。打印的反相器电压增益为 33，工作频率达到 10 kHz，5 级环形振荡器在 2 V 工作电压下谐振频率为 1.7 kHz。

丝网印刷是一种应用范围很广的印刷技术，通过刮板的挤压，使油墨通过图形部分的网孔转移到承印物上，形成与原稿一样的图形。美国南加利福尼亚大学的周崇武等在 2014 年报道了采用丝网印刷技术制备柔性碳纳米管薄膜晶体管 [380]。采用溶液浸渍方法将半导体性碳纳米管薄膜沉积在柔性聚合物基底上，通过氧离子刻蚀去掉沟道区域外的碳纳米管，银电极、钛酸钡绝缘层通过丝网印刷的方法打印。柔性器件在不同曲率弯曲条件下，性能几乎保持不变，其载流子迁移率为 7.67 $cm^2/(V \cdot s)$，电流开关比超过 10^4。丝网印刷具有设备简单、操作方便，成本低廉、通用性强等特点，但普通丝网印刷的加工精度在 10～100 μm，因此需要进一步提高印刷精度才能满足电子器件的工艺要求。

凹版印刷相比于喷墨打印技术具有更高的生产效率，可以实现沟道、电极和介电材料的快速、大面积和连续制备。日本名古屋大学的 Higuchi 等于 2013 年采用柔版印刷方法制备了碳纳米管薄膜晶体管[381]。通过光学显微镜对准实现银电极、绝缘层和碳纳米管薄膜的套印，制备出高性能的碳纳米管薄膜晶体管器件，载流子迁移率达 157 cm²/(V·s)，电流开关比为 10⁴。2015 年，该研究组利用半导体性碳纳米管溶液作为沟道，实现了亚 10 μm 沟道长度的加工精度，器件的开态电流达到 0.94 A/m[382]。美国加利福尼亚大学伯克利分校的 Javey 等同样利用凹版印刷技术在柔性基底上印刷 99% 的半导体性碳纳米管溶液、纳米银电极溶液和钛酸钡绝缘层溶液，利用打印的绝缘层作为掩膜，对碳纳米管薄膜进行图形化，碳纳米管薄膜晶体管显示了良好的柔韧性和环境稳定性，载流子迁移率和电流开关比分别为 9 cm²/(V·s) 和 10⁵，器件在 60 天未封装条件下性能基本保持不变。以上典型性的印刷工艺在套印精度、碳纳米管沟道直接印刷、器件均匀性等方面还有进一步改进的空间。作为卷对卷制备工艺，高效印刷技术不需要光刻和真空镀膜等常用的半导体器件工艺，将是未来柔性、低成本宏观电子研发的重要途径[383]。

3）基于气相法的柔性器件

气相法是采用浮动催化化学气相沉积法合成碳纳米管，并直接气相过滤成膜再转移到衬底上制作晶体管的方法。气相法可避免液相法中的物理化学处理工艺对碳纳米管的污染和损伤，具有简单、快速、非真空室温操作、连续性好等特点。

芬兰阿尔托大学的 Kauppinen 等利用浮动催化剂化学气相沉积法合成碳纳米管，通过电场辅助于室温下在不同基底上沉积碳纳米管薄膜，晶体管的载流子迁移率和电流开关比分别为 4 cm²/(V·s) 和 10⁵[384]。2011 年，日本名古屋大学的 Ohno[229] 研究团队提出了一种气相过滤转移制备高性能碳纳米管薄膜晶体管的方法。如图 3-35(a) 和 (b) 所示，该方法采用常压浮动催化剂化学气相沉积法生长碳纳米管，在室温下通过滤膜收集碳纳米管，然后将其转移到聚合物塑料基底上制作晶体管和集成电路。由于避免了传统的液相工艺对碳纳米管的破坏，碳纳米管薄膜晶体管的载流子迁移率达 35 cm²/(V·s)，考虑到实际静电栅极耦合效应，通过严格圆柱电容模型评估的载流子迁移率达 1236 cm²/(V·s)。由于直接合成的碳纳米管薄膜中含有约 1/3 的金属性碳纳米管，他们通过选择碳纳米管薄膜的收集时间来调控碳纳米管网络的密度，使薄膜中金属性碳纳米管的密度小于渗透阈值，在未进行金属性和半导体性碳纳米管分离的情况下，碳纳米管薄膜晶体管的电流开关比超过 10⁶，并构建出反相器、与非门、或非门、3 级、11 级和 21 级环形振荡器、RS 触发器和主从 D 触发器等一系列集成电路。单个逻辑门获得了约 100 kHz 延迟频率的操作速度，将碳纳米管集成电路的研究水平由组合电路提高到时序电路水平。

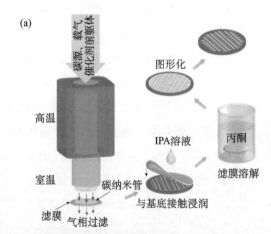

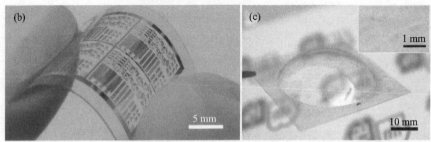

图 3-35 基于气相法的柔性碳纳米管集成电路［(a) 和 (b)］及可塑全碳薄膜晶体管 (c)[229]

由于塑料基底具备可塑性，即在一定力/热条件下可发生塑性形变，Sun 等 [228] 在 2013 年提出了全碳薄膜晶体管的制备技术，实现了可塑的晶体管集成电路。制备的全碳薄膜晶体管不仅具有良好的透光性，含衬底条件下透光率大于 >80%，而且表现出优异的电学性能，载流子迁移率达 1027 cm²/(V·s)，电

流开关比超过 10^5。基于碳纳米管和聚合物优异的机械拉伸性能,全碳集成电路器件可通过塑型技术制成三维球顶形,双轴应变达 18%[图 3-35(c)]。塑型后的全碳集成电路实现了包括反相器、与非门、或非门、异或门、21 级环形振荡器等基本逻辑门的正常操作,并首次完成了基于碳纳米管的静态随机存储器(SRAM)的数据读写。全碳集成电路的透光性使其在柔性电池、透明器件、平视显示等新型器件中具有应用潜力;其可塑性将使三维电子器件的构建成为可能,对于开发出低成本、具有电子功能化的新型塑料电子产品具有重要意义。

中国科学院金属研究所的孙东明研究组于 2018 年提出了一种基于感光干膜工艺的碳纳米管薄膜晶体管电子器件及制作方法,工艺过程简单,可实现大面积器件,所得的碳纳米管薄膜晶体管具有良好的电学和力学性能[385]。同时,兼容卷对卷印刷工艺在常压下实现了大面积碳纳米管电极和碳纳米管沟道的图形化工艺,比传统光刻胶制备全碳纳米管薄膜晶体管器件更具优势。与此同时,该研究组与刘畅团队合作,开发出一种可高效、宏量制备高质量碳纳米管薄膜的方法,实现了米级尺寸高质量单壁碳纳米管薄膜的连续制备及转移,并基于此构建出高性能的全碳薄膜晶体管和集成电路器件,如异或门、101 阶环形振荡器等,为未来开发基于单壁碳纳米管薄膜的大面积、柔性和透明电子器件奠定了坚实的基础[251]。

2. 碳纳米管传感器

1)碳纳米管光电器件

碳基光电器件是目前纳米光电器件研究的重要方向之一。碳纳米管基光电器件的优势源于其独特的一维结构、直接带隙特征及比硅更优异的光学性质,可用于构建红外光发射器和室温红外光探测器等高性能光电器件。该领域的研究始于 2003 年 IBM 研究组观察到单个双极性碳纳米管晶体管在合适的栅极电压下可以从一个电极通过隧穿注入电子,另一个电极注入空穴,这些被注入的电子和空穴在碳纳米管中复合并发射出沿碳纳米管轴向偏振的红外光[386]。同时,由于低维体系材料中电子与空穴之间存在很强的库仑相互作用,在碳纳米管中会出现很强的激子效应,在很大程度上决定了碳纳米管光电器件的光吸收或光发射过程[387]。半导体性碳纳米管是直接带隙材料,在红外波段具有较强的光吸收特性。而且由于碳纳米管没有悬键,自身迁移率高，光生载流子分离速度快，碳纳米管光探测器件具有超快响应。因此，半导体性碳纳米管可作为纳米尺度的光探测器材料，将光信号转变成电信号。

然而，碳纳米管在光电子器件中的应用受限于其弱的光吸收和低光电转换效率，因此与其他具有强光吸收能力的材料复合是一种有效的技术手段。武汉大学潘春旭和澳大利亚莫纳什大学鲍桥梁等研制了一种兼具高探测度及良好柔韧性的碳纳米管/钙钛矿量子点复合光电探测器[388]。其工作原理是钙钛矿量子点与碳纳米管形成一种异质结构，在光照下钙钛矿量子点生成电子-空穴对。由于异质结的存在，光生空穴会注入到碳纳米管中，使光生电子-空穴得到分离。该光电探测器的灵敏度达到 2.8 A/W，且在拉伸应变100% 时性能保持不变。更重要的是，该光电探测器在经过机械拉伸或弯曲1000 次后，性能依然不会衰减，具有良好的抗反复弯曲和拉伸性能。中国科学院上海技术物理研究所胡伟达等研究了电极接触和激子效应对碳纳米管晶体管光电流产生的影响，通过与 PbS 量子点复合增强碳纳米管晶体管在特定波长区域的响应度，获得了局部与整体光电流两种不同的光电导行为，可归因于一维碳纳米管与三维金属接触处的热辅助隧穿效应[389]。研究表明，碳纳米管本身具有一定的光响应，而且光栅在其中起着至关重要的作用。同济大学黄佳等将无铅钙钛矿材料 $CsBi_3I_{10}$ 与单壁碳纳米管进行复合，得到可栅压调控且具有高光响应度的光响应晶体管[390]。单壁碳纳米管促进了光生载流子的解离并加速了其传输，从而显著增强了复合器件的光电性能，响应度达到 6.0×10^4 A/W、光探测度为 2.46×10^{14} Jones。此外，在光脉冲激励下该器件可模拟神经突触的兴奋性突触后电流、双脉冲易化、经验式学习行为等。

北京大学彭练矛课题组对碳基光电子器件的发展做出了重要贡献。例如，单片光电集成芯片一直是纳米光子学和电子学领域的重要课题，且在光通信和芯片光互连领域有重要意义。该研究组发挥碳纳米管可同时制备高性能 CMOS 场效应晶体管和光电探测器的优势，开发了一种使用碳纳米管制备全部有源器件的光电集成技术，从而实现了碳纳米管光电系统与硅基光子学器件的高度集成。利用碳纳米管晶体管高效控制手性富集的碳纳米管发光器件，实现了基于"带电激子"（trion）发光机制的碳纳米管光发射机；利用碳纳米管光接收器和光发射机实现了光电混合集成的"与"逻辑门；首次实现了光伏模式的碳纳米管单片三维叠层结构的光电集成电路，其纵向集成尺度低于 30 nm；在此基础上，提出了基于信道分复用（channel-division-multiplexing，CDM）的互连架构，顶层存储器中的数据可以以电信号的方式被传送到顶层的碳纳米管光发射器，再以光信号的方式被平行映射到底层的碳纳米管光接收机中，转化为电信号，随后由底层的碳纳米管电路处理，为超越 CMOS 架构提供了有价值的参考[363]。

此外，由于碳纳米管具有一维结构、极高的载流子迁移率和高的饱和速度，其带隙可覆盖整个近红外波段且具有极高的吸收系数，因此可用于制备高性能光探测器。基于此，彭练矛课题组借助碳纳米管器件工艺与硅基工艺之间良好的兼容性，制备了碳纳米管红外光探测器和 CMOS 逻辑电路[391]。通过耦合碳纳米管红外光探测器与硅基单模波导，吸收材料与光子的相互作用大大增强，探测器的光电流响应度相比正入射下提升了 97.6 倍，达到 12.4 mA/W。同时，通过开发"蛇形"光伏倍增二极管结构，波导耦合的光电二极管可显现线性光伏倍增，输出电压信号与逻辑门的供电电压匹配，做到逻辑控制。多根波导、多个光探测器和逻辑门的集成展示也体现出碳纳米管光电集成系统在兼容波分复用技术方面具有一定的潜力，有望提升光电集成系统的数据承载能力。碳纳米管光电系统首次以全碳基有源器件实现单片波导耦合和光电集成，为未来碳基集成电路芯片和光互连芯片的发展奠定了基础。

2）碳纳米管压力传感器

当前人工智能快速发展，触觉感知是人类和未来智能机器探索物理世界的基础性功能之一，发展具有触觉功能的仿生电子皮肤柔性感知器件，并实现器件与柔软组织间的机械匹配性，具有重要的科学意义和应用价值。受指纹能够感知物体表面纹理的启发，中国科学院苏州纳米技术与纳米仿生研究所张珽研究团队采用内外兼具金字塔敏感微结构的柔性薄膜衬底及单壁碳纳米管导电薄膜，设计制备了具有宽检测范围（45～2500 Pa）、高灵敏度（3.26 kPa^{-1}）的叠层结构柔性振动传感器件，并建立了其摩擦物体表面时振动频率与物体表面纹理粗糙度的模型：$f = \dfrac{v}{\lambda}$（其中，v 为柔性传感器相对运动速度；f 为振动频率；λ 为起伏间距，即波长）。该柔性仿生指纹传感器可应用于物体表面精细纹理/粗糙度的精确辨别，最低可检测 15 m × 15 m 的纹路，超过了手指指纹的辨识能力（50 m × 50 m）。同时，该柔性仿生指纹传感器能够实现对切应力及盲文字母等进行高灵敏检测与识别。这些特性使其有望在机器人电子皮肤的触觉感知、智能机械手等方面获得应用[392]。

清华大学张莹莹等以取向碳纳米管/石墨烯薄膜作为导电层，以印模了植物叶片表面多级结构的硅胶作为支撑层，制备了一种柔性透明的高灵敏度压力传感器。研究人员利用柔性聚合物聚二甲基硅氧烷（PDMS）印模植物叶片，得到具有多级微纳结构的柔性基底。将从碳纳米管垂直阵列中直接抽出的取向碳纳米管薄膜附在铜箔表面，然后以此作为基底用于化学气相沉积法生长石墨烯，最终得到取向碳纳米管/石墨烯复合薄膜材料。该薄膜结合了一维碳纳米管与二维石墨烯的优势，呈现了优异的导电性、良好的结构强度和透光率。将该复合薄膜转移到 PDMS 表面用于构筑压力传感器。石墨烯的存在使得复合薄膜可与微结构基底保形接触，从而有利于获得高稳定性；基底表面的多级微结构与碳纳米管薄膜的取向有助于提高传感器的灵敏度和快速响应。该柔性压力传感器的灵敏度为 19.8 kPa^{-1}，超过大部分已报道的压力传感器；最低检测限为 0.6 Pa，相当于一个小水滴施加的压力；响应时间少于 16.7 ms；其驱动电压仅为 0.03 V，有助于在低功耗可穿戴器件中使用；稳定性突出，经过 35 000 次循环其性能仍保持稳定[393]。

作为柔性电子器件的另外一种重要类型，应变传感器被广泛用于可穿戴运动检测与健康监测等。碳纳米管薄膜网络结构在拉伸条件下会产生由碳纳米管搭接与导电通路变化而引起的薄膜电阻的改变。同时，碳纳米管网络结构在应变回复时会产生弯曲和褶皱现象，以至于其在拉伸过程中损失的导电通路无法回复。在反复拉伸过程中，应变的施加和回复主要通过碳纳米管网络的拉直和弯曲来响应，而在这个过程中产生的电阻变化较微弱，导致应变传感的灵敏度较低，在很大程度上制约了碳纳米管网络在应变传感领域的应用。基于这一问题，国家纳米科学中心方英等与合作者受树叶、鸭蹼等自然结构的启发，设计了一种碳纳米管-石墨烯复合结构，并基于该结构实现了对循环小应变具有良好响应的可穿戴应变传感器[394]。在该结构中，石墨烯填充于碳纳米管网络的内部，可有效抑制碳纳米管网络在应变回复时的弯曲变形，提高了整个体系的刚性，从而使复合薄膜对于应变的施加和回复可以产生单调线性的电阻变化响应。这种复合结构既保持了原始碳纳米管网络的可拉伸性，又大大提高了其在小应变范围内应变传感的灵敏度和线性，在柔性电子与可穿戴器件等领域具有潜在应用价值。

3. 碳纳米管存储器

存储器作为信息的主要载体，是支撑集成电路、航空航天、国防和军事领域发展的重要支柱。随着云计算和大数据等新兴技术的出现，数据存储的规模和复杂性达到前所未有的高度。在提高数据存储密度的过程中，主要是通过小型化而不是优化存储结构来实现更好的性能。然而由于物理限制，如栅极引起的漏极漏电等问题，导致存储器的可靠性急剧劣化。因此，亟须发展基于新结构和新机制的存储器件。

1）非易失性存储器

非易失性存储器是指在断电时所存储的数据也不会消失的一类存储器，其信息存储状态不依赖于外界的电源供应，这对于降低系统能耗及保证信息存储的可靠性、安全性非常重要。美国莱斯大学的 Tour 等报道了一种没有栅电极的两端存储器[395]，其中半导体性碳纳米管具有可重复的回滞效应，通过在碳纳米管上施加相对极性的电压脉冲可实现低电导和高电导之间的双稳态导通，从而形成两端非易失性存储器件。中国科学院苏州纳米技术与纳米仿生研究所的李清文等在碳纳米管纤维表面上包裹一层热还原氧化石墨烯，将功能化的碳纳米管纤维相互交叉叠加，制备出基于碳纳米管纤维的非易失性全碳阻变存储器。在真空条件下，器件的开关比最高可达 10^9，开关速率小于 3 ms，开关次数大于 500 次[396]。美国西北大学的 Hersam 等通过控制吸附的大气掺杂和结合稳定的封装层，实现了一种具有稳定、均匀器件性能的互补 p 型和 n 型碳纳米管薄膜晶体管，然后模拟、设计和构建出低功耗静态随机非易失性存储器阵列，为碳纳米管存储器件的规模化制备奠定了坚实的基础[397]。中国科学院金属研究所的孙东明等提出一种以光刻胶作为栅绝缘层的碳纳米管薄膜晶体管及其存储器件的制作方法。利用旋涂和光刻工艺完成栅绝缘层的沉积和图形化，工艺过程简单，所得的栅绝缘层是高性能的柔性介电材料。薄膜晶体管在较低的工作电压下即可正常工作，具有较高的电流开关比、载流子迁移率等良好的电学性能；经过 5000 次机械弯曲之后，器件的电学性能保持稳定，栅极漏电流维持不变，展现出光刻胶栅绝缘层优异的绝缘性能及良好的柔性。同时，以固化光刻胶作为栅绝缘层及钝化层的碳纳米管薄膜晶体管可获得稳定的迟滞效应，用于构建记忆存储器件（图3-36）。该研究工作拓展了光刻胶的用途，在大面积、低成本、柔性印刷半导体器件领域具有广阔的应用前景[398]。韩国成均馆大学的 Lee 等利用氧修饰后的石墨烯作为电极，以碳纳米管薄膜作为沟道材料，制备出超透明、柔性非易失性存储器[399]。氧原子通过臭氧处理以 C—O—C、C＝O 和 C—OH 的形式结合到石墨烯表面，充当电荷陷阱中心。此外，此种非易失性存储器由于使用全碳材料，在弯曲实验中展现出较高的载流子迁移率［44 cm^2/(V·s)］、操作速度为 100 ns，并具有良好的柔性。

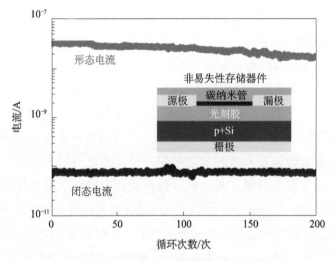

图 3-36　碳纳米管非易失性存储器[398]

2）相变存储器

相变材料（PCM，如硫族化合物 Ge$_2$Sb$_2$Te$_5$）具有非晶相和晶相的两相结构及相对应的电学和光学性质。相变材料是 DVD 光盘中常用的活性材料，其中相位变换由脉冲激光引起和读取。然而，由于焦耳热必须耦合到一个有限的比特体积内，导致相变材料存在编程电流高的缺点，之前的报道是用直径为 30～100 nm 的纳米线或金属进行互连[400, 401]。2011 年，美国伊利诺伊大学的 Pop 等使用直径为 1～6 nm 的碳纳米管作为电极，在纳米尺度 GST 比特中实现了可逆相变[402]。利用单壁碳纳米管和小直径的多壁碳纳米管控制相变材料位，获得了 0.5 μA（读取）和 5 μA（擦除）的编程电流，比目前最先进的设备低两个数量级。且脉冲测试使存储器开关具有非常低的能耗。

3）阻变存储器

在几种非易失性存储器候选中，阻变存储器（RRAM）由于具有高性能、可扩展和易于集成到当前硅基 CMOS 技术中的潜力而备受关注。碳纳米管具有优异的电学、热学和力学性能，特别是以单壁碳纳米管作为电极材料时具有很强的吸引力。金属电极很难在 10 nm 以下的尺寸上进行图形化。在石英衬底上生长碳纳米管水平阵列并对其进行转移，可为使用碳纳米管电极实现超高密度、高性能 RRAM 器件阵列提供一条可行的途径[403, 404]。美国伊利诺伊大学的 Shim 等以碳纳米管作为电极构建出的碳纳米管/AlO$_x$/碳纳米管 RRAM 器件具有不同数量的碳纳米管-碳纳米管交叉点，表现出低至 1 nA 的复位电流和 10^5 的电流开关比[405]。优化碳纳米管电阻可以同时提供高的电流开关比和低的编程电流，联合内置的串联电阻，可以降低 AlO$_x$ 永久击穿和器件过早失效的可能性，为 RRAM 技术的尺寸极限提供新的科学依据。

4）浮栅存储器

浮栅型非易失性存储器具有开关比高、编程电压低、读写快速等特点，通过源极、漏极与栅极共同作用实现高速稳定的载流子调控，核心结构包括沟道、隧穿层、浮栅层与阻挡层。在以往的研究中，浮栅存储器隧穿层通常为较厚的金属氧化物膜。然而由于材料自身力学方面的限制，薄膜状浮栅层与隧穿层通常在超过 1%～2% 弯曲应力条件下会发生断裂，导致柔性存储器件的存储信息失效[406]。目前低功耗的柔性存储器件所承受的弯曲应变一般不超过 0.2%[407]。因此，如何在大应变下保持数据快速稳定的读写与擦除，已成为柔性非易失性浮栅存储器件研究中的关键问题。中国科学院金属研究所的孙东明等提出了一种基于铝纳米晶浮栅的碳纳米管非易失性存储器，其采用多个分立的铝纳米晶/氧化铝一体化结构作为浮栅层与隧穿层，半导体性碳纳米管薄膜作为沟道材料，具有高于 10^5 的电流开关比、长达 10 年的存储时间及稳定的读写操作，实现在 0.4% 弯曲应变下稳定的柔性使役性能，为柔性非易失性存储器件的发展奠定了坚实的基础[408]。

4.碳纳米管多功能电路

1）碳纳米管显示器件

一般平板显示由显示像素与驱动电路两个基本部分组成。驱动电路是控制每个像素开关的晶体管电路。有机发光二极管具有高亮度、高对比度、响应快及低功耗等独特的优势,在平板显示领域中受到广泛关注。驱动电路分为无源与有源驱动(AMOLED)。AMOLED 以其高发光效率、良好的柔性及低温工艺兼容性在下一代可视化技术中展现出巨大的应用潜力,AMOLED 驱动电路通常采用 2 个薄膜晶体管,其中一个作为开关晶体管,另一个作为驱动晶体管。由于碳纳米管具有较高的载流子迁移率、透明性及柔性,是构建柔性 AMOLED 驱动电路的最佳候选有源材料之一,也是未来纳米碳基柔性电子器件的重点发展方向。

美国南加利福尼亚大学的周崇武等在碳纳米管显示驱动电路研究上取得了重要进展[369]。研究人员通过优化半导体性碳纳米管薄膜的密度及利用双介电层改善基底表面与碳纳米管薄膜的结合力,首次构建出大面积、高产率的高性能 AMOLED 碳纳米管驱动电路。该驱动电路包含 500 个像素单元及 1000 个碳纳米管薄膜晶体管,具有良好的稳定性及可重复性,器件良率达到 70%,标志着碳纳米管在大面积显示器件领域迈出重要的一步。新加坡南洋理工大学首次利用化学气相沉积法制备的碳纳米管薄膜作为沟道材料,通过沟道条带化技术获得载流子迁移率为 45 cm^2/(V·s)、电流开关比为 10^5 的 6×6 像素单元碳纳米管 AMOLED 驱动电路,实现了静态和动态显示功能,进一步推动了基于碳纳米管的显示器件的发展[409]。中国科学院金属研究所的孙东明等利用 HMDS 对基底表面进行改性,然后将其浸泡在高纯度半导体性碳纳米管溶液之中,结合水浴加热方式制备出高均匀性的大面积碳纳米管薄膜,有效解决了碳纳米管薄膜成膜均匀性问题,并在此基础上构建出 64×64 像素单元的大面积柔性碳纳米管 AMOLED 驱动电路(图 3-37),器件的良率高

图 3-37 64×64 像素大面积柔性 AMOLED 碳纳米管驱动电路[410]

于 99.9%，8000 个驱动晶体管的平均电流开关比可达 10^7，载流子迁移率为 16 $cm^2/(V \cdot s)$，均匀性标准差低于 5%，同时具有较大的开口率与灵敏度，将碳纳米管在大面积显示领域的应用拓展提升到一个新高度[410]。

另外，柔性、可拉伸 AMOLED 显示器件的研究也取得了重要进展。日本东京大学的 Someya 等制备出一种由均匀分散在氟化橡胶中的单壁碳纳米管所组成的可印刷弹性导体[411]。高质量、长管束单壁碳纳米管可以在橡胶中形成良好的导电网络，电导率大于 100 S/cm、可拉伸性高于 100%。基于此，研究人员构建出一个类似橡胶、可拉伸的主动矩阵显示器件，包括集成印刷弹性导体、有机晶体管和 OLED。该显示器件可实现 30%～50% 拉伸形变，或者贴附在一个半球表面，而器件本身没有任何损坏，性能也没有任何衰减，为基于碳纳米管的柔性可穿戴显示器件的未来发展提供了重要参考。

2）柔性电子皮肤

皮肤是人体最大的器官，负责人体内部与外界环境的交互，在其柔软的组织下面分布着一个庞大的传感器网络，从而实时感知温度、压力、气流等外界信息的变化。皮肤传感系统以其高密度、高灵敏度、高抗干扰能力等一系列优点受到广泛关注。电子皮肤通过在柔性衬底上制作敏感电子器件，在两层柔性基底中间引入一层高灵敏的导电材料，利用导电材料受压后电信号的变化来模拟人体各项生理指标，从而达到监测和诊断的目的，仿生人类皮肤的传感功能，在机器人、人工义肢、医疗检测和诊断等方面展现出广阔的应用前景，为材料、电子、物理、化学、生物、医学和制造技术等领域带来全新的机遇[412-414]。

美国斯坦福大学鲍哲南研究团队报道了一种基于碳纳米管/橡胶复合薄膜的新型电子皮肤。它不仅具有高灵敏的压力感知能力，还展示出优异的可拉伸性和透明性。该碳纳米管具有类似弹簧的结构，适应高达 150% 的应变且在拉伸状态下显示高达 2200 S/cm 的电导率，可以作为可拉伸电容器阵列中的电极[415]。2015 年，该研究团队在人造皮肤的"触觉"感知上取得了新突破，通过整合碳纳米管、有机电子材料和光控基因技术，研究出了一种可响应压力变化并可以向神经细胞发送信号的新型人造皮肤，更接近人类皮肤触觉的真实机制[416]。该研究进一步推动了基于碳纳米管材料的大面积有机电子皮肤的发展，并首次将人类触觉延伸到人造电子皮肤上，有望实现有感觉的义肢。同年，根据变色龙和头足类动物具有改变皮肤颜色的显著能力的自然现象，他们通过改变施加的压力及其持续时间来控制电子皮肤的颜色，展示出具有触觉感应控制的可拉伸电致变色活性电子皮肤[417]。

聚二甲基硅氧烷（PDMS）是最常用的基底材料之一，具有良好的柔韧性与生物相容性。通常，具有微结构的 PDMS 的制备方法是利用投影法将含有交联剂的 PDMS 混合物浇铸在事先微结构化的硅模具上，待其冷却后再从上面揭下来。但这种硅模的制备方法非常复杂，成本高昂，不利于大面积规模化生产。针对这一难题，中国科学院苏州纳米技术与纳米仿生研究所的张珽研究团队用日常生活中常见的丝绸代替硅模，利用丝绸上的不同织构构筑具有不同微结构的 PDMS 薄膜，巧妙地简化了制作过程，降低了生产成本。同时，研究人员在这种 PDMS 薄膜上整合了稳定性和导电性都十分优异的单壁碳纳米管，灵敏度达到 $1.80~\mathrm{kPa^{-1}}$、最小压力检测限低至 0.6 Pa、响应时间小于 10 ms、循环稳定性超过 67 500 圈。用这种电子皮肤分别监测了不同质量的小昆虫（蚂蚁和蜜蜂）、人发出不同单词时的声带振动及正常人和孕妇的脉搏，均得到很好的响应和识别[418]。

2013 年，美国加利福尼亚大学伯克利分校的 Javey 等报道了第一个具有用户交互功能的电子皮肤，不但在空间上可以反映出施加的压力，而且可以通过一个具有红、绿、蓝像素的内置 AMOLED 同时提供一个瞬时视觉响应[419]。在该系统中，表面被触碰处的有机发光二极管会被点亮，发射光的强度则会反映出所施加压力的大小。由载流子迁移率为 $20~\mathrm{cm^2/(V \cdot s)}$ 的碳纳米管薄膜晶体管组成的 AMOLED 驱动电路用于读取每个像素上的触觉压力，有机发光二极管的发射峰值波长可以通过改变有机发光材料进行调节。当足够的触觉压力作用在系统上时，由于压力传感器的电导率和有机发光二极管中的电流发生变化，有机发光二极管就会发光。该系统包含 256 个像素单元。这项工作将薄膜晶体管、压力传感器和有机发光二极管阵列三种不同电子元件在一个大面积塑料基底上集成为一个整体，所报道的电子皮肤在交互式输入/控制设备、智能壁纸、机器人及医疗/健康监测设备中具有广阔的应用前景。

3）多功能柔性电子系统

发展柔性集成器件技术是信息产业革新和升级的战略需求。当今信息技术的发展方向是以人为本、以移动互联网为主干，将各种方式收集到的单独个体的海量数据通过分析加工反馈服务于人类。然而，传统的刚性无机器件的变形易损和不可延展弯曲等缺点制约了其和人体的完美贴合，在信息技术向人与信息交互融合发展的大趋势下，能够贴合人体的柔性器件是信息技术的发展方向。

模仿生物感知系统对于构建人工神经和智能人机交互系统具有重要意义，面临的一个主要挑战是如何模仿生物突触（即神经系统的基本构筑单元）的功能。中国科学院苏州纳米技术与纳米仿生研究所的张珽研究团队受生物痛楚感知机制的启发，采用聚氧乙烯氧化物掺杂的 $LiClO_4$ 层（$PEO:LiClO_4$）覆盖的半导体性碳纳米管薄膜作为沟道材料，构建出柔性双层忆阻器[420]。研究表明，在轻度刺激下，可以观察到后突触信号的增强；而当脉冲电压大于 1.4 V 时会产生较强的刺激，后突触信号将被抑制。这些行为类似于疼痛、神经保护及可能对神经系统造成的伤害。通过傅里叶变换红外光谱、X 射线光电子能谱、拉曼光谱等表征手段，其工作机制可归因于 $PEO:LiClO_4$ 中的载流子与半导体性碳纳米管中的官能团、缺陷之间的相互作用。电流增强是载流子产生的陷阱所致，而电流的抑制是由于 Li^+ 在半导体性碳纳米管中的插入所致。这种柔性人工突触为构建面向人工智能系统的生物兼容电子设备开辟了一条新的途径。

美国斯坦福大学的鲍哲南、韩国首尔大学的 Lee 及南开大学的徐文涛团队合作报道了一种基于柔性有机电子器件的高灵敏度仿生触觉神经系统，实现了人工电子器件的多功能性、柔性、生物兼容性及高灵敏度[421]。这种人工触觉神经由三个核心部件组成：①基于碳纳米管的电阻式压力传感器；②有机环振荡器；③突触晶体管。每个压力传感都是一个触感接收器，所有的触感信息收集在人工神经纤维（环振荡器）处，然后将外部触觉刺激转变成电信号。将多个人工神经纤维得到的电信号集成到一起，经过突触晶体管转变为突触电流。而突触晶体管则用于构建生物触觉神经，形成完整的单突触反射弧。这种人工神经触觉系统具有高的灵敏度，即便是蟑螂腿的运动，也能快速感知，故可望在机器人手术、义肢感触等领域发挥重要作用。

能够对光学激励信号进行神经形态处理的基本单元"光学突触"，是构建集成化光子神经网络体系的一个不可或缺的重要支撑。2017 年，南京大学的王枫秋研究团队利用石墨烯和碳纳米管构成的全碳异质结薄膜，成功实现了光激励的新颖类突触器件[422]。该新颖光学突触器件能够直接将光信号转变成"神经形态"电信号进行神经元运算，实现了突触功能的短时程可塑性，并利用背栅作为神经调节器实现了突触权重的连续灵活调控。另外，通过栅压的调控实现了长时程可塑性的模拟，使得类突触器件的学习和记忆功能仿生更加灵活。该类突触器件还具有时空相关的二维信号处理、并行运算功能，为实现更为复杂和模糊化的神经计算提供了一种技术途径。特别是，器件能够实现对多通道光激励信号的逻辑运算（与/非/或非等操作）。以上功能使该器件能够有效模拟人的视觉神经系统（兼具感光功能和光信号处理的一个复杂的神经计算体系）。

中国科学院金属研究所的孙东明等构建了均匀离散分布的纳米晶浮栅/隧穿层一体化结构，在多重纳米晶浮栅表面形成多重独立隧穿层，以减少由薄膜状隧穿层漏电产生的浮栅层对电荷存储的影响，提高浮栅存储器件的柔性与稳定性。采用半导体性碳纳米管薄膜为沟道材料，利用均匀离散分布的铝纳米晶/氧化铝一体化结构作为浮栅层与隧穿层，获得了高性能柔性碳纳米管浮栅存储器，在 0.4% 弯曲应变下器件读写与擦除之间的电流开关比高于 10^5，存储稳定性超过 10^8 s。同时，较薄氧化铝隧穿层可使在擦除态"囚禁"于铝纳米晶浮栅中的载流子在获得高于铝功函数的光照能量时，通过直接隧穿方式重新返回沟道之中，使闭态电流获得明显的提升，完成光电信号的直接转换与传输，实现了集图像传感与信息存储于一身的新型多功能光电传感与记忆系统[408]。

（二）挑战与展望

毫无疑问，碳纳米管是过去 30 年来材料科学领域最重要的科学发现之一，具有极其重要的科学价值。由于独特的几何结构和以 sp^2 杂化为主的成键结构，碳纳米管集优异的电学、力学、热学、光学等性能于一体，而且稳定性极高。此外，碳纳米管是已知最细的材料，具有百倍于硅的载流子迁移率、最高的热导率和力学强度，以及优异的柔韧性。因此，碳纳米管在电子、信息等领域有广阔的应用前景，是最有希望获得大规模实际应用、主导未来高科技产业竞争的理想材料之一。

1. 应用前景

（1）碳基集成电路是解决硅基微电子产业发展瓶颈的重要候选材料。现代信息技术的心脏是集成电路芯片，而构成集成电路芯片的器件中约90%源于硅基互补型金属氧化物半导体技术。目前最先进的商业化微电子芯片已进入7 nm技术节点，而走到5 nm技术节点时将可能放弃使用硅材料作为晶体管的导电沟道。在为数不多的几种可能的替代材料中，碳纳米管被公认为是最有希望的替代材料之一，在2008年碳纳米管已被列入国际半导体技术发展路线图。虽然我国微电子产业在近年来得到快速发展，但在许多高科技产业，尤其是国防科技的发展，都不同程度地受到高端微电子芯片技术的制约。发展新型碳基电子器件和电路、实现微电子产业的跨越式发展，不仅是为世界电子工业贡献力量，更是为中国新时期的发展开辟一条新路。碳纳米管基集成电路的出现，给中国未来的微纳电子产业带来了新的机遇，我国科学家以关键的无掺杂碳纳米管集成电路技术，成功制备出最高逻辑复杂度的碳基集成芯片。纳米碳材料兼具高导热性和导电性，因此也是理想的下一代集成电路互连材料。碳基信息产业将是我国实现微电子技术跨越发展的关键所在。

（2）碳纳米管是柔性电子等新兴产业的关键支撑材料。柔性电子技术是未来电子技术的重要发展方向，有可能带来一场电子技术革命，改变人类日常的生活方式，已引起世界范围的广泛关注，并得到迅速发展。随着当前可穿戴设备的兴起，对柔性电子产业化的需求更加迫切。石墨烯和碳纳米管由于具有优异的柔韧性和电学、光学等性质，被认为是柔性电子技术的关键支撑材料，在柔性集成电路、柔性显示、可穿戴智能电子器件、印刷电子、柔性储能器件等柔性电子领域具有重要的应用前景。

2. 面临的挑战

但是，碳纳米管如果要在上述重要领域实现实际应用，还面临着巨大挑战，主要表现在以下几个方面。

（1）碳纳米管的均一性与缺陷。虽然以半导体性碳纳米管为基础的晶体管器件极具发展潜力，但不可忽略的是碳纳米管固有的材料缺陷、制造缺陷和可变性阻碍了碳纳米管在微电子领域的实际应用。材料缺陷是由于无法精确控制碳纳米管的手性，因此制备的碳纳米管中含有一定比例的金属性碳纳米管，直接导致高漏电流和潜在的错误逻辑功能，使电流开关比降低；制造缺陷是指在晶圆制造过程中，碳纳米管极易在范德瓦耳斯力的作用下形成直径较大的碳纳米管管束，导致迁移率降低、器件失效及超大规模集成电路制造过程中的高颗粒污染；可变性是指由于空气中水分及氧气的存在，导致碳纳米管晶体管器件存在回滞效应，阈值电压不稳，增加了器件功耗；实现碳纳米管 CMOS 的技术主要依赖于具有极强反应性、非空气稳定性、非硅 CMOS 兼容性的材料，但其缺乏可微调性、稳定性和重复性[27]。目前已有多种抑制回滞效应及可长期稳定存在的 CMOS 器件的制备方法相继被报道，但如何与产业化工艺相兼容仍然是一个亟待解决的问题。

（2）高性能纳米碳材料（沟道功能材料、敏感材料等）、柔性衬底材料及器件集成所必需的电极、封装、绝缘介质等关键材料制备方法和可控性问题。如何通过对材料制备方法的调控来获得高质量、大面积的材料并具有优异的载流子迁移率、强度、柔性和稳定性是一个关键问题。此外，对于碳纳米管柔性电路、发光、传感、无源器件的构筑和集成而言，与电极材料的接触势垒、柔性材料间的匹配、绝缘介质层的选择、器件的封装都影响着电子器件及系统的最终性能，因此这些关键材料的选择、设计、可控制备及其与性能的关联都有待深入研究。

（3）在应力应变等条件下碳基柔性电子器件的新现象和新原理，实现和保持柔性电子器件与系统的高性能、高稳定性、可重构性的技术和途径。碳纳米管虽然具有一定的柔韧性和强度，但是弯曲折叠等外部条件带来的应力应变可能会导致低维柔性电路、发光、传感、无源器件的性能发生变化。一方面，应力应变会影响纳米碳材料的能带结构，从而实现对其电学特性的有效调控。另一方面，应力应变也可能引入界面散射而降低器件的性能，还可能导致低维柔性电路、发光、传感、无源器件的构成材料出现脆裂，从而使器件失效。因此，对于碳基柔性电子器件与系统，必须阐明应力应变对低维材料与器件性能的调控原理及可能的失效机制，为获得高性能碳基柔性电子器件和提高器件的稳定性提供保障。

（4）碳基柔性电子器件与系统中界面结构的设计和构筑方法及其对器件性能的影响。碳基柔性电路、发光、传感、无源器件中半导体材料的性能会受到其所处环境的影响。碳纳米管与衬底材料间的相互作用、电荷聚集及衬底散射，都会影响其电子结构和能带分布，以及载流子输运、激子/电荷的动力学过程、电-磁-热-力耦合等物理特性。例如，高分子聚合物柔性衬底上的悬挂键引起的电学散射及介质界面会影响碳纳米管的载流子迁移率，使其低于理论预期性能。栅介质材料与低维半导体材料之间的界面会带来新的物理问题。绝缘介质及缓冲层在制备过程中可能会引入一些杂质吸附于半导体表面，并形成散射中心，导致柔性电路、发光、传感、无源器件性能的下降。研究纳米碳材料与柔性衬底、栅介质材料之间的相互作用，优化器件与系统结构的设计和构筑方法，可以对材料间的界面特性进行调控，实现低维柔性电子器件与系统性能的整体提高。

（5）多功能系统集成的低维柔性器件与系统的设计、优化和集成方法。发展与优化在柔性环境中电子电路、发光显示、传感、无源器件集成与构建方法，考察功能模块的电学连接、物理耦合等因素对测量信号信噪比、灵敏度、动态范围的影响，从而获得相应电路的设计规则和集成方法。构建满足高效率低功耗的功能单元布局体系和符合工艺限制的单元结构是平衡集成度、功率与多功能柔性化所面临的科学难题，也是实现基于低维材料的多功能柔性集成系统的关键科学问题。

二、碳纳米管在能量存储与转换中的应用

（一）电化学储能

随着电子设备的小型化和电动交通工具的快速发展，对储能、供能方式提出了更高的要求。锂离子电池和超级电容器是当前应用最广泛的电化学储能器件。碳纳米管作为一种新型纳米碳材料，具有独特的中空管状结构、大比表面积及优异的导电性、导热性和力学性能，因此碳纳米管在锂离子电池、锂硫电池和超级电容器等储能器件中极具应用价值。

1. 锂离子电池

锂离子电池具有工作电压高、能量密度大、循环寿命长、轻质、自放电小、无污染、无记忆效应等优点，已被广泛应用于各种便携式电子设备和电动汽车中[423]。作为新型高能二次电池，锂离子电池将在未来物联网、人工智能和自动驾驶中提供动力支持，具有广阔的市场应用前景。电极材料是影响

锂离子电池性能的关键，其中锂离子电池的正极比较固定，一般为提供锂源的含锂化合物或复合物，碳材料则是目前应用最广泛的负极材料。

早在 1987 年，Endo 等 [424] 就将氟插层的纳米碳纤维/多壁碳纳米管用作锂离子电池的负极材料，并发现在电流密度为 0.5 mA/cm^2、阴极利用率为 80% 时，其放电电位比传统的氟化石墨高 0.5 V。但受限于较大的首次不可逆容量损失，以纯碳纳米管作为负极材料难以获得高性能锂离子电池。碳纳米管具有一维结构和良好的导电性，比传统的炭黑导电颗粒更容易形成导电网络，因此是一种理想的导电功能增强材料。碳纳米管增强锂离子电池电极的导电性主要有三种形式，即与活性物质共混、活性物质担载在碳纳米管表面及活性物质填充于碳纳米管管腔内。在早期研究中，通常直接将碳纳米管与活性物质共混以提高电极的性能。2001 年，Endo 等 [425] 将纳米碳纤维/多壁碳纳米管用作锂离子电池负极，获得了首次循环 283 $mA \cdot h/g$ 的放电容量，循环效率约为 77%；将纳米碳纤维作为导电添加剂用于石墨负极中，循环效率在 50 个周期内保持不变，表明碳纳米管可显著提高电极的性能。中国科学院金属研究所成会明等 [426] 在国内率先将碳纳米管与硅和石墨球磨共混作为负极，其首次放电容量高达 2274 $mA \cdot h/g$，经过 20 次循环后仍可保持在 584 $mA \cdot h/g$。碳纳米管的加入使电极的力学性能和导电性能明显提高，从而提升了电池的性能。

将活性物质负载于碳纳米管表面可更充分地利用其优异的传输特性，提高电极材料的倍率性能和循环稳定性。楼雄文等 [427] 采用自下而上的自组装方法将 FeOOH 固定于碳纳米管上，后经热处理形成 Fe_2O_3 纳米角并进行碳包覆。将其用作锂离子电池负极材料，在 500 mA/g 的高电流密度下，在 100 次循环后容量仍可保持在 800 $mA \cdot h/g$。Choi 等 [428] 将氮掺杂改性的碳纳米管与 NiO 复合并用作锂电池负极材料，其比容量为 3500 $mA \cdot h/g$，且循环 10 000 次后无容量损失，放电时间 1.5 min 内比容量仍可保持在 350 $mA \cdot h/g$。氮掺杂改性碳纳米管后产生更多的缺陷，有利于掺杂位点与锂离子的结合和存储，极大地提高了电池的性能。成会明等 [429] 在浮动催化剂化学气相沉积制备系统中直接收集柔性单壁碳纳米管薄膜，经氧化处理后获得了碳纳米管/ Fe_2O_3 纳米颗粒复合结构，将其作为锂离子电池的负极，比容量高达 1243 $mA \cdot h/g$，且无需集流体和黏结剂。单壁碳纳米管搭接形成了高导电的网络结构，增强了电极的导电性，活性物质 Fe_2O_3 纳米颗粒源自残留的 Fe 催化剂，提供了一种高效原位构筑碳纳米管复合电极的方法。Ajayan 等[430] 以多孔氧化铝为模板，采用简单的真空渗透和化学气相沉积相结合的方法制备了 MnO_2/碳纳米管同轴纳米管阵列。高导电性的碳纳米管内芯可提高电子和离子传输效率，并充当缓冲剂以减轻充放电过程的体积变化。与纯 MnO_2 纳米管相比，MnO_2/碳纳米管同轴纳米管具有更高的可逆比容量和循环稳定性。

活性材料负载于碳纳米管表面并作为锂离子电池的负极材料具有如下优势[423]：①碳纳米管搭接形成的网络结构可将活性物质连接，提供电子传输的通道，增强电极的整体导电性；②碳纳米管的高比表面积可为活性物质提供足够多的暴露位点，以提高活性物质的分散性；③力学性能优异的碳纳米管可以缓冲活性物质在锂嵌入和脱出时造成的体积变化，缓解活性材料的粉化剥落。

负载于碳纳米管表面的活性物质仍直接与电解液接触，由此导致脱嵌锂时形成不稳定的 SEI 膜，严重影响锂电池的电化学性能。碳纳米管独特的中空管腔可提供丰富的存储空间，即作为一维"纳米反应器"，将活性物质填充入管腔内部，利用其"限域"作用可更好地缓解活性物质在插入和脱嵌锂时造成的体积膨胀，抑制活性物质的团聚，改善活性物质的导电性。

为比较活性物质在管内和管外对锂离子电池性能的影响。Zhang 等[431] 将锡纳米粒子分别担载于碳纳米管管外和管内，并以其作为锂电池负极。性能测试结果表明，锡担载于碳纳米管管内的电极材料具有更高的可逆比容量（732 mA·h/g），并在循环 170 次后仍保持 639.7 mA·h/g 的容量。研究发现，碳纳米管内的锡可与碳形成锡—碳键，从而提高电极的结构稳定性。Liu 等以 AAO 为模板制备了碳纳米管垂直阵列宏观体，并利用化学气相沉积法和湿化学法分别在碳纳米管管腔内填充了 Si[432]、Fe_2O_3[433] 和 FeS[149] 纳米粒子，并以其作为锂离子电池负极材料。限制在碳纳米管腔内的 Fe_2O_3 表现出高达 2071 mA·h/g 的比容量。研究表明，碳纳米管与 Fe_2O_3 的界面有效提高了储锂的容量。碳纳米管管腔内填充 FeS 纳米颗粒的负极材料（图 3-20）同样具有优异的电化学性能，原位透射电镜研究表明，锂嵌入填充在管腔内的 FeS 后，未发现纳米颗粒的碎裂剥落，证明了碳纳米管限域对提高电极活性材料结构稳定性的作用。

除锂离子电池外，研究者也将碳纳米管用于钠/钾离子电池中。Han 等[434]合成了多壁碳纳米管，密集堆积的内部碳纳米管充当坚固的骨架，松散堆积的外部碳纳米管有利于钾离子的结合，该层次结构可以缓冲充放电循环中的体积膨胀。另外，相互连接形成的超多孔海绵结构提供了相当大的表面电容容量，电流密度为 1600 mA/g 时的放电容量高达 162 mA·h/g。Qiao 等[435]在3D 互联碳纳米管上合成多孔的 MoS_2/碳球复合材料（MoS_2/C-MWCNTs），优化的 MoS_2/C-MWCNTs 钠离子电池负极在 20 A/g 条件下比容量为 324 mA·h/g，2 A/g 条件下循环 1000 圈后容量仍能保持 416 mA·h/g。这优于大多数报道的 MoS_2 和 MoS_2/碳钠离子电池负极材料，从而证明了碳纳米管在应用于其他类型金属离子电池中也具有明显的优势。

2. 锂硫电池

由于锂离子电池受到理论比容量（<300 mA·h/g）的限制，其能量密度难以实现突破。锂硫电池以单质硫作为正极材料，理论能量密度可达2600 W·h/kg[436, 437]，弥补了传统锂离子电池正极材料理论比容量低的缺陷，是目前最有希望满足高能量密度需求的储能器件之一。在锂硫电池中，碳纳米管搭接形成的网络结构可在电化学过程中提供连续的电子和离子转移通道。采用简单的真空过滤或冷冻干燥方法即可组装形成具有特定空间结构、机械强度和导电性的碳纳米管宏观体，并作为锂硫电池中自支撑的复合电极材料。

Wang 等[438]提出了一种将硫浸渍到无序碳纳米管中以制备锂硫电池正极的方法，电池显示出优异的循环稳定性和库仑效率，证明了碳纳米管作为锂硫电池正极的潜在应用价值。Manthiram 等[439]采用自支撑的碳纳米管薄膜作为电极组装了高度可逆的锂/溶解聚硫化物电池，多壁碳纳米管电极的电荷传输被改善，在 C/10、C/5 和 C/2 电流密度下表现出高容量，提高了电池的能量密度。Xu 等[440]合成出一种新型的管中管结构碳纳米管并负载硫，其独特的管中管结构可以增强导电性，阻止多硫化锂的溶解并为硫提供更大的孔体积。硫负载量为 71 wt% 的复合电极材料表现出高可逆性容量、良好的循环性能和出色的倍率性能。为了提高活性物质硫在电极中的含量，Li 和 Liu 等[441]采用浮动催化化学气相沉积法制备了高质量、高导电的单壁碳纳米管网络结构（图 3-38），以其为载体获得了硫负载量高达 95 wt% 的复合电极材料。其中，碳纳米管网络不仅可以提供电子和锂离子传输的通道，而且能在硫与多硫化物的转换反应中捕获多硫化物。因此，在硫含量为 7.2 mg/cm^2 时，其体积比容量可达 8.63 mA·h/cm^2，是锂离子电池的 2 倍。这种硫正极的结构设计方法也可用于其他电池体系中，以获得高性能储能材料与器件。

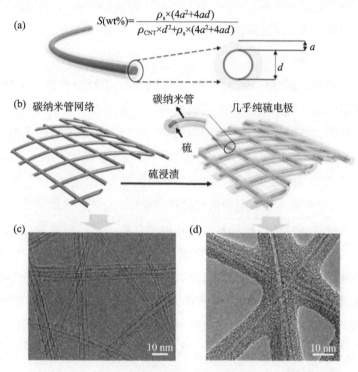

$$S(wt\%)=\frac{\rho_s\times(4a^2+4ad)}{\rho_{CNT}\times d^2+\rho_s\times(4a^2+4ad)}$$

图 3-38　硫负载碳纳米管复合电极的设计和构筑 [441]
(a) 碳纳米管/硫复合电极材料中硫含量的计算方法; (b) 碳纳米管/硫复合电极的制备过程示意图;
(c) 担载硫之前单壁碳纳米管的 TEM 照片; (d) 碳纳米管/硫复合电极的 TEM 照片

Wei 等 [442] 采用化学气相沉积法制备了氮掺杂的三明治分层碳纳米管/石墨烯（N-ACNT/G）复合材料，通过氮掺杂引入了更多的缺陷和活性位，从而改善了界面吸附和电化学行为。以新型 N-ACNT/G 为锂硫电池的正极材料，1.0 C时可逆容量达 1152 mA·h/g，80 次循环后比容量仍高达 880 mA·h/g；在 5.0 C 条件下，比容量高达 770 mA·h/g。

Li 与 Liu 等 [443] 以阳极氧化铝为模板设计并制备了富硫聚合物@碳纳米管复合正极，并用于锂硫电池中，阵列碳纳米管不仅有助于电子和离子在充放电过程中的传输，还可以缓冲硫的体积膨胀。该富硫聚合物 @ 碳纳米管无需使用黏结剂和金属集流体，循环 100 圈后，在 1 C 下的比容量为 880 mA·h/g，容量保持率超过 98%。Deng 等[444]采用静电纺丝法制备了自支撑硫化聚丙烯腈和碳纳米管导电网络的复合材料，并用作无黏结剂的锂硫电池正极。含 20% 碳纳米管的复合纤维在 0.2 C 时初始放电容量为 1610 mA·h/g，在 1 C 条件下循环 500 圈后容量仍然高达 1106 mA·h/g。该方法易实现电极的规模化构筑，展现出良好的应用前景。

3. 超级电容器

与电池相比，超级电容器具有功率密度高、循环寿命长、工作温度宽、绿色环保等优点。超级电容器的结构简单，主要由电极、电解质和隔膜等部分构成。其中，电极是决定其性能的关键，电极材料需要满足高电容、低电阻和高稳定性三个基本要求。碳纳米管具有轻质、高柔韧性、高比表面积（1600 m^2/g）和高导电性等优点，是一种性能优异的电极材料[445-447]。因此，碳纳米管被认为是超级电容器电极材料的理想候选之一，并受到广泛关注[448,449]。碳纳米管也可与其他活性材料复合用作电极材料，通过碳纳米管之间的搭接形成开放的中空网络，使离子快速有效地迁移到活性物质表面，以及缓冲充放电过程中复合材料的体积变化，从而提高电极材料的电化学性能[450,451]。碳纳米管复合电极主要包括碳纳米管/过渡金属氧化物和碳纳米管/聚合物复合材料两大类。由于碳纳米管具有很好的柔性，可制备成无黏结剂的自支撑膜[452-454]应用于柔性超级电容器中，在未来可穿戴电子产品中具有广阔的应用前景。

1997 年，Niu 等[455]率先将碳纳米管作为电极材料应用于超级电容器中：将多壁碳纳米管在硝酸中处理引入官能团，比表面积可达 430 m^2/g；以 38 wt% 硫酸作为电解质，在单电池装置中 1 Hz 条件下进行电化学测试，质量比容量为 102 F/g，能量密度达到 0.5 W·h/kg。该工作显示了碳纳米管应用于超级电容器的可行性。2009 年，Cui 等[231]以单壁碳纳米管薄膜为电极，通过打印组装了超级电容器，其在水凝胶和有机电解质中的功率密度分别为 23 kW/kg 和 70 kW/kg。Fan 等[456]采用微波辐射还原高锰酸钾的方法制备了碳纳米管/MnO_2复合材料，并应用于超级电容器，在 1.0 mV/s 和 500 mV/s 下的比容量分别达到 944 F/g 和 522 F/g，经 500 次循环后电容仅降低 5.4%。其优异的电容性能主要归功于碳纳米管，提高了复合材料的导电性和活性物质

MnO$_2$ 在碳纳米管表面的分散性,提高了 MnO$_2$ 的电化学利用率。这为通过复合的方法获得高性能碳纳米管基超级电容器提供了借鉴。Hata 等以水辅助化学气相沉积法制备的高纯度、大比表面积单壁碳纳米管垂直阵列作为电极,在不添加任何导电剂和黏结剂的情况下组装了超级电容器(图 3-39),实现了 4 V 的大电压工作窗口,比电容高达 160 F/g[457]。Zhou 等用 MnO$_2$ 纳米线与单壁碳纳米管的复合膜作为正极,InO 纳米线/单壁碳纳米管的复合膜作为负极,组装了柔性非对称超级电容器,能量密度为 25.5 W·h/kg,功率密度为 50.3 kW/kg,比早期报道的非对称超级电容器的功率密度提高了 10 倍。[458]单壁碳纳米管薄膜作为双电层电容提高了电荷储存力,还提高了电极的导电性。Zhou 等在有机电解液中以插层型 TiO$_2$@CNT@C 纳米棒为负极,以高表面积生物质活性炭为正极,构建了新型钠离子电容器。[459] 其在 1.0~4.0 V 的

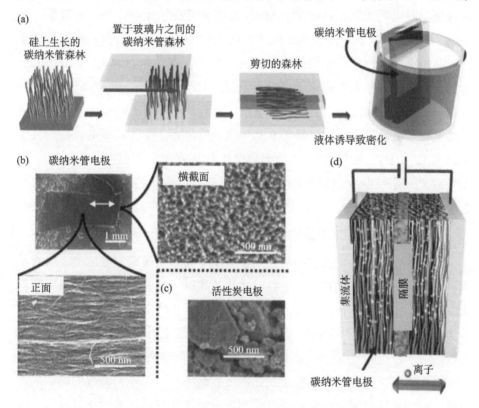

图 3-39 碳纳米管垂直阵列超级电容器的结构 [457]

(a) 构筑单壁碳纳米管示意图; (b) 单壁碳纳米管电极的 SEM 照片;
(c)SEM 下活性炭电极的无序孔结构; (d) 超级电容器的结构示意图

工作电压下的能量密度可达 81.2 W·h/kg，功率密度达到 12 400 kW/kg。这为开发下一代高能量密度/大功率密度钠离子电容器提供了新途径。

柔性全固态超级电容器在未来可穿戴、便携电子设备中具有良好的应用前景。Zhou 等采用真空过滤方法制备了轻质、柔性、独立自支撑介孔 VN 纳米线/碳纳米管复合电极，以磷酸氢盐/聚乙烯醇为电解质，构建了全固态柔性超级电容器，体积比容量为 7.9 F/cm³，体积能量密度为 0.54 mW·h/cm³，体积功率密度为 0.4 W/cm³。[460] Gao 等采用同轴湿纺自组装方法制备了聚电解质包裹的石墨烯/碳纳米管芯鞘纤维，将石墨烯与碳纳米管结合作为超级电容器的电极。[461] 组装的超级电容器在液体和固体电解质中的比容量和能量密度分别为 269 mF/cm² 和 177 mF/cm²，能量密度分别为 5.91 μW·h/cm² 和 3.84 μW·h/cm²，性能优于商用超级电容器。Chou 等通过用 CNT@PPy 复合膜包裹凝胶电解质涂覆的 CNT@MnO₂ 来组装可拉伸非对称超级电容器，在 10 mV/s 的扫描速率下，表现出 60.435 mF/cm² 的比电容，并且在重复拉伸至 20% 张力下电容性能保持良好。[462] 此外，由于其高比电容和 1.5 V 的扩展电势窗口，该可拉伸非对称超级电容器表现出 18.88 μW·h/cm² 的高能量密度。近期，Xu 等将制备的碳纳米管-碳纳米纤维均匀分散在 PVAB 中，获得了耐冻的复合水凝胶材料，进而基于 PVAB 水凝胶组装了固态超级电容器。其比电容为 117.1 F/g，循环 1000 圈后电容保持率为 96.4%。[463] 在 10 次损坏/自愈循环后柔性超级电容器展现出 98.2% 的电容保持率，各种变形下循环 1000 次电容保持率高达 95%。

4. 碳纳米管在电化学储能应用中的问题与挑战

碳纳米管已作为导电添加剂大规模应用于商品化锂离子电池中。碳纳米管以其独特的结构、优异的导电性、导热性和机械性能有望用于构建高能量密度、大功率密度、长循环寿命、高安全性的下一代电化学储能器件，特别是为可穿戴电子产品供能的轻质、柔性电池和超级电容器的电极材料[464]。但实现碳纳米管在以上电化学储能器件中的应用还需解决以下几个问题。

（1）特定结构的碳纳米管宏观体的可控制备。与无序、离散的碳纳米管相比，碳纳米管薄膜、纤维、垂直阵列等宏观体在与其他活性材料复合、电极结构设计、形成电子/离子传输通道等方面优势明显。而且以上宏观体通常具有自支撑性和柔性，因而在柔性储能器件中极具应用潜力。进一步发展可控、高效、低成本的碳纳米管宏观体的制备及其与电化学活性物质的复合方法具有重要意义。

（2）复合电极的结构优化与规模化制备。在构筑碳纳米管复合电极时，可以将电化学活性物质附着在管壁表面、填充入管腔内或与碳纳米管简单混合。文献报道的很多碳纳米管复合电极材料处于实验室研究阶段，部分方法难以实现规模化生产。目前实用化的碳纳米管导电添加剂是通过简单掺混的方法与锂电活性材料复合。填充于碳纳米管中空管内的硅负极材料虽然表现出优异的电化学性能[432]，但制备过程过于复杂。因此，从实际应用的角度需综合考虑复合电极的性能和制备成本，以获得优化的材料复合方案。

（3）碳纳米管添加量的优化。尽管碳纳米管复合可有效提高电极材料的导电性，但碳纳米管的加入同样会导致能量密度的降低。使用单壁碳纳米管代替多壁碳纳米管及提高碳纳米管的分散性等，进一步降低非活性物的加入量，可望在提高电池功率密度的同时最大限度降低对质量能量密度和体积能量密度的影响。

（4）碳纳米管复合电极工作原理的解析。研究表明，将碳纳米管与电化学活性物质复合可有效提高其综合电化学性能。但是，在分子水平上电化学活性物质和碳纳米管之间的相互作用机制仍有待澄清。通过先进的表征技术揭示碳纳米管在复合电极中的工作机制，可进一步为优化电极结构提供理论指导。

（二）太阳能电池

太阳能电池是将光能直接转变成电能的一种能量转换器件。目前，半导体硅太阳能电池技术已被广泛使用，其工作原理是基于半导体 PN 结的"光生伏特"效应，即太阳光照射到 PN 结处，被半导体吸收并产生电子-空穴对，其在内建电场的作用下分离，然后通过电极传输至外电路中形成电流。目前，单晶硅太阳能电池的光电转换效率已达 25%[465]，但由于制备过程复杂、成本高，限制了其进一步的应用推广。

碳纳米管具有高导电性和高杨氏模量，由其搭接形成的网络结构即碳纳米管薄膜具有厚度可调、导电、透明、化学性质稳定、柔韧性好等特点，因而被认为是光伏器件中透明电极的理想候选材料之一。碳纳米管薄膜在太阳能电池中可作为窗口电极、空穴传输层、电子传输层等[466]，在提高光电转换效率和增强稳定性等方面可发挥重要作用。前期研究表明，碳纳米管薄膜在异质结、钙钛矿和有机物三种类型的太阳能电池中均有良好的应用前景。

1. 碳纳米管异质结太阳能电池

传统硅基异质结太阳能电池的制备工艺复杂，需进行高温原子扩散处理。因此，构筑过程简单的新型碳纳米管/硅异质结太阳能电池很早就引起了研究者的关注。2007 年，Wei 等[467]将双壁碳纳米管薄膜转移至 n 型硅的表面，构建了碳纳米管/硅异质结太阳能电池。但由于较高的串联电阻，电池的光电转换效率仅为 1.3%。在该类太阳能电池中，碳纳米管薄膜与硅形成异质结，主要起到分离光生载流子、提供传输空穴和作为透明电极的作用。因此，研究者们从提高碳纳米管的质量（结晶性和纯度）和后续掺杂两个方面来提升碳纳米管薄膜的光电性能。Cui 等[468]制备了由长管束、高结晶性的单壁碳纳米管构成的薄膜，在透光率为 81.5%（550 nm 波长）时，薄膜表面电阻可低至 134 Ω/sq，由此构建的单壁碳纳米管/硅太阳能电池的光电转换效率可达 10.8%，并具有优异的稳定性。Hu 等[469]采用浮动催化剂化学气相沉积法制备了由高结晶性、小管束单壁碳纳米管构成的薄膜，在其透光率为 90%（550 nm 波长）时，表面电阻仅为 180 Ω/sq，并利用该薄膜构筑了碳纳米管/硅异质结太阳能电池（图 3-40），在窗口面积为 9 mm^2 时，光电转换效率高达 11.8%。

一般制备的碳纳米管薄膜中同时包含金属性和半导体性碳纳米管，不同导电属性的碳纳米管搭接后形成肖特基势垒阻碍了载流子的传输，薄膜的面电阻主要是碳纳米管间的接触电阻[470]，因此仅通过提高碳纳米管的结晶性来减小薄膜面电阻有一定的局限性。因此，研究者尝试通过化学掺杂降低不同导电属性碳纳米管之间的接触电阻，从而有效降低碳纳米管薄膜的表面电阻，进而提高太阳能电池的光电转换效率。Jia 等[471]利用硝酸掺杂碳纳米管薄膜，使异质结电池光电转换效率从 6.2% 提升至 13.8%。然而硝酸易挥发，使得掺杂后的薄膜在空气中的稳定性较差、器件性能不稳定。与强酸掺杂相比，采用固体掺杂剂（金属氯化物、金属氧化物、有机物等）掺杂获得的碳纳米管薄膜的稳定性更好。Cui 等[472]利用 $CuCl_2/Cu(OH)_2$ 掺杂碳纳米管薄膜，使其在 90% 的透光率下的表面电阻低至 69.4 Ω/sq，碳纳米管/异质结太阳能

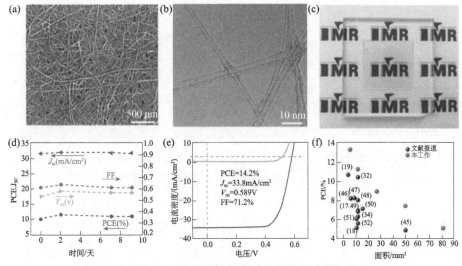

图 3-40　碳纳米管薄膜/硅太阳能电池 [469]

(a) 浮动化学气相沉积生长的单壁碳纳米管薄膜的 SEM 照片；(b) 小管束碳纳米管的 TEM 照片；
(c) 碳纳米管薄膜转移至石英基底后的光学照片；(d) 碳纳米管/硅太阳能电池的稳定性 (d)、
电流－电压曲线 (e) 及其性能与已发表结果的对比 (f)

PCE：能量转换效率；J_{SC}：短路电流密度；FF：填充因子；V_{OC}：开路电压

电池的光电转换效率从 6.59% 提升至 14.09%，且具有非常好的稳定性，在空气中放置一年后性能几乎保持不变。Wang 等 [473] 将 MoO_x 溅射至碳纳米管/硅太阳能电池表面，MoO_x 起到防反射、载流子掺杂和促进传输等作用，通过优化 MoO_x 的厚度，使光电转换效率提高至 17%。2019 年，Qian 等 [474] 将有机酸 Nafion 旋涂到碳纳米管/硅异质结太阳能电池的表面，利用有机酸的 p 型掺杂、防反射性和封装性，获得了光电转换效率为 14.4% 的太阳能电池，且稳定性优异，将该电池置于强酸溶液中处理后，仍然可以保持高性能。

　　虽然通过提高碳纳米管的质量和掺杂官能化等可以提高碳纳米管薄膜的导电性，从而改善碳纳米管/硅异质结太阳能电池的性能，但其光电转换效率和稳定性仍无法与传统的单晶硅基异质结太阳能电池（光电转换效率为 25%）相媲美。此外，大面积、高效率、高稳定性仍是碳纳米管/硅太阳能电池亟须解决的问题。通过制备高质量、大长径比、导电属性可控的碳纳米管薄膜，以及发展高效的 p 型掺杂方式、设计并优化太阳能电池结构，是该领域的主要发展方向。基于碳纳米管薄膜特有的柔性，碳纳米管/硅异质结太阳能电池在自供能可穿戴器件中具有巨大的应用潜力。

2. 碳纳米管钙钛矿太阳能电池

钙钛矿太阳能电池是第三代太阳能电池的代表,其有别于其他类型太阳能电池的典型特征是使用有机金属卤化物作为吸光材料,且该类材料具有低载流子复合概率和高载流子迁移率的优点。钙钛矿太阳能电池因性能优异且成本低廉,而被认为具有巨大的应用潜力。

2014 年,Li 等[475] 将碳纳米管薄膜用作钙钛矿太阳能电池的空穴收集层,在器件构筑过程中省略了金属电极的沉积和有机空穴传输层,但电池光电转换效率仅为 6.87%,需要进一步提高碳纳米管薄膜的导电性和功函数以提高电池性能。Aitola 等[476] 将 Spiro-MeOTAD 添加到碳纳米管薄膜中,有效改善了薄膜的空穴提取能力,使钙钛矿电池的光电转换效率提升到 15.5%。但仍然存在碳纳米管导电性较差和费米面与钙钛矿不匹配的问题,制约了碳纳米管钙钛矿太阳能电池性能的进一步提高。Lee 等[477] 用三氟甲磺酸气体掺杂碳纳米管薄膜,使其表面电阻下降了 21.3%,同时将其功函数由 4.75 eV 提高至 4.96 eV,导电性的改善和费米面的降低有效提升了钙钛矿太阳能电池的填充因子和开路电压,使其光电转换效率提升至 17.56%。

在钙钛矿太阳能电池中,碳纳米管薄膜除了被用作透明电极和空穴传输层之外,也可作为电子传输层。MacDonald 等[478] 将 TiO_2 和碳纳米管的复合物作为电子传输层用于钙钛矿太阳能电池中,其光电转换效率可达 20.4%。研究表明,添加碳纳米管不仅改善了复合电阻,而且降低了电池的化学电容,从而有效减少了电子空穴对的复合。与有机物 Spiro-MeOTAD 基钙钛矿太阳能电池的最佳效率(>20%)相比,碳纳米管作为空穴传输层和窗口电极的钙钛矿太阳能电池的性能稍差,但是碳纳米管在增强电池的稳定性和降低成本方面有很大的竞争力。如何进一步提高碳纳米管基钙钛矿太阳能电池的效率是该领域亟需突破的瓶颈问题。

3. 碳纳米管有机太阳能电池

有机太阳能电池以具有光敏性质的有机物作为半导体材料,以光伏效应产生电压形成电流,具有轻质、低成本、可弯折等特点。碳纳米管同时具有优异的力学性能和光电性能,是有机太阳能电池中透明电极材料的理想候选材料之一。

2005 年，Pasquier 等[479]用碳纳米管替代氧化铟锡作为透明电极，应用于有机太阳能电池中，其光电转换效率为 0.99%，开启了碳纳米管在有机太阳能电池中的应用研究。Jeon 等[480]将 MoO_x 功能化的碳纳米管薄膜作为有机太阳能电池的透明电子阻挡层，使其光电效率提高至 6.04%，达到氧化铟锡基有机太阳能电池效率的 83%。Lee 等[481]利用醇溶性聚芴包覆的碳纳米管和 ZnO 纳米颗粒作为电子传输层构建有机太阳能电池，光电转换效率高达 14.37%。碳纳米管的加入有效增强了内量子效率，降低了载流子复合，性能超过了氧化铟锡基有机太阳能电池，为提高碳纳米管基有机物太阳能电池提供了新途径。

与其他类型的太阳能电池相比，有机太阳能电池的光电转换效率偏低，碳纳米管的加入大大提高了其性能。鉴于柔性可穿戴器件在未来电子产品领域的巨大市场潜力，碳纳米管基有机太阳能电池将具有很好的应用前景。但仍需要深入探索其工作原理，优化有机太阳能电池的结构，实现不同功能层之间的匹配及寻求合适的掺杂剂等，以进一步提高电池性能。

太阳能电池在未来新能源器件中占有重要地位。除了以上三类太阳能电池之外，碳纳米管还被用于染料敏化太阳能电池[482]、量子点太阳能电池[483]之中。虽然碳纳米管不能带来更高的光电转换效率，但因其优异的光电性能、力学性能、化学稳定性和简单的组装工艺等，碳纳米管作为异质结材料、透明电极、空穴（电子）传输层等可赋予电池良好的柔性和较低的制备成本。此外，寻求合适的掺杂材料以进一步提升碳纳米管的光电性能及太阳能电池的光电转换效率将是重要的发展方向。

（三）电催化

电催化反应在能源转换、化学合成、污染净化等领域都有重要的应用。对于发生在气-固-液三相界面处的非均相化学反应，电催化剂需具备以下特征：高催化活性，以确保高效催化氧还原等反应；高稳定性，确保高效催化的可持续性；高导电性，确保电子的快速转移和传输，提高反应催化效率；丰富的孔结构，由此带来的高比表面积使电解质易与活性中心接触，也有利于反应过程中的传质。目前应用最广泛的贵金属（Pt、Ir 等）基电催化剂存在成本高、稳定性差、环境敏感等问题。因此，发展低成本、高效、高稳定性的非贵金属催化剂至关重要。近年来的研究发现，纳米碳基电催化剂表现出优异的综合性能。由 sp^2 杂化碳原子通过 C—C 共价键相连而形成的碳纳米管具有高导电性和化学稳定性；碳纳米管独有的准一维中空管腔使其具有高比表面积和丰富的孔结构；碳纳米管具有可通过官能化改性的丰富表面，易与多种活性物质复合。因此，碳纳米管是理想的电催化用活性及基体材料。

基于碳纳米管的优异性能，研究者们首先尝试用其替代传统的催化用碳材料。1998 年，Che 等以模板法制备了有序排列的碳纳米管薄膜，并在碳纳米管管腔中填充铂，表现出优异的氧还原催化性能[484]。2000 年，Luo 等发现羧基官能化的单壁碳纳米管薄膜可氧化多巴胺等生物分子，证明了无金属担载的碳纳米管应用于电催化领域的可行性[485]。随后，Gong 等以氮掺杂的碳纳米管垂直阵列作为催化剂，在碱性条件下获得了可与商业铂碳相媲美的氧还原性能，碳纳米管作为一种非贵金属电催化材料开始引起广泛关注[96]。后续研究中碳纳米管逐渐被应用于电解水、燃料电池等能源领域的重要催化反应中，如阳极析氧反应[486]、阴极析氢反应[487]、阴极氧还原反应[488]、CO_2 还原反应[489] 和甲醇氧化反应[490] 等。

根据碳纳米管在电催化剂中所起作用的不同，可以把碳纳米管基电催化剂分为三类：①碳纳米管作为载体负载高活性的贵金属纳米颗粒催化剂。早在 2002 年，Li 等就用碳纳米管替代炭黑负载铂，直接用于甲醇燃料电池反应中，表现出优于商用炭黑的性能[491]。对比不同结构碳纳米管用作电催化剂载体的性能，Wu 等分别将铂纳米颗粒负载于多壁和单壁碳纳米管表面，并测试其催化甲醇氧化的活性。结果表明，比表面积更大的单壁碳纳米管对纳米颗粒具有更好的分散和支撑作用，体现出更优异的性能[492]。碳纳米管担载贵金属催化剂的催化活性较高，但所用贵金属价格昂贵、稳定性差、对环境敏感，因而其规模应用受到限制。②非金属元素掺杂的碳纳米管基电催化剂。将非金属元素硼、氮、硫、磷等掺杂到碳纳米管管壁中，可通过调节碳纳米管的本征电子结构影响其导电性和化学势，从而提高其催化活性。Gong 等首次将氮原子掺杂的碳纳米管垂直阵列应用于氧还原催化中。氮掺杂后碳纳米管由圆柱状变为竹节状，增加了活性位的数量；氮原子的掺杂引起碳纳米管表面电子分布状态的改变，改变了氧气在碳纳米管表面的吸附方式。氮掺杂碳纳米管垂直阵列在碱性环境中具有与铂碳相当的催化性能，展示出异质原子掺杂碳纳米管在电催化领域的应用潜力[96]。Zhao 等[101]制备了硼、氮共掺杂碳纳米管，并发现硼、氮共掺杂且不与碳发生键合时才有助于催化性能的提高。这为通过设计共掺杂方式、选择掺杂元素以获得更高性能的非金属催化剂提供了借鉴。③碳纳米管担载非贵金属催化剂。已报道的非贵金属催化剂包括过渡金属硫化物[493]、过渡金属磷化物[494]、非贵金属纳米颗粒[495]、非贵金属氧化物[496]等。

在研究电催化的过程中，主要研究对象经历了从反应本身能垒到反应物的表面吸附与扩散、催化活性中心和电子转移等阶段。与其他碳材料相比，碳纳米管可作为一种理想基体探索反应传质和电子传输对电催化性能的影响，也可以负载不同的活性中心以深入探讨催化反应机理。随着催化剂制备技术的进步，研究者发现单原子催化剂展现出优异的催化性能[78]。由于纳米碳材料与金属的强相互作用，因此碳纳米管是常用的单原子催化剂载体之一。近年来，在碳纳米管上负载过渡金属单原子催化剂的研究方兴未艾。Cheng 等发明了一种多步热裂解方法，合成了单原子过渡金属（Ni/Co）担载量高达 20% 的碳纳米管基电催化剂，具有优异的 CO_2 还原性能[497]。Sa 等设计了一种以二氧化硅为保护层的单原子电催化剂，二氧化硅层可有效防止铁原子的高温团聚，从而获得高浓度单原子 $Fe-N_x$ 活性中心分散于碳纳米管表面的催化剂。该催化剂在碱性条件下表现出优异的氧还原性能[498]。Yasuda 等将铁酞菁包裹在碳纳米管垂直阵列表面后经热处理制备了以单原子 Fe-N-C 为活性中心的氧还原催化剂，其在酸性条件下具有极高的催化活性和稳定性[499]。Liu 等在制备单原子 @Fe-N-pCNT 催化剂的过程中，引入"原子孤立剂"获得了高密度、暴露的 $Fe-N_x$ 活性位点（图 3-41），该催化剂在酸性条件下表现出与商用铂碳催化剂相媲美的性能，且该方法具有制备成本低、催化剂活性高、稳定性好等特点[500]。过渡金属单原子分散的碳纳米管基电催化剂在性能上已经达到甚至高于贵金属催化剂的水平。

本征结构完美的碳纳米管并不具备电催化性能，但通过改性、掺杂、担载金属等处理后，碳纳米管在电催化过程中可提供高效的传质和电子传输通道，且碳纳米管之间通过搭接可形成完整的导电网络，是理想的电催化剂基体材料之一。但一般电催化剂本身既要求高导电性又要求足够多的缺陷作为活性位点，如何平衡这两点是碳纳米管基电催化剂需要突破的瓶颈问题。另

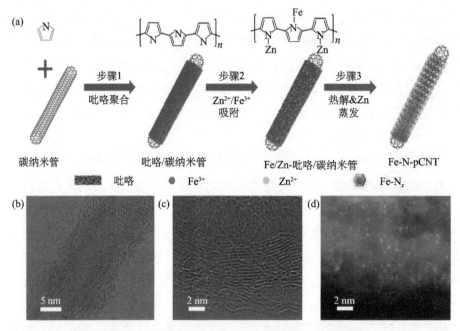

图 3-41　高密度单原子 @ 碳纳米管催化剂的制备

Fe-N-pCNT 催化剂的制备流程图 (a)，透射电镜照片 (b)，高分辨扫描 TEM 模式下球差校正明场成像
的照片 (c)，相应 Z 衬度成像的照片 (d)[500]

外，单原子活性位点的浓度普遍在 10wt% 以下，碳纳米管上负载活性位点的浓度仍需进一步提高，亟须发展绿色、高效、可批量制备负载单原子分散过渡金属碳纳米管基电催化剂的方法。再者，金属或非金属作为碳纳米管基电催化剂的活性中心仍然存在争议，碳纳米管自身的结构缺陷、五-七元环等拓扑结构、吡啶氮掺杂和 M-N$_x$ 单原子位点，都被认为是可能的催化活性中心。随着同步辐射和环境原位透射电镜技术的发展，结合多种分析表征技术，深入研究碳纳米管基电催化剂的作用机制，以建立催化剂结构与性能之间的关系，可望为设计开发低成本、高效、耐久性好的碳纳米管基电催化剂提供理论指导。

三、碳纳米管复合材料

碳纳米管具有优异的力、热、光、电、磁学性质，因此其可作为结构或功能增强相用于多种复合材料中。碳纳米管复合材料很早就受到关注，并具有广阔的应用前景，总体上可分为结构增强复合材料和功能增强复合材料。

（一）碳纳米管结构增强复合材料

碳纳米管作为结构增强相的复合材料主要有聚合物基复合材料、金属基复合材料和碳/碳复合材料。

1. 碳纳米管增强聚合物基复合材料

早在 1994 年，Ajayan 等[501]将碳纳米管作为填料制备了碳纳米管/环氧树脂复合材料，并使碳纳米管在环氧树脂中呈一定的取向排列，开启了碳纳米管在增强聚合物力学性能方面的研究。根据聚合物基体的类型，可将碳纳米管/聚合物基复合材料分为热固性聚合物复合材料和热塑性聚合物复合材料两类[502]。

环氧树脂是最常用的热固性高分子材料之一，独特的环氧官能团可与多种固化剂形成多个交联结构，具有良好的力学、化学和耐高温性能。研究者发现，未经处理的碳纳米管易缠结团聚，导致其与聚合物基体界面的结合不良，对复合材料的力学性能改善甚微[503]。通过化学改性，在碳纳米管管壁上引入化学基团，可同时改善分散性并增强其与聚合物基体之间的界面结合，可显著提高复合材料的力学性能[504, 505]。近期，Bisht 等[506]在碳纳米管/石墨烯/环氧树脂基复合材料中加入纳米金刚石，使复合材料的抗拉强度和断裂韧性分别提高 51% 和 165%。多种不同维度的纳米碳材料的加入可优化复合材料的结构，更好地提高材料的力学性能。

热塑性复合材料方面，Vigolo 等[218]和 Dalton 等[219]制备出碳纳米管/聚合物基复合纤维，其杨氏模量和韧性按密度标准化，分别达到钢丝的 2 倍和 6 倍（模量和强度分别约为 80 GPa 和 1.8 GPa），展示出碳纳米管增强纤维复合材料的潜力。Kalakonda 和 Banne[507]采用溶剂分散的方法将功能化的碳纳米管与聚甲基丙烯酸甲酯复合，获得的复合材料的拉伸模量和极限拉伸强度提高约 300%。官能化的碳纳米管可有效减弱聚合物的热运动，有助于提升复合材料的力学性能，且该材料具有较好的热稳定性，在光学和航空航天领域有广阔的应用前景。近期，Jee 和 Baik[508]利用湿法纺丝结合室温下拉伸的方法制备了弹性体嵌段共聚醚酯和聚乙二醇官能化碳纳米管复合纤维。与初生纤维相比，拉伸至 200% 时复合纤维的初始模量和拉伸强度分别提高了 320% 和 350%。随着拉伸倍数增加，复合纤维的导电性也明显提高。Kinloch

等[509]认为，在制备过程中对碳纳米管本征结构造成的损伤、基体与碳纳米管之间的应力传递机制不清晰及碳纳米管与基体之间结构关系，是碳纳米管增强聚合物复合材料研究中亟须解决的关键问题。

2. 碳纳米管增强金属基复合材料

金属基复合材料具有比强度高、刚度高、热膨胀系数小、阻尼性能好等优异性能，被广泛应用于汽车和航空航天等领域[510]。碳纳米管以其轻质高强的特点，在进一步降低金属材料密度并提高其机械强度方面具有很大的潜力。但与聚合物基碳纳米管复合材料相比，金属基碳纳米管材料的研究报道相对较少[511]。

1997年，Li等[512]采用电镀的方法制备了镍包覆碳纳米管复合材料。尽管包覆于碳纳米管表面的镍易形成纳米颗粒，但仍为金属与碳纳米管的复合提供了一种途径。研究者陆续发展了多种方法以实现碳纳米管与金属材料的复合。Choi等[513]使用球磨结合热轧的方法制备出碳纳米管/铝复合材料，铝渗透到碳纳米管的结构中以互锁形式增强了界面结合，其抗拉强度较纯铝提高1倍以上，达到约600 MPa。Chen等[514]使用高能球磨、火花等离子体烧结和热挤压三种加工方式相结合的方法，以少壁碳纳米管为增强体制备出了延伸率为11.7%、屈服强度为382 MPa的碳纳米管/铝复合材料，其强塑性匹配良好。研究表明，少壁碳纳米管比多壁碳纳米管具有更好的增强效果，可实现力学性能与持久性的平衡，为碳纳米管/金属复合材料中碳纳米管的选择提供了指导。Liu等[515]将3D打印技术应用于碳纳米管与钛合金的复合中。由于碳纳米管可传输载荷且与钛反应形成的TiC纳米片具有桥增强效应，该复合材料的抗拉强度可达1162 MPa，展现了在航空航天领域的应用前景。

得益于碳纳米管自身优异的力学性能和复合材料加工技术的进步，碳纳米管增强金属基复合材料的前景令人期待。为达到理论预测的强度值，在复合材料制备过程中实现碳纳米管在金属基体中的均匀分散至关重要，且极具挑战性[516]。而且，不同分散方法制备出的碳纳米管/金属基复合材料的性能差异巨大[517]。传统的高能球磨和机械分散方法会造成碳纳米管本征结构的破坏，优化的高能球磨、搅拌摩擦加工[518, 519]和片状粉末冶金[520]等新型分散方法可减弱对碳纳米管的结构损伤并抑制界面反应，有望在金属与纳米碳材料复合中获得应用。此外，复合材料的力学性能在很大程度上依赖所获得的界面质量，即取决于碳纳米管与金属基体的润湿能力、结构完整性、界面反应和碳化物形成等因素[521]。由于碳纳米管在金属基体中产生大量的残余应力，还可能导致未退火复合材料的抗拉强度低于纯金属[522]。

因此，亟须探索新的制备工艺以实现碳纳米管在金属基体中的均匀分散和良好界面结合。电化学沉积技术是实现这一目标的有效方法之一，但其主要局限性在于金属材料只能覆盖碳纳米管表面，难以用于块状复合材料的制备；铸造技术仅适用于低熔点材料或非晶材料；粉末冶金是目前应用最广泛的制备碳纳米管/金属基复合材料的方法之一，但在分散和增强两个方面都需要进一步加强[511, 521]。另外，碳纳米管/金属基复合材料的磨损机制尚不清晰、材料强化机制的模型构建不完善、力学性能理论预测还不充分[480, 512]，界面化合物及其对增强效果的影响和复合材料的致密度等问题仍有待深入研究[511]。

3. 碳纳米管增强碳/碳复合材料

体相碳材料通常具有轻质、高化学稳定性、丰富的维度和可调的孔结构等特点，被广泛应用于汽车、航空航天和核电等领域。其中，碳纤维是传统碳/碳（C/C）复合材料中最常用的结构增强相。理论上，碳纳米管具有比碳纤维更优异的力学性能，因此研究者尝试将碳纳米管用于C/C复合材料中。

早期研究多致力于在碳纤维表面原位生长[523, 524]或连接碳纳米管，以期提高碳纤维的性能。2002 年，Thostenson 等[523]利用化学气相沉积法在碳纤维表面生长了碳纳米管。与初始纤维相比，复合纤维的界面强度提高了15%。Li 等[525]在碳纤维上接枝碳纳米管，通过控制碳纳米管在纤维上的接枝形态（包括扩散接枝和径向接枝），不同程度地提高了 C/C 复合材料的抗氧化性能。Li 等[526]以碳纤维布为主体，以多壁碳纳米管为增强材料提高其力学性能，研究发现，添加 1.2wt% 碳纳米管的 C/C 复合材料具有最大的弯曲强度。Hou 等[527]采用电阻加热-热梯度化学气相渗透法在针刺毡上原位生长碳纳米管，制备了碳纳米管增强 C/C 复合材料。结果表明，碳纳米管有利于高织构热解碳的形成，从而获得粗糙的层状热解碳，与不含碳纳米管的复合材料相比，碳纳米管增强复合材料的弯曲强度和层间剪切强度分别提高了44.2% 和 40.7%。

综上，研究者们通过开发更简单实用的工艺制备出力学性能明显改善的碳纳米管增强 C/C 复合材料。但要实现碳纳米管增强 C/C 复合材料的规模化应用，还有以下问题需要解决：① C/C 复合材料中的碳纳米管填料作为局部障碍，在相间传播的裂纹被迫遵循锯齿形路径，从而导致裂纹分叉和偏转；②尽管增强后 C/C 复合材料的机械强度大大提高，但添加碳纳米管填料会导致复合材料的脆性断裂[528]；③碳纳米管的引入增强了界面黏合，但阻碍了纤维的拉出并降低了断裂韧性。

（二）功能增强碳纳米管复合纤维

碳纳米管中的 C—C 键为 sp^2 杂化形成的共价键，高键能使其具有高强度[529]，且 sp^2 共价键的离域 π 键使电子能够在管间形成无散射的弹道运输[26]。理论和实验都证明，碳纳米管具有优异的力学和电学性能。单根单壁碳纳米管的理论电导率可达 10^8 S/m，比铜的电导率（5.8×10^7 S/m）高一个数量级[220]。碳纳米管在室温下的理论轴向热导率高达 6600 W/(m·K)[53]，在传热过程中包含电子和声子导热，因此其晶格结构、缺陷、手性结构等因素均可影响热导率。例如，碳纳米管管束的热导率会降低两个数量级，多壁碳纳米管管束在室温下热导率的测量值仅为 25 W/(m·K)[51]。

碳纳米管宏观体主要包括纤维、薄膜、海绵、泡沫等。其中，碳纳米管纤维在强度上可与碳纤维相媲美，且电导率比碳纤维高 2~3 个数量级，是一种性能优异的结构与功能材料，在力、热、电学增强方面具有重要的应用价值。

1.碳纳米管纤维导电复合材料

碳纳米管的理论电导率比铜高一个数量级，但是当碳纳米管组装成宏观体时，由于管与管之间的接触电阻，导致宏观体的电导率远低于理论预测值。提升宏观体的电导率有多种方法，其中与其他材料复合是简单有效的方法之一。碳纳米管/高导电金属复合纤维可在保持高导电率的前提下，减轻质量，满足其在电子电路和航空航天等领域的应用要求。

2011 年，Li 等[530]将碳纳米管垂直阵列纺丝获得纤维，经阳极化处理后电沉积铜。阳极氧化的碳纳米管表面含有丰富的含氧官能团，有效增强了其与铜之间的界面结合，制备出高导电性碳纳米管/铜复合纤维（图 3-42）的电导率达 4.08×10^6~1.84×10^7 S/m，可达到与铜导线同一数量级，纤维密度为

$1.87\sim3.08$ g/cm³，仅为纯铜的 $1/4\sim1/3$。Sundaram 等[531] 使用两步电沉积法制备出内外均沉积铜的碳纳米管/铜复合纤维，其电导率比原始碳纳米管纤维提升了 100 倍。

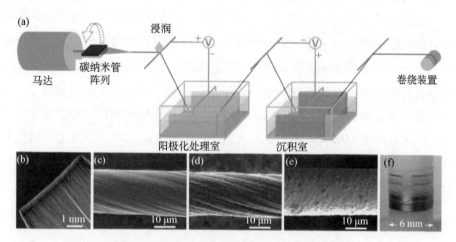

图 3-42　碳纳米管/铜复合纤维的制备过程[530]

(a) 制备过程示意图；(b)～(e) 碳纳米管阵列、纺丝后纤维、阳极化后的纤维和碳纳米管/铜复合纤维的扫描电镜照片；(f) 3 m 长的碳纳米管/铜复合纤维的光学照片

湿法纺丝制备的碳纳米管纤维较干法制备更致密，且易实现与其他材料的复合，因而湿法纺丝制备高性能复合碳纳米管纤维更具优势。近期，Tran 等[532] 通过先溅射金后电镀铜的两步法获得了碳纳米管/金/铜复合纤维，其电导率高达 4.65×10^7 S/m（大约为铜导线电导率的 80%），密度仅为纯铜的 42%，强度达 0.74 GPa，是铜的 2 倍。

综上，碳纳米管/高导电金属复合纤维的电导率可达纯铜同一数量级，密度远小于铜导线，但要实现其在航空航天等领域的应用仍有以下问题亟须解决：①通过制备高质量、大长度碳纳米管及改进纤维制备工艺等，进一步提高碳纳米管纤维自身的导电性能；②优化碳纳米管与金属之间的界面，增强两者之间的相互作用，提高电导；③进一步优化制备工艺，降低成本。

2. 碳纳米管纤维导热复合材料

研究者发展了多种方法以提高碳纳米管纤维的导热性。Li 等在纯碳纳米管纤维中引入金纳米颗粒，制备出碳纳米管/金纳米颗粒复合纤维。[533] 金纳米粒子可以诱导低频声子激发，将低频声子再分布于界面碳原子中，使碳原子与金原子产生低频声子共振,更多的热量可以通过金-碳纳米管的接触部分进行传递。将碳纳米管纤维的热导率由 30.5 W/(m·K) 提升至 50 W/(m·K),为提高碳纳米管纤维的导热性能提供了一条新途径。

碳纳米管具有超高的热导率,将其填入聚合物纤维中可增强其导热性能。高度定向的碳纳米管与聚合物分子链及其形成的相界面会加剧从碳纳米管到大分子链的热传递,从而提高其导热能力。将定向排列的碳纳米管加入聚合物纤维中可以增加纤维的轴向热导率。影响其性能的关键因素是降低碳纳米管与聚合物基体的接触热阻。与各向同性复合材料相比,纤维中聚合物和碳纳米管的取向相同可增加导热通道,各向异性聚合物/碳纳米管纤维的导热性能提高的幅度更大。但相对于碳纳米管的本征热导率,碳纳米管复合聚合物的热导率仍然很低。

(三)碳纳米管复合材料面临的主要问题及挑战

过去十年间,碳纳米管复合材料在性能优化和规模化制备方面取得了一定进展,碳纳米管聚合物复合材料已在自行车支架和羽毛球拍等产品中获得了商业应用。但该领域仍面临以下主要挑战。

(1)可控合成高质量、超长碳纳米管。原材料是影响宏观体性能的决定性因素。针对高强、高导电、高导热复合材料的要求,需要长径比更高、晶体结构完整的碳纳米管。在此基础上与其他材料复合,并保证碳纳米管结构和性能的均一性,可进一步提高复合材料的性能。

(2)优化碳纳米管在复合材料中的分布与填充量,以获得性能最优的复合材料。针对不同类型的复合材料需要优化碳纳米管的添加量与复合工艺,以获得结构与功能特性优异的复合材料。

(3)优化复合材料中碳纳米管与基体的界面。界面是影响复合材料性能的关键因素。如何控制复合过程中碳纳米管与其他材料的相互作用,一直是制约复合材料性能提高的瓶颈问题。通过官能化、设计碳纳米管在复合材料中的结构、发展原位复合方法等可望提高碳纳米管在复合材料中界面结构的稳定性和均一性,从而获得高性能复合材料。

(4)碳纳米管在复合材料制备中的无损分散。碳纳米管的直径为纳米级,长度为微米级或更长,极易发生缠结、团聚。在碳纳米管分散过程中通常需要引入表面活性剂并进行大功率超声处理等，由此导致碳纳米管的短切和缺陷，降低复合材料的性能。发展新的分散方法，避免引入表面活性剂且不破坏碳纳米管的本征结构，是获得高性能的碳纳米管复合材料的关键。

四、碳纳米管在生命科学及其他领域中的应用

（一）碳纳米管在生命科学领域的应用

碳纳米管具有纳米尺度的管腔、高长径比、优异的力学性能和高比表面积等结构与性能特征，可望在生命科学相关领域获得应用：高长径比的准一维管状结构，使其可穿透细胞进行药物输运和治疗；各向异性的导电/半导体特性使其成为神经和肌肉组织融合的理想选择之一；超高的比表面积使其可负载更多的生物物质；对其表面功能化后，可调节其溶解性和进行特异性生物识别[534]。

早在 1995 年，Tsang 等在碳纳米管管腔中固定小分子蛋白质，并用透射电镜观察其形貌。研究表明，固定于纳米级管腔的蛋白质仍然保持催化活性，证明了碳纳米管良好的生物兼容性，开启了碳纳米管在生物学领域的应用研究[535]。在后续研究中，碳纳米管在人体生理信号的实时监测、肿瘤成像与治疗、靶向位点特异性药物传递抗癌药物等方面均取得了一定进展。

1. 健康监测

为评估人体的健康状况，对病情进行预防和早期诊断，尽早发现疾病并开始治疗，用于实时监测生理状况的生物传感器受到广泛关注。因检测环境复杂多变，要求此类传感器具有选择性好、灵敏度高、快速响应、稳定性好、重现性高、生物兼容性好、监测范围广等特点。依据传感器的工作原理不同，健康监测用传感器主要包括电化学生物传感器、力学生物传感器、光学生物传感器等。

碳纳米管具有高比表面积、高导电性、高化学稳定性和良好的生物相容性，是电化学传感器的理想构筑材料之一。1998 年，Wong 等将共价键修饰的碳纳米管作为分子探针，探测了蛋白质配体对之间的结合力[536]，发明了一种通过敏感的特定分子间作用力来界定化学和生物系统的方法。2003 年，Dai 等将目标蛋白的特定受体偶联到功能化的单壁碳纳米管上，构建了电子

生物传感器，实现了对目标蛋白的选择性识别和结合[537]，有望应用于临床检测类似免疫缺陷病毒的生物分子。基于碳纳米管优异的力学性质，Yamada等研发了一种由顺排单壁碳纳米管薄膜构筑的可拉伸的力学传感器，其应变高达280%，是传统金属力学传感器的50倍，具有高耐久性（150%应变下循环10 000次）、快速响应（14 ms）、低蠕变（100%应变时为3%）等特点。将该传感器置于衣物上，能监测并分辨不同类型的人体活动，如运动、打字、呼吸和说话等[414]，展示了碳纳米管基力学传感器在柔性可穿戴实时监测器件中的潜在应用价值。单壁碳纳米管在生物材料的光透明窗口内具有近红外光发射能力，因而可用于光学生物传感器，但体内液体浓度的变化直接影响碳纳米管传感器的灵敏度和选择性。Gillen等采用异种核酸或合成DNA包裹碳纳米管，从而使碳纳米管能够耐受人体内的盐浓度的变化，输出更稳定的信号。该研究把光学生物传感器在生物体内的实际应用又往前推进了一大步。

碳纳米管的应用显著提高了生物传感器的性能，其在酶、抗体、DNA、人体运动等健康监测领域具有广阔的应用前景。但碳纳米管在未来健康监测中依然存在很多问题和挑战：从临床角度看，基于碳纳米管的健康监测传感器仍然具有局限性，如监测特定物质浓度或电活性物质时无法避免药物的干扰，缺乏比现有商业技术更好的低成本、高收益的电化学生物传感技术；相比于商用仪器一般使用毫米级直径的微距电极，碳纳米管生物传感器的制造和使用成本偏高，重现性不够好；尚无法实现同时对多种生理信号进行监测，又能保证各自的高灵敏度。

2. 生物成像

生物成像是利用纳米材料尺寸依赖的光学特性，对细胞、组织甚至生物体成像来获得生物信息的方法，在理解生理学和病理学信息、疾病诊断和开发新的医疗手段等方面极具应用前景。特别是，半导体性碳纳米管因具有纳米尺度、低细胞毒性、高耐光性、强光致发光能力等特点，有望成为细胞成像的有效生物标志物[538]。

2004年，Cherukuri等研究发现巨噬细胞可主动摄取大量的单壁碳纳米管而不显示毒性，摄入的碳纳米管可在近红外荧光显微镜下荧光成像[539]，为研究碳纳米管与细胞、组织甚至器官的相互作用提供了新方法。在后续研究工作中，该研究组利用半导体性碳纳米管特有的荧光特性绘制了通过静脉注射进入兔子肝脏中（体外实验）的碳纳米管的分布情况[540]。Welsher 等[541]通过交换的方式将磷脂聚乙二醇包覆的碳纳米管注射入小鼠活体内，通过检测碳纳米管的近红外光发光对整只小鼠进行了活体荧光成像。图像分辨率达到微米级，可用于肿瘤中毛细血管的可视化分析。与直接分散于磷脂聚乙二醇的碳纳米管相比，该方法的相对量子产率提高了一个数量级，该工作证明了利用生物兼容的单壁碳纳米管进行动物活体成像方法的可行性。

鉴于单壁碳纳米管的荧光特性与其带隙（直径和手性）直接相关，为了提高生物成像的量子产率，避免单壁碳纳米管注射量过高有可能导致的生物毒性，Diao 等[542]将后处理分离的单一手性单壁碳纳米管用于生物成像中，使用（12,1）和（11,3）手性富集的半导体性碳纳米管进行小鼠的实时荧光成像。结果表明，与未分离提纯的单壁碳纳米管相比，在注射剂量由 1.0 mg/kg 降低到约 0.16 mg/kg 的情况下，手性富集单壁碳纳米管的荧光亮度提高了 5 倍。

单壁碳纳米管的荧光成像具有光子散射减少、组织吸收最小、内源性自发荧光可忽略、组织深度穿透、抗光漂白和高空间分辨率等突出优点，在体内淋巴血管成像[543]、肿瘤组织成像[544]、细菌感染成像[545]、非侵入性头皮/颅骨脑血管成像[546]等方面都获得了较大进展。但要实现碳纳米管在生物成像中的临床应用，仍然有许多问题需要解决，如：①发展简单、高效提高单壁碳纳米管生物兼容性的方法；②进一步提高碳纳米管的分散性以提高成像的质量与空间分辨率；③低成本获得足够剂量的高纯度、高质量单一手性单壁碳纳米管；④建立简单、便捷、定量分析碳纳米管在生物体内的含量的方法。

3. 药物输运

药物输运是将有效载荷的药物定点定量投递到生物体内，以最大限度提高药物的治疗效果，并避免对其他组织器官造成不必要的损伤。碳纳米管因其独特的结构而在药物输运中独具优势[547-550]：碳纳米管的渗透性和积聚性强，特别是在肿瘤毛细血管中比正常血管的渗透性更强，在肿瘤组织中更容易富集；碳纳米管为高长径比的针状结构，容易穿过细胞膜，促进药物通过跨膜渗透、细胞内吞等途径在细胞内积累；碳纳米管具有中空的管腔和大比表面积，可以通过功能化作用在表面或内部加载亲脂性药物或亲水性药物；碳纳米管中 sp^2 杂化的 C—C 键易被生物活性肽、小分子药物、蛋白质和基因传递核酸等修饰，具有良好的生物相容性。

2004 年，Pantarotto 等[550]将氨功能化的碳纳米管通过离子相互作用与DNA 结合，并将 DNA 传递到细胞中，与碳纳米管结合的 DNA 的表达水平比单独的 DNA 高 10 倍，验证了碳纳米管在输运生物材料方面的可行性。Feazell 等[551]使用胺功能化的水溶性单壁碳纳米管跨细胞膜与 Pt(IV) 复合物相结合，细胞将连接了 Pt(IV) 的复合物内吞，在肿瘤组织等低 pH 环境中释放出具有毒性的 cis-[Pt(NH$_3$)$_2$Cl$_2$]。利用碳纳米管输运铂，显著提高了药物对癌细胞的毒性，体现出碳纳米管在药物输运中的优势。Liu 等[552]通过可断裂的酯键将抗癌药物紫杉醇与聚乙二醇官能化的碳纳米管相结合，获得水溶性的紫杉醇/碳纳米管配合物。由于碳纳米管的渗透性和保留性增强，药物在血液中的循环时间延长，且药物投递量增加了 10 倍，对癌细胞的抑制作用明显增强。

碳纳米管在药物输运对癌症的高效、低副作用、低剂量治疗方面显示出巨大潜力，但目前距离临床应用仍有很长的距离。这主要是因为碳纳米管的药代动力学（吸收、分布、代谢和排泄）仍不清楚，特别是不同形态（直径、长短、聚集态、结晶性）的碳纳米管对不同组织器官的影响仍不明确。对于碳纳米管官能化改性过程中对碳纳米管结构的破坏及引入表面活性剂等对其输运性能的影响也有待进一步深入研究。

4. 热疗

生物热疗是通过提高肿瘤组织的局部温度，利用热效应来杀死肿瘤细胞，是一种非侵入式治疗癌症的新方法。其中，近红外光具有较强的热效应和穿透组织能力，是常用的热源之一。碳纳米管具有强的近红外吸收能力，可在近红外光照射下产生热量，并趋于在肿瘤组织中富集，从而选择性杀死癌细胞。

2005 年，Kam 等[553]首次将带有肿瘤标志物的碳纳米管递送到肿瘤组织处，采用近红外脉冲诱导碳纳米管局部加热，引起细胞死亡和药物释放，达到选择性触发肿瘤死亡的目的。为提高碳纳米管杀死癌细胞的能力并减轻对正常组织的毒性，Zhu 等[554] 发现将光敏剂、ssDNA 适配体与单壁碳纳米管形成复合物是有效措施之一。Robinson 等[555] 通过肿瘤组织对单壁碳纳米管的摄取，首次实现了荧光和近红外光对肿瘤的成像，利用单壁碳纳米管对近红外光的强吸收作用，在很低的碳纳米管注射剂量（3.6 mg/kg）下完全杀死了癌细胞。深入研究不同导电属性碳纳米管通过热疗杀死癌细胞的结果表明，在近红外激光照射下，金属性碳纳米管比半导体性碳纳米管的产热效应更强，而半导体性碳纳米管比金属性碳纳米管产生更多的活性氧，有利于通过光动力效应杀伤癌细胞。不同结构和性能的碳纳米管具有不同的产热能力，杀死癌细胞的原理也不相同。

与人类健康紧密相关的生命科学领域的每个问题都非常重要，而且具有很大的挑战性。以上研究表明，碳纳米管以其独特的结构和优异的性能，在健康监测、生物成像、药物输运和热疗等领域中具有潜在应用价值，但仍存在一些基本科学问题有待解决。

（1）与均匀的聚合物和纳米颗粒等相比，碳纳米管的结构特别是直径、长度、导电性、纯度和结晶性等还很难实现完全一致，已成为进入临床研究的障碍之一。

（2）相比于可降解的有机分子药物，碳纳米管具有很强的化学稳定性，如何排除体外及其在体内长期存留的影响尚不清楚。

（3）碳纳米管具有多种结构，不同结构和性能的碳纳米管的适用性不清晰。利用不断发展的新技术解决上述难题，是推进碳纳米管在生命科学领域中应用的必经之路。

（二）碳纳米管在热界面材料中的应用

随着电子和光电子系统的小型化和器件功率密度的提高，器件单位体积产热显著提高，易造成局部过热，并导致性能下降、可靠性变差、使用寿命缩短等。有效地将器件产热快速导出并耗散掉，通常需要使用散热片、热界面材料和外围封装散热材料等。其中，热界面材料填充于发热元件和散热冷板之间，主要功能是增加接触、降低热阻。

碳纳米管具有极高的轴向热导率 [6600 W/(m·K)]、可调的取向结构、低的膨胀系数、形貌可适应接触面粗糙度、化学稳定性好、轻质等特点，故成为热界面材料的理想候选。现在主要有两种碳纳米管宏观体热界面材料：①自支撑的碳纳米管薄膜及碳纳米管与其他导热材料，如金属、聚合物的复合薄膜；②碳纳米管垂直阵列及填充了其他导热材料的复合碳纳米管垂直阵列。在碳纳米管复合薄膜及阵列中，碳纳米管主要建立互通的导热网络和通道，薄膜中碳纳米管以面内导热为主，而垂直阵列中碳纳米管以轴向热导为主。因此，顺排的碳纳米管垂直阵列在热界面中具有更大的优势。

基于碳纳米管垂直阵列可形成高效热传输通道的特点，2004 年，Sample 等 [556] 利用碳纳米管垂直阵列作为热界面材料连接发热端和冷端，将热量通过碳纳米管轴向传递，表现出与传统导热油脂相当的性能。后续研究表明，碳纳米管垂直阵列的导热性能受环境温度、碳纳米管的排列密度 [557]、结晶性 [558, 559]、纯度 [560, 561] 和顺排度等因素的影响。

其中，碳纳米管的热导率随密度的提高呈先增加后降低的趋势，增加的主要原因是高密度碳纳米管阵列可为导热提供更多的通路，而当密度过高时声子散射的加剧会导致热导率下降。Kong 等 [557] 在已有的碳纳米管垂直阵列端部沉积催化剂后再次通过化学气相沉积生长垂直阵列，提高其密度，当阵列密度提升至 5.6×10^8 根/cm^2 时，热导率提升为原来的 2 倍，而当密度进一步提高至 7.2×10^8 根/cm^2 时，热导率反而下降。研究表明，提高碳纳米管的结晶度可大幅提高垂直阵列的热导率，日本 Fujistu Laboratories Ltd. 在获得高密度碳纳米管垂直阵列后将其置于耐高温的 SiC 基底上，经 2000℃的高温热处理后其热导率提高至 80 W/(m·K)，是钢基散热材料的 3 倍 [562]。但一般碳纳米管垂直阵列的热导率大约为 10 W/(m·K)，远远低于碳纳米管的本征热导率。

垂直阵列自身具有较高的热导率，但其两端接触界面处的热阻是影响整个器件散热性能的关键因素。另外，单独的碳纳米管阵列机械性能较差，操作困难，无法用于电子封装中。因此，研究者们常将导热聚合物等材料填充于碳纳米管之间以减小界面热阻并提高其机械性能。Kaur 等 [563] 采用共价结合的有机分子连接碳纳米管垂直阵列与两端的金属以增强黏附力，从而将热阻降为原来的 1/6。Taphouse 等 [564] 通过合成芘丙磷酸改性多壁碳纳米管垂直阵列，将其热阻降为原来的 1/9。Ping 等 [565] 通过设计碳纳米管阵列的结构，在阵列顶端覆盖一层具有一定石墨化度的碳层以改善阵列顶端与基体的接触，有效提升了碳纳米管阵列的导热性能。

除接触问题外，碳纳米管垂直阵列直接用于热界面材料还存在机械强度不够高、封装操作困难等问题。研究者多通过聚合物填充增强其机械性能，但填充材料的本征热导率通常远低于碳纳米管，且在碳纳米管垂直阵列内部填充聚合物使得碳纳米管的顺排性和分散性变差，从而造成碳纳米管垂直阵列/聚合物复合结构的热导率显著降低。选用其他高导热材料与碳纳米管原位复合，可以有效提高复合材料的导热性能。Jing 等 [566] 采用化学气相沉积法在碳纳米管外壁包覆 BN 纳米管形成异质同轴结构复合材料，在碳纳米管外壁的 BN 可增加导热通道，使垂直阵列的导热率提高 90%。

近日，日本 Fujistu Laboratories Ltd. 利用薄层层压技术研制出热导率高达 100 W/(m·K)（包括界面热阻）的碳纳米管垂直阵列散热片 [567]，即利用保护片和黏合层构成的层压层来保护碳纳米管垂直阵列的形状稳定。其中，黏合层树脂同时具有黏附性和导热性。该方法制备的散热片易切割剪裁，且具有很好的黏附性和柔性，有望实现规模化的商业应用。

碳纳米管垂直阵列的密度达到 1.5×10^{13} 根/cm^2 时，按照每根碳纳米管的理论热导率 6600 W/(m·K) 估算，垂直阵列的热导率可达 770 W/(m·K)，但实验测得的热导率远低于这一数值。

为获得可实用化的高性能碳纳米管热界面材料仍有以下问题亟须解决。

（1）减小碳纳米管垂直阵列与冷热端的接触热阻，这是影响碳纳米管垂直阵列导热性能的关键因素。

（2）提高碳纳米管垂直阵列的本征热导率，如提高碳纳米管结晶度、在一定范围内增加密度、提高顺排度和长度一致性等。

（3）发展聚合物填充碳纳米管阵列的新方法，以提高其在聚合物中的分散性和顺排性，在提高碳纳米管阵列机械性能的同时使其更好地发挥导热通道的作用。

（4）建立更完善的碳纳米管阵列热导率测试方法。

（三）碳纳米管分离膜

分离膜技术具有绿色环保、净化效率高、设备简易、便于连续操作和自动化控制等优点，在水处理领域内备受关注。碳纳米管具有高长径比、大比表面积和优异的力学性能，是制备分离膜的理想材料之一[568, 569]。碳纳米管用作水处理分离膜，主要包括垂直阵列和巴基纸两种宏观体形式。前者主要是利用碳纳米管阵列的内管道或管间间隙作为分离膜的孔径进行选择性分离，后者利用交错的碳纳米管形成的网络孔道实现分离。

1. 碳纳米管垂直阵列分离膜

Lee 等[570]制备出毫米级高度的碳纳米管垂直阵列，并通过机械挤压的方法调控管间距为 6～7 nm，研究发现其水通量达到 30 000 L/(m^2·h·bar)；以铜绿假单胞菌作为模型测定膜的抗菌性能的结果表明，碳纳米管膜成功地将细菌截留，并可有效防止细菌在其表面吸附，由此体现出碳纳米管分离膜在抗菌和净化方面的优势。Du 等[571]制备了高度为 7 mm 的超长碳纳米管垂直阵列，并通过填充环氧树脂获得了新型复合膜。该膜允许水和正己烷等有机分子快速通过碳纳米管管腔，且通过机械挤压可以调节流速。特别是将尺寸大于碳纳米管孔直径的铁纳米颗粒加入流体中，并在膜上下施加磁场后，可通过交变电压控制膜通道的开关实现过滤的开始和停止，这为开发集成于智能家居的过滤设备提供了新思路。研究者为提高膜的水通量和截留效率，分别以调节顺排碳纳米管的孔道、高分子填充改善孔结构和机械性能、官能化等方式筑建了碳纳米管垂直阵列基过滤膜，在一定程度上体现出了碳纳米管结构在该领域的优势。但目前尚无法精确控制过滤膜中滤孔的尺寸和密度以实现同时提高水通量和过滤效率的目的；碳纳米管与有机高分子复合时，无法保证碳纳米管的顺排结构和可控的分散程度；碳纳米管的很多结构与功能优势在分离与其他功能集成方面尚未展现。以上问题仍有待深入研究。

2. 碳纳米管巴基纸分离膜

碳纳米管巴基纸膜是碳纳米管通过范德瓦耳斯作用力搭接而成的网状结构，一般具有高的比表面积和较大尺寸的孔洞，制备方法简单，易实现大面积规模化制备。巴基纸不仅具有良好的柔韧性，还具有良好的可调控性，通过改变碳纳米管的长度、管径及堆叠厚度即可调控分离膜的孔径尺寸和密度[572, 573]。目前，制备碳纳米管巴基纸分离膜的方法主要有真空抽滤、静电纺丝和层层沉积等。

碳纳米管巴基纸具有良好的疏水性、优异的热导性和高孔隙率等特性，是一种理想的热驱动分离膜材料。通过减小其孔尺寸，可仅允许水分子或气态水蒸气透过。Dumée 等[574] 将其作为热驱动接触式蒸馏膜直接应用于海水淡化，在蒸气压为 22.7 kPa 的条件下，碳纳米管巴基纸对盐分的截留率高达99%，且水通量可达 12 kg/(m^2·h)，是一种高效的海水淡化方式。Miao 等[575] 利用碳纳米管巴基纸制备了一种高效的光热转化膜，利用光转换成热供能进行海水淡化。研究表明，其光热转化效率达到 84.6%，并且具有非常优异的循环稳定性。这为绿色、高效地直接利用太阳能进行海水淡化提供了新途径。

构成巴基纸的碳纳米管由于具有高导电性、较大的比表面积和良好的化学稳定性，是电化学脱盐的理想电极材料之一。对巴基纸施加电压后，溶液中的离子都被吸附在巴基纸电极上；施加一个相反的电压后，吸附的离子将从电极中解吸释放到溶液中，实现电极材料的再生，如此反复可有效脱除溶液中的离子。Feng 等[576] 利用原子层沉积方法制备了 TiO$_2$/CNT 复合膜并作为电极用于电容脱盐，原子层沉积的 TiO$_2$ 纳米颗粒将强疏水的碳纳米管改性为亲水性，由此体现出更好的电容脱盐性能，且具有良好的重复性和可再生性。

3. 碳纳米管分离膜的总结与展望

碳纳米管基分离膜以其特有的结构和性能，在分离去除杂质离子方面已经取得了一定进展。但如何进一步提高膜的分离效率、水通量、机械性能和可再生的循环稳定性是其能否实现规模化应用的关键。因此，需要从以下几个方面展开深入研究。

（1）发展可有效调控碳纳米管垂直阵列膜孔结构的方法。

（2）发展提高碳纳米管垂直阵列机械强度的方法，如与聚合物复合需保持阵列的分散性和顺排度。

（3）发展与人工智能相结合的可自动调节过滤功能的分离膜。

（4）完善利用太阳能提供能量驱动、进行高效海水淡化的方法；发展对碳纳米管进行改性的方法，以提高电容脱盐的效率和膜的可再生能力。

第五节　碳纳米管产业发展现状

一、碳纳米管规模化生产现状

自 1991 年被发现以来 [1]，碳纳米管作为一种具有优异物理化学性能的新型纳米材料，就引起了基础科研和产业界的广泛关注。历经近三十年的研究与发展，碳纳米管（特别是多壁碳纳米管）已经实现了规模化工业生产，并在复合材料、能量存储与转换器件、电子器件、汽车、航空、医药等领域获得了实际应用 [577]。

据统计，目前全球多壁碳纳米管的产能已超过 4500 t/a，主要分布在中国和韩国（表 3-1）。复合材料、能源和电子是需求量最大的三个领域，分别占总需求量的 18%、15% 和 13%（图 3-43）。过去十几年，碳纳米管宏量制备技术的快速发展使得多壁碳纳米管的生产成本降低，中国生产厂家提供的多壁碳纳米管粉末的价格仅为 45～120 美元/kg，据估算其实际价格已至 30～50 美元/kg。综合多壁碳纳米管的性能和价格考虑，其与传统炭黑导电添加材料相比具有更高的性价比，故已在锂离子电池、结构增强复合材料和导电薄膜等材料与产品中获得了规模化应用。

表 3-1　全球主要多壁碳纳米管生产厂家及其产能

生产厂家	国家	产能 /(t/a)
江苏天奈科技股份有限公司	中国	1000
深圳市三顺纳米新材料股份有限公司	中国	1000
深圳市纳米港有限公司	中国	580
Carbon Nanno-material Technolgy Co. Ltd	韩国	500
ArKema	法国	400
LG Chem	韩国	400
Nanocyl	比利时	400
JEIO Co.Ltd	韩国	100
Kumho Petrochemical	韩国	50

数据来源: Future Market Inc.

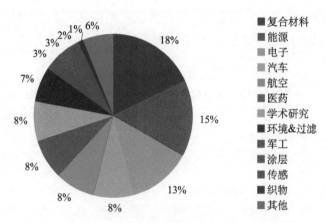

图 3-43 2019 年多壁碳纳米管在各领域中的应用需求

数据来源: Future Market Inc.

与多壁碳纳米管相比，少壁碳纳米管具有更优异的导电、导热和力学性能，且比单壁碳纳米管具有更高的化学稳定性，并可通过后处理使其外层官能化而内层保持完整的石墨化结构。但受困于结构均一少壁碳纳米管的规模化生产仍然难以实现等问题，其价格仍然居高不下，Chasm Advanced Materials Inc. 出售的少壁碳纳米管粉末的价格高达 350 美元/g，是市售多壁碳纳米管价格的 1 万倍。这在很大程度上限制了少壁碳纳米管的工业化应用进程。

由于生产成本高等问题，单壁碳纳米管至今仍没有实现产业化应用。据调查，目前全球单壁碳纳米管的产量低于 1 t/a，且价格可高至 150 000 美元/kg。2013 年，OCSiAl Group 建成了第一套单壁碳纳米管批量生产线，在提高产量的同时也降低了生产成本。批量化生产技术的发展，使其应用推广逐渐打开，特别是在透明导电薄膜、轻质导电纤维和储能材料导电添加剂中的应用优势渐显。据调查，2018 年全球对单壁碳纳米管的市场需求为 11～35 t/a，实际产能约为 18 t，主要供应商的产能如表 3-2 所示。由表 3-2 可知，单壁碳纳米管的产能主要集中于卢森堡、日本、美国、英国、加拿大等地。由于结构均一性、生产工艺、产能、产品质量和纯度存在很大的差别，市场上单壁碳纳米管的价格差别很大，OCSiAl Group 可提供 2000 美元/kg 的单壁碳纳米管，而 Nano-C Inc. 提供高纯（>90%）单壁碳纳米管的价格则高达 245 000 美元/kg。

目前，OCSiAl Group 占有全球单壁碳纳米管 90% 的产能份额，借助其低成本、规模化生产单壁碳纳米管的优势，陆续开发了添加量极少（0.001%～0.06%）但性能优异的即用型预分散体 TUBALL™ MATRIX，在开发新一代轻量化、高性能复合材料和导电添加剂方面具有优势。

表 3-2　2018 年全球主要单壁碳纳米管生产商的年产能

生产商	国家	产能 /(kg/a)
OCSiAl Group	卢森堡	15 000
Zeon Nano Technology Co. Ltd.	日本	2 000
Nano-C Inc.	美国	250
NanoIntegris Inc. c/o Raymor Industries Inc.	加拿大	千克量级
Meijo Nano Carbon	日本	千克量级
Thomas Swan & Co. Ltd	英国	千克量级
Chasm Advanced Materials Inc.	美国	千克量级

数据来源: Future Market Inc.

据 Future Market Inc. 提供的数据，与单壁碳纳米管相比，多壁碳纳米管的本征性能优势不够突出，一般只用作取代炭黑和碳纤维等传统功能材料，附加值不够高，不能被视作具有核心竞争力的产品。纵观全球碳纳米管市场，由于一度过分乐观地评估多壁碳纳米管的潜在应用价值与市场，一些可批量生产多壁碳纳米管的厂家正计划降低产能甚至已关停产线。鉴于单壁碳纳米管的优异性能和逐渐降低的生产成本，一些厂家正考虑提高产能以满足不断增加的潜在市场需求。另外，尽管碳纳米管已实现了规模化工业生产，但在制备方面仍存在一些问题有待解决。

（1）高质量单壁碳纳米管的宏量、低成本、可控制备。化学气相沉积生长高质量单壁碳纳米管需要较高的温度和较苛刻的生长动力学参数，其收率较多壁碳纳米管低，而杂质含量更高。设计高效催化剂、改进化学气相沉积设备、优化碳源的组成、提高化学气相沉积系统中热量利用效率等是解决以上问题的主要途径。

（2）壁数可控的少壁碳纳米管的规模化生产。少壁碳纳米管在改性处理或官能化后仍可保证内层的结构完整性，在化学、传感、力学增强等领域具有很好的应用前景[578]。但其形核生长条件难以控制，因此如何实现结构均一少壁碳纳米管的可控规模化生产极具挑战性。

（3）结构可控碳纳米管宏观体的大量制备和连续收集。目前碳纳米管宏观体尚未实现大规模批量生产，市场价格十分昂贵。例如，Axel 出售的面积为 50 mm × 50 mm 的多壁碳纳米管片的价格为 177 美元，20 mm × 20 mm 的多壁碳纳米管垂直阵列的售价高达 400 美元。为实现其规模应用，亟须发展高效的碳纳米管薄膜、纤维、泡沫、垂直阵列等宏观体制备组装技术。

（4）导电属性可控单壁碳纳米管的规模化生产。纳电子器件领域对半导体性单壁碳纳米管的纯度有较高要求，目前所使用的样品基本是通过后处理分离的方式获得的，制备效率低，价格极为昂贵。如何高效、稳定、可控地生产高质量、单一导电属性的单壁碳纳米管是实现其在电子器件领域规模应用的关键。

二、碳纳米管导电添加剂的产业化现状

（一）锂离子电池导电添加剂

锂离子电池在通信类电子产品和新能源交通动力系统中起到举足轻重的作用。降低生产成本并进一步提高其能量密度与功率密度是当前对能量储存技术与器件发展的基本要求。锂离子电池的正负极材料和电解液是决定其能量密度和实际容量的关键［图 3-44(a)］。常用的正极材料一般为 $LiCoO_2$、$LiNiO_2$、$LiMn_2O_4$ 和 $LiFePO_4$ 及其衍生物，以锂离子的嵌入和脱出完成充放电过程，且具有无毒无害、能量密度高、平均输出电压高、循环性能优异、自放电小、没有记忆效应和使用寿命长等优点[579]。在电池生产过程中，正极是通过将含锂活性物质和黏合剂涂覆到铝箔上形成的［图 3-44(b)］，因此仅

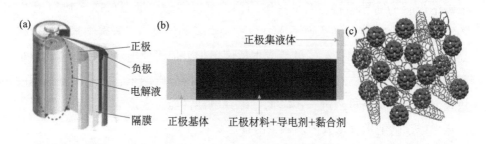

图 3-44　锂离子电池的结构示意图[580]

(a) 锂离子电池的构造；(b) 锂离子电池正极结构；(c) 碳纳米管用作导电添加剂的示意图

靠活性物质的导电性无法满足电子迁移速率的要求。电极材料的导电性是影响电池性能的关键之一，在正极、负极材料中加入导电添加剂以提高其导电性是目前业界普遍采取的措施之一。

锂离子电池常用的导电添加剂有炭黑、导电石墨、碳纤维、碳纳米管和石墨烯及其混合物[581-583]。不同形态的导电添加剂与活性物质的接触方式不同，其对导电能力的增强效果也不同。一维线性结构的碳纤维和碳纳米管通过线接触的方式与活性物质结合［图 3-44(c)］，二维片层状的石墨烯等材料则为面接触。理论上，接触面积越大，对活性物质的导电性增强效果越好。但接触面积大也导致材料团聚，使活性物质难以发挥作用。碳纳米管与活性物质具有适中的接触面积，其准一维管状结构既通过搭接形成互联的导电网络，又将活性物质很好地分散。因此，碳纳米管作为锂电池导电添加剂兼具分散性和导电性，与传统颗粒状炭黑及二维石墨烯相比具有明显优势，是最有潜力的导电添加材料之一。

近年来，便携式电子产品、电动车等对二次电池提出了更高的要求，如高容量、大功率、长寿命等。碳纳米管具有中空管状结构、高比表面积、高导电性、轻质高强、高导热等结构和性能特点，中空的管状结构可提供储锂空间和离子输运通道，从而提高功率特性；高比表面积可通过提高活性物质的负载量提高其储能容量；高导电性可降低电池内阻并提高功率密度和循环寿命；优异的机械性能有利于组装成自支撑的储锂材料以构筑柔性电池；良好的导热性有利于电池散热，减少电池极化，拓宽电池的工作温度范围。因此，碳纳米管是改善锂离子电池性能的理想添加材料[583, 584]。

目前，碳纳米管已逐步取代炭黑成为导电添加剂市场的主打产品。得益于碳纳米管的高导电特性及准一维结构，可以在添加量为 0.5%～1%（单壁碳纳米管为 0.1%）时即达到添加 1%～3% 炭黑的效果。尽管碳纳米管的价格高于炭黑，但其添加量小，虽然成本适度增加，但可使电池具有更高的容量和更好的循环性能，在性价比上具有竞争力。随着碳纳米管宏量制备技术的快速发展，其价格可望进一步降低。综合电池性能、生产成本和未来市场等因素考虑，碳纳米管正成为该领域的首选材料。

2014 年，碳纳米管仅占我国导电添加剂市场的 13.6%，而 2018 年的这一比例提高到 31.8%，且目前仍处于稳步上升阶段。根据高工锂电报告 2019

年的预测，未来 5 年，全球碳纳米管导电浆料在锂电池领域的需求量将保持40.8% 的年复合增长率，2021 年的需求量将达 10.8 万 t，若按照 4 万元/t 的价格计算，2024 年，市场规模将达 43.3 亿元。另据 Future Market Inc. 预测，2030 年全球导电添加剂市场对碳纳米管的需求量将超过 8000 t，约为 2018 年的 8 倍（图 3-45）。随着锂离子动力电池和 3C（计算机、通信和消费类电子产品）用锂电池市场的进一步扩大，预计至 2023 年，碳纳米管导电浆料在动力电池领域取得主流导电剂地位，渗透率达 82.2%。

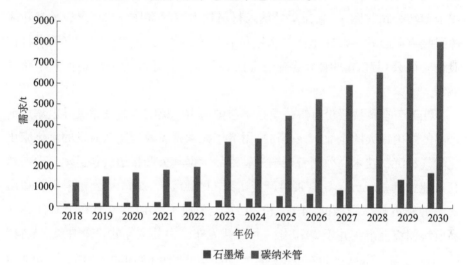

图 3-45　未来导电添加剂市场对碳纳米管和石墨烯的需求量预测

数据来源: Future Market Inc.

在锂离子电池中，石墨负极的理论比容量仅为 372 mA·h/g，严重限制了电池容量的进一步提高。硅可在室温下与锂合金化，理论比容量高达 4200 mA·h/g，是石墨的 10 倍以上。在理论上，硅负极具有非常好的应用前景。但硅的导电性较差，且在锂离子脱嵌过程中因显著的体积变化易发生粉化剥落，导致循环性能很差。以碳纳米管作为硅负极导电添加剂，可显著提高电极的导电性，并缓冲与调解硅脱嵌锂过程中产生的应力。因此，碳纳米管也是硅负极的理想导电添加材料。特别是，工业界把硅负极和高镍正极的组合看作是突破当前锂离子电池能量密度的主要技术路线。中国科学院物理研究所在硅负极材料方面已经进行了二十多年的研究，成立了溧阳天目先导电池材料科技有限公司，并实现了硅碳负极材料的规模量产[585]。2018 年，硅负极的使用量达到 1.75 万 t，预计将继续保持稳步增长的势头，因此碳纳米管导电添加剂的市场规模也势必进一步扩大。

我国在传统锂离子电池导电添加剂——炭黑的制备生产方面没有优势，基本通过进口来满足国内市场需求。借助低成本宏量制备碳纳米管技术的快速发展，我国在生产和使用新型碳纳米管导电添加剂方面处于领先地位。据江苏天奈科技股份有限公司招股书透露，国内生产碳纳米管及浆料的公司主要有江苏天奈科技股份有限公司、深圳市三顺纳米新材料股份有限公司（美国卡博特公司收购）、惠州集越纳米材料技术有限责任公司、青岛昊鑫新能源科技有限公司（广东道氏技术股份有限公司收购）、深圳市德方纳米科技股份有限公司和深圳纳米港有限责任公司等，六家企业的市场占有率超过88%。

江苏天奈科技股份有限公司是当前国内生产碳纳米管及相关导电添加剂产品的规模最大的企业。该公司采用清华大学魏飞教授团队研发的流化床化化学气相沉积技术高效制备碳纳米管产品。据其公开报道资料显示，碳纳米管产能达到 760 t/a，导电浆料产能达到 11 000 t/a，2018 年公司销售额和出货量分别占整个领域的 34.1% 和 30.2%。公司于 2019 年 9 月在上海证券交易所科创板上市，并于 2020 年 3 月正式发布了由其主导的"碳纳米管浆料"的国际标准 "Nanotechnologies carbon nanotube suspensions—specification of characteristics and measurement methods" (ISO/TS 19808:2020)，标志着该公司在碳纳米管导电添加剂领域的世界领先地位。

深圳市三顺纳米新材料有限公司创立于 2011 年。该公司采用中国科学院成都有机所瞿美臻研究员团队开发的移动床催化裂解技术，是国内最早将碳纳米管应用于锂离子电池正极导电添加剂的企业之一。公司在碳纳米管锂离子电池导电剂市场占有较大的市场份额，为三星 SDI、比亚迪、合肥国轩高科动力能源有限公司、中航锂电科技有限公司等电池厂家供货。2019 年 4 月，全球领先的炭黑材料龙头企业卡博特以 1.15 亿美元收购了深圳市三顺纳米新材料有限公司，使美国卡博特公司成为全球唯一一家覆盖所有主流锂电池导电剂材料的公司。深圳市纳米港有限公司也是国内率先实现碳纳米管产业化的企业之一，在连续化、低成本生产碳纳米管方面走在领域的前列，其公开数据显示碳纳米管粉体产能达到 200 t/a。公司也是碳纳米管导电添加剂的主要生产厂家之一，可提供从工业级到实验级的碳纳米管粉体和浆料。

受益于动力电池市场规模的扩大，近年碳纳米管导电添加剂出货量快速增长。2015～2019 年，国内碳纳米管出货量从 0.83 万 t 增长到 3.58 万 t，且增长势头不减，显示出碳纳米管在导电添加剂领域应用的良好前景。近期，韩国 LG 公司有意投资约 650 亿韩元，将其丽水工厂的碳纳米管产能从 500 t 提升至 1700 t。

碳纳米管已经在锂离子电池导电添加剂中获得大规模的工业应用并产生了巨大的经济和社会效益，是纳米功能材料规模化应用的一个典型范例。若要进一步扩大碳纳米管在该领域的优势，使其占有更大的市场份额，还需解决以下几个问题。

（1）与传统导电添加剂相比，碳纳米管的价格仍然偏高，需要开发新工艺回收副产物、降低能耗等，以降低连续化生产成本。

（2）碳纳米管的导电性主要取决于其结晶度，在保持成本不增加的前提下，提高碳纳米管的结构完整性有望进一步提升电池性能。

（3）单壁碳纳米管具有比多壁碳纳米管更优异的性能，仅添加微量的单壁碳纳米管即可获得理想的功能增强效果，从而进一步提高电池的能量密度。但单壁碳纳米管的生产成本仍然偏高，实现低成本批量生产是单壁碳纳米管产业化应用的关键。

（4）纳米材料的小尺寸是一把双刃剑，尺寸效应带来优异性能的同时也使其易团聚，限制了其本征性能的发挥。发展可高效批量分散单壁碳纳米管的技术方法至关重要。

（二）导电塑料添加剂

导电塑料是由导电物质和树脂混合加工而成的一类功能高分子材料，通常可以分为结构型和复合型两种[586]。在复合型导电塑料中，高分子材料只充当黏合剂，需要添加可提供载流子的导电性物质使其具有导电特性。因该类导电塑料具有可调的导电性和易规模化生产等优势而被广泛应用于开关、压敏元件、连接器、抗静电材料、电磁屏蔽、电阻器和太阳能电池等器件中。

按照添加导电物质种类不同，复合型导电塑料又可分为金属填充型和碳材料填充型[587]。金属填充型导电塑料因更易实现规模化生产曾被广泛使用，但其导电能力的调控空间有限，且金属密度较高。炭黑以其生产成本低、高导电等优势而被用于碳材料填充型导电塑料。但炭黑的颜色为黑色，限制了其在某些特殊领域中的应用[587]。碳纳米管具有高导电、高导热、轻质高强等优点，是制备高含碳量、高性能复合导电填充塑料的理想候选材料之一。

随着通信技术的飞速发展，基站数量正快速增长，对用于集成电路包装和电磁屏蔽等方面的导电塑料的需求巨大。据中国市场调查研究中心数据统计显示，2018 年全球导电塑料产量已达 24.8 万 t，且保持稳定增长态势。在碳系填充型导电塑料规模化生产方面，国外已经具备了成熟的技术优势和市场，主要的生产厂商有 Clariant、Cabot、SABIC、Premix、3M 公司和 Dowdupont 等。而国内在该领域的发展则相对滞后，利用低成本、规模化生产碳纳米管的先进技术，制备性能更高且价格更低的复合导电塑料是实现"弯道超车"的良好机遇。

据天奈公司招股书显示，借助其可规模化生产碳纳米管技术的优势，已与多家公司合作完成了碳纳米管导电塑料的商业测试，并计划在常州建立生产 2000 t 碳纳米管导电母粒的生产线。国外的 OCSiAl 及其合作伙伴，将单壁碳纳米管应用于主要的热塑性复合物中并已取得成功。在该工艺中，只需添加 0.002%～0.1% 的单壁碳纳米管，即可实现均匀稳定的导电性，同时可以保持塑料的高透明度、饱和色彩和优异的机械性能。目前，受应用技术水平低、分散困难和价格高等因素的影响，国内碳纳米管导电塑料的使用较少，市场以炭黑系导电塑料为主。碳纳米管应用于导电塑料市场前景广阔，但目前还需要解决以下几个问题。

（1）碳纳米管的低成本、无损分散。碳纳米管彼此之间有很强的范德瓦耳斯力，经后处理分散才能获得更好的导电效果，强力超声和强酸分散等后处理过程会造成碳纳米管本征结构的破坏，导致其导电能力变差。

（2）发展碳纳米管与塑料复合新工艺。目前，国产碳纳米管需要将添加量提高到 3%～8% 才能达到与国外产品相同的效果。在技术方面，使用普通塑料加工方法获得的碳纳米管导电塑料产品的表面不光滑，有凸点。

（3）加大对碳纳米管基导电塑料的研发投入。国外公司借助其独有的专利技术、专用设备和保密分散剂等在碳纳米管基导电塑料市场中占据了优势，而国内则相对滞后，需要加大研发投入以推动该材料的产业化进程。

三、碳纳米管薄膜的产业化现状

（一）透明导电薄膜

透明导电薄膜是触摸屏、显示器、太阳能电池和很多光电器件的重要组成部分，是影响其性能的关键因素之一。目前，商用的透明电极材料是氧化铟锡，其性能优异，在透光率达 90% 以上时具有低至 10 Ω/sq 的电阻。但从长远角度考虑，氧化铟锡存在以下几个问题：①铟是一种稀有金属，在地壳中的丰度很小，随着应用需求的不断增长，其价格势必上涨；②从安全角度考虑，铟有微量放射性，存在一定的安全隐患；③氧化铟锡是一种脆性材料，无法直接应用于未来柔性器件中。近年来，随着便携式电子设备的快速发展，人们对柔性透明电极材料的关注度逐渐提高。

碳纳米管、石墨烯、银纳米线等被认为是柔性透明导电材料的有力候选材料。其中，银纳米线的导电性好，但存在化学稳定性较差、成本高、光学性能差等不足。纳米碳材料以其超高的导电性、亚纳米尺寸、优异的透光性和可弯折性能，而更具应用前景。石墨烯作为二维纳米材料的代表，在成膜方面具有独到的优势，但化学气相沉积生长石墨烯转移所造成的污染等问题导致其导电性降低。碳纳米管搭接形成的网络结构可在保证透光率的同时保持高导电性。中国科学院金属研究所成会明团队研发了一种与浮动催化化学气相沉积系统相匹配、可连续收集大面积、高质量单壁碳纳米管的装置 [251]。这种装置所收集的米级宽度、长度不受限的薄膜在透光率为 90% 时，方块电阻可低至 65 Ω/sq，有望在未来透明导电薄膜和柔性电子器件领域实现产业化应用。

在碳纳米管透明导电薄膜产业化方面，我国也走在了世界前列。早在 2002 年，清华大学范守善团队就发明了将"超顺排碳纳米管垂直阵列"直接抽取成膜的方法 [215]。随后，清华-富士康纳米科技研究中心研发了相关生产和检测设备，实现了该方法的放大，形成了稳定的量产技术，获得了超薄电容式和多点电容式碳纳米管触控屏 [588]。与氧化铟锡手机触摸屏相比，碳纳米管透明导电薄膜制备手机触摸屏的生产过程更绿色环保。2011 年，天津富纳源创科技有限公司成立并开始建设碳纳米管透明导电薄膜手机触摸屏生产线，于 2012 年实现量产，2013 年产能达 300 万片/月，并为华为、酷派、中兴等手机生产商供货。

（二）碳纳米管薄膜扬声器

碳纳米管薄膜除具有优异的透明导电特性外，还具有良好的声学特性。清华-富士康纳米科技研究中心利用其超顺排碳纳米管垂直阵列成膜技术获得了超薄的碳纳米管薄膜，并发现向薄膜输入音频的交流电信号可以发出响亮的声音，进而研制出基于碳纳米管薄膜的扬声器[589]。由于碳纳米管薄膜具有优异的刚度和韧性、轻质、无磁等优点，采用纯度高达99.8%的碳纳米管制作的振膜耳机可完整地将线圈的动能转化成声能，且其音质比一般耳机更加均衡饱满（图3-46）[590]。据调查，电商平台出售的TANCHJIM、iBasso等品牌的碳纳米管振膜耳机的价格为1500~6000元，是一般市售耳机价格的10~40倍，说明碳纳米管薄膜产品具有高附加值。由于大面积的柔性碳纳米管超薄膜可批量生产，通过对薄膜进行裁切和折叠可制作不同尺寸和形状的扬声器。

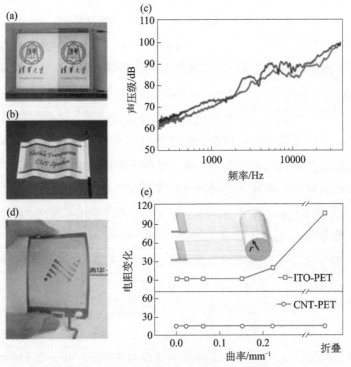

图 3-46　碳纳米管薄膜扬声器和触摸屏[590]

(a) 碳纳米管薄膜扬声器的照片；(b) 贴在旗子表面的薄膜扬声器；(c) 悬空（黑）和贴在旗子表面（红）扬声器声压随频率的变化关系；(d) 基于超顺排碳纳米管阵列制备的柔性触摸屏；

(e) ITO-PET 和碳纳米管-PET 透明导电薄膜在不同曲率下的电阻变化

（三）碳纳米管薄膜柔性传感器

很多国家和地区都制定了针对柔性电子产品的重大研究计划，如美国 FDCASU 计划、日本 TRADIM 计划、欧盟第七框架计划中的 PolyApply 和 SHIFT 计划等，仅欧盟第七框架计划就投入数十亿欧元的研发经费，主要用于柔性器件方面的基础研究。

由于碳纳米管薄膜具有优异的力学和光电性能，其在柔性电子领域极具应用潜力。芬兰 Canatu 公司采用阿尔托大学 Kaupptuin 团队的浮动催化化学气相沉积制备碳纳米管薄膜技术开发了 3D 可变形、可拉伸薄膜触摸传感器。该类型传感器可集成于塑料、玻璃、纺织品和皮革中，从而实现汽车和电子产品的 3D 触摸显示和智能开关等功能。该公司的产品主要有碳纳米管薄膜、触摸传感器、加热元件等。这些产品正提供给代工生产商，并同时在欧洲、美国、中国和日本进行销售。基于碳纳米管薄膜可控制备技术，公司正在研发在未来市场非常有前景的医学临床诊断用电化学传感器和适用于柔性显示的可拉伸传感器。该公司在 2019 年获得了 3M Ventures、日本 Denso 和 Faurecia 三家公司共同增资 1500 万欧元的投资，发展态势良好。

由碳纳米管搭接形成的网络薄膜具有优异的柔性、光学特性及化学稳定性。但就透明导电特性而言，其与氧化铟锡及纳米银线相比没有优势。因此，要想让这种材料在与其他材料的竞争中胜出，还有很多问题亟须解决。

（1）进一步提高碳纳米管薄膜的透明导电性能。发展高效、稳定的收集/组装大面积碳纳米管薄膜的方法，控制碳纳米管之间有效的搭接形成互通导电的网络、减少因转移造成的污染等。

（2）缺乏有核心竞争力的相关产品。虽然手机触摸屏、振膜耳机、3D 传感器等产品已经走向市场，但是与其他同类产品相比，其性价比并无引领市场的决定性优势。在市场中，并无辨识度高的、高性能、柔性碳纳米管透明导电薄膜电子产品。

（3）降低碳纳米管薄膜的制备成本。为保证透明导电薄膜在一定厚度下保持低的面电阻，需构建高质量、超长、以单分散的形式搭接形成的碳纳米管网络。研发节能高效的制备方法和成膜装置，并优化生产工艺以降低其制备成本，是碳纳米管与其他同类材料竞争中必须解决的问题。

四、碳纳米管 X 射线源的产业化现状

碳纳米管的化学性质稳定、长径比大、导电性好，因而被认为是一种理想的场致发射材料。碳纳米管作为稳定的高电流密度的电子发射源，与传统的金属阴极材料相比，具有工作温度低、功耗小、易集成（结构紧凑）、不存在时间延迟性（时间分辨率高）和可编程式发射等优点[591, 592]。特别是通过设计碳纳米管的排列方式，如将多个一字排布的碳纳米管 X 射线源排成环形、构筑碳纳米管射线源阵列等，可实现静态扫描成像[593]。

早在 1995 年，Deheer 等[580] 就尝试将碳纳米管作为场发射源，证明了碳纳米管作为 X 射线源的可行性。后续工作中，美国北卡罗来纳大学的 Zhou 等一直致力于将碳纳米管应用于 X 射线源的研究，并研制出了多套电子计算机断层扫描（computed tomography，CT）系统，如微型静态 CT、静态口腔 CT、静态乳腺 CT 和静态胸部 CT 扫描系统等，并将碳纳米管基 CT 系统推进到临床医学应用阶段。利用该团队的技术，已有两家公司开始生产以碳纳米管作为 X 射线源的设备，即美国的 Surround Medical 和中国的新鸿电子有限公司。

2014 年，Micro-X 公司曾宣布与 XinRay 公司合作开发碳纳米管基移动 X 射线设备。新研发的 X 射线源将从根本上提高设备的 3D 成像能力、检测图像清晰度、缩短成像时间并减少维护成本损耗。Micro-X 已生产了世界上第一台碳纳米管作为源的 X 射线成像仪，仪器质量不到 100 kg，通过滚轮就可以移动到病人床边操作，适合在无法移动病人的重症加强护理病房（intensive care unit，ICU）使用。碳纳米管作为 X 射线源提高了设备的便携性，已经实现商业化应用，全球经销商 Carestream Health 已将 X 射线仪器出售给美国和欧洲的医院。

在国内，以碳纳米管作为 X 射线源的商业化应用进程也在稳步推进中。中国科学院深圳先进技术研究院劳特伯生物医学成像研究中心利用其制备的碳纳米管薄膜作为 X 射线源，获得了 X 射线二维成像图[594]。与传统的通过机械转动来获得不同角度图像信息不同，碳纳米管基 X 射线源阵列的静态扫描 CT 以电子扫描方式获取全方位的信息，具有扫描时间短、辐射剂量小、扫描图像分辨率高等优势。该研发团队正通过提高阴极稳定性优化碳纳米管

射线源的结构，以实现三维 CT 成像的突破。

五、碳纳米管产业化应用中的问题与展望

历经三十年的研究与发展，碳纳米管材料已成功实现批量化生产及在某些领域的规模化应用，从最初在聚合物复合材料中取代碳纤维用作自行车和羽毛球拍中的增强材料，到目前用于导电添加剂、透明导电薄膜和 X 射线源等，充分说明结构和性能优异的碳纳米管在诸多领域具有广阔的应用前景和极大的市场潜力。

碳纳米管的本征性能优异，但如何在实际应用中使其充分发挥出来，仍是有待解决的关键问题。目前，碳纳米管的应用主要是用作结构和功能增强体，使得材料或器件性能实现改进与提高。要实现碳纳米管的"撒手锏"级应用，为社会经济发展带来革命性变革，还有很多问题亟待解决。

（1）面向应用的碳纳米管的高效可控制备。一方面，面向纳电子器件用的碳纳米管，要求其具有非常高的结构和性能的一致性（如逻辑电路中要求其半导体性纯度 >99.99%[595]）。文献报道了通过催化剂设计[37,38]、施加电场[35]、控制生长动力学[36]等方法获得高纯度半导体性碳纳米管，但仍存在生长效率低、可重复性差等问题。如何将实验室发展的可控制备方法放大，实现特定手性及导电属性单壁碳纳米管的规模化生产是实现其在电子器件中规模应用的关键。另一方面，碳纳米管作为结构和功能增强体已经实现了规模化的商业应用，但要进一步扩大应用范围，需要降低生产成本以提高碳纳米管的性价比和竞争力。

（2）充分发挥碳纳米管的结构和性能优势。碳纳米管因具有纳米尺寸而性能优异，但小尺寸同时导致其易团聚，从而降低其本征性能。因此，碳纳米管应用时一般需要进行分散，而这导致碳纳米管本征结构的破坏和引入杂质使其性能劣化；在与其他材料复合的过程中，有效调控碳纳米管与其他材料的界面一直困扰该领域的发展；将碳纳米管定向排列组装成宏观体也可以在应用中体现其本征特性，但鲜有可以实现规模化制备碳纳米管宏观体的方法。要在应用中充分体现碳纳米管的性能优势，仍需突破相关关键科学技术问题。

（3）提高碳纳米管商业化应用的技术成熟度、市场认可度和性价比。随着科学技术的进步，研究人员为探索新规律常将精力转移到新材料研究中，

而产业界往往只关注可以快速创造利润的相关技术和产品。这导致碳纳米管的研发链条不完整，技术成熟度低，市场认可度不够高。因此，亟需基础科研与产业界联合攻关，打通从实验室走向市场的通道。

（4）顺应市场需求，开发与碳纳米管性能和消费需求相匹配的产品。随着碳纳米管制备技术的发展、生产成本的降低，碳纳米管以相对高的性价比取代了一些传统材料，但有些应用并不能体现碳纳米管的优异的特性和核心竞争力。在当今社会，电子通信、柔性显示、人工智能、物联网等新兴技术的发展日新月异，从而为开发基于碳纳米管优异性能的功能强大的新器件、新产品提供了机遇。

第六节　问题与挑战

一、碳纳米管的发展预期与技术成熟度

多壁和单壁碳纳米管分别于 1991 年和 1993 年被报道以来 [1, 10]，吸引了材料、物理、化学等领域学者的极大研究兴趣。1992 年，Ebbesen 和 Ajayan 报道了多壁碳纳米管的电弧法宏量制备 [3]。1996 年，斯莫利等采用激光蒸发法制备了高质量单壁碳纳米管 [177]，我国学者解思深等制备出多壁碳纳米管垂直阵列 [596]，有力促进了碳纳米管的物性与应用研究。这一阶段是碳纳米管发展的萌芽期（图 3-47）。1998 年，我国学者解思深等制备出毫米级长度的多壁碳纳米管阵列 [597]，成会明等发明了浮动催化剂化学气相沉积法宏量制备高质量单壁碳纳米管 [158]，美国 IBM 学者构建出第一个碳纳米管基晶体管器件 [598]；1999 年，韩国三星集团学者演示了第一个基于碳纳米管的显示器 [599]；2000 年，美国学者提出利用碳纳米管轻质高强的特性制作太空升降机的缆绳；2002 年，我国学者范守善等采用阵列纺丝方法获得了长达 30 cm 的碳纳米管绳 [215]；2005 年，具有半导体特性、小尺寸及超高载流子迁移率的碳纳米管被认为可望取代硅而开创碳基电子时代。至此，碳纳米管的研究与发展进入过热期（图 3-47），主要表现为媒体、政府、市场等对碳纳米管材料及相关技术反应过度，对一些未经科学验证的预测、猜想等期望值过高，有大量的人力、资本投入到碳纳米管研发领域，其中相当一部分具有盲目

性。随之，由于诸多碳纳米管相关的新技术、新应用没有达到人们的预期，市场、政府和投资者的兴趣开始下降。特别是，石墨烯于 2004 年被发现[600]并于 2010 年获得诺贝尔物理学奖之后，使科学研究和社会关注的热点逐渐由一维碳纳米管转移到同为碳质纳米材料的二维石墨烯上，碳纳米管研究逐渐进入低谷期（图 3-47）。进入 21 世纪 10 年代以来，随着电动车、便携式电子产品等的快速发展，碳纳米管作为锂离子电池导电添加剂的应用得到市场的认可，且规模逐渐扩大。2019 年，用于锂离子电池的碳纳米管约为 1500 t，预计 2030 年的用量将达到 8000 t[601]。近年来，碳纳米管的结构可控制备及电子器件应用研究也取得了较大进展。我国学者张锦、李彦等分别通过新型催化剂设计实现了单壁碳纳米管的手性可控生长[267, 270]；彭练矛等以半导体性单壁碳纳米管作为沟道材料构建出高性能碳基晶体管器件及其集成电路等[46, 47, 352]。以上应用和基础研究进展提高了碳纳米管的关注度，碳纳米管研发进入复苏期（图 3-47）。

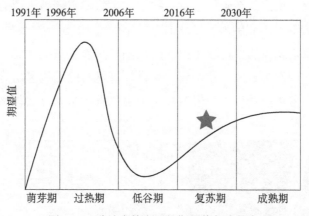

图 3-47　碳纳米管发展的期望值与成熟度

碳纳米管具有独特的结构和优异的物理化学性能，但其应用发展与市场成熟度明显低于预期。目前仅碳纳米管锂离子电池导电添加剂较具市场规模且接近成熟期，而其他相关应用还处于复苏期或低谷期。这主要可归于以下几方面原因。

首先，碳纳米管材料的均一性问题仍有待解决。碳纳米管具有结构依赖的物理化学性能，且其结构多样，包括单壁碳纳米管、双壁碳纳米管、多壁碳纳米管、官能化碳纳米管、掺杂碳纳米管等。其中，单壁碳纳米管又具有不同的手性及手性敏感的导电属性。在应用中，绝大多数场合要求材料具有均一的组分、结构和可定义的性能，如316 L不锈钢、PI 52.5水泥、特定分子量的聚合物等。而无论是多壁还是单壁碳纳米管，其直径通常都有一定的分布范围；特别是对于单壁碳纳米管来说，其手性控制十分困难，通常含有约1/3 金属性和2/3 半导体性碳管。这就极大限制了碳纳米管在诸多领域特别是在电子器件中的应用。

其次，碳纳米管的优异性能在宏观尺度材料中的发挥不充分。理论和实验研究均表明碳纳米管具有轻质、力学性能优异等特点，其理论拉伸强度可达 120 GPa，比钢的拉伸强度高约 100 倍，而密度只有钢的1/6，因此碳纳米管被认为是唯一可用作太空升降机缆绳的材料［图 3-48(a)］[602]。但迄今，宏观尺度碳纳米管纤维的最高强度仅与传统碳纤维相近［图 3-48(b)］[603]，与其理论预测值仍有数量级的差距。这主要是因为，宏观碳纳米管纤维的强度取决于碳纳米管间的作用力，而非单根碳纳米管的断裂强度，但前者远小于后者。类似的现象也出现在碳纳米管导线中。虽然单根碳纳米管的电导率可达 10^8 S/m，但宏观尺度碳纳米管导线的电导率仅为 10^6 S/m 量级[604]。较大的管间接触电阻及宏观体制备过程中引入的缺陷和杂质是造成性能不高的主要原因。碳纳米管可作为金属、非金属、聚合物等材料的结构和功能增强体，应用范围广阔，市场前景巨大。但前提是解决好碳纳米管分散与结构完整性及

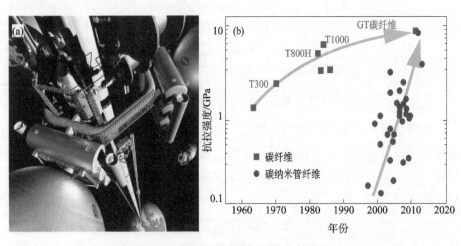

图 3-48 碳纳米管及其纤维的机械性能
(a) 对地静止空间升降机的概念图 [602]；(b) 碳纤维及碳纳米管纤维拉伸强度随时间的变化 [603]

界面结构优化与制备工艺相容之间的矛盾。

此外，碳纳米管的应用还面临来自传统材料及其他新材料的竞争。利用小尺寸、高载流子迁移率、电学性质可调的碳纳米管构建低能耗、高性能的器件与电路并迎接碳基电子时代的到来，应该是碳纳米管最具吸引力、最诱人的应用愿景。但要实现以上目标，碳纳米管需要面对成熟、稳定而强大的硅基电子的竞争。随着摩尔定律的逐步放缓，人们尝试寻找计算机性能持续提升的方法与策略，碳纳米管是候选材料之一。2019 年，美国麻省理工学院的研究团队开发出第一个碳纳米管芯片并成功执行了程序输出向世界问好，这在芯片史上具有重要意义[359]。该碳纳米管芯片由 14 000 个晶体管构成，具备 16 位寻址能力，使用 RISC-V 指令集。但该芯片的频率只有 1 MHz，性能与 30 年前的硅晶体管相当。目前，手机中的硅基芯片也集成了 60 多亿个晶体管，频率达到 2 GHz 以上。因此，碳基电子的发展之路依旧漫长。近年来，柔性电子器件发展迅猛，具有优异耐弯折性能的碳纳米管更有希望在新型柔性器件中展现特色与优势。锂离子电池导电添加剂是目前碳纳米管最主要的应用方向之一。近年来，随着对锂离子电池能量密度、功率密度及充放电速率要求的提高，碳纳米管逐渐展现出相比于传统炭黑导电添加材料的优势：具有一维结构的碳纳米管比炭黑颗粒更容易形成导电网络，加入较少的碳纳米管即可实现良好的导电效果，从而提高电池中活性材料的占比及电池性能。随着石墨烯材料制备成本的降低，同样具有良好导电性的石墨烯也逐渐进入锂离子电池市场，在某些锂电产品中，碳纳米管与石墨烯配合使用作为导电添加剂。碳纳米管的另一个潜在应用是作为柔性透明电极材料。氧化铟锡是目前使用最广泛的透明导电材料，但氧化铟锡是一种脆性材料，且铟的储量有限。因此，碳纳米管透明导电薄膜可望在新型柔性电子器件中获得应用。碳纳米管面临的竞争来自制备于塑料基底上、具有一定柔性的氧化铟锡材料及银纳米线、导电聚合物等新型透明导电材料。以上材料各有优缺点，进一步提高性价比及明确特定的应用场合是被市场所接受的关键。

二、碳纳米管的生物安全性

2008 年，瑞典的一个非政府组织——国际化学秘书处（ChemSec）第一次公布了"应进行替换的化学品名单"，即"SIN 名单"（Substitute it now）。

该名单由该组织联合国际知名科学家共同筛选，列出对人体具有潜在危害的物质，并建议限制或禁止其在欧盟使用。2019 年 11 月 14 日，碳纳米管成为第一个被列入 SIN 名单的纳米材料[605]。这引起了多位从事纳米医药和纳米毒性及碳纳米管研究学者的质疑和反对。他们认为，对纳米材料的毒性和风险评估极具挑战性，其生物学和病理学效应受到材料尺寸、形状、化学结构、蛋白冠等多种参数的影响，故不能轻易下结论。例如，Fadeel 和 Kostarelos 指出碳纳米管是一类材料，其可能具有不同的长度、刚性、官能团等结构特征及不同的生物反应性和致病性，因此仅基于有限的研究就将碳纳米管全部列入 SIN 是不公正的[606]。Heller 等三十余名碳纳米管研究者联合署名撰文称，禁用碳纳米管在科学上是不公正的，而且不利于创新[607]。

作为一种新型纳米材料，在碳纳米管规模化生产与应用之前，需对其生物安全性做出评估。碳纳米管的生物毒性研究报道始于 2003 年。Warheit 等研究了单壁碳纳米管暴露对小鼠肺部的影响，发现小鼠体内产生了一系列多灶肉芽肿，认为这可能与向小鼠体内灌注了聚集态碳纳米管有关[608]。后续，研究者开展了大量碳纳米管毒理学的体外和体内实验研究，但所得结果存在矛盾和争议[609, 610]。研究者探索了碳纳米管生物毒性的产生机制，主要包括以下几个方面[611]。

（1）氧化应激。氧化应激是指反应性氧自由基的产生与抗氧化防御系统之间失去平衡，表现为抗氧化剂水平降低及反应性氧物种（如 OH^-、H_2O_2、O_2^-• 等）增加。这将导致生物体内蛋白质、核酸及脂肪被氧化并最终失去平衡。当碳纳米管激活氧化性酶通路时，即发生氧化应激。单壁和多壁碳纳米管都已被报道会导致氧化应激效应。另外，碳纳米管的氧化应激效应与其物理化学性质及是否有过渡金属残留等紧密相关[612]。

（2）膜损伤。膜损伤被认为是碳纳米管毒性的另一可能机制。当巨噬细胞吞食碳纳米管并沿碳管轴向拉长时，可能导致细胞膜损伤及细胞凋亡[613]。Meunier 等报道了双壁碳纳米管会影响细胞膜的完整性并引起 NLRP3 炎症体[614]。此外，膜损伤也有可能导致反应性氧物种的生成[615]。

（3）基因毒性。基因毒性是指基因突变、染色体断裂重组等染色体或 DNA 相关的损伤。有多种因素可能导致碳纳米管的基因毒性，如相近的尺寸、穿透细胞核膜能力、与 DNA 序列中富 G-C 区域的高亲和力等。Haniu

等发现碳纳米管可引起人类间皮细胞 DNA 链断裂并抑制 DNA 的修复 [616]。有研究表明，碳纳米管的基因毒性不仅限于人类和哺乳动物，而且包括植物细胞和质粒 DNA[617]。

（4）与免疫系统作用。碳纳米管可以被脊椎动物的天然免疫系统识别 [611]。未官能化的单壁、双壁和多壁碳纳米管与大多数官能化的碳纳米管都可以体外激活补体系统，而官能化可使激活效应最小化 [618]。另外，高浓度多壁碳纳米管可以引起与天然免疫反应等相关基因的过度表达 [619]。

研究表明，碳纳米管自身的组分、结构及理化性质会显著影响其生物毒性，主要影响因素包括残留金属催化剂、碳纳米管长度、种类（单壁或多壁）、溶液分散剂及官能化等 [611]。如图 3-49(a) 所示，巨噬细胞可以吞噬小长径比或缠结成团状的多壁碳纳米管；大长径比、刚性的多壁碳纳米管无法被巨噬细胞清除而在组织中累积下来，增加致癌风险 [620, 621]。除了尺寸和形状效应以外，如果通过官能化等提高碳纳米管的可溶性以防止其团聚，将有利于碳纳米管通过尿液排出体外［图 3-49(b)］[620]。国际癌症研究机构（International Agency for Research on Cancer，IARC）基于小鼠的碳纳米管注射和吸入实验得出结论：长且刚性的多壁碳纳米管可能具有致癌性 [622]，但单壁、多壁碳纳米管在中性粒细胞和巨噬细胞作用下的降解也已被报道 [622, 623]。

由上可见，碳纳米管的生物毒性及可降解性研究结果存在分歧与争议。这主要是因为，碳纳米管具有结构、性能的差异和多样性，不同直径、比表面积、长径比、纯度、官能团、亲疏水性及使用剂量的碳纳米管可能表现出完全不同的生物学和病理学行为。因此，碳纳米管的毒性及风险评估极具挑战性，而简单地定论碳纳米管具有或不具有毒性/致癌性是片面的、不科学的。随着碳纳米管制备技术的发展，对碳纳米管直径、层数、长度、杂质含量等的控制水平不断提高，这使得系统评估不同类型碳纳米管的生物毒性成为可能。正如《自然-纳米科技》（*Natrue Nanotechnology*）期刊发表评论称 [624]：碳纳米管的安全评估是该研究领域的一个重要课题，碳纳米管不应该被视为一种材料，针对不同结构、不同种类的碳纳米管完全可能得出不同的结果，而且碳纳米管暴露的途径和剂量也需要被正确考量；有效的纳米材料风险评估的基础是高标准的特征描述和报告，在何种程度及如何实现其标准化具有重要意义，这也需要科学界更加协调一致的努力；这些信息也将为

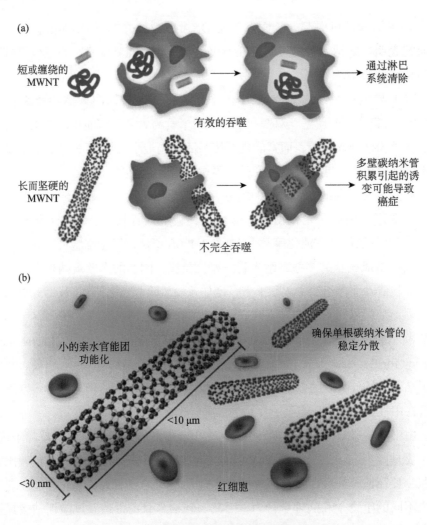

图 3-49　影响碳纳米管体内安全性的因素 [620]
(a) 碳纳米管结构（长度、刚度、缠绕等）对巨噬细胞吞噬作用及从组织清除的影响；
(b) 碳纳米管可溶性等对其安全性的影响

管理机构、框架和非营利组织评估潜在毒性提供基础。

三、碳纳米管的未来发展趋势

碳纳米管吸引了材料、凝聚态物理、化学、生物等领域学者及各国政府、公司企业的极大研究兴趣与广泛关注。近三十年来，碳纳米管的制备、物性与应用研究取得了一系列重要进展。但随着石墨烯等新型纳米材料的出现，碳纳米管的受关注度下降，同时研发投入减少，研究群体出现萎缩。近年来，碳纳米管的研发与应用呈现复苏趋势。例如，基于碳纳米管晶体管的十六位计算机于 2019 年面世 [359]，碳纳米管作为锂离子电池导电添加剂、复合材料增强增韧体等获得了规模应用。碳纳米管的未来发展将在很大程度上取决于其制备技术的创新与"撒手锏"级关键应用的开发。

理论与实验研究均已表明，碳纳米管特别是单壁碳纳米管具有优异的物理化学性能，但碳纳米管结构的微小差异就会导致其性能产生显著变化，如金属性-半导体性的转变，因此具有均一结构/性能碳纳米管的制备十分重要且极具挑战性。尽管通过新型催化剂设计、后处理分离等已在特定手性 [267, 270] 及高密度定向排列 [128] 碳纳米管的制备方面取得了重要进展，但其可控性及制备效率亟须提高，相关机制还有待澄清。可以预见，特定手性/导电属性碳纳米管的制备/分离仍将是碳纳米管研究的重要主题。由于需要在原子尺度调控和构筑碳纳米管，新型制备、表征技术方法及装置的开发将起到关键作用。而将碳纳米管生长过程的原位研究（TEM、Raman、XRD 等）与计算模拟相结合可望成为揭示其生长机制的有力手段，并为可控制备方法的建立提供指导。高质量碳纳米管薄膜、纤维、垂直阵列、泡沫等聚体的制备对于其在宏观尺度材料与器件中的应用至关重要，需要解决的关键问题是碳纳米管的可控构筑与连接，从而使碳纳米管单体的优异结构与功能特性得以最大限度的发挥。此外，发展高效、低成本的制备方法对于提高碳纳米管的性价比及市场竞争力具有重要意义。

在碳纳米管制备技术与方法不断进步和发展，产品均一性、可控性进一步提高的前提下，可以预见碳纳米管的应用范围与规模将显著扩展。据预测，到 2030 年，碳纳米管在电子、储能、航空航天、汽车、生物医药等领域的需求量可望达到 3.5 万 t/年，其中单壁碳纳米管的年复合增长率达到约 60%[601]。在诸多潜在应用中，碳纳米管更有可能率先在新兴产业如柔性电子器件和产品中被市场认可。而在传统领域中，碳纳米管需要面临传统材料与其他新材料更激烈的竞争。总之，历经近三十年的研究与发展，目前碳纳米管的应用及应用导向的科学研究已成为本领域关注的焦点。在此背景下，可以预计碳纳米管这一具有独特结构和优异特性的一维碳质材料将在 21 世纪人类经济社会发展过程中发挥重要作用。

本章参考文献

[1] Iijima S. Helical microtubules of graphitic carbon. Nature, 1991, 354(6348): 56-58.

[2] Ajayan P M, Iijima S. Smallest carbon nanotube. Nature, 1992, 358(6381): 23.

[3] Ebbesen T W, Ajayan P M. Large-scale synthesis of carbon nanotubes. Nature, 1992, 358(6383): 220-222.

[4] Ajayan P M, Iijima S. Capillarity-induced filling of carbon nanotubes. Nature, 1993, 361(6410): 333-334.

[5] Iijima S, Ajayan P M, Ichihashi T. Growth-model for carbon nanotubes. Physical Review Letters, 1992, 69(21): 3100-3103.

[6] Zhang Z, Lieber C M. Nanotube structure and electronic-properties probed by scanning tunneling microscopy. Applied Physics Letters, 1993, 62(22): 2792-2794.

[7] Hamada N, Sawada S, Oshiyama A. New one-dimensional conductors-graphitic microtubules. Physical Review Letters, 1992, 68(10): 1579-1581.

[8] Ajiki H, Ando T. Electronic states of carbon nanotubes. Journal of the Physical Society of Japan, 1993, 62(4): 1255-1266.

[9] Robertson D H, Brenner D W, Mintmire J W. Energetics of nanoscale graphitic tubules. Physical Review B,Condensed Matter, 1992, 45(21): 12592-12595.

[10] Iijima S, Ichihashi T. Single-shell carbon nanotubes of 1-nm diameter. Nature, 1993, 363(6430): 603-605.

[11] Bethune D S, Kiang C H, deVries M S, et al. Cobalt-catalysed growth of carbon nanotubes with single-atomic-layer walls. Nature, 1993, 363(6430): 605-607.

[12] Monthioux M, Kuznetsov V L. Who should be given the credit for the discovery of carbon nanotubes? Carbon, 2006, 44(9): 1621-1623.

[13] L. S T P S T, Sur quelques faits relatifs a` l'histoire du carbone. C R Acad Sci Paris, 1890. 111(5).

[14] H. P L C P L, Sur une varie'te' de carbone filamenteux, C R Acad Sci Paris, 1903. 137(3).

[15] Radushkevich L V, Lukyanovich V M. O strukture ugleroda, obrazujucegosja pri termiceskom razlozenii okisi ugleroda na zeleznom kontakte. Zurn Fisic Chim, 1952, 26, 88-95.

[16] Oberlin A, Endo M, Koyama T. Filamentous growth of carbon through benzene decomposition. Journal of Crystal Growth, 1976, 32(3): 335-349.

[17] 刘华 . 气相生长炭纤维的结构及生长机理的研究 . 中国科学院金属研究所 , 1985.

[18] Saito R, Dresselhaus G, Dresselhaus M S. Physical properties of carbon nanotubes. Imperial

College Press and Distributed by World Scientific Publishing CO, 1998.

[19] Dresselhaus M S, Dresselhaus G, Saito R, et al. Raman spectroscopy of carbon nanotubes. Physics Reports, 2005, 409(2): 47-99.

[20] Zhang R F, Zhang Y Y, Zhang Q, et al. Growth of half-meter long carbon nanotubes based on Schulz-Flory distribution. ACS Nano, 2013, 7(7): 6156-6161.

[21] Saito R, Dresselhaus G, Dresselhaus M S. Trigonal warping effect of carbon nanotubes. Physical Review B, 2000, 61(4): 2981.

[22] Kataura H, Kumazawa Y, Maniwa Y, et al. Optical properties of single-wall carbon nanotubes. Synthetic Metals, 1999,103(1-3): 2555-2558.

[23] Dresselhaus M S, Dresselhaus G, Jorio A, et al. Raman spectroscopy on isolated single wall carbon nanotubes. Carbon, 2002, 40(12): 2043-2061.

[24] Saito R, Fujita M, Dresselhaus G, et al. Electronic structure of chiral graphene tubules. Applied Physics Letters, 1992, 60(18): 2204-2206.

[25] Liu K H, Wang W L, Xu Z, et al. Chirality-dependent transport properties of double-walled nanotubes measured in situ on their field-effect transistors. Journal of the American Chemical Society, 2009, 131(1): 62-63.

[26] Tans S J, Devoret M H, Dai H J, et al. Individual single-wall carbon nanotubes as quantum wires. Nature, 1997, 386(6624): 474-477.

[27] Frank S, Poncharal P, Wang Z L, et al. Carbon nanotube quantum resistors. Science, 1998, 280(5370): 1744-1746.

[28] Yang C K, Zhao J J, Lu J P. Binding energies and electronic structures of adsorbed titanium chains on carbon nanotubes. Physical Review B, 2002, 66(4): 041403.

[29] Kong J, Yenilmez E, Tombler T W, et al. Quantum interference and ballistic transmission in nanotube electron waveguides. Physical Review Letters, 2001, 87(10): 106801.

[30] Javey A, Guo J, Wang Q, et al. Ballistic carbon nanotube field-effect transistors. Nature, 2003, 424(6949): 654-657.

[31] Yao Z, Kane C L, Dekker C. High-field electrical transport in single-wall carbon nanotubes. Physical Review Letters, 2000, 84(13): 2941-2944.

[32] Javey A, Guo J, Paulsson M, et al. High-field quasiballistic transport in short carbon nanotubes. Physical Review Letters, 2004, 92(10): 106804.

[33] Li S D, Yu Z, Rutherglen C, et al. Electrical properties of 0.4 cm long single-walled carbon nanotubes. Nano Letters, 2004, 4(10): 2003-2007.

[34] Collins P G, Avouris P. Chapter 3. The electronic properties of carbon nanotubes. Contemporary Concepts of Condensed Matter Science, 2008, 3:49-81.

[35] Langer L, Bayot V, Grivei E, et al. Quantum transport in a multiwalled carbon nanotube.

Physical Review Letters, 1996, 76(3): 479-482.

[36] Sanvito S, Kwon Y K, Tomanek D, et al. Fractional quantum conductance in carbon nanotubes. Physical Review Letters, 2000, 84(9): 1974-1977.

[37] Anantram M P, Datta S, Xue Y Q. Coupling of carbon nanotubes to metallic contacts. Physical Review B, 2000, 61(20): 14219-14224.

[38] Collins P G, Arnold M S, Avouris P. Engineering carbon nanotubes and nanotube circuits using electrical breakdown. Science, 2001, 292(5517): 706-709.

[39] Ebbesen T W, Lezec H J, Hiura H, et al. Electrical conductivity of individual carbon nanotubes. Nature, 1996, 382(6586): 54-56.

[40] Bockrath M, Cobden D H, McEuen P L, et al. Single-electron transport in ropes of carbon nanotubes.Science, 1997,275(5308): 1922-1925.

[41] Cobden D H, Bockrath M, Mceuen P L, et al. Spin splitting and even-odd effects in carbon nanotubes. Physical Review Letters, 1998, 81(3): 681-684.

[42] Tans S J, Devoret M H, Groeneveld R J A, et al. Electron-electron correlations in carbon nanotubes. Nature, 1998, 394(6695): 761-764.

[43] Schindler G, Steinlesberger G, Engelhardt M, et al. Electrical characterization of copper interconnects with end-of-roadmap feature sizes. Solid-State Electronics, 2003, 47(7): 1233-1236.

[44] Durkop T, Getty S A, Cobas E, et al. Extraordinary mobility in semiconducting carbon nanotubes. Nano Letters, 2004, 4(1): 35-39.

[45] Tans S J, Verschueren A R M, Dekker C. Room-temperature transistor based on a single carbon nanotube. Nature, 1998, 393(6680): 49-52.

[46] Qiu C, Zhang Z, Xiao M, et al. Scaling carbon nanotube complementary transistors to 5-nm gate lengths. Science, 2017, 355(6322): 271.

[47] Liu L J, Han J, Xu L, et al. Aligned, high-density semiconducting carbon nanotube arrays for high-performance electronics. Science, 2020, 368(6493): 850-856.

[48] Kasumov A Y, Deblock R, Kociak M, et al. Supercurrents through single-walled carbon nanotubes. Science, 1999, 284(5419): 1508-1511.

[49] Dresselhaus M S, Dresselhaus G, Avouris P. Carbon nanotubes: Synthesis, Structure, Properties and Applications. Berlin, Heidelberg: Springer, 2001.

[50] Hone J, Batlogg B, Benes Z, et al. Quantized phonon spectrum of single-wall carbon nanotubes. Science, 2000, 289(5485): 1730-1733.

[51] Yi W, Lu L, Zhang D L, et al. Linear specific heat of carbon nanotubes. Physical Review B, 1999, 59(14): R9015-R9018.

[52] Marconnet A M, Panzer M A, Goodson K E. Thermal conduction phenomena in carbon

nanotubes and related nanostructured materials. Reviews of Modern Physics, 2013, 85(3): 1295-1326.

[53] Berber S, Kwon Y K, Tomanek D. Unusually high thermal conductivity of carbon nanotubes. Physical Review Letters, 2000, 84(20): 4613-4616.

[54] Osman M A, Srivastava D. Temperature dependence of the thermal conductivity of single-wall carbon nanotubes.Nanotechnology, 2001, 12(1): 21-24.

[55] Cao J X, Yan X H, Xiao Y, et al. Thermal conductivity of zigzag single-walled carbon nanotubes: Role of the umklapp process. Physical Review B, 2004, 69(7): 073407.

[56] Zhang W, Zhu Z Y, Wang F, et al. Chirality dependence of the thermal conductivity of carbon nanotubes. Nanotechnology, 2004, 15(8): 936-939.

[57] Yamamoto T, Watanabe S, Watanabe K. Universal features of quantized thermal conductance of carbon nanotubes. Physical Review Letters, 2004, 92(7): 075502.

[58] Mingo N, Broido D A. Carbon nanotube ballistic thermal conductance and its limits. Physical Review Letters, 2005, 95(9): 096105.

[59] Wang J A, Wang J S. Carbon nanotube thermal transport: Ballistic to diffusive. Applied Physics Letters, 2006, 88(11): 111909.

[60] Yu C H, Shi L, Yao Z, et al. Thermal conductance and thermopower of an individual single-wall carbon nanotube. Nano Letters, 2005, 5(9): 1842-1846.

[61] Pop E, Mann D, Wang Q. et al. Thermal conductance of an individual single-wall carbon nanotube above room temperature. Nano Letters, 2006, 6(1):96-100.

[62] Pettes M T, Shi L. Thermal and structural characterizations of individual single-, double-, and multi-walled carbon nanotubes. Advanced Functional Materials, 2009, 19(24): 3918-3925.

[63] Choi T Y, Poulikakos D, Tharian J, et al. Measurement of thermal conductivity of individual multiwalled carbon nanotubes by the 3-omega method. Applied Physics Letters, 2005, 87(1): 013108.

[64] Choi T Y, Poulikakos D, Tharian J, et al. Measurement of the thermal conductivity of individual carbon nanotubes by the four-point three-ω method. Nano Letters, 2006, 6(8): 1589-1593.

[65] Fujii M, Zhang X, Xie H Q, et al. Measuring the thermal conductivity of a single carbon nanotube. Physical Review Letters, 2005, 95(6): 065502.

[66] Yakobson B I, Smalley R E. Fullerene nanotubes: C-1000000 and beyond. American Scientist, 1997, 85(4): 324-337.

[67] Takakura A, Beppu K, Nishihara T, et al. Strength of carbon nanotubes depends on their chemical structures. Nature Communications, 2019, 10(1): 3040.

[68] Yakobson B I, Brabec C J, Bernholc J. Nanomechanics of carbon tubes: Instabilities beyond linear response. Physical Review Letters, 1996,76(14): 2511-2514.

[69] Brenner D W. Empirical potential for hydrocarbons for use in simulating the chemical vapor-deposition of diamond films. Physical Review B, 1990,42(15): 9458-9471.

[70] Cornwell C F, Wille L T. Elastic properties of single-walled carbon nanotubes in compression. Solid State Communications, 1997, 101(8): 555-558.

[71] Sinnott S B, Shenderova O A, White C T, et al. Mechanical properties of nanotubule fibers and composites determined from theoretical calculations and simulations. Carbon, 1998, 36(1-2): 1-9.

[72] Lu J P.Elastic properties of carbon nanotubes and nanoropes. Physical Review Letters, 1997, 79(7): 1297-1300.

[73] Haskins R W, Maier R S, Ebeling R M, et al. Tight-binding molecular dynamics study of the role of defects on carbon nanotube moduli and failure. The Journal of Chemical Physics, 2007, 127(7): 074708.

[74] Zhou X, Zhou J J, Ou-Yang Z C, Strain energy and Young's modulus of single-wall carbon nanotubes calculated from electronic energy-band theory. Physical Review B, 2000, 62(20): 13692-13696.

[75] Krishnan A, Dujardin E, Ebbesen T W, et al. Young's modulus of single-walled nanotubes. Physical Review B, 1998, 58(20): 14013-14019.

[76] Treacy M M J, Ebbesen T W, Gibson J M. Exceptionally high Young's modulus observed for individual carbon nanotubes. Nature, 1996,381(6584): 678-680.

[77] Wong E W, Sheehan P E, Lieber C M. Nanobeam mechanics: Elasticity, strength, and toughness of nanorods and nanotubes. Science, 1997, 277(5334): 1971-1975.

[78] Salvetat J P, Bonard J M, Thomson N H, et al. Mechanical properties of carbon nanotubes. Applied Physics A, Materials Science & Processing, 1999, 69(3): 255-260.

[79] Poncharal P, Wang Z L, Ugarte D, et al. Electrostatic deflections and electromechanical resonances of carbon nanotubes. Science, 1999, 283(5407): 1513-1516.

[80] Yu M F, Lourie O, Dyer M J, et al. Strength and breaking mechanism of multiwalled carbon nanotubes under tensile load. Science, 2000, 287(5453): 637-640.

[81] Zhang R F, Wen Q, Qian W Z, et al. Superstrong ultralong carbon nanotubes for mechanical energy storage. Advanced Materials, 2011, 23(30): 3387-3391.

[82] Parvaneh V, Shariati M. Effect of defects and loading on prediction of Young's modulus of SWCNTs. Acta Mechanica, 2011, 216(1-4): 281-289.

[83] Li F, Cheng H M, Bai S, et al. Tensile strength of single-walled carbon nanotubes directly measured from their macroscopic ropes. Applied Physics Letters, 2000, 77(20): 3161-3163.

[84] Bai Y, Zhang R, Ye X, et al. Carbon nanotube bundles with tensile strength over 80 GPa. Nature Nanotechnology, 2018, 13(7): 589-595.

[85] Stone A J, Wales D J. Theoretical studies of icosahedral C_{60} and some related species. Chemical Physics Letters, 1986, 128(5-6): 501-503.

[86] Nardelli M B, Fattebert J L, Orlikowski D, et al. Mechanical properties, defects and electronic behavior of carbon nanotubes. Carbon, 2000, 38(11-12): 1703-1711.

[87] Shen W D, Jiang B, Han B S, et al. Investigation of the radial compression of carbon nanotubes with a scanning probe microscope. Physical Review Letters, 2000, 84(16): 3634-3637.

[88] Tang J, Qin L C, Sasaki T, et al. Compressibility and polygonization of single-walled carbon nanotubes under hydrostatic pressure. Physical Review Letters, 2000, 85(9): 1887-1889.

[89] Yakobson B I. Mechanical relaxation and "intramolecular plasticity" in carbon nanotubes. Applied Physics Letters, 1998, 72(8): 918-920.

[90] Srivastava D, Menon M, Cho K J. Nanoplasticity of single-wall carbon nanotubes under uniaxial compression. Physical Review Letters, 1999, 83(15): 2973-2976.

[91] Huang J Y, Chen S, Wang Z Q, et al. Superplastic carbon nanotubes. Nature, 2006, 439(7074): 281.

[92] Huang J Y, Chen S, Ren Z F, et al. Enhanced ductile behavior of tensile-elongated individual double-walled and triple-walled carbon nanotubes at high temperatures. Physical Review Letters, 200, 98(18): 185501.

[93] Zhang R, Ning Z, Zhang Y, et al. Superlubricity in centimetres-long double-walled carbon nanotubes under ambient conditions. Nature Nanotechnology, 2013, 8(12): 912-916.

[94] Hirano M, Shinjo K, Kaneko R, et al. Anisotropy of frictional forces in muscovite mica. Physical Review Letters, 1991, 67(19): 2642-2645.

[95] Hirsch A. Functionalization of single-walled carbon nanotubes. Angewandte Chemie International Edition, 2002, 41(11): 1853-1859.

[96] Gong K, Du F, Xia Z, et al. Nitrogen-doped carbon nanotube arrays with high electrocatalytic activity for oxygen reduction. Science, 2009, 323(5915): 760-764.

[97] Chen J, Klinke C, Afzali A, et al. Self-aligned carbon nanotube transistors with charge transfer doping. Applied Physics Letters, 2005, 86(12): 123108.

[98] Khabashesku V N, Billups W E, Margrave J L. Fluorination of single-wall carbon nanotubes and subsequent derivatization reactions. Accounts of Chemical Research, 2002, 35(12): 1087-1095.

[99] Terrones M, Filho A G S, Rao A M. Doped carbon nanotubes: Synthesis, characterization and applications //Joroi A, Dresselhaus G, Dresselhaus M S. Carbon Nanotubes: Advanced

Topics in the Synthesis, Structure, Properties and Applications. Heidelberg：Springer, 2008.

[100] Terrones M, Ajayan P M, Banhart F, et al. N-doping and coalescence of carbon nanotubes: Synthesis and electronic properties. Applied Physics A, 2002, 74(3): 355-361.

[101] Zhao Y, Yang L J, Chen S, et al. Can boron and nitrogen Co-doping improve oxygen reduction reaction activity of carbon nanotubes? Journal of the American Chemical Society, 2013, 135(4): 1201-1204.

[102] Wang Z J, Jia R R, Zheng J F, et al. Nitrogen-promoted self-assembly of n-doped carbon nanotubes and their intrinsic catalysis for oxygen reduction in fuel cells. ACS Nano, 2011. 5(3): 1677-1684.

[103] Kong J, Franklin N R, Zhou C, et al. Nanotube molecular wires as chemical sensors. Science, 2000, 287(5453): 622-625.

[104] Ramanathan T, Fisher F T, Ruoff R S, et al. Amino-functionalized carbon nanotubes for binding to polymers and biological systems. Chemistry of Materials, 2005, 17(6): 1290-1295.

[105] Dai H J. Carbon nanotubes: Synthesis, integration, and properties. Accounts of Chemical Research, 2002, 35(12): 1035-1044.

[106] Rao A M, Eklund P C, Bandow S, et al. Evidence for charge transfer in doped carbon nanotube bundles from Raman scattering. Nature, 1997, 388(6639): 257-259.

[107] Eklund P C, Arakawa E T, Zarestky J L, et al. Charge-transfer-induced changes in the electronic and lattice vibrational properties of acceptor-type GICs. Synthetic Metals, 1985, 12(1): 97-102.

[108] Zheng M, Diner B A. Solution redox chemistry of carbon nanotubes. Journal of the American Chemical Society, 2004, 126(47): 15490-15494.

[109] Takenobu T, Kanbara T, Akima N, et al. Control of carrier density by a solution method in carbon-nanotube devices. Advanced Materials, 2005, 17(20): 2430-2434.

[110] Vosgueritchian M, LeMieux M C, Dodge D, et al. Effect of surface chemistry on electronic properties of carbon nanotube network thin film transistors. ACS Nano, 2010, 4(10): 6137-6145.

[111] Mammeri F, Teyssandier J, Connan C, et al. Mechanical properties of carbon nanotube-PMMA based hybrid coatings: The importance of surface chemistry. Rsc Advances, 2012, 2(6): 2462-2468.

[112] Tasis D, Tagmatarchis N, Bianco A, et al. Chemistry of carbon nanotubes. Chemical Reviews, 2006, 106(3): 1105-1136.

[113] Banerjee S, Hemraj Benny T, Wong S S. Covalent surface chemistry of single-walled

carbon nanotubes. Advanced Materials, 2005, 17(1): 17-29.

[114] Lu X, Chen Z F. Curved pi-conjugation, aromaticity, and the related chemistry of small fullerenes ($< C_{60}$) and single-walled carbon nanotubes. Chemical Reviews, 2005, 105(10): 3643-3696.

[115] Georgakilas V, Perman J A, Tucek J, et al. Broad family of carbon nanoallotropes: Classification, chemistry, and applications of fullerenes, carbon dots, nanotubes, graphene, nanodiamonds, and combined superstructures. Chemical Reviews, 2015, 115(11): 4744-4822.

[116] Balasubramanian K, Burghard M. Chemically functionalized carbon nanotubes. Small, 2005, 1(2): 180-192.

[117] Georgakilas V, Bourlinos A B, Zboril R, et al. Synthesis, characterization and aspects of superhydrophobic functionalized carbon nanotubes. Chemistry of Materials, 2008, 20(9): 2884-2886.

[118] Chen Z Y, Kobashi K, Rauwald U, et al. Soluble ultra-short single-walled carbon nanotubes. Journal of the American Chemical Society, 2006,128(32): 10568-10571.

[119] Bouilly D, Cabana J, Meunier F, et al. Wall-selective probing of double-walled carbon nanotubes using covalent functionalization. ACS Nano, 2011, 5(6): 4927-4934.

[120] Vaisman L, Wagner H D, Marom G. The role of surfactants in dispersion of carbon nanotubes. Advances in Colloid and Interface Science, 2006, 128: 37-46.

[121] Ghosh A, Rao K V, Voggu R, et al. Non-covalent functionalization, solubilization of graphene and single-walled carbon nanotubes with aromatic donor and acceptor molecules. Chemical Physics Letters, 2010, 488(4-6): 198-201.

[122] Tuncel D. Non-covalent interactions between carbon nanotubes and conjugated polymers. Nanoscale, 2011, 3(9): 3545-3554.

[123] Zheng M, Jagota A, Semke E D, et al. DNA-assisted dispersion and separation of carbon nanotubes. Nature Materials, 2003, 2(5): 338-342.

[124] Zheng M, Jagota A, Strano M S, et al. Structure-based carbon nanotube sorting by sequence-dependent DNA assembly. Science, 2003, 302(5650): 1545-1548.

[125] Ao G Y, Streit J K, Fagan J A, et al. Differentiating left- and right-handed carbon nanotubes by DNA. Journal of the American Chemical Society, 2016, 138(51): 16677-16685.

[126] Zheng Y, Bachilo S M, Weisman R B. Controlled patterning of carbon nanotube energy levels by covalent DNA functionalization. ACS Nano, 2019, 13(7): 8222-8228.

[127] Pei H, Sha R J, Wang X W, et al. Organizing end-site-specific swcnts in specific loci using DNA. Journal of the American Chemical Society, 2019,141(30): 11923-11928.

[128] Sun W, Shen J, Zhao Z, et al. Precise pitch-scaling of carbon nanotube arrays within three-dimensional DNA nanotrenches. Science, 2020, 368(6493): 874-877.

[129] Zhao M Y, Chen Y H, Wang K X, et al. DNA-directed nanofabrication of high-performance carbon nanotube field-effect transistors. Science, 2020, 368(6493): 878-881.

[130] Chico L, Crespi V H, Benedict L X, et al. Pure carbon nanoscale devices: Nanotube heterojunctions. Physical Review Letters, 1996, 76(6): 971-974.

[131] Nasibulin A G, Pikhitsa P V, Jiang H, et al. A novel hybrid carbon material. Nature Nanotechnology, 2007, 2(3): 156-161.

[132] Smith B W, Monthioux M, Luzzi D E. Encapsulated C_{60} in carbon nanotubes. Nature, 1998, 396(6709): 323-324.

[133] Okada S, Saito S, Oshiyama A. Energetics and electronic structures of encapsulated C_{60} in a carbon nanotube. Physical Review Letters, 2001, 86(17): 3835-3838.

[134] Lee J, Kim H, Kahng S J, et al. Bandgap modulation of carbon nanotubes by encapsulated metallofullerenes. Nature, 2002, 415(6875): 1005-1008.

[135] Hornbaker D J, Kahng S J, Misra S, et al. Mapping the one-dimensional electronic states of nanotube peapod structures. Science, 2002, 295(5556): 828-831.

[136] Ding F, Lin Y, Krasnov P O, et al. Nanotube-derived carbon foam for hydrogen sorption. The Journal of Chemical Physics, 2007, 127(16): 164703.

[137] Dimitrakakis G K, Tylianakis E, Froudakis G E. Pillared graphene: A new 3-D network nanostructure for enhanced hydrogen storage. Nano Letters, 2008, 8(10): 3166-3170.

[138] Ajayan P M, Ebbesen T W, Ichihashi T, et al. Opening carbon nanotubes with oxygen and implications for filling. Nature, 1993, 362(6420): 522-525.

[139] Guan L H, Shi Z J, Li M X, et al. Ferrocene-filled single-walled carbon nanotubes. Carbon, 2005, 43(13): 2780-2785.

[140] Demoncy N, Stephan O, Brun N, et al. Filling carbon nanotubes with metals by the arc-discharge method: The key role of sulfur. European Physical Journal B, Condensed Matter and Complex Systerns, 1998, 4(2): 147-157.

[141] Demoncy N, Stephan O, Bran N, et al. Sulfur: The key for filling carbon nanotubes with metals. Synthetic Metals, 1999, 103(1-3): 2380-2383.

[142] Costa P M F J, Gautam U K, Wang M S, et al. Effect of crystalline filling on the mechanical response of carbon nanotubes. Carbon, 2009, 47(2): 541-544.

[143] Okazaki T, Suenaga K, Hirahara K, et al. Real time reaction dynamics in carbon nanotubes. Journal of the American Chemical Society, 2001, 123(39): 9673-9674.

[144] Pan X L, Fan Z L, Chen W, et al. Enhanced ethanol production inside carbon-nanotube reactors containing catalytic particles. Nature Materials, 2007, 6(7): 507-511.

[145] Pan X L, Bao X H. The effects of confinement inside carbon nanotubes on catalysis. Accounts of Chemical Research, 2011, 44(8): 553-562.

[146] Xiao J P, Pan X L, Guo S J, et al. Toward fundamentals of confined catalysis in carbon nanotubes. Journal of the American Chemical Society, 2015, 137(1): 477-482.

[147] Xiao J P, Pan X L, Zhang F, et al. Size-dependence of carbon nanotube confinement in catalysis. Chemical Science, 2017, 8(1): 278-283.

[148] Yu W J, Hou P X, Zhang L L, et al. Preparation and electrochemical property of Fe_2O_3 nanoparticles-filled carbon nanotubes. Chemical Communications, 2010, 46(45): 8576-8578.

[149] Yu W J, Liu C, Zhang L L, et al. Synthesis and electrochemical lithium storage behavior of carbon nanotubes filled with iron sulfide nanoparticles. Advanced Science, 2016, 3(10): 1600113.

[150] Grzelczak M, Correa Duarte M A, Salgueiriño Maceira V, et al. Photoluminescence quenching control in quantum dot—carbon nanotube composite colloids using a silica-shell spacer. Advanced Materials, 2006, 18(4): 415-420.

[151] Navrotskaya A G, Aleksandrova D D, Krivoshapkina E F, et al. Hybrid materials based on carbon nanotubes and nanofibers for environmental applications. Frontiers in Chemistry, 2020, 8:546.

[152] 张艳丽, 侯鹏翔, 刘畅. 氧化硅包覆单壁碳纳米管纳米电缆的制备. 新型炭材料, 2013,28(1): 8-13.

[153] Shen B Y, Xie H H, Gu L, et al. Direct chirality recognition of single-crystalline and single-walled transition metal oxide nanotubes on carbon nanotube templates. Advanced Materials, 2018, 30(44): 1803368.

[154] Nakanishi R, Kitaura R, Warner J H, et al. Thin single-wall BN-nanotubes formed inside carbon nanotubes. Scientific Reports, 2013, 3(1): 1385.

[155] Xiang R, Inoue T, Zheng Y J, et al. One-dimensional van der Waals heterostructures. Science, 2020,367(6477): 537-542.

[156] Kong J, Soh H T, Cassell A M, et al. Synthesis of individual single-walled carbon nanotubes on patterned silicon wafers. Nature, 1998, 395(6705): 878-881.

[157] Yu H, Zhang Q F, Wei F, et al. Agglomerated CNTs synthesized in a fluidized bed reactor: Agglomerate structure and formation mechanism. Carbon, 2003, 41(14): 2855-2863.

[158] Cheng H M, Li F, Su G, et al. Large-scale and low-cost synthesis of single-walled carbon nanotubes by the catalytic pyrolysis of hydrocarbons. Applied Physics Letters, 1998, 72(25): 3282-3284.

[159] Cheng H M, Li F, Sun X, et al. Bulk morphology and diameter distribution of single-

walled carbon nanotubes synthesized by catalytic decomposition of hydrocarbons. Chemical Physics Letters, 1998, 289(5-6): 602-610.

[160] Ning G Q, Wei F, Wen Q, et al. Improvement of Fe/MgO catalysts by calcination for the growth of single-and double-walled carbon nanotubes. Journal of Physical Chemistry B, 2006, 110(3): 1201-1205.

[161] Wen Q, Qian W Z, Wei F, et al. CO_2-assisted SWCNT growth on porous catalysts. Chemistry of Materials, 2007, 19(6): 1226-1230.

[162] Zhao M Q, Zhang Q, Zhang W, et al. Embedded high density metal nanoparticles with extraordinary thermal stability derived from guest-host mediated layered double hydroxides. Journal of the American Chemical Society, 2010, 132(42): 14739-14741.

[163] Zhao M Q, Zhang Q, Huang J Q, et al. Layered double hydroxides as catalysts for the efficient growth of high quality single-walled carbon nanotubes in a fluidized bed reactor. Carbon, 2010, 48(11): 3260-3270.

[164] Alvarez W E, Kitiyanan B, Borgna A, et al. Synergism of Co and Mo in the catalytic production of single-wall carbon nanotubes by decomposition of CO. Carbon, 2001, 39(4): 547-558.

[165] Ren W C, Li F, Chen J A, et al. Morphology, diameter distribution and raman scattering measurements of double-walled carbon nanotubes synthesized by catalytic decomposition of methane. Chemical Physics Letters, 2002, 359(3-4): 196-202.

[166] Ago H, Ohshima S, Uchida K, et al. Gas-phase synthesis of single-wall carbon nanotubes from colloidal solution of metal nanoparticles. Journal of Physical Chemistry B, 2001, 105(43): 10453-10456.

[167] Sen R, Govindaraj A, Rao C N R. Metal-filled and hollow carbon nanotubes obtained by the decomposition of metal-containing free precursor molecules. Chemistry of Materials, 1997, 9(10): 2078-2081.

[168] Nikolaev P, Bronikowski M J, Bradley R K, et al. Gas-phase catalytic growth of single-walled carbon nanotubes from carbon monoxide. Chemical Physics Letters, 1999, 313(1-2): 91-97.

[169] Bronikowski M J, Willis P A, Colbert D T, et al. Gas-phase production of carbon single-walled nanotubes from carbon monoxide via the HiPco process: A parametric study. Journal of Vacuum Science and Technology A, 2001, 19(4): 1800-1805.

[170] Nikolaev P. Gas-phase production of single-walled carbon nanotubes from carbon monoxide: A review of the hipco process. Journal of Nanoscience and Nanotechnology, 2004, 4(4): 307-316.

[171] Journet C, Maser W K, Bernier P, et al. Large-scale production of single-walled carbon

nanotubes by the electric-arc technique. Nature, 1997, 388(6644): 756-758.

[172] Liu C, Cong H T, Li F, et al. Semi-continuous synthesis of single-walled carbon nanotubes by a hydrogen arc discharge method. Carbon, 1999, 37(11): 1865-1868.

[173] Li L X, Li F, Liu C, et al. Synthesis and characterization of double-walled carbon nanotubes from multi-walled carbon nanotubes by hydrogen-arc discharge. Carbon, 2005, 43(3): 623-629.

[174] Liu C, Cheng H M, Cong H T, et al. Synthesis of macroscopically long ropes of well-aligned single-walled carbon nanotubes. Advanced Materials, 2000, 12(16): 1190-1192.

[175] Hutchison J L, Kiselev N A, Krinichnaya E P, et al. Double-walled carbon nanotubes fabricated by a hydrogen arc discharge method. Carbon, 2001. 39(5): 761-770.

[176] Guo T, Nikolaev P, Rinzler A G, et al. Self-assembly of tubular fullerenes. Journal of Physical Chemistry, 1995, 99(27): 10694-10697.

[177] Thess A, Lee R, Nikolaev P, et al. Crystalline ropes of metallic carbon nanotubes. Science, 1996, 273(5274): 483-487.

[178] Yudasaka M, Komatsu T, Ichihashi T, et al. Single-wall carbon nanotube formation by laser ablation using double-targets of carbon and metal. Chemical Physics Letters, 1997, 278(1-3): 102-106.

[179] Fischer J E, Dai H, Thess A, et al. Metallic resistivity in crystalline ropes of single-wall carbon nanotubes. Physical Review B, 1997, 55(8): R4921-R4924.

[180] Lee R S, Kim H J, Fischer J E, et al. Conductivity enhancement in single-walled carbon nanotube bundles doped with K and Br. Nature, 1997, 388(6639): 255-257.

[181] Fonseca A, Hernadi K, Piedigrosso P, et al. Synthesis of single-and multi-wall carbon nanotubes over supported catalysts. Applied Physics A, 1998, 67(1): 11-22.

[182] Murakami Y, Chiashi S, Miyauchi Y, et al. Growth of vertically aligned single-walled carbon nanotube films on quartz substrates and their optical anisotropy. Chemical Physics Letters, 2004, 385(3-4): 298-303.

[183] Hata K, Futaba D N, Mizuno K, et al. Water-assisted highly efficient synthesis of impurity-free single-walled carbon nanotubes. Science, 2004, 306(5700): 1362-1364.

[184] Jiang K L, Wang J P, Li Q Q, et al. Superaligned carbon nanotube arrays, films, and yarns: A road to applications. Advanced Materials, 2011, 23(9): 1154-1161.

[185] Di J T, Hu D M, Chen H Y, et al. Ultrastrong, foldable, and highly conductive carbon nanotube film, ACS Nano, 2012, 6(6): 5457-5464.

[186] Zhang M, Fang S L, Zakhidov A A, et al. Strong, transparent, multifunctional, carbon nanotube sheets. Science, 2005, 309(5738): 1215-1219.

[187] Miao M H. Production, structure and properties of twistless carbon nanotube yarns with a

high density sheath. Carbon, 2012, 50(13): 4973-4983.

[188] Poehls J H, Johnson M B, White M A, et al. Physical properties of carbon nanotube sheets drawn from nanotube arrays. Carbon, 2012, 50(11): 4175-4183.

[189] Ghemes A, Minami Y, Muramatsu J, et al. Fabrication and mechanical properties of carbon nanotube yarns spun from ultra-long multi-walled carbon nanotube arrays. Carbon, 2012, 50(12): 4579-4587.

[190] Yasuda S, Futaba D N, Yamada T, et al. Improved and large area single-walled carbon nanotube forest growth by controlling the gas flow direction. ACS Nano, 2009, 3(12): 4164-4170.

[191] Guzmán de Villoria R, Figueredo S L, Hart A J, et al. High-yield growth of vertically aligned carbon nanotubes on a continuously moving substrate. Nanotechnology, 2009,20(40):405611.

[192] Zhang Q, Huang J, Zhao M, et al. Review on mass production and industrialization of carbon nanotubes. Scientia Sinica Chimica, 2013,43(6): 641-666.

[193] Zhang Q, Huang J Q, Zhao M Q, et al. Radial growth of vertically aligned carbon nanotube arrays from ethylene on ceramic spheres. Carbon, 2008, 46(8): 1152-1158.

[194] Xiang R, Luo G, Qian W, et al. Large area growth of aligned CNT arrays on spheres: Towards large scale and continuous production. Chemical Vapor Deposition, 2007,13(10): 533-536.

[195] Yamamoto N, John Hart A, Garcia E J, et al. High-yield growth and morphology control of aligned carbon nanotubes on ceramic fibers for multifunctional enhancement of structural composites. Carbon, 2009, 47(3): 551-560.

[196] Qian H, Bismarck A, Greenhalgh E S, et al. Synthesis and characterisation of carbon nanotubes grown on silica fibres by injection CVD. Carbon, 2010, 48(1): 277-286.

[197] Zhao M Q, Zhang Q, Huang J Q, et al. Advanced materials from natural materials: Synthesis of aligned carbon nanotubes on wollastonites. ChemSusChem, 2010, 3(4): 453-459.

[198] Pint C L, Pheasant S T, Pasquali M, et al. Synthesis of high aspect-ratio carbon nanotube "flying carpets" from nanostructured flake substrates. Nano Letters, 2008, 8(7): 1879-1883.

[199] Alvarez N T, Hamilton C E, Pint C L, et al. Wet catalyst-support films for production of vertically aligned carbon nanotubes. ACS Applied Materials & Interfaces, 2010, 2(7): 1851-1856.

[200] Dai H J, Kong J, Zhou C W, et al. Controlled chemical routes to nanotube architectures, physics, and devices. Journal of Physical Chemistry B, 1999, 103(51): 11246-11255.

[201] Cassell A M, Franklin N R, Tombler T W, et al. Directed growth of free-StandingSingle-

walled carbon nanotubes. Journal of the American Chemical Society, 1999,121(34): 7975-7976.

[202] Franklin N R, Dai H J. An enhanced CVD approach to extensive nanotube networks with directionality. Advanced Materials, 2000, 12(12): 890-894.

[203] Zhang Y G, Chang A L, Cao J E, et al. Electric-field-directed growth of aligned single-walled carbon nanotubes. Applied Physics Letters, 2001, 79(19): 3155-3157.

[204] Ago H, Imamoto K, Ishigami N, et al. Competition and cooperation between lattice-oriented growth and step-templated growth of aligned carbon nanotubes on sapphire. Applied Physics Letters, 2007, 90(12): 123112.

[205] Ding L, Yuan D N, Liu J. Growth of high-density parallel arrays of long single-walled carbon nanotubes on quartz substrates. Journal of the American Chemical Society, 2008, 130(16): 5428-5429.

[206] Zhou W W, Ding L, Yang S, et al. Synthesis of high-density, large-diameter, and aligned single-walled carbon nanotubes by multiple-cycle growth methods. ACS Nano, 2011, 5(5): 3849-3857.

[207] Hong S W, Banks T, Rogers J A. Improved density in aligned arrays of single-walled carbon nanotubes by sequential chemical vapor deposition on quartz. Advanced Materials, 2010, 22(16): 1826-1830.

[208] Hu Y, Kang L, Zhao Q, et al. Growth of high-density horizontally aligned SWNT arrays using trojan catalysts. Nature Communications, 2015, 6: 6099.

[209] Zhu H W, Xu C L, Wu D H, et al. Direct synthesis of long single-walled carbon nanotube strands. Science, 2002, 296(5569): 884-886.

[210] Li Y L, Kinloch I A, Windle A H. Direct spinning of carbon nanotube fibers from chemical vapor deposition synthesis. Science, 2004, 304(5668): 276-278.

[211] Koziol K, Vilatela J, Moisala A, et al. High-performance carbon nanotube fiber. Science, 2007, 318(5858): 1892-1895.

[212] Zhong X H, Li Y L, Liu Y K, et al. Continuous multilayered carbon nanotube yarns. Advanced Materials, 2010, 22(6): 692-696.

[213] Wang J N, Luo X G, Wu T, et al. High-strength carbon nanotube fibre-like ribbon with high ductility and high electrical conductivity. Nature Communications, 2014, 5:3848

[214] https://www.miralon.com/yarn?hsCtaTracking=8b116b66-d50d-4fb6-b7b2-e6b4ab13f62f%7Cf6c9da00-6bb4-4d34-88fd-d5140289e507.

[215] Jiang K L, Li Q Q, Fan S S. Nanotechnology: Spinning continuous carbon nanotube yarns. Nature, 2002, 419(6909): 801.

[216] Zhang M, Atkinson K R, Baughman R H. Multifunctional carbon nanotube yarns by

downsizing an ancient technology. Science, 2004,306(5700): 1358-1361.

[217] Zhang L W, Wang X, Li R, et al. Microcombing enables high-performance carbon nanotube composites. Composites Science and Technology, 2016, 123:92-98.

[218] Vigolo B, Penicaud A, Coulon C, et al. Macroscopic fibers and ribbons of oriented carbon nanotubes. Science, 2000,290(5495): 1331-1334.

[219] Dalton A B, Collins S, Munoz E, et al. Super-tough carbon-nanotube fibres: These extraordinary composite fibres can be woven into electronic textiles. Nature, 2003, 423(6941): 703-706.

[220] Dalton A B, Collins S, Razal J, et al. Continuous carbon nanotube composite fibers: Properties, potential applications, and problems. Journal of Materials Chemistry, 2004,14(1): 1-3.

[221] Razal J M, Coleman J N, Munoz E, et al.Arbitrarily shaped fiber assemblies from spun carbon nanotube gel fibers. Advanced Functional Materials, 2007, 17(15): 2918-2924.

[222] Ericson L M, Fan H, Peng H Q, et al. Macroscopic, neat, single-walled carbon nanotube fibers. Science, 2004, 305(5689): 1447-1450.

[223] Davis V A, Parra-Vasquez A N G, Green M J, et al. True solutions of single-walled carbon nanotubes for assembly into macroscopic materials. Nature Nanotechnology, 2009, 4(12): 830-834.

[224] Behabtu N, Young C C, Tsentalovich D E, et al. Strong, light, multifunctional fibers of carbon nanotubes with ultrahigh conductivity. Science, 2013, 339(6116): 182-186.

[225] Hu L B, Hecht D S, Grüener G. Carbon nanotube thin films: Fabrication, properties, and applications, Chemical Reviews, 2010, 110(10): 5790-5844.

[226] Hecht D S, Hu L B, Irvin G, Emerging transparent electrodes based on thin films of carbon nanotubes, graphene, and metallic nanostructures. Advanced Materials, 2011, 23(13): 1482-1513.

[227] Bekyarova E, Itkis M E, Cabrera N, et al. Electronic properties of single-walled carbon nanotube networks. Journal of the American Chemical Society, 2005, 127(16): 5990-5995.

[228] Sun D M, Timmermans M Y, Kaskela A, et al. Mouldable all-carbon integrated circuits. Nature Communications, 2013, 4:2302.

[229] Sun D M, Timmermans M Y, Tian Y, et al. Flexible high-performance carbon nanotube integrated circuits. Nature Nanotechnology, 2011, 6(3): 156-161.

[230] Kaskela A, Laiho P, Fukaya N, et al. Highly individual SWCNTs for high performance thin film electronics. Carbon, 2016,103: 228-234.

[231] Kaempgen M, Chan C K, Ma J, et al. Printable thin film supercapacitors using single-walled carbon nanotubes. Nano Letters, 2009, 9(5): 1872-1876.

[232] Feng C, Liu K, Wu J S, et al. Flexible, stretchable, transparent conducting films made from superaligned carbon nanotubes. Advanced Functional Materials, 2010, 20(6): 885-891.

[233] Ma W J, Song L, Yang R, et al. Directly synthesized strong, highly conducting, transparent single-walled carbon nanotube films. Nano Letters, 2007, 7(8): 2307-2311.

[234] Kaskela A, Nasibulin A G, Timmermans M Y, et al. Aerosol-synthesized SWCNT networks with tunable conductivity and transparency by a dry transfer technique. Nano Letters, 2010, 10(11): 4349-4355.

[235] Nasibulin A G, Kaskela A, Mustonen K, et al. Multifunctional free-standing single-walled carbon nanotube films. ACS Nano, 2011, 5(4): 3214-3221.

[236] Jo J W, Jung J W, Lee J U, et al. Fabrication of highly conductive and transparent thin films from single-walled carbon nanotubes using a new non-ionic surfactant via spin coating. ACS Nano, 2010, 4(9): 5382-5388.

[237] Tenent R C, Barnes T M, Bergeson J D, et al. Ultrasmooth, large-area, high-uniformity, conductive transparent single-walled-carbon-nanotube films for photovoltaics produced by ultrasonic spraying. Advanced Materials, 2009, 21(31): 3210-3216.

[238] Dan B, Irvin G C, Pasquali M. Continuous and scalable fabrication of transparent conducting carbon nanotube films. ACS Nano, 2009, 3(4): 835-843.

[239] Wu Z C, Chen Z H, Du X, et al. Transparent, conductive carbon nanotube films. Science, 2004, 305(5688): 1273-1276.

[240] Woo J Y, Kim D, Kim J, et al. Fast and efficient purification for highly conductive transparent carbon nanotube films. The Journal of Physical Chemistry C, 2010, 114(45): 19169-19174.

[241] Green A A, Hersam M C. Colored semitransparent conductive coatings consisting of monodisperse metallic single-walled carbon nanotubes. Nano Letters, 2008, 8(5): 1417-1422.

[242] Green A A, Hersam M C. Ultracentrifugation of single-walled nanotubes. Materials Today, 2007, 10(12): 59-60.

[243] Blackburn J L, Barnes T M, Beard M C, et al. Transparent conductive single-walled carbon nanotube networks with precisely tunable ratios of semiconducting and metallic nanotubes. ACS Nano, 2008, 2(6): 1266-1274.

[244] Paul S, Kang Y S, Sun Y K, et al. Highly conductive and transparent thin films fabricated with predominantly semiconducting single-walled carbon nanotubes. Carbon, 2010, 48(9): 2646-2649.

[245] 裴嵩峰. 溶液法制备碳纳米管和石墨烯透明导电膜的研究. 北京：中国科学院, 2010.

[246] Geng H Z, Kim K K, Lee K, et al. Dependence of material quality on performance

of flexible transparent conducting films with single-walled carbon nanotubes. Nano, 2007,2(3): 157-167.

[247] Topinka M A, Rowell M W, Goldhaber Gordon D, et al. Charge transport in interpenetrating networks of semiconducting and metallic carbon nanotubes. Nano Letters, 2009, 9(5): 1866-1871.

[248] Znidarsic A, Kaskela A, Laiho P, et al. Spatially resolved transport properties of pristine and doped single-walled carbon nanotube networks. Journal of Physical Chemistry C, 2013, 117(25): 13324-13330.

[249] Fukaya N, Kim D Y, Kishimoto S, et al. One-step sub-10 μm m patterning of carbon-nanotube thin films for transparent conductor applications. ACS Nano, 2014, 8(4): 3285-3293.

[250] Jiang S, Hou P X, Chen M L, et al. Ultrahigh-performance transparent conductive films of carbon-welded isolated single-wall carbon nanotubes. Science Advances, 2018, 4(5): 9264.

[251] Wang B W, Jiang S, Zhu Q B, et al. Continuous fabrication of meter-scale single-wall carbon nanotube films and their use in flexible and transparent integrated circuits. Advanced Materials, 2018, 30(32): 1802057.

[252] Gui X C, Li H B, Zhang L H, et al. A facile route to isotropic conductive nanocomposites by direct polymer infiltration of carbon nanotube sponges. ACS Nano, 2011, 5(6): 4276-4283.

[253] Gui X C, Li H B, Wang K L, et al. Recyclable carbon nanotube sponges for oil absorption. Acta Materialia, 2011, 59(12): 4798-4804.

[254] Crespo M, Gonzalez M, Elias A L, et al. Ultra-light carbon nanotube sponge as an efficient electromagnetic shielding material in the GHz range. Physica Status Solidi-Rapid Research Letters, 2014, 8(8): 698-704.

[255] Chen Y, Zhang H B, Yang Y B, et al. High-performance epoxy nanocomposites reinforced with three-dimensional carbon nanotube sponge for electromagnetic interference shielding. Advanced Functional Materials, 2016, 26(3): 447-455.

[256] Luo S, Luo Y F, Wu H C, et al. Self-assembly of 3D carbon nanotube sponges: A simple and controllable way to build macroscopic and ultralight porous architectures. Advanced Materials, 2017, 29(1): 1603549.

[257] Saito R, Fujita M, Dresselhaus G, et al. Electronic-structure of chiral graphene tubules. Applied Physics Letters, 1992, 60(18): 2204-2206.

[258] Avouris P, Chen Z, Perebeinos V. Carbon-based electronics. Nature Nanotechnology, 2007, 2(10): 605-615.

[259] Tahvili M S, Jahanmiri S, Sheikhi M H. High-frequency transmission through metallic single-walled carbon nanotube interconnects. International Journal of Numerical Modelling-Electronic Networks, Devices and Fields, 2009, 22(5): 369-378.

[260] Bachilo S M, Balzano L, Herrera J E, et al. Narrow (n, m)-distribution of single-walled carbon nanotubes grown using a solid supported catalyst. Journal of the American Chemical Society, 2003, 125(37): 11186-11187.

[261] Miyauchi Y, Chiashi S, Murakami Y, et al. Fluorescence spectroscopy of single-walled carbon nanotubes synthesized from alcohol. Chemical Physics Letters, 2004, 387(1-3): 198-203.

[262] Li X L, Tu X M, Zaric S, et al. Selective synthesis combined with chemical separation of single-walled carbon nanotubes for chirality selection. Journal of the American Chemical Society, 2007, 129(51): 15770-15771.

[263] Chiang W H, Sakr M, Gao X P, et al. Nanoengineering Ni_xFe_{1-x} catalysts for gas-phase, selective synthesis of semiconducting single-walled carbon nanotubes. ACS Nano, 2009,3(12): 4023-4032.

[264] Chiang W H, Sankaran R M. Linking catalyst composition to chirality distributions of as-grown single-walled carbon nanotubes by tuning Ni_xFe_{1-x} nanoparticles. Nature Materials, 2009, 8(11): 882-886.

[265] Liu B L, Ren W C, Li S S, et al. High temperature selective growth of single-walled carbon nanotubes with a narrow chirality distribution from a CoPt bimetallic catalyst. Chemical Communications, 2012, 48(18): 2409-2411.

[266] Reich S, Li L, Robertson J. Epitaxial growth of carbon caps on Ni for chiral selectivity. Physica Status Solidi B, 2006, 243(13): 3494-3499.

[267] Yang F, Wang X, Zhang D Q, et al. Chirality-specific growth of single-walled carbon nanotubes on solid alloy catalysts. Nature, 2014, 510(7506): 522-524.

[268] Yang F, Wang X, Zhang D, et al. Growing zigzag (16,0) carbon nanotubes with structure-defined catalysts. Journal of the American Chemical Society, 2015, 137(27): 8688-8691.

[269] Sanchez Valencia J R, Dienel T, Groning O, et al. Controlled synthesis of single-chirality carbon nanotube. Nature, 2014. 512(7512): 61-64.

[270] Zhang S, Kang L, Wang X, et al. Arrays of horizontal carbon nanotubes of controlled chirality grown using designed catalysts. Nature, 2017, 543(7644): 234-238.

[271] Ren Z. Nanotube synthesis: Cloning carbon. Nature Nanotechnology, 2007, 2(1): 17-18.

[272] Yao Y G, Feng C Q, Zhang J, et al. "Cloning" of single-walled carbon nanotubes via open-end growth mechanism. Nano Letters, 2009, 9(4): 1673-1677.

[273] Liu J, Wang C, Tu X M, et al. Chirality-controlled synthesis of single-wall carbon

nanotubes using vapour-phase epitaxy. Nature Communications, 2012, 3(1):1199.

[274] Banerjee S, Wong S S. Selective metallic tube reactivity in the solution-phase osmylation of single-walled carbon nanotubes. Journal of the American Chemical Society, 2004, 126(7): 2073-2081.

[275] Zhou W, Ooi Y H, Russo R, et al. Structural characterization and diameter-dependent oxidative stability of single wall carbon nanotubes synthesized by the catalytic decomposition of CO. Chemical Physics Letters, 2001, 350(1-2): 6-14.

[276] Ibrahim I, Kalbacova J, Engemaier V, et al. Confirming the dual role of etchants during the enrichment of semiconducting single wall carbon nanotubes by chemical vapor deposition. Chemistry of Materials, 2015, 27(17): 5964-5973.

[277] Ding L, Tselev A, Wang J Y, et al. Selective growth of well-aligned semiconducting single-walled carbon nanotubes. Nano Letters, 2009, 9(2): 800-805.

[278] Zhou W W, Zhan S T, Ding L, et al. General rules for selective growth of enriched semiconducting single walled carbon nanotubes with water vapor as in situ etchant. Journal of the American Chemical Society, 2012, 134(34): 14019-14026.

[279] Li J H, Liu K H, Liang S B, et al. Growth of high-density-aligned and semiconducting-enriched single-walled carbon nanotubes: Decoupling the conflict between density and selectivity. ACS Nano, 2014, 8(1): 554-562.

[280] Li J, Ke C T, Liu K, et al. Importance of diameter control on selective synthesis of semiconducting single-walled carbon nanotubes. ACS Nano, 2014, 8(8): 8564-8572.

[281] Li P, Zhang J. Sorting out semiconducting single-walled carbon nanotube arrays by preferential destruction of metallic tubes using water. Journal of Materials Chemistry, 2011, 21(32): 11815-11821.

[282] Yu B, Liu C, Hou P X, et al. Bulk synthesis of large diameter semiconducting single-walled carbon nanotubes by oxygen-assisted floating catalyst chemical vapor deposition. Journal of the American Chemical Society, 2011, 133(14): 5232-5235.

[283] Li W S, Hou P X, Liu C, et al. High-quality, highly concentrated semiconducting single-wall carbon nanotubes for use in field effect transistors and biosensors. ACS Nano, 2013, 7(8): 6831-6839.

[284] Hou P X, Li W S, Zhao S Y, et al. Preparation of metallic single-wall carbon nanotubes by selective etching. ACS Nano, 2014, 8(7): 7156-7162.

[285] Zhang H L, Liu Y Q, Cao L C, et al. A facile, low-cost, and scalable method of selective etching of semiconducting single-walled carbon nanotubes by a gas reaction. Advanced Materials, 2009, 21(7): 813-816.

[286] Liu C, Cheng H M. Controlled growth of semiconducting and metallic single-wall carbon

nanotubes. Journal of the American Chemical Society, 2016, 138(21): 6690-6698.

[287] Zhang F, Hou P X, Liu C, et al. Growth of semiconducting single-wall carbon nanotubes with a narrow band-gap distribution. Nature Communications, 2016, 7: 11160.

[288] Cheng M, Wang B W, Hou P X, et al. Selective growth of semiconducting single-wall carbon nanotubes using SiC as a catalyst. Carbon, 2018, 135:195-201.

[289] Yu B, Hou P X, Li F, et al. Selective removal of metallic single-walled carbon nanotubes by combined in situ and post-synthesis oxidation. Carbon, 2010, 48(10): 2941-2947.

[290] Peng B H, Jiang S, Zhang Y Y, et al. Enrichment of metallic carbon nanotubes by electric field-assisted chemical vapor deposition. Carbon, 2011, 49(7): 2555-2560.

[291] Hong G, Zhang B, Peng B H, et al. Direct growth of semiconducting single-walled carbon nanotube array. Journal of the American Chemical Society, 2009, 131(41): 14642-14643.

[292] Wang J T, Liu P, Xia B Y, et al. Observation of charge generation and transfer during CVD growth of carbon nanotubes. Nano Letters, 2016, 16(7): 4102-4109.

[293] Wang J T, Jin X, Liu Z B, et al. Growing highly pure semiconducting carbon nanotubes by electrotwisting the helicity. Nature Catalysis, 2018, 1(5): 326-331.

[294] Tanaka T, Jin H, Miyata Y, et al. Simple and scalable gel-based separation of metallic and semiconducting carbon nanotubes. Nano Letters, 2009, 9(4): 1497-1500.

[295] Tanaka T, Urabe Y, Nishide D, et al. Discovery of surfactants for metal/semiconductor separation of single-wall carbon nanotubes via high-throughput screening. Journal of the American Chemical Society, 2011, 133(44): 17610-17613.

[296] Liu H, Nishide D, Tanaka T, et al. Large-scale single-chirality separation of single-wall carbon nanotubes by simple gel chromatography. Nature Communications, 2011, 2(1): 1-8.

[297] Liu H P, Tanaka T, Urabe Y, et al. High-efficiency single-chirality separation of carbon nanotubes using temperature-controlled gel chromatography. Nano Letters, 2013, 13(5): 1996-2003.

[298] Flavel B S, Kappes M M, Krupke R, et al. Separation of single-walled carbon nanotubes by 1-dodecanol-mediated size-exclusion chromatography. ACS Nano, 2013, 7(4): 3557-3564.

[299] Arnold M S, Green A A, Hulvat J F, et al. Sorting carbon nanotubes by electronic structure using density differentiation. Nature Nanotechnology, 2006, 1(1): 60-65.

[300] Yanagi K, Iitsuka T, Fujii S, et al. Separations of metallic and semiconducting carbon nanotubes by using sucrose as a gradient medium. Journal of Physical Chemistry C, 2008, 112(48): 18889-18894.

[301] Antaris A L, Seo J W T, Green A A, et al. Sorting single-walled carbon nanotubes by electronic type using nonionic, biocompatible block copolymers. ACS Nano, 2010. 4(8):

4725-4732.

[302] Feng Y, Miyata Y, Matsuishi K, et al. High-efficiency separation of single-wall carbon nanotubes by self-generated density gradient ultracentrifugation. Journal of Physical Chemistry C, 2011,115(5): 1752-1756.

[303] Green A A, Duch M C, Hersam M C. Isolation of single-walled carbon nanotube enantiomers by density differentiation. Nano Research, 2009, 2(1): 69-77.

[304] Ghosh S, Bachilo S M, Weisman R B. Advanced sorting of single-walled carbon nanotubes by nonlinear density-gradient ultracentrifugation. Nature Nanotechnology, 2010, 5(6): 443-450.

[305] Krupke R, Hennrich F, Von Lohneysen H, et al. Separation of metallic from semiconducting single-walled carbon nanotubes. Science, 2003, 301(5631): 344-347.

[306] Lee D S, Kim D W, Kim H S, et al. Extraction of semiconducting CNTs by repeated dielectrophoretic filtering. Applied Physics A, 2005, 80(1): 5-8.

[307] Lutz T, Donovan K J. Macroscopic scale separation of metallic and semiconducting nanotubes by dielectrophoresis. Carbon, 2005, 43(12): 2508-2513.

[308] Shin D H, Kim J E, Shim H C, et al. Continuous extraction of highly pure metallic single-walled carbon nanotubes in a microfluidic channel. Nano Letters, 2008, 8(12): 4380-4385.

[309] Baik S, Usrey M, Rotkina L, et al. Using the selective functionalization of metallic single-walled carbon nanotubes to control dielectrophoretic mobility. Journal of Physical Chemistry B, 2004, 108(40): 15560-15564.

[310] Mesgari S, Poon Y F, Yan L Y, et al. High selectivity cum yield gel electrophoresis separation of single-walled carbon nanotubes using a chemically selective polymer dispersant. Journal of Physical Chemistry C, 2012, 116(18): 10266-10273.

[311] Mesgari S, Poon Y F, Wang Y L, et al. Polymer removal from electronic grade single-walled carbon nanotubes after gel electrophoresis. Journal of Materials Chemistry C, 2013, 1(41): 6813-6823.

[312] Tanaka T, Jin H H, Miyata Y, et al. High-yield separation of metallic and semiconducting single-wall carbon nanotubes by agarose gel electrophoresis. Applied Physics Express, 2008, 1(11):114001.

[313] 刘丹,张锦. 单壁碳纳米管的分离方法. 科学通报, 2014, 59(33): 3240-3263.

[314] Zheng M, Semke E D. Enrichment of single chirality carbon nanotubes. Journal of the American Chemical Society, 2007, 129(19): 6084-6085.

[315] Tu X, Manohar S, Jagota A, et al. DNA sequence motifs for structure-specific recognition and separation of carbon nanotubes. Nature, 2009, 460(7252): 250-253.

[316] Ju S Y, Doll J, Sharma I, et al. Selection of carbon nanotubes with specific chiralities using

helical assemblies of flavin mononucleotide. Nature Nanotechnology, 2008, 3(6): 356-362.

[317] Cogan N M B, Bowerman C J, Nogaj L J, et al. Selective suspension of single-walled carbon nanotubes using beta-sheet polypeptides. Journal of Physical Chemistry C, 2014, 118(11): 5935-5944.

[318] Nepal D, Geckeler K E. Proteins and carbon nanotubes: Close encounter in water. Small, 2007, 3(7): 1259-1265.

[319] Yan L Y, Li W F, Fan X F, et al. Enrichment of (8,4) single-walled carbon nanotubes through coextraction with heparin. Small, 2010, 6(1): 110-118.

[320] Rice N A, Soper K, Zhou N Z, et al. Dispersing as-prepared single-walled carbon nanotube powders with linear conjugated polymers. Chemical Communications, 2006, 47): 4937-4939.

[321] Star A, Stoddart J F. Dispersion and solubilization of single-walled carbon nanotubes with a hyperbranched polymer. Macromolecules, 2002, 35(19): 7516-7520.

[322] Nish A, Hwang J Y, Doig J, et al. Highly selective dispersion of singlewalled carbon nanotubes using aromatic polymers. Nature Nanotechnology, 2007, 2(10): 640-646.

[323] Qiu S, Wu K, Gao B, et al. Solution-processing of high-purity semiconducting single-walled carbon nanotubes for electronics devices. Advanced Materials, 2019, 31(9):1800750.

[324] Nissler R, Mann F A, Preiss H, et al. Chirality enriched carbon nanotubes with tunable wrapping via corona phase exchange purification (CPEP). Nanoscale, 2019, 11(23): 11159-11166.

[325] Lee H W, Yoon Y, Park S, et al. Selective dispersion of high purity semiconducting single-walled carbon nanotubes with regioregular poly(3-alkylthiophene)s. Nature Communications, 2011, 2: 541.

[326] Wang H L, Koleilat G I, Liu P, et al. High-yield sorting of small-diameter carbon nanotubes for solar cells and transistors. ACS Nano, 2014, 8(3): 2609-2617.

[327] Rice N A, Bodnaryk W J, Mirka B, et al. Polycarbazole-sorted semiconducting single-walled carbon nanotubes for incorporation into organic thin film transistors. Advanced Electronic Materials, 2019, 5(1): 1800539.

[328] Berton N, Lemasson F, Tittmann J, et al.Copolymer-controlled diameter-selective dispersion of semiconducting single-walled carbon nanotubes. Chemistry of Materials, 2011, 23(8): 2237-2249.

[329] Gao W, Xu W Y, Ye J, et al. Selective dispersion of large-diameter semiconducting carbon nanotubes by functionalized conjugated dendritic oligothiophenes for use in printed thin film transistors. Advanced Functional Materials, 2017, 27(44): 1703938.

[330] Tromp R M, Afzali A, Freitag M, et al. Novel strategy for diameter-selective separation and functionalization of single-wall carbon nanotubes. Nano Letters, 2008, 8(2): 469-472.

[331] Lei T, Lai Y C, Hong G S, et al. Diketopyrrolopyrrole (DPP)-based donor-acceptor polymers for selective dispersion of large-diameter semiconducting carbon nanotubes. Small, 2015, 11(24): 2946-2954.

[332] Gomulya W, Costanzo G D, de Carvalho E J F, et al. Semiconducting single-walled carbon nanotubes on demand by polymer wrapping. Advanced Materials, 2013, 25(21): 2948-2956.

[333] Gu J, Han J, Liu D, et al. Solution-processable high-purity semiconducting SWCNTs for large-area fabrication of high-performance thin-film transistors. Small, 2016, 12(36): 4993-4999.

[334] Lei T, Pitner G, Chen X Y, et al. Dispersion of high-purity semiconducting arc-discharged carbon nanotubes using backbone engineered diketopyrrolopyrrole (DPP)-based polymers. Advanced Electronic Materials, 2016, 2(1): 1500299.

[335] Khripin C Y, Fagan J A, Zheng M. Spontaneous partition of carbon nanotubes in polymer-modified aqueous phases. Journal of the American Chemical Society, 2013, 135(18): 6822-6825.

[336] Fagan J A, Khripin C Y, Batista C A S, et al. Isolation of specific small-diameter single-wall carbon nanotube species via aqueous two-phase extraction. Advanced Materials, 2014, 26(18): 2800-2804.

[337] Ryu K, Badmaev A, Wang C, et al. CMOS-analogous wafer-scale nanotube-on-insulator approach for submicrometer devices and integrated circuits using aligned nanotubes. Nano Letters, 2009, 9(1): 189-197.

[338] Wang H, Wei P, Li Y, et al. Tuning the threshold voltage of carbon nanotube transistors by n-type molecular doping for robust and flexible complementary circuits. Proceedings of The National Academy of Sciences of The United States of America, 2014, 111(13): 4776-4781.

[339] Wang H L, Li Y X, Jimenez Oses G, et al. N-type conjugated polymer-enabled selective dispersion of semiconducting carbon nanotubes for flexible CMOS-like circuits. Advanced Functional Materials, 2015, 25(12): 1837-1844.

[340] Javey A, Kim H, Brink M, et al. High-kappa dielectrics for advanced carbon-nanotube transistors and logic gates. Nature Materials, 2002, 1(4): 241-246.

[341] Lau C, Srimani T, Bishop M D, et al. Tunable n-type doping of carbon nanotubes through engineered atomic layer deposition HfO_x films. ACS Nano, 2018,12(11): 10924-10931.

[342] Ha T J, Chen K, Chuang S, et al. Highly uniform and stable n-type carbon nanotube

transistors by using positively charged silicon nitride thin films. Nano Letters, 2015, 15(1): 392-397.

[343] Zhang Z Y, Liang X L, Wang S, et al. Doping-free fabrication of carbon nanotube based ballistic CMOS devices and circuits. Nano Letters, 2007, 7(12): 3603-3607.

[344] Cao Q, Han S J, Tersoff J, et al. End-bonded contacts for carbon nanotube transistors with low, size-independent resistance. Science, 2015, 350(6256): 68-72.

[345] Franklin A D, Koswatta S O, Farmer D B, et al. Carbon nanotube complementary wrap-gate transistors. Nano Letters, 2013, 13(6): 2490-2495.

[346] Qiu C G, Zhang Z Y, Zhong D L, et al. Carbon nanotube feedback-gate field-effect transistor: Suppressing current leakage and increasing on/off ratio. ACS Nano, 2015, 9(1): 969-977.

[347] Brady G J, Joo Y, Wu M Y, et al. Polyfluorene-sorted, carbon nanotube array field-effect transistors with increased current density and high on/off ratio. ACS Nano, 2014, 8(11): 11614-11621.

[348] Zhu Z X, Wei N, Cheng W J, et al. Rate-selected growth of ultrapure semiconducting carbon nanotube arrays. Nature Communications, 2019, 10(1): 4467.

[349] Shulaker M M, Hills G, Patil N, et al. Carbon nanotube computer. Nature, 2013, 501(7468): 526-530.

[350] Desai S B, Madhvapathy S R, Sachid A B, et al. MoS_2 transistors with 1-nanometer gate lengths. Science, 2016, 354(6308): 99-102.

[351] Cao Q, Tersoff J, Farmer D B, et al. Carbon nanotube transistors scaled to a 40-nanometer footprint. Science, 2017, 356(6345): 1369-1372.

[352] Qiu C G, Liu F, Xu L, et al. Dirac-source field-effect transistors as energy-efficient, high-performance electronic switches. Science, 2018, 361(6400): 387-392.

[353] Lee D, Lee B H, Yoon J, et al. Three-dimensional fin-structured semiconducting carbon nanotube network transistor. ACS Nano, 2016, 10(12): 10894-10900.

[354] Zhang P P, Qiu C G, Zhang Z Y, et al. Performance projections for ballistic carbon nanotube FinFET at circuit level. Nano Research, 2016, 9(6): 1785-1794.

[355] Chen M L, Sun X D, Liu H, et al. A FinFET with one atomic layer channel. Nature Communications, 2020, 11(1): 1205.

[356] Han S J, Tang J S, Kumar B, et al. High-speed logic integrated circuits with solution-processed self-assembled carbon nanotubes. Nature Nanotechnology, 2017, 12(9): 861-865.

[357] Zhong D L, Zhang Z Y, Ding L, et al. Gigahertz integrated circuits based on carbon nanotube films. Nature Electronics, 2017, 1(1): 40-45.

[358] Rutherglen C, Kane A A, Marsh P F, et al. Wafer-scalable, aligned carbon nanotube transistors operating at frequencies of over 100 GHz. Nature Electronics, 2019, 2(11): 530-539.

[359] Hills G, Lau C, Wright A, et al. Modern microprocessor built from complementary carbon nanotube transistors. Nature, 2019,572(7771): 595-602.

[360] Honda W, Harada S, Ishida S, et al. High-performance, mechanically flexible, and vertically integrated 3D carbon nanotube and InGaZnO complementary circuits with a temperature sensor. Advanced Materials, 2015, 27(32): 4674-4680.

[361] Wei H, Shulaker M, Wong H S P, et al. Monolithic three-dimensional integration of carbon nanotube FET complementary logic circuits. 2013 IEEE International Electron Devices Meeting (Iedm13), 2013: 511-514.

[362] Shulaker M M, Hills G, Park R S, et al. Three-dimensional integration of nanotechnologies for computing and data storage on a single chip. Nature, 2017, 547(7661): 74-78.

[363] Liu Y, Wang S, Liu H, et al. Carbon nanotube-based three-dimensional monolithic optoelectronic integrated system. Nature Communications, 2017, 8: 15649.

[364] Zhao Y D, Li Q Q, Xiao X Y, et al. Three-dimensional flexible complementary metal-oxide-semiconductor logic circuits based on two-layer stacks of single-walled carbon nanotube networks. ACS Nano, 2016, 10(2): 2193-2202.

[365] Cao Q, Kim H S, Pimparkar N, et al. Medium-scale carbon nanotube thin-film integrated circuits on flexible plastic substrates. Nature, 2008, 454(7203): 495-500.

[366] Ishikawa F N, Chang H K, Ryu K, et al. Transparent electronics based on transfer printed aligned carbon nanotubes on rigid and flexible substrates. ACS Nano, 2009, 3(1): 73-79.

[367] Li S S, Liu C, Hou P X, et al. Enrichment of semiconducting single-walled carbon nanotubes by carbothermic reaction for use in all-nanotube field effect transistors. ACS Nano, 2012, 6(11): 9657-9661.

[368] Miyata Y, Shiozawa K, Asada Y, et al. Length-sorted semiconducting carbon nanotubes for high-mobility thin film transistors. Nano Research, 2011, 4(10): 963-970.

[369] Zhang J L, Fu Y, Wang C, et al. Separated carbon nanotube macroelectronics for active matrix organic light-emitting diode displays. Nano Letters, 2011, 11(11): 4852-4858.

[370] Wang C, Badmaev A, Jooyaie A, et al. Radio frequency and linearity performance of transistors using high-purity semiconducting carbon nanotubes. ACS Nano, 2011, 5(5): 4169-4176.

[371] Wang C, Chien J C, Takei K, et al. Extremely bendable, high-performance integrated circuits using semiconducting carbon nanotube networks for digital, analog, and radio-frequency applications. Nano Letters, 2012, 12(3): 1527-1533.

[372] Cao Q, Rogers J A. Ultrathin films of single-walled carbon nanotubes for electronics and sensors: A review of fundamental and applied aspects. Advanced Materials, 2009, 21(1): 29-53.

[373] Molina Lopez F, Gao T Z, Kraft U, et al. Inkjet-printed stretchable and low voltage synaptic transistor array. Nature Communications, 2019, 10(1): 2676.

[374] Wang C, Takei K, Takahashi T, et al. Carbon nanotube electronics—moving forward. Chemical Society Reviews, 2013, 42(7): 2592-2609.

[375] Ha M, Seo J W, Prabhumirashi P L, et al. Aerosol jet printed, low voltage, electrolyte gated carbon nanotube ring oscillators with sub-5 μs stage delays. Nano Letters, 2013, 13(3): 954-960.

[376] Ha M J, Xia Y, Green A A, et al. Printed, sub-3V digital circuits on plastic from aqueous carbon nanotube inks. ACS Nano, 2010, 4(8): 4388-4395.

[377] Qian L, Xu W Y, Fan X F, et al. Electrical and photoresponse properties of printed thin-film transistors based on poly(9,9-dioctylfluorene-co-bithiophene) sorted large-diameter semiconducting carbon nanotubes. Journal of Physical Chemistry C, 2013, 117(35): 18243-18250.

[378] Zhao J W, Gao Y L, Gu W B, et al. Fabrication and electrical properties of all-printed carbon nanotube thin film transistors on flexible substrates. Journal of Materials Chemistry, 2012, 22(38): 20747-20753.

[379] Xu W, Liu Z, Zhao J, et al. Flexible logic circuits based on top-gate thin film transistors with printed semiconductor carbon nanotubes and top electrodes. Nanoscale, 2014, 6(24): 14891-14897.

[380] Cao X, Chen H T, Gu X F, et al. Screen printing as a scalable and low-cost approach for rigid and flexible thin-film transistors using separated carbon nanotubes. ACS Nano, 2014, 8(12): 12769-12776.

[381] Higuchi K, Kishimoto S, Nakajima Y, et al. High-mobility, flexible carbon nanotube thin-film transistors fabricated by transfer and high-speed flexographic printing techniques. Applied Physics Express, 2013, 6(8): 085101.

[382] Maeda M, Hirotani J, Matsui R, et al. Printed, short-channel, top-gate carbon nanotube thin-film transistors on flexible plastic film. Applied Physics Express, 2015, 8(4): 045102.

[383] Lau P H, Takei K, Wang C, et al. Fully printed, high performance carbon nanotube thin-film transistors on flexible substrates. Nano Letters, 2013, 13(8): 3864-3869.

[384] Zavodchikova M Y, Kulmala T, Nasibulin A G, et al.Carbon nanotube thin film transistors based on aerosol methods. Nanotechnology, 2009, 20(8): 085201.

[385] Chen Y Y, Sun Y, Zhu Q B, et al. High-throughput fabrication of flexible and transparent

all-carbon nanotube electronics. Advanced Science, 2018, 5(5): 1700965.

[386] Misewich J A, Martel R, Avouris P, et al. Electrically induced optical emission from a carbon nanotube FET. Science, 2003, 300(5620): 783-786.

[387] Spataru C D, Ismail-Beigi S, Benedict L X, et al. Excitonic effects and optical spectra of single-walled carbon nanotubes. Physical Review Letters, 2004, 92(7): 077402.

[388] Zheng J L, Luo C Z, Shabbir B, et al. Flexible photodetectors based on reticulated SWNT/ perovskite quantum dot heterostructures with ultrahigh durability. Nanoscale, 2019, 11(16): 8020-8026.

[389] Fang H H, Wu P S, Wang P, et al. Global photocurrent generation in phototransistors based on single-walled carbon nanotubes toward highly sensitive infrared detection. Advanced Optical Materials, 2019,7(22): 1900597.

[390] Liu Z, Dai S L, Wang Y, et al. Photoresponsive transistors based on lead-free perovskite and carbon nanotubes. Advanced Functional Materials, 2020, 30(3): 1906335.

[391] Ma Z, Yang L J, Liu L J, et al. Silicon-waveguide-integrated carbon nanotube optoelectronic system on a single chip. ACS Nano, 2020, 14(6): 7191-7199.

[392] Cao Y, Li T, Gu Y, et al. Fingerprint-inspired flexible tactile sensor for accurately discerning surface texture. Small, 2018, 14(16): 1703902.

[393] Jian M Q, Xia K L, Wang Q, et al. Flexible and highly sensitive pressure sensors based on bionic hierarchical structures. Advanced Functional Materials, 2017, 27(9): 1606066.

[394] Shi J D, Li X M, Cheng H Y, et al. Graphene reinforced carbon nanotube networks for wearable strain sensors. Advanced Functional Materials, 2016, 26(13): 2078-2084.

[395] Yao J, Jin Z, Zhong L, et al. Two-terminal nonvolatile memories based on single-walled carbon nanotubes. ACS Nano, 2009, 3(12): 4122-4126.

[396] Li R, Sun R, Sun Y, et al. Towards formation of fibrous woven memory devices from all-carbon electronic fibers. Physical Chemistry Chemical Physics, 2015, 17(11): 7104-7108.

[397] Geier M L, McMorrow J J, Xu W, et al. Solution-processed carbon nanotube thin-film complementary static random access memory. Nature Nanotechnology, 2015, 10(11): 944-948.

[398] Sun Y, Wang B W, Hou P X, et al. A carbon nanotube non-volatile memory device using a photoresist gate dielectric. Carbon, 2017, 124: 700-707.

[399] Yu W J, Chae S H, Lee S Y, et al. Ultra-transparent, flexible single-walled carbon nanotube non-volatile memory device with an oxygen-decorated graphene electrode. Advanced Materials, 2011, 23(16): 1889-1893.

[400] Lee S H, Jung Y, Agarwal R. Highly scalable non-volatile and ultra-low-power phase-change nanowire memory. Nature Nanotechnology, 2007,2(10): 626-630.

[401] Meister S, Schoen D T, Topinka M A, et al. Void formation induced electrical switching in phase-change nanowires. Nano Letters, 2008, 8(12): 4562-4567.

[402] Xiong F, Liao A D, Estrada D, et al. Low-power switching of phase-change materials with carbon nanotube electrodes. Science, 2011, 332(6029): 568-570.

[403] Kang S J, Kocabas C, Ozel T, et al. High-performance electronics using dense, perfectly aligned arrays of single-walled carbon nanotubes. Nature Nanotechnology, 2007, 2(4): 230-236.

[404] Kang S J, Kocabas C, Kim H S, et al. Printed multilayer superstructures of aligned single-walled carbon nanotubes for electronic applications. Nano Letters, 2007, 7(11): 3343-3348.

[405] Tsai C L, Xiong F, Pop E, et al. Resistive random access memory enabled by carbon nanotube crossbar electrodes. ACS Nano, 2013, 7(6): 5360-5366.

[406] Han S T, Zhou Y, Roy V A L. Towards the development of flexible non-volatile memories. Advanced Materials, 2013, 25(38): 5425-5449.

[407] Vu Q A, Shin Y S, Kim Y R, et al. Two-terminal floating-gate memory with van der Waals heterostructures for ultrahigh on/off ratio. Nature Communications, 2016, 7: 12725.

[408] Qu T Y, Sun Y, Chen M L, et al. A flexible carbon nanotube sen-memory device. Advanced Materials, 2020, 32(9): 1907288.

[409] Zou J P, Zhang K Q, Li J, et al. Carbon nanotube driver circuit for 6×6 organic light emitting diode display. Scientific Reports, 2015, 5: 11755.

[410] Zhao T Y, Zhang D D, Qu T Y, et al. Flexible 64×64 pixel AMOLED displays driven by uniform carbon nanotube thin-film transistors. ACS Applied Materials and Interfaces, 2019, 11(12): 11699-11705.

[411] Sekitani T, Nakajima H, Maeda H, et al. Stretchable active-matrix organic light-emitting diode display using printable elastic conductors. Nature Materials, 2009, 8(6): 494-499.

[412] Son D, Kang J, Vardoulis O, et al. An integrated self-healable electronic skin system fabricated via dynamic reconstruction of a nanostructured conducting network. Nature Nanotechnology, 2018, 13(11): 1057-1065.

[413] Wang S, Xu J, Wang W, et al. Skin electronics from scalable fabrication of an intrinsically stretchable transistor array. Nature, 2018, 555(7694): 83-88.

[414] Yamada T, Hayamizu Y, Yamamoto Y, et al. A stretchable carbon nanotube strain sensor for human-motion detection. Nature Nanotechnology, 2011, 6(5): 296-301.

[415] Lipomi D J, Vosgueritchian M, Tee B C, et al. Skin-like pressure and strain sensors based on transparent elastic films of carbon nanotubes. Nature Nanotechnology, 2011, 6(12): 788-792.

[416] Tee B C K, Chortos A, Berndt A, et al. A skin-inspired organic digital mechanoreceptor. Science, 2015, 350(6258): 313-316.

[417] Chou H H, Nguyen A, Chortos A, et al. A chameleon-inspired stretchable electronic skin with interactive colour changing controlled by tactile sensing. Nature Communications, 2015, 6: 8011.

[418] Wang X W, Gu Y, Xiong Z P, et al. Silk-molded flexible, ultrasensitive, and highly stable electronic skin for monitoring human physiological signals. Advanced Materials, 2014, 26(9): 1336-1342.

[419] Wang C, Hwang D, Yu Z B, et al. User-interactive electronic skin for instantaneous pressure visualization. Nature Materials, 2013, 12(10): 899-904.

[420] Lu Q F, Sun F Q, Liu L, et al. Bio-inspired flexible artificial synapses for pain perception and nerve injuries. Npj Flexible Electronics, 2020, 4(1): 3.

[421] Kim Y, Chortos A, Xu W, et al. A bioinspired flexible organic artificial afferent nerve. Science, 2018, 360(6392): 998-1003.

[422] Qin S C, Wang F Q, Liu Y J, et al. A light-stimulated synaptic device based on graphene hybrid phototransistor. 2D Materials, 2017, 4(3): 035022.

[423] 成会明, 刘畅. 碳纳米管. 北京: 化学工业出版社, 2018.

[424] Endo M, Momose T, Touhara H, et al. Discharge characteristics of a lithium battery with fibrous carbon fluoride. Journal of Power Sources, 1987, 20(1-2): 99-104.

[425] Endo M, Kim Y A, Hayashi T, et al. Vapor-grown carbon fibers (VGCFs): Basic properties and their battery applications. Carbon, 2001, 39(9): 1287-1297.

[426] Zhang Y, Zhang X G, Zhang H L, et al. Composite anode material of silicon/graphite/carbon nanotubes for Li-ion batteries. Electrochimica Acta, 2006, 51(23): 4994-5000.

[427] Wang Z Y, Luan D Y, Madhavi S, et al. Assembling carbon-coated α-Fe_2O_3 hollow nanohorns on the cnt backbone for superior lithium storage capability. Energy Environment Science, 2012, 5(1): 5252-5256.

[428] Shin W H, Jeong H M, Kim B G, et al. Nitrogen-doped multiwall carbon nanotubes for lithium storage with extremely high capacity. Nano Letters, 2012, 12(5): 2283-2288.

[429] Zhou G M, Wang D W, Hou P X, et al. A nanosized Fe_2O_3 decorated single-walled carbon nanotube membrane as a high-performance flexible anode for lithium ion batteries. Journal of Materials Chemistry, 2012, 22(34): 17942-17946.

[430] Reddy A L M, Shaijumon M M, Gowda S R, et al. Coaxial MnO_2/carbon nanotube array electrodes for high-performance lithium batteries. Nano Letters, 2009, 9(3): 1002-1006.

[431] Zhang H K, Song H H, Chen X H, et al. Enhanced lithium ion storage property of sn nanoparticles: The confinement effect of few-walled carbon nanotubes. Journal of Physical

Chemistry C, 2012, 116(43): 22774-22779.

[432] Yu W J, Liu C, Hou P X, et al. Lithiation of silicon nanoparticles confined in carbon nanotubes. ACS Nano, 2015, 9(5): 5063-5071.

[433] Yu W J, Zhang L L, Hou P X, et al. High reversible lithium storage capacity and structural changes of Fe_2O_3 nanoparticles confined inside carbon nanotubes. Advanced Energy Materials, 2016, 6(3): 1501755.

[434] Wang Y S, Wang Z P, Chen Y J, et al. Hyperporous sponge interconnected by hierarchical carbon nanotubes as a high-performance potassium-ion battery anode. Advanced Materials, 2018, 30(32): 1802074.

[435] Chen B A, Lu H H, Zhou J W, et al. Porous MoS_2/carbon spheres anchored on 3D interconnected multiwall carbon nanotube networks for ultrafast Na storage. Advanced Energy Materials, 2018, 8(15): 1702909.

[436] Du Z Z, Xu J, Jin S, et al. The correlation between carbon structures and electrochemical properties of sulfur/carbon composites for Li-S batteries. Journal of Power Sources, 2017, 341:139-146.

[437] Zhang J, Yang C P, Yin Y X, et al. Sulfur encapsulated in graphitic carbon nanocages for high-rate and long-cycle lithium-sulfur batteries. Advanced Materials, 2016, 28(43): 9539-9544.

[438] Guo J C, Xu Y H, Wang C S. Sulfur-impregnated disordered carbon nanotubes cathode for lithium-sulfur batteries. Nano Letters, 2011, 11(10): 4288-4294.

[439] Fu Y Z, Su Y S, Manthiram A. Highly reversible lithium/dissolved polysulfide batteries with carbon nanotube electrodes. Angewandte Chemie International Edition, 2013, 52(27): 6930-6935.

[440] Zhao Y, Wu W L, Li J X, et al. Encapsulating MWNTs into hollow porous carbon nanotubes: A tube-in-tube carbon nanostructure for high-performance lithium-sulfur batteries.Advanced Materials, 2014, 26(30): 5113-5118.

[441] Fang R P, Li G X, Zhao S Y, et al. Single-wall carbon nanotube network enabled ultrahigh sulfur-content electrodes for high-performance lithium-sulfur batteries. Nano Energy, 2017, 42:205-214.

[442] Tang C, Zhang Q, Zhao M Q, et al. Nitrogen-doped aligned carbon nanotube/graphene sandwiches: Facile catalytic growth on bifunctional natural catalysts and their applications as scaffolds for high-rate lithium-sulfur batteries. Advanced Materials, 2014, 26(35): 6100-6105.

[443] Hu G J, Sun Z H, Shi C, et al. A sulfur-rich copolymer@CNT hybrid cathode with dual-confinement of polysulfides for high-performance lithium-sulfur batteries. Advanced

Materials, 2017, 29(11): 1603835

[444] Razzaq A A, Yao Y Z, Shah R, et al. High-performance lithium sulfur batteries enabled by a synergy between sulfur and carbon nanotubes. Energy Storage Materials, 2019, 16:194-202.

[445] Raza W, Ali F, Raza N, et al. Recent advancements in supercapacitor technology. Nano Energy, 2018, 52:441-473.

[446] Zhai Y P, Dou Y Q, Zhao D Y, et al. Carbon materials for chemical capacitive energy storage. Advanced Materials, 2011, 23(42): 4828-4850.

[447] Chen T, Dai L M. Carbon nanomaterials for high-performance supercapacitors. Materials Today, 2013, 16(7-8): 272-280.

[448] Lota G, Fic K, Frackowiak E. Carbon nanotubes and their composites in electrochemical applications. Energy Environmental Science, 2011, 4(5): 1592-1605.

[449] Pan H, Li J Y, Feng Y P. Carbon nanotubes for supercapacitor. Nanoscale Research Letters, 2010, 5(3): 654-668.

[450] Bose S, Kuila T, Mishra A K, et al. Carbon-based nanostructured materials and their composites as supercapacitor electrodes. Journal of Materials Chemistry, 2012, 22(3): 767-784.

[451] Zhang L L, Zhao X S. Carbon-based materials as supercapacitor electrodes. Chemical Socitey Reviews, 2009, 38(9): 2520-2531.

[452] Ghosh A, Lee Y H. Carbon-based electrochemical capacitors. ChemSusChem, 2012, 5(3): 480-499.

[453] Yang Z F, Tian J R, Yin Z F, et al. Carbon nanotube- and graphene-based nanomaterials and applications in high-voltage supercapacitor: A review. Carbon, 2019, 141:467-480.

[454] Chen T, Dai L M. Flexible supercapacitors based on carbon nanomaterials. Journal of Materials Chemistry A, 2014, 2(28): 10756-10775.

[455] Niu C M, Sichel E K, Hoch R, et al. High power electrochemical capacitors based on carbon nanotube electrodes. Applied Physics Letters, 1997, 70(11): 1480-1482.

[456] Yan J, Fan Z J, Wei T, et al. Carbon nanotube/MnO_2 composites synthesized by microwave-assisted method for supercapacitors with high power and energy densities. Journal of Power Sources, 2009, 194(2): 1202-1207.

[457] Izadi N A, Yasuda S, Kobashi K, et al. Extracting the full potential of single-walled carbon nanotubes as durable supercapacitor electrodes operable at 4 v with high power and energy density. Advanced Materials, 2010, 22(35): E235-E236.

[458] Chen P C, Shen G Z, Shi Y, et al. Preparation and characterization of flexible asymmetric supercapacitors based on transition-metal-oxide nanowire/single-walled carbon nanotube

hybrid thin-film electrodes. ACS Nano, 2010, 4(8): 4403-4411.

[459] Zhu Y E, Yang L, Sheng J, et al. Fast sodium storage in TiO_2@CNT@C nanorods for high-performance Na-ion capacitors. Advanced Energy Materials, 2017, 7(22): 1701222.

[460] Xiao X, Peng X, Jin H, et al. Freestanding mesoporous VN/CNT hybrid electrodes for flexible all-solid-state supercapacitors. Advanced Materials, 2013, 25(36): 5091-5097.

[461] Kou L, Huang T, Zheng B, et al. Coaxial wet-spun yarn supercapacitors for high-energy density and safe wearable electronics. Nature Communications, 2014, 5:3754.

[462] Yu J L, Lu W B, Smith J P, et al. A high performance stretchable asymmetric fiber-shaped supercapacitor with a core-sheath helical structure. Advanced Energy Materials, 2017, 7(3):1600976.

[463] Han J Q, Wang H X, Yue Y Y, et al. A self-healable and highly flexible supercapacitor integrated by dynamically cross-linked electro-conductive hydrogels based on nanocellulose-templated carbon nanotubes embedded in a viscoelastic polymer network. Carbon, 2019, 149:1-18.

[464] Zhou G M, Li F, Cheng H M. Progress in flexible lithium batteries and future prospects. Energy Environment Science, 2014, 7(4): 1307-1338.

[465] Adachi D, Hernández J L, Yamamoto K. Impact of carrier recombination on fill factor for large area heterojunction crystalline silicon solar cell with 25.1% efficiency. Applied Physics Letters, 2015, 107(23): 233506.

[466] Yang Z B, Ren J, Zhang Z T, et al. Recent advancement of nanostructured carbon for energy applications. Chemical Reviews, 2015, 115(11): 5159-5223.

[467] Wei J Q, Jia Y, Shu Q K, et al. Double-walled carbon nanotube solar cells. Nano Letters, 2007, 7(8): 2317-2321.

[468] Cui K H, Anisimov A S, Chiba T, et al. Air-stable high-efficiency solar cells with dry-transferred single-walled carbon nanotube films. Journal of Materials Chemistry A, 2014,2(29): 11311-11318.

[469] Hu X G, Hou P X, Liu C, et al. Small-bundle single-wall carbon nanotubes for high-efficiency silicon heterojunction solar cells. Nano Energy, 2018, 50:521-527.

[470] Nirmalraj P N, Lyons P E, De S, et al. Electrical connectivity in single-walled carbon nanotube networks. Nano Letters, 2009, 9(11): 3890-3895.

[471] Jia Y, Cao A Y, Bai X, et al. Achieving high efficiency silicon-carbon nanotube heterojunction solar cells by acid doping. Nano Letters, 2011, 11(5): 1901-1905.

[472] Cui K, Qian Y, Jeon I, et al. Scalable and solid-state redox functionalization of transparent single-walled carbon nanotube films for highly efficient and stable solar cells.Advanced Energy Materials, 2017, 7(18): 1700449.

[473] Wang F J, Kozawa D, Miyauchi Y, et al. Considerably improved photovoltaic performance of carbon nanotube-based solar cells using metal oxide layers. Nature Communications, 2015, 6:6305.

[474] Qian Y, Jeon I, Lee C, et al. Multifunctional effect of p-doping, antireflection, and encapsulation by polymeric acid for high efficiency and stable carbon nanotube-based silicon solar cells. Advanced Energy Materials, 2019, 10(1): 201902389.

[475] Li Z, Kulkarni S A, Boix P P, et al. Laminated carbon nanotube networks for metal electrode-free efficient perovskite solar cells. ACS Nano, 2014, 8(7): 6797-6804.

[476] Aitola K, Sveinbjörnsson K, Correa-Baena J P, et al. Carbon nanotube-based hybrid hole-transporting material and selective contact for high efficiency perovskite solar cells. Energy & Environmental Science, 2016, 9(2): 461-466.

[477] Lee J W, Jeon I, Lin H S, et al. Vapor-assisted *ex-situ* doping of carbon nanotube toward efficient and stable perovskite solar cells. Nano Letters, 2019, 19(4): 2223-2230.

[478] MacDonald T J, Batmunkh M, Lin C T, et al. Origin of performance enhancement in TiO_2-carbon nanotube composite perovskite solar cells. Small Methods, 2019, 3(10): 1900164.

[479] Pasquier A D, Unalan H E, Kanwal A, et al. Conducting and transparent single-wall carbon nanotube electrodes for polymer-fullerene solar cells. Applied Physics Letters, 2005,87(20): 203511.

[480] Jeon I, Cui K H, Chiba T, et al. Direct and dry deposited single-walled carbon nanotube films doped with MoO_x as electron-blocking transparent electrodes for flexible organic solar cells. Journal of the American Chemical Society, 2015 137(25): 7982-7985.

[481] Lee S H, Ko S J, Hun E S, et al. Composite interlayer consisting of alcohol-soluble polyfluorene and carbon nanotubes for efficient polymer solar cells. ACS Applied Materials & Interfaces, 2020, 12(12): 14244-14253.

[482] Batmunkh M, Biggs M J, Shapter J G. Carbon nanotubes for dye-sensitized solar cells. Small, 2015, 11(25): 2963-2989.

[483] Li W H, He L, Zhang J, et al. Anchoring spinel $MnCo_2S_4$ on carbon nanotubes as efficient counter electrodes for quantum dot sensitized solar cells. The Journal of Physical Chemistry C, 2019, 123(36): 21866-21873.

[484] Che G L, Lakshmi B B, Fisher E R, et al. Carbon nanotubule membranes for electrochemical energy storage and production. Nature, 1998, 393(6683): 346-349.

[485] Luo H X, Shi Z J, Li N Q, et al. Investigation on the electrochemical and electrocatalytic behavior of chemically modified electrode of single wall carbon nanotube functionalized with carboxylic acid group. Chemical Journal of Chinese Universities-Chinese, 2000, 21(9): 1372-1374.

[486] Ouyang T, Ye Y Q, Wu C Y, et al. Heterostructures composed of n-doped carbon nanotubes encapsulating cobalt and β-Mo₂C nanoparticles as bifunctional electrodes for water splitting. Angewandte Chemie International Edition, 2019, 58(15): 4923-4928.

[487] Gong M, Zhou W, Tsai M C, et al. Nanoscale nickel oxide/nickel heterostructures for active hydrogen evolution electrocatalysis. Nature Communications, 2014, 5:4695.

[488] Liang Y Y, Wang H L, Diao P, et al. Oxygen reduction electrocatalyst based on strongly coupled cobalt oxide nanocrystals and carbon nanotubes. Journal of the American Chemical Society, 2012, 134(38): 15849-15857.

[489] Wang H, Jia J, Song P, et al. Efficient electrocatalytic reduction of CO₂ by nitrogen-doped nanoporous carbon/carbon nanotube membranes: A step towards the electrochemical CO₂ refinery. Angewandte Chemie International Edition, 2017, 56(27): 7847-7852.

[490] Qi J, Benipal N, Liang C H, et al. PdAg/CNT catalyzed alcohol oxidation reaction for high-performance anion exchange membrane direct alcohol fuel cell (alcohol = methanol, ethanol, ethylene glycol and glycerol). Applied Catalysis B: Environmental, 2016, 199:494-503.

[491] Li W Z, Liang C H, Qiu J S, et al. Carbon nanotubes as support for cathode catalyst of a direct methanol fuel cell. Carbon, 2002, 40(5): 791-794.

[492] Wu G, Chen Y S, Xu B Q. Remarkable support effect of SWNTs in Pt catalyst for methanol electro oxidation. Electrochemistry Communications, 2005, 7(12): 1237-1243.

[493] Voiry D, Salehi M, Silva R, et al. Conducting MoS₂ nanosheets as catalysts for hydrogen evolution reaction. Nano Letters, 2013, 13(12): 6222-6227.

[494] Zhang X, Yu X L, Zhang L J, et al. Molybdenum phosphide/carbon nanotube hybrids as ph-universal electrocatalysts for hydrogen evolution reaction. Advanced Functional Materials, 2018, 28(16): 1706523.

[495] Dou S, Li X Y, Tao L, et al. Cobalt nanoparticle-embedded carbon nanotube/porous carbon hybrid derived from MOF-encapsulated Co₃O₄ for oxygen electrocatalysis. Chemical Communications, 2016, 52(62): 9727-9730.

[496] Aijaz A, Masa J, Roesler C, et al. Co@Co₃O₄ encapsulated in carbon nanotube-grafted nitrogen-doped carbon polyhedra as an advanced bifunctional oxygen electrode. Angewandte Chemie International Edition, 2016, 55(12): 4087-4091.

[497] Cheng Y, Zhao S, Johannessen B, et al. Atomically dispersed transition metals on carbon nanotubes with ultrahigh loading for selective electrochemical carbon dioxide reduction. Advanced Materials, 2018, 30(13): 1706287.

[498] Sa Y J, Seo D J, Woo J, et al. A general approach to preferential formation of active Fe-N$_x$ sites in Fe-N/C electrocatalysts for efficient oxygen reduction reaction. Journal of the

American Chemical Society, 2016, 138(45): 15046-15056.

[499] Yasuda S, Furuya A, Uchibori Y, et al. Iron-nitrogen-doped vertically aligned carbon nanotube electrocatalyst for the oxygen reduction reaction. Advanced Functional Materials, 2016, 26(5): 738-744.

[500] Li J C, Yang Z Q, Tang D M, et al. N-doped carbon nanotubes containing a high concentration of single iron atoms for efficient oxygen reduction. NPG Asia Materials, 2018,10:461

[501] Ajayan P M, Stephan O, Colliex C, et al. Aligned carbon nanotube arrays formed by cutting a polymer resin-nanotube composite. Science, 1994, 265(5176): 1212-1214.

[502] Li Y C, Huang X R, Zeng L J, et al. A review of the electrical and mechanical properties of carbon nanofiller-reinforced polymer composites. Journal of Materials Science, 2019, 54(2): 1036-1076.

[503] Ervina J, Mariatti M, Hamdan S. Mechanical, electrical and thermal properties of multi-walled carbon nanotubes/epoxy composites: Effect of post-processing techniques and filler loading. Polymer Bulletin, 2017, 74(7): 2513-2533.

[504] Zhu J, Kim J D, Peng H Q, et al. Improving the dispersion and integration of single-walled carbon nanotubes in epoxy composites through functionalization. Nano Letters, 2003, 3(8): 1107-1113.

[505] Park S H, Bandaru P R. Improved mechanical properties of carbon nanotube/polymer composites through the use of carboxyl-epoxide functional group linkages. Polymer, 2010, 51(22): 5071-5077.

[506] Bisht A, Dasgupta K, Lahiri D. Evaluating the effect of addition of nanodiamond on the synergistic effect of graphene-carbon nanotube hybrid on the mechanical properties of epoxy based composites. Polymer Testing, 2020, 81: 106274.

[507] Kalakonda P, Banne S. Thermomechanical properties of PMMA and modified SWCNT composites. Nanotechnology Science and Applications, 2017, 10:45-52.

[508] Jee M H, Baik D H. Stretching-induced alignment of carbon nanotubes and associated mechanical and electrical properties of elastomeric polyester-based composite fibers. Fibers and Polymers, 2019, 20(8): 1608-1615.

[509] Kinloch I A, Suhr J, Lou J, et al. Composites with carbon nanotubes and graphene: An outlook. Science, 2018, 362(6414): 547-553.

[510] Kelly A. Composite materials after seventy years. Journal of Materials Science, 2006, 41(3): 905-912.

[511] Bakshi S R, Lahiri D, Agarwal A. Carbon nanotube reinforced metal matrix composites - a review. International Materials Reviews, 2010, 55(1): 41-64.

[512] Li Q Q, Fan S S, Han W Q, et al. Coating of carbon nanotube with nickel by electroless plating method. Japanese Journal of Appllied Physics Part 2: Letter, 1997, 36(4B): 501-503.

[513] Choi H J, Shin J H, Bae D H. The effect of milling conditions on microstructures and mechanical properties of Al/MWCNT composites. Composites Part A: Applied Science and Manufacturing, 2012, 43(7): 1061-1072.

[514] Chen B, Li Z, Shen J, et al. Mechanical properties and strain hardening behavior of aluminum matrix composites reinforced with few-walled carbon nanotubes. Journal of Alloys and Compounds, 2020, 826:154075.

[515] Liu Y, Li S F, Misra R D K, et al. Planting carbon nanotubes within Ti-6Al-4V to make high-quality composite powders for 3D printing high-performance Ti-6Al-4V matrix composites. Scripta Materialia, 2020, 183:6-11.

[516] Cha S I, Kim K T, Arshad S N, et al. Extraordinary strengthening effect of carbon nanotubes in metal-matrix nanocomposites processed by molecular-level mixing. Advanced Materials, 2005, 17(11): 1377-1381.

[517] Bakshi S R, Agarwal A. An analysis of the factors affecting strengthening in carbon nanotube reinforced aluminum composites. Carbon, 2011, 49(2): 533-544.

[518] Liu Z Y, Xiao B L, Wang W G, et al. Singly dispersed carbon nanotube/aluminum composites fabricated by powder metallurgy combined with friction stir processing. Carbon, 2012, 50(5): 1843-1852.

[519] Liu Z Y, Xiao B L, Wang W G, et al. Developing high-performance aluminum matrix composites with directionally aligned carbon nanotubes by combining friction stir processing and subsequent rolling. Carbon, 2013, 62:35-42.

[520] Liu Z Y, Zhao K, Xiao B L, et al. Fabrication of CNT/Al composites with low damage to CNTs by a novel solution-assisted wet mixing combined with powder metallurgy processing. Materials & Design, 2016, 97:424-430.

[521] Baig Z, Mamat O, Mustapha M. Recent progress on the dispersion and the strengthening effect of carbon nanotubes and graphene-reinforced metal nanocomposites: A review. Critical Reviews Solid State and Materials Sciences, 2018, 43(1): 1-46.

[522] Kuzumaki T, Miyazawa K, Ichinose H, et al. Processing of carbon nanotube reinforced aluminum composite. Journal of Materials Research, 1998, 13(9): 2445-2449.

[523] Thostenson E T, Li W Z, Wang D Z, et al. Carbon nanotube/carbon fiber hybrid multiscale composites. Journal of Applied Physics, 2002, 91(9): 6034-6037.

[524] Gong Q M, Li Z, Zhou X W, et al. Synthesis and characterization of in situ grown carbon nanofiber/nanotube reinforced carbon/carbon composites. Carbon, 2005,43(11): 2426-

2429.

[525] Li K Z, Song Q, Qiang Q, et al. Improving the oxidation resistance of carbon/carbon composites at low temperature by controlling the grafting morphology of carbon nanotubes on carbon fibres. Corrosion Science, 2012, 60:314-317.

[526] Li Y L, Shen M Y, Su H S, et al. A study on mechanical properties of CNT-reinforced carbon/carbon composites. Journal of Nanomaterials, 2012, 2012: 262694.

[527] Hou Z H, Yang W, Li J S, et al. Densification kinetics and mechanical properties of carbon/ carbon composites reinforced with carbon nanotubes produced *in situ*. Carbon, 2016, 99:533-540.

[528] Song Q, Li K Z, Li H L, et al. Grafting straight carbon nanotubes radially onto carbon fibers and their effect on the mechanical properties of carbon/carbon composites. Carbon, 2012, 50(10): 3949-3952.

[529] Yu M F, Files B S, Arepalli S, et al. Tensile loading of ropes of single wall carbon nanotubes and their mechanical properties. Physical Review Letters, 2000, 84(24): 5552-5555.

[530] Xu G, Zhao J, Li S, et al. Continuous electrodeposition for lightweight, highly conducting and strong carbon nanotube-copper composite fibers. Nanoscale, 2011, 3(10): 4215-4219.

[531] Sundaram R, Yamada T, Hata K, et al. Electrical performance of lightweight CNT-Cu composite wires impacted by surface and internal Cu spatial distribution. Scientific Reports, 2017,7(1): 9267.

[532] Tran T Q, Lee J K Y, Chinnappan A, et al. Strong, lightweight, and highly conductive CNT/Au/Cu wires from sputtering and electroplating methods. Journal of Materials Science & Technology, 2020, 40:99-106.

[533] Qiu L, Zou H Y, Wang X T, et al. Enhancing the interfacial interaction of carbon nanotubes fibers by Au nanoparticles with improved performance of the electrical and thermal conductivity. Carbon, 2019, 141:497-505.

[534] Serpell C J, Kostarelos K, Davis B G. Can carbon nanotubes deliver on their promise in biology? Harnessing unique properties for unparalleled applications. ACS Central Science, 2016, 2(4): 190-200.

[535] Tsang S C, Davis J J, Green M L H, et al. Immobilization of small proteins in carbon nanotubes: High-resolution transmission electron-microscopy study and catalytic activity. Journal of the Chemical Society Chemical Communications, 1995, 17: 1803-1804.

[536] Wong S S, Joselevich E, Woolley A T, et al. Covalently functionalized nanotubes as nanometre-sized probes in chemistry and biology. Nature, 1998, 394(6688): 52-55.

[537] Chen R J, Bangsaruntip S, Drouvalakis K A, et al. Noncovalent functionalization of carbon

nanotubes for highly specific electronic biosensors. Proceedings of the National Academy of Sciences of the United States of America, 2003, 100(9): 4984-4989.

[538] Hong G S, Diao S O, Antaris A L, et al. Carbon nanomaterials for biological imaging and nanomedicinal therapy. Chemical Reviews, 2015, 115(19): 10816-10906.

[539] Cherukuri P, Bachilo S M, Litovsky S H, et al. Near-infrared fluorescence microscopy of single-walled carbon nanotubes in phagocytic cells. Journal of the American Chemical Society, 2004, 126(48): 15638-15639.

[540] Cherukuri P, Gannon C J, Leeuw T K, et al. Mammalian pharmacokinetics of carbon nanotubes using intrinsic near-infrared fluorescence. Proceedings of the National Academy of Sciences of the United States of America, 2006, 103(50): 18882-18886.

[541] Welsher K, Liu Z, Sherlock S P, et al. A route to brightly fluorescent carbon nanotubes for near-infrared imaging in mice. Nature Nanotechnology, 2009, 4(11): 773-780.

[542] Diao S, Hong G S, Robinson J T, et al. Chirality enriched (12,1) and (11,3) single-walled carbon nanotubes for biological imaging. Journal of the American Chemical Society, 2012, 134(41): 16971-16974.

[543] Liang C, Diao S, Wang C, et al. Tumor metastasis inhibition by imaging-guided photothermal therapy with single-walled carbon nanotubes. Advanced Materials, 2014, 26(32): 5646-5652.

[544] Ghosh D, Bagley A F, Na Y J, et al. Deep, noninvasive imaging and surgical guidance of submillimeter tumors using targeted M13-stabilized single-walled carbon nanotubes. Proceedings of the National Academy of Sciences of the United States of America, 2014, 111(38): 13948-13953.

[545] Bardhan N M, Ghosh D, Belcher A M. Carbon nanotubes as in vivo bacterial probes. Nature Communications, 2014, 5:4918.

[546] Hong G S, Diao S, Chang J L, et al. Through-skull fluorescence imaging of the brain in a new near-infrared window. Nature Photonics, 2014, 8(9): 723-730.

[547] Liu Z, Robinson J T, Tabakman S M, et al. Carbon materials for drug delivery & cancer therapy. Materials Today, 2011, 14(7/8): 316-323.

[548] Barreto J A, O'malley W, Kubeil M, et al. Nanomaterials: Applications in cancer imaging and therapy. Advanced Materials, 2011, 23(12): H18-H40.

[549] Bates K, Kostarelos K. Carbon nanotubes as vectors for gene therapy: Past achievements, present challenges and future goals. Advanced Drug Delivery Reviews, 2013, 65(15): 2023-2033.

[550] Pantarotto D, Singh R, McCarthy D, et al. Functionalized carbon nanotubes for plasmid DNA gene delivery. Angewandte Chemie International Edition, 2004, 43 (39):5242-5246.

[551] Feazell R P, Nakayama Ratchford N, Dai H J, et al. Soluble single-walled carbon nanotubes as longboat delivery systems for platinum(IV) anticancer drug design. Journal of the American Chemical Society, 2007, 129(27): 8438-8439.

[552] Liu Z, Chen K, Davis C, et al. Drug delivery with carbon nanotubes for in vivo cancer treatment. Cancer Research, 2008, 68(16): 6652-6660.

[553] Kam N W S, O'Connell M, Wisdom J A, et al. Carbon nanotubes as multifunctional biological transporters and near-infrared agents for selective cancer cell destruction. Proceedings of the National Academy of Sciences of the United States of America, 2005, 102(33): 11600-11605.

[554] Zhu Z, Tang Z W, Phillips J A, et al. Regulation of singlet oxygen generation using single-walled carbon nanotubes. Journal of the American Chemical Society, 2008, 130(33): 10856-10857.

[555] Robinson J T, Welsher K, Tabakman S M, et al. High performance in vivo near-IR (> 1μm) imaging and photothermal cancer therapy with carbon nanotubes. Nano Research, 2010, 3(11)：779-793.

[556] Sample J L, Rebello K J, Saffarian H, et al. Carbon nanotube coatings for thermal control. 9th Intersociety Conference on Thermal and Thermomechanical Phenomena in Electronic Systems. Las Vegas, NV, 2004, 1:297-301.

[557] Kong Q Y, Qiu L, Lim Y D, et al. Thermal conductivity characterization of three dimensional carbon nanotube network using freestanding sensor-based 3ω technique. Surface and Coatings Technology, 2018, 345:105-112.

[558] Lin W, Shang J T, Gu W T, et al. Parametric study of intrinsic thermal transport in vertically aligned multi-walled carbon nanotubes using a laser flash technique. Carbon, 2012, 50(4): 1591-1603.

[559] Ivanov I, Puretzky A, Eres G, et al. Fast and highly anisotropic thermal transport through vertically aligned carbon nanotube arrays. Applied Physics Letters, 2006, 89(22):223110.

[560] Hone J, Llaguno M C, Biercuk M J, et al. Thermal properties of carbon nanotubes and nanotube-based materials. Applied Physics A, 2002, 74(3): 339-343.

[561] Hone J, Llaguno M C, Nemes N M, et al. Electrical and thermal transport properties of magnetically aligned single wall carbon nanotube films. Applied Physics Letters, 2000, 77(5): 666-668.

[562] 港泉SMT. 富士通实验室开发全世界最高散热性能的纯碳纳米管片. https://www. vipsmt. com/news/hydt/31316.html[2017-12-01].

[563] Kaur S, Raravikar N, Helms B A, et al. Enhanced thermal transport at covalently functionalized carbon nanotube array interfaces. Nature Communications, 2014, 5:3082.

[564] Taphouse J H, Smith O N L, Marder S R, et al. A pyrenylpropyl phosphonic acid surface modifier for mitigating the thermal resistance of carbon nanotube contacts. Advanced Functional Materials, 2014, 24(4): 465-471.

[565] Ping L, Hou P X, Liu C, et al. Surface-restrained growth of vertically aligned carbon nanotube arrays with excellent thermal transport performance. Nanoscale, 2017, 9(24): 8213-8219.

[566] Jing L, Samani M K, Liu B, et al. Thermal conductivity enhancement of coaxial Carbon@ Boron nitride nanotube arrays. ACS Applied Materials & Interfaces, 2017, 9(17): 14555-14560.

[567] 石墨盟.导热率高达100W/mK，世界第一款柔性碳纳米管粘合片开发成功！https:// www.sohu.com/a/390332809 120065805[2020-04-23].

[568] Ihsanullah. Carbon nanotube membranes for water purification: Developments, challenges, and prospects for the future. Separation and Purification Technology, 2019,209: 307-337.

[569] Qian H, Greenhalgh E S, Shaffer M S P, et al. Carbon nanotube-based hierarchical composites: A review. Journal of Materials Chemistry, 2010, 20(23): 4751-4762.

[570] Lee B, Baek Y, Lee M, et al. A carbon nanotube wall membrane for water treatment, Nature Communications, 2015, 6:7109.

[571] Du F, Qu L T, Xia Z H, et al. Membranes of vertically aligned superlong carbon nanotubes. Langmuir, 2011, 27(13): 8437-8443.

[572] Rashid M H O, Pham S Q T, Sweetman L J, et al. Synthesis, properties, water and solute permeability of MWNT buckypapers. Journal of Membrane Science, 2014, 456:175-184.

[573] Kukovecz A, Smajda R, Konya Z, et al. Controlling the pore diameter distribution of multi-wall carbon nanotube buckypapers. Carbon, 2007, 45(8): 1696-1698.

[574] Dumée L F, Sears K, Schuetz J, et al. Characterization and evaluation of carbon nanotube Bucky-Paper membranes for direct contact membrane distillation. Journal of Membrane Science, 2010, 351(1-2): 36-43.

[575] Miao E D, Ye M Q, Guo C L, et al. Enhanced solar steam generation using carbon nanotube membrane distillation device with heat localization. Applied Thermal Engineering, 2019, 149:1255-1264.

[576] Feng J H, Xiong S, Wang Y. Atomic layer deposition of TiO_2 on carbon-nanotube membranes for enhanced capacitive deionization. Separation and Purification Technology, 2019, 213:70-77.

[577] de Volder M F L, Tawfick S H, Baughman R H, et al. Carbon nanotubes: Present and future commercial applications. Science, 2013, 339(6119): 535-539.

[578] Chen G G, Bandow S, Margine E R, et al. Chemically doped double-walled carbon

nanotubes: Cylindrical molecular capacitors. Physical Review Letters, 2003, 90(25): 4.

[579] Goodenough J B, Park K S. The Li-ion rechargeable battery: A perspective. Journal of the American Chemical Society, 2013, 135(4): 1167-1176.

[580] Deheer W A, Chatelain A, Ugarte D. A carbon nanotube field-emission electron source. Science, 1995, 270(5239): 1179-1180.

[581] Jin B, Gu H B, Zhang W X, et al. Effect of different carbon conductive additives on electrochemical properties of LiFePO$_4$-C/Li batteries. Journal of Solid State Electrochemistry, 2008, 12(12): 1549-1554.

[582] 李健, 官亦标, 傅凯, 等. 碳纳米管与石墨烯在储能电池中的应用. 化学进展, 2014, 26(7): 1233-1243.

[583] 彭工厂, 瞿美臻, 于作龙, 等. 碳纳米管复合导电剂的应用研究. 第二届中国储能与动力电池及其关键材料学术研讨与技术交流会.合成化学, 2007.

[584] 夏雨, 王双双, 王义飞. 碳纳米管在锂离子电池中的应用. 储能科学与技术, 2016, 5(4): 422-429.

[585] 周军华, 罗飞, 褚赓, 等. 锂离子电池纳米硅碳负极材料研究进展. 储能科学与技术, 2020, 9(2): 569-582.

[586] 钟雁, 谢鹏程, 丁玉梅, 等. 复合型导电塑料制备方法的研究进展. 工程塑料应用, 2011, 39(1): 100-103.

[587] 李振宇, 薛闵, 刘晓东, 等. 导电塑料的研发及应用进展. 塑料科技, 2013,41(2):96-101.

[588] 范守善. 超顺排碳纳米管触摸屏的开发历程与技术进展. 新材料产业, 2015,8:25-29

[589] Xiao L, Chen Z, Feng C, et al. Flexible, stretchable, transparent carbon nanotube thin film loudspeakers. Nano Letters, 2008, 8(12): 4539-4545.

[590] 姜开利, 王佳平, 李群庆, 等. 超顺排碳纳米管阵列、薄膜、长线——通向应用之路. 中国科学: 物理学, 力学, 天文学, 2011, 41(41): 13.

[591] Chen S L, Ying P Z, Wei G D, et al. Flexible field emission cathode materials. Progress in Chemistry, 2015, 27(9): 1313-1323.

[592] Eletskii A V. Carbon nanotube-based electron field emitters. Physics Uspekhi, 2010, 53(9): 863-892.

[593] 唐利华, 张国光, 张健, 等. 静态CT技术发展现状及展望. 中国公共安全学术版, 2019, 4(57): 5.

[594] 深圳先进技术研究院. 深圳先进院碳纳米X射线成像技术取得进展. http://www.cas. ac.cn/ky/kyjz/201301/t20130122_3755474.shtml. 2013-01-22.

[595] Franklin A D. Electronics the road to carbon nanotube transistors. Nature, 2013, 498(7455): 443-444.

[596] Li W Z, Xie S S, Qian L X, et al. Large-scale synthesis of aligned carbon nanotubes. Science, 1996, 274(5293): 1701-1703.

[597] Pan Z W, Xie S S, Chang B H, et al. Very long carbon nanotubes. Nature, 1998, 394(6694): 631-632.

[598] Martel R, Schmidt T, Shea H R, et al. Single- and multi-wall carbon nanotube field-effect transistors. Applied Physics Letters, 1998, 73(17): 2447-2449.

[599] Choi W B, Chung D S, Kang J H, et al. Fully sealed, high-brightness carbon-nanotube field-emission display. Applied Physics Letters, 1999, 75(20): 3129-3131.

[600] Novoselov K S, Geim A K, Morozov S V, et al. Electric field effect in atomically thin carbon films. Science, 2004, 306(5696): 666-669.

[601] The global market for carbon nanotubes. Future Markets, Inc. www.futuremarketsinc.com, Apr. 2020.

[602] 百度百科. 太空电梯. http://baike.baidu.com/item/%E5%A4%AA%E7%A9%BA%E7%94%B5%E6%A2%AF/8011379?fr=Aladdin[2020-07-20].

[603] Gao E L, Lu W B, Xu Z P. Strength loss of carbon nanotube fibers explained in a three-level hierarchical model. Carbon, 2018, 138:134-142.

[604] Zhang X H, Lu W B, Zhou G H, et al. Understanding the mechanical and conductive properties of carbon nanotube fibers for smart electronics. Advanced Materials, 2020, 32(5): 1902028.

[605] Hansen S F, Lennquist A. Carbon nanotubes added to the SIN List as a nanomaterial of very high concern. Nature Nanotechnology, 2020, 15(1): 3-4.

[606] Fadeel B, Kostarelos K. Grouping all carbon nanotubes into a single substance category is scientifically unjustified. Nature Nanotechnology, 2020, 15(3): 164.

[607] Heller D A, Jena P V, Pasquali M, et al. Banning carbon nanotubes would be scientifically unjustified and damaging to innovation. Nature Nanotechnology, 2020, 15(3): 164-166.

[608] Warheit D B, Laurence B R, Reed K L, et al. Comparative pulmonary toxicity assessment of single-wall carbon nanotubes in rats. Toxicological Sciences, 2004, 77(1): 117-125.

[609] Lanone S, Boczkowski J. Biomedical applications and potential health risks of nanomaterials: Molecular mechanisms. Current Molecular Medicine, 2006, 6(6): 651-663.

[610] Yan L A, Zhao F, Li S J, et al. Low-toxic and safe nanomaterials by surface-chemical design, carbon nanotubes, fullerenes, metallofullerenes, and graphenes. Nanoscale, 2011, 3(2): 362-382.

[611] Alshehri R, Ilyas A M, Hasan A, et al. Carbon nanotubes in biomedical applications: Factors, mechanisms, and remedies of toxicity. Journal of Medicinal Chemistry, 2016, 59(18): 8149-8167.

[612] Pulskamp K, Diabate S, Krug H F. Carbon nanotubes show no sign of acute toxicity but induce intracellular reactive oxygen species in dependence on contaminants. Toxicology Letters, 2007, 168(1): 58-74.

[613] Hirano S, Kanno S, Furuyama A. Multi-walled carbon nanotubes injure the plasma membrane of macrophages. Toxicology and Applied Pharmacology, 2008, 232(2): 244-251.

[614] Meunier E, Coste A, Olagnier D, et al. Double-walled carbon nanotubes trigger Il-1 beta release in human monocytes through Nlrp3 inflammasome activation. Nanomedicine, Nanotechnology Biology and Medicine, 2012, 8(6): 987-995.

[615] di Giorgio M L, Bucchianico S D, Ragnelli A M, et al. Effects of single and multi walled carbon nanotubes on macrophages: Cyto and genotoxicity and electron microscopy. Mutation Research Genetic Toxicology and Environmental Mutagenesis, 2011, 722(1): 20-31.

[616] Haniu H, Matsuda Y, Takeuchi K, et al. Proteomics-based safety evaluation of multi-walled carbon nanotubes. Toxicology and Applied Pharmacology, 2010, 242(3): 256-262.

[617] Ghosh M, Chakraborty A, Bandyopadhyay M, et al. Multi-walled carbon nanotubes (MWCNT): Induction of DNA damage in plant and mammalian cells. Journal of Hazardous Materials, 2011, 197: 327-336.

[618] Rybak-Smith M J, Sim R B. Complement activation by carbon nanotubes. Advanced Drug Delivery Reviews, 2011, 63(12): 1031-1041.

[619] Ding L H, Stilwell J, Zhang T T, et al. Molecular characterization of the cytotoxic mechanism of multiwall carbon nanotubes and nano-Onions on human skin fibroblast. Nano Letters, 2005, 5(12): 2448-2464.

[620] Kostarelos K. The long and short of carbon nanotube toxicity. Nature Biotechnology, 2008, 26(7): 774-776.

[621] Poland C A, Duffin R, Kinloch I, et al. Carbon nanotubes introduced into the abdominal cavity of mice show asbestos-like pathogenicity in a pilot study. Nature Nanotechnology, 2008, 3(7): 423-428.

[622] Kagan V E, Konduru N V, Feng W H, et al. Carbon nanotubes degraded by neutrophil myeloperoxidase induce less pulmonary inflammation. Nature Nanotechnology, 2010, 5(5): 354-359.

[623] Elgrabli D, Dachraoui W, Menard Moyon C, et al. Carbon nanotube degradation in macrophages: Live nanoscale monitoring and understanding of biological pathway. ACS Nano, 2015, 9(10): 10113-10124.

[624] The risks of nanomaterial risk assessment. Nature Nanotechnology, 2020, 15(3): 163.

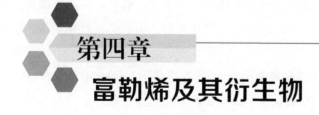

第四章
富勒烯及其衍生物

第一节 富勒烯的发现史

富勒烯是一系列由纯碳原子构成的封闭笼形分子的总称，它和金刚石、石墨都是碳的同素异形体，并且在一定条件下可以相互转化。不过需要指出的是，人类认识石墨和金刚石已经几千年了，而发现富勒烯却是最近几十年的事。这主要是由于，富勒烯的自然形成需要极特殊的高能量环境，这个条件在宇宙空间中极为常见，但在地球上却不容易实现。因此，富勒烯在宇宙星云中是一种普遍存在的物质，在地球上却基本没有。因此也毫不奇怪富勒烯的发现始于天文学家对宇宙星云的研究。

实际上，天体物理学家很早就对宇宙尘埃的形成产生了浓厚的兴趣。他们推测，宇宙尘埃中应该含有大量的碳原子簇。为了模拟星际空间及恒星附近碳原子簇的形成过程，科学家早在 1942 年就开始用质谱法进行研究了。1984 年，有人用质谱仪研究在超声氦气流中以激光蒸发石墨所得产物时，发现碳可以形成较大的碳原子簇，并且还发现 C_{60} 的质谱峰明显高于其他原子簇的峰，但其没有对 C_{60} 的结构进行进一步研究。

20 世纪 80 年代，英国萨塞克斯大学的天文学家克罗托立志在实验室人工合成宇宙星云中可能存在的物质。其中，他最感兴趣的是长链线形碳链分子，因为已经有证据表明，在星际暗云中富含碳的尘埃中有氰基聚炔分子存在（HC_nN，$n<15$），他非常想研究该分子形成的机制，但没有相应的仪器设

备。1984 年，克罗托赴美国参加学术会议，经莱斯大学的科尔教授介绍，认识了莱斯大学研究原子簇化学的斯莫利教授，也见到斯莫利设计的激光气化超声束流仪。斯莫利在美国普林斯顿大学取得博士学位，然后在美国芝加哥大学从事博士后研究，研究方向是超声速流激光光谱。但斯莫利对克罗托的链状分子并不感兴趣。

直到一年后，克罗托才找到斯莫利研究设备的空当。1985 年，克罗托和科尔、斯莫利一同在美国的莱斯大学设计实验，在实验室模拟宇宙星云的高能量高真空环境。他们把一块石墨置于真空系统中，用高功率激光轰击石墨，使其中的碳原子气化，再用氦气流把气态碳原子迅速冷却后形成碳原子簇，并用质谱仪检测。他们解析质谱图后发现，该实验产生了含不同碳原子数的团簇，其中相当于 60 个碳原子、质量数在 720 处的信号最强，其次是相当于 70 个碳原子、质量数为 840 处的信号。他们受建筑学家富勒设计的加拿大蒙特利尔世界博览会网格穹顶建筑的启发，认为 C_{60} 可能具有类似球体的结构。克罗托等提出 C_{60} 是由 60 个碳原子构成的球形 32 面体，即由 12 个五边形和 20 个六边形组成，相当于截顶 20 面体，如图 4-1 所示。其中，五边形彼此不连接，只与六边形相邻。每个碳原子以 sp^2 杂化轨道和相邻三个碳原子相连，剩余的 p 轨道在 C_{60} 分子的外围和内腔形成 π 键。为了向美国建筑师富勒致敬，克罗托提议将这种新的碳同素异形体命名为 Buckminsterfullerene [1]，简称 fullerene（富勒烯）。

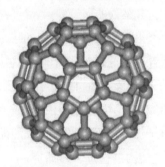

图 4-1　富勒烯 C_{60} 的结构图

确定了 C_{60} 的中空结构后，Heath 等改用激光轰击 $LaCl_3$ 浸渍的石墨。除了 C_{60} 和 C_{70} 外，他们在质谱上检测到 LaC_{60} 等团簇 [2]。这是人类第一次发现金属富勒烯。

克罗托等在以上装置得到的富勒烯的量极为有限，仅能够从质谱检测到，而几乎无法对其进行详细的表征和研究。这时，另一组天文物理学家登场了。很久以来，德国的天文物理学家 Wolfgang Krätschmer 和美国的 Donald Huffman 等一直利用在真空室内电弧放电蒸发石墨电极的方法模拟宇宙星云的环境，1990 年，他们终于在优化的实验条件下，通过设置合适的氦气气氛成功地合成了克量级的 C_{60} 和 C_{70} 的混合物 [3]。从此，富勒烯的研究走上了快车道。从 1990 年到今天的 30 多年里，历史见证了这种材料从藉藉无名成长为一颗耀眼的超新星。下面简要回顾一下科学家研究这个功能材料过程中的一系列里程碑事件。

1991 年，斯莫利等通过激光蒸发配合电弧法加热 La_2O_3 和石墨的混合物，首次得到宏观量级的内嵌金属富勒烯 $La@C_{82}$，这也是第一个能被有机溶剂萃取出来的金属富勒烯 [4]。同年，Robert L. Whetten 等用电弧放电法合成了双金属内嵌金属富勒烯 $La_2@C_{80}$，也同样被有机溶剂萃取出来 [5]。

1991 年，贝尔实验室的 A. F. Hebard 等发现了混合钾的 C_{60} 具有超导特性，超导转变温度在 18 K[6]。后续科学家陆续揭示了不同化学计量比的 M_xC_{60} 材料的超导性质，如 K_3C_{60}。

1991 年，美国杜邦公司的 P. J. Krusic 等研究了富勒烯 C_{60} 的自由基反应，发现 C_{60} 容易与光化学产生的自由基结合，如可加成多达 15 个苄基自由基 [7]。

1991 年，美国麻省理工学院的 Jack B. Howard 等用苯火焰燃烧碳与含氩气的氧混合物，通过改变温度、压力、碳氧原子比例等条件来控制产率和产物中 C_{60}/C_{70} 的比率 [8]，为大量合成富勒烯提供了一种新方法。

中国也是开展富勒烯研究较早的国家。中国科学院化学研究所和北京大学从 1990 年底就开始了 C_{60} 的合成研究，发表了 C_{60} 和 C_{70} 制备与分离的研究论文。而后，中国科学院物理研究所、浙江大学、复旦大学、南京大学等也开展了 C_{60} 的相关研究。

1991 年 6 月初，北京大学顾镇南等用直流电弧法成功地合成了 C_{60}。这个开拓性合成工作为国内富勒烯的研究奠定了重要基础。他是我国最早从事富勒烯研究的学者之一，在富勒烯化学研究方面取得了显著的成果，不但在国内首先合成出 C_{60}、C_{70} 及 K_3C_{60} 超导体，而且在国际上首先完成了用重结晶法分离 C_{60} 和 C_{70}。

1992 年，杜邦公司的 Charles N. McEwen 首次提出了富勒烯自由基海绵（radical sponge）的概念[9]。

中国科学院化学研究所的朱道本和李玉良等也在 20 世纪 90 年代初开始关注和研究富勒烯。1992 年，朱道本等开始富勒烯领域的研究，开展以 C_{60} 为基质的电荷转移复合物，C_{60}、C_{70} 及其衍生物的薄膜结构与性能等研究。1999 年和 2002 年，朱道本等的研究成果 "C_{60} 的化学和物理基本问题研究" 相继获得中国科学院自然科学二等奖和国家自然科学奖二等奖。

1992 年，美国加利福尼亚大学圣巴巴拉分校的 Alan J. Heeger 等首次发现了共轭高分子聚苯乙烯撑衍生物 MEH-PPV 与 C_{60} 之间的光诱导电荷转移现象[10]。随后，人们以 C_{60} 作为电子受体材料、共轭聚合物为给体设计异质结构器件，由此开启了共轭聚合物给体与富勒烯受体太阳能电池体系的研究热潮。

1993 年，美国加利福尼亚大学圣巴巴拉分校的 Fred Wudl 等报道了富勒烯衍生物可以作为抑制 HIV 蛋白酶活性的研究结果[11]。

1993 年，美国的 Martin Saunders 等先在电弧放电法生成的碳灰里发现了稀有气体内嵌富勒烯，如 $He@C_{60}$ 和 $Ne@C_{60}$[12]。此后，他们发展了高温高压的方法，相继将 He、Ne、Ar、Ke、Xe 内嵌到富勒烯笼内。从此开始了稀有气体内嵌富勒烯的制备与性质研究。

1995 年，美国加利福尼亚大学圣巴巴拉分校的 Fred Wudl 等合成了 C_{60} 衍生物 6,6-苯基-C_{61}-丁酸甲酯（$PC_{61}BM$），并将其与 MEH-PPV 共混旋涂成膜制作太阳能电池[13]。二者形成连续互穿网络结构，故此类电池又被称为本体异质结太阳能电池。本体异质结使给体和受体在整个活性层范围内充分混合，电池效率有了突破性的提高。随后，$PC_{61}BM$ 又与最具代表性的给体材料 P3HT 共混制备太阳能电池器件，效率得到进一步提高。这一研究方向推动了有机聚合物太阳能电池的蓬勃发展。至今，$PC_{61}BM$ 及 $PC_{71}BM$ 已成为经典的电子受体材料。

1996 年，美国的 Laura L. Dugan 等发现富勒烯具有清除活性氧的性质[14]。此后，富勒烯抗氧化作用的研究迅速发展，从生物化学中的细胞保护，到化妆品中的抗氧化护肤，富勒烯进入了抗氧化相关的科技和应用浪潮之中。富勒烯的抗氧化性能主要基于其特殊的共轭体系，使富勒烯容易吸收电子而使自由基失活，特别是富勒烯对活性氧类（reactive oxygen species，ROS）的高效清除能力。ROS 包括氧离子、过氧化物和含氧自由基等，其诱导的氧化损伤与许多人类疾病密切相关，因此富勒烯在纳米药物方面具有重要应用前景。

1996 年，因为发现了富勒烯，科尔（美）、克罗托（英）和斯莫利（美）获得了诺贝尔化学奖，如图 4-2 所示。

图 4-2　科尔（左）、克罗托（中）和斯莫利（右）
因发现富勒烯获 1996 年的诺贝尔化学奖

1996 年，日本的 Hisanori Shinohara 等就研究钆基金属富勒烯作为核磁共振成像（MRI）的造影剂，发现其成像分辨率大大高于商用的造影剂 Gd-DTPA（DTPA: diethylenetriamino-pentaacetic acid）等。

1996 年，德国的 T. Almeida Murphy 等首次用离子轰击法制备了 N@C$_{60}$[15]，样品顺磁性质表明，N@C$_{60}$ 分子显现出和原子态的 N 一样的超精细分裂，因此 N 在碳笼内保持原子态的结构，并不向碳笼转移电子，与富勒烯碳笼有非常弱的相互作用。

1997 年，中国科学院长春应用化学研究所的裴奉奎等合成了 Gd@C$_{2n}$(OH)$_x$ 及各种空心富勒烯多羟基衍生物的混合物，在 8.4 T 磁场条件下测得其纵向弛豫率比临床使用的 Gd-DTPA 高出 10 倍以上。

1997 年，厦门大学的郑兰荪和谢素原等开始研究氯代碳簇。郑兰荪于 1986 年获美国莱斯大学博士学位，师从斯莫利，回国工作后研究原子团簇。他运用激光溅射、交叉离子-分子束、离子选择囚禁等技术，设计了独特的激光溅射团簇离子源，研制了多台激光产生原子团簇合成装置，并发现了一系列新型团簇；建立了液相电弧、激光溅射、辉光放电、微波等离子体等多种合成方法，制备了一系列特殊构型的团簇及相关纳米结构材料；通过合成与表征一系列富勒烯形成的中间产物，研究了 C_{60} 等碳原子团簇的生长过程，发现和总结了原子团簇的统计分布规律，建立了团簇形成的动力学方程及相关理论[16]。

2001 年，日本的 Hisanori Shinohara 等报道了羟基化钆基富勒烯 Gd@$C_{82}(OH)_n$ 活体老鼠的 MRI 成像研究[17]。Gd@C_{82} 是最早发现可被用于磁共振成像造影剂的钆基富勒烯。它需要通过羟基衍生化反应得到一系列 Gd@C_{82} 多羟基衍生物（钆富勒醇），使钆基富勒烯具有好的水溶性。这类钆金属富勒烯作为新型的 MRI 造影剂，其弛豫水分子的机理是一种间接相互作用，作用面积大，效率高，与传统钆基配合物相比，碳笼保护了内嵌钆元素的外泄，从而大大提高了生物安全性。

2005 年，国家纳米科学中心的赵宇亮和陈春英等发现羟基化修饰的钆基金属富勒烯具有优异的抗肿瘤效果[18]。他们研究了 Gd@$C_{82}(OH)_{22}$ 的抑瘤效率，在小鼠肝癌模型上发现其可以有效地抑制肿瘤在小鼠体内的生长，并与临床常见的抗肿瘤药物环磷酰胺（CTX）和顺铂（CDDP）做了对比。结果显示，虽然钆富勒醇 Gd@$C_{82}(OH)_{22}$ 在肿瘤组织富集不到 0.05%，但是却可以更有效地抑制肿瘤在小鼠体内的生长，而且没有明显的毒副作用。

2005 年，日本的 Koichi Komatsu 等用有机化学的开环和闭环手段，成功地将 H_2 分子放入 C_{60} 笼中，合成了 H_2@C_{60}[19]。此后，人们相继将 H_2、CO、H_2O、NH_3 等小分子内嵌到富勒烯碳笼里。

2008 年，日本的 Kazuhito Hashimoto 等将氟烷基-PCBM 衍生物作为聚合物太阳能电池器件的修饰层。结果表明，薄薄的一层 F-PCBM 即可改善光伏器件的性能[20]。

2008 年，美国的 Alex K.-Y. Jen 等将富勒烯羧基衍生物作为界面修饰材料引入聚合物光伏器件中[21]，其在 TiO_2 表面形成自组装单层，C_{60} 羧基衍生物层可以更有效地降低载流子复合、降低 TiO_2 表面缺陷、诱导活性层相分离，从而提高器件效率。此后，很多富勒烯衍生物作为界面修饰材料被应用到聚合物太阳能电池中，并显著地提高器件的能量转换效率。最近几年，在钙钛矿太阳能电池领域，富勒烯类化合物作为电子传输层材料也带来了重要的性能提升，引起了科学家的广泛关注。

2010 年，中国科学院化学研究所的李永舫等合成了茚的 C_{60} 富勒烯双加成衍生物 $IC_{60}BA$ [22]。李永舫针对传统富勒烯衍生物受体 PCBM 的 LUMO 能级太低的问题，提出通过使用富电子的茚双加成来提高富勒烯衍生物的 LUMO 能级的分子设计思想。$IC_{60}BA$ 的 LUMO 能级比 $PC_{61}BM$ 提高了 0.17 eV，$IC_{60}BA$:P3HT 光伏器件的开路电压随之提高到 0.84 V，能量转换效率达到 5.44%。对该器件进行热处理优化后，器件效率更是突破性地达到 6.48%，而 P3HT:$PC_{61}BM$ 器件在相同条件下的开路电压和能量转换效率分别只有 0.58 V 和 3.88%。$IC_{60}BA$ 的优异性能使其成为 $PC_{61}BM$ 之后又一个里程碑式的富勒烯受体材料。

2015 年，中国科学院化学研究所的王春儒等发现，钆基金属富勒烯水溶性纳米颗粒可以在射频辅助下快速杀死小鼠体内的肿瘤[23]，提供了一种新型的肿瘤治疗技术。研究发现，当这些特定尺寸的水溶性金属富勒烯 $Gd@C_{82}$ 纳米颗粒到达肿瘤部位后，由于肿瘤血管内皮细胞间较大的间隙而被嵌在血管壁上，这时施加射频带来的富勒烯纳米颗粒的相变膨胀能够破坏肿瘤血管，使得肿瘤的营养供应被迅速切断，进而迅速"饿死"肿瘤细胞。他们借助不同的表征测量手段实现了实时观测评估其对肿瘤血管的特异性破坏，发现该射频辅助肿瘤血管阻断技术具有高效、快速、高选择性地损伤肿瘤血管的效果，并且损伤不可逆，而对正常组织血管无毒副作用。这一方法因其高效低毒而具有较大的临床转化意义。

第二节　富勒烯的分类及主要性质

富勒烯家族有多个成员，如 C_{60}、C_{70}、C_{76}、C_{78}、C_{84}、C_{86} 等，每个分子都具有独特的物理化学性质。近三十年来，出于拓展富勒烯性质和应用的目的，人们对富勒烯从笼外、笼上和笼内分别进行修饰或改造，极大地丰富了这一功能纳米材料。

一、富勒烯本体材料

在数学上，富勒烯的结构都是以五边形和六边形面组成的凸多面体，理论上最小的富勒烯是 C_{20}，为正十二面体结构。在此之后都可以用 C_{2n}（n=12，13，14…）来表示，每个富勒烯都有 12 个五边形，由六边形的个数来调节富勒烯的大小。直到 C_{60} 之前的小富勒烯中都存在五边形相邻结构，而 C_{60} 是第一个没有相邻的五边形的富勒烯，下一个是 C_{70}。克罗托从理论上推测，能够在空气中稳定存在的富勒烯都应该满足独立五边形规则（isolated pentagon rule，IPR）。即在 $n>30$ 时，不存在相邻的五边形结构。

富勒烯 C_{60} 是富勒烯家族的代表性成员，它是由 60 个碳原子构成的像足球一样的三十二面体，包括 20 个六边形和 12 个五边形。处于顶点的碳原子与相邻顶点的碳原子各用近似于 sp^2 杂化轨道重叠形成 σ 键，每个碳原子的三个 σ 键分别为一个五边形的边和两个六边形的边。碳原子杂化轨道理论计算值为 $sp^{2.28}$，每个碳原子的三个 σ 键不是共平面的，键角约为 108° 或 120°，因此整个分子为球状。每个碳原子用剩下的一个 p 轨道互相重叠形成一个含 60 个 π 电子的闭壳层电子结构，因此在近似球形的笼内和笼外都围绕着 π 电子云。

在富勒烯家族中，C_{70} 是继 C_{60} 之后符合 IPR 规则的第二个富勒烯，稳定性也仅次于 C_{60}，其产率也位居所有已知富勒烯的第二名。它的形状类似于一个橄榄球。两极的球形张力最大，近似于 C_{60}，而中间"赤道"部分 10 个原子形成 5 个六元环，类似于平面的苯环，张力最小。其特有的 D_{5h} 对称性使得分子当中具有 5 种不同类型的碳原子，同时产生了 8 种不同的 C—C 键，其中 4 种为 C＝C 双键、4 种为 C—C 单键。

比 C_{70} 更大的符合 IPR 规则的稳定富勒烯只有寥寥十几种，包括 C_{76}、C_{78}、C_{84}、C_{86} 等。因为这些富勒烯的产率较低，也未见特别独到的物理化学特性，所以对它们的研究不多，绝大部分研究都集中在 C_{60} 和 C_{70} 上。

（一）富勒烯的分子特性

富勒烯具有独特的化学反应性质。富勒烯 C_{60} 的 60 个碳原子的未杂化 p 轨道则形成一个非平面的共轭离域大 π 体系，使得它兼具给电子和受电子的能力。C_{60} 中每个碳原子以 $sp^{2.28}$ 轨道杂化，类似于 C—C 单键和 C＝C 双键交替相接，整个碳笼表现出缺电子性，可以在笼外引入其他原子或基团。C_{60} 在一定条件下能发生一系列化学反应，如亲核加成反应、自由基加成反应、光敏化反应、氧化反应、氢化反应、卤化反应、聚合反应及环加成反应等。

C_{60} 和 C_{70} 在纳米尺度非常稳定，因此可以作为分子材料，表现出卓越的物理化学特性和电子特性。首先，富勒烯具有独特的非线性光学性能。20 世纪 90 年代，北京大学的研究人员就测定了 C_{60}、C_{70} 的非线性光学系数，证实了 C_{60} 的非线性效应源于 C_{60} 的 π 电子，并研究了 C_{60} 电荷转移复合物的非线性性质。此后，人们还研究了 C_{60}、C_{70}、C_{76}、C_{84} 等空心富勒烯，并发现了结构依赖的非线性光学效应。

另外，富勒烯也是 n 型场效应晶体管的重要材料。有机场效应晶体管（organic field-effect transistor，OFET）是一种利用有机半导体组成信道的场效应晶体管，器件的原料分子通常是含有芳环的 π 电子共轭体系[24]。1995 年，C_{60} 作为活性材料被用于制备有机场效应晶体管，采用超高真空蒸镀的方法进行制备。后续，人们发展了分子束沉积等方法以制备富勒烯活性层 C_{60}。当然，现在的富勒烯的 OFET 性能还不高，但随着单分子器件技术的发展，富勒烯单分子器件有望成为研究热点。

磁性是富勒烯的一个不太突出的性质，因为富勒烯大多是闭壳层的，没有未成对电子，因此不具有磁性。但是，富勒烯具有较好的得电子能力，其可与还原剂生成有机盐，进而表现出磁性。1991 年，人们研究了 C_{60} 与四（二甲氨基）乙烯［tetrakis(dimethylamino)ethylene，TDAE］形成的电荷转移复合物。该复合物是不含金属的软铁磁性材料，居里温度为 16.1 K。此后，人们还研究了其他的富勒烯的电荷转移复合物的磁性质。2015 年，人们发现富勒烯在铜表面可诱导出磁性，其机制依然是二者界面上产生的电荷转移，虽然产生的磁性很弱，且几天后就消失，但这一发现对于设计新的杂化金属-有机磁体具有重要启示[25]。

（二）富勒烯组装纳米结构

随着纳米科学和技术的迅速发展，自组装技术已成功地应用于纳米尺度物质的形貌和功能等的调控。作为构筑有序功能结构和有序分子聚集态结构的关键技术，自组装技术也有力地推动了富勒烯材料的发展。这种"自下而上"的分子自组装方法在纳米科技中已经被成功地应用于构建多种纳米结构，同样也可应用于富勒烯的形貌控制，进而获得优良的富勒烯器件。

　　纳米线、纳米纤维、纳米晶须是指长度较长，形貌表现为弯曲或直的一维实心纳米材料。2002 年，Miyazawa 等使用 C_{60} 的甲苯溶液与异丙醇，利用液-液界面法制备出 C_{60} 纳米线[26]。2004 年，Lee 等通过一个微通道反应器，生长出 C_{60} 纳米晶须[27]。2006 年，Liu 等通过溶剂挥发法制备了 C_{60} 纳米线，绝大部分纳米线的直径为 100～800 nm，最小直径低于 30 nm，样品不仅彼此不互相缠绕，分布也比较均匀。2007 年，Shinkai 课题组报道了通过气相沉积法制备 C_{60} 纳米纤维，并发现经 γ 射线照射之后，C_{60} 纳米纤维会发生聚合，使得荧光强度与 C_{60} 溶液相比有 12 倍的提高[28]。同年，Miyazawa 等利用液-液界面沉降法，使用 C_{60} 苯溶液和异丙醇，制备出具有高比表面积多孔结构的 C_{60} 纳米纤维，多孔的 C_{60} 纳米纤维在燃料电池的阳极材料和制备金属氧化物纳米结构的模板等领域有潜在应用[29]。2009 年，Geng 等在 1，2，4-三甲苯中通过溶剂蒸发的方法得到长宽比高达 3000 的纳米线，该晶体在高温加热时形貌保持不变[30]。2015 年，Ariga 等[31] 用 Langmuir-Blodgett（LB）法在空气-水界面上制备出高度有序排布的 C_{60} 纳米线结构。

　　除了 C_{60} 的微纳米结构外，Miyazawa 于 2002 年在 C_{70} 的饱和甲苯溶液和异丙醇的界面上成功生长出 C_{70} 纳米晶须[32]。随后，该小组采用 C_{70}/吡啶/异丙醇的体系制备出超长的 C_{70} 纳米管，其长度超过 100 μm、管壁厚度大约为 113 nm[33]。之后，Liu 等[34] 采用三种三氯苯的同分异构体作为良溶剂、异丙醇作为不良溶剂，合成出三种不同形貌的 C_{70} 微纳米结构。2015 年，Kim 等改变均三甲苯溶液与异丙醇的体积比，能有效地调节 C_{70} 晶体的形貌[35]，其中在混合溶剂中均三甲苯含量多的情况下，最终自组装为立方体；而在均三甲苯分子比较少的情况下，最终自组装为一维管状形貌。

　　2002 年，李玉良等将 AAO 模板反复浸入 C_{60} 的甲苯溶液中并反复干燥，然后加热再冷却，成功制备了直径为 220～310 nm、长度为 60 μm 的富勒烯纳米管阵列[36]。2006 年，Curry 等通过在室温下向异丙醇中滴加 C_{60} 的甲苯溶液，在几分钟的时间内很快得到面心立方的 C_{60} 单晶纳米棒[37]。2007 年，Yang 等蒸发溶剂得到均一的直径为 50 nm 的 C_{60} 纳米棒，并且阐明在制备过程中精确控制蒸汽压和蒸发速度，可以生长出均一的特定尺寸的纳米棒。将其与 P3HT 混合应用在太阳能电池中，得到 2.5% 的光电转换效率[38]。同年，Ji 等利用溶剂诱导和表面活性剂辅助自组装技术制备出尺寸高度一致、形貌

可控的单晶 C_{60} 纳微米棒和纳米管[39]。2009年，Wagberg 等在不同芳香族溶液中蒸发 C_{60}，制备了 C_{60} 微纳米棒。研究发现，在间位的芳香溶剂中得到的是六方结构，而在对位的芳香溶剂中得到的则是面心立方结构[40]。Sathish 等将 C_{60} 利用液-液界面沉降的方法在四氯化碳/异丙醇、甲苯/叔丁醇和苯/叔丁醇的界面上分别长出六方纳米片、菱方纳米片及混合多边形纳米片[41]。在得到这些二维纳米材料后，继续往体系中引入水，菱方和混合多边形纳米片继续生长成一维纳米棒结构。2010年，Piao 等以 C_{60} 的吡啶溶胶为先驱体，通过紫外照射的方法合成了超长的 C_{60} 纳米管，XRD 证明纳米管为面心立方单晶结构[42]。

富勒烯微纳米材料的种类很多，除了上面提到的一维纳米结构外，还有纳米片、纳米碗、纳米花、微米量级立方块等很多结构。2007年，Wang 等通过蒸发 C_{60} 间二甲苯溶液，得到纳米级厚度的 C_{60} 纳米片，并且发现，在高于 3 GPa 的压力下，该晶体结构会坍塌，而组成 C_{60} 纳米片的分子最高可以在 30 GPa 的压力下稳定存在[43]。2010年，Choi 等发现在 C_{70} 的均三甲苯/异丙醇界面上可以生长出微米尺寸的 C_{70} 立方块晶体，调节 C_{70} 浓度可以控制晶体的边长，C_{70} 立方块晶体荧光强度比 C_{70} 固体粉末高 30 倍[44]。2011年，Zhang 等在液-液界面沉降法中引入超声，制备了 C_{60} 三维碗状微晶，并将其用作甲醇氧化的催化剂载体，得到很好的催化效果[45]。2016年，Ariga 等制备了分级结构的富勒烯 C_{70} 立方体结构，其是由具有晶体孔壁的纳米棒组成的[46]。C_{70} 的均三甲苯溶液和叔丁醇通过液-液界面法形成了高度结晶的 C_{70} 立方体结构。C_{70} 立方体的晶体结构是优异的气相芳香族溶剂传感系统，芳香族气体易于通过多孔结构进行扩散，并且 sp^2 碳和孔壁有强烈的 π-π 相互作用。2017年，卢兴等通过液-液界面法生长了富勒烯 C_{70} 和金属卟啉的晶体纳米片结构，通过改变溶液极性以及富勒烯和金属卟啉的配比控制晶体形貌。富勒烯 C_{70} 作为电子受体，金属卟啉作为电子供体，纳米片形成了在近红外区域的电子转移态的特征吸收[47]。

（三）富勒烯晶体结构

富勒烯的单晶对于解析富勒烯结构及构筑富勒烯功能材料具有重要意义。富勒烯的单晶生长通常是将富勒烯从溶液中结晶出来，最常见的是液液界面扩散法和溶剂挥发法。液液界面扩散法一般利用富勒烯的一种良溶剂和一种不良溶剂来实现。溶剂挥发法一般将富勒烯的溶液进行挥发，富勒烯晶体将会逐渐析出。对富勒烯单晶进行 X 射线衍射分析可以得到富勒烯的精准结构，因此其是富勒烯及其衍生物结构表征的重要手段。卟啉具有大的分子面积，与富勒烯分子之间具有较强的相互作用，因此卟啉镍多用于富勒烯单晶的培养，获得高质量的有序结构。由于富勒烯具有球形结构，人们还设计了碗状分子来制备更有序的富勒烯单晶。这些碗状分子的凹面与富勒烯的球面相互作用，形成稳定的有序排列结构。

另外，富勒烯单晶材料在超导体、半导体领域也有重要价值。例如，富勒烯的晶格中可以嵌入碱金属离子，形成独特的富勒烯与碱金属复合结构，其最重要的特性就是超导特性。1991 年，美国科学家首次发现掺钾的 C_{60} 具有超导性，超导起始温度为 18 K，超越了当时的有机超导体的超导起始温度。此后还制备了 Rb_3C_{60}，其超导起始温度为 29 K。我国在这方面的研究也开展较早。1991 年，北京大学的研究人员成功地合成了 K_3C_{60} 和 Rb_3C_{60}，超导起始温度分别为 18 K 和 28 K。此后，人们深入拓展了富勒烯的超导研究，掺杂多种金属（碱金属及碱土金属）甚至有机物（如三氯甲烷和三溴甲烷），以提高富勒烯复合材料的超导转变温度[48]。目前，碱金属掺杂富勒烯超导体具有高达 40 K 的超导转变温度，且具有与铜氧化物高温超导体类似的电子态相图。富勒烯超导体的优点有很多，如这种分子超导体复合物容易加工、导电性各向同性等。2020 年，清华大学的研究人员利用分子束外延技术在石墨化的 SiC 衬底上成功制备出厚度和掺杂水平精确可控的高质量单晶富勒烯薄膜（A_xC_{60}，A = K、Rb、Cs），在 K_3C_{60} 薄膜中发现了薄膜厚度变化诱导的莫特绝缘体-超导体转变。今后，富勒烯超导体仍需要进行大量的研究去揭示其微观机理，进一步提高超导转变温度。

二、富勒烯超分子材料

富勒烯具有球形的分子结构，能与很多弯曲的 π 共轭的分子通过凹-凸构型间的 π-π 作用配合形成超分子结构。由于一些主体的结构与富勒烯尺寸有较好的匹配度，与富勒烯分子形成了各种各样的主客体系，主体分子包括碗状结构分子、环状结构分子、笼状结构分子等。主体分子与富勒烯之间具有能量转移和电子转移，可用于设计制备新型复合材料。

富勒烯与杯芳烃的主客体研究较早，如叔丁基 [8] 杯芳烃可与 C_{60} 络合。人们后续还开发了其他的杯芳烃，用于和富勒烯结合形成超分子。碳纳米环是由多个苯环相连形成的环状分子，它们的尺寸可调，有的能与富勒烯形成很好的超分子。例如，[10] 环对苯撑可与 C_{60} 较好复合，而 C_{70} 则与尺寸稍大的 [11] 环对苯撑较好复合。富勒烯与环对苯撑形成的超分子复合物改变了富勒烯的电子结构，给富勒烯带来了更多的光电性质。例如，在光电化学中，超分子复合物会产生更大的光电流，可用于能量转化及传感器件的应用。在超分子体系研究中，科研人员将两个卟啉连起来，做成夹子状甚至笼状分子，用于容纳富勒烯，富勒烯与卟啉的 π-π 相互作用实现了稳定的超分子组装。

Davis 等 [49] 探索了富勒烯（C_{60}、C_{70}）与四硫富瓦烯-杯[4] 吡咯之间结合，四烷基卤盐在二者的组装过程中起到变向作用。采用不同的四烷基卤盐时，富勒烯 C_{60} 可选择性地包覆在弯曲型四硫富瓦烯-杯[4] 吡咯分子的内部或者外部，而且采用不同的四硫富瓦烯-杯[4] 吡咯时，富勒烯 C_{70} 在这些弯曲的分子内部展现出不同的排布。除此之外，富勒烯还能嵌入管状的碳纳米管或者其他环状的分子内形成超分子结构。Barnes 等 [50] 成功合成出盒子形芳烃结构。这种主体结构能与 C_{60} 以 1:1 计量比形成完美的一维阵列结构，C_{60} 位于芳烃结构的环形中并呈现规整排列，能生长至长达 1 mm 的晶体。

富勒烯可与平面型的 π 共轭的分子通过分子间的 π-π 作用力形成一定结构的复合体 [51]。其中，富勒烯-卟啉这类复合物具有优异的光化学及光物理性能，受到极其广泛的研究。一类情况是，富勒烯与卟啉在自组装过程中均匀地形成最终的组装体，如 C_{60} 与四甲氧苯基钴卟啉（CoTMPP）[52] 两者的混合溶液挥发结晶可以得到片状结构（厚度为 50～200 nm），扫描透射电子显微镜元素分布图清楚地表明 C_{60} 与 CoTMPP 两种组分在纳米片中均匀分布，二者以 1:1 的摩尔比结合成超分子复合体形成片状结构。另一种情况是富勒烯与卟啉不是均匀分布，形成两相分开的内外包覆结构 [53, 54]。在表面活性剂 CTAB 的参与下，四吡啶基卟啉锌 $[ZnP(Py)_4]$ 与富勒烯之间的自组装就属于这种情况，最初生成的为独立的富勒烯颗粒与分离的 $ZnP(Py)_4$ 薄片，随后富勒烯颗粒包裹入由薄片结合的空心六棱柱 $ZnP(Py)_4$ 棒中，从而形成了复合富勒烯-ZnP(Py)$_4$棒。有趣的是，采用 C$_{60}$ 和 C$_{70}$ 时，由于 (C$_{60}$)$_n$（15 nm）和 (C$_{70}$)$_n$（20 nm）颗粒比较小，最终复合体形貌为正六棱柱棒；而两种衍生物形成的颗粒比较大 [(C$_{60}$Ph)$_n$ 为 60 nm、(C$_{60}$^{t}Bu)$_n$ 为 80 nm] 时，最终生成了扭曲的多边形棒。

另外，富勒烯还可以通过氢键相互作用、配位相互作用等非共价键相互作用与有机小分子化合物进行复合从而获得其超分子复合材料。Hirao 等 [55] 曾借助于杯 [5] 芳烃和哑铃形富勒烯之间的分子识别，直接获得了超分子富勒烯聚合物及其网络。而 Mateo-Alonso 和 Prato[56] 则介绍了富勒烯-轮烷超分子复合物的合成。线状物是由 C$_{60}$ 基元构成的，通过 1,3-偶极环加成反应形成可溶支链而被官能化，采用富马酰胺模板借助氢键作用而组装成轮烷。

除了上述的一般超分子复合之外，富勒烯还可以通过金属配位体参与下的非共价键相互作用来制备其超分子复合材料。Schmittel 等 [57] 曾采用双重配位方式合成了超分子富勒烯- 卟啉-Cu(phen)$_2$-二茂铁。而 Poddutoori 等 [58] 通过苯甲酸将富勒烯基元轴向连接在 Al(Ⅲ) 卟啉 (AlPor) 上，二茂铁通过酰胺键连接在卟啉环的内消旋位置的四个苯基上，由此得到二茂铁-铝 Al(Ⅲ) 卟啉-富勒烯超分子。该超分子复合物具有良好的光诱导电荷分离特性。Takai 等 [59] 还通过非极性介质中的 π-π 相互作用合成了卟啉三足物-富勒烯超分子复合材料。TPZn$_3$ 的三个卟啉基团是几何靠近，通过柔性接头而相互连接，TPZn$_3$ 的电子转移氧化会导致卟啉基团之间的 π-二聚体形成。TPZn$_3$ 的柔性结构使得它可以通过 π-π 相互作用及 Zn^{2+} 和吡啶基团之间的配位键捕捉到一个含有吡啶基团的富勒烯衍生物（PyC$_{60}$）到腔体内。Escosura 等 [60] 合成了新型酞菁-富勒烯超分子，酞菁和富勒烯这两个光敏单元通过苯基乙烯连接起来。Solladie 等 [61] 合成了一种含亚铵的氨亚基亚甲基富勒烯衍生物，可进一步形成具有卟啉-冠醚共轭物的超分子复合物。

富勒烯基超分子复合材料在有机太阳能电池、药物传输、构筑逻辑门等方面都有很好的应用前景。Wang 等 [62] 曾设计制造了异质结构聚合物太阳能电池用的、作为一种新型电子受体的、具有超分子"双索"结构的卟啉-富勒烯超分子。而 Zhao 等 [63] 则通过乙酸酯富勒烯异构体与二羟基 Sn(Ⅳ) 卟啉的金属轴向配位连接合成了卟啉-富勒烯超分子聚合物。该超分子聚合物显示出长度超过 200 nm 的一维线性规则阵列及良好的热稳定性，有望在有机太

阳能电池方面获得应用。另外，Rezvani 等 [64] 还对富勒烯-卟啉-金属卟啉超分子基染料敏化太阳能电池进行了研究，通过自由基卟啉的金属功能化，可以提高电池效率。Maligaspe 和 D'Souza[65] 曾采用卟啉-富勒烯超分子偶联物来构建 NOR 和 AND 逻辑门，采用冠醚加锌卟啉和咪唑或烷基胺功能化富勒烯，锌卟啉添加富勒烯结合位点选择性输入的荧光猝灭成为 NOR 逻辑门的设计基础，而从卟啉-富勒烯偶联物中变换富勒烯，通过化学输入而恢复原有的荧光形态则成为 AND 逻辑门的设计基础。

三、杂化富勒烯

如上所述，空心富勒烯分子的种类很少，主要就是 C_{60} 和 C_{70}。为了拓展富勒烯的特性，人们必须对富勒烯材料从笼上、笼外和笼内三个方向进行改造。其中，从笼上对富勒烯改造，也就是将其中一个碳原子替换成其他原子，称为杂化富勒烯。这个改造比较难，迄今称得上成功的只有 $C_{59}N$ 一种。因为杂原子的电子数与碳原子不同，因此杂化以后给富勒烯分子带来了新奇的电子结构和物化性质 [66]。1995 年，国内外研究人员相继发现了 $C_{59}N$ 的存在，但由于 $C_{59}N$ 的高活性，其往往以二聚体或其他衍生物的形式稳定下来。二聚体结构为 $(C_{59}N)_2$，两个分子上 N 旁边的 C 易于成键。$C_{59}N$ 的衍生物主要有 $C_{59}NH$，即 N 旁边的 C 与 H 成键。而 O、P、S 等的杂化富勒烯极不稳定，难以获得纯的样品，大多仅出现于质谱和理论计算结果当中。

四、富勒烯笼外衍生物

富勒烯具有多个双键，能发生很多化学反应。通过这些反应得到的富勒烯衍生物数以万计，难以一一介绍。但是，我们注意到，所有对富勒烯进行修饰的目的都是强化富勒烯在某些方面的特性，以达到更好的应用。因此，可以从对富勒烯化学修饰的目的方面将其大致分为三类。

（一）富勒烯亲油性衍生物

富勒烯在一些有机溶剂中具有一定的溶解度，但因为其本身的几何和电子特性，与大多数有机小分子和高分子之间的相互作用比较弱，给其应用带来很多不便之处。因此，对富勒烯进行化学修饰，增加其与有机高分子材料的匹配性就显得十分重要。典型的例子是富勒烯在光伏器件中的应用。因为富勒烯独特的三维共轭结构使其具有较好的得电子特性和电子传输性质，所以其是聚合物太阳能电池优良的电子受体材料。聚合物太阳能电池之所以选择富勒烯衍生物作为电子受体材料，是因为富勒烯特有的低重组能和高还原电位使其能够加速光致电荷转移并有效抑制电子回传，从而大大提高光伏器件的性能和效率[67]。

1992年，人们发现了共轭高分子聚苯乙烯撑衍生物 MEH-PPV 与 C_{60} 之间的光诱导电子转移现象。但是，由于富勒烯与高分子之间的相互作用很弱，器件的加工性能很差。直到1995年，科研人员将新型富勒烯电子受体 PC_{71}BM 与 MEH-PPV 共混旋涂成膜制作太阳能电池，并称其为本体异质结太阳能电池。本体异质结使给体和受体在整个活性层范围内充分混合，电池效率有了突破性的提高。$PC_{61}BM$ 材料推动了有机聚合物太阳能电池的蓬勃发展。至今，$PC_{61}BM$ 及 $PC_{71}BM$ 已经成为经典的电子受体材料。另外，基于 C_{70} 的 $PC_{71}BM$ 由于在可见光范围内具有更宽的吸收也被广泛研究，以 $PC_{70}BM$ 和导电聚合物组成的有机太阳能电池光电转换效率可达10%以上。基于 $PC_{61}BM$ 及 $PC_{71}BM$，研究人员还通过调控碳链长度、引入官能团等手段调控富勒烯受体的能级和共混效果，以期提高光电转换效率，获得了众多有益的研究结果。基于富勒烯的有机太阳能电池具有柔性、可穿戴、透明等特点，有望广泛用于人们的生产生活中。

（二）富勒烯亲水性衍生物

富勒烯水溶性化合物主要应用在生物医学领域。富勒烯分子是不溶于水的，而若想在生物医学获得应用，通过化学反应使富勒烯水溶化是基本的条件[68]。富勒烯的水溶化主要是通过羟基、羧基、氨基等亲水基团对富勒烯分子或其团簇进行表面修饰而实现的。

羟基化反应被广泛地应用于富勒烯的水溶化修饰，制备得到的多羟基衍生物具有优异的水溶性和显著的生理活性。羧基富勒烯也具有优异的水溶性和生理活性。羧基富勒烯可以通过酰胺化反应调控其表面基团、键合靶向分子、药物分子和荧光分子等，从而有望满足多样化应用需求。氨基修饰的富勒烯衍生物也具有良好的生物相容性，同时表面的氨基也使其适合进一步的功能化修饰。富电子的有机胺类（如乙二胺等）容易将其电子对转移至缺电子的富勒烯碳笼，与富勒烯发生亲核加成反应，从而应用于制备氨基修饰的富勒烯衍生物。

此外，对富勒烯包覆增溶的方法也具有重要价值。包覆法的特点是利用水溶性的物质将富勒烯包起来，从而实现增溶的作用。包覆载体包括表面活性剂、环糊精、聚合物等。用表面活性剂来增溶这种方法的稳定性不好，难以应用。环糊精主要依靠主客体作用将富勒烯包含进疏水空腔，依靠环糊精的亲水特点实现富勒烯增溶。环糊精具有良好的水溶性和生物相容性。富勒烯/环糊精的复合物结合了富勒烯和环糊精的优势，在 DNA 切割、光动力学疗法、药物载体等领域发挥了重要作用。因此富勒烯/环糊精的复合物在医学领域中有良好的应用前景。另外，富勒烯/环糊精的复合物在固氮、催化等领域也有开发潜力。将富勒烯引入亲水性的聚合物体系中也是制备水溶性富勒烯的一个有效方法。亲水性聚合物以 PVP 为代表，PVP 增溶的富勒烯已经广泛应用到富勒烯化妆品中。中国科学院化学研究所王春儒团队采用富勒烯和聚乙烯吡咯烷酮高能球磨混合的方法实现了 C_{60}-PVP 复合物的批量制备。该方法操作简单，并且极大地避免了有机试剂的使用，提高了产物生物应用的安全性。所得产物性状稳定，采用自旋捕获法检测发现，该法可以有效去除羟基自由基，且比维生素 C 去除羟基自由基的效果要好。细胞实验表明，C_{60}-PVP 复合物可以有效保护细胞，降低过氧化氢和紫外线对细胞的损伤。在合理用量范围内，C_{60}-PVP 复合物没有表现出暗毒性和光毒性。

水溶性富勒烯在生物医药方面具有重要应用前景 [69]。例如，水溶性二氨基二酸二苯基 C_{60} 衍生物可以抑制 HIV 蛋白酶活性，这立即成为当时生命研究领域的热点。C_{60} 的水溶性羧酸衍生物在可见光照射下能裂解双螺旋 DNA，裂解的主要发生部位在鸟嘌呤碱基对上。分析认为，富勒烯产生的单线态氧催化了 DNA 裂解。部分水溶性富勒烯衍生物具有很强的杀菌性，一种糖基修饰富勒烯的衍生物——富勒烯糖球在埃博拉病毒感染模型中有优异的抗病毒效果，人们还对水溶性富勒烯衍生物的抗氧化性、细胞毒性和神经药物等方面的性质进行了众多有益的探索。

（三）富勒烯两亲性衍生物

富勒烯本身是超疏水分子，因此通过富勒烯的衍生化引入亲水基团可以形成疏水-亲水的两亲分子。在超分子组装中采用两亲分子，基于疏水、亲水这两种相互竞争的作用而引导的组装过程一直被广泛研究。这种平衡的亲水-疏水结构组成的有序结构有胶束、双层结构，进一步可得到泡状结构。由于富勒烯分子是完全疏水的，这种策略可以用来帮助基于富勒烯的两亲分子自组装为一些新奇的超分子结构。关于富勒烯两亲分子的自组装，Hirsch、Guldi 和 Prato 等做了很多尝试及前沿性的工作。Yamamoto 等 [70] 合成出 C_{60}-HBC 两亲分子（HBC 为六苯并蔻）。HBC 与 C_{60} 呈现出规则排布。这种两亲分子最终自组装为同轴的纳米管结构，其中 HBC 基团位于管壁中间，而在管壁中 HBC 阵列内外均被一层 C_{60} 分子层包覆。这种分层的管状结构有利于电子和空穴的进一步分离。

除了上述描述的传统意义上的亲水-疏水分子以外，基于富勒烯的衍生物还有一种特殊的两亲分子结构，即烷基化 C_{60} 超分子 [71]。这种分子的特殊性在于 C_{60} 和烷烃链单元均是疏水的，但是它们之间具有很大的极性差。这种特定的分子结构设计有利于它们在一定溶剂环境下组装成多种多样的介观结构。通常也将这种特殊的自组装方式称为异常的两亲分子（π-疏水）自组装。同时，根据加上去的链长、加成位置及链数的不同，这类两亲分子有很多不同的种类，而烷基化的不同导致了 C_{60} 超分子自组装行为上的差异。

相比于 C_{60} 而言，这种烷基化 C_{60} 分子最大的优势在于其在室温下广泛溶于一些常见的有机溶剂中，如芳香溶剂、氯仿、二氯甲烷和四氢呋喃；在高温下，甚至能溶于一些极性溶剂。同一分子在不同条件下可形成具有不同维度的多功能体系结构 [72]，组装方式是多种多样的，并且应用极其广泛。

五、内嵌富勒烯

内嵌富勒烯是指将金属离子、金属团簇、原子、分子等内嵌在富勒烯碳笼内形成的一类分子。内嵌富勒烯不但具有富勒烯碳笼的物理化学性质，而且可以体现出内嵌元素的性质。下面将介绍内嵌富勒烯的组成与结构，包括内嵌金属富勒烯、内嵌原子富勒烯及内嵌分子富勒烯，并概述内嵌富勒烯的主要性质。

（一）金属离子内嵌富勒烯

金属富勒烯含有丰富的组成和多变的结构，单就内嵌团簇种类而言，就包括金属离子、金属氮化物团簇、金属碳化物团簇、金属氧化物团簇、金属硫化物团簇、金属碳氮化物团簇等。金属富勒烯碳笼的种类更是比空心富勒烯多得多。这是因为，金属团簇会向碳笼转移部分价电子，从而将很多原本不稳定的富勒烯碳笼稳定下来。内嵌金属与碳笼的结合也衍生出丰富的性质和功能，因此金属富勒烯是一种具有重要研究意义的分子纳米材料，在信息科学、能源科学、生物医药、纳米材料等领域具有广阔的应用前景。自1985年首次发现以来，金属富勒烯经历了从组成和结构研究到性质和功能研究的发展过程，目前已在医学成像、肿瘤治疗等方面取得了重大研究突破，相信该纳米材料有望在不久的将来取得商业化应用[73]。

金属离子内嵌富勒烯在此是指只内嵌金属元素的内嵌富勒烯，内嵌的金属向碳笼转移电子，以金属离子形式存在于碳笼内部[74]。大多数稀土金属都可以以单金属的形式内嵌到富勒烯碳笼中，形成单金属内嵌富勒烯结构。其中研究较早的是内嵌单金属富勒烯 $La@C_{82}$（图4-3）、$Sc@C_{82}$ 和 $Y@C_{82}$，它们的单金属一般向外层碳笼转移三个价电子，导致有一个未成对单电子离域在 C_{82}^{3-} 碳笼上，使分子具有顺磁性质，电子自旋与金属核耦合，在电子顺磁共振（EPR）波谱上展现出超精细耦合分裂峰。而对于含有f电子的稀土元素［如钆（Gd）］形成的单金属内嵌富勒烯 $Gd@C_{82}$ 也具有顺磁性，但由于 Gd^{3+} 离子上有多个f电子存在，$Gd@C_{82}$ 分子展现出超顺磁性质，其在高效磁共振成像造影剂方面具有巨大应用潜力。值得注意的是，镧系元素中钐（Sm）、铕（Eu）、铥（Tm）、镱（Yb）的单金属富勒烯中，内嵌金属一般向碳笼转移两个电子即形成稳定结构，如 $Yb@C_{80}$ 等。由于金属向碳笼转移电子数的多变性，碳笼结构也随之变化。碱土金属也可以内嵌到富勒烯笼内形成单金属富勒烯。人们发现了基于钙（Ca）的单金属富勒烯，如 $Ca@C_{94}$；钡（Ba）也可以内嵌入富勒烯笼内，如 $Ba@C_{74}$。锕系的铀（U）和钍（Th）也可形成单金属内嵌富勒烯，如 $U@D_{3h}\text{-}C_{74}$、$U@C_2(5)\text{-}C_{82}$、$U@C_{2v}(9)\text{-}C_{82}$ 和 $Th@C_{3v}(8)\text{-}C_{82}$。

图 4-3　La@C_{82} 的结构图

　　大多数稀土金属也可以形成双金属内嵌富勒烯结构。第一个双金属内嵌金属富勒烯是 La$_2$@I_h-C_{80}。I_h-C_{80} 具有高对称性，C_{80}^{6-} 的碳笼内的转动势垒较低，因此两个镧（La）可在笼内做自由运动。这种碳笼内的内嵌团簇运动是内嵌富勒烯的一大特色，利用这种运动可用于设计转子、陀螺等分子机器[75]。

　　金属离子内嵌富勒烯的主要性质是顺磁性。特别是以 M@C_{82} 为代表的单金属内嵌富勒烯。一类是由分子轨道上一个未成对电子带来的顺磁性，如 Sc@C_{82}、Y@C_{82}、La@C_{82}；另一类则是由未成对 f 电子带来的磁性，如 Gd@C_{82}、Dy@C_{82}、Ho@C_{82} 等。这些顺磁性的金属富勒烯作为新型磁性材料在磁共振成像、单分子磁体、自旋量子信息处理等方面具有重要研究和应用价值。

　　一些 M@C_{82} 分子中的内嵌金属向 C_{82} 转移三个电子，使得 C_{82} 轨道上具有一个未成对电子，导致 M@C_{82} 分子具有顺磁性质。La@C_{82}、Sc@C_{82} 与 Y@C_{82} 三个分子是最经典的顺磁体系，人们相继做了系统的顺磁性研究[76]。在这三个分子中，碳笼上的电子自旋与笼内的金属核耦合，EPR 波谱上会产生超精细耦合分裂谱线，通过对 EPR 谱线的分析，可探知金属富勒烯的结构及分子所处的环境。例如，自旋与金属核耦合的关系可用 g 因子及耦合常数大小来表示，当金属上的电子自旋密度较大时，耦合常数也会比较大。碳笼上的化学反应会改变电子自旋密度的分布，因此也将改变耦合常数的大小。EPR 谱图与分子的运动也有关系，低温下分子运动变慢，EPR 谱线出现各向异性的特征。因此，自旋及其顺磁性质可以作为分子结构、分子运动等的探针。

一些 $M@C_{82}$ 分子中的内嵌金属具有未成对 f 电子，将带来新的磁性质，如 $Gd@C_{82}$、$Dy@C_{82}$、$Ho@C_{82}$ 等。$M@C_{82}$（M 为镧系金属）是研究最多的一类顺磁性内嵌金属富勒烯[77]。这些分子一般具有顺磁性，由于 f 电子的存在，EPR 技术难以对其进行研究，可用超导量子磁强计（superconducting quantum interference device，SQUID）进行测试，根据居里外斯公式得到分子的有效磁矩（μ_{eff}），通过磁矩的分析去探索分子的结构及电子相互作用。外界环境同样会对这类分子的顺磁性质产生影响，如碳笼的修饰、分子组装、结构复合等。

双金属内嵌富勒烯 $Y_2@C_{79}N$ 是一个重要的顺磁性分子。$Y_2@C_{79}N$ 属于氮杂金属富勒烯，是由 N 原子取代 C_{80} 碳笼上的一个 C 原子形成的。N 比 C 多一个电子，因此分子轨道上具有一个未成对电子，该未成对电子主要位于内嵌的 Y_2 团簇上。$Y_2@C_{79}N$ 溶液的 EPR 信号在常温条件下有对称的三条 EPR 谱线。由于对称性的降低，$Y_2@C_{79}N$ 在低温下呈现顺磁各向异性。$Y_2@C_{79}N$ 的 EPR 谱图也容易受到碳笼修饰的影响，加成反应限制 Y_2 的运动，极化 Y_2 上的电子自旋，衍生物的 EPR 谱图也表现出明显的各向异性及谱线裂分。$Y_2@C_{79}N$ 分子的顺磁性质容易受介质的影响，如将其填充到金属有机骨架化合物 MOF-177 晶体的孔笼中，低温下 $Y_2@C_{79}N$ 分子在孔笼内由于 π-π 相互作用有了定向的排列，呈现出轴对称 EPR 信号。基于此，可通过"自下而上"的方式构筑有序顺磁体系，进而获得磁各向异性的材料[78]。

（二）金属团簇内嵌富勒烯

金属团簇内嵌富勒烯在此是指金属与非金属元素 N、C、O、S 等结合以团簇的形式内嵌到碳笼内，见图 4-4。1999 年，三金属氮化物团簇内嵌富勒烯 $Sc_3N@C_{80}$ 的发现大大扩展了金属富勒烯家族。这种团簇内嵌富勒烯具有较高的产率和稳定性，极大地促进了对金属富勒烯化学反应性、光电性质、磁性质、生物医学功能的研究。之后，人们又陆续发现了以 $Sc_2C_2@C_{84}$ 为代表的金属碳化物团簇内嵌富勒烯、以 $Sc_4O_2@C_{80}$ 为代表的金属氧化物团簇内嵌富勒烯、以 $Sc_2S@C_{82}$ 为代表的金属硫化物内嵌富勒烯、以 $Sc_3CN@C_{80}$ 为代表的金属碳氮化物内嵌富勒烯。这些新型内嵌金属团簇极大地推动了金属富勒烯的发展。

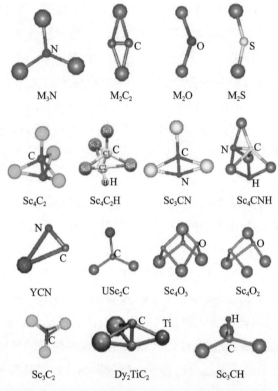

图 4-4　金属团簇内嵌富勒烯中的金属团簇示意图

在电弧放电的 He 气氛中引入一定量的氮气，可得到金属氮化物内嵌富勒烯。其中产量最高的是 $Sc_3N@C_{80}$ 分子，$Sc_3N@C_{80}$ 的产率比金属离子富勒烯大大提高，这是金属富勒烯制备领域一个里程碑式的发现。尤其是以 M_3N 为代表的三金属氮化物模板衍生出众多的金属富勒烯结构，极大地丰富了金属富勒烯的材料宝库[79]。基于这种三金属氮化物模板，人们还开发出混合金属内嵌富勒烯，如双金属混合内嵌富勒烯，甚至三金属混合内嵌富勒烯，这种混合金属内嵌富勒烯可以实现单个分子的多功能化。

2001 年，人们发现了第一例金属碳化物内嵌富勒烯 $Sc_2C_2@D_{2d}$-C_{84}。金属碳化物内嵌团簇建立了金属富勒烯的另一个重要家族，特别是 M_2C_2 作为金属碳化物模板也构建了众多的金属富勒烯。由于碳化物内嵌富勒烯的合成和金属离子内嵌富勒烯的合成过程一样，并且人们也开始审视以往合成的双金属富勒烯，利用核磁、单晶、理论计算等手段重新表征之前的结构，发现了更多的金属碳化物内嵌富勒烯[80]。例如，分子式为 Sc_2C_{84} 的三个异构体被证实都是 $Sc_2C_2@C_{82}$。M_2C_2 具有可变的结构，会随着碳笼尺寸的减小，内嵌团簇 M_2C_2 在碳笼空腔内由伸展的平面型结构变化到像蝴蝶一样弯曲的结构。人们还发现了其他类型的金属碳化物团簇内嵌富勒烯，如 $Sc_3C_2@I_h-C_{80}$。$Sc_3C_2@C_{80}$ 是顺磁性分子，有一个单电子位于内嵌团簇上。在电子顺磁共振波谱上，单电子与三个钪（Sc）耦合出 22 条 EPR 谱线。它的电子自旋对外界环境具有灵敏感知特性，如对溶剂、温度、自由基弱磁场、分子运动、纳米空间等具有响应性，可以作为自旋探针。另外一个有特色的碳化物团簇内嵌富勒烯是具有三层嵌套结构的 $Sc_4C_2@I_h-C_{80}$。碳笼内的 4 个 Sc 原子形成四面体结构，C_2 单元位于四面体中，使得 $Sc_4C_2@C_{80}$ 分子呈现类似俄罗斯套娃的 $C_2@Sc_4@C_{80}$ 结构。

在电弧炉的 He 气氛中引入少许氧气或二氧化碳，可合成金属氧化物内嵌富勒烯。第一个金属氧化物内嵌富勒烯 $Sc_4O_2@I_h-C_{80}$ 的团簇中，四个 Sc 组成了四面体，而两个 O 就连在四面体的两个面上。随后，人们还发现了内嵌七原子的金属氧化物富勒烯 $Sc_4O_3@C_{80}$，其中的 4 个 Sc 仍组成四面体结构，3 个 O 则分别连在四面体的三个面上，分子的最外层是 I_h 构型的 C_{80} 碳笼。此后，人们还陆续发现了 $Sc_2O@C_{2n}$（$n=35\sim47$）的内嵌富勒烯[81]。

以 $Sc_2S@C_{82}$ 为代表的金属硫化物内嵌富勒烯是在 2010 年发现的。在电弧放电的 He 气氛中引入一定量的二硫化碳，可得到金属硫化物内嵌富勒烯。2012 年报道了一个非 IPR 结构的 $Sc_2S@C_s(10528)-C_{72}$。后面人们还陆续发现了 $Sc_2S@C_{70}$、$Sc_2S@C_{2v}-C_{68}$、$Sc_2S@C_{76}$、$Sc_2S@C_{84}$ 等结构[82]。

以 $Sc_3CN@I_h-C_{80}$ 为代表的金属碳氮化物内嵌富勒烯发现于 2010 年。金属碳氮化物内嵌富勒烯的制备条件与金属氮化物内嵌富勒烯类似，即在电弧炉的 He 气氛中引入一定量的氮气。在 $Sc_3CN@I_h-C_{80}$ 分子中，内嵌的 CN 之间以双键连接，并与 3 个 Sc 形成五元共平面结构。这也是被发现的第一个 CN 与金属形成团簇内嵌在富勒烯笼中的例子，开创了金属内嵌富勒烯的又一个新家族。紧接着，人们又报道了另一例金属碳氮化物内嵌富勒烯 $Sc_3NC@C_{78}$。另外，金属碳氮化物内嵌团簇还可以组成复杂的结构。例如，在 $Sc_3(C_2)(CN)@C_{80}$ 中，外层为 I_h 对称性的 C_{80} 碳笼，笼内是 7 个原子组成的 $Sc_3(C_2)(CN)$ 大团簇。金属碳氮化物内嵌富勒烯的另一类代表性分子是金属 M

与 CN 形成三原子团簇内嵌在 C_{82} 的笼内，如 $YCN@C_s\text{-}C_{82}$。有趣的是，内嵌的 YCN 团簇是一个三角形。在发现 MCN 团簇构成的金属富勒烯后还陆续发现了 $TbCN@C_{82}$、$YCN@C_{84}$ 衍生物等结构。

单分子磁体性质是在金属内嵌富勒烯领域的一种重要磁学性质。2012年，科学家首次报道了 $DySc_2N@C_{80}$ 的单分子磁体性质。该分子在低于 4 K 时出现磁滞现象，分子经 C_{60} 稀释后在 2 K 下的零场弛豫时间延长至数小时。此后，人们发现了更多的 Dy 基金属富勒烯单分子磁体，如 $Dy_2ScN@C_{80}$、$DyErScN@C_{80}$、$DyEr@C_{82}$ 等[83]。金属富勒烯单分子磁体性质也可以进行调控，如碳笼上的化学修饰会影响磁化强度和分子磁矩。将金属富勒烯分散到介质中，其单分子磁体性能也会受到介质的影响，如主客体作用会抑制量子隧穿的发生。

金属富勒烯在热电器件也有研究[84]。热电器件在能量转换方面非常有吸引力，主要是因为它们能够将温度差直接转化为可利用电能，并且能够反向工作，也就是通过电流来传输热能。内嵌金属富勒烯 $Sc_3N@C_{80}$ 的单分子热电器件得到初步研究，$Sc_3N@C_{80}$ 单分子热电器件热能的能级和信号与分子的排列取向及电压密切相关，碳笼内的 Sc_3N 团簇在费米能级附近引起尖锐的谐振。$Sc_3N@C_{80}$ 是一个双热电材料，既有正的热能，也有负的热能。

金属碳化物内嵌富勒烯 $Sc_3C_2@C_{80}$ 具有重要的顺磁性质。该分子的电子自旋位于分子中心的 C_2 单元上，分子的 EPR 谱图呈现对称的 22 条超精细裂分谱线。$Sc_3C_2@C_{80}$ 的顺磁性质容易受到碳笼上的加成反应的影响，这是因为加成反应会影响电子自旋密度的分布及内嵌团簇的运动，进而改变耦合常数。$Sc_3C_2@C_{80}$ 的电子自旋对分子外接环境（如溶剂和温度）比较敏感，会影响自旋的翻转，也会对金属有机骨架化合物（MOF）的孔道进行感知，如孔道的尺寸及孔道内的小分子数量，因此其可作为分子磁探针用于纳米空间的原位探测。$Sc_3C_2@C_{80}$ 的电子自旋还受到周围局域磁场的影响，如氮氧自由基。当二者相距几个纳米时，强烈的自旋-自旋相互作用可以大大减弱 $Sc_3C_2@C_{80}$ 的 EPR 信号[85]。$Sc_3C_2@C_{80}$ 对分子弱磁场如此灵敏的感应可以用于分子罗盘和单分子级别的磁共振成像研究。$Sc_3C_2@C_{80}$ 的自旋还可以对分子转子三蝶烯的转动进行感知。当三蝶烯转动较快时，电子自旋翻转也加快，并在 EPR 信号上做出响应，因此 $Sc_3C_2@C_{80}$ 的电子自旋可作为分子机器的运动探针[86]。

（三）原子和分子内嵌富勒烯

原子内嵌富勒烯是指将元素以原子的形式包含进富勒烯笼形成的内嵌富勒烯。这些元素包括大部分的稀有气体原子及ⅢA族中的N和P原子。这些原子内嵌富勒烯的合成方法与金属富勒烯不同，它们大多通过离子束轰击富勒烯法或者高温高压法来合成得到。需要指出的是，内嵌到富勒烯碳笼内的稀有气体原子和ⅢA族中的N和P原子是以原子形式存在的，内嵌物不向碳笼转移电子。

He、Ne、Ar、Ke、Xe一般通过高温高压的方法挤压进富勒烯笼内。后来，人们发现离子束轰击的方法及化学开笼的方法也可以制备稀有气体内嵌富勒烯。1994年，人们通过高温加压法合成了同位素标记的^{3}He@C_{60}和^{3}He@C_{70}，揭示了其作为磁探针的研究价值，即利用^{3}He的核磁共振信号来探测^{3}He@C_{60}分子所处的环境信息。例如，在^{3}He@C_{60}外接不同的基团，内嵌^{3}He的NMR位移会发生明显的变化，这种变化是由于发生化学反应时富勒烯笼内电子环境的改变引起的，因此基于^{3}He的内嵌富勒烯可以作为探针来跟踪富勒烯碳笼上发生的化学反应。由于He原子尺寸较小，两个He原子可以同时嵌入C_{70}笼内，如^{3}He$_2$@C_{70}。这种结构的NMR性质可以反映两个磁性核之间的相互作用，在量子科学上有重要研究价值。

原子内嵌富勒烯N@C_{60}、N@C_{70}、P@C_{60}等分子相继被合成出来，其中N@C_{60}的产率最高，获得了较多的研究。N@C_{60}分子得到更深入的研究，特别是N原子的电子自旋性质。N@C_{60}分子具有非常长的电子自旋耦合时间，可作为量子比特用于量子态的操纵，在量子信息和原子钟方面具有研究价值。N@C_{60}分子的电子自旋对外界环境比较敏感，如可感知碳笼上发生的化学反应。2002年，人们预测了N@C_{60}和P@C_{60}分子应用到量子计算机上的理论可能性，认为可以给N@C_{60}和P@C_{60}分子施加脉冲的电子自旋共振来写入和读出信息。需要指出的是，N@C_{60}的产量依然很低，稳定性也较低，在空气中容易发生团聚和氧化，而且其往往和C_{60}混合在一起，难以获得高纯度的材料。即便如此，由于其独特的N原子自旋活性，该分子依然得到众多的关注。有研究发现，在高压条件下，N@C_{60}和N@C_{70}的热稳定性增强。

这对于研究其物理性质具有参考意义。$N@C_{60}$-$N@C_{60}$二聚体也具有研究意义，二者之间的偶极-偶极耦合在量子计算方面具有价值。$N@C_{60}$可以与邻近的磁性分子发生偶极-偶极耦合，进而感知局域磁场，如酞菁铜配合物与$N@$ C_{60}之间具有可调控的偶极耦合。$N@C_{60}$可以感知衍生物在液晶基体中的取向。$N@C_{60}$水溶性衍生物可作为极性有机溶剂中Cu^{2+}的有效自旋探针，因此可用作探测生物环境中顺磁性物种的探针。

在研究富勒烯碳笼化学的过程中，人们对打开富勒烯笼子非常感兴趣，即主要通过多步的化学反应将富勒烯笼上的一些单双键打开，进而实现在碳笼上开一个孔。在成功实现开孔以后，人们又开始尝试将一些小的分子（如氢气）塞进碳笼内部，但是这些小分子又容易逃逸出来，因此需要想办法将碳笼补上。经历多年的探索和尝试，直到2005年$H_2@C_{60}$的合成代表了这种技术的成熟。这种被称作"分子手术"的方法在富勒烯研究领域具有重要意义。此后，人们相继将H_2、CO、H_2O、HF、NH_3等小分子内嵌到富勒烯碳笼里。

第三节 富勒烯及其衍生物的合成与分离方法

一、富勒烯的合成

富勒烯的形成条件比较苛刻，一般需要1700℃以上的高温，同时还需要高真空条件，所以在地球上基本上不能自然形成。目前，科学家根据富勒烯的特性，设计并实现的富勒烯合成方法主要包括直流电弧放电法、火焰燃烧法、激光蒸发法、热解法、等离子体法、有机合成法等（表4-1）。其中，直流电弧放电法是制备富勒烯和金属富勒烯的通用技术，火焰燃烧法实现了富勒烯的工业化制备。

表 4-1 富勒烯的合成方法

合成方法	合成条件			富勒烯产率/%
	原料	温度/℃	气氛	
直流电弧放电法	石墨棒	>3000	He 或 Ar	≤ 10
火焰燃烧法	苯或甲苯	1000~2000	O_2	≤ 20

续表

合成方法	合成条件			富勒烯产率/%
	原料	温度/℃	气氛	
激光蒸发法	石墨	—	He	<1
热解法	多环芳烃	<2000	He	<1
等离子体法	氯仿或石墨粉	—	Ar	<5
有机合成法	多环芳烃前驱体	<2000	—	<1

（一）直流电弧放电法

电弧放电法是使用石墨棒作为阳极，与阴极在氦气中产生等离子体电弧，高温高能量的电弧使石墨气化并原子化，进而在氦气中扩散冷却生成一系列的富勒烯[3]。调整优化电弧放电法的条件参数，如电源的电流和电压、惰性气氛的组成和压力、电极间距、设备腔体温度，能够调控富勒烯的产率与成分组成。电弧放电法制备的富勒烯成分相对简单，非富勒烯杂质含量低，已经发展成为最常用的富勒烯合成技术。目前，电弧放电法仍需要使用昂贵的氦气才能达到10%左右的富勒烯产率，并且一般无法实现连续生产，限制了其在富勒烯工业化制备中的应用。

（二）火焰燃烧法

火焰燃烧法是将苯或甲苯等有机物在氧气中进行不完全燃烧，合成富勒烯的产率高达20%[87, 88]。对于火焰燃烧法，有机物与氧气的比例、火焰的温度、燃气的流量是调控富勒烯成分与产率的关键条件参数。火焰燃烧法的工艺操作简单、可连续制备，不需要消耗电力以制造富勒烯形成所需要的高温，成本优势显著，适合工业化生产富勒烯。但是，火焰燃烧法的反应温度一般在2000℃以上，反应原料中存在碳、氢、氧等多种元素，所以制备的富勒烯成分较复杂，会产生较多的稠环芳烃等非富勒烯杂质，后续分离纯化的技术难度较大，限制了火焰燃烧法在生物医学等对纯度要求较高的领域的使用。

近年来，通过不断研究优化电弧放电法和火焰燃烧法的设备装置与工艺参数，已经实现高纯度 C_{60}（纯度>99%）和 C_{70}（纯度>98%）的大规模制备。基于不同的应用需求，国内外多家公司分别使用电弧放电法或火焰燃烧法进行富勒烯生产。国内的北京福纳康生物技术有限公司、厦门福纳新材料科技有限公司、河南富乐烯纳米新材料科技有限公司和美国的 SES research 采用电弧放电法达到年产数十千克高纯 C_{60} 的产量；国内的内蒙古碳谷科技有限公司和日本三菱化学株式会社的 Frontier Carbon（FCC）通过苯燃烧法分别实现了百千克级和吨级富勒烯混合物的年产量。工业化生产富勒烯技术的开发，为富勒烯的研究与应用提供了充分的原料保障，加速拓展了富勒烯的下游应用市场。

（三）其他合成方法

除以上两种方法外，其他合成富勒烯的方法由于成本、产能等限制，均无实用价值。例如，激光蒸发法是利用激光蒸发石墨生成富勒烯；热解法是将萘等多环芳烃加热至 1000℃以上，使其分解进而组装形成富勒烯；等离子体法是在氩气气氛下产生高温高能量的等离子体，使氯仿等有机物或石墨粉气化裂解，进而合成富勒烯；有机合成法是将预先合成的 $C_{60}H_6(CO)_{12}$、$C_{60}H_6(Ind)_6$、$C_{60}H_{30}$、$C_{60}H_{27}Cl_3$、$C_{78}H_{38}$ 和 $C_{84}H_{30}$ 等多环芳烃作为原料，利用激光或闪式真空热解的方式使其分解生成富勒烯。

二、富勒烯笼外衍生物的合成

富勒烯的衍生物成千上万，种类繁多，已经成为富勒烯化学一门专门的学科。其中，绝大多数富勒烯衍生物是基于 C_{60} 的各种反应产物，以及不到 2% 的 C_{70} 反应产物，本节就其中几个典型的反应进行介绍。

（一）富勒烯简单加成

富勒烯最简单的加成产物是 C_{60} 的氢化物。目前已经有多种方法合成氢化富勒烯。其中，最重要的方法是 Birch 还原，即用富勒烯与熔融状态的二氢蒽进行反应；其次是氢转移反应及富勒烯与锌和盐酸的还原反应。例如，Nossal 等[89]采用 Birch 还原法合成了 $C_{60}H_{36}$。不过，这种低温方法得到的产物往往成分十分复杂，现在已经得到两个主要异构体，却没有完全确认其分子结构。Gakh 等[90]在高温条件下合成了 $C_{60}H_{36}$ 的三个异构体，并用核磁共振谱等技术进行了结构表征，结果显示 C_1 对称的异构体最丰富（60%～70%）。

与富勒烯氢化物结构类似的是其氯化物。谢素原等通过将四氯化碳引入电弧放电装置合成了富勒烯衍生物 $C_{50}Cl_{10}$[91]。他们通过 NMR 实验确定了其结构，分子结构中，10 个氯原子加成到 C_{50} 的 5 组 B_{55} 的碳原子上，恰好将活性碳原子中和掉。吕鑫等的理论计算结果与实验结构高度一致并解释了 $C_{50}Cl_{10}$ 高度稳定的原因[92]。后来，谢素原课题组将 $C_{50}Cl_{10}$ 培养成单晶，通过 XRD 实验再次验证了原来确定的结构。这些结果清楚地表明，外部原子确实容易加成到 B_{55} 键的碳原子上，将张力释放，从而得到稳定的 sp^3 杂化碳。之后，同一小组合成、分离得到 $C_{56}Cl_{10}$、$C_{60}Cl_8$ 和 $C_{60}Cl_{12}$[93] 等。这些工作为富勒烯的形成机理研究提供了线索。

（二）富勒烯环加成反应

为了实现富勒烯衍生物的更广泛应用，研究人员通过在富勒烯表面进行目标导向的功能化反应合成了结构多样、性质丰富的富勒烯衍生物。在这些化学衍生化方法中，由于富勒烯容易发生环加成反应且反应产率高、易控制，因此目前大多数的富勒烯衍生物均由富勒烯的环加成反应制备得到。在富勒烯环加成衍生物的基础上，可以对加成基团和碳笼进行进一步的修饰，得到结构多样、性质更加丰富的富勒烯基衍生物。

1. [2+1] 环加成反应

这种加成方式就是外部基团的一个碳原子同时加成到富勒烯笼上两个相邻的碳原子上，形成含有三元环的富勒烯基衍生物，因此其主要是用来制备富勒烯环丙烷衍生物，也称亚甲基富勒烯衍生物。亚甲基富勒烯可以通过富勒烯与稳定的碳负离子或卡宾反应得到，也可以通过与重氮化合物先加成后热分解或光解得到。第一种反应是利用富勒烯与稳定的碳负离子反应。该反应被广泛用于富勒烯的衍生物，如富勒烯羧酸衍生物的制备及与发色基团相连合成给-受体体系等。第二种方法是利用富勒烯和单线态卡宾通过 B_{66}（两个六边形共用的碳原子形成的键）加成选择性得到亚甲基富勒烯。Zhu 等[94]在离子液体超声且含金属催化剂的条件下将卤化物与富勒烯 C_{60} 反应得到单一且产率较高的 B_{66} 加成产物。第三种方法是采用重氮化合物与富勒烯反应得到目标产物。Diederich 等[95]首次在室温搅拌条件下利用 C_{60} 与二苯基重氮甲烷得到目标产物。除此之外，重氮化合物也被用于作为合成卡宾的前体，但比第二种方法复杂。值得注意的是，利用此类反应也可以获得专一的 B_{66} 加成反应产物。

2. [2+2] 环加成反应

富勒烯与炔胺、苯胺及烯酮的反应均属于 [2+2] 环加成反应。相比于 [2+1] 反应，该类反应报道的较少。典型的 [2+2] 反应是富勒烯与环己烯酮的反应[96]。在光照条件下，环己烯酮激发产生三重态中间体，然后与富勒烯反应得到 [2+2] 环加成产物。

3. [2+3] 环加成反应

腈氧化物、叠氮化物可以与富勒烯发生 [2+3] 反应。经典的 Prato 反应属于 [2+3] 环加成反应，主要利用氨基酸与醛反应脱水形成甲亚胺叶立德中间体，然后与富勒烯发生反应。其中，决速步是中间甲亚胺叶立德产生速率，通常溶剂的极性、反应温度及反应产物的活性均对中间体的产生起到关键作用。

4. [2+4] 环加成反应

富勒烯可以与二烯烃类化合物发生环加成反应，得到 B_{66} 加成产物。富勒烯的 Diels-Alder 反应便是该反应类型的一种。Hudhomme[97] 采用该方法成功将四硫富瓦烯与富勒烯反应得到富勒烯基四硫富瓦烯衍生物。目前该反应已成为科学家构建分子的不可缺少的重要方法之一。

（三）富勒烯水溶性衍生物的制备

富勒烯水溶性化合物主要用于生物医学研究。在生物医学方面，生物体的环境大部分都是水环境，而 C_{60} 是芳香性分子，水溶性差，因此提高富勒烯的水溶性具有重要意义。目前较多的解决方案是通过化学反应在富勒烯碳笼上修饰多个强极性基团（如—OH、—COOH 和—NH$_2$ 等）来增强其亲水性。其中，多羟基化反应最简单，可以通过碱还原、磺酸化、相转移催化法和简单的固液法制备得到具有一定羟基分布的不同类型的富勒醇；通过 Bingel 反应对富勒烯进行羧基化修饰，可以精确可控地合成固定的分子组成和分子结构的羧基衍生物，并且适用于进一步的功能化修饰；利用有机胺类与金属富勒烯的亲核加成反应，既可以合成氨基富勒烯纳米颗粒，又能制备单分散的氨基富勒烯分子。

一般的多羟基化反应是在氮气保护下，将少量的钾加入富勒烯的甲苯提取液中，并进行加热回流，富勒烯被还原而从甲苯溶液中析出，还原产物经水解后得到棕黑色的富勒醇水溶液。使用发烟硫酸对富勒烯进行磺酸化，将多个磺酸根通过环加成反应加成至富勒烯表面，再进行后续的水解反应，能够制备多羟基富勒烯。但是，无论是碱还原还是磺酸化，其反应都较剧烈，无法调控羟基的加成数量，难以得到固定化学组成的富勒醇。随后的研究发现，富勒烯与强碱溶液在相转移催化剂［四丁基氢氧化铵（TBAH）］的作用下进行羟基化反应，能够可控合成富勒醇。NaOH水溶液中的氢氧根阴离子通过两相界面的TBAH转移至富勒烯的甲苯溶液中，并且在TBAH的催化作用下将羟基键合到碳笼上，生成富勒醇。控制相转移催化反应时间可以调控羟基的加成数量。通过凝胶色谱对富勒醇进行进一步分离纯化可以得到窄分布的富勒醇。富勒醇表面修饰的羟基数量直接影响其理化性质，合成固定羟基数的富勒醇对其应用研究具有重要意义。为了高效、快速合成金属富勒醇，并且避免相转移催化法容易残留催化剂的问题，也可以利用简单的固液反应实现羟基富勒烯纳米颗粒的大批量制备。即将富勒烯的固体加入过氧化氢和碱溶液中，来源于碱溶液的羟基被键合至富勒烯表面，从而制备得到新结构的水溶性富勒烯纳米颗粒。这种羟基纳米颗粒具有更大的粒径，往往具备特殊的生物效应。

对于富勒烯羧基衍生物的合成，利用Bingel反应使丙二酸酯与富勒烯的碳碳双键发生环加成，可以使用普通层析柱色谱分离纯化得到固定组成和结构的加成产物分子，再进行水解反应得到水溶性的多羧基富勒烯衍生物，笼外修饰的羧基还可以作为前驱体进一步功能化。通常是以1,8-二氮杂二环十一碳-7-烯（DBU）作为催化剂，在其甲苯溶液中进行Bingel加成反应生成富勒烯酯化物，然后通过碱金属氢化物（NaH或KH）催化水解得到富勒烯羧基衍生物。

对于氨基修饰的富勒烯衍生物的合成，可采用富电子的有机胺类与富勒烯发生亲核加成反应，从而制备氨基修饰的富勒烯衍生物。例如，在富勒烯与乙二胺的反应中，将富勒烯的固体与乙二胺在室温下进行搅拌反应，多个乙二胺分子被键合至富勒烯上，再使用稀盐酸将反应产物溶解后进行透析纯化和阴离子交换，得到水溶性氨基富勒烯纳米颗粒。

三、内嵌富勒烯的合成

（一）电弧法

金属富勒烯是类别最多、研究最广泛的内嵌富勒烯，兼具内嵌金属和富勒烯碳笼的特性。金属富勒烯是通过激光蒸发蘸有金属盐溶液的石墨棒而被首次发现的，但是激光蒸发法的产率极低，难以满足金属富勒烯的研究需求。对传统电弧放电法进行改进，将金属或金属氧化物填充在石墨棒中，在特定的反应气氛中利用高温电弧将金属或金属氧化物蒸发并离子化，进而与蒸发裂解的石墨组装形成种类繁多的金属富勒烯。对于单金属富勒烯［如 $M@C_{82}$（M= La、Ce、Gd、Y）］、双金属富勒烯［如 $M_2@C_{80}$（M= La、Ce、Pr）和三金属富勒烯如 $M_3@C_{80}$（M=Sm、Tb）］，将对应的金属或金属化合物填充在石墨棒中，然后在氦气中进行电弧放电即可达到较高的产率。

通过调节石墨棒中填充物的成分和比例、反应气氛的成分与压力，利用传统的电弧放电法能够合成种类繁多的金属富勒烯内嵌团簇类型（表4-2）。金属氮化物富勒烯的产率和化学稳定性明显优于其他金属富勒烯，其中 $Sc_3N@C_{80}$ 的产率高达3%～5%，仅次于 C_{60} 和 C_{70}。金属氮化物富勒烯的合成需要引入氮原子，通过在反应气氛中添加氮气或以氨气作为氮源，或者向石墨棒中混合填充无机含氮化合物（如硝酸铜、硫氰酸铵）或有机含氮化物（如尿素、三聚氰胺）等，进而在电弧的高温作用下分解提供氮源。金属碳化物富勒烯是基于金属碳化物能够与某些富勒烯碳笼形成更稳定的分子结构，从而利用传统的电弧放电条件就能够获得较高的产率。金属氧化物富勒烯需要在添加少量空气或二氧化碳的氦气中合成。金属硫化物富勒烯的合成需要向石墨棒中掺入含硫化合物或在反应气氛中引入微量二氧化硫作为硫源。金属碳氮化物富勒烯的制备方法与金属氮化物富勒烯相同，但是只能使用氮气作为氮源才能获得相对较高的收率。在氦气中添加少量氢气或甲烷，能够合成金属碳氢化物富勒烯；使用氮气直接作为反应气氛，能够制备微量的金属氰化物富勒烯。

表 4-2 电弧放电法合成内嵌金属富勒烯

金属富勒烯内嵌团簇类型	代表性分子	合成条件	
		石墨棒中填充物	气氛
金属氮化物	$Sc_3N@C_{2n}$ ($2n$=68、78、80)、$Y_3N@C_{2n}$ ($2n$=78~88)、$Gd_3N@C_{2n}$ ($2n$=78~88)、$Tb_3N@C_{2n}$ ($2n$=80,84~88)、$Er_3N@C_{80}$、$Tm_3N@C_{2n}$ ($2n$=80、84)、$Lu_3N@C_{2n}$ ($2n$=80、88)	金属或金属氧化物	He+(N_2或NH_3)
		金属+(氰氨化钙、硝酸铜或硫氰酸铵)	He
		金属+(硫氰酸胍、盐酸胍、尿素或三聚氰胺)	He
金属碳化物	$Sc_2C_2@C_{82}$、$Sc_2C_2@C_{80}$	金属或金属氧化物	He
金属氧化物	$Sc_4O_2@C_{80}$、$Sc_4O_3@C_{80}$、$Sc_2O@C_{82}$	金属或金属氧化物	He+(空气或CO_2)
金属硫化物	$M_2S@C_{82}$(M=Dy、Y、Lu)	金属或金属氧化物+硫氰酸胍	He+SO_2
金属碳氮化物	$Sc_3CN@C_{80}$、$YNC@C_{82}$	金属或金属氧化物	He+N_2
金属碳氢化物	$Sc_3CH@C_{80}$、$Sc_4C_2H@C_{80}$	金属	He+(H_2或CH_4)

电弧放电法既可合成富勒烯，又可合成金属富勒烯，是一种通用的富勒烯合成技术。中国科学院化学研究所王春儒团队经过多年的技术积累，已经将电弧法制备金属富勒烯发展成为工业化生产的实用技术，并在北京福纳康生物技术有限公司和厦门福纳新材料科技有限公司进行技术转化。他们将钆铁硼合金填充在石墨棒中，使用改进的多电极电弧炉大幅提高 $Gd@C_{82}$ 的合成产率和效率，并且利用完全自主研发的提取和分离技术，建成了国际上首条年产千克级金属富勒烯的生产线。

（二）高压法

除了电弧法，人们还相继找到多种方法制备内嵌富勒烯，见表 4-3。高压法是指将富勒烯置于气体氛围内，再施以高压，就可将分子直径较小的气体压入富勒烯笼内。这是一种适用范围很窄的方法，一般只适用于稀有气体分子。人们通过高温高压的方法成功将 He、Ne、Ar、Ke、Xe 内嵌到富勒烯碳笼中[98]。2009 年，西南科技大学的彭汝芳等还使用爆炸的方式合成了 $He@C_{60}$ 和 $He_2@C_{60}$，其本质上也属于高压法[99]。

表 4-3   一些内嵌富勒烯的合成方法

内嵌富勒烯	合成方法
X@C$_{60}$ 和 X@C$_{70}$（X=He、Ne、Ar、Kr、Xe）	高压嵌入
N@C$_{60}$、N$_2$@C$_{60}$、M@C$_{60}$(M=Li、Na、K)	离子注入
N@C$_{60}$、N@C$_{70}$、N$_2$@C$_{70}$	辉光放电
X@C$_{60}$ (X=He、Ne、Ar、Kr、H$_2$、N$_2$、H$_2$O、CO、NH$_3$、CH$_4$)、He@C$_{70}$	"分子手术"
HeN@C$_{60}$、HeN@C$_{70}$	有机合成反应结合 射频加热蒸发
放射性的 ^{3}H@C$_{60}$	热原子化学法

（三）离子注入法

一些内嵌富勒烯可以通过离子注入法实现，也就是先利用高能离子束轰击富勒烯，轰破笼壁后离子能量耗尽，然后碳笼会再自我修复，有一定概率会把相关离子关在笼内，从而形成内嵌富勒烯，理论上每个元素都能通过该方法内嵌至碳笼中，目前已经将氮原子、磷原子、碱金属离子等注入 C$_{60}$ 中并被分离[100-102]。但是这种内嵌富勒烯合成方法所用的条件非常极端，而且产率比较低。金属 Li 也可以通过离子注入的方式内嵌入 C$_{60}$ 笼内，形成 Li@C$_{60}$。然而由于 C$_{60}$ 与 Li 之间的电荷转移作用。Li@C$_{60}$ 本体难以进行分离，但可以用氧化剂氧化 Li@C$_{60}$ 形成稳定的衍生物，Li@C$_{60}$ 衍生物具有较好的光电化学性质，在光电化学、太阳能电池等领域具有广泛的应用。

（四）分子手术法

科学家一直有一个梦想，希望先通过多步的化学反应将富勒烯笼上的一些单双键打开，在碳笼上开一个孔，然后将一些小的分子（如氢气）塞进碳笼内部，再将碳笼补上。经历了多年富勒烯化学方面的探索和积累，2005 年，人们利用多步有机合成技术制备出 H$_2$@C$_{60}$ 内嵌富勒烯（图 4-5）。这种被称作"分子手术"的方法在富勒烯研究领域具有重要意义。基于此技术，人们陆续将 H$_2$、CO、H$_2$O、HF、NH$_3$ 等多种小分子内嵌到富勒烯碳笼内[103]。

人们发现，在合成 H$_2$@C$_{60}$ 的反应过程中，随着碳笼的逐渐闭合，五元环所具有的顺磁电流对笼内氢有强烈的去屏蔽作用，使得氢的 NMR 位移不

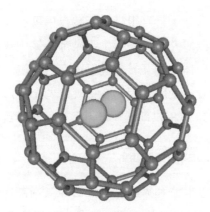

图 4-5　$H_2@C_{60}$ 内嵌富勒烯的结构图

断向低场移动，最后变化到 $H_2@C_{60}$ 中的 -1.44 ppm[①]。当 $H_2@C_{60}$ 碳笼发生化学反应时，又会使内嵌 H_2 的 NMR 信号移向高场。由此可见，内嵌氢气的 NMR 受碳笼化学环境的影响很大，因此它可以作为 NMR 探针来监测笼上甚至笼外化学条件的变化[104]。另外，$H_2@C_{60}$ 分子内的氢气与外界也有较强的作用能力，如其可以猝灭笼外的单线态氧、可以感受笼外的自由基（这种感知主要靠外界环境对内嵌氢气核弛豫的影响）。

对 $H_2@C_{60}$ 的一个有意思的研究是对其内嵌的氢气分子的两种量子态相互转变的调控。氢气分子存在两种形式的氢。一种是正氢，也就是 2 个氢核的自旋方向相同；另一种是仲氢，也就是 2 个氢核的自旋方向相反。正氢没有 NMR 信号，而仲氢则是 NMR 活性的。常温下，$H_2@C_{60}$ 内的氢气分子有 75% 是以仲氢形式存在的，当把 $H_2@C_{60}$ 吸附到分子筛内时，低温下，仲氢即可向正氢转变，氮氧自由基的存在还可以加速这种转化。$H_2@C_{70}$ 中内嵌的氢气分子也表现出这种量子态转变。这种转变通过光学进行诱导，光激发 $H_2@C_{70}$ 产生富勒烯三重态可作为两种量子态转化的旋转催化剂。但在相同条件下，$H_2@C_{60}$ 内没有观察到量子态互变，这说明氢气分子的性质也受到碳笼的影响。

2019 年，人们合成了 C_{60} 笼内包含甲烷分子的小分子内嵌富勒烯 $CH_4@C_{60}$。甲烷是被封装在 C_{60} 中的第一种有机分子。$CH_4@C_{60}$ 中 ^1H 自旋晶格弛豫的时间与在气相中相似，表明甲烷在 C_{60} 笼内是自由旋转的[105]。

$H_2O@C_{60}$ 为研究高度对称环境中孤立的水分子提供了好的研究对象。由

---

① 1 ppm=1 mg/kg。

于没有强相互作用，水分子具有很高的旋转自由度。非弹性中子散射、远红外光谱和低温核磁共振研究结果表明了富勒烯碳笼中亚稳水分子的存在，并对水分子自旋同分异构体的相互转化进行了实时监测。在固相水中，由于快速的质子交换且分子旋转受阻，因此直接观察两个自旋异构体较困难，而分子内嵌富勒烯 $H_2O@C_{60}$ 可提供即使在低温下也能自由旋转孤立的水分子[106]。

四、富勒烯的提取与分离

目前，利用电弧放电法和火焰燃烧法已经实现富勒烯的工业化生产。但是，无论哪种方法合成的富勒烯碳灰，主要成分都是 C_{60}、C_{70}、C_{76}、C_{78}、C_{84} 等多种富勒烯及其氧化物、小分子碳簇及多环芳烃等非富勒烯杂质。碳灰中富勒烯的含量较低（一般低于 20%），种类繁多的富勒烯的分子结构与理化性质非常相似，非富勒烯杂质的成分异常复杂，因此富勒烯的提取与分离是限制富勒烯研究、生产与应用的重要技术瓶颈。

根据富勒烯的溶解性和稳定性，可以选择合适的有机溶剂，通过索式提取、超声提取或高温提取，对碳灰中的富勒烯成分进行分离富集，见表 4-4。常规的空心富勒烯和稳定的金属氮化物富勒烯在芳烃类有机溶剂中具有较高的溶解度，能够利用甲苯或邻二甲苯直接提取；单金属富勒烯由于内嵌金属与碳笼发生电荷转移，分子极性较大，需要使用极性胺类溶剂（如 DMF）进行高温提取；溶解性和稳定性较差的非 IPR（独立五元环）富勒烯或窄带隙金属富勒烯需要在真空下和高温下进行升华提取。

表 4-4　富勒烯与金属富勒烯的提取方法

富勒烯类型	提取溶剂	提取方式
常规富勒烯 （如 C_{60}、C_{70}、C_{76}、C_{78}、C_{84}）	邻二甲苯、甲苯等	索式提取或超声
易溶金属富勒烯 （如金属氮化物富勒烯 $M_3N@C_{80}$，M=Sc、Y、Gd、Tb、Dy、Tm、Lu、Er）	邻二甲苯、甲苯等	索式提取或超声
强极性金属富勒烯 （如单金属富勒烯 $M@C_{82}$，M=La、Sc、Y、Gd、Ce、Pr、Nd、Tb、Dy、Ho、Lu、Er）	DMF、吡啶等	加热或超声
不溶金属富勒烯 （如窄带隙的 $M@C_{60}$，M=La、Gd、U、Er）	—	真空高温升华

（一）空心富勒烯的提取

富勒烯的共轭电子结构与芳烃类溶剂存在较强的 π–π 相互作用，在甲苯、二甲苯、氯苯等芳烃溶剂中具有相对较好的溶解性。表 4-5 提供了 C_{60} 和 C_{70} 在不同有机溶剂中的溶解度，选择合适的溶剂能够将电弧法或火焰燃烧法制备的碳灰中的富勒烯溶解提取出来，实现初步的分离富集。综合考虑溶剂的溶解性、安全性、成本和沸点，甲苯和邻二甲苯是当前最常用的富勒烯提取溶剂。二硫化碳早期也被广泛用作提取溶剂，但是由于其沸点低、易燃易爆且气味特殊，富勒烯的研究与应用越来越少使用二硫化碳。在不同温度下，邻二甲苯对 C_{60} 和 C_{70} 的溶解度明显高于甲苯，并在 20~30℃ 的常温下对两者的溶解度均在 9 mg/mL 以上[107]。因此，使用邻二甲苯作为溶剂，在常温下即可实现富勒烯的高效提取。

表 4-5　25℃下 C_{60} 和 C_{70} 在常规溶剂中的溶解度

溶剂	溶解度/(mg/mL)	
	C_{60}	C_{70}
1-氯化萘	51.3	—
1-甲基萘	34.8	—
1,2-氯苯	23.4	36.2
四氢化萘	13.7	12.3
1,2,4-三氯苯	9.6	—
邻二甲苯	9.5	15.6
1,2,3-三溴丙烷	8.3	—
二硫化碳	7.9	9.9
氯苯	6.4	—
对二甲苯	5.0	4.0
三溴甲烷	5.0	—
苯乙烯	3.9	4.7
甲苯	2.4	1.4
间二甲苯	2.1	—
苯	1.5	1.3

早期的富勒烯提取方式主要是溶剂浸泡和加热回流，提取效率低，得到的富勒烯种类有限。索氏提取法是基于溶剂回流和虹吸原理，让蒸发回流的纯溶剂多次反复将富勒烯从碳灰中溶出，将提取收率提高了 1 倍以上，但是得到的富勒烯种类并没有显著增加。超声提取法是利用超声波的强力震动和空化作用，将碳灰破碎细化，进而释放出其内部包裹的富勒烯，并且增强溶剂与碳灰的浸润程度，在常温常压下即可实现富勒烯的高效提取。索氏提取法和超声提取法均能够充分提取 C_{60}、C_{70}、C_{76}、C_{78}、C_{84} 等分子结构稳定且溶解度较好的富勒烯，其中索氏提取装置容量小且所需温度较高，仅适合小型实验应用，超声提取法设备简单、提取速率快，适应于大规模工业化提取。对于部分非独立五元环结构或较大碳笼的富勒烯的提取，需要采用特定的溶剂和高温高压等特殊提取条件[108]，这些富勒烯大多化学性质不够稳定、溶解性差且难以分离，故不做展开介绍。

电弧法制备的富勒烯碳灰中存在大量的小分子碳簇（如碳纳米管、石墨烯等），为了确保后续的分离效果，需要尽量去除提取液中的不溶性杂质。无论是实验研究还是工业放大，均能够采用高速离心法去除大颗粒杂质，再使用聚乙烯、聚四氟乙烯等高分子滤膜（过滤精度可达 100 nm）、金属膜（过滤精度可达 100 nm）、陶瓷膜（过滤精度可达 5 nm）进行精密过滤，完全去除不溶性固体颗粒。

溶剂和提取方法是决定富勒烯提取效率的关键因素，对于产率较高、结构稳定且溶解度较好的常规富勒烯，选择邻二甲苯作为溶剂在常温常压下进行超声提取再进行多级过滤，即可实现高效的提取富集。

（二）金属富勒烯的提取

金属富勒烯内嵌的金属原子或金属团簇会与碳笼发生电子转移，其电子结构、分子极性、化学活性、溶解性都与空心富勒烯存在显著差异，针对不同类型的金属富勒烯需要选择特定的溶剂和提取方法。金属氮化物富勒烯［如 $M_3N@C_{80}$（M=Sc、Y、Gd、Tb、Dy、Tm、Lu、Er）］具有较高的溶解性和化学稳定性，可以使用甲苯、邻二甲苯等常规溶剂进行索氏提取或超声提取。单金属富勒烯［如 $M@C_{82}$（M=La、Sc、Y、Gd、Ce、Pr、Nd、Tb、Dy、Ho、Lu、Er、Ca、Sm、Yb）］的分子极性大，在芳烃溶剂中溶解度低，并且化学性质活泼，容易发生分子间聚合或被氧化，提取操作条件较繁杂。

DMF 或吡啶等含氮溶剂能够与单金属富勒烯形成电荷转移化合物，进而特异性地溶解单金属富勒烯。DMF 作为最常用的单金属富勒烯提取溶剂（提取流程见图 4-6），将电荷转移至 M@C$_{82}$ 形成 M@C$_{82}$ 阴离子，进一步提高其分子极性和溶解度，而空心富勒烯在 DMF 中溶解度极低（常温下，C$_{60}$ 在 DMF 中溶解度低于 0.1 mg/mL），从而能够从碳灰中选择性提取 M@C$_{82}$；后续的高效液相色谱分离需要将 DMF 置换为甲苯，加入四丁基溴化铵等季铵盐增强 M@C$_{82}$ 阴离子的稳定性；添加约 1% 三氟乙酸的甲苯，其对 M@C$_{82}$ 阴离子具有较高的溶解度，并能将其转化为 M@C$_{82}$ 本体，最后萃取去除三氟乙酸即可获得富集 M@C$_{82}$ 的甲苯溶液[109]。为了同时提取空心富勒烯和金属富勒烯，预先使用甲苯等低沸点溶剂在室温下溶出碳灰中的空心富勒烯，过滤收集碳灰并初步干燥，再利用 DMF 提取金属富勒烯，甲苯对碳灰的初次提取对后续 DMF 提取没有显著影响。对于几乎不溶的金属富勒烯［如 M@C$_{60}$（M=La、Gd、U、Er）］，可以在真空下将碳灰加热至 360～750℃，使目标金属富勒烯升华并冷却收集。

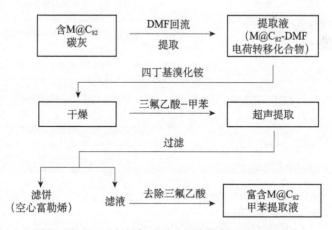

图 4-6　DMF 选择性提取单金属富勒烯的流程示意图

根据其分子极性和溶解性，金属富勒烯的提取方法可以分为三大类：①溶解性优异的金属氮化物富勒烯等，使用芳烃类溶剂直接进行提取；②低溶解度、强极性的单金属富勒烯，利用 DMF 等含氮溶剂与之形成电荷转移化合物实现选择性提取，再氧化处理得到金属富勒烯本体；③溶解性极差的单金属富勒烯或窄带隙金属富勒烯，在真空高温下进行升华收集，金属富勒烯碳笼越大，其升华温度越高。根据其分子特性，大部分金属富勒烯可以从上述三类方法中筛选溶剂和操作条件进行提取。

（三）分离与纯化

现有富勒烯合成方法只能制备得到一系列不同类型的富勒烯或金属富勒烯的混合物，经过提取富集之后，还需要进行高效分离才能获得高纯度的富勒烯材料。根据富勒烯的结构与性质差异，基于不同的分离原理，主要发展了 7 种分离纯化方法（表 4-6）。其中，高效液相色谱法对空心富勒烯和金属富勒烯具有最佳的分离效果，溶剂结晶法能够实现大规模分离空心富勒烯，路易斯酸络合法适合高效分离金属富勒烯。针对不同类型的富勒烯材料，将分别介绍合适的分离方法。

表 4-6　基于不同原理的富勒烯分离方法

分离方法	试剂或分离操作	分离原理
高效液相色谱法	Buckyprep、Buckyprep-M 等色谱柱，甲苯作为流动相	富勒烯与色谱柱的 π-π 作用差异及碳笼极性差异，产生不同保留时间
	C18 色谱柱，甲苯-甲醇/乙腈作为流动相	碳笼极性差异，产生不同保留时间
溶剂结晶法	邻二甲苯或二硫化碳作为溶剂	基于不同温度下的溶解度差异，进行低温或高温结晶
物理吸附法	微孔活性炭、分子筛	根据碳笼尺寸，选择性物理吸附
超分子捕获法	冠醚、环糊精、杯芳烃、环苯撑、MOF、卟啉类、CTV	根据碳笼尺寸和结构，选择性捕获/释放
氧化还原法	电化学氧化还原	基于氧化还原电位差异，选择性电化学氧化或还原
路易斯酸络合法	$TiCl_4$、$FeCl_3$、$AlCl_3$、$CuCl_2$、$MgCl_2$、$ZnCl_2$	根据氧化电位，选择性络合沉淀/释放
化学吸附法	氨基修饰或环戊二烯修饰的硅胶	通过亲核加成或 Diels-Alder 反应，选择性化学吸附

电弧法和燃烧法制备空心富勒烯的主要成分都是 C_{60} 与 C_{70}，还包括少量的 C_{60} 和 C_{70} 氧化物及 C_{76}、C_{78}、C_{84} 和 C_{86} 等大碳笼富勒烯。在提取物中，C_{60} 的含量在 60% 以上，C_{70} 的含量在 20% 左右，C_{60} 与 C_{70} 及其他富勒烯的碳笼尺寸与形状、分子极性、溶解性、氧化还原电位和化学反应性存在细微

差异，利用高效液相色谱法、溶剂结晶法、物理吸附法和超分子捕获法可以分离得到高纯度的 C_{60} 和 C_{70}。

　　高效液相色谱作为应用最广泛的富勒烯分离技术，基于碳笼共轭电子体系和分子极性的差异，使结构类似的富勒烯在固定相和流动相之间具有不同的分配系数，进而在色谱柱上产生不同的保留时间。色谱柱填料修饰的基团和流动相溶剂是影响分离度和分离效率的关键因素，在色谱柱固定相引入 π 共轭基团能够显著增强对富勒烯的保留作用，甲苯作为流动相对多种富勒烯都具有优异的洗脱分离能力。

　　目前能够高效分离富勒烯的色谱柱主要有 6 种（固定相结构见图 4-7）。首先，根据碳笼大小进行分离，碳笼越大，保留时间越长，如 C_{60}、C_{70}、C_{76}、

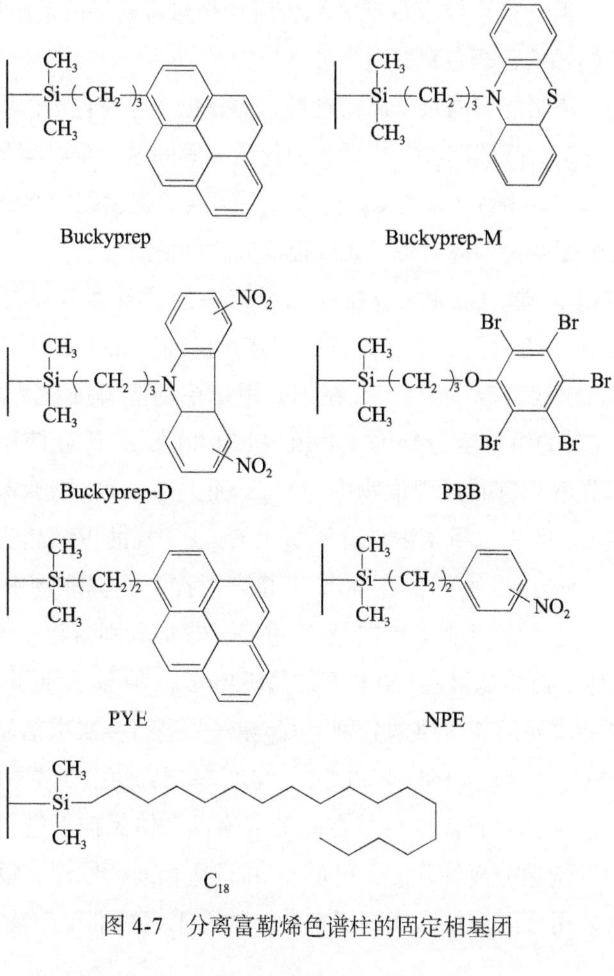

图 4-7　分离富勒烯色谱柱的固定相基团

C_{78}、C_{84}、C_{86} 依次先后被洗脱;其次,再按照分子极性进行洗脱,极性越大,保留时间越长,如 C_{60} 氧化物在 C_{60} 之后才被洗脱。固定相键合芘基丙基的 Buckyprep 柱和芘基乙基的 PBB 柱的分离效果接近,对富勒烯及其氧化物的分离度高且保留时间适中,适合分离空心富勒烯。固定相引入极性基团会增强对极性富勒烯的保留作用,五溴苯基修饰的 PBB 柱进一步提高了 C_{60} 与 C_{70} 的分离度,对富勒烯氧化物的分离效果优于 Buckyprep 柱,但是过于延长保留时间,导致分离时效较低。修饰噻吩嗪基的 Buckyprep-M 柱、硝基咔唑基的 Buckyprep-D 柱和硝基苯乙基的 NPE 柱显著提高了对极性成分的保留作用,更适合分离极性差异较显著的富勒烯衍生物及其异构体。C18 柱的十八烷基对富勒烯的保留作用较弱,采用甲苯和甲醇或乙腈的混合流动相也能够实现高效分离,但是由于柱容量低和混合流动相对富勒烯的溶解度低,C_{18} 柱仅适合作为富勒烯的分析色谱柱。

高效液相色谱法能够高效分离富勒烯,但是仍然存在色谱柱填料昂贵、单次上样量少、分离时间周期长、流动相消耗量大等问题,难以满足工业化分离富勒烯的技术需求。利用 C_{60} 与 C_{70} 在邻二甲苯或二硫化碳中溶解度差异及不同温度下的溶解度变化趋势,可以大规模地分离制备高纯度的 C_{60} 和 C_{70} 材料。

相比于二硫化碳,C_{60} 和 C_{70} 在邻二甲苯中的溶解度差异更大,并且邻二甲苯的沸点高、使用更安全、无特殊气味,已经成为工业化分离的首选溶剂,见图 4-8。在较高温度下,C_{70} 在邻二甲苯中的溶解度显著高于 C_{60}(如 80℃下 C_{60} 和 C_{70} 的溶解度分别为 4.4 g/L 和 21.8 g/L),因此使用邻二甲苯在高温下能够预先溶出富勒烯提取物中的 C_{70},而大部分 C_{60} 仍然保留在提取物中,再将富集 C_{70} 的邻二甲苯溶液降温析出 C_{70}。常规的重结晶法是将适量的邻二甲苯与富勒烯提取物固体在 80℃下超声搅拌,使提取物中的 C_{60} 和 C_{70} 达到饱和溶解状态,然后在 80℃下恒温过滤,收集分别富集了 C_{70} 的饱和滤液和 C_{60} 的固体,再将滤液在 -20℃下结晶析出 C_{70},从而实现了 C_{60} 和 C_{70} 的初步分离。进一步使用邻二甲苯分别对 C_{60} 和 C_{70} 进行多次重结晶,即可分离得到高纯度的 C_{60}(纯度 >99%)和 C_{70}(纯度 >98%)。由于富勒烯在高温下容易氧化,上述纯化过程需要尽量在除氧或惰性气体保护下进行。邻二甲苯结晶法能够大批量地分离纯化 C_{60} 和 C_{70},并且适合连续操作、设备和工艺简单,目前多家公司采用该技术实现了富勒烯的百千克级别年产量。

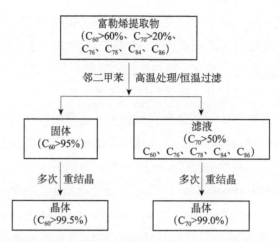

图 4-8 邻二甲苯分离富勒烯 C_{60} 与 C_{70} 的流程示意图

利用富勒烯碳笼大小和形状的差异，通过微孔活性炭或分子筛对其进行选择性物理吸附，进而按照碳笼尺寸从小到大依次被溶剂洗脱。孔径集中分布在 1～2 nm 的活性炭通过孔内的石墨化结构与富勒烯发生 π-π 作用，因此强烈吸附保留 C_{60} 和 C_{70}，对大碳笼的 C_{76}、C_{78}、C_{84} 和 C_{86} 吸附量非常少，进一步使用甲苯将活性炭吸附的 C_{60} 优先洗脱，再继续采用邻二甲苯洗脱收集 C_{70}，从而结合活性炭吸附和溶剂分批洗脱实现了对 C_{60} 和 C_{70} 的分离[110]。

孔径尺寸分布是决定物理吸附选择性的关键参数，而孔内结构产生的保留作用是影响吸附容量的主要因数。活性炭的孔径分布难以达到均匀可控，分子筛的孔结构对富勒烯的保留作用较弱，而超分子化合物既能提供尺寸均一、可调的空间腔体，又能调控空腔内官能团增强保留作用，是选择性捕获并分离富勒烯的理想材料。冠醚、环糊精、杯芳烃等能够与富勒烯形成主客体，氮杂冠醚、环三藜芦烯衍生物（CTV）、卟啉构成的笼状分子、环苯撑和金属有机框架化合物（MOF）均能够高选择性地捕获富勒烯，再通过溶剂洗脱即可实现富勒烯的快速分离。其中，可以调控 CTV 烷基链长度以允许 C_{60} 自由通过笼内空腔，只捕获尺寸较大的 C_{70}，从而达到分离效果[111]；四菱柱状卟啉笼 TPPCage·8PF$_6$ 能够特异性结合 C_{70}[112]，锌卟啉与钯配位形成的纳米笼可以选择性包裹 C_{60}～C_{84} 等不同大小的富勒烯[113]；MOF 材料 MIL-101(Cr) 利用骨架内 1.2～1.6 nm 的空腔优先捕获 C_{70} 及尺寸更大的富勒烯[114]。

对于空心富勒烯，高效液相色谱法的分离度最高、适应范围最广，适合小规模实验分离；邻二甲苯结晶法对 C_{60} 和 C_{70} 的分离效率最高、工艺简单、成本低，满足工业化分离的技术需求；活性炭吸附法的分离选择性相对较低，分离过程难以稳定可控；超分子捕获法具有显著的分离选择性，进一步设计、扩展其分子结构有望实现对多种富勒烯的高效分离。

金属富勒烯提取液中通常存在大量的空心富勒烯，并且其化学稳定性和溶解性相对较差、异构体较多，分离纯化难度高。高效液相色谱是分离金属富勒烯的通用技术，其中 Buckyprep-M 柱对其分离效果最佳。对于金属富勒烯提取物，可以使用 Buckyprep 柱预先进行分离富集，再利用 Buckyprep-M 柱对其进行精细分离。联合 Buckyprep 和 Buckyprep-M 进行多步分离，或者采用色谱循环分离可以获得结构性质极其相似的金属富勒烯。通过色谱循环成功实现了相同碳笼结构的多金属氮化物富勒烯 $Lu_xY_{3-x}N@C_{80}$（x=0～2）、$Lu_xSc_{3-x}N@C_{80}$（x=0～2）、$Gd_xSc_{3-x}N@C_{80}$（x=0～2）、$Ho_xSc_{3-x}N@C_{80}$（x=1，2）和 $V_xSc_{3-x}N@C_{80}$（x=1，2）的分离。

基于金属富勒烯氧化还原电位的差异，可以选择性地将其氧化或还原生成离子化合物，根据溶解性进行分离后再将其转化为中性富勒烯。在 $La@C_{82}$ 和 $La_2@C_{82}$ 的提取液中，将其电化学还原为阴离子，使用丙酮/二硫化碳选择性溶解 $La@C_{82}$ 和 $La_2@C_{82}$ 阴离子，过滤除去不溶的中性富勒烯，再利用氧化剂二氯乙酸将阴离子恢复为中性，从而达到纯化的目的。不溶的小带隙金属富勒烯（如 $Gd@C_{60}$），可以在苯腈中电化学还原并溶解，再通过电化学或氧化剂将其氧化并析出，最后过滤使其与苯腈中溶解的大带隙富勒烯分离[115]。利用不同活性的氧化剂分别氧化钆金属富勒烯，可以分离得到 $Gd@C_{82}$ 和一系列不溶的 $Gd@C_{2n}$（$2n$=60，70，74）。$Sc_3N@C_{80}$ 异构体的第一氧化电位存在 270 mV 的差异，采用三(4-溴苯基)六氯锑酸铵特异性氧化 $Sc_3N@D_{5h}$-C_{80} 为阳离子，实现与另一异构体 $Sc_3N@I_h$-C_{80} 的分离[116]。

利用第一氧化电位差异，路易斯酸能够选择性络合金属富勒烯，再通过水解路易斯酸得到金属富勒烯本体，进而实现金属富勒烯的高效分离。根据待分离金属富勒烯的第一氧化电位，从表 4-7 中选择阈值略高于金属富勒烯氧化电位的路易斯酸，在无水条件下搅拌或超声以形成金属富勒烯-路易斯酸的络合物沉淀，过滤出富含空心富勒烯的滤液，通过碳酸氢钠溶液或水促进路易斯酸水解释放金属富勒烯，再使用甲苯溶解得到金属富勒烯溶液（分离流程见图 4-9）。路易斯酸与金属富勒烯的投料比及络合反应时间是影响分离纯度和收率的关键因素，过度反应会产生不可逆的络合产物，导致金属富勒烯的收率显著降低。络合能力最强的 $TiCl_4$ 能够快速分离单金属富勒烯（如 $La@C_{82}$、$Ce@C_{82}$、$Gd@C_{82}$ 等）、双金属富勒烯（$Ce_2@C_{80}$）和金属氮化物富勒烯（$Sc_3N@I_h\text{-}C_{80}$、$Gd_3N@I_h\text{-}C_{80}$）；联合使用 $AlCl_3$ 和 $FeCl_3$ 可以分离得到高纯度的 $Sc_3N@C_{80}$；活性较低的 $CuCl_2$ 适合分离化学性质活泼的金属富勒烯（如 $Sc_3C_2@I_h\text{-}C_{80}$、$Sc_3N@D_{3h}\text{-}C_{78}$、$Sc_4O_2@I_h\text{-}C_{80}$），并且对 $Er_2@C_{82}$ 的两个异构体实现了完全分离[117]。根据路易斯酸的反应活性顺序：$CaCl_2 < ZnCl_2 < NiCl_2 < MgCl_2 < MnCl_2 < CuCl_2 < WCl_4 < WCl_6 < ZrCl_4 < AlCl_3 < FeCl_3 < TiCl_4$[118]，首先利用氧化电位阈值较低的路易斯酸络合活泼的金属富勒烯，再依次采用活性较高的路易斯酸分离氧化电位较高的金属富勒烯，系列路易斯酸联用的方法有望发展成为一种通用的金属富勒烯分离技术。

表 4-7　路易斯酸络合富勒烯的氧化电位阈值

路易斯酸	氧化电位阈值/V
$TiCl_4$	0.62～0.72
WCl_6、$ZrCl_4$、$AlCl_3$、$FeCl_3$	0.6
$MgCl_2$、$MnCl_2$、WCl_4	0.1～0.5
$CuCl_2$	0.19
$CaCl_2$、$ZnCl_2$、$NiCl_2$	0.1

亲核加成和 Diels-Alder 环加成是两类常规的富勒烯有机反应。金属富勒烯与空心富勒烯的反应活性通常差别较大，利用两者的反应性差异可以实现高效分离。具有给电子特性的氨基（伯胺和叔胺）容易与富勒烯发生亲核加成反应，因此采用表面修饰氨基的层析硅胶根据富勒烯的键共振能对其进行选择性化学吸附，过滤即可分离吸附和未吸附的富勒烯（吸附反应见图 4-10）。利用氨基硅胶分离得到高纯度的 $Sc_3N@C_{80}$，并且通过优先吸附异构体 $Sc_3N@D_{5d}\text{-}C_{80}$ 进一步实现了 $Sc_3N@I_h\text{-}C_{80}$ 的纯化[119]。调整氨基硅烷前驱体可以制备一系列不同氨基负载量的硅胶，提高氨基负载量可以显著加快吸附速率并增加吸附容量。接枝了环戊二烯的硅胶或树脂能够根据键共振能选择性地与富勒烯进行可逆的 Diels-Alder 环加成反应，过滤分离后通过热处理还

能释放被吸附的富勒烯，同样实现了 M₃N@C₈₀（M= Sc、Y、Er、Gd、Ho、Lu、Tb、Tm）的快速纯化[120]。

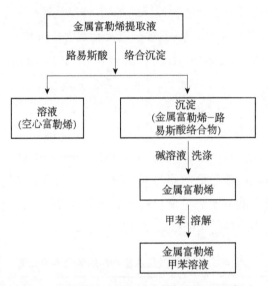

图 4-9　路易斯酸分离金属富勒烯的流程示意图

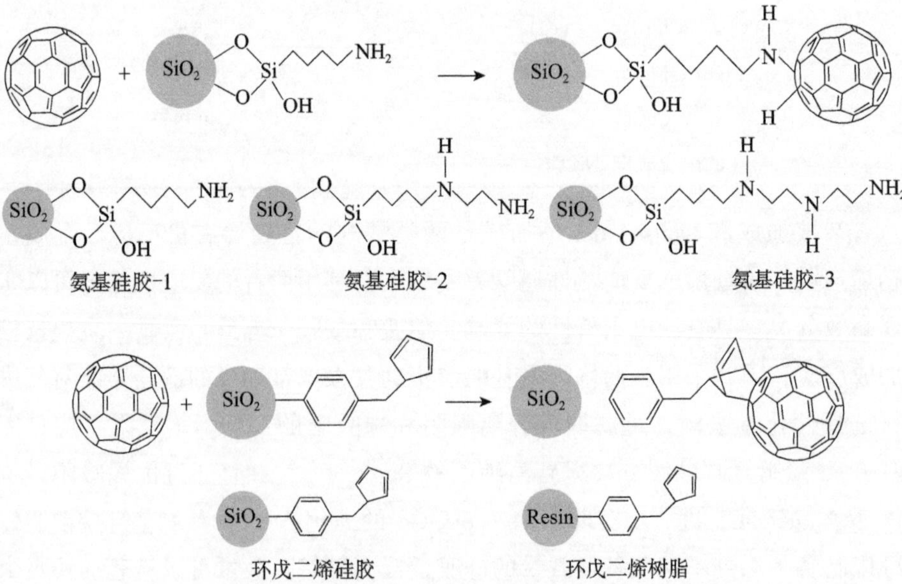

氨基硅胶-1　　氨基硅胶-2　　　　氨基硅胶-3

环戊二烯硅胶　　　　　　环戊二烯树脂

图 4-10　氨基或环戊二烯修饰的硅胶化学吸附富勒烯

第四节　富勒烯及其衍生物的应用领域和研究现状

富勒烯作为一种功能纳米材料，具有稳定的结构和独特的物理化学特性，因此在广阔的领域里获得众多应用是必然的结果。总的说来，富勒烯具有以下优异特性。

（1）纳米尺度的超稳定特性。富勒烯独特的封闭笼状结构消除了分子上所有的悬挂键，所以在纳米尺度上，富勒烯是最稳定的分子之一，甚至可以在空气中长期保存。

（2）高效猝灭自由基特性。富勒烯具有独特的三维芳香特性，其表面具有一个离域的 π 电子群，使其像催化剂一样能够在猝灭自由基后本身再回复为原来的状态。

（3）可溶解特性。富勒烯是全碳材料中唯一一个可完全溶解在有机溶剂中的分子，所以可以通过物理或化学方法进行纯化，这对于该材料的应用至关重要。

（4）半导体特性。富勒烯分子的带隙在 1～3 eV，是很好的 n 型半导体。

（5）生物相容性。富勒烯具有良好的生物活性，能够保护和修复受损伤的细胞，且在生物体内没有排异现象。

（6）高对称性。富勒烯的高度对称特性使其能够非常容易地形成分子晶体，得到各种纳米结构。

（7）可修饰性。富勒烯可通过内嵌金属团簇或外接化学基团形成新的化合物，拓展其物理化学特性，从而给其带来更多的应用。

实际上，富勒烯几乎所有的应用都是基于以上这些特性开发的，下面介绍几种富勒烯的主要应用。

一、富勒烯在微电子领域的应用

富勒烯在微电子领域的应用主要得益于富勒烯稳定的分子结构，良好的半导体特性，以及可通过内嵌金属拓展其光、电、磁特性。

（一）场效应晶体管

空心富勒烯 C_{60} 为典型的 n 型半导体，是一种极具前景的场效应晶体管材料。目前报道的最高的 C_{60} 材料的电子迁移率可达 10 cm^2/(V·s) 以上，Li 等[121]采用一种简单的溶液自组装方法［即液滴固定结晶法（droplet-pinned crystallization, DPC）］改变初始溶剂中四氯化碳和间二甲苯的比例，可控地制备出 C_{60} 棒状或带状阵列结构。这种阵列结构的电子迁移率可以达到 11 cm^2/(V·s)。另外，采用类似的 DPC 方法，富勒烯与 C8-BTBT 通过逐步自组装的方法形成有机单晶 PN 结[122]。这种 PN 结具有双极性的半导体传输性质，最好的性能可以达到空穴迁移率为 0.16 cm^2/(V·s)、电子迁移率为 0.17 cm^2/(V·s)。

富勒烯可以与其他一些 π 共轭的 p 型半导体材料共结晶成有机给-受体结构[123]。Zhang 等[124]用溶剂挥发自组装的方法制备了富勒烯与硫桥轮烯（meso-diphenyltetrathia[22]-annulene[2,1,2,1], DPTTA）的给-受体结构，分别为 C_{60}-DPTTA 和 C_{70}-DPTTA。富勒烯与 DPTTA 之间形成分隔的排列方式。这种结构有利于提高电子和空穴迁移率，最终测得的 C_{60}-DPTTA 的电子迁移率和空穴迁移率分别为 μ_e=0.01 cm^2/(V·s) 和 μ_h= 0.3 cm^2/(V·s)，C_{60}-DPTTA 的电子迁移率和空穴迁移率分别为 μ_e=0.05 cm^2/(V·s) 和 μ_h=0.07 cm^2/(V·s)，这在双极性半导体中是一个非常高的迁移率值。

（二）光电探测器

富勒烯具有优异的光吸收性能，这决定了其在光电探测器方面具有很大的应用前景。一方面，富勒烯本身可以直接用于光电探测器，Wei 等[125]报道了 C_{60} 纳米带在可见光及紫外区域均具有良好的光响应，其在紫外区域的响应性高于可见光区域的响应。此外，其响应效果与 C_{60} 纳米带的晶型及掺杂溶剂密切相关，没有溶剂掺入的 FCC 晶型样品的光响应性要明显高于掺有二硫化碳的三斜晶系样品。另一方面，富勒烯能与其他的一些材料复合作为光电探测器[126]，将 PbS 量子点（PbS NC）与 C_{60} 纳米棒结构滴加到已制备好的 Au 沟道上面。复合的 PbS NC/C_{60} 器件相比 PbS 量子点或者 C_{60} 单体而言，由于两者的协同作用使其响应范围明显扩大了。这说明，将富勒烯与其他一些有机或者无机样品复合能使其光电相应性质显著提高。

（三）能量存储

富勒烯作为一种典型的碳材料，其在能源储存领域也有一定的应用。在超级电容器领域，富勒烯本身的电容性质很差（比容量大概只有 1 F/g）。2015年，Shrestha 等报道了一维富勒烯 C_{60} 纳米管经过超高温真空处理后仍维持着原始的管状结构，同时富勒烯分子转化为多孔石墨化碳结构。这种结构大大增大了比容量值，最高可达 145.5 F/g[127]。另外，以电化学聚合的富勒烯（PC_{60}）作为负极、PEDOT［聚 (3,4-乙撑)，poly(3,4-ethylenedioxythiophene)]作为正极组装成非对称的电容器。这种非对称的电容器具有很大的工作电压（2.2 V）、高功率密度（4300 kW/L）和能量密度［电流密度为 3.8 A/cm^3 时为 (5.3 ± 0.7) W·h/L］[128]。这些结果预示了富勒烯相关材料在能量储存领域的潜在应用。

二、富勒烯在光学领域的应用

富勒烯具有独特的光学性质。富勒烯具有较大的离域 π 电子云，在外电场的作用下容易发生极化，可表现出优异的非线性光学性能。对富勒烯进行碳笼修饰，可以改变其对称性，改变电荷分布，调控非线性光学响应性。已研究的富勒烯衍生物包括富勒烯小分子加成化合物、富勒烯外接高分子、富勒烯外接纳米粒子等。研究表明，富勒烯衍生物的非线性光学响应比单纯的 C_{60} 要好。另外有研究表明，体系共轭越大，结构越不对称，越有利于非线性光学响应。富勒烯小分子加成化合物的优点在于易于调控及结构确定，可获得较单一的光学性能，缺点在于其成膜性较差，溶剂聚集，后面发展的富勒烯外接高分子衍生物可解决这个问题。例如，将富勒烯引入高分子主链中形成珠链型共聚物，将富勒烯引入高分子侧链中形成悬挂式结构，富勒烯与多个高分子链相连形成网状交联型共聚物，以富勒烯为核形成树枝状共聚物等。在非线性科学二十多年的发展历程中，C_{60} 及其衍生物以其特殊的非线性光学效应，一直是非线性材料研究的热点。具有高的非线性光学系数的富勒烯材料在现代激光技术、光学通信、数据存储、光信息处理、光动力学治疗等许多领域存在非常重要的应用。

富勒烯 C_{60} 或 C_{70} 分子本身荧光很弱，但是自从 2006 年 Wang 等[129]发现富勒烯纳米结构具有增强的光致发光特征以来，一系列关于富勒烯纳米结构的光致发光增强效应的结果得到报道。比较具有代表性的为 2010 年 Park 等 [130] 报道了一种规则 C_{70} 正方体的荧光增强效应。这种 C_{70} 正方体在荧光显微镜下呈现亮红色（λ_{ex}=510～560 nm，λ_{em}=660～710 nm），相应条件下 C_{70} 粉体在荧光显微镜下几乎观测不到，C_{70} 立方体光谱的峰位置相比于原始的 C_{70} 粉体有一定程度的红移，其荧光强度几乎是原始 C_{70} 粉体的 30 倍。这种荧光增强效应是由规则正方体的尺寸效应所带来的，说明规则微纳结构的合成对改进富勒烯光致发光的性质有重大意义。

考虑到 C_{60} 具有优异的电子传输能力，有利于供体分子的光生电荷快速转移及降低光生电子-空穴对的复合。在 2014 年，Chai 等通过简单的混合 g-C_3N_4 与 C_{60} 的甲苯溶液得到 C_{60}/g-C_3N_4 复合物。光催化降解罗丹明 B 的活性在负载 1% 的 C_{60} 时最高 [131]。复合材料光催化效率提高的原因主要是电子和空穴的分离效率的提高。在 2017 年，Cai 等用水热法合成了 C_{60}/g-C_3N_4 和 C_{70}/g-C_3N_4 复合物，可见光照射下能够产生活性氧自由基破坏大肠杆菌 O157:H7 的细胞。高效的光催化活性是由于可见光条件下光激发富勒烯/g-C_3N_4 复合材料产生高效的电子转移 [132]。

已报道的富勒烯修饰的半导体复合材料也有很多，如 C_{60}-TiO_2、C_{60}-$Bi_2TiO_4F_2$、C_{60}-CdSe、C_{60}-Bi_2WO_6、C_{60}-ZnO、C_{60}-Bi_2MoO_6 等，其都具有良好的光催化性能和光电性质。Chen 等通过水热法将 C_{60} 层覆盖在 $PbMoO_4$ 表面，减小了晶粒的尺寸，提高了可见光的吸收效率。由于 C_{60} 和 $PbMoO_4$ 界面间高效的电子转移特性，进一步提升了材料的光催化活性。负载 0.5 wt% C_{60} 的复合材料在紫外光激发下的催化活性比本体提高了 3.8 倍，负载 5.0 wt% C_{60} 的复合材料在可见光激发下的光催化活性比本体提高了 4.1 倍 [133]。

Imre 等采用原子层沉积法在不同温度下制备的 C_{60}/TiO_2 复合材料在紫外光照射下能够高效降解水中的甲基橙染料。2016 年，Sillanpaa 等通过简单的液相方式合成了一系列不同富勒烯负载量的富勒烯修饰锐钛矿形式的二氧化钛复合物 [134]。在最优负载比例 2% 时，复合材料降解亚甲基蓝的效果是最好的。结合密度泛函理论研究了 C_{60}@TiO_2 界面的电子结构，揭示了 C_{60} 负载对光催化活性影响的基本原理。结合 C_{60} 之后，不仅减小了轨道间的能极差，而且在导带和价带之间插入了一个能带。因此，C_{60}@TiO_2 复合物表现出来的过渡电子态将会对电子转移和增加光的吸收做出贡献，导致光催化效率的提高。2017 年，Huang 等在电子水平上研究了富勒烯修饰的 SnO_2 的光催化机理，探索了界面相互作用及其与光催化活性的关系[135]。结果表明，界面相互作用随着富勒烯碳原子数目的增加而增加，导致一些碳原子呈正/负电荷，使富勒烯成为异质结构中一种高活性的共催化剂。与最初的 SnO_2 相比，异质结构的带隙小得多，导致它们的吸收波长扩展至整个可见区域。

三、富勒烯及其衍生物的光伏器件应用

富勒烯具有良好的电子亲和性，完美的球形对称结构，各向同性的电荷传输性能，以及与高分子电子给体分子良好的相容性。富勒烯衍生物作为电子受体材料应用于有机太阳能电池，得到广泛的研究，并长期占据主导地位，见图 4-11。富勒烯衍生物作为电子传输层材料，在有机太阳能电池性能提升中发挥重要作用。另外，富勒烯衍生物作为电子传输层，在钙钛矿太阳能电池中也有大量报道。

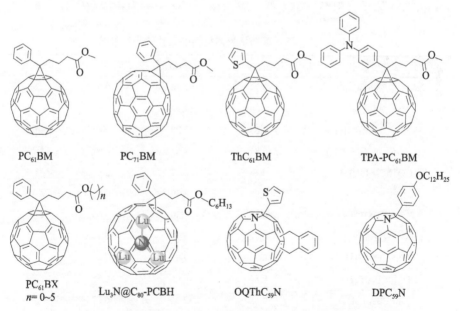

图 4-11 单加成富勒烯、内嵌金属富勒烯与氮杂富勒烯受体分子结构

（一）富勒烯受体材料

目前使用最广泛的富勒烯受体是 1995 年 Wudl 等开发的 $PC_{61}BM$[13]。此

后，研究工作者相继开发了多种富勒烯受体并构筑了基于这些富勒烯受体材料的光伏器件，见表 4-8。鉴于 C_{70} 在可见光区有较强的吸收能力，2003年 Hummelen 等开发了其类似物 $PC_{71}BM$[136]。最初，科学家们尝试通过将 $PC_{61}BM$ 上的苯基替换成噻吩（$ThC_{61}BM$）、三苯基胺（$TPA-PC_{61}BM$）或改变烷基侧链的长短（$PC_{61}BX$）等方法改善富勒烯与给体的相容性，提高器件效率，但发现这种方法并不理想。因此，单加成富勒烯受体材料结构研究的并不多。2009 年，Drees 等基于内嵌富勒烯合成了 $Lu_3N@C_{80}-PCBH$[137]。由于内嵌金属的富电子性，$Lu_3N@C_{80}-PCBH$ 的 LUMO 能级比 $PC_{61}BM$ 的 LUMO能级高 0.28 eV。因而，$Lu_3N@C_{80}-PCBH/P3HT$ 电池的开路电压（V_{OC}）明显高于 $PC_{61}BM/P3HT$ 电池的 V_{OC}，达到 0.81 V，电池效率为 4.2%。此外，丁黎明[138]与 Delius 等[139]先后合成了氮杂富勒烯 $OQThC_{59}N$ 和 $DPC_{59}N$，将其应用于有机太阳能电池。$OQThC_{59}N/P3HT$ 和 $DPC_{59}N/P3HT$ 电池效率分别为4.09% 和 2.42%。尽管内嵌金属富勒烯与氮杂富勒烯受体体系的电池性能略高于 PCBM 体系，但其产率太低、成本高，不适于大面积应用研究。

表 4-8　基于不同富勒烯受体材料的器件的光伏参数

活性层组分	V_{OC}/V	J_{SC}/(mA/cm^2)	FF	PCE/%
$PC_{71}BM$/MDMO-PPV	0.77	7.60	0.51	3.00
$ThC_{61}BM$/P3HT	0.60	10.90	0.61	3.97
$TPA-PC_{61}BM$/P3HT	0.65	9.90	0.62	4.00
$Lu_3N@C_{80}-PCBH$/P3HT	0.81	8.64	0.61	4.20
$OQThC_{59}N$/P3HT	0.78	7.57	0.69	4.09
$DPC_{59}N$/P3HT	0.58	8.39	0.50	2.42
bis-$PC_{61}BM$/P3HT	0.73	7.30	0.63	2.40
bis-$ThC_{61}BM$/P3HT	0.72	5.91	0.41	1.72
DPCBA/P3HT	0.75	9.48	0.56	4.00
DMPCBA/P3HT	0.87	9.05	0.66	5.20
DFPCBA/P3HT	0.68	7.25	0.57	2.80
$IC_{60}BA$/P3HT	0.84	9.67	0.67	5.44
$IC_{70}BA$/P3HT	0.87	11.35	0.75	7.40
$NC_{60}BA$/P3HT	0.82	9.88	0.67	5.37
$NC_{70}BA$/P3HT	0.83	10.71	0.67	5.95

续表

活性层组分	V_{OC}/V	J_{SC}/(mA/cm^2)	FF	PCE/%
bis-TOQC/P3HT	0.86	7.70	0.66	5.10
Methano-BBF/P3HT	0.82	7.10	0.58	3.40
OQMF/P3HT	0.81	11.19	0.63	5.74
TOQMF/P3HT	0.79	10.93	0.64	5.51
OQMF70/P3HT	0.81	12.42	0.68	6.88
$C_{60}(CH_2)(Ind)$/P3HT	0.78	10.30	0.73	5.90
$C_{70}(CH_2)(Ind)$/P3HT	0.79	11.10	0.73	6.40
Me-PC$_{61}$BM/P3HT	0.69	8.03	0.69	3.81
bis-TOQMF/P3HT	0.94	8.09	0.58	4.56
OQBMF/P3HT	0.95	9.67	0.70	6.43
trans-2-NC$_{60}$BA/P3HT	0.83	10.04	0.69	5.80
trans-3-NC$_{60}$BA/P3HT	0.88	10.21	0.71	6.30
trans-4-NC$_{60}$BA/P3HT	0.86	9.67	0.67	5.60
e-NC$_{60}$BA/P3HT	0.86	9.51	0.67	5.50
e1-IC$_{60}$BA/P3HT	0.90	6.92	0.64	3.95
e2-IC$_{60}$BA/P3HT	0.90	6.99	0.65	4.10
trans-3-IC$_{60}$BA/P3HT	0.85	9.87	0.72	6.06
tran-2-IC$_{70}$BA/P3HT	0.86	10.30	0.67	5.90
PC$_{61}$PF/P3HT	0.70	8.10	0.58	3.30
cis-2-ICBA/P3HT	0.80	6.60	0.53	2.80
e-PPMF/P3HT	0.72	9.88	0.63	4.51
e-PPMF/PPDT2FBT	0.86	14.60	0.65	8.11

　　体异质结太阳电池的 V_{OC} 主要取决于给体的 HOMO 能级与受体的 LUMO 能级之差，而单加成富勒烯衍生物的 LUMO 能级较低，导致其器件的 V_{OC} 偏低。研究表明减少富勒烯球体共轭 π 电子数能有效地提高富勒烯衍生物的 LUMO 能级，从而提高 V_{OC}。基于此，科研工作者们开发了一系列多加成富勒烯衍生物，并应用于有机太阳能电池（图 4-12）。其中，双加成富勒烯受体得到广泛研究。2009 年，Blom 等报道了双加成富勒烯受体 bis-PC$_{61}$BM[140]。相比于 PC$_{61}$BM，其 LUMO 能级提高了 0.1 eV。因而，基于 bis-PC$_{61}$BM/P3HT 电池的 V_{OC} 提高至 0.73 V。相比于 PC$_{61}$BM/P3HT 电池，最终

bis-PC$_{61}$BM/P3HT 电池的 PCE 提高了 20% 左右。

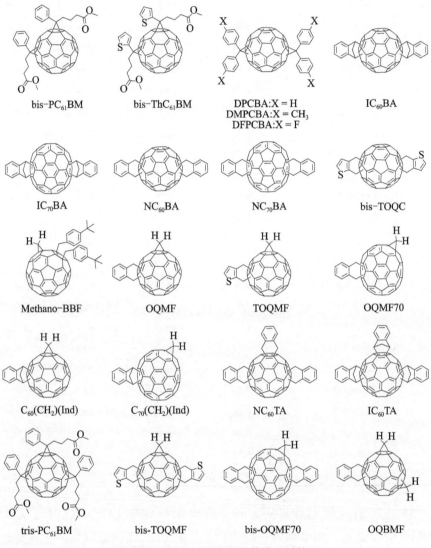

图 4-12 多加成富勒烯受体分子结构

2010 年，李永舫等报道了一种新型高效的双茚加成富勒烯受体 IC$_{60}$BA，取得了重大突破[141]。相比于 PC$_{61}$BM，IC$_{60}$BA 的 LUMO 能级提高了 0.17 eV，基于 IC$_{60}$BA/P3HT 电池的 V_{OC} 提高至 0.84 V。同时器件保持了高的短路电流密度 J_{SC} 和填充因子 FF，最终 PCE 高达 5.44%。而由于富勒烯 C$_{70}$ 在可见光区具有更高的消光系数，可有效增强活性层光吸收。因而，李永舫等又开

发了 $IC_{60}BA$ 类似物 $IC_{70}BA$，其器件经过不断地优化与改善，最高效率达到 7.40%[142]。

随后，一系列高性能的双加成富勒烯受体被开发出来。王春儒与 Kim 等几乎同时报道了苯基双加成富勒烯 $NC_{60}BA$[143]，与 P3HT 共混制备太阳能电池。其器件的 V_{OC} 为 0.82 V，最高效率为 5.37%。同样地，王春儒等紧接着报道了类似物 $NC_{70}BA$，最高效率达到 5.95%[144]。此外，丁黎明等开发了噻吩基双加成富勒烯受体 bis-TOQC，其 LUMO 能级提高至-3.53 eV，电池的 V_{OC} 达 0.86 V，效率为 5.10%[145]。

为获得更高 LUMO 能级的富勒烯受体，进一步提高器件的开路电压。科学家们开发了一系列多加成富勒烯受体，如 tris-$PC_{61}BM$、$NC_{60}TA$ 和 $IC_{60}TA$ 等。虽然电池的开路电压进一步提高（接近于 1 V），但器件效率却很低。这是由于过多的加成基团严重干扰了富勒烯的堆积，导致其电子迁移率下降，从而导致 J_{SC} 与 FF 都迅速下降。针对这一问题，丁黎明等[146]将亚甲基引入三加成富勒烯受体中，制备了 bis-TOQMF 与 bis-OQMF70。bis-TOQMF 与 bis-OQMF70 的 LUMO 能级比 $PC_{61}BM$ 的 LUMO 能级分别高 0.28 eV 与 0.25 eV。基于 bis-TOQMF/P3HT 与 bis-OQMF70/P3HT 电池的 V_{OC} 分别达到 0.94 V 与 0.95 V，PCE 分别为 4.56% 与 4.09%，明显高于其他三加成富勒烯受体的光伏性能，进一步证明了小体积亚甲基的优势。因此，他们进一步开发了双亚甲基的三加成富勒烯受体 OQBMF，其具备与 $PC_{61}BM$ 相媲美的电子迁移率。因此，OQBMF/P3HT 电池的 V_{OC} 达 0.95 eV，同时保持了较高的 J_{SC} 与 FF，电池效率为 6.43%。

（二）富勒烯第三组分材料

由于非富勒烯受体材料在可见光区具有强吸收能力，能有效拓宽有机太阳能电池活性层吸收范围。近年来，科研工作者又通过分子设计解决了形貌问题，因而非富勒烯体系太阳能电池得到飞速发展，性能超过了传统的纯富勒烯受体体系。但是，绝大多数非富勒烯受体的电子迁移率比较低，且与给体材料的相容性有待进一步改善。而这正是富勒烯受体的优势所在。因此，富勒烯衍生物作为第三组分，可提高活性层电子迁移率，改善活性层形貌，促进激子分离与电荷传输，被广泛应用于三元电池，见表 4-9。

表 4-9　基于富勒烯衍生物第三组分的三元电池的光伏参数

活性层组成	V_{OC}/V	J_{SC}/(mA/cm^2)	FF	PCE/%
PPBDTBT/ITIC/PC$_{71}$BM	0.89	16.66	0.70	10.41
PTB7-Th/F8IC/PC$_{71}$BM	0.67	25.61	0.72	3.97
PTB7-Th/CO$_i$8DFIC/PC$_{71}$BM	0.70	28.20	0.71	14.08
PM6/Y6/PC$_{71}$BM	0.86	25.10	0.77	16.70
PBDB-TF/Y6/PC$_{61}$BM	0.85	25.40	0.77	16.50
PBDB-T/IT-M/bis-PC$_{71}$BM	0.95	17.39	0.74	12.20
DRTB-T/IDIC/PC$_{71}$BM	0.99	15.47	0.68	10.48
BTR/NITI/PC$_{71}$BM	0.94	19.50	0.74	13.63

2016 年，薄志山将 PC$_{71}$BM 加入 PPBDTBT/ITIC 体系中，构筑三元电池[147]。随着富勒烯含量的增加，器件的填充因子逐步提高，而 J_{SC} 先升后降。当 PPBDTBT/ITIC/PC$_{71}$BM 质量比为 1∶1.2∶0.8 时，电池效率达到 10.41%，远高于 PPBDTBT/ITIC 二元体系（7.72%）。占肖卫[148]与丁黎明[149]等将 PC$_{71}$BM 分别应用于 PTB7-Th/F8IC 与 PTB7-Th/CO$_i$8DFIC 体系，有效改善活性层相分离，并增强活性层在短波方向的吸收强度，提高电子迁移率，因而器件短路电流分别显著提高至 26.00 mA/cm^2 与 28.20 mA/cm^2。PTB7-Th/F8IC/PC$_{71}$BM 与 PTB7-Th/CO$_i$8DFIC/PC$_{71}$BM 三元电池效率分别提高至 12.30% 与 14.08%。最近，詹传郎等[150]将 PCBM 加入至 PM6/Y6 体系中。由于 PCBM 的 LUMO 能级比非富勒烯 Y6 高。因而加入 PCBM 后提高了体系中受体材料的 LUMO 能级，有效提高器件开路电压，且改善原二元体系的相分离，提高活性层相纯度，因而器件的 V_{OC}、J_{SC} 和 FF 同时得到提高。当 PM6/Y6/PC$_{71}$BM 的质量比为 1∶1.2∶0.2 时，三元电池效率达到 16.70%。侯剑辉等[151]也将 PC$_{61}$BM 应用于 PBDB-TF/Y6 体系，不仅改善活性层相分离，提高迁移率，而且降低活性层非辐射复合，从而显著提高器件的 FF 和 V_{OC}。PM6/Y6/PC$_{61}$BM 三元电池的效率从 15.30% 提高至 16.50%。以上研究结果表明，虽然富勒烯在可见光区吸收弱，不利于太阳光子的捕获，作为单一受体材料限制了其在太阳能电池领域的应用，但由于它与给体材料良好的相容性，可有效地调控活性层形貌，其由于高的载流子迁移率等独特优势，与现有的小分子受体材料相结合，在有机光伏领域依然具有非常好的应用前景。

（三）富勒烯电子传输层材料

富勒烯衍生物具有较高的电子迁移率、丰富的化学可修饰性，也被选择作为高性能界面材料。由于富勒烯界面修饰材料与活性层中的受体材料存在结构与性质上的相似性，因此其在与活性层的兼容性方面是金属氧化物、高分子电解质等其他种类界面修饰材料所无法比拟的。下面将从修饰基团入手简要介绍几类典型的富勒烯类界面修饰材料，其分子结构如图 4-13 所示。

基于极性基团的富勒烯界面修饰材料大致可以分为两类，一类是富勒烯表面活性剂，如氟烷基-PCBM 衍生物（F-PCBM）及聚乙二醇-C_{60} 衍生物（PEG-C_{60}）。根据表面偏析原理，将少量该类富勒烯界面修饰材料加入活性层（P3HT：$PC_{61}BM$）后，表面能较低的 F-PCBM 或 PEG-C_{60} 在活性层溶剂退火的过程中会自发迁移到活性层表面，从而在活性层与 Al 电极之间自组装形成阴极界面层。这两种富勒烯表面活性剂与 Al 电极相互作用，形成合适的表面偶极矩，从而使活性层与电极之间形成更好的欧姆接触，降低了接触电阻的同时提高了器件效率。

这种方法的特点是简便性，通过一步溶液旋涂法就可同时完成活性层与界面修饰层的制备，但是其缺点是应用范围较窄。因为此类界面修饰材料对成膜动力学过程十分敏感，而给受体材料不同，溶剂挥发动力学过程也不同，所以其不能应用到其他异质结体系。

另一类是在碳笼上引入羧基、磷酸基、酚羟基、酯基、氨基、铵根等强极性官能团，以增强富勒烯衍生物在醇、水、四氢呋喃等极性溶剂中的溶解度，从而通过溶剂正交法实现界面层与活性层独立成膜，有效提高富勒烯界面修饰材料的普适性，见表 4-10。以氨基富勒烯衍生物为例，氨基形成的表面偶极矩可有效降低阴极功函，因此，氨基富勒烯衍生物被广泛应用为传统器件结构的阴极修饰材料。例如，李永舫[152,153] 小组设计合成的两种氨基富勒烯界面修饰材料 PEGN-C_{60} 和 DMAPA-C_{60} 与传统的阴极修饰层 Ca 相比，器件效率均有所提高。曹镛小组[154] 利用三级胺功能化 $PC_{71}BM$ 得到阴极修饰层 $PC_{71}BM$-N，优化功函并在活性层与电极之间引入接触掺杂，从而提高器件效率。Page 等[155] 报道了氨基吡咯环富勒烯 C_{60}-N，利用表面偶极矩将 Ag、Cu、Au 的功函降低至 3.65 eV，使器件的能量转换效率均达到 8.50% 以上，是当时报道的基于高功函电极器件的最高效率。

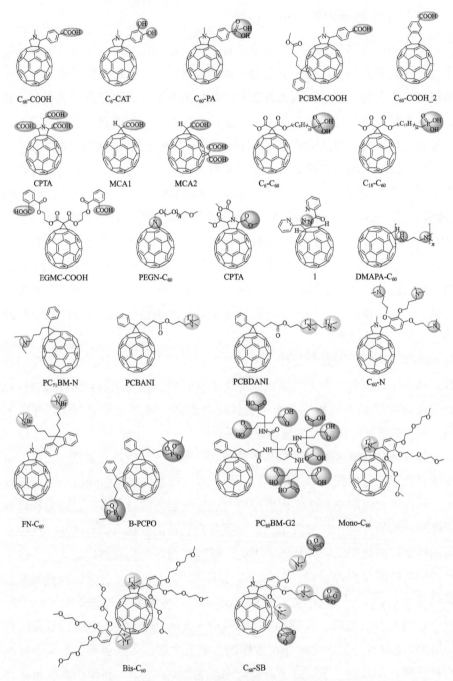

图 4-13　典型的富勒烯类界面修饰材料
不同官能团用不同颜色标出，其中羧基、磷酸基等酸性基团用粉色标注，氨基用蓝色标注，
季铵盐用浅绿色标注，酯基用深绿色标注，磺酸基用棕绿色标注

表 4-10 基于极性基团的富勒烯界面修饰材料的器件的光伏参数

富勒烯传输层/活性层组分	V_{OC}/V	J_{SC}/(mA/cm^2)	FF/%	PCE/%
F-PCBM/P3HT : PCBM	0.57	9.51	70.00	3.79
PEG-C$_{60}$/P3HT : PCBM	0.60	11.44	0.60	4.15
C$_{60}$-COOH/P3HT : PCBM	0.62	10.60	57.20	3.80
C$_{60}$-COOH/P3HT : PCBM	0.56	2.36	52.40	0.69
C$_{60}$-CAT/P3HT : PCBM	0.48	2.23	51.90	0.56
C$_{60}$-PA/P3HT : PCBM	0.56	1.11	39.60	0.25
PCBM-COOH/P3HT : PCBM	0.63	2.49	45.60	0.72
C$_{60}$-COOH_2/P3HT : PCBM	0.52	2.36	54.80	0.68
C$_6$-C$_{60}$/P3HT : PCBM	0.58	10.46	57.10	3.46
C$_{18}$-C$_{60}$/P3HT : PCBM	0.58	9.90	56.80	3.25
MCA1/P3HT : PC$_{61}$BM	0.59	11.60	55.00	3.79
MCA2/P3HT : PC$_{61}$BM	0.59	12.40	56.00	4.10
MCA1/PBDTTT-C : PC$_{71}$BM	0.72	16.00	62.00	7.13
MCA2/PBDTTT-C : PC$_{71}$BM	0.72	16.70	63.00	7.57
CPTA/PTB7 : PC$_{71}$BM	0.74	16.95	63.00	7.92
EGMC-COOH/PCDCTBT-C$_8$: PC$_{71}$BM	0.72	11.10	56.00	4.51
PC$_{61}$BM-G2/PBDT-DTBT : PC$_{71}$BM	0.73	15.10	64.00	6.71
B-PCPO/PCDTBT : PC$_{71}$BM	0.89	9.50	61.70	6.20
PyC$_{60}$/PTB7 : PC$_{71}$BM	0.75	16.04	72.50	8.76
PC$_{71}$BM-N/PCDTBT : PC$_{71}$BM	0.85	10.22	56.00	4.86
PEGN-C$_{60}$/PBDTTT-C-T : PC$_{71}$BM	0.79	14.79	63.40	7.45
DMAPA-C$_{60}$/PBDTTT-C-T : PC$_{71}$BM	0.79	14.89	62.90	7.42
1/P3HT : PC$_{61}$BM	0.60	10.47	66.00	4.18
C$_{60}$-bis/PIDT-PhanQ : PC$_{71}$BM	0.88	11.50	61.00	6.22
mono-C$_{60}$/PIDT-PhanQ : PC$_{71}$BM	0.87	11.28	64.00	6.28
PCBDANI/PBDTTT-C-T : PC$_{71}$BM	0.78	17.29	57.00	7.69
FN-C$_{60}$/PDFCDTBT : PC$_{71}$BM	0.94	8.65	57.00	4.64
PCBANI/P3HT : PCBM	0.57	9.86	64.00	3.62

交联富勒烯界面修饰材料可通过热、光、引发剂等形成强韧的、可黏附的、抗溶剂的薄膜，用于提高倒置器件的效率和稳定性。2010 年，许千树等[156]设计合成了基于苯乙烯基交联富勒烯界面修饰材料 C-PCBSD，提高激子解离效率，减少载流子复合，降低接触电阻，诱导活性层垂直相分离，不但延长了器件寿命，而且将 P3HT：PC61BM 器件效率由 3.50% 提高至 4.40%，P3HT：$IC_{60}BA$ 器件效率由 4.80% 提高至 6.20%。随后，许千树等运用阳极氧化铝（AAO）模板辅助法制备 C-PCBSD 有序纳米阵列，为电子传输提供垂直有序通道，使电子迁移率由 9.4×10^{-4} $cm^2/(V \cdot s)$ 提高至 2.6×10^{-3} $cm^2/(V \cdot s)$，P3HT：$IC_{60}BA$ 器件效率高达 7.30%，这是目前基于 P3HT：$IC_{60}BA$ 的最高器件效率[157]。为提高交联富勒烯界面修饰材料的电导率，Jen 等[158]利用缺电子的十甲基二茂钴（DMC）掺杂 PCBM-S 交联富勒烯界面层，将电导率提高 6 个数量级，大大提高了器件效率。Yen-Ju Cheng 等[159]利用氧杂环丁基在 TiO_2 表面的开环反应，使 PCBO 和 PCBOD 在 TiO_2 表面形成自组装交联富勒烯界面修饰层。该修饰层兼具自组装修饰层与交联富勒烯修饰层的优点，减少 TiO_2 表面电子缺陷，避免活性层与电极的相互渗入，分别使 P3HT：$PC_{61}BM$ 器件效率提高 14% 和 26%。2013 年，许千树等利用相似的原理，将三氯硅烷基富勒烯衍生物 TSMC 在 TiO_2 表面形成自组装交联富勒烯界面修饰层，将器件效率提高了 22%。

王春儒小组[160]将内嵌钾离子的 18-冠-6 官能团与 n 型掺杂富勒烯相结合，制备出高效富勒烯界面修饰材料 PCMI：K^+（图 4-14）。该修饰层在可见-近红外区吸收较弱，减少了活性层的光学损失，并可有效改善 ZnO 与有机活性层的兼容性，形成表面偶极矩，降低接触势垒，减少 ZnO 表面缺陷，抑制由缺陷引起的载流子复合，从而同时提高了器件的开路电压、短路电流及填充因子，使 PTB7-Th:$PC_{71}BM$ 器件效率由 8.41% 提高至 10.30%，这是单节器件目前报道的最高效率之一。需要指出的是，PCMI：K^+ 在 PBDTTT-C-T：$PC_{71}BM$ 器件中也有优异的性能，表明该修饰层非常有潜能应用于不同的给受体体系中。另外，以只含有 18-冠-6 官能团的富勒烯衍生物 PCBC 作为参照，证明了在提高器件性能方面，18-冠-6 官能团与富勒烯的 n 型掺杂具有协同作用，揭示了界面修饰材料结构与性能的关系，为富勒烯界面修饰的设计与合成提供参考。

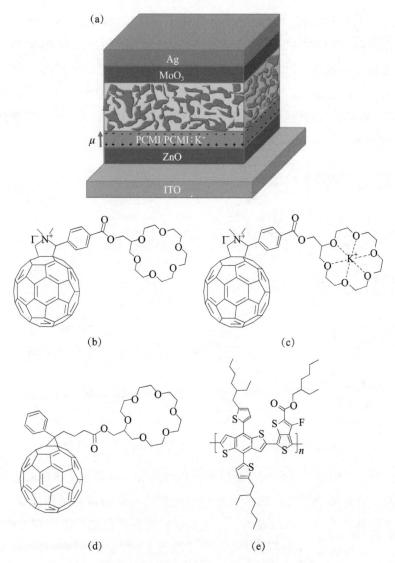

图 4-14 (a) 器件结构示意图；PCMI(b)、PCMI：K$^+$(c)、
PCBC(d)、PTB7-Th(e) 的分子结构[160]

（四）富勒烯在钙钛矿太阳能电池中的应用

近十年来，钙钛矿太阳能电池得到飞速发展，表现出很好的应用前景。
基于富勒烯良好的电子亲和性与高电子迁移率及与无机材料合适的相容性，
其衍生物作为电子传输层材料在钙钛矿电池中表现出优异的性能，见图4-15。

Grätzel 等[161]分别将经典的 $PC_{71}BM$ 应用于钙钛矿太阳能电池，通过系统地优化，最终采用 ITO/PEDOT：PSS/perovskite/$PC_{71}BM$/Ca/Al 电池构型，钙钛矿电池效率达到 20.10%。而 Choi 等[162]采用真空蒸镀的手段直接在 ITO 表面沉积一层富勒烯 C_{60} 的薄膜作为电子传输层。当膜厚为 35 nm 时，电池效率达到 19.70%。而且他们还将玻璃衬底替换成柔性衬底，电池效率依然可以达到 16.00%。

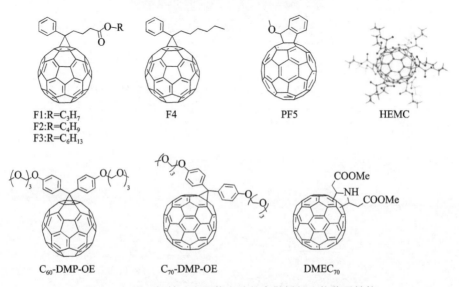

F1:R=C_3H_7
F2:R=C_4H_9
F3:R=C_6H_{13}

F4

PF5

HEMC

C_{60}-DMP-OE

C_{70}-DMP-OE

$DMEC_{70}$

图 4-15　用于钙钛矿太阳能电池的富勒烯衍生物分子结构

此外，他们还发现采用富勒烯电池传输层可以有效地消除电池正反的迟滞现象。Troshin 等[163]合成了一系列不同侧链长度的富勒烯衍生物 F1～F4 应用于钙钛矿电池。结果表明，侧链长度对钙钛矿电池稳定性有重要影响。其中，基于传输层 F1 的钙钛矿电池在光照 800 h 以上依然能保持初始效率的 90%，远远优于其他富勒烯衍生物。这是因为这种侧链能正好填充在富勒烯球体之间的间隙，从而阻止水与氧气侵入钙钛矿层。为降低富勒烯传输层的成本，Matsuo 等[164]开发了一系列五元环修饰的富勒烯衍生物，其衍生化产率高达 93%，将其中的 PF5 应用于钙钛矿电池，效率达到 20.7%。

为提高器件的开路电压，Jeng 等[165]采用高 LUMO 能级的双加成富勒烯 $IC_{60}BA$ 作为电子传输层，然而可能是由于 ICBA 电池迁移率较低，因此其电池性能不理想，仅为 3.4%。针对这一问题，曹镛等[166]采用高 LUMO 能级的亚甲基双加成富勒烯 $C_{60}(CH_2)(Ind)$ 作为传输层材料。由于较高的 LUMO 能级及与 PCBM 相媲美的电子迁移率，钙钛矿电池的光伏性能提升至 18.1%，器件的开路电压与效率均高于基于 PCBM 的同类电池。而林禹泽等[167]则采用异构纯的 $trans$-3-$IC_{60}BA$ 作为电子传输层，消除异构体存在引起的能级紊乱，提高分子堆积的有序性，从而获得较高的电子迁移率，他们将 $trans$-3-$IC_{60}BA$ 应用于宽带隙钙钛矿电池 $MAPbI_xBr_{3-x}$（带隙为 1.71 eV)，器件的开路电压高达 1.21 eV，能量损失仅为 0.5 eV，最终电池效率为 18.5%，远高于基于非异构纯 $IC_{60}BA$ 的同类电池。

郑兰荪等[168]采用六加成富勒烯 HEMC 作为传输层。研究表明，HEMC 衍生官能团上的酯键能与钙钛矿为配位的铅离子相互作用，有利于界面处电荷传输，器件效率可达到 20%，且器件表现出非常优异的光热稳定性。而为了进一步改善富勒烯与钙钛矿层的界面接触，黄飞等[169]在富勒烯衍生官能团上引入醚键，合成了一系列富勒烯传输层材料，其中 C_{70}-DMP-OE 表现出最优的光伏性能，电池效率达 16%。类似地，Echegoyen 等[170]在富勒烯表面修饰吡咯烷与酯键结构合成了 $DMEC_{60}$ 与 $DMEC_{70}$，改善其与钙钛矿层的界面接触，其中基于传输层 $DMEC_{70}$ 表现出优异的光伏性能，电池效率为 16.4%。黄劲松等研究发现富勒烯可有效钝化钙钛矿表面的电荷陷阱和颗粒边界效应，从而消除两者引起的迟滞现象。这一结果表明了富勒烯电子传输层在钙钛矿电池中的优越性。以上结果说明，富勒烯衍生物是一类非常优异的钙钛矿电池电子传输层材料，具有很好的应用前景。

四、富勒烯及其衍生物在生物医学上的应用

富勒烯和内嵌金属富勒烯由于高度稳定结构、高效猝灭自由基特性及良好的生物相容性，在生物医学领域有非常广泛的应用前景。近年来，富勒烯和金属富勒烯产业化的迅速发展及基于富勒烯材料的纳米技术大量涌现，极大地促进了富勒烯和金属富勒烯的生物医学应用进程。目前已报道，富勒烯和金属富勒烯具有抗氧化活性、光动力治疗性质、顺磁性、抗菌抗病毒活性和抗肿瘤等特性（图 4-16）。

富勒烯具有大共轭电子结构，从而能够高效地捕获自由基，可作为抗氧化剂来保护细胞或组织免受过多自由基的伤害。多年研究表明，富勒烯作为

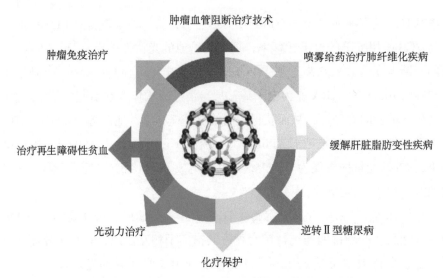

图 4-16　富勒烯及金属富勒烯的生物医学领域的应用

自由基清除试剂和氧化应激调节剂，可以预防细胞免受自由基的伤害及修复受损的细胞，提高细胞活性，也可以在活体层面改善体内氧化应激状态，提高免疫功能，修复组织损伤。人类很多疾病包括衰老都是和自由基息息相关的，而富勒烯作为高效低毒的自由基清除剂，具有抵抗疾病、延长寿命的临床应用潜力。

富勒烯还有一个突出的特性是其在紫外光照射下能够高效地产生单线态氧，所以在光动力治疗方面具有很大的应用潜力。实验发现，经过修饰之后的富勒烯变为水溶性衍生物之后，具有非常好的光动力治疗效果。相比传统的光敏剂而言，富勒烯具有更稳定的结构，不易发生光降解和光漂白。

富勒烯的碳笼结构可以进行多种修饰，进一步赋予富勒烯更多新的性质，如多种富勒烯衍生物具有抗病毒的特性，正电性富勒烯衍生物具有优异的抗菌性质。钆金属富勒烯由于内嵌有顺磁性的金属钆离子，往往表现出比富勒烯更优异的生物效应，钆内嵌金属富勒烯可以用于高效的磁共振成像造影剂[171-173]。同时，钆金属富勒烯具有更高效的清除自由基的性质及抗肿瘤活性，有望开发成为新型的纳米药物。

（一）富勒烯的抗氧化损伤应用

在众多自由基清除剂中，富勒烯被称作"自由基海绵"，可以清除多种类型的自由基。例如，ROS 是一类化学性质活泼的含氧化合物，包括氧离子、过氧化物和含氧自由基等。ROS 是生物体内有氧代谢过程中的一种副产物，在细胞信号传导和维持体内平衡中起着重要作用。ROS 水平过高会破坏体内的核酸、蛋白质，从而引起细胞和基因结构的损伤。ROS 诱导的氧化损伤与许多人类疾病密切相关，包括器官损伤、炎症、纤维化疾病、代谢类疾病、心血管疾病和许多神经退行性疾病。紫外线、X 射线辐射等恶劣环境及化疗过程通常会诱导产生过量的 ROS，导致氧化应激，从而对组织或机体产生氧化损伤。

富勒烯的抗氧化性能主要基于其大 π 键结构，分子表面大量的共轭双键和较低的 LUMO 使富勒烯容易吸收电子，而自由基一旦失去这个未成对电子就会失去活性。所以很多时候富勒烯清除自由基并不需要通过与自由基发生化学反应，从而可以多次利用。

工业上广泛应用的芳香胺类和受阻酚类抗氧化剂的抗氧化性质依赖于给出胺或酚上氢原子的能力，而氢原子的给出速率取决于相邻芳香环的共轭效应。在富勒醇等应用于生物医学方面的水溶性富勒烯中，上述抗氧化机理也完全适用。Djordjevic 等通过电子自旋共振（ESR）研究发现，$C_{60}(OH)_{24}$ 在清除芬顿反应引发的羟基自由基时产生了富勒烯自由基 $C_{60}(OH)_{23}$ 信号，表明存在向羟基自由基给出氢原子的抗氧化机理[174]。同时，还存在着羟基自由基与 $C_{60}(OH)_{24}$ 残存双键的自由基加成反应。因此，富勒烯（C_{60} 和 C_{70}）清除自由基的机理也不会限于自由基加成，后续很可能也存在类似富勒烯衍生物给出氢原子的反应机理。这使得富勒烯对自由基的猝灭过程类似于催化的形式，在与自由基的反应过程中，随着结构变化交替起到电子受体（如自由基加成）或者电子给体（如给出氢原子）的作用。

不同基团修饰的富勒烯具有不同的抗氧化能力，电势、粒径、形状、偶极矩等因素也会影响富勒烯的抗氧化性能，表明上述因素也在一定程度上影响了富勒烯的抗氧化反应机理。内嵌金属富勒烯内部的金属原子改变了碳笼表面的电子结构，同样改变了富勒烯清除自由基的性能。Wang 等的研究表明，水溶性修饰的 $Gd@C_{82}$ 具有比 C_{60} 和 C_{70} 同类衍生物更好的体外自由基清除与活体抗氧化治疗效果[175]。

富勒烯作为医学抗氧化剂的主要优点是：它具有良好的生物相容性，并且能进入细胞被运输到线粒体或其他细胞区室，这通常是炎症发生时自由基产生的区域。Gharbi 等[176]发现，C_{60}悬浮液不仅对啮齿动物没有急性或亚急性毒性，而且还能保护其肝脏免受自由基损伤。大鼠在 CCl_4 中毒后，产生三氯甲基自由基 $CCl_3\bullet$，其与氧气反应时产生的三氯甲基过氧自由基 $CCl_3OO\bullet$是一种快速引发脂质过氧化反应的高反应性物质。C_{60}能够清除大量的这种自由基，因而预先用 C_{60} 处理的 CCl_4 中毒的大鼠并未显示明显的肝损伤。组织病理学和生物实验都证明 C_{60} 悬浮剂是一个功能强大的肝脏保护剂。当富勒烯被极性基团修饰时，如多羟基化富勒烯（富勒醇）和丙二酸修饰的衍生物，富勒烯成为水溶性的，使其能够穿过细胞膜并优先定位于线粒体，而线粒体是产生大量细胞氧自由基的地方，从而使其发挥更高效的抗自由基的能力。

已有研究证明，富勒烯衍生物可以保护不同类型细胞免受多种毒物引起的细胞程序性凋亡，如神经元细胞、上皮细胞、内皮细胞、肌原细胞等[177]。富勒烯也用于抗紫外辐射的细胞保护，UVA 辐射（320～400 nm）会产生活性氧，对人体皮肤细胞产生生物效应，导致细胞损伤或细胞死亡。PVP 包覆的 C_{60} 可通过超氧化物的催化歧化，达到清除自由基的目的来保护细胞免于氧化应激[41]。且其具有进入人体皮肤表皮深处的能力，比维生素 C 更可靠，可预防紫外辐射引起的皮肤损伤和老化。

Wang 等为了进一步提高富勒烯的抗氧化效果，设计合成了一种乙二胺修饰的金属富勒烯 $[Gd@C_{82}\text{-(ethylenediamine)}_8]$ 纳米颗粒。相比于传统的金属富勒醇材料 $[Gd@C_{82}(OH)_{26}]$，这种带正电的富勒烯纳米颗粒更易进入细胞，对成人表皮细胞（HEK-a）有更优的抗氧化损伤效果（图 4-17）[178]。下面根据富勒烯作用于不同的器官，介绍几个富勒烯通过猝灭自由基保护细胞作用来治疗疾病的例子。

1. 骨髓抑制

Wang 等借助富勒烯纳米颗粒在骨髓组织中高效富集及清除自由基的特性，发展了多种基于富勒烯的高效低毒的放化疗辅助治疗方法[179]。首先，他们通过实验证实了富勒烯纳米材料能有效缓解由化疗药物环磷酰胺引起的骨髓抑制症状，保护小鼠骨髓细胞和造血功能，调节体内氧化应激状态，并协同体内各种自由基相关酶，在不影响化疗药物肿瘤治疗效果的情况下，最大限度地保护

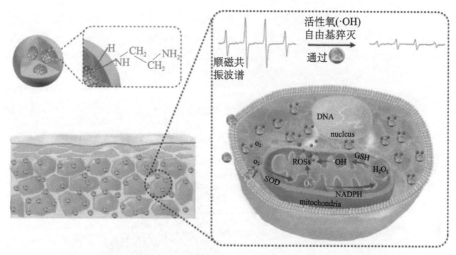

图 4-17　金属富勒烯 – 乙二胺衍生物作为自由基清除剂用于细胞保护 [178]

小鼠免受化疗药物的毒副作用损伤。并且，富勒烯对于放疗造成的白细胞减少的症状也可以进行有效地缓解。他们还系统地研究了富勒烯氨基酸衍生物对阿霉素引起的心脏及肝脏毒性的缓解作用。实验结果表明，富勒烯氨基酸衍生物具有优异的细胞保护及抗阿霉素心脏及肝脏毒性能力，可以有效地减轻心脏及肝脏功能的下降。从体内氧化还原水平的测试中进一步证明了富勒烯能维持体内的氧化还原酶的平衡，通过改善心脏及肝脏代谢酶 CYP2E1 的表达来降低阿霉素的心脏和肝脏毒性（图 4-18）。

2. 肺纤维化

肺纤维化是一种致命的肺部疾病，主要特征是肺部纤维细胞的增生、胶原蛋白的过度积累和广泛的细胞外基质沉积 [180]。虽然肺纤维化的发病机制尚未明确，但是已有大量的研究结果证明，肺纤维化的进程与炎症、氧化应激、损伤诱导产生细胞因子等有密切联系。在肺部炎症的初期阶段，ROS 作为氧化应激的介质，在脂质过氧化及刺激炎症细胞产生更多 ROS 等过程中起着关键性作用 [181]。因此，在肺纤维化的早期，清除过剩的自由基、调节体内氧化应激水平、减少活性氧产生的机体损伤对于肺纤维化的治疗有重要作用。

Wang 等提出了使用金属富勒醇治疗炎症引起的肺纤维化病症 [180]。通过雾化吸入给药，将富勒醇纳米颗粒直接输送到肺部病灶点，通过发挥它们优异的自由基清除性能，调节机体的氧化应激状态，减少 ROS 引起的损伤，从

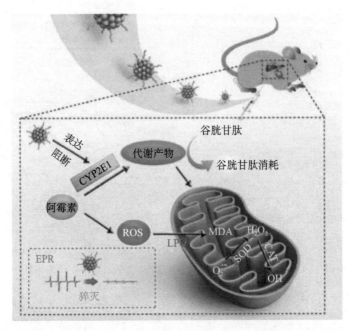

图 4-18　金属富勒烯衍生物显著降低化疗药物引起的肝脏毒性 [179]
谷胱甘肽

而影响肺纤维化进程。相对于空心富勒醇 C_{70}-OH，金属富勒醇 GF-OH 治疗效果更加明显，并且呈现浓度依赖的关系。病理学结果证明，富勒醇能显著缓解肺泡隔的增厚，降低肺纤维化程度，减少胶原蛋白沉积。而且，肺纤维化中一种重要的细胞因子（即转化生长因子 TGF-β1）的表达也受到富勒醇的影响（图 4-19）。

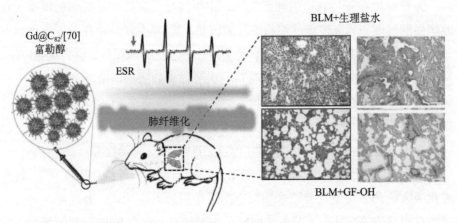

图 4-19　C_{70} 和 $Gd@C_{82}$ 羟基衍生物用于化疗药物造成的肺纤维化疾病的治疗 [180]

3. 糖尿病

糖尿病（diabetes mellitus, DM）是一种非常普遍的以高血糖为主要临床特征的内分泌代谢疾病[182]。Wang 等合成了氨基酸衍生化的金属富勒烯（GFNPs），通过腹腔注射入小鼠体内，发现 GFNPs 能够显著地降低血糖，改善肥胖，改善葡萄糖耐受和胰岛素耐受，并且在停止给药后的一段时间内血糖不回升。一方面，GFNPs 能够激活 PI3K/Akt 信号通路，从而抑制糖异生关键酶的表达，进而抑制糖异生作用。另一方面，GFNPs 可以降低糖原合成酶激酶的表达，解除其对糖原合成酶的抑制，增加糖原合成。并且，GFNPs可以修复胰腺损伤，使其结构和功能正常化，从而能够高效地治疗 II 型糖尿病[183]（图 4-20）。糖尿病往往伴随着很多并发症，如肝脏脂肪变性等，目前临床上可以有效缓解糖尿病并发症的治疗药物非常稀缺。研究者进一步发现GFNPs 不仅可以有效地治疗 II 型糖尿病，还可以逆转糖尿病小鼠的肝脏脂肪变性（图 4-21）。

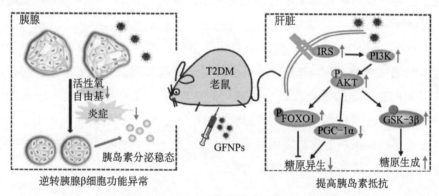

图 4-20　金属富勒烯羟基衍生物用于 II 型糖尿病的治疗[183]

4. 神经退行性疾病

Dugan 研究小组对 C_{60} 富勒烯及其衍生物在神经退行性疾病中的应用做了许多研究。研究证明，羧基化的富勒烯 C_{60} 具有良好的清除自由基的效果，并对神经细胞具有强的保护作用[184]。并且，该组将羧基化富勒烯应用于猴子的实验，通过静脉滴注的方式证明富勒烯能够很好地治疗帕金森病（paralysis agitans，PD）[185]。

Lin 研究小组也进行了羧基化富勒烯治疗神经退行性疾病的相关研究，

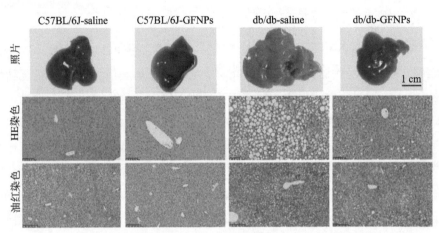

图 4-21　金属富勒烯羟基衍生物有效缓解糖尿病小鼠的肝脏脂肪变性 [183]

通过腹腔或脑部定点注射，发现富勒烯能够治疗帕金森病[186]，但是并未做详细的机理研究。其他研究者也进行了富勒烯羧基或羟基衍生物的神经保护实验，但是所有的研究都集中在富勒烯的水溶性衍生物上，而且大多在细胞层面进行研究。

Wang 等提出了一种新的帕金森病的治疗手段，即通过短期服用低剂量的富勒烯橄榄油（C_{60}-oil）预防或治疗帕金森病。通过口服 C_{60}-oil，明显改善了 MPTP 诱导的帕金森病小鼠的行为学障碍，增加了其脑内多巴胺的含量[187]。与传统的治疗帕金森病的药物相比，C_{60}-oil 无明显的毒副作用，治疗方法简单，从根本上保护多巴胺能神经元，是一种具有很高价值的治疗帕金森病的药物，具有很大的临床应用潜力。

（二）富勒烯的光动力治疗应用

光动力学疗法（photodynamic therapy，PDT）是 20 世纪 70 年代发展起来的一种新疗法，是指在光敏剂和分子氧的参与下，由敏化光源辐射所产生的活性氧物种来破坏病变组织，以达到治疗的目的[53]。光动力学治疗主要应用于不适合手术、放化疗的肿瘤患者。与传统的医疗方法相比，它具有疗效快、副作用小、方法简单等优点。

PDT 是一冷光化学反应，其中光敏剂、照射光和氧构成 PDT 的三要素。PDT 在肿瘤治疗领域的研究逐渐得到越来越多学者的广泛关注，同时被用于非肿瘤性疾病，如尖锐湿疣、牛皮癣、鲜红斑痣、类风湿关节炎、眼底黄斑病变、血管成型术后再狭窄等疾病的治疗。光敏剂（PDT 药物）的研究是影响 PDT 前景的关键所在。光敏剂是一些特殊的化学物质，其基本作用是传递能量，能够吸收光子而被激发，然后将吸收的光能迅速传递给另一组分的分子，使其被激发，而光敏剂本身回到基态[60]。富勒烯分子受光（如 532 nm 或 355 nm）激发后，到达激发单重态（$^1C_{60}*$），激发单重态寿命比较短（<1.3 ns 左右），几乎全部激发单重态经系间窜跃到达激发三重态（$^3C_{60}*$）。重要的是，激发三重态的寿命非常长（50～100 μs），所以激发的单线态氧的量子产率几乎接近理论值 100%。

富勒烯可以被用作光动力疗法中的光敏剂。富勒烯分子的衍生化可以提高其产生活性氧物质的能力，从而在医药应用中调节光动力疗法的效果。当用可见光照射 C_{60} 时，它可以从 S_0 基态激发到短寿命的 S_1 激发态。S_1 迅速衰减到寿命更长（50～100 μs）的低位三重态 T_1。$C_{60}+hv \longrightarrow {}^1C_{60}* \longrightarrow {}^3C_{60}*+{}^3O_2 \longrightarrow C_{60}+{}^1O_2*$。在溶解氧（$^3O_2$）存在的情况下，富勒烯 T_1 以基态的三重态存在，被淬灭以产生单重态氧（$^1O_2$）。因此，原始富勒烯和衍生化富勒烯能够催化光照下的活性氧生成[188]。

20 世纪 90 年代开始研究富勒烯及其衍生物在光动力学治疗应用中的体外评价。Tokuyama 等研究证明了富勒烯羧酸衍生物对人宫颈癌细胞的光毒性作用[189]。Nakajima 等证明了水溶性聚乙二醇富勒烯衍生物在可见光下的毒性和超氧化物产生能力[190]。Burlaka 等通过活性氧的产生证实了原始和衍生化富勒烯在癌细胞中的光毒性：在紫外光照射下，研究了树突状 C_{60} 单加合物和 TMA-C_{60} 衍生物对 Jurkat 细胞（T 淋巴细胞）的光毒性。结果表明，富勒烯的三丙二酸衍生物比树突状衍生物更具光毒性[191]。Ji 等还研究了 $C_{60}(OH)_x$ 在 5 种荷瘤小鼠体内的生物分布和肿瘤摄取，证明该衍生物作为光敏剂在某些肿瘤的光动力疗法中的应用[192]。溶解性最好的富勒烯共聚物之一，C_{60}-N-乙烯基吡咯烷酮在可见光照射下显示出其作为光动力治疗剂的潜力。

Mroz 等研究了阳离子和亲水功能化富勒烯对小鼠癌细胞株的光动力学活性。结果表明，富勒烯吡咯烷衍生物可作为一种高效的光敏剂，在光照下诱导细胞凋亡[193]。Alvarez 等评估了卟啉-C_{60} 对人喉癌 Hep-2 细胞的光毒性活性。P-C_{60} 诱导细胞凋亡的机制是依赖细胞凋亡蛋白酶-3（caspase-3）进行作用的[194]。Zhao 等评价了用溶剂交换法和分散剂法制备的 4 种不同形式的富勒烯的光毒性。结果表明，这 4 种制备方法均具有光照生成单态氧和超氧化物的潜力。富勒烯对 HeLa 细胞的光动力学活性已经被研究过，由于膜蛋白和磷脂的损害，葫芦[8]脲-富勒烯复合物在光照条件下会导致 HeLa 细胞死亡。C_{60}-PEG-Gd 是由乙酸钆溶液与 C_{60}-PEG-DTPA 混合而成的，是由 Liu 等开发的一种光敏剂[195]。研究发现，通过静脉注射光敏剂于荷瘤小鼠体内，评价其抗肿瘤活性。

普鲁兰富勒烯衍生物在体外的光动力治疗实验表明，它可以阻止 HepG2 肝细胞的生长。而且静脉注射实验显示，其比 C_{60}-PEG 共轭物或生理盐水的抗肿瘤活性更强。Nobusawa 等合成了 6-氨基-γ-环糊精作为 C_{60} 载体（ACD/C_{60}），以将 C_{60} 释放在癌细胞酸性表面再进行光动力学治疗[196]。Hu 等利用 L-苯丙氨酸、L-精氨酸和叶酸合成富勒烯衍生物，以提高富勒烯的水溶性，从而提高光动力疗法中的单线态氧的产生。结果表明，这种富勒烯衍生物在 HeLa 细胞中的摄取高于正常细胞，随后的光照可提高单线态氧的生成并诱导细胞凋亡。Shu 等制备了一种富勒烯卟啉二聚体衍生物双亲性光敏剂分子（PC_{70}）。该复合物不仅在有氧条件下能够产生单线态氧，而且在无氧条件下也能够高效地产生单线态氧物质，具有很好的光动力杀死肿瘤细胞的效果。

（三）富勒烯的抗菌和抗病毒应用

自从 1992 年富勒烯可以大量制备之后，人们就打开了研究富勒烯生物医学应用的大门。1993 年，Wudl 等[197] 报道了富勒烯衍生物可以作为抑制 HIV 蛋白酶活性的研究结果，这是最早报道富勒烯具有生物活性的研究之一。富勒烯衍生物分子大小（约 1 nm）及疏水性与蛋白酶的活性位点完美匹配，可以通过类似钥匙-锁结构特性插入到 HIV 蛋白酶的活性位点中，从而抑制酶活性。随后，研究者设计合成了不同种类的富勒烯衍生物进行抗病毒的研究。例如，Prato 等[198] 为了进一步提高富勒烯衍生物的抗 HIV 蛋白酶活性，在富勒烯碳笼上引入了两个氨基基团，从而提高了富勒烯衍生物与 HIV 蛋白酶的静电和氢键相互作用，有效地提高了富勒烯衍生物和酶的亲和性，使得其抑制 HIV 蛋白酶的活性与之前报道的富勒烯衍生物相比提高了 50 倍，$EC_{50} \approx 7$ μmol/L。Troshina 等[199] 提出，C_{60} 和 C_{70} 的氯化衍生物也具有抗 HIV

病毒的活性，并且具有非常低的 EC_{50} 值（约 1 μmol/L）。

为了模仿病毒的球形结构，进一步提高材料的抗病毒活性，Martín 等制备了大球富勒烯，即每个富勒烯串有 10 个单糖共 120 个糖苷（碳水基团）结合在一个核心富勒烯上。这种富勒烯糖苷衍生物可以有效地阻断细胞表面的凝集素受体，从而抑制埃博拉病毒进入细胞，有效降低病毒活性[200]。近期，该团队又利用类似的大球富勒烯结构用于摩卡病毒（ZIKV）的研究中，发现富勒烯糖苷超分子衍生物同样可以有效地抑制 ZIKV 的活性[201]。

在抗菌方面，利用富勒烯在光照下产生单线态氧的性质，目前已发展了多种富勒烯衍生物用于抗菌应用中。Wang 等又提出了一种利用正电性的富勒烯氨基衍生物在非光照条件下抑制细菌[202]。该衍生物是利用 C_{70} 富勒烯与乙二胺反应，形成的富勒烯胺类衍生物被质子化后呈现正带电性，并且胺类可以拓展到丙二胺、丁二胺及己二胺等，得到的 C_{70} 胺类衍生物均有明显地抑制大肠杆菌活性的作用。他们又进一步研究了其抑菌机理，发现 C_{70} 乙二胺衍生物通过破坏细菌壁，导致细菌解体。并且发现，将其与细菌和细胞同时孵育时，C_{70} 乙二胺衍生物有效地抑制了细胞活性，但不会对细胞的活性产生负面影响。最后，他们发现该种材料还可以有效地抑制伤口感染、促进伤口愈合，该项研究为拓展富勒烯材料在抑菌抗感染中的应用提供了思路。

（四）金属富勒烯的磁共振成像应用

磁共振成像（magnetic resonance imaging，MRI）是利用原子核在强磁场内共振所产生的信号经过重建成像的一种成像技术。它具有组织对比性强、空间分辨率高、多平面的解剖结构显示和无射线损伤等特点，并对生理变化特别敏感，几乎适用于全身各系统的不同疾病（如肿瘤、炎症、创伤、退行性病变）及各种先天性疾病等的检查。

磁共振对比剂是用于缩短成像时间、提高成像对比度和清晰度的一种成像增强试剂，可以提高病变检出率和定性诊断准确率。例如，利用病灶的不同增强方式和类型，可以区分肿瘤和水肿，显示血脑屏障破坏程度，帮助病灶定性。因此一种好的对比剂应该具备以下特点：①稳定性好；②低毒或无毒；③有较高的弛豫率；④有一定的组织或器官靶向性；⑤在体内有适当的存留时间，同时又能顺利从体内排出。

钆基富勒烯是指碳笼（C_{60}、C_{80} 和 C_{82} 等）内嵌金属钆原子或团簇的一类内嵌金属富勒烯。这些富勒烯不仅保持了内嵌钆的顺磁特性，还保持了碳笼的特性，如比表面积大、稳定、易被多功能化等。这类钆金属富勒烯作为新型的 MRI 分子影像探针，其弛豫水分子的机理不同于传统的钆基螯合物，是一种间接相互作用，即内嵌的钆原子或钆团簇通过外包碳笼来间接弛豫水分子，作用面积大，效率高；分子间的偶极-偶极相互作用进一步提高了其弛豫效能。更重要的是，与传统钆基螯合物相比，碳笼的稳定性保护了内嵌团簇，使之免受体内代谢物质的进攻和防止了外泄，从而大大提高了其生物安全性。

$Gd@C_{82}$ 是最早发现可被用于磁共振成像造影剂的钆基富勒烯。通过多羟基衍生化反应得到一系列 $Gd@C_{82}$ 多羟基衍生物（钆富勒醇），是一类具有高弛豫率的磁性分子影像探针。1997 年，裴奉奎等首先合成了 $Gd@C_{2n}(OH)_x$ 及各种空心富勒烯多羟基衍生物的混合物，在 8.4 T 磁场条件下测得其纵向弛豫率（r_1）为 47 L/(mmol·s)，比临床使用的 Gd-DTPA[$r_1 \approx 4$ L/(mmol·s)] 高出 10 倍以上。随后，赵宇亮课题组 [82] 合成了羟基数较少的 $Gd@C_{82}(OH)_{16}$，其在 4.7 T 磁场下的纵向弛豫率为 19.3 L/(mmol·s)。顾镇南课题组合成了带有 20 个羟基的钆富勒醇 $Gd@C_{82}(OH)_{20}$，其在 1.0 T 磁场下弛豫率为 42.3 L/(mmol·s)。以上研究结果表明，钆富勒醇的弛豫率与笼外修饰上的羟基数目和磁场强度等因素密切相关。并且通过随后的研究和报道也可以推出钆富勒醇造影剂的纵向弛豫率随着外接羟基数目的减少而降低。

Kato 等 [203] 合成了一系列稀土包合物的水溶性多羟基衍生物 $M@C_{82}(OH)_n$（M=La，Ce，Dy，Er）。结果显示，这些包合物的多羟基衍生物都表现出一定的弛豫能力。他们提出，富勒烯多羟基衍生物具有的高弛豫能力是通过多羟基富勒醇分子表面羟基的水质子交换作用和分子间偶极-偶极相互作用来实现的，而水质子交换速率、转动相关时间和顺磁性金属离子电子自旋的弛豫速率是影响弛豫时间的三个重要因素。

Bolskar 等 [204] 得到 $Gd@C_{60}$ 的羧基水溶性衍生物 $Gd@C_{60}[C(COOH)_2]_{10}$。弛豫率测试结果表明，钆富勒酸 $Gd@C_{60}[C(COOH)_2]_{10}$ 的弛豫率 [4.6 L/(mmol·s)] 明显低于钆富勒醇 $Gd@C_{60}(OH)_x$ [83.2 L/(mmol·s)]，说明同种钆基富勒烯使用不同的修饰方法得到的衍生物具有截然不同的理化性质。由此可知，羟基化的钆富勒醇具有相对更高的弛豫率。Anderson 等将 $Gd@C_{82}(OH)_x$ 与细胞间质干细胞孵育，在转染试剂硫酸鱼精蛋白的作用下首次实现了 $Gd@C_{82}(OH)_x$ 的细胞 MRI 标记，$Gd@C_{60}[C(COOH)_2]_{10}$ 可直接用于细胞 MRI 标记，发现其标记效率高达 98%～100%，$Gd@C_{60}[C(COOH)_2]_{10}$ 标记的细胞 T_1 成像的信号有 250% 的增强，而使用小分子造影剂 Gd-DTPA 标记的细胞并未观察到明显的信号增强。Mikawa 等[17]发现，$Gd@C_{82}(OH)_{40}$ 在 5 μmol Gd/kg 的低剂量下（Gd-DTPA 的 1/20）对肝脏、脾脏和肾脏就有良好的造影效果。动物体内分布实验的结果表明，$Gd@C_{82}(OH)_{40}$ 容易被内皮网状组织摄取，因此对这些组织和器官具有更好的造影效果。此外，$Gd@C_{82}$ 很容易从动物体内排出且无明显副作用，因此具有弛豫能力强、低毒、组织特异性等优点。

Shu 等[205]通过改进 Bingel 反应，将具有趋骨性的磷酯基修饰到 $Gd@C_{82}$ 上，得到在骨病诊断中有潜在靶向性检测功能的 $Gd@C_{82}O_2(OH)_{16}[C(PO_3Et_2)_2]_{10}$。体外水质子弛豫率的测定表明，其造影效率是临床使用 Gd-DTPA 的近二十倍，是一种高效的磁性分子影像探针。

Han 等[206]通过将具有靶向三阴性乳腺癌的高表达的纤连蛋白（EDB-FN）的 ZD2 肽链与 $Gd_3N@C_{80}$ 结合通过磁共振成像实现了乳腺癌的风险分级诊断。并且，作者通过类似的方法也实现了前列腺癌的磁共振成像风险分级。

金属富勒烯也可以用于多模态成像。例如，Chen 等[207]将用氨基酸修饰的 $Gd@C_{82}$ 负载 ^{64}Cu 实现了 PET 和 MRI 双模态成像，并通过负载的归巢肽 cRGD 实现了造影剂的靶向聚集。Zheng 等[208]还通过将近红外成像剂与金属富勒烯结合，实现了磁共振和近红外荧光双模态成像。此外，金属富勒烯也可与药物结合实现诊疗一体。例如，Chen 等[209]构建了一种核-卫星结构的聚多巴胺-金属富勒烯载药复合纳米粒，用放射性核素 ^{64}Cu 标记的负载多柔比星和聚多巴胺的金属内嵌富勒烯（CDPGM），可以实现正电子发射计算机断层显像（PET）、核磁共振成像（MRI）和光声成像（PAI）三种成像模式。报道称，CDPGM 可以有效地在肿瘤处聚集，聚多巴胺纳米粒子可将吸收的近红外光能量转换为热，并且具有生物相容性好、抗光漂白、易生物降解、光热转换效率高等特性。聚多巴胺纳米粒子还可通过 π-π 共轭吸附抗肿瘤药物阿霉素，形成在正常生理环境下较稳定的载药聚多巴胺纳米粒子，能有效避免药物泄露，而在类似于弱酸性条件或近红外光照射下可快速释放药物，实现靶向可控释药。

（五）金属富勒烯的肿瘤治疗应用

肿瘤治疗一直都是全球普遍关注和努力的方向，尽管不断有新的治疗手段、抗癌药物被开发应用，但是放化疗仍然是当前普遍采用的手段。而放化疗所产生的副作用也是显而易见的，化疗药物或放疗射线在杀死肿瘤细胞的同时，也不可避免地对正常细胞和器官产生了损伤。

1. 免疫治疗

目前临床上的肿瘤化疗药物虽然可以有效杀伤肿瘤，但是由于毒副作用大，在实际治疗中的使用剂量受到很大限制，因此导致其治疗效率大大降低。随着纳米技术的发展，人们开始发现一些纳米材料具有高效低毒的抗肿瘤效果。2005 年，Chen 等 [210] 在小鼠肝癌模型上研究了 $Gd@C_{82}(OH)_{22}$ 的抑瘤效率，并与临床常见的抗肿瘤药物环磷酰胺（CTX）和顺铂（CDDP）做了对比。结果显示，虽然钆富勒醇 $Gd@C_{82}(OH)_{22}$ 在肿瘤组织富集不到0.05%，但是却可以有效地抑制肿瘤在小鼠体内的生长，而且没有明显的毒副作用。此外，$Gd@C_{82}(OH)_{22}$ 的抑瘤效率明显更高，在达到相同抑瘤率的条件下，所需 $Gd@C_{82}(OH)_{22}$、CTX 和 CDDP 的剂量分别为 0.23 mg/kg、1.2 mg/kg 和 15 mg/kg。由于该 $Gd@C_{82}(OH)_{22}$ 抗肿瘤过程中无需光源的辅助，并不直接杀死肿瘤细胞，没有观察到对其他主要脏器的任何损伤，因此明显不同于富勒烯传统光动力抗肿瘤的方法。

通过重新激活机体的免疫反应进行肿瘤免疫治疗，目前已经成为一种非常前沿的研究领域。肿瘤相关巨噬细胞是肿瘤免疫细胞中最常见的一种类型的细胞，它们在肿瘤发生、发展和转移过程中都起到非常关键的作用。由于肿瘤微环境的调节作用，在肿瘤部位，肿瘤相关局势细胞往往以 M2 型存在，通过分泌抑炎因子来促进肿瘤生长，与其相对应的是 M1 型巨噬细胞，也称为促炎因子，这是因为它们可以分泌促炎因子来抑制肿瘤生长。目前，常用的调节肿瘤相关巨噬细胞的试剂大多与细胞有关，虽然能起到一定的效果，但安全性没有保障。

王春儒等 [211] 研究发现，金属富勒烯氨基酸衍生物同样具有高效的抗肿瘤生长的作用，并发现其可以通过调节肿瘤相关巨噬细胞的表型，即从 M2 型巨噬细胞到 M1 型巨噬细胞，发挥肿瘤治疗的效果。同时他们发现，金属富勒烯不仅可以有效地调节巨噬细胞介导的天然免疫，还可以激活 T 细胞特异性免疫反应。进一步地，他们将金属富勒烯氨基酸衍生物与临床使用的免疫检查点抑制剂抗 PD-L1 药物联合使用，大幅度地提高了肿瘤免疫治疗效果（图 4-22）。

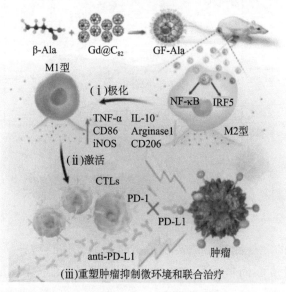

图 4-22　金属富勒烯衍生物调控肿瘤免疫抑制微环境实现高效的肿瘤免疫治疗 [211]

　　传统的免疫治疗大多针对肿瘤细胞，效率低、毒副作用大。即使是肿瘤免疫治疗，也需要重新激活人体的免疫系统，去杀伤数以万计的种类细胞。20 世纪 70 年代末，人们发现血管可以作为肿瘤治疗的新型靶点。肿瘤细胞的异常扩增离不开肿瘤血管持续的营养及氧气供应，是肿瘤发生、生长和浸润与转移的重要条件，因此抑制肿瘤新生血管的生成或者阻断现有肿瘤血管，从而切断肿瘤组织的营养通道和转移途径，可以从根本上切断肿瘤的命脉。相比于直接攻击肿瘤细胞的疗法，这种疗法在一定程度上能更有效地抑制肿瘤的扩散和转移，且能克服反复使用化疗药所产生的抗药性缺点。

2. 血管靶向治疗

　　2015 年，中国科学院化学研究所的王春儒等 [23] 另辟蹊径，报道了基于金属富勒烯纳米颗粒的"分子手术刀"肿瘤治疗技术，即设计特定尺寸的水溶性金属富勒烯纳米颗粒，当其到达肿瘤部位后，由于内皮细胞间较大的间隙而被嵌在血管壁上，此时施加射频"引爆"纳米颗粒的相变，体积膨胀带来的物理效应破坏了肿瘤血管，导致肿瘤的营养供应被迅速切断，达到"饿死"肿瘤细胞的目的（图 4-23）。

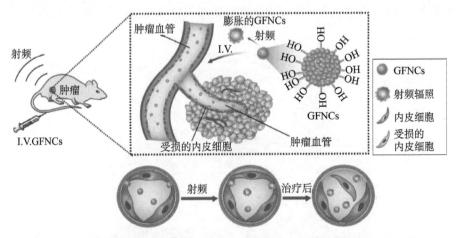

图 4-23　金属富勒烯纳晶在射频照射下阻断肿瘤血管实现靶向肿瘤治疗[23]

　　借助不同的表征测量手段实现了实时观测评估其对肿瘤血管的特异性破坏，从不同角度均得到证实。背脊皮翼视窗（dorsal skin flap chamber, DSFC）模型在本工作中建立和发展，在此基础之上结合显微镜技术，组织血管网的形态功能得以实时直观地被评估观测。在明场条件下，治疗过程中发现，治疗前完整的血管逐渐变得模糊，进而断裂，在短时间内于视窗中出现了若干出血点，并不断扩大形成血晕。在荧光场下，静脉注射荧光分子标记肿瘤血管后，可以实时直观地观测血管网的血液循环状态，为深入研究其机制提供了更多的信息。通过对肿瘤血管治疗效果的实时定性定量评估，我们发现该射频辅助 GFNCs 技术具有高效、快速、高选择性地损伤肿瘤血管形态和功能的作用效果，并在治疗后 24 h 损伤持续增加，且在 48 h 没有恢复，具有持续不可逆性的杀伤效果，对于正常组织血管无毒副作用。其高效低毒的抗肿瘤治疗效果及该工作中相应的 DCE-MRI 评估技术使得这种新型治疗技术具有较大的临床转化意义。

　　王春儒等系统地研究了肿瘤治疗的机理过程[212]。GFNCs 进入血管，在穿过肿瘤内皮间隙的过程中施加射频，可以通过破坏肿瘤血管内皮细胞特异性连接 VE-钙连蛋白，阻断破坏肿瘤血管，从而导致肿瘤组织快速坏死，实现高效的、靶向的肿瘤治疗，达到治疗肿瘤的目的。除此之外，GFNCs 还显示出良好的生物相容性，无明显的毒副作用。该结果证实了 GFNCs 可以快速高效地治疗具有较为复杂肿瘤血管结构的人源肝癌，拓展了金属富勒烯治疗肿瘤的适用性。

3.拓展的光动力疗法

传统的光动力抑制肿瘤生长的机理是先将光敏剂导入肿瘤部位，然后令其通过 EPR 效应进入肿瘤组织中，随后在光照条件下产生的单线态氧直接杀死肿瘤细胞。参考射频辅助金属富勒烯破坏肿瘤血管疗法的指导思想，王春儒等拓展了光动力疗法。他们在光敏剂刚刚到达肿瘤血管后，就马上施加光照，从而令产生的单线态氧杀死肿瘤血管内皮细胞，导致肿瘤血管壁的破坏，进而令肿瘤由于缺少氧气和营养物质的供应而"饿"死。

王春儒等[213]合成了四种不同尺寸的金属富勒烯 $Gd@C_{82}$ 纳米材料，并且在碳笼上面修饰上 β-丙氨酸（Ala），得到四种不同尺寸的水溶性金属富勒烯衍生物 $Gd@C_{82}$-Ala，水合粒径分别为 126 nm、142 nm、190 nm、255 nm，最后通过酰胺化反应在金属富勒烯衍生物表面引入水溶性的荧光染料 Cy5.5。结果发现，它们在光照下可以产生大量的单线态氧，并且不同尺寸的纳米材料单线态氧产率相当。小动物实验发现，光照下 4 种不同尺寸的金属富勒烯衍生物纳米材料对黑色素瘤具有良好的抑制作用，并且肿瘤抑制效果和纳米材料的尺寸有关。尺寸越小的肿瘤抑制效果越好，当尺寸增大到水合粒径 190 nm 以上时，肿瘤抑制效果没有明显的变化。通过进一步的视窗模型和肿瘤组织透射观察发现，光照下金属富勒烯衍生物纳米材料抑制肿瘤生长的原理主要是通过破坏肿瘤血管内皮细胞连接，导致肿瘤血管内皮细胞脱落，肿瘤血管坍塌，进而导致肿瘤细胞坏死。

肿瘤血管阻断治疗的优势在于可以快速高效地通过破坏肿瘤血管而引起肿瘤坏死，但由于肿瘤细胞在与正常组织接壤的地方仍然可以得到周边正常组织的营养供给。因此，肿瘤血管阻断治疗肿瘤后，往往有一定的肿瘤细胞残留。Shu 等[214]详细研究了金属富勒烯在光照下阻断肿瘤血管后机体的免疫效应。他们发现，在金属富勒烯治疗后还可以进行进一步激活免疫反应，最终达到彻底消灭肿瘤组织的效果。

五、富勒烯在化妆品中的应用

人类的皮肤是人体的重要器官之一，它覆盖着体表，具有保护、感受刺激、吸收、分泌、调节体温及维持平衡等多种功能。同时，皮肤也是人类健美的重要标志，一个体魄健康的人，其皮肤一定是滋润丰满、富有弹性的。但随着年龄的增长，人的皮肤，特别是暴露于衣服外部的皮肤，就会逐渐变得粗糙、发皱、变黑，并且长出老年斑。这些变化与自由基密切相关。

1956 年，Harman[215] 提出了人体衰老的自由基学说。自由基的产生分为两个渠道：一个是机体氧化代谢中产生自由基，另一个是辐射、环境污染及不良生活习惯等产生自由基。它们能通过氧化作用攻击体内的生命大分子，如核酸、蛋白质、糖类和脂质等，使这些物质发生过氧化变性、交联和断裂，从而引起细胞结构和功能的破坏，导致机体的组织破坏和退行性变化。在正常情况下，机体会不断产生多种内源性抗自由基的活性物质，包括非酶类抗自由基物质（如维生素 C、β-胡萝卜素等）和抗自由基的酶类（如 SOD、过氧化氢酶、谷胱甘肽过氧化物酶）。它们能不断地清除自由基，从而使机体细胞和组织免受损害。但在内外环境异常的情况下，体内抗自由基系统的平衡就会被破坏，从而引起生物膜的脂质过氧化，破坏生物膜的功能和结构完整性，结果使机体更易于发生各种病变和老化。

富勒烯突出的抗氧化能力使其成为防晒、美白和抗衰老产品中的重要成分。中国科学院化学研究所王春儒研究员针对富勒烯清除自由基的性质进行了详细的研究，采用电子自旋捕获的方法对富勒烯清除羟基自由基的性能进行了检测，发现富勒烯及其衍生物可以快速、长效清除自由基，被认为是皮肤治疗药物和化妆品中重要的成分。

（一）富勒烯对抗紫外线对皮肤的损伤

富勒烯作为一种多功能的新型纳米碳材料，许多研究评价了它在增加皮肤的抗氧化能力和保护皮肤免受紫外线损伤方面所起的作用。在体外研究中，针对不同人类皮肤细胞经受紫外线照射后，用富勒烯及其衍生物进行处理，然后评价针对 ROS 的清除作用或细胞保护作用。数种富勒烯衍生物（高分子包裹的富勒烯、富勒醇、富勒烯羧基衍生物等）均表现出优异的清除自由基抗氧化的性能，能够减少细胞凋亡及细胞形态变化，Murakami 等 [216] 还进一步揭示了富勒烯可以通过促进角质形成细胞的分化来实现保护作用。有趣的是，这项研究还提供了一个证据说明富勒烯并没有通过屏障机制显示其细胞保护作用，因为在 UVB 照射期间，在叠置的培养皿中使用富勒烯时未见细胞保护作用；而当直接应用于含有角质形成细胞的培养皿时，则具有细胞保护作用。

富勒烯对紫外线引起皮肤损伤有一定的保护作用，在 Ito 等 [217] 的一项体内研究中，在紫外线照射前 1 h，将富勒烯溶液涂于小鼠背部皮肤，虽然在使用富勒烯后只能看到很小的 ROS 减少效果（它只能减少 UVB 诱导的皮肤中的 $O_2\bullet$），但是当富勒烯和抗坏血酸（AA）一起使用时，红斑、ROS 指数和细胞凋亡指数显著降低，并且 $O_2\bullet$、$H\bullet$、$OH\bullet$ 与 $AA\bullet$ 的产生被显著抑制。这些结果说明，富勒烯和其他抗氧化剂共用可以产生协同作用。此外，在该研究中，未发现富勒烯对细胞具有任何毒性或光毒性。

Xiao 等 [218] 在新鲜的人皮肤器官培养物中使用了高分子包裹的水溶性富勒烯材料（100 μmol/L），发现它可以明显减少 UVA 诱导的黑色素生成。在 Kato 等的另一项研究中 [219]，评估了油溶性富勒烯对 3D 人皮肤组织模型的影响。在 UVA 照射之前和之后，用油溶性富勒烯重复处理 3Dpif 模型。结果表明，UVA 诱导的表皮异常缩放减少，真皮和衬底层的 I/Ⅳ 型胶原纤维的破坏减少，异常细胞核和凋亡细胞减少。Inui 等 [220] 评估了水溶性富勒烯对 UVB 诱导的人表皮中前列腺素 E2（PGE2）合成的影响，并发现 PGE2 的产生受到显著抑制。由于 PGE2 可激活酪氨酸酶，进而引起黑色素细胞大量分泌黑色素，因此富勒烯对 PGE2 较强的抑制作用说明其在抑制黑色素生成方面有显著的优势。这一发现也是富勒烯影响黑色素生成的潜在机制之一。这些研究均支持富勒烯对紫外线引起的皮肤损伤和氧化应激的保护作用，并证实了其可作为防晒霜、皮肤美白和嫩肤产品中的活性成分。

（二）富勒烯治疗痤疮

寻常痤疮是一种涉及皮脂腺的慢性炎症性皮肤病。这种慢性复杂疾病有多种病因，包括角化过度、皮脂囊阻塞、皮脂分泌增加、丙酸杆菌增殖和炎性反应等。此外，氧化应激（皮肤和全身性的）也是其发病机理的另一个重要因素。作为一种新型的纳米材料，富勒烯由于其诸多优点而被引入痤疮治疗中。它具有很高的抗氧化活性，可以穿透表皮，并且可以作为递送载体以改善药物体内过程。此外，对一种富勒烯衍生物 [$C_{60}(OH)_{24}$] 的研究表明，它可以抑制皮脂生成，并对痤疮丙酸杆菌具有抗菌活性。

Inui 等[221] 研究了富勒烯在临床中的抗痤疮作用。将含有富勒烯角鲨烷溶液（1%）的凝胶（富勒烯含量 2 ppm）涂抹在 11 例痤疮患者的面部皮肤上，每天两次并持续 8 周。结果表明，治疗后病人的炎性病变和脓疱的平均数量在统计学上显著减少。在仓鼠皮脂细胞上使用 75 μmol/L 的 PVP-富勒烯，显示皮脂分泌量减少 25%，中性粒细胞浸润减少（较少脓疱）。这些机制和富勒烯的抗氧化作用一起被认为是其控制痤疮的可能途径。

另外，脂质体富勒烯对皮肤含水量显示出有益的作用，并且不影响毛孔的数量。总体来看，在 Inui 等的实验中，富勒烯添加量极少，这一点也有可能是未能达到更好的预期效果的一个因素。因此，需要进一步研究才能得到更加可靠的结论。针对这个问题，王春儒等[①] 进行了进一步研究。他们将富勒烯溶于霍霍巴籽油中，然后配制成痤疮治疗外用软膏剂，其中富勒烯添加量较 Inui 等的实验提高了 30 倍，针对轻、中、重度痤疮患者进行临床测试。治疗组结果显示对粉刺、炎性丘疹有显著的效果（图 4-24）。同时发现，在第 3 天时，脸部红斑就有显著的改善，第 7 天时粉刺明显减少，第 14 天时炎性丘疹也得到明显缓解。最为显著的是，治疗组在治疗后痤疮部位的印痕几乎没有显现。对比 Inui 等的实验可以看出，富勒烯在治疗痤疮方面是存在量效关系的，添加量提高后，富勒烯对痤疮的治疗效果显著提高。同时，Wang 等在实验中发现，虽然富勒烯的添加量提高了几十倍，但是在受试人群中并没有发现皮肤过敏者，这也从侧面证明了富勒烯的安全性。

（三）富勒烯的美白肌肤功效

亚洲女性对皮肤的白皙度关注较多，富勒烯在这一领域也有其独特的功效和作用原理。紫外线会诱导产生活性氧，对人体皮肤细胞产生一系列生物效应，导致色素沉着等皮肤损伤，一般会用抗氧化剂来解决这个问题。但是，色素一旦形成，表皮层是去除色素非常关键的一环。富勒烯具有持久稳

---

① "水溶性富勒烯外用组合物"(CN201810871219.7)；"一种富勒烯外用组合物"(CN201810777244.9)；"一种祛痘组合物"(CN 201810124686.3)。

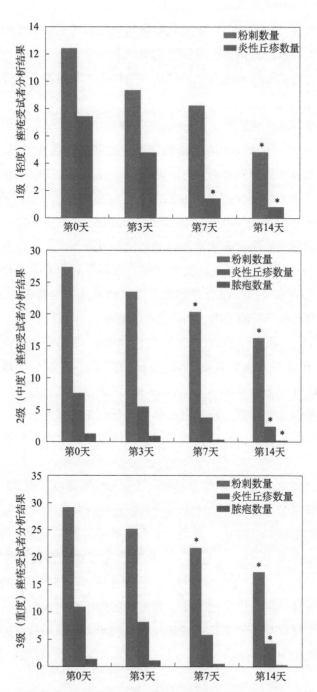

图 4-24　将富勒烯溶于霍霍巴籽油中配制成痤疮治疗外用软膏剂后针对轻、
中、重度痤疮患者进行临床测试的效果比较

定的抗氧化特性，除了可以抑制氧化应激带来的黑色素过度生成之外，研究还发现富勒烯可以促进角质形成细胞的分化和角质化。这一点可以促进黑色素代谢，并对角质层保水度有促进作用，角质层含水量高了，皮肤白皙度也会提高。

在一项单盲临床研究中，Murakami 等评价了 10 名健康志愿者的前臂皮肤经胶带剥离后，再使用水溶性富勒烯后的皮肤屏障恢复情况。结果表明，志愿者表皮水分流失（TEWL）的情况显著改善，但角质层水化没有任何变化。根据分子水平检测，他们认为 TEWL 的改善可能是由于富勒烯促进了角质形成细胞的分化和角质化包膜的合成。Inui 等 [220] 研究了富勒烯在减少面部毛孔中的作用。使用含有水溶性富勒烯的润肤乳 8 周后，参与者的毛孔减少了 17.6%（$p<0.05$），约 2/3 的受众对美容效果感到满意。在使用脂质富勒烯时发现皮肤的水合作用没有得到改善，该结果是否与富勒烯的类型有关，或者还是存在其他未知的原因，仍需进一步探索。

Takada 等 [222] 研究了高分子包裹的水溶性富勒烯在 HMV-II 人类黑素瘤细胞和 NHEM 正常人类表皮黑素细胞中的作用。在高分子修饰的富勒烯（25 mmol/L）存在下培养黑素瘤细胞 24 h，结果显示富勒烯可以抑制两种模型条件下皮肤细胞的黑素生成，没有体现出任何细胞毒性。富勒烯可以作为一种对年轻肌肤进行防护得很好的原料，同时也是将衰老肌肤修复得很好的活性成分。

Fujimoto[223] 制备了一种含富勒烯（2 ppm）的凝胶，对 32 名女性志愿者进行了临床试验。6 周后，94% 的受试者皮肤白皙度改善，没有任何炎症或刺激，表明富勒烯具有美白效果。王春儒等制备了富勒烯含量更高的水溶性和油溶性富勒烯原液，并制备了富勒烯含量较高的面霜（临床添加量为 15 ppm 的富勒烯），进行了临床测试①，受试者为 45~55 岁的女性，测试周期是 4 周。从统计结果可以看出，受试者皮肤的黑色素值显著降低，皮肤亮度显著提高，细腻度显著提高。这些研究不仅说明了富勒烯具有美白功效，同时可缩小毛孔和细腻肌肤。

---

① "一种美白祛斑组合物"（201810123967.7）。

（四）富勒烯淡化皮肤皱纹

皮肤受到外界环境及自身影响，形成游离自由基，自由基破坏正常细胞膜组织内的胶原蛋白及活性物质，导致皮肤真皮层胶原蛋白含量逐渐减少，从而形成皱纹。网状支撑体也会变厚变硬、失去弹性，当真皮层的弹性与保水度降低时，皮肤便会失去弹性并变薄老化，表皮即形成松垮的皱纹。在关于皮肤水分与皱纹的关系的报道[224]中，皮肤模型中的角质层水分减少 11% 可使皱纹增大 25%～88%。

2,4-非二烯醛（NDA）是 4-羟基壬醛的类似物，是导致人体老化的主要原因之一，也是亲脂细胞损伤因子。Kato 等[225]的研究指出，富勒烯对 NDA 诱导的 HaCaT 角质形成细胞损伤和三维（3D）人体皮肤组织模型中皱纹的形成有防御作用。同时，Kato 等进行的临床试验证明，使用添加有富勒烯的面霜，在第 8 周时可以有效地改善眼部皱纹，抚平眼部干燥，提高眼部水润度水平。他们还进行了一项双盲随机对照试验，要求 23 名健康女性每天使用两次富勒烯产品，试验周期共计 8 周，并观察到治疗部位的皱纹较少。相比于安慰组来说，试验组的皱纹面积在第 4 周时就有了明显的降低，皱纹深度明显降低，皮肤表面的粗糙度显著降低。皮肤白皙度指数（TWEL）在第 4 周时显著提高，皮肤弹性指数也得到提高，试验观察到的结果具有显著性差异，并且研究中未发现富勒烯的副作用。

皮脂膜是皮肤外层的一个屏障，角鲨烯是构成皮肤皮脂膜的重要组成部分，皮肤中的角鲨烯可有效抑制脂类过氧化反应的级联放大，进而帮助皮肤抵抗由于紫外照射和其他氧化反应导致的损伤。Kato 指出，皮肤暴露在阳光下 1.5 h，表面会由于单线态氧而使过氧化角鲨烯的含量增加 60 倍。皮肤的最上层皮肤表皮层，大部分是角质形成细胞，构成了皮肤的主要屏障功能，是抵御环境物理、化学和生物制剂的前线，外部氧气压力对角质形成细胞和成纤维细胞的匹配培养至关重要。C_{60} 通过清除活性氧自由基或防止紫外线穿透人皮肤角质形成细胞，从而防止 UVA-可见光或 UVB 照射引起的光损伤。

研究表明，富勒烯没有光细胞毒性和细菌逆转致突变性。富勒烯可以通过角质层进入表皮层，真皮层 24 h 的人体皮肤活检未检出富勒烯，表明没有必要考虑 C_{60} 由于经真皮静脉的体循环造成的毒性。自由基被认为是通过破坏胶原蛋白和弹性蛋白网络导致细皱纹产生的主要因素，而富勒烯可以进入皮肤表皮层,在角质细胞外作为抗氧化剂。抗氧化物质的应用与美容护肤、抗衰老有密切的关系。

第五节　富勒烯及其衍生物的产业发展现状

富勒烯于 1985 年被发现,但初期研究仅限于在科学实验装置上得到的有限质谱数据信息。直到 1990 年 Kräschmer 等利用氮气氛下石墨棒电弧放电法制备了克量级的 C_{60} 和 C_{70},才吸引了材料学家进行应用研究探索。2001 年,日本三菱化学株式会社基于美国 IBM 公司的苯燃烧法专利,开发了工业化生产富勒烯装置,并于 2003 年完成了吨级富勒烯的产能,为富勒烯的应用研究进一步奠定了物质基础。下面将介绍一下我国富勒烯产业发展现状。

一、富勒烯专利技术现状

截至 2020 年 6 月底,经 IncoPat 专利分析系统统计,世界范围内已申请富勒烯相关专利 12 715 项,中国成为拥有富勒烯相关专利数量第一的国家,占世界富勒烯专利总量的 22%。日本以 2444 项位居第二,韩国 1949 项位居第三,第四位美国的专利数量是 1615 项。此外,专利数量相对较多的还有 PCT 998 项、俄罗斯 573 项。具体分布情况如图 4-25 所示。

材料决定应用,因此有关富勒烯的专利在早期都集中在富勒烯制备方法和工艺、合成技术和手段,以及纯化和分离技术方面。1991 年 5 月,美国的 Quantametrics 公司申请了世界上第一项关于富勒烯制备方法的专利。随后不久,日本电气株式会社也申请了制备富勒烯的专利。一直到 2003 年,国内外关于富勒烯的专利申请数量都维持在个位数水平。

2003 年,日本三菱化学株式会社燃烧法制备富勒烯技术的成熟,给市场提供了足够的富勒烯原料,富勒烯的专利伴随着应用研究也渐渐发展起来,呈现出起飞之势。与此同时,国际上富勒烯研发中心也逐渐东移,从美国到日本,再慢慢转移到中国。现在,中国无论是富勒烯的生产还是富勒烯的应用都居于世界前列。下面我们将着重分析中国的富勒烯市场。

我国的第一项富勒烯专利申请于 1992 年,北京大学的顾镇南提出了关于

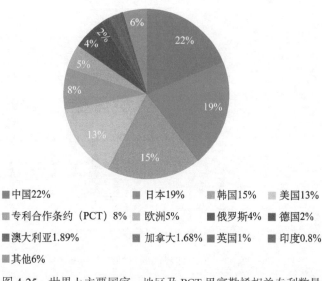

■中国22%　　　　　　　■日本19%　　■韩国15%　　■美国13%

■专利合作条约（PCT）8%　■欧洲5%　　■俄罗斯4%　　■德国2%

■澳大利亚1.89%　　　　　■加拿大1.68%　■英国1%　　　■印度0.8%

■其他6%

图 4-25　世界上主要国家、地区及 PCT 里富勒烯相关专利数量

分离、提纯富勒烯 C_{60} 方法的专利，至 2001 年，申请专利数首次突破个位数。

2012 年以后，我国每年的富勒烯专利申请数量都在 100 项以上，申请人从以高校和科研院所为主拓宽到大量的企业和个人，申请内容也从制备工艺和分离等技术手段为主过渡到富勒烯在多个领域的实际应用，见图 4-26。分析表明，国内截至 2019 年底公开的专利申请总数为 2371 项，其中发明专利 2214 项、实用新型专利 145 项、外观设计专利 12 项。

对已申请的 2371 项专利进一步分析发现，授权专利数量不足专利申请总量的一半，仅占 37%，而撤回和放弃申请的专利数量占到 18%，如图 4-27 所示。这说明，我国相关研究或从业人员对于富勒烯专利的申请还存在一定的盲目性和不合理性，对专利申请内容的实际可操作性和规范管理还需要进一步加强。

对专利的申请人进行统计发现，在 2371 项专利申请中，以企业名义申请的专利数量占 51%，高校和科研院所（简称研究机构）申请专利的数量占 40%，个人申请专利数量占 9%，如图 4-28 所示。以上数据说明，企业申请专利数量占比最多，可见对富勒烯的研究主体已经从科研机构转向了实际应用主体。但同时也要注意到，企业在后期撤回或是放弃申请的数量占比接近 20%，专利授权数量占比为 28.7%，远低于研究机构的专利授权比例

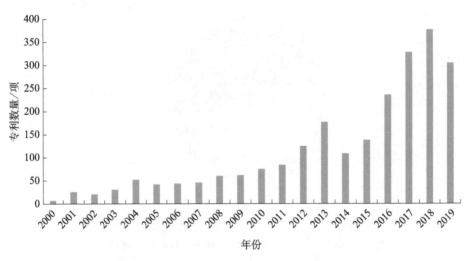

图 4-26   2000～2019 年我国的富勒烯专利申请情况

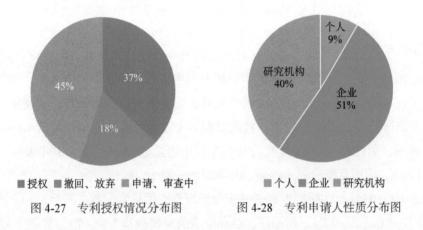

图 4-27   专利授权情况分布图   图 4-28   专利申请人性质分布图

（48.2%）。截至 2020 年 6 月底，获授权专利数量最多的申请人是北京福纳康生物技术有限公司和中国科学院化学研究所，其授权专利拥有量在世界范围也居领先地位（图 4-29）。

专利的分类实际上更能体现目前富勒烯应用的实际状况。如图 4-30 所示，富勒烯及其衍生物的制备工艺（包括方法和设备）及分离纯化方法的专利申请数量（460 项）远超其他领域，表明现阶段富勒烯的原料问题仍然是制约其应用的关键因素。其他方面的专利分布则涵盖了改性复合材料、化妆品、保健品或药物、能源电池、润滑油、建筑材料、催化剂、吸附净化、食品饲料添加剂及光电检测电子产品等多个方面。下面对富勒烯在几个主要方

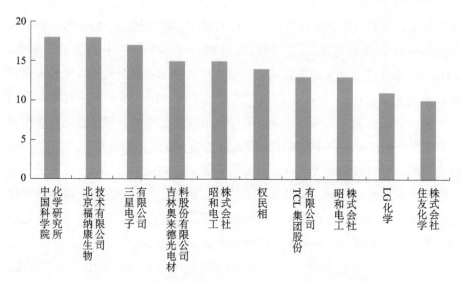

图 4-29　拥有授权富勒烯专利数量最多的前 10 位申请者

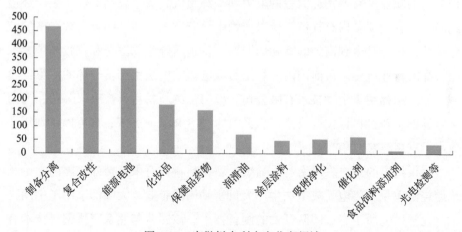

图 4-30　富勒烯专利内容分布领域

面的专利分布及市场应用做一简要分析。

二、富勒烯原料制备技术现状

富勒烯的工业化制备主流方法有苯燃烧法和石墨电弧放电法两种。

苯燃烧法的代表性企业是日本三菱化学株式会社的子公司 Frontier Carbon Co.，其在 2004 年就具备了年产吨级的产能。国内则始于 2006 年，中国科学院化学研究所、西南科技大学和中橡集团炭黑研究院在国家 863 计划支持下，仿照日本三菱化学株式会社的技术，联合研制了国内第一台甲苯燃烧法生产富勒烯装置。这一项目获得 2019 年四川省科技进步奖二等奖。2008 年，基于此技术成立了内蒙古京蒙碳纳米技术有限公司（后改名内蒙古碳谷科技有限公司），逐步也达到吨级富勒烯的产能。这种方法的特点是利用甲苯燃烧的热能支持高温环境，但控制给氧量使甲苯不充分燃烧，进而在高温下低压碳化使碳原子重新组合形成富勒烯。在优化的条件下，C_{60} 的产率高达 20%，而且容易放大产量，因而富勒烯生产的成本低。但在富勒烯形成过程中因为同时存在碳、氧和氢原子，所以在产物中也会有少量稠环芳香化合物产生，给后续的分离纯化带来困难。所以，这种方法一般适合工业化应用，而在生物医药、化妆品等方面的应用会存在较大风险。

石墨电弧放电法在 50～200 Torr 的氦气氛下给高纯石墨棒施加大电流，将造成 4000℃ 以上的高温，这时石墨蒸发并经碳原子重组后形成富勒烯。这种方法的缺点是需要消耗大量的电力和高纯氦气，成本较高，但是生产环境纯净，只有纯碳和稀有气体，所以产物中没有杂质生成，配合后续严格的纯化工艺，很容易得到高纯的富勒烯原料，特别适合生物医药和化妆品等要求比较高的行业应用。目前国内外利用石墨电弧放电法生产富勒烯的厂家比较多，如北京福纳康生物技术有限公司、厦门福纳新材料科技有限公司、河南富乐烯纳米新材料科技有限公司和美国的 SES Research 等，都可以达到年产数十千克高纯 C_{60} 的产量。

值得指出的是，除河南富乐烯纳米新材料科技有限公司外，国内无论是苯燃烧法还是石墨电弧放电法生产大量富勒烯的企业，大多都采用了中国科学院化学研究所王春儒团队开发的制备技术。该团队与北京三弧创科技有限公司合作采用转移弧法，利用氩弧灼烧高纯石墨棒生产富勒烯，技术已经接近成熟，可望在非氦气环境下生产富勒烯。一方面，氩气的价格远低于氦气，能够大大降低高纯富勒烯生产的成本；另一方面，国际上大约 2/3 的氦气产自美国，生产中不使用氦气也能够避免被美国"卡脖子"。

无论是苯燃烧法还是石墨电弧放电法，生产出的富勒烯都是多种富勒烯的混合物，其中有市场价值的富勒烯主要是 C_{60} 和 C_{70}，将其分离纯化也是一项艰巨的工程。目前富勒烯分离的主流方法是重结晶法，可以得到高纯的富勒烯产品，但对工艺路线的要求比较高。另一种普遍使用的富勒烯分离纯化方法是色谱法，因为可用的色谱柱选择余地不大，所以成本相当高，适合较少量富勒烯和金属富勒烯的分离。日本 Nacalai Tesque 公司的 Cosmosil 色谱柱是业内公认最好的富勒烯分离柱，国内苏州纳微科技股份公司提供富勒烯分离的硅胶色谱柱和高度偶联的聚苯乙烯球色谱柱也有不错的分离效果。

总的来看，富勒烯产业经过艰苦的努力，在产能方面已经做好了准备。但由于后端应用至今仍没有大规模的市场需求，富勒烯的庞大产能还没有充分释放。

三、富勒烯在能源和复合材料方面的应用现状

截至 2019 年底，国内有关富勒烯及其衍生物应用于电池领域中的专利申请总数为 314 项，应用于改性复合材料的专利超过 300 项，应用于润滑油方面的专利为 49 项，总数为 663 项，反映出富勒烯在这些方面巨大的投入，但遗憾的是，真正的市场应用还不多，只是显示出良好的发展势头。

首先，在有机或高分子光伏器件方面，富勒烯受体材料的引入一举突破了有机光伏器件 1% 的较低效率。而且经过艰苦的基础研究，目前单节光伏器件能量转化效率已经接近 17%，超过了实际应用的门槛。不过 2015 年非富勒烯小分子受体材料异军突起，并在光谱吸收能力和可修饰性方面优于富勒烯材料，相当一部分研究者转向了非富勒烯受体研究。但是，人们随即发现富勒烯衍生物因为良好的导电性质，可用作相应光伏器件的电子传输层材料或界面修饰材料，进一步提高了有机光伏器件的性能。这一特性甚至外推到无机钙钛矿太阳能电池中，富勒烯衍生物也同样作为电子传输材料以改善其性能而受到广泛关注。可以肯定，如果以上任何一款光伏器件投入实际应用，无论是以富勒烯或稠环小分子材料作为电子受体，还是钙钛矿光伏器件，富勒烯均大有用武之地。

其次，富勒烯的笼状分子结构及碳笼上丰富的共轭 π 电子赋予了其多样性的物理化学性质，如良好的导电性、抗氧化性等。为此，富勒烯及其衍生物可以作为添加成分改性各种复合材料，涉及阻燃、抗氧化或耐老化、增加强度或韧性、提高导电性、改善亲水或疏水性、改变磁性等多个方面，所涉及的衬底材料有高分子化合物、金属材料、陶瓷材料、纺织用纤维、建筑材料、电线电缆等。添加方法则包括预混、超分子复合、表层涂覆、共聚、直

接制备合成等多种方式。但由于富勒烯的高成本，这方面的市场还是没有完全打开，仅见于一些高端市场。例如，日本尤尼克斯（YONEX）在最新产品 NS 9900 球拍中加入"X 链富勒烯"纳米碳素材料，改善了球拍的弹性；日本 Maruman 公司推出纳米富勒烯钛材质的 MAJESTY 产品，在杆头部位使用了钛/富勒烯复合材料，与原来的纯钛材料相比，击打高尔夫球的飞行距离平均增加了 15 码等。但这些产品极为小众，市场潜力有待进一步挖掘。

最后，富勒烯在摩擦学方面的应用在近些年也广受关注，有些已经获得较大市场。例如，富勒烯 1 nm 的尺寸、高度稳定的几何结构，使其可作为研磨材料（类似于金刚砂）用于微电子领域大尺寸晶圆的研磨，并取得良好效果；富勒烯完美的三维芳香结构使其表面能低、抗压能力强、分子间作用力相对较弱，又进一步使其能够成为新型固体润滑材料或液体润滑油添加剂的优良材料。富勒烯润滑油添加剂具有良好的低温性能、黏温特性、热稳定性、抗乳化性能和空气释放性，适用于寒区环境温度变化较大，以及工作条件恶劣的低中高钢-钢摩擦副的液压系统。目前，国内外均有多家润滑油公司开拓富勒烯润滑油市场，如美国最大的润滑油公司 Bardahl、国内内蒙古碳谷科技有限公司等，但因为富勒烯高成本的制约，这些应用场景基本上限于高端市场。期待着随着富勒烯生产技术的成熟，能够将成本进一步降低，从而开拓出更广大的市场。

四、富勒烯在化妆品/护肤品领域中的应用现状

2005 年，日本 VC60 公司率先推出了可用于化妆品的富勒烯原料，当时售价为 7 万元/kg（含有 200 ppm 富勒烯的水溶性液体），至今已有 15 年之久。2014 年，富勒烯被列入中国《已使用化妆品原料目录》（第 02372 号）中。从 2014 年开始，国内陆续有化妆品品牌注册含有富勒烯的化妆品，从国家食品药品监督管理总局注册信息查看，此类化妆品在命名时也大多含有"富勒烯"三个字，这也足以证明了品牌商对富勒烯的重视和认可。2007 年，中国科学院化学研究所王春儒团队开始推进国内富勒烯的产业化。直至 2015 年突破了高纯度富勒烯批量制备的关键技术。国内北京福纳康生物技术有限公司推出了自主知识产权的富勒烯化妆品原料，打破了 VC60 公司多年的垄断地位。截至 2019 年底，国内注册的富勒烯化妆品由 2014 年的十几个迅速扩

张到四千多个单品。经过 5 年的时间，国内护肤品界已经基本认可了富勒烯的功效及在护肤品领域的地位。富勒烯在护肤领域优越的抗氧化能力所带来的淡化黑色素值、提亮肤色、美白肌肤、淡化皱纹、修复角质层等功效已经被广泛认可，至今没有发现纯富勒烯化妆品的安全性问题。当然，由于目前富勒烯原料的价格相对较高，也不乏一些以次充好的伪富勒烯产品存在，而造成富勒烯的一些负面影响。相信随着科技的发展，富勒烯的成本会继续降低，纯度会更有保障，富勒烯具有非常优秀的护肤功效，也必将会成为护肤品界不可或缺的一份子。

　　从专利申请方面来看，国内关于富勒烯应用于化妆品领域最早的专利申请于 2004 年，由日本三菱商事株式会社发起。但因为成本和价格等因素，在很长的一段时间里并没有受到太多关注。2015 年以来，随着富勒烯及其衍生物制备成本的不断降低，富勒烯化妆品开始越来越多地进入大众视野，相应的专利数量也得到大幅增长，见图 4-31。截至 2019 年，我国富勒烯化妆品专利的申请数量达到 179 项，其中 2018 年、2019 年两年申请的专利就有 131 项，且申请人以企业为主。截至 2020 年 6 月底，专利申请数量排前五位的公司分别为广州雷诺生物科技有限公司（20 项）、北京福纳康生物技术有限公司（11 项）、广州科恩生物技术有限公司（8 项）、茂名市瑜丰沉香创意产业有限公司（8 项）、安婕妤化妆品科技股份有限公司（7 项）。

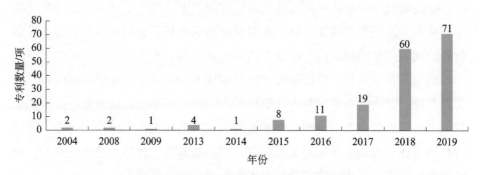

图 4-31　富勒烯化妆品专利数量增长趋势图

第六节 问题与挑战

1985年，克罗托等通过模拟宇宙星云环境发现富勒烯，第一次揭开了这一完美笼状结构全碳分子的神秘面纱，几十年来，全世界科学家通过艰苦的努力，已经扫清了富勒烯应用路上的主要拦路虎，特别是在富勒烯材料制备方面已经基本不存在障碍。富勒烯产业正蓄势待发，在化妆品、复合材料等若干领域已经开始加速起飞，在能源、生物医药等领域的应用正在积蓄力量，并将于几年内迎来大规模的市场应用。目前，制约富勒烯应用的主要挑战集中在以下几个方面。

（一）性价比问题

富勒烯的形成一般需要2000℃以上的高温和高真空环境，电弧放电法生产还需要高纯氦气，生产出富勒烯后还需要分离纯化。生产链条长，条件苛刻，导致富勒烯的生产成本居高不下，即使工业化应用不要求过高的纯度，市场上也需要超过10万元/kg的高价，高纯度的富勒烯的价格更是高达100万元/kg。因此，谈到富勒烯的应用首先要计算性价比。

解决富勒烯性价比问题需要从两个方面着手。其一是进一步改进富勒烯生产技术，降低生产成本。对于润滑油添加剂和复合材料等不要求高纯度富勒烯的领域，苯燃烧法的生产成本实际上并不高，毕竟生产过程中主要消耗的原料甲苯和氧气都不是稀缺品。目前市场上的高价主要由于后端应用没有充分开发，因此前端的材料生产缺乏规模效益。至于电弧放电法，除了机器折旧和人工外，主要成本落在高纯氦气和电力消耗上。中国科学院化学研究所目前正在开发转移弧法制备富勒烯，如果能够取代掉昂贵的高纯氦气，应该能够大幅度降低高纯度富勒烯的生产成本。解决富勒烯性价比的第二个关键思路则是充分利用富勒烯的优异性能，开发富勒烯的高端应用，毕竟有些行业本身就是不惜代价、不计成本的，如高档化妆品、生物医药，微电子和量子领域的应用等，均可以接受富勒烯超过贵金属数倍的价格。这方面的开发研究不但具有重要的经济利益，而且更具有重要的社会意义。需要相关领域科学家奋发图强，再接再厉，及早获得突破。

（二）生物安全问题

富勒烯稳定的结构、高效猝灭自由基特性，以及良好的生物相容性使其能够用于生物医药和化妆品领域。但是，这是一个强监管的领域，富勒烯若想获得临床应用，还有大量的工作要做。

相对于药品来说，化妆品对于毒性的要求稍小一些。当我们面对一个新的化妆品成分时，评价其皮肤渗透性和细胞毒性是另一个需要关注的项目。实际上，在皮肤护理方案中引入新成分后，最重要的挑战之一是找到一种能够忍受水、汗和温度等物理因素且减少经皮肤吸收的产品，旨在最大限度地降低皮肤或全身毒性的潜在风险。

一般而言，纳米粒子进入细胞的能力会受到纳米粒的物理化学性质、载体效应、剂量、持续时间、暴露频率及吸收和毒性的测定方法等因素的影响。透过皮肤进入体内还涉及其他因素，如不同的皮肤表面状况和影响其完整性的因素，如过敏性、刺激性或接触性皮炎或牛皮癣等；环境和外部因素，如紫外线或机械变形；通过皮肤细胞与皮肤附件（如毛囊、汗腺等）进入；皮肤表层脱落、剥落和洗清效应导致纳米粒的损失，使吸收过程更加复杂。

小分子（<500~600 Da[①]）物质，尤其是亲脂性的，很容易穿透皮肤，其他一些大分子则很难进入真皮。由于富勒烯的分子量为 720 Da，因此其在皮肤中的扩散速率远低于小分子物质。

另一些研究采用分子动力学模型来评价 C_{60} 在细胞膜模型中的相互作用和转运。经分子动力学模拟研究发现，富勒烯分子即使在处于水相时也可以轻松透过脂质膜。他们认为富勒烯不仅是一个 1 nm 的小分子，还具有高密度的表面原子，故可推断出它具有很强的范德瓦耳斯相互作用。这一独特的性质使富勒烯既不像传统的亲水分子，也不像疏水分子那样起作用，而是即使在水相中也具有高渗透性的分子。

关于富勒烯穿透细胞的机制，似乎没有证据表明有任何特定的 C_{60} 转运系统存在，而是通过被动扩散来完成的，这与计算机模拟研究相符。在被动和自发过程中，富勒烯分子簇很容易渗入脂质膜中，而不会对脂质膜造成任

----

① 1 Da＝1 g/mol。

何机械损伤。由于在计算机模拟中仍未考虑富勒烯与其他细胞成分（如其他脂质、碳水化合物和蛋白质）的相互作用，因此仍需要深入研究。

在计算模拟研究中，Rouse 等的体内研究还表明，苯丙氨酸衍生的富勒烯（Baa）通过被动扩散来穿透真皮和表皮。他们还使用 TEM 观察到表皮细胞间隙中的 Baa 颗粒，这说明富勒烯能在细胞间隙中运动。

其他关于富勒烯吸收和渗透的体内/体外研究，还评价了富勒烯苯丙氨酸衍生物、角鲨烯中稀释的 C_{60}、脂质体富勒烯和高分子包裹的富勒烯进入表皮或真皮的能力与效果。结果表明，除了不同类型富勒烯及其相关特征等因素外，富勒烯的活组织吸收还涉及其他因素，如溶剂效应、紫外线暴露和外部机械力。上述结果提醒研究者有必要进一步考虑影响富勒烯吸收的其他方面，如不同的环境因素对富勒烯皮肤吸收的影响。

但是，由于研究者使用的模型、富勒烯类型、粒径和评估毒性的机制方面受到很大限制，因此需要进行更多的研究才能得出有关富勒烯皮肤吸收和毒性的确切结论。

最近几年，富勒烯药品的研究进入了快车道，中国、美国、欧洲、日本等国家和地区都有富勒烯药品研究队伍，但直到现在还没有任何一个富勒烯药品进入临床试验。事实上，影响富勒烯药物进入临床的主要是其扑朔迷离的毒性。前期有大量的研究测定多种富勒烯和金属富勒烯的毒性。在众多的研究结果中，有部分学者提出富勒烯混悬剂（n-C_{60}）及富勒醇等显现出较明显的细胞毒性和器官毒性，近年来又报道了多种富勒烯和金属富勒烯衍生物不仅没有表现出毒性，还可以修复受损的细胞和组织。2016 年，为弄清富勒烯的毒性问题，中国科学院化学研究所王春儒实验室曾做过相关的文献详细调研，当时涉及的六百多篇论文中，认为富勒烯有毒和无毒的文章几乎各占一半。

那么，面对两种截然不同的观点，到底富勒烯和金属富勒烯是否有毒性呢？我们专门花了一年左右的时间，通过详细的细胞实验和动物实验，并与文献结果相比较，终于发现这个问题最可能的解释，那就是许多实验所用的富勒烯原料没有经过严格的纯化处理，以及在衍生化处理过程中引入了表面活性剂及相转移催化剂等有毒的物质。为此，我们采用绿色合成工艺，对富勒烯和金属富勒烯进行深度纯化。结果表明，无论是富勒烯还是金属富勒烯，在极高浓度下都没有表现出细胞毒性或动物毒性。我们进一步对富勒烯里包含的杂质进行了分离，发现这些杂质大多是一些稠环化合物，它们具有极强的细胞毒性。当然，如果要研发富勒烯和金属富勒烯药物，还必须进行更为严格的长期毒性测试。

此外，富勒烯和金属富勒烯纳米材料在生物体内的吸收、分布、代谢和排泄情况，也是富勒烯生物医药研究的一个重点，可用的研究方法和技术包括液质谱、原子吸收谱和放射性同位素标记方法，给药方式包括口服、静脉注射或腹腔给药。例如，2013 年，Fathi 等制备了 C_{60}-橄榄油，采用口服给药的方式进行了肝脏损伤防护和抗衰老实验的研究，并详细研究了 C_{60} 富勒烯的吸收和组织分布情况。研究发现，C_{60}-橄榄油经过灌胃给药后，只有少量的 C_{60} 可以进入肝脏等脏器，说明 C_{60}-橄榄油在体内的吸收较弱。研究发现，脂溶性的富勒烯（如 C_{60}-脂质体）静脉注射入小鼠体内，会长期滞留于小鼠体内，特别是滞留于脾脏和肝脏等组织中。如果 C_{60} 富勒烯或者金属富勒烯 $Gd@C_{82}$ 经过水溶化修饰后，静脉注射入小鼠体内后，经过 20～30 天时间，绝大多数可以被排泄出去，不会长期滞留于体内。其组织分布情况主要取决于外接官能团的种类和数量。例如，羟基修饰的富勒烯和金属富勒烯主要分布于肝脏、脾脏等器官，氨基酸修饰的金属富勒烯则更倾向分布于肺脏等组织。

（三）检测技术问题

富勒烯是一种新材料，只有三十多年的历史，因此对其各方面的研究还很不充分。目前制约富勒烯应用的诸多因素中，富勒烯高灵敏检测是一大难点。

首先，如前文所述，富勒烯的成本和价格高，导致其在市场应用中一般添加量极低，如在化妆品中一般为 2～50 ppm，在复合材料中也通常在 ppm 量级，而富勒烯本身不溶于水，在大多数有机溶剂中的溶解度也不高，这些特性使得检测富勒烯需要极高的灵敏度。

其次，在化妆品或生物医学应用中，通常需要把富勒烯分散或溶解到水中。一方面，富勒烯在许多情况下会与促进水溶性的辅料紧密结合，影响其检出。另一方面，水溶性的富勒烯不容易电离，所以在质谱检测时需要设计特殊的基质才能够检测到富勒烯的存在，但是定量相当困难。

最后，不同于小分子，富勒烯的分子量高达 720 Da，进行水溶化修饰后的分子量增加更多，所以在用对小分子灵敏的常规谱学手段检测富勒烯时就很困难。

但是，在富勒烯实际应用时，对其含量进行高灵敏检测往往还是非常重要的。例如，在研究富勒烯药物代谢时，需要得到富勒烯在各个生物器官内的分布情况；面对一款富勒烯化妆品，精确地测定其含量将能够迅速判定其成本和功效。

本章参考文献

[1] Kroto H W，Heath J R, O'Brien S C, et al. C_{60}: Buckminsterfullerene. Nature, 1985, 318 (6042): 162-163.

[2] Heath J R, O'Brien S C, Zhang Q, et al. Lanthanum complexes of spheroidal carbon shells. Journal of the American Chemical Society, 1985, 107 (25): 7779-7780.

[3] Kratschmer W, Lamb L D, Fostiropoulos K, et al. Solid C_{60}: A new form of carbon. Nature, 1990, 347 (6291): 354-358.

[4] Chai Y, Guo T, Jin C M, et al. Fullerenes with metals inside. The Journal of Physical Chemistry, 1991, 95(20): 7564-7568.

[5] Alvarez M M, Gillan E G, Holczer K, et al. Lanthanum carbide (La_2C_{80}): A soluble dimetallofullerene. The Journal of Physical Chemistry, 1991, 95 (26) : 10561-10563.

[6] Hebard A F, Rosseinsky M J, Haddon R C, et al. Superconductivity at 18 K in potassium-doped C_{60}. Nature, 1991, 350 (6319): 600-601.

[7] Krusic P J, Wasserman E, Keizer P N, et al. Radical reactions of C_{60}. Science, 1991, 254(5035): 1183-1185.

[8] Howard J B, McKinnon J T, Makarovsky Y, et al. Fullerenes C_{60} and C_{70} in flames. Nature, 1991, 352(6331): 139-141.

[9] McEwen C N, McKay R G, Larsen B S. C_{60} as a radical sponge. Journal of the American Chemical Society, 1992, 114(11): 4412-4414.

[10] Sariciftci N S, Smilowitz, Heeger A J, et al. Photoinduced electron-transfer from a conducting polymer to Buckminsterfullerene. Science, 1992, 258(5087): 1474-1476.

[11] Sijbesma R, Srdanov G, Wudl F, et al. Synthesis of a fullerene derivative for the inhibition

of HIV enzymes. Journal of the American Chemical Society, 1993, 115 (15): 6510-6512.

[12] Saunders M, Jimenezvazquez H A, Cross R J, et al. Stable compounds of helium and neon: He@C_{60} and Ne@C_{60}. Science, 1993, 259(5100): 1428-1430.

[13] Yu G, Gao J, Hummelen J C, et al. Polymer photovoltaic cells: Enhanced efficiencies via a network of internal donor-acceptor heterojunctions. Science, 1995, 270(5243): 1789-1791.

[14] Dugan L L, Gabrielsen J K, Yu S P, et al. Buckminsterfullerenol free radical scavengers reduce excitotoxic and apoptotic death of cultured cortical neurons. Neurobiology of Disease, 1996, 3(2): 129-135.

[15] Murphy T A, Pawlik T, Weidinger A, et al. Observation of atomlike nitrogen in nitrogen-implanted solid C_{60}. Physical Review Letters, 1996, 77 (6): 1075-1078.

[16] Xie S Y, Gao F, Lu X, et al. Capturing the labile fullerene[50] as $C_{50}Cl_{10}$. Science, 2004, 304(5671): 699.

[17] Mikawa M, Kato H, Okumura M, et al. Paramagnetic water-soluble metallofullerenes having the highest relaxivity for MRI contrast agents. Bioconjugate Chemisty, 2001, 12(4): 510-514.

[18] Chen C Y, Xing G M, Wang J X, et al. Multihydroxylated [Gd@$C_{82}(OH)_{22}]_n$ nanoparticles: Antineoplastic activity of high efficiency and low toxicity. Nano Letters, 2005, 5 (10): 2050-2057.

[19] Komatsu K, Murata M, Murata Y. Encapsulation of molecular hydrogen in fullerene C_{60} by organic synthesis. Science, 2005, 307(5707): 238-240.

[20] Wei Q S, Nishizawa T, Tajima K, et al. Self-organized buffer layers in organic solar cells. Advanced Materials, 2008, 20 (11): 2211-2216.

[21] Hau S K, Yip H L, Acton O, et al. Interfacial modification to improve inverted polymer solar cells. Journal of Materials Chemistry, 2008, 18(42): 5113-5119.

[22] He Y J, Chen H Y, Hou J H, et al. Indene-C_{60} bisadduct: A new acceptor for high-performance polymer solar cells. Journal of the American Chemical Society, 2010, 132 (4): 1377-1382.

[23] Zhen M M, Shu C Y, Li J, et al. A highly efficient and tumor vascular-targeting therapeutic technique with size-expansible gadofullerene nanocrystals. Science China Materials, 2015, 58(10): 799-810.

[24] Wen Y G, Liu Y Q, Guo Y L, et al. Experimental techniques for the fabrication and characterization of organic thin films for field-effect transistors. Chemical Reviews, 2011, 111(5): 3358-3406.

[25] Ma'Mari F A, Moorsom T, Teobaldi G, et al. Beating the Stoner criterion using molecular interfaces. Nature, 2015, 524 (7563): 69-73.

[26] Miyazawa K, Kuwasaki Y, Obayashi A, et al. C_{60} nanowhiskers formed by the liquid-liquid interfacial precipitation method. Journal of Materials Research, 2002, 17(1): 83-88.

[27] Lee S H, Miyazawa K I, Maeda R. C_{60} nanowhisker synthesis using a microchannel reactor. Carbon, 2005, 43(4): 887-889.

[28] Malik S, Fujita N, Mukhopadhyay P, et al. Creation of 1D [60]fullerene superstructures and its polymerization by γ-ray irradiation. Journal of Materials Chemistry, 2007, 17(23): 2454-2458.

[29] Sathish M, Miyazawa K, Sasaki T. Nanoporous fullerene nanowhiskers. Chemistry of Materials, 2007, 19 (10): 2398-2400.

[30] Geng J F, Solov'yov I A, Zhou W Z, et al. Uncovering a solvent-controlled preferential growth of Buckminsterfullerene (C_{60}) nanowires. The Journal of Physical Chemistry C, 2009, 113 (16): 6390-6397.

[31] Minami K, Kasuya Y, Yamazaki T, et al. Highly ordered 1D fullerene crystals for concurrent control of macroscopic cellular orientation and differentiation toward large-scale tissue engineering. Advanced Materials, 2015, 27(27): 4020-4026.

[32] Miyazawa K I. C_{70} nanowhiskers fabricated by forming liquid/liquid interfaces in the systems of toluene solution of C_{70} and isopropyl alcohol. Journal of the American Ceramic Society, 2002, 85(5): 1297-1299.

[33] Miyazawa K I, Minato J I, Yoshii T, et al.Structural characterization of the fullerene nanotubes prepared by the liquid-liquid interfacial precipitation method. Journal of Materials Research, 2005, 20(3): 688-695.

[34] Liu D D, Cui W, Yu N S, et al. The control of the morphologies, structures and photoluminescence properties of C_{70} nano/microcrystals with different trichlorobenzene isomers. CrystEngComm, 2014, 16(16): 3284-3288.

[35] Kim J, Park C, Choi H C. Selective growth of a C_{70} crystal in a mixed solvent system: From cube to tube. Chemistry of Materials, 2015, 27(7): 2408-2413.

[36] Liu H B, Li Y L, Jiang L, et al. Imaging as-grown [60]fullerene nanotubes by template technique. Journal of the American Chemical Society, 2002, 124(45): 13370-13371.

[37] Jin Y Z, Curry R J, Sloan J, et al.Structural and optoelectronic properties of C_{60} rods obtained via a rapid synthesis route. Journal of Materials Chemistry, 2006, 16 (37): 3715-3720.

[38] Lu G H, Li L G, Yang X N. Creating a uniform distribution of fullerene C_{60} nanorods in a polymer matrix and its photovoltaic applications. Small, 2008, 4(5): 601-606.

[39] Ji H X, Hu J S, Tang Q X, et al. Controllable preparation of submicrometer single-crystal C_{60} rods and tubes trough concentration depletion at the surfaces of seeds. The Journal of

Physical Chemistry C, 2007, 111(28): 10498-10502.

[40] Yao M G, Andersson B M, Stenmark P, et al. Synthesis and growth mechanism of differently shaped C_{60} nano/microcrystals produced by evaporation of various aromatic C_{60} solutions. Carbon, 2009, 47(4): 1181-1188.

[41] Sathish M, Miyazawa K I, Hill J P, et al. Solvent engineering for shape-shifter pure fullerene (C_{60}). Journal of the American Chemical Society, 2009, 131(18): 6372-6373.

[42] Li G B, Liu P, Han Z, et al. A novel approach to fabrication of fullerene C_{60} nanotubes: Using C_{60}-pyridine colloid as a precursor. Materials Letters, 2010, 64(3): 483-485.

[43] Wang L, Liu B B, Liu D D, et al. Synthesis and high pressure induced amorphization of C_{60} nanosheets. Applied Physics Letters, 2007, 91(10): 103112.

[44] Park C, Yoon E, Kawano M, et al. Self-crystallization of C_{70} cubes and remarkable enhtancement of photoluminescence. Angewandte Chemie International Edition, 2010, 122 (50): 9864-9869.

[45] Zhang Y, Jiang L, Li H, et al. Single-crystalline C_{60} nanostructures by sonophysical preparation: Tuning hollow nanobowls as catalyst supports for methanol oxidation. Chemistry-A European Journal, 2011, 17(17): 4921-4926.

[46] Bairi P, Minami K, Nakanishi W, et al. Hierarchically structured fullerene C_{70} cube for sensing volatile aromatic solvent vapors. ACS Nano, 2016, 10(7): 6631-6637.

[47] Wang B Z, Zheng S S, Saha A, et al. Understanding charge-transfer characteristics in crystalline nanosheets of fullerene/(metallo)porphyrin cocrystals. Journal of the American Chemical Society, 2017, 139(30): 10578-10584.

[48] Lebedeva M A, Chamberlain T W, Khobystov A N. Harnessing the synergistic and complementary properties of fullerene and transition-metal compounds for nanomaterial applications. Chemical Reviews, 2015, 115(20): 11301-11351.

[49] Davis C M, Lim J M, Larsen K R, et al. Ion-regulated allosteric binding of fullerenes (C_{60} and C_{70}) by tetrathiafulvalene-calix[4]pyrroles. Journal of the American Chemical Society, 2014, 136 (29): 10410-10417.

[50] Barnes J C, Dale E J, Prokofjevs A, et al. Semiconducting single crystals comprising segregated arrays of complexes of C_{60}. Journal of the American Chemical Society, 2015, 137(6): 2392-2399.

[51] Tashiro K, Aida T. Metalloporphyrin hosts for supramolecular chemistry of fullerenes. Chemical Society Reviews, 2007, 36(2): 189-197.

[52] Wakahara T, D'Angelo P, Miyazawa K I, et al. Fullerene/cobalt porphyrin hybrid nanosheets with ambipolar charge transporting characteristics. Journal of the American Chemical Society, 2012, 134(17): 7204-7206.

[53] Sandanayaka A S D, Murakami T, Hasobe T. Preparation and photophysical and photoelectrochemical properties of supramolecular porphyrin nanorods structurally controlled by encapsulated fullerene derivatives. The Journal of Physical Chemistry C, 2009, 113(42): 18369-18378.

[54] Xu Y, He C C, Liu F P, et al. Hybrid hexagonal nanorods of metal nitride clusterfullerene and porphyrin using a supramolecular approach. Journal of Materials Chemistry, 2011, 21(35): 13538-13545.

[55] Hirao T, Tosaka M, Yamago S, et al. Supramolecular fullerene polymers and networks directed by molecular recognition between calix[5]arene and C_{60}. Chemistry-A European Journal, 2014, 20(49): 16138-16146.

[56] Mateo Alonso A, Prato M. Synthesis of a soluble fullerene-rotaxane incorporating a furamide template. Tetrahedron, 2006, 62(9): 2003-2007.

[57] Schmittel M, Kishore R S K, Bats J W. Synthesis of supramolecular fullerene-porphyrin-Cu(phen)$_2$-ferrocene architectures. A heteroleptic approach towards tetrads. Organic & Biomolecular Chemistry, 2007, 5(1): 78-86.

[58] Poddutoori P K, Sandanayak A S D, Hasobe T, et al. Photoinduced charge separation in a ferrocene-aluminum(Ⅲ) porphyrin-fullerene supramolecular triad. The Journal of Physical Chemistry B, 2010, 114(45): 14348-14357.

[59] Takai A, Chkounda M, Eggenspiller A, et al. Efficient photoinduced electron transfer in a porphyrin tripod-fullerene supramolecular complex via π-π interactions in nonpolar media. Journal of the American Chemical Society, 2010, 132 (12): 4477-4489.

[60] De la Escosura A, Martínez Díaz M V, Guldi D M, et al. Stabilization of charge-separated states in phthalocyanine-fullerene ensembles through supramolecular donor-acceptor interactions. Journal of the American Chemical Society, 2006, 128 (12): 4112-4118.

[61] Solladié N, Walther M E, Herschbach H, et al. Supramolecular complexes obtained from porphyrin-crown ether conjugates and a fullerene derivative bearing an ammonium unit. Tetrahedron, 2006, 62 (9): 1979-1987.

[62] Wang C L, Zhang W B, van Horn R M, et al. A porphyrin-fullerene dyad with a supramolecular "double-cable" structure as a novel electron acceptor for bulk heterojunction polymer solar cells. Advanced Materials, 2011, 23(26): 2951-2956.

[63] Zhao H Y, Zhu Y Z, Chen C, et al. Photophysical properties and potential application in photocurrent generation of porphyrin-[60]fullerene polymer linked by metal axial coordination. Polymer, 2014, 55(8): 1913-1916.

[64] Rezvani M, Darvish Ganji M, Jameh Bozorghi S, et al. DFT/TD-semiempirical study on the structural and electronic properties and absorption spectra of supramolecular fullerene-

porphyrine-metalloporphyrine triads based dye-sensitized solar cells. Spectrochimica Acta Part A: Molecular and Biomolecular Spectroscopy, 2018, 194: 57-66.

[65] Maligaspe E, D'Souza F. NOR and AND logic gates based on supramolecular porphyrin-fullerene conjugates. Organic Letters, 2010, 12(3): 624-627.

[66] Vostrowsky O, Hirsch A. Heterofullerenes. Chemical Reviews, 2006, 106(12): 5191-5207.

[67] Umeyama T, Imahori H. Isomer effects of fullerene derivatives on organic photovoltaics and perovskite solar cells. Accounts of Chemical Research, 2019, 52 (8): 2046-2055.

[68] Nakamura E, Isobe H. Functionalized fullerenes in water. The first 10 years of their chemistry, biology, and nanoscience. Accounts of Chemical Research, 2003, 36: (11), 807-815.

[69] Zhang X Y, Cong H L, Yu B, et al.Recent advances of water-soluble fullerene derivatives in biomedical applications. Mini-Reviews in Organic Chemistry, 2019, 16 (1): 92-99.

[70] Yamamoto Y, Zhang G, Jin W, et al. Ambipolar-transporting coaxial nanotubes with a tailored molecular graphene-fullerene heterojunction. Proceedings of the National Academy of Sciences, 2009, 106 (50): 21051-21056.

[71] Li H G, Choi J, Nakanishi T. Optoelectronic functional materials based on alkylated-π molecules: Self-assembled architectures and nonassembled liquids. Langmuir 2013, 29 (18): 5394-5406.

[72] Nakanishi T, Michinobu T, Yoshida K, et al. Nanocarbon superhydrophobic surfaces created from fullerene-based hierarchical supramolecular assemblies. Advanced Materials, 2008, 20(3): 443-446.

[73] Wang T S, Wang C R. Functional metallofullerene materials and their applications in nanomedicine, magnetics and electronics. Small, 2019, 15 (48): 1901522.

[74] Popov A A, Yang S F, Dunsch L. Endohedral fullerenes. Chemical Reviews, 2013, 113 (8): 5989-6113.

[75] Akasaka T, Nagase S, Kobayashi K, et al. ^{13}C and ^{139}La NMR studies of La$_2$@C$_{80}$: First evidence for circular motion of metal atoms in endohedral dimetallofullerenes. Angewandte Chemie International Edition, 1997, 36(15): 1643-1645.

[76] Shinohara H. Endohedral metallofullerenes. Reports on Progress in Physics, 2000, 63 (6): 843-892.

[77] Huang H J, Yang S H, Zhang X X. Magnetic properties of heavy rare-earth metallofullerenes M@C$_{82}$ (M = Gd, Tb, Dy, Ho, and Er). The Journal of Physical Chemistry B, 2000, 104(7): 1473-1482.

[78] Feng Y Q, Wang T S, Li Y J, et al. Steering metallofullerene electron spin in porous metal-organic framework. Journal of the American Chemical Society, 2015, 137(47): 15055-

15060.

[79] Dunsch L, Yang S F. Metal nitride cluster fullerenes: Their current state and future prospects. Small, 2007, 3(8): 1298-1320.

[80] Lu X, Akasaka T, Nagase S. Carbide cluster metallofullerenes: Structure, properties and possible origin. Accounts of Chemical Research, 2013, 46(7): 1627-1635.

[81] Feng L, Hao Y J, Liu A L, et al. Trapping metallic oxide clusters inside fullerene cages. Accounts of Chemical Research, 2019, 52(7): 1802-1811.

[82] Lu X, Feng L, Akasaka T, et al. Current status and future developments of endohedral metallofullerenes. Chemical Society Reviews, 2012, 41(23): 7723-7760.

[83] Spree L, Popov A A. Recent advances in single molecule magnetism of dysprosium-metallofullerenes. Dalton Transactions, 2019, 48(9): 2861-2871.

[84] Rincón García L, Ismael A K, Evangeli C, et al.Molecular design and control of fullerene-based bi-thermoelectric materials. Nature Materials, 2016, 15 (3): 289-293.

[85] Wu B, Wang T S, Feng Y Q, et al. Molecular magnetic switch for a metallofullerene. Nature Communications.2015, 6: 6468.

[86] Meng H B, Zhao C, Nie M Z, et al. Triptycene molecular rotors mounted on metallofullerene $Sc_3C_2@C_{80}$ and their spin-rotation couplings. Nanoscale, 2018, 10 (38): 18119-18123.

[87] Murayama H, Tomonoh S, Alford J M, et al. Fullerene production in tons and more: from science to industry. fullerenes, Nanotubes and Carbon Nanostructures, 2005, 12 (1-2): 1-9.

[88] McKinnon J T, Bell W L, Barkley R M. Combustion synthesis of fullerenes. Combustion and Flame, 1992, 88(1): 102-112.

[89] Nossal J, Saini R K, Sadana A K, et al. Formation, isolation, spectroscopic properties, and calculated properties of some isomers of $C_{60}H_{36}$. Journal of the American Chemical Society, 2001, 123(35): 8482-8495.

[90] Gakh A A, Romanovich A Y, Bax A. Thermodynamic rearrangement synthesis and NMR structures of C_1, C_3, and T isomers of $C_{60}H_{36}$. Journal of the American Chemical Society, 2003, 125(26): 7902-7906.

[91] Xie S Y, Gao F, Lu X, et al. Capturing the labile fullerene[50] as $C_{50}Cl_{10}$. Science, 2004, 304(5671): 699.

[92] Lu X, Chen Z, Thiel W, et al. Properties of fullerene[50] and D_{5h} decachlorofullerene[50]: A computational study. Journal of the American Chemical Society, 2004, 126(45): 14871-14878.

[93] Tan Y Z, Liao Z J, Qian Z Z, et al. Two I_h-symmetry-breaking C_{60} isomers stabilized by chlorination. Nature Materials, 2008, 7(10): 790-794.

[94] Zhu Y H, Bahnmueller S, Chibun C, et al. An effective system to synthesize

methanofullerenes: substrate-ionic liquid-ultrasonic irradiation. Tetrahedron Letters, 2003, 44(29): 5473-5476.

[95] Diederich F, Isaacs L, Philp D. Syntheses, structures, and properties of methanofullerenes. Chemical Society Reviews, 1994, 23(4): 243.

[96] Nakamura Y, O kawa K, Minami S, et al.Photochemical synthesis, conformational analysis, and transformation of [60]fullerene-o-quinodimethane adducts bearing a hydroxy group. The Journal of Organic Chemistry, 2002, 67(4): 1247-1252.

[97] Hudhomme P. Diels-Alder cycloaddition as an efficient tool for linking π-donors onto fullerene C_{60}. Comptes Rendus Chimie, 2007, 9(7-8): 881-891.

[98] Saunders M, Cross R J, Jimenez Vazquez H A, et al. Noble gas atoms inside fullerenes. Science, 1996, 271 (5256): 1693-1697.

[99] Peng R F, Chu S J, Huang Y M, et al. Preparation of He@C_{60} and He$_2$@C_{60} by an explosive method. Journal of Materials Chemistry, 2009, 19(22): 3602-3605.

[100] Suetsuna T, Dragoe N, Harneit W, et al. Separation of N$_2$@C_{60} and N@C_{60}. Chemistry-A European Journal, 2002, 8(22): 5079-5083.

[101] Weidinger A, Waiblinger M, Pietzak B, et al. Atomic nitrogen in C_{60}:N@C_{60}. Applied Physics A, 1998, 66(3): 287-292.

[102] Tellgmann R, Krawez N, Lin S H, et al. Endohedral fullerene production. Nature, 1996, 382(6590): 407-408.

[103] Murata M, Murata Y, Komatsu K. Surgery of fullerenes. Chemical Communications, 2008, (46): 6083-6094.

[104] Turro N J, Chen J Y C, Sartori E, et al.The spin chemistry and magnetic resonance of H$_2$@C_{60}. From the pauli principle to trapping a long lived nuclear excited spin state inside a buckyball. Accounts of Chemical Research, 2010, 43(2): 335-345.

[105] Bloodworth S, Sitinova G, Alom S, et al. First synthesis and characterization of CH$_4$@C_{60}. Angewandte Chemie, 2019, 58(15): 5038-5043.

[106] Krachmalnicoff A, Levitt M H, Whitby R J. An optimised scalable synthesis of H$_2$O@C_{60} and a new synthesis of H$_2$@C_{60}. Chemical Communications, 2014, 50 (86): 13037-13040.

[107] Semenov K N, Charykov N A, Keskinov V A, et al. Solubility of light fullerenes in organic solvents. Journal of Chemical & Engineering Data, 2010, 55 (1): 13-36.

[108] Ohtani I, Kusumi T, Kashman Y, et al. High-field FT NMR application of Mosher's method. The absolute configurations of marine terpenoids. Journal of the American Chemical Society, 1991, 113(11): 4092-4096.

[109] Tsuchiya T, Wakahara T, Lian Y F, et al. Selective extraction and purification of endohedral metallofullerene from carbon soot. The Journal of Physical Chemistry B, 2006, 110(45):

22517-22520.

[110] Komatsu N, Ohe T, Matsushige K. A highly improved method for purification of fullerenes applicable to large-scale production. Carbon, 2004, 42(1): 163-167.

[111] Li M J, Huang C H, Lai C C, et al. Hemicarceplex formation with a cyclotriveratrylene-based molecular cage allows isolation of high-purity ($\geqslant$99.0%) C_{70} directly from fullerene extracts. Organic Letters, 2012, 14(24): 6146-6149.

[112] Shi Y, Cai K, Xiao H, et al. Selective extraction of C_{70} by a tetragonal prismatic porphyrin cage. Journal of the American Chemical Society, 2018, 140 (42): 13835-13842.

[113] García Simón C, Garcia Borràs M, Gómez L, et al. Sponge-like molecular cage for purification of fullerenes. Nature Communications, 2014, 5: 5557.

[114] Yang C X, Yan X P. Selective adsorption and extraction of C_{70} and higher fullerenes on a reusable metal–organic framework MIL-101(Cr). Journal of Materials Chemistry, 2012, 22(34): 17833-17841.

[115] Diener M D, Alford J M. Isolation and properties of small-bandgap fullerenes. Nature, 1998, 393(6686): 668-671.

[116] Elliott B, Yu L, Echegoyen L . A simple isomeric separation of D5h and Ih $Sc_3N@C_{80}$ by selective chemical oxidation. Journal of the American Chemical Society, 2005, 127(31): 10885-10888.

[117] Stevenson S, Rottinger K A. CuC_{12} for the isolation of a broad array of endohedral fullerenes containing metallic, metallic carbide, metallic nitride, and metallic oxide clusters and separation of their structural isomers. Inorganic Chemistry, 2013, 52(16): 9606-9612.

[118] Stevenson S, MacKey M A, Pickens J E, et al. Selective complexation and reactivity of metallic nitride and oxometallic fullerenes with Lewis acids and use as an effective purification method. Inorganic Chemistry, 2009, 48(24): 11685-11690.

[119] Stevenson S, Mackey M A, Coumbe C E, et al. Rapid removal of D5h isomer using the "stir and filter approach" and isolation of large quantities of isomerically pure $Sc_3N@C_{80}$ metallic nitride fullerenes. Journal of the American Chemical Society, 2007, 129(19): 6072-6073.

[120] Ge Z, Duchamp J C, Cai T, et al. Purification of endohedral trimetallic nitride fullerenes in a single facile step. Journal of the American Chemical Society, 2005, 127(46): 16292-16298.

[121] Peng Z Y, Hu Y J, Wang J J, et al. Fullerene-based *in situ* doping of N and Fe into a 3D cross-like hierarchical carbon composite for high-performance supercapacitors. Advanced Energy Materials, 2019, 9(11): 1802928.

[122] Fan C C, Zoombelt A P, Jiang H, et al.Solution-grown organic single-crystalline p-n junctions with ambipolar charge transport. Advanced Materials, 2013, 25(40): 5762-5766.

[123] Xu T, Shen W, Huang W, et al. Fullerene micro/nanostructures: Controlled synthesis and energy applications. Materials Today Nano, 2020, 11: 100081.

[124] Zhang J, Tan J H, Ma Z Y, et al.Fullerene/sulfur-bridged annulene cocrystals: Two-dimensional segregated heterojunctions with ambipolar transport properties and photoresponsivity. Journal of the American Chemical Society, 2013, 135 (2): 558-561.

[125] Wei L, Yao J N, Fu H B. Solvent-assisted self-assembly of fullerene into single-crystal ultrathin microribbons as highly sensitive UV-visible photodetectors. ACS Nano, 2013, 7(9): 7573-7582.

[126] Guo F, Xiao Z, Huang J. Fullerene photodetectors with a linear dynamic range of 90 dB enabled by a cross-linkable buffer layer. Advanced Optical Materials, 2013, 1(4): 289-294.

[127] Shrestha L K, Shrestha R G, Yamauchi Y, et al.Nanoporous carbon tubes from fullerene crystals as the π-electron carbon source. Angewandte Chemie International Edition, 2015, 54(3): 951-955.

[128] Schon T B, DiCarmine P M, Seferos D S. Polyfullerene electrodes for high power supercapacitors. Advanced Energy Materials, 2014, 4(7): 1301509.

[129] Wang L, Liu B B, Yu S D, et al.Highly enhanced luminescence from single-crystalline C_{60}.1m-xylene nanorods. Chemistry of Materials, 2006, 18(17): 4190-4194.

[130] Park C, Yoon E, Kawano M, et al. Self-crystallization of C_{70} cubes and remarkable enhancement of photoluminescence. Angewandte Chemie International Edition, 2010, 49 (50): 9670-9675.

[131] Chai B, Liao X, Song F K, et al. Fullerene modified C_3N_4 composites with enhanced photocatalytic activity under visible light irradiation. Dalton Transactions, 2014, 43 (3): 982-989.

[132] Ouyang K, Dai K, Chen H, et al. Metal-free inactivation of *E. coli* O_{157}:H_7 by fullerene/C_3N_4 hybrid under visible light irradiation. Ecotoxicology and Environmental Safety, 2017, 136: 40-45.

[133] Dai K, Yao Y, Liu H, et al. Enhancing the photocatalytic activity of lead molybdate by modifying with fullerene. Journal of Molecular Catalysis A: Chemical, 2013, 374: 111-117.

[134] Qi K, Selvaraj R, Al Fahdi T, et al. Enhanced photocatalytic activity of anatase-TiO_2 nanoparticles by fullerene modification: A theoretical and experimental study. Applied Surface Science, 2016, 387: 750-758.

[135] Ding S S, Huang W Q, Zhou B X, et al.The mechanism of enhanced photocatalytic

activity of SnO$_2$ through fullerene modification. Current Applied Physics, 2017, 17(11): 1547-1556.

[136] Wienk M M, Kroon J M, Verhees W J H, et al. Efficient methano [70]fullerene/MDMO-PPV bulk heterojunction photovoltaic cells. Angewandte Chemie, 2003, 42(29): 3371-3375.

[137] Ross R B, Cardona C M, Guldi D M, et al. Endohedral fullerenes for organic photovoltaic devices. Nature Materials, 2009, 8(3): 208-212.

[138] Xiao Z, Dan H, Zuo T C, et al. An azafullerene acceptor for organic solar cells. RSC Advances, 2014, 4(46): 24029.

[139] Cambarau W, Fritze U F, Viterisi A, et al. Increased short circuit current in an azafullerene-based organic solar cell. Chemical Communications, 2015, 51(6): 1128-1130.

[140] Lenes M, Shelton S W, Sieval A B, et al. Electron trapping in higher adduct fullerene-based solar cells. Advanced Functional Materials, 2009, 19(18): 3002-3007.

[141] He Y J, Chen H Y, Hou J H, et al. Indene-C$_{60}$ bisadduct: A new acceptor for high-performance polymer solar cells. Journal of the American Chemical Society, 2010, 132(4): 1377-1382.

[142] Guo X, Cui C H, Zhang M J, et al. High efficiency polymer solar cells based on poly(3-hexylthiophene)/indene-C$_{70}$ bisadduct with solvent additive. Energy & Environmental Science, 2012, 5(7): 7943-7949.

[143] Meng X Y, Zhang W Q, Tan Z A, et al. Dihydronaphthyl-based [60]fullerene bisadducts for efficient and stable polymer solar cells. Chemical Communications, 2012, 48(3): 425-427.

[144] Meng X Y, Zhang W Q, Tan Z A, et al. Highly efficient and thermally stable polymer solar cells with dihydronaphthyl-based [70]fullerene bisadduct derivative as the acceptor. Advanced Functional Materials, 2012, 22(10): 2187-2193.

[145] Zhang C Y, Chen S, Xiao Z, et al. Synthesis of mono-and bisadducts of thieno-o-quinodimethane with C$_{60}$ for efficient polymer solar cells. Organic Letters, 2012, 14(6): 1508-1511.

[146] He D, Zuo C T, Chen S, et al. A highly efficient fullerene acceptor for polymer solar cells. Physical Chemistry Chemical Physics, 2014, 16(16): 7205-7208.

[147] Lu H, Zhang J C, Chen J Y, et al. Ternary-blend polymer solar cells combining fullerene and nonfullerene acceptors to synergistically boost the photovoltaic performance. Advanced Materials, 2016, 28(43): 9559-9566.

[148] Dai S X, Li T F, Wang W, et al. Enhancing the performance of polymer solar Cells via core engineering of NIR-absorbing electron acceptors. Advanced Materials, 2018, 30(15):

1706571.

[149] Xiao Z, Jia X, Ding L M. Ternary organic solar cells offer 14% power conversion efficiency. Science Bulletin, 2017, 62(23): 1562-1564.

[150] Pan M A, Lau T K, Tang Y B, et al. 16.7%-Efficiency ternary blended organic photovoltaic cells with PCBM as the acceptor additive to increase the open-circuit voltage and phase purity. Journal of Materials Chemistry A, 2019, 7(36): 20713-20722.

[151] Yu R N, Yao H F, Cui Y, et al. Improved charge transport and reduced nonradiative energy loss enable over 16% efficiency in ternary polymer solar cells. Advanced Materials, 2019, 31(36): 1902302.

[152] Zhang Z G, Li H, Qi Z, et al. Poly(ethylene glycol) modified [60]fullerene as electron buffer layer for high-performance polymer solar cells. Applied Physics Letters, 2013, 102(14): 143902.

[153] Zhang Z G, Li H, Qi B Y, et al. Amine group functionalized fullerene derivatives as cathode buffer layers for high performance polymer solar cells. Journal of Materials Chemistry A, 2013, 1(34): 9624-9629.

[154] Duan C H, Cai W Z, Hsu B B Y, et al. Toward green solvent processable photovoltaic materials for polymer solar cells: The role of highly polar pendant groups in charge carrier transport and photovoltaic behavior. Energy & Environmental Science, 2013, 6(10): 3022-3034.

[155] Page Z A, Liu Y, Duzhko V V, et al. Fulleropyrrolidine interlayers: Tailoring electrodes to raise organic solar cell efficiency. Science, 2014, 346(6208): 441-444.

[156] Hsieh C H, Cheng Y J, Li P J, et al. Highly efficient and stable inverted polymer solar cells integrated with a cross-linked fullerene material as an interlayer. Journal of the American Chemical Society, 2010, 132(13): 4887-4893.

[157] Chang C Y, Wu C E, Chen S Y, et al. Enhanced performance and stability of a polymer solar cell by incorporation of vertically aligned, cross-linked fullerene nanorods. Angewandte Chemie, 2011, 50(40): 9386-9390.

[158] Cho N, Yip H L, Hau S K, et al. N-Doping of thermally polymerizable fullerenes as an electron transporting layer for inverted polymer solar cells. Journal of Materials Chemistry, 2011, 21(19): 6956-6961.

[159] Cheng Y J, Cao F Y, Lin W C, et al. Self-assembled and cross-linked fullerene interlayer on titanium oxide for highly efficient inverted polymer solar cells. Chemistry of Materials, 2011, 23(6): 1512-1518.

[160] Zhao F W, Wang Z, Zhang J Q, et al. Self-doped and crown-ether functionalized fullerene as cathode buffer layer for highly-efficient inverted polymer solar cells. Advanced Energy

Materials, 2016, 6(9): 1502120.

[161] Chiang C H, Nazeeruddin M K, Grätzel M, et al. The synergistic effect of H_2O and DMF towards stable and 20% efficiency inverted perovskite solar cells. Energy & Environmental Science, 2017, 10(3): 808-817.

[162] Yoon H, Kang S M, Lee J K, et al. Hysteresis-free low-temperature-processed planar perovskite solar cells with 19.1% efficiency. Energy & Environmental Science, 2016, 9(7): 2262-2266.

[163] Elnaggar M, Elshobaki M, Mumyatov A, et al. Molecular engineering of the fullerene-based electron transport layer materials for improving ambient stability of perovskite solar cells. Solar RRL, 2019, 3(9): 1900223.

[164] Lin H S, Jeon I, Chen Y Q, et al. Highly selective and scalable fullerene-cation-mediated synthesis accessing cyclo[60]fullerenes with five-membered carbon ring and their application to perovskite solar cells. Chemistry of Materials, 2019, 31(20): 8432-8439.

[165] Jeng J Y, Chiang Y F, Lee M H, et al. $CH_3NH_3PbI_3$ perovskite/fullerene planar-heterojunction hybrid solar cells. Advanced Materials, 2013, 25(27): 3727-3732.

[166] Xue Q F, Bai Y, Liu M Y, et al. Dual interfacial modifications enable high performance semitransparent perovskite solar cells with large open circuit voltage and fill factor. Advanced Energy Materials, 2017, 7(9): 1602333.

[167] Lin Y Z, Chen B, Zhao F W, et al.Matching charge extraction contact for wide-bandgap perovskite solar cells. Advanced Materials, 2017, 29(26): 1700607.

[168] Xing Z, Li S H, Hui Y, et al. Star-like hexakis[di(ethoxycarbonyl)methano]-C_{60} with higher electron mobility: An unexpected electron extractor interfaced in photovoltaic perovskites. Nano Energy, 2020, 74: 104859.

[169] Xing Y, Sun C, Yip H L, et al. New fullerene design enables efficient passivation of surface traps in high performance p-i-n heterojunction perovskite solar cells. Nano Energy, 2016, 26: 7-15.

[170] Tian C B, Castro E, Wang T, et al. Improved performance and stability of inverted planar perovskite solar cells using fulleropyrrolidine layers. ACS Applied Materials & Interfaces, 2016, 8(45): 31426-31432.

[171] Shu C Y, Gan L H, Wang C R, et al. Synthesis and characterization of a new water-soluble endohedral metallofullerene for MRI contrast agents. Carbon, 2006, 44(3): 496-500.

[172] Shu C Y, Wang C R, Zhang J F, et al. Organophosphonate functionalized Gd@C_{82} as a magnetic resonance imaging contrast agent. Chemistry of Materials, 2008, 20(6): 2106-2109.

[173] Zheng J P, Zhen M M, Ge J C, et al. Multifunctional gadofulleride nanoprobe for

magnetic resonance imaging/fluorescent dual modality molecular imaging and free radical scavenging. Carbon, 2013, 65: 175-180.

[174] Djordjevic A, Canadanovic Brunet J M, Vojinovic Miloradov M, et al. Antioxidant properties and hypothetic radical mechanism of fullerenol $C_{60}(OH)_{24}$. Oxidation Communications, 2004, 27(4): 806-812.

[175] Li J, Guan M R, Wang T S, et al. Gd@C_{82}-(ethylenediamine)$_8$ nanoparticle: A new high-efficiency water-soluble ROS scavenger. ACS Applied Materials & Interfaces, 2016, 8(39): 25770-25776.

[176] Gharbi N, Pressac M, Hadchouel M, et al. 60 Fullerene is a powerful antioxidant in vivo with No acute or subacute toxicity. Nano Letters, 2005, 5(12): 2578-2585.

[177] Zhou Y, Li J, Ma H J, et al. Biocompatible 60/70 fullerenols: Potent defense against oxidative injury induced by reduplicative chemotherapy. ACS Applied Materials & Interfaces, 2017, 9(41): 35539-35547.

[178] Li J, Guan M R, Wang T S, et al. Gd@C_{82}-(ethylenediamine)$_8$ nanoparticle: A new high-efficiency water-soluble ROS scavenger. ACS Applied Materials & Interfaces, 2016, 8(39): 25770-25776.

[179] Zhang Y, Shu C Y, Zhen M M, et al. A novel bone marrow targeted gadofullerene agent protect against oxidative injury in chemotherapy. Science China Materials, 2017, 60(9): 866-880.

[180] Zhou Y, Zhen M, Ma H, et al. Inhalable gadofullerenol/[70] fullerenol as high-efficiency ros scavengers for pulmonary fibrosis therapy. Nanotechnology Biology and Medicine, 2018, 14(4): 1361-1369.

[181] Lee I T, Yang C M. Role of NADPH oxidase/ROS in pro-inflammatory mediators-induced airway and pulmonary diseases. Biochemical Pharmacology, 2012, 84(5): 581-590.

[182] DeFronzo R A, Ferrannini E, Groop L, et al. Type 2 diabetes mellitus. Nature Reviews Disease Primers, 2015, 1: 15019.

[183] Li X, Zhen M, Zhou C, et al. Gadofullerene nanoparticles reverse dysfunctions of pancreas and improve hepatic insulin resistance for type 2 diabetes mellitus treatment. ACS Nano, 2019, 13(8): 8597-8608.

[184] Dugan L L, Lovett E G, Quick K L, et al. Fullerene-based antioxidants and neurodegenerative disorders. Parkinsonism & Related Disorders, 2001, 7(3): 243-246.

[185] Dugan L L, Tian L L, Quick K L, et al. Carboxyfullerene neuroprotection postinjury in parkinsonian nonhuman primates. Annals of Neurology, 2014, 76(3): 393-402.

[186] Lin A M Y, Chyi B Y, Wang S D, et al. Carboxyfullerene prevents iron-induced oxidative stress in rat brain. Journal of Neurochemistry, 1999, 72(4): 1634-1640.

[187] Li X, Wang C, Zhen M, et al. Fullerenes olive oil composition useful for e.G. Treating parkinson's disease caused by 1-methyl-4-phenyl-1,2,3,6-tetrahydropyridine by eliminating free radical, comprises fullerenes and/or metallofullerene, and olive oil. CN105596368-A; WO2017133714-A1; AU2017214167-A1; US2019038668-A1; CN105596368-B; AU2017214167-B2[2019-04-16].

[188] Ghosh H, Pal H, Sapre A, et al. Charge recombination reactions in photoexcited C_{60}-amine complexes studied by picosecond pump probe spectroscopy. Journal of The American Chemical Society, 1993, 115(25): 11722-11727.

[189] Tokuyama H, Yamago S, Nakamura E, et al. Photoinduced biochemical activity of fullerene carboxylic acid. Journal of The American Chemical Society, 1993, 115(17): 7918-7919.

[190] Nakajima N, Nishi C, Li F M, et al. Photo-induced cytotoxicity of water-soluble fullerene. Fullerene Science & Technology, 1996, 4(1): 1-19.

[191] Burlaka A P, Sidorik Y P, Prylutska S V, et al. Catalytic system of the reactive oxygen species on the C_{60} fullerene basis. Experimental Oncology, 2004, 26(4): 326-327.

[192] Ji Z Q, Sun H, Wang H, et al. Biodistribution and tumor uptake of $C_{60}(OH)_x$ in mice. Journal of Nanoparticle Research, 2006, 8(1): 53-63.

[193] Mroz P, Pawlak A, Satti M, et al. Functionalized fullerenes mediate photodynamic killing of cancer cells: Type I versus Type II photochemical mechanism. Free Radical Biology and Medicine, 2007, 43(5): 711-719.

[194] Milanesio M E, Alvarez M G, Rivarola V, et al. Porphyrin-fullerene C_{60} dyads with high ability to form photoinduced charge-separated state as novel sensitizers for photodynamic therapy. Photochemistry and Photobiology, 2005, 81(4): 891-897.

[195] Liu Q L, Guan M R, Xu L, et al. Structural effect and mechanism of C_{70}-carboxyfullerenes as efficient sensitizers against cancer cells. Small, 2012, 8(13): 2070-2077.

[196] Nobusawa K, Akiyama M, Ikeda A, et al. PH responsive smart carrier of [60] fullerene with 6-amino-cyclodextrin inclusion complex for photodynamic therapy. Journal of Materials Chemistry, 2012, 22(42): 22610-22613.

[197] Friedman S H, DeCamp D L, Sijbesma R P, et al. Inhibition of the HIV-1 protease by fullerene derivatives: Model building studies and experimental verification. Journal of The American Chemical Society, 1993, 115(15): 6506-6509.

[198] Marcorin G L, Da Ros T, Castellano S, et al. Design and synthesis of novel [60]fullerene derivatives as potential HIV aspartic protease inhibitors. Organic Letters, 2000, 2(25): 3955-3958.

[199] Troshina O A, Troshin P A, Peregudov A S, et al. Chlorofullerene $C_{60}C_{16}$: A precursor for

straightforward preparation of highly water-soluble polycarboxylic fullerene derivatives active against HIV. Organic & Biomolecutar Chemistry, 2007, 5(17): 2783-2791.

[200] Munoz A, Sigwalt D, Illescas B M, et al. Synthesis of giant globular multivalent glycofullerenes as potent inhibitors in a model of ebola virus infection. Nature Chemistry, 2016, 8(1): 50-57.

[201] Fabián A, Aldunate F, Fabiana G, et al. Evidence of increasing diversification of Zika virus strains isolated in the American continent. Journal of Medical Virology, 2017, 89(12): 2059-2063.

[202] Zhang J F, Xu J C, Ma H J, et al. Designing an amino-fullerene derivative C_{70}–$(EDA)_8$ to fight superbacteria. ACS Applied Materials & Interfaces, 2019, 11(16): 14597-14607.

[203] Kato H, Kanazawa Y, Okumura M, et al. Lanthanoid endohedral metallofullerenols for MRI contrast agents. Journal of the American Chemical Society, 2003, 125(14): 4391-4397.

[204] Bolskar R D, Benedetto A F, Husebo L O, et al. First soluble $M@C_{60}$ derivatives provide enhanced access to metallofullerenes and permit in vivo evaluation of $Gd@C_{60}[C(COOH)_2]_{10}$ as a MRI contrast agent. Journal of The American Chemical Society, 2003, 125(18): 5471-5478.

[205] Shu C Y, Wang C R, Zhang J F, et al. Organophosphonate functionalized $Gd@C_{82}$ as a magnetic resonance imaging contrast agent. Chemistry of Materials, 2008, 20(6): 2106-2109.

[206] Zheng H, Wu X H, Roelle S, et al. Targeted gadofullerene for sensitive magnetic resonance imaging and risk-stratification of breast cancer . Nature Communications, 2017, 8: 692.

[207] Chen D Q, Zhou Y, Yang D Z, et al. Positron emission tomography/magnetic resonance imaging of glioblastoma using a functionalized gadofullerene nanoparticle. ACS Applied Materials & Interfaces, 2019, 11(24): 21343-21352.

[208] Zheng J P, Zhen M M, Ge J C, et al. Multifunctional gadofulleride nanoprobe for magnetic resonance imaging/fluorescent dual modality molecular imaging and free radical scavenging. Carbon, 2013, 65: 175-180.

[209] Yang X Q, Hong H, Grailer J J, et al. cRGD-functionalized, DOX-conjugated, and ^{64}Cu-labeled superparamagnetic iron oxide nanoparticles for targeted anticancer drug delivery and PET/MR imaging. Biomaterials, 2011, 32(17): 4151-4160.

[210] Chen C Y, Xing G M, Wang J X, et al. Multihydroxylated $[Gd@C_{82}(OH)]_{22}n$ nanoparticles: Antineoplastic activity of high efficiency and low toxicity. Nano Letters, 2005, 5(10): 2050-2057.

[211] Li L, Zhen M M, Wang H Y, et al. Functional gadofullerene nanoparticles trigger

robust cancer immunotherapy based on rebuilding an immunosuppressive tumor microenvironment. Nano Letters, 2020, 20(6): 4487-4496.

[212] Li X, Zhen M M, Deng R, et al. RF-assisted gadofullerene nanoparticles induces rapid tumor vascular disruption by down-expression of tumor vascular endothelial cadherin. Biomaterials, 2018, 163: 142-153.

[213] Lu Z G, Jia W, Deng R J, et al. Light-assisted gadofullerene nanoparticles disrupt tumor vasculatures for potent melanoma treatment. Journal of Materials Chemistry B, 2020, 8(12): 2508-2518.

[214] Guan M R, Zhou Y, Liu S, et al. Photo-triggered gadofullerene: Enhanced cancer therapy by combining tumor vascular disruption and stimulation of anti-tumor immune responses. Biomaterials, 2019, 213: 119218.

[215] Harman D. Aging: A theory based on free radical and radiation chemistry. Journal of Gerontology, 1956, 11(3): 298-300.

[216] Murakami M, Hyodo S, Fujikawa Y, et al. Photoprotective effects of inclusion complexes of fullerenes with polyvinylpyrrolidone. Photodermatology Photoimmunology & Photomedicine, 2013, 29(4): 196-203.

[217] Ito S, Itoga K, Yamato M, et al. The co-application effects of fullerene and ascorbic acid on UV-B irradiated mouse skin. Toxicology, 2010, 267(1-3): 27-38.

[218] Xiao L, Matsubayashi K, Miwa N. Inhibitory effect of the water-soluble polymer-wrapped derivative of fullerene on UVA-induced melanogenesis via downregulation of tyrosinase expression in human melanocytes and skin tissues. Archives of Dermatological Research, 2007, 299(5-6): 245-257.

[219] Kato S, Aoshima H, Saitoh Y, et al. Fullerene-C_{60}/liposome complex: Defensive effects against UVA-induced damages in skin structure, nucleus and collagen type I/IV fibrils, and the permeability into human skin tissue. Journal of Photochemistry and Photobiology B: Biology, 2010, 98(1): 99-105.

[220] Inui S, Mori A, Ito M, et al. Reduction of conspicuous facial pores by topical fullerene: Possible role in the suppression of PGE2 production in the skin. Journal of Nanobiotechnology, 2014, 12: 6.

[221] Inui S, Aoshima H, Nishiyama A, et al. Improvement of acne vulgaris by topical fullerene application: Unique impact on skin care. Nanomedicine, 2011, 7(2): 238-241.

[222] Takada H, Kokubo K, Matsubayashi K, et al. Antioxidant activity of supramolecular water-soluble fullerenes evaluated by beta-carotene bleaching assay. Bioscience Biotechnology and Biochemistry, 2006, 70(12): 3088-3093.

[223] Fujimoto T, Aoshima H, Kokubo K, et al. Antioxidant property of fullerene is effective in

skin whitening. Journal of the American Academy of Dermatology, 2010, 62(3): AB54.

[224] Flynn C, McCormack B A O. Simulating the wrinkling and aging of skin with a multi-layer finite element model. Journal of Biomechanics, 2010, 43(3): 442-448.

[225] Kato S, Taira H, Aoshima H, et al. Clinical evaluation of fullerene-C_{60} dissolved in squalane for anti-wrinkle cosmetics. Journal of Nanoscience and Nanotechnology, 2010, 10(10): 6769-6774.

第五章

石 墨 炔

第一节　石墨炔发现史

　　合成、分离新的不同维数的碳同素异形体是过去二三十年研究的焦点，科学家们先后发现了零维富勒烯、一维碳纳米管和二维石墨烯等新的碳同素异形体（图 5-1），这些材料均成为国际学术研究的前沿和热点。1996 年，诺贝尔化学奖授予了三位富勒烯的发现者。2010 年，英国曼彻斯特大学的海姆和诺沃肖洛夫由于在二维碳材料石墨烯方面开创性的研究，被授予了诺贝尔物理学奖，使得碳材料的研究进入了一个新的阶段，同时也激起了科学家们对新型碳的同素异形体的研究热情和兴趣。

　　随着合成化学的飞速发展，科学家们致力于设计合成新的碳的同素异形体[1]、富碳化合物。1968 年，Alexanru Balaban 等提出一系列新颖的二维、三维非天然的碳的同素异形体[2]。这些新颖的碳的同素异形体由 sp^2 和 sp 或 sp^3 和 sp 杂化的碳原子构成。尽管这些想象中的物质大部分是能量禁阻的，但是有些结构是极有可能通过化学合成方法制备出来的。随后，科学家们设计出更多的二维、三维全碳结构，其中很多结构可能具有优异的光学和电学性质[3-9]。随着富勒烯、碳纳米管、石墨烯的发现，科学家们对新的碳的同素异形体的合成进行了更加深入的研究。之后，科学家们通过全合成的方法成功制备了 C_{60}[10]，类似于碳纳米管的环状、带状富碳分子也被成功构建[11, 12]。为了确定石墨烯的分子模型，科学家们对扩展的多环芳烃化合物进行了更加深入的研究[13, 14]。

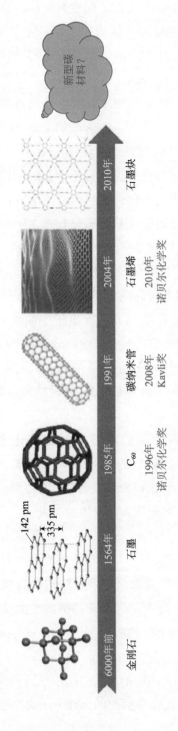

图 5-1 近三十年来碳材料发展历程

研究人员所假想的 sp 杂化碳的同素异形体、富碳化合物均是基于炔基脚手架（acetylenic scaffolding）结构构建起来的，具有特殊的化学结构、优异的电学和光学性能。对于炔基脚手架结构的研究要追溯到早期的乙炔化学，当时 Baeyer 研究炔的 Glaser 氧化偶联反应以制备长的直线链状纯碳结构[15]。一个世纪后，科学家们用不同的方法制备和表征了这种无限长的链状聚炔结构 $\left[-(C{\equiv}C)_x-\right]$[16, 17]，即所谓的卡宾（carbynes）。但是对这种一维导体碳材料的制备和结构的报道仍存在争议[18]。1972 年，Eastmond 等[19]制备了 16 个 C≡C 共轭相连的类似长链卡宾的结构，其末端与三甲基硅基（Et₃Si）相连，起到稳定这种化合物的作用。几年后，克罗托等[20]在星际分子云的射频光谱中探测到聚炔基乙腈化合物 $\left[H-(C{\equiv}C)_n-C{\equiv}N\right]$（$n$=2, 3, 4）。乙炔基大环化合物同样是科学家们的研究热点，在 20 世纪六七十年代，Sondheimer 研究组[21]、Staab 研究组[22] 及 Nakagawa 研究组[23] 根据合理的理论方案制备了大量的平面共轭大环 π 体系，以研究这些化合物是否遵循休克尔规则，是否具有芳香性 $\left[(4n+2)\pi \text{电子}\right]$ 或反芳香性 $\left[(4n)\pi \text{电子}\right]$[24]。另外，研究发现了环状二炔的两个三键的分子内反应活性是距离和方向的函数[25, 26]。Scott 和他的同事合成了一系列可以扩展的环烷烃，并将—C≡C—（$[n]$ pericyclynes）或—C≡C—C≡C—片段插入每对相邻的 sp³ 杂化碳原子之间[27-29]。

实际上，1966 年科学家们才首次对全碳化合物进行了研究。当时 Hoffmann 提出了环 $[n]$ 碳结构[30]，如环 $[18]$ 碳，如图 5-2 所示。20 世纪 80 年代，科研人员开始尝试以大环去氢轮烯为原料制备环碳化合物，但是这些方法只能在气相中监测到环碳化合物的生成，迄今还无法分离得到[31-34]；2019 年，Kaiser 等[35] 利用分子操纵，在 5 K 低温惰性条件下通过移除环氧化碳分子中的一氧化碳获得环 $[18]$ 碳，但尚无法大量制备。

随着在炔基全碳分子及聚合物网状结构的合成方面取得的进展，在过去三十多年里，研究人员依据这些准则提出了大量不同于石墨、金刚石的二维、三维全碳网状结构化合物[1, 3, 6, 13, 36, 37]，炔类网络的前体是一些乙炔化的分子，如乙炔化的脱氢轮烯和环 sp 杂化的碳原子[31]。除了线型多炔片段外[38]，环碳作为富勒烯合成中的潜在中间体也受到极大关注[39, 40]。但是由于目前合成方法有限，因此很多假想的全碳分子无法通过现今的合成手段制备出来，在这些假想的全碳分子中只有石墨炔（graphdiyne，GDY，图 5-3）最有可能通过化学合成方法制备得到。1987 年，著名理论物理学家雷伊·鲍曼（Ray H. Baughman）通过计算预测石墨单炔（graphyne，GY）结构可稳定存在[41]，并最有可能被化学合成。自此之后，国际上公认的许多著名碳材料研究组都开始了相关的研究。

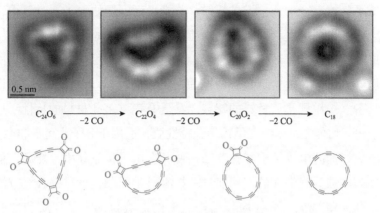

$$C_{24}O_6 \xrightarrow{-2\,CO} C_{22}O_4 \xrightarrow{-2\,CO} C_{20}O_2 \xrightarrow{-2\,CO} C_{18}$$

图 5-2　用原子力显微镜分子操纵制备环［18］碳[35]

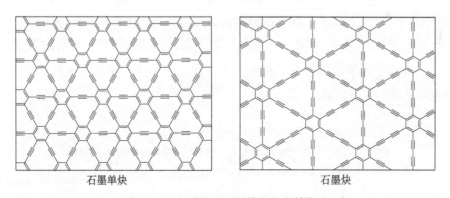

石墨单炔　　　　　　　　　　　　　　石墨炔

图 5-3　石墨单炔及石墨炔的化学结构式

石墨炔的实验制备是研究其实际性质与材料应用的前提条件。石墨炔是第一个在实验室制备得到的。2010 年，李玉良院士团队提出了在铜箔表面上通过化学方法原位生长石墨炔，并首次成功地获得了大面积（3.61 cm^2）的石墨炔薄膜[42-49]，第一次用汉语命名为"石墨炔"。从此，碳材料家族又产生了一个碳的同素异形体。铜箔在这一反应过程中不仅是交叉偶联反应的催化剂，还为石墨炔薄膜的定向生长提供所需的大平面基底。从结构上，可以被看作是石墨烯中 1/3 的 C—C 中插入两个 C≡C（二炔或乙炔）键，使得这种石墨炔中不仅有苯环，还有由苯环、C≡C 键构成的具有 18 个碳原子的大三角形环。额外的炔键单元使这种石墨炔的孔径增加到约 0.25 nm。对于石墨炔来说，sp 和 sp^2 杂化的炔键和苯环构成了二维单原子层平面结构；在无限的平面扩展延伸中，为保持构型的稳定，石墨炔的单层二维平面构型会形成一定的褶皱；二维平面石墨炔分子通过范德瓦耳斯力和 π-π 相互作用堆叠，形成层状结构；18 个碳原子的大三角形环在层状结构中构成三维孔道结构。平面的 sp^2 和 sp 杂化碳结构赋予石墨炔很高的 π 共轭性、均匀分散的孔道构型及可调控的电子结构性能。因此，总体来说，石墨炔既具备二维单层平面材料的特点，又具有三维多孔材料的特性。这种刚性平面结构、均匀亚纳米级孔结构等独特性质，适用于分子或离子的存储等。

石墨炔特殊的电子结构和孔洞结构使其在电子信息技术、能源、催化及光电转换等领域具有潜在的应用前景。核心科学问题包括可控合成方法学及其物理、化学等现象，可控层数结构组成的宏观材料本征性质和性能的规律，多尺度表征新技术，以及石墨炔材料生长、组装、演变等基本过程。由于 sp 杂化态形成的 C≡C 具有线型结构、无顺反异构体和高共轭等优点，石墨炔具备优异的物理、化学及半导体性质，从其化学结构和电子结构分析几乎是一类接近完美的碳材料，将成为下一代新的电子、能源、催化和光电、信息等领域的关键材料。

第二节　石墨炔结构和性质的理论研究

一、石墨炔的化学结构

石墨炔因其 sp^2 和 sp 杂化的电子结构及层状二维平面的结构特点，同时又具有丰富的碳化学键和大的共轭体系，以及大的三角形孔洞，引起了国际上不同领域科学家的高度关注。

芳环的顶点之间插入乙炔连接单元，即通过用炔键—C≡C—替代 sp^2 石墨烯类同素异形体中的一些（或全部）—C≡C—键，可以得到各种石墨炔结构[50]：I 类结构包括通过—C≡C—键连接的六元环 C_6（γ-石墨炔）；II 类结构包括六元环 C_6 和一对 sp^2 原子（—C≡C—键），它们通过—C≡C—键相互连接（6,6,12-石墨炔）；III 类结构无六元环 C_6，仅包括通过—C≡C—键互相连接的 sp^2 原子对（—C≡C—键）（β-石墨炔）；IV 类结构仅包含被—C≡C—键连接的孤立 sp^2 原子（α-石墨炔）（图 5-4）。

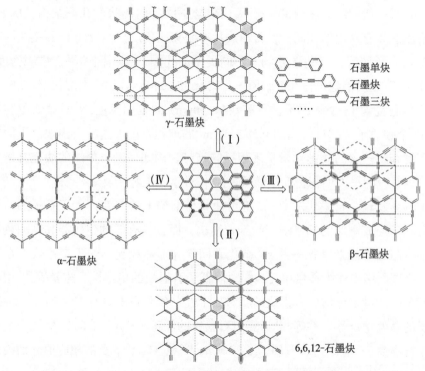

图 5-4 α-石墨炔、β-石墨炔、γ-石墨炔和 6,6,12-石墨炔的分子结构

与其他碳材料相比，石墨炔中可以观察到 4 种碳碳键：①苯环的 C_{sp^2}—C_{sp^2} 键；②相邻 C≡C 双键和 C≡C 三键之间的 C_{sp^2}—C_{sp} 键；③ C_{sp}—C_{sp} 三键；④连接相邻 C≡C 键的 C_{sp}—C_{sp} 单键。预测的键长分别为 0.148~0.150 nm 的芳香键（即 C≡C），0.146~0.148 nm 的单键，以及 0.118~0.119 nm 的三键（即 C≡C）[41, 51-56]。由于炔单元和苯环之间的弱偶联，相对于典型的单键（约 0.154 nm）和芳香键（约 0.140 nm[57]），石墨炔中的单键缩短而芳香键有所扩展，导致苯环的芳香性质降低，这都反映了 sp 和 sp^2 碳原子的杂化效果。在石墨炔中，苯环中 C_{sp^2}—C_{sp^2} 键的键长为 1.41 Å[①]，相邻 C≡C 双键和 C≡C 三

———————————
① 1 Å=1×10⁻¹⁰ m。

键之间的 C_{sp^2}—C_{sp} 键的键长为 1.40 Å，C_{sp}—C_{sp} 三键的键长为 1.24 Å，连接两个相邻 C≡C 键的 C_{sp}—C_{sp} 单键的键长为 1.33 Å[58]。由于共轭效应，后者具有双键性质。石墨炔在结构上表现出六边形对称性（p6m）。能量最优的石墨炔结构的最佳晶胞参数 a、b、c 和 θ 分别为 9.38 Å、9.38 Å、3.63 Å 和 120°[59]。石墨炔的层间距为 3.7 Å[42, 49]。

α-石墨炔、β-石墨炔和 γ-石墨炔包含不同几何形状的孔洞结构。例如，α-石墨炔具有六边形孔洞，γ-石墨炔具有截头三角形孔洞，而 β-石墨炔同时具有六边形和截头三角形孔洞。不同类型的孔洞产生不同的平面堆积密度。例如，α-石墨炔单胞包含 8 个碳原子，具有 0.379 mg/m² 的平面堆积密度；β-石墨炔单胞包含 18 个碳原子，具有 0.461 mg/m² 的堆积密度；γ-石墨炔单胞包含 12 个碳原子，拥有较高的 0.582 mg/m² 的堆积密度。这些石墨炔的平面堆积密度和所包含的炔键含量呈现相反的趋势。例如，α-石墨炔的炔键含量最高，但对应的平面堆积密度却最低，而 γ-石墨炔正好相反。

研究发现，石墨炔的 C—C 键可使其在结构上的多变性大于石墨烯，从而有利于形成弯曲的纳米线、纳米管结构，而且具有低的生成能和高的热稳定性。与石墨烯及其他一些 sp² 杂化碳同素异形体相比，炔（二乙炔）在这些二维碳网络中作为连接单元，相对降低了石墨炔的稳定性。鲍曼等[41]用每个原子的能量来评估各石墨炔的相对稳定性，预测石墨炔有 12.4 kJ/mol 每碳原子的高温稳定性。乔等[54]计算出石墨炔的能量（E）为 0.803 eV/原子（相对于石墨烯）；金刚石、石墨、(6,6)-碳纳米管、C_{60} 和卡宾的相应值分别约是 0.022 eV/原子、0.008 eV/原子、0.114 eV/原子、0.364 eV/原子和 1.037 eV/原子。利用密度泛函理论结合紧束缚（DFT-TB）系统研究了二维平面碳网络（如石墨单炔和石墨炔）的稳定性和结构特性[60]，基于乙炔连接单元数（n）或杂化数（h），以及石墨炔同素异形体（$E_{n\text{-yne}}$）和纯石墨烯（$E_{graphene}$）之间的总能量之差（$\delta E = E_{n\text{-yne}} - E_{graphene}$，基于每个碳原子），可以很好地预测石墨炔的能量。随着石墨炔网络中炔连接单元 [—C≡C—] 数量的增加，其稳定性下降。一系列（sp²+sp）类二维碳网络的能量值 E 已通过类似的 DFT-TB 方法获得[60]，并发现稳定性随着 sp 与 sp² 杂化的碳原子比例的增加而降低。宁等[61]通过统计学模型研究了 α-石墨炔、β-石墨炔、6, 6, 12-石墨炔和石墨炔的热稳定性。通过相关势能曲线（PEC）的第一性原理计算，发现所研究的独立单层石墨炔的室温寿命均超过 10^{44} 年。即使温度高达 1000 K，这些片材预计也非常稳定，但如果温度高于 2000 K，它们便很快变成石墨烯。

Shin 等[62] 通过量子蒙特卡洛计算，研究了各种碳同素异形体的结合能，包括 sp^3 键合的金刚石、sp^2 键合的石墨烯、sp-sp^2 杂化的石墨炔和 sp 键合的碳炔。计算结果显示，石墨炔的结合能随着体系 sp 碳原子的比例的增加而减少。最稳定的石墨炔——γ-石墨炔的结合能为 6.766(6) eV/原子，比石墨烯小 0.698(12) eV/原子。石墨炔小的结合能可以解释其在实验合成中的难易程度。

二、石墨炔的电子结构

炔键的存在赋予石墨炔奇特的电子性质[50]。α-石墨炔和 β-石墨炔的带隙为零，而 γ-石墨炔在高对称点 M 处存在较小的直接带隙（图 5-5）。连接 sp-sp^2 碳的键为单键（σ），由 s 和 p_x+p_y 轨道贡献。连接 sp^2-sp^2 碳的键为芳香键（σ+π），其中 σ 键仍然由 s 和 p_x+p_y 轨道构成，而 π 键来源于 p_z 轨道。连接 sp-sp 碳的键为三键（σ+2π），σ 键和其中一个 π 键的特性和芳香键的组成相同，而另外一个 π 键是由平面内的 p_x+p_y 轨道贡献的。α-石墨炔和 β-石墨炔的导带与价带在费米能级处相遇，此处的态密度正好为零，说明存在狄拉克点［图 5-5(b)］。在费米能级附近的区域（-1.5～3 eV），三种石墨炔中都只发现 p_z 轨道的贡献。p_z 轨道还可以延伸到能量更低的价带区域（小于-4 eV）和能量更高的导带区域（大于 4 eV）。在 -1.5～-3 eV 的能量区域，p_x 和 p_y 轨道的贡献最重要，显示出最高的态密度，并与 p_z 轨道混合在一起构成三键中的 π 态。类似地，3 eV 以上的能带对应着三键中的 $π^*$ 态。总体来说，相比 p_x-p_y 轨道，p_z 轨道贡献的能带覆盖了更宽的能量范围，因此芳香键和三键中都存在这种类型的 π 键，而且由于离域程度较低，$π(p_x$-$p_y)$ 和 $π^*(p_x$-$p_y)$ 态只存在于三键中。在狄拉克点周围，价带和导带随波矢 k 呈线性色散，因此该点周围的带形成双锥结构，即所谓的狄拉克锥。在这种情况下，能量对波矢的二阶导数消失，载流子的有效质量（m^*）发散，产生无质量的费米子，因此 α-石墨炔和 β-石墨炔具有奇异的电子性质。通过费米速度可以量化这种特殊情况下的电导率，它与狄拉克点周围能带的斜率成正比。其中，α-石墨炔的狄拉克锥具有对称的斜率，对应着 6.76×10^5 m/s 的费米速度，而 β-石墨炔具有两种非等效扭曲的狄拉克锥，即具有非对称的斜率，分别对应着

5.07×10^5 m/s 和 3.80×10^5 m/s 的费米速度。

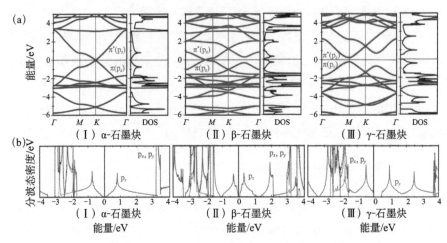

图 5-5　α-石墨炔、β-石墨炔、γ-石墨炔的结构、弹性和电子性质的第一性原理研究[50]
(a) α-石墨炔、β-石墨炔和 γ-石墨炔的能带结构和总态密度（DOS）;
(b) α-石墨炔、β-石墨炔和 γ-石墨炔的投影态密度（PDOS）

　　第一性原理计算表明石墨炔具有非零的本征直接带隙。不同的计算方法得到的石墨炔带隙值在 0.46～1.22 eV，主要取决于所采用的方法和交换关联泛函。例如，Shuai 等基于分子动力学模拟软件包（vienna ab-initio simulation package，VASP）采用密度泛函理论计算了石墨炔的电子结构[63]，如图 5-6 和表 5-1 所示。其中，图 5-6(a) 中虚线所示的即为计算过程中所用到的石墨炔单胞，图 5-6(c) 展示的则是单个石墨炔片层的电子能带结构。石墨炔的能带色散主要源于碳 $2p_z$ 轨道的重叠，并且从图中可以看到石墨炔是一种在 Γ 点处具有 0.46 eV 带隙的半导体。局域密度近似（local-density approximation，LDA）和广义梯度近似（generalized-gradient approximation，GGA）（PBE）水平的计算显示 γ-石墨（单）炔具有 0.46～0.52 eV 的直接带隙，而杂化轨道泛函（HSE06）水平的计算显示 γ-石墨（单）炔的理论带隙为 0.96 eV。除了估计的带隙数值不同外，不同泛函给出的能带结构显示出相同的特征。对于石墨炔，LDA 水平计算的带隙为 0.44 eV，而基于 GW 多体理论得到的带隙为 1.10 eV[64]。研究发现，石墨炔在硅基电子器件中有可能被用来取代硅材料。第一性原理计算发现 γ-石墨炔虽然具有天然带隙，但是比较小。为了扩展石墨炔在光电子纳米器件中的实际应用，需要进一步调控它们的带隙。

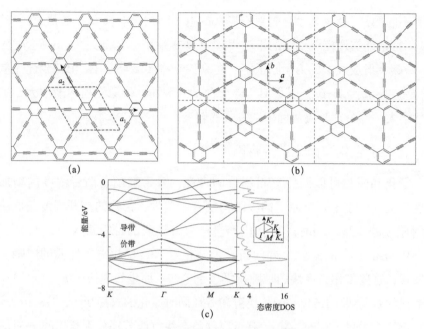

图 5-6　石墨炔的单层结构和能带结构 [63]

(a) 单个石墨炔层典型示意图，其中 a_1 与 a_2 代表晶格矢量，虚线框表示的是单胞; (b) 包含 36 个碳原子用于输运计算的结构模型; (c) 基于密度泛函理论计算得到的单层石墨炔的能带结构和态密度

表 5-1　单石墨炔层中电子和空穴的形变势 E_1、弹性常数 C、迁移率 μ 及平均散射弛豫时间 τ 的计算值

载流子类型	形变势 E_1/eV	弹性常数 $C/(J/m^2)$	迁移率 $\mu/\left[10^4\,cm^2/(V\cdot s)\right]$	平均弛豫时间 τ/ps
电子型 [a]	2.09	158.57	20.81	19.11
空穴型 [a]	6.30	158.57	1.97	1.94
电子型 [b]	2.19	144.90	17.22	15.87
空穴型 [b]	6.11	144.90	1.91	1.88

注: a, 伸展方向 a; b, 伸展方向 b。

（一）非金属掺杂调控带隙

非金属掺杂剂（如 B、N 或 O）既可以在 γ-石墨炔的 sp-碳位点掺杂，也可以在 sp^2-碳位点掺杂。其中，B 比 C 少一个电子，向价带中补充空穴，因此所有 B 掺杂的石墨炔都显示出 p 型半导体的特征。而 N 和 O 的电子多于 C，贡献额外的电子给导带，因此 N、O 掺杂的石墨炔都变成了 n 型半导体。

稍有不同的是，O 的掺杂位置对石墨炔的电子结构影响很大[65]。研究还发现，BN 双掺杂能够调控石墨炔的带隙[66]。在低掺杂率（$n \leq 4$）下，BN 会优先取代 sp-碳，形成线型的 BN 原子链。在高掺杂率（$n \geq 5$）下，BN 会优先取代 sp^2-碳，再取代 sp-碳。随着 BN 掺杂含量的增加，带隙先是逐渐增大，然后突然增大，并分别对应两种掺杂方式的转变。

（二）氢化和卤化调控带隙

氢化和卤化可以调控 γ-石墨炔的带隙，且带隙随着两者浓度的增加而显著增大。由于不同杂原子的吸附构型有所差异，带隙的打开程度还取决于吸附原子的类型。同时进行氢化和卤化，石墨炔的带隙最大可以打开至约 4.6 eV。Bhattacharya 等[67]专门研究了氟化对 γ-石墨炔电子性质的影响。结果发现，这些氟化石墨炔的带隙遵循以下趋势：原生石墨炔（0.454 eV）< 炔链氟化的石墨炔（1.647 eV）< 炔链和芳环同时氟化的石墨炔（3.318 eV）< 芳环氟化的石墨炔（3.750 eV）。有意思的是，炔链或芳环分别氟化的 γ-石墨炔仍然是直接带隙半导体，但炔链和芳环同时氟化的 γ-石墨炔变成了间接带隙半导体。氟原子主要贡献石墨炔的价带，不同位置的氟化激活了费米能级附近的 s 和 p$_x$-p$_y$ 轨道。另外，相邻碳原子间的碳碳相互作用有助于成键态，而碳氟相互作用有助于费米能级附近的反键态。

（三）力学调控带隙

研究发现，施加应变可以调控具有不同炔链长度的石墨炔［图 5-7(a) 和 (b)］的带隙[68]。在均匀 H 型应变作用下［图 5-7(c)］，几种石墨炔的带隙随着拉伸应变的增加而增大，但随着压缩应变的增加而减小。而在 A 型［图 5-7(d)］和 Z 型［图 5-7(e)］单轴应变作用下，随着拉伸和压缩应变增加，带隙都有所减小。不同的是，无论施加哪种类型的应变，石墨炔和石墨四炔的直接带隙始终位于高对称点 Γ 处，而石墨单炔和石墨三炔的直接带隙位置随着施加应变的类型发生变化。例如，在 H 型应变下，石墨单炔的价带顶（valence band maximum，VBM）和导带底（conduction band minimum，CBM）均位于 M 点。但在 A 型应变和 Z 型应变下出现了两种情况：当 $-2\% \leq \varepsilon_A(\varepsilon_Z) < 0$ 时，直接带隙仍然位于 M 点，但当 $0 \leq \varepsilon_A(\varepsilon_Z) \leq 10\%$ 时，

直接带隙移到 S 点。所有的石墨炔几乎对各种类型的应变作用都非常敏感，特别是施加 H 型应变和 A 型应变时，可以在较大范围内对石墨炔的带隙进行调控，同时还能保持直接带隙的特征。

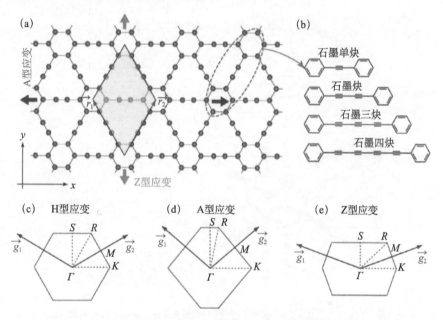

图 5-7 具有不同炔链长度的石墨炔

(a) 石墨炔的几何结构，黄色平行四边形代表原胞，绿色和蓝色箭头分别表示 Z 方向和 A 方向的应变；(b) 具有不同乙炔连接长度的石墨炔单胞示意图；H 型应变 (c)、A 型应变 (d) 和 Z 型应变 (e) 下的石墨炔模型[68]

（四）堆积方式调控带隙

据 Lv 等[69] 报道，在外部电场下可以调整双层和三层石墨炔的电子结构和光吸收性质（图 5-8）。在最稳定的双层和三层石墨炔中，六边形碳环以贝纳尔方式堆叠（分别为 AB 和 ABA 构象）。具有最稳定及第二稳定堆积方式的双层石墨炔的直接带隙分别为 0.35 eV 和 0.14 eV；具有最稳定堆积方式的三层石墨炔的带隙为 0.18～0.33 eV。无论采取哪种堆积方式，半导体双层和三层石墨炔的带隙一般都随外部垂直电场的增加而降低。

三、石墨炔的力学性能

石墨炔因其优异的机械性质引起科学家们广泛的研究兴趣。Kang 和 Li

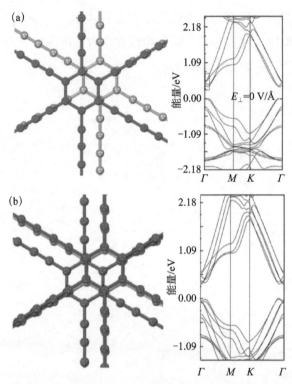

图 5-8 双层石墨炔 AB 构象 (a) 和三层石墨炔 ABA 构象 (b) 的优化结构

等[70]采用 GGA-PBE 交换关联泛函计算得到单层 γ-石墨炔的面内刚度和泊松比分别为 166 N/m 和 0.417。分子动力学（MD）模拟发现 γ-石墨炔的断裂应变（ε_{ult}）和应力在很大程度上取决于施加应变的方向（扶手椅和锯齿状方向）。这说明，γ-石墨炔的弹性性质具有强烈的各向异性，同时也导致了非线性的应力-应变行为。

2012 年，Wang 等[71]采用分子动力学方法比较了不同类型石墨炔的断裂应力、应变和杨氏模量，发现炔键连接基团的存在对石墨炔的力学性能有显著影响，相应的结果如表 5-2 所示。随着乙炔键占比的增加，石墨炔的断裂应力和杨氏模量降低。这是由于原子密度的降低和连接炔键的弱碳—碳单键。石墨烯具有最高的断裂应力和杨氏模量，其次是 γ-石墨单炔、6, 6, 12-石墨单炔、β-石墨单炔和 α-石墨单炔。特别的，6, 6, 12-石墨单炔的力学性能表现出各向异性。例如，在 x（曲折）和 y（扶手椅）方向上的杨氏模量分别为 0.445 TPa 和 0.35 TPa。相比之下，石墨炔中的乙炔基连接单元赋予其柔韧性，从而相应地增强了其断裂应变，如表 5-2 所示。

表 5-2　　各类石墨炔与石墨烯的断裂应力、应变和杨氏模量

模型	原子密度/(原子/nm²)	应力/GPa		应力差异/%	应变		应变差异/%	杨氏模量/TPa	
		x	y		x	y		x	y
α-石墨单炔	18.92	36.36	32.48	10.69	0.178	0.156	12.37	0.120	0.119
β-石墨单炔	23.13	46.26	38.06	17.72	0.162	0.130	19.54	0.261	0.260
6,6,12-石墨单炔	28.02	61.62	39.06	36.61	0.147	0.116	21.54	0.445	0.350
γ-石墨单炔	29.61	63.17	49.78	21.20	0.148	0.112	24.09	0.505	0.508
石墨烯	39.95	125.20	103.60	17.27	0.191	0.134	29.93	0.995	0.996

Buehler 等[51] 还利用 MD 模拟研究了 γ-石墨炔家族（包括 γ-石墨单炔、γ-石墨炔、γ-石墨三炔、γ-石墨四炔）的力学性能。结果显示，这些 γ-石墨炔的稳定性、强度和弹性模量都随着乙炔连接单元数目的增加而降低。例如，随着炔基数目的增加，石墨炔家族的面内刚度从 166 N/m（γ-石墨单炔）减小到 123 N/m（γ-石墨炔）、102 N/m（γ-石墨三炔）、88 N/m（γ-石墨四炔）[68]。再比如，γ-石墨单炔具有 532 G～700 GPa 的弹性模量，而 γ-石墨炔的弹性模量明显变小，只有 470 G～580 GPa。γ-石墨炔家族成员的应力-应变响应在断裂开始之前都是近似线性的。但当发生断裂时，各种 γ-石墨炔结构的临界应力都出现巨大的下降。经历初次断裂之后，石墨炔内部因炔链的可移动性发生结构重排，导致应力-应变在受力后再次呈现线性变化的状态。实际上，第一次的断裂过程也导致了应力的释放，使得炔链重排到负载应力的方向上。

四、石墨炔的光学性质

由于石墨炔的二维特性，它的光学性质具有各向异性的特点[70]。在石墨炔中有 sp 和 sp² 两种杂化态的碳，因此在石墨炔中形成了几种不同类型的键。使用 Bethe-Salpeter 方程（BSE）计算石墨炔的光学吸收谱与实验结果吻合良好：实验得到的三组吸收峰（0.56 eV、0.89 eV 和 1.79 eV）分别对应于 BSE 计算的激子峰（0.75 eV、1.00 eV 和 1.82 eV）[图 5-9(a)]。第一个峰是由带隙跃迁引起的，其他的则是由范托夫奇点附近的跃迁引起的[64]。

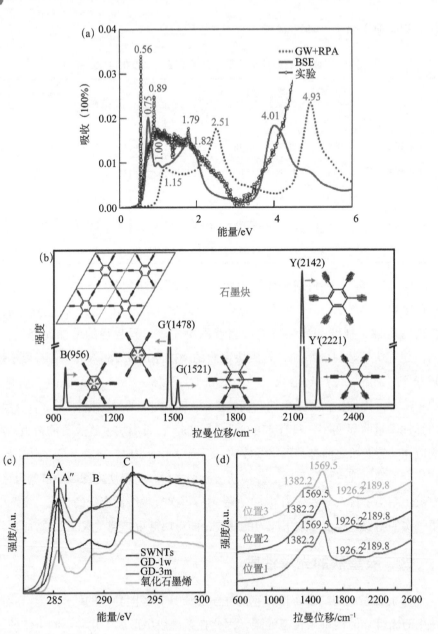

图 5-9　石墨炔结构分析

(a) 石墨炔薄膜的实验吸光谱（蓝圈）和基于 GW+RPA（绿色虚线）与 BSE（红色实线）水平的理论吸收光谱[64]；(b) 石墨炔的拉曼谱图和振动模式[59]；(c) SWNTs、氧化石墨烯和暴露于空气中 1 周（GD-1w）和 3 个月（GD-3m）的石墨炔的碳 K 边 X 射线吸收近边结构（XANES）光谱的比较及 GD-3m 的扫描透射 X 射线显微镜（STXM）化学成分谱和 X 射线近边吸收结构（XANES）光谱[76]；(d) 实验测得的拉曼光谱[42]

石墨炔拉曼光谱中有 6 个强烈的拉曼峰［图 5-9(b)］[59]，B 峰主要来自苯环和炔相关环的呼吸振动；G 峰主要来自石墨炔芳香键的拉伸，这种模式的波数和强度在这些富含炔烃的二维（2D）体系中相对较小，这表明它应该是引入炔键的一般特征；Y 峰来自三键的同步拉伸/收缩，这是全对称模式。G″ 峰归属于苯环中原子的剪切振动。G′ 峰来源于三配位原子与其双配位相邻原子之间的 C—C 键的振动。出乎意料的是，G′ 甚至比 G 更强。Y′ 峰是另一种炔烃三键的拉伸模式，但是不同三键的振动是异相的：1/3 的三键是伸展的，而剩余 2/3 是收缩的。图 5-9(d) 为实验中测得的石墨炔薄膜不同位置的拉曼光谱。

非金属掺杂和官能团吸附都能够明显影响 γ-石墨炔的光学性质。例如，N 掺杂主要贡献 HOMO 并导致能级降低，而 B 掺杂主要贡献 LUMO 并导致能级升高。因此，B、N 掺杂导致石墨炔的带隙变宽，进而对其光响应性进行调节[72]。而官能团［如 Li_3NM（M=Li、Na、K）分子］的吸附可以将电子有效转移到石墨炔表面。这种功能化的石墨炔具有巨大的静态极化率（α_0）和第一超极化率（β_{tot}），并且随着碱金属原子半径的增加（K>Na>Li）而增大[73]。其中，α_0 分别为 818.28 a.u.、844.23 a.u. 和 866.25 a.u.，大于原生石墨炔（459.08 a.u.）。另外，原生石墨炔的 β_{tot} 非常小，只有 0.13 a.u.，但这些功能化的 Li_3NM@GDY 具有巨大的 β_{tot} 值。例如，Li_3NK@GDY 的 β_{tot} 高达约 2.88×10^5 a.u.，足以建立非常强的非线性光学响应。掺杂剂和官能团的浓度变化也可以调控石墨炔的电子和光学性质[74]。此外，应变作用影响 γ-石墨单炔和 γ-石墨炔的拉曼光谱[59]。当施加单轴应变时，所有的拉曼带均发生红移，双重简并模式劈裂成两个分支。当施加剪切应变时，双简并模式也会劈裂，其中一个分支发生红移，另一个分支发生蓝移。

为了进一步研究并应用石墨炔，必须理解它的电子结构。空气中石墨炔的电子结构已用 X 射线近边吸收结构光谱和扫描透射 X 射线显微镜进行了研究［图 5-9(c)］。石墨炔含有 $\text{(C—C}\equiv\text{C)}_6$ 单元结构，因此石墨炔碳的 K 边 X 射线近边吸收结构谱图主要源于两种类型的碳。一种为六元环的碳，另一种为炔基碳。A 带归属于碳环结构中芳香 C—C 键的 π^* 激发带，C 带为 C—C 键的 σ^* 激发带；由于含氧官能团的存在（如羧酸根），B 带可归属为层间态或过渡到 sp^3 杂化的状态。对于存放一周的石墨炔，与单壁碳纳米管和石墨烯氧化物相比，A 带明显变宽，这是比 A 带能量高 0.3 eV 的新带（A''）的贡献。285.5 eV 附近的 A 带归因于碳环结构不饱和碳碳键的 π^* 激发带，而 A'' 带为 C≡C 键的 π^* 激发带[75,53]。因此，这些激发带证明了石墨炔中 C≡C 键的存在。六元苯环也对图 5-9(c) 中 A 带和 C 带分别对应的 π^* 和 σ^* 激发带有贡献。观察到石墨炔缺陷部位的 C≡C 键在空气中暴露 3 个月后转变成双键。实验显示氧和氮官能团的存在[76]。

五、石墨炔的磁学性质

自旋轨道耦合效应影响 γ-石墨炔的电子性质。γ-石墨炔外部的自旋轨道耦合占主导地位，通过施加电场可以闭合其带隙。因此，石墨炔材料在自旋电子学领域具有诱人的应用前景。需要注意的是，原生石墨炔是非磁性的，不过可以通过空位修饰、元素掺杂、引入边缘态等手段进行改变。

磁性测试表明，实验合成的石墨炔经退火处理后具有半自旋顺磁性，而且自旋密度随着退火温度的升高而提高，在 600℃ 退火时出现反铁磁性[77]。密度泛函理论计算表明，吸附在石墨炔炔链上的羟基可能是磁性的主要来源。这些羟基从环的位置迁移到链的位置需要高达 1.73 eV 的势垒，因此不容易出现聚集，这也有助于保持退火石墨炔中的反铁磁性。密度泛函理论研究表明，过渡金属原子（TMs）的吸附可以进一步调控石墨炔的磁学性质，为其带来明显的磁性。例如，石墨炔和过渡金属铁（Fe）的复合体系具有强磁性，这可能是由石墨炔中碳原子与铁离子之间的电子迁移引起的[78]。此外，自旋极化态密度计算[79] 表明氮掺杂也可以明显增强石墨炔的磁矩，特别是在苯环位置掺杂的不对称的吡啶氮原子（Py-1N）对提高石墨炔的局部磁矩有重要作用，可以得到 0.98 μ_B 的局部磁矩（图 5-10）。而掺杂对称的双吡啶氮（Py-2N）或在炔键上进行氮掺杂都不会产生磁矩。由于局部磁矩之间可能不会相互作用，导致无法形成长程交换作用，因此未观察到有序的铁磁性。可以通过增加吡啶氮的含量来增强局部自旋极化，进而实现石墨炔的磁有序。

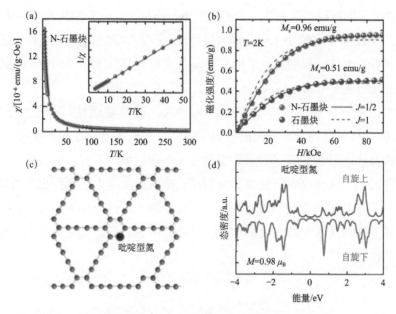

图 5-10 N-石墨炔的磁学性质 [79]

(a) N-石墨炔在温度 2~300 K 变化时测得的温度相关磁化率（χ-T）；(b) N-石墨炔和石墨炔在
T = 2 K 时的磁化曲线；(c) 氮掺杂石墨炔 N-石墨炔的结构示意图和 (d) 自旋分辨 DOS 态密度计算

六、石墨炔的热学性质

多种成键方式使得石墨炔拥有特殊的热学性质，因此其在热电等领域具有广阔的应用前景。MD 模拟发现炔键的存在导致 γ-石墨炔的热导率显著降低，这是因为包含炔键的结构原子密度较低。应变和温度等因素也会影响石墨炔的热导率，如温度升高和应变增大都会导致石墨炔的热导率降低。密度泛函理论计算发现，当温度小于或等于 1000 K 时，γ-石墨炔中出现负的面内热膨胀行为。sp^2 键构成的刚性单元的振动可能是造成石墨炔热膨胀异常的原因。此外，缺陷、掺杂、边缘结构、纳米带宽度等也会改变石墨炔的热学性质。由于半导体特性，γ-石墨炔的热电功率（TEP）比石墨烯的大一个数量级 [80]。石墨炔薄片同样具有优越的热电性能，如较高的功率因子、较大的热电系数和很低的热导率等，其在 580 K 时的最佳 ZT 值能够高达 5.3[81]。这些说明 γ-石墨炔是一种理想的、环保的、高性能的热电材料。MD 模拟表明，氧化和外部拉伸应变显著影响 γ-石墨炔的热导率 [82]。γ-石墨炔的热输运性能随着氧气的吸附严重恶化，而且氧气覆盖率越高，γ-石墨炔的热导率越低。另外，当拉伸应变较小（<0.04）时，应变会对石墨炔的热导率产生正的影响，而后产生负的影响。较低的热导率是实现更高热电品质因子的关键，热导率变化的基本机制可以通过相应的振动态密度来阐述。

相比 γ-石墨炔本体，其纳米带（GYNRs）的热输运性质有很大不同[83]。GYNRs 的热导性具有非常强的取向依赖性，当尺寸（长度和宽度）相同时，扶手椅型纳米带在室温下的热导率明显大于锯齿型纳米带。而且随着纳米带的宽度减小，这种取向依赖性更加明显。扭曲形变和边缘调控也都可以有效调节 γ-石墨炔纳米带的热输运性质。研究发现，通过控制扭曲角度，GYNRs 在室温下的热导率大幅度降低 50%，因此扭曲的石墨炔纳米带有望用作热传导调制器[84]。

第三节　石墨炔的合成方法

二维材料的合成主要分为"自上而下"和"自下而上"两种方法。"自上而下"的方法是从宏观的体相材料出发，克服层状材料层间的作用力，采用剥离的方法得到少层或单层样品。对于石墨炔而言，Mao 等[85]报道了通过"自上而下"的方法剥离石墨炔体相材料。石墨炔可在任意材料表面温和可控生长的性质，使得"自下而上"的制备技术在大面积的、形貌和间距可控的石墨炔合成中显露优势。因此普适的方法都是基于"自下而上"的路线，从含有炔键的小分子前体开始，通过溶液相或金属表面的偶联反应逐步合成。

经典的制备石墨炔的路线是通过六炔类化合物在铜的催化下，在铜表面有序生长。六炔基苯是制备石墨炔的非常理想的前体化合物[86]，在铜盐的催化下，六炔基苯间发生炔炔偶联即可得到石墨炔。但是由于六炔基苯在溶液中容易发生无规偶联反应，导致产物结构不可控。这是合成石墨炔时所要面临的主要难题。2010 年，中国科学院化学研究所李玉良院士创新性地提出利用铜箔表面诱导六炔基苯高度有序的原位生长的策略，首次成功获得了大面积（3.61 cm²）、高度有序的石墨炔薄膜，开创了石墨炔合成的里程碑，也为后续的应用研究奠定了基础[42-49]。

我们可以通过氩气的保护防止六炔基苯氧化变质，同时通过尽可能降低反应液的浓度来减少六炔基苯发生交叉偶联的概率。催化剂体系、溶剂体系及反应的时间控制是通过六炔基苯制备石墨炔的关键。目前石墨炔的合成主要分为基于溶液的界面反应合成、表面在位化学（on-surface chemistry）合成和固相合成等，并在此基础上涌现出许多在石墨炔合成上的新尝试。

一、溶液界面反应合成

近年来，利用溶液相中的表面原位生长是石墨炔合成中的一大策略。相比于表面在位化学偶联反应，溶液中的偶联反应具有更高的选择性。例如，在 Glaser 偶联、Glaser-Hay 偶联、Eglinton 偶联等反应中，苯乙炔基衍生物的端炔偶联转化率均可达 99% 以上。此外，溶液相合成可以实现大面积样品的制备，是石墨炔可以实际应用的重要基础。在溶液中，分子的自由度较大，取向难以控制，极易得到三维无序的多孔网络结构，而通过偶联反应在任意基底表面生长可提供限域反应的界面，能够有效地可控制备二维石墨炔结构。

2010 年，Li 等首次报道了在铜箔表面原位生长二维石墨炔的方法[42]，生长过程如图 5-11 所示。他们提出了采用六乙炔基苯为反应单体，在铜箔表面直接催化生长石墨炔。在该反应过程中，铜箔既扮演了反应催化剂的角色，又成功地作为生长基底起到双重作用。以吡啶为溶剂，在加热过程中，铜箔表面析出的铜离子与吡啶络合，在吡啶-铜络合物的催化下，六炔基苯在铜膜表面发生有序的 Glaser 炔炔偶联反应，形成石墨炔薄膜，而铜膜的平面结构及其平面的延展性使石墨炔薄膜沿着其表面不断生长，得到如图 5-11 所示的厘米级大面积连续石墨炔薄膜，厚度约为 1 μm，室温下的电导率为 2.516×10^{-4} S/m。目前利用该方法可以实现百克量级的合成，已经成为石墨炔制备的经典方法。此方法获得的石墨炔样品已在锂离子电池，太阳能电池，光、电催化，光学非线性，电化学智能器件等多个领域表现出优异的性能，应用前景广阔[87-90]。

基于非共价相互作用，Mao 等[85]发展了一种针对层状石墨炔的高产率、高质量的液相剥离新方法（图 5-12）。将层状石墨炔置于 K_2SiF_6 水溶液中连续搅拌后，获得了数百毫克级的少数层甚至单层的石墨炔，没有引入额外的结构缺陷。理论计算表明，SiF_6^{2-} 可自发吸附到石墨炔表面，有助于带负电荷的石墨炔受静电排斥力而使层间距增加，同时小尺寸的阳离子可能促进石墨炔层间距的进一步膨胀，最终实现石墨炔的剥离。

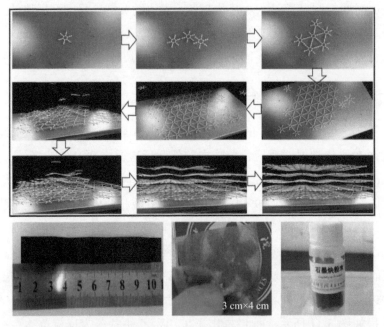

图 5-11　液固界面生长石墨炔的过程、大面积石墨炔薄膜及宏量粉末制备

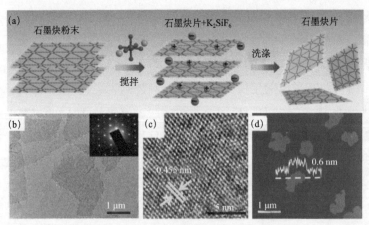

图 5-12　物理剥离法制备单层、少层石墨炔 [85]

Lu 和 Li 等 [91] 成功地采用低电流密度低压透射电子显微镜实现了对单晶石墨炔的直接成像，并证实了上述方法所合成的石墨炔纳米片的结构是具有 6

层厚度和 ABC 堆叠方式的晶态结构。图 5-13 为石墨炔纳米片的选区电子衍射（SAED）图。为了研究图案对应的堆叠模式，他们用 AA、AB 和 ABC 堆叠模式构建了三个石墨炔模型，并模拟了它们的 SAED 模式。通过比较发现，实验结果与 ABC 模式匹配。因此，确认石墨炔的纳米片为 ABC 堆叠模式。

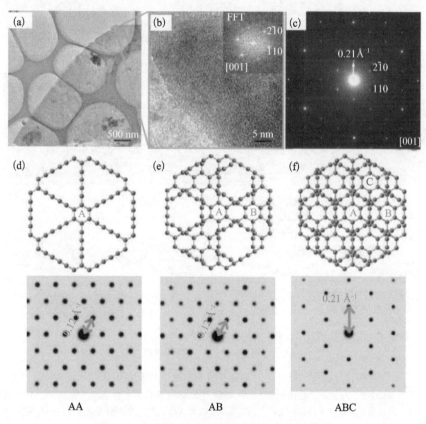

图 5-13 石墨炔纳米片晶体结构的直接成像[91]

(a) 纳米片的低分辨 TEM 图像；(b) 图 (a) 框中区域的高分辨 TEM 图像；(c) 纳米片的选区 SAED 图案，其晶带轴为 [001]；具有 AA(d)、AB(e) 和 ABC(f) 堆叠模式的石墨炔模型及对应的模拟 SAED 模式，其中 A、B 和 C 层分别由黄色、绿色和紫色表示

　　合成中铜箔基底的使用可能会使石墨炔的应用局限于仅与铜基底有直接接触的情形[92]。除铜以外的特定基底的特殊功能和特性，对开发石墨炔的应用十分关键。为了进一步拓宽石墨炔生长基底的选择范围，Liu 和 Zhang 等[92]开发了一种称为"铜信封"策略的合成方法（图 5-14）。在反应过程中，铜离子从"铜信封"扩散到目标基底表面，然后引发单体的偶联反应，实现石墨

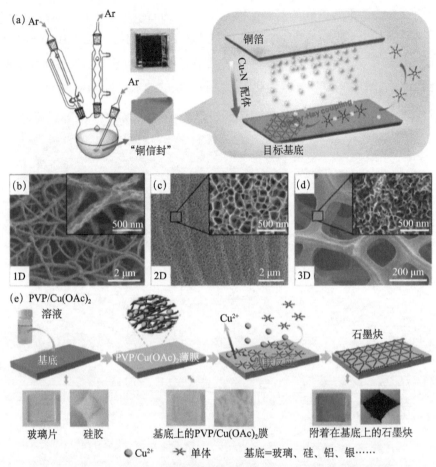

图 5-14 通过"铜信封"催化在任意基底上生长石墨炔纳米墙 [92]

(a) 实验装置示意图；生长石墨炔纳米墙之后的 SEM 图像: (b) 一维硅纳米线、(c) 二维金箔和 (d) Ni 泡沫上的三维石墨炔，插图为局部放大图；(e) 可控释放铜离子在任意基底上制备厚度可调的石墨炔 [93]

炔的生长。通过这种方法，研究者可以实现在任意基底上生长石墨炔，如一维（硅纳米线）、二维（金箔）和三维（石墨烯泡沫）基底 [图 5-14(b)、(c)]。此外，Huang 等 [93] 报道了一种控制铜离子释放速率的策略，通过改变旋涂覆盖在二维基底上聚乙烯吡咯烷酮/Cu(OAc)$_2$ 膜中 Cu(OAc)$_2$ 的比例实现对铜离子释放速率的调控，从而实现在任意基底上制备厚度可调的石墨炔。

铜箔表面的合成方法充分说明了限域的反应空间在石墨炔控制合成中的重要性。但上述固体模板不可避免地在微观水平上具有一定的粗糙度，这将影响石墨炔膜的规整性。界面在"自下而上"的合成过程中起着至关重要的作用，并影响前体单体的生长方向。两种不同分子之间相互作用的强烈不对称性给界面带来了很大的界面张力，因此可以认为它在液体界面处具有绝对的二维平面。液-液界面法和液-气界面法是获得具有高结晶度的超薄二维材料的可靠方法[94]。2017 年，Nishihara 团队[95] 将液-液界面和气-液界面合成的方法引申至石墨炔的合成中（图 5-15），他们将单体分子六乙炔基苯溶解于有机相之中，而催化剂乙酸铜则置于水相之中，在两种互不相溶的液体相界面上控制反应底物和催化剂的接触面积来制备石墨炔，成功地合成了高质量的石墨炔结构。利用气-液界面的方法还可以得到厚度均一（3 nm）、尺寸为 2～3 μm 的石墨炔单晶纳米片，经分析得出多层石墨炔的晶体结构为 ABC 堆垛模式。这一进展开拓了石墨炔溶液相聚合合成的新途径，也对高质量石墨炔晶体的合成及精细结构表征工作有重要意义。在随后的报道中，研究者们使用改进的界面方法成功地合成了几种石墨炔衍生物，包括氢化石墨炔、甲基取代的石墨炔和氟取代的石墨炔[96]。

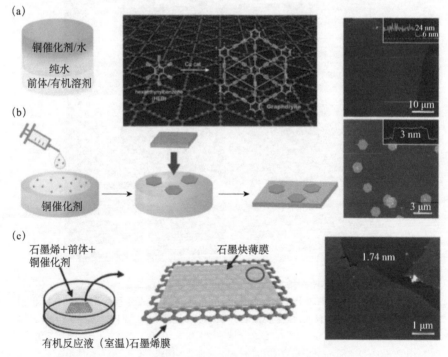

图 5-15 界面合成石墨炔的示意图及对应的 AFM 图像

(a)液-液界面; (b)气-液界面 [95] ; (c)液-固界面（液相范德瓦尔斯外延法）[97]

在上述研究中，超薄石墨炔的制备取得了很大的进展。然而，单体中炔烃单元与苯环之间桥连的单键可以自由旋转，导致生长非平面的晶体框架；传统外延生长法要求石墨炔与基底材料晶格适配；Ehrlich-Schwoebel（ES）能垒导致单体分子在外延层上富集并成核，促使面外的层层堆叠。为了克服这些问题，可以从以下方面考虑：①利用适当的基底与前体相互作用控制前体的预组织；②引入超分子相互作用来控制单体和反应过程中寡聚物的定向，从而避免缺陷并提高结晶度。Liu 和 Zhang 等[97] 提出了一种简单的液相范德瓦耳斯外延方法，即在石墨烯衬底上合成二维超薄单晶石墨炔薄膜（图5-16）。考虑到六炔基苯与石墨烯基底的结合能高于石墨炔，因此这些单体热力学上优先吸附在石墨烯上以进行面内偶联反应。基于范德瓦尔斯相互作用的外延生长大大降低了晶格失配和 ES 能垒的影响，因此石墨炔倾向于在原子级平整的石墨烯上进行面内偶联以形成平面结构。高分辨透射电镜和光谱

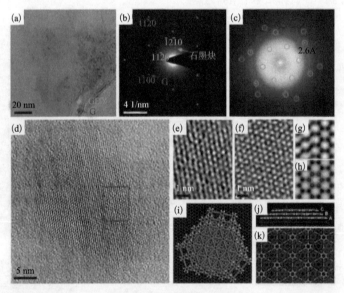

图 5-16 液相范德瓦尔斯外延法生长的石墨炔薄膜的像差校正单色 HRTEM 图像[97]

(a) 石墨炔/石墨烯薄膜的 TEM 图像; (b) 薄膜的电子衍射图显示石墨炔和石墨烯薄膜均为单晶; (c) HRTEM 图像对应的 FFT 模式，蓝色圆圈表示石墨炔; 红色和绿色圆圈表示石墨烯; (d) 石墨炔区域的像差校正 HRTEM 图像; (e) 在图 (d) 红色区域的放大图像; (f) 用 "ABC" 堆叠模式模拟的石墨炔 HRTEM 图像; (g) CTF 校正，晶格平均（左）和 p6m 对称叠加图像（右）; (h) 点扩散函数宽度为 2.6 Å 的模拟投影电位图; (i) 和 (j) 单层石墨烯和 ABC 叠层三层石墨炔片构成的范德瓦尔斯异质结构的能量最优结构; (k) 采用 ABC 堆叠模式的石墨炔示意图

表征证实了其高质量单晶结构（图 5-16）。电子衍射显示石墨炔/石墨烯薄膜具有两套单晶衍射点，分别对应于石墨炔和石墨烯的单晶衍射图案，结果表明生长在石墨烯上的石墨炔与下层石墨烯的晶格取向夹角为 14°。结合理论分析，确定了该石墨炔薄膜为 ABC 堆垛的三层结构。另外，他们还在六方氮化硼（hBN）衬底上合成了石墨炔膜，并且已经初步确定了其电性能。实验结果表明，石墨炔薄膜具有良好的导电性和一定的半导体性能。随后，他们开发了一种改进的方法，将未去保护的 HEB-TMS 用作 Hiyama 偶联反应的单体，在石墨烯上合成了厚度小于 3 nm 的高结晶度的超薄石墨炔，大大减少了氧化反应的发生 [98]。他们 [99] 同样使用石墨烯作为反应模板，通过 Eglinton 反应，成功合成了高质量的 β-石墨炔，并测得其电导率为 1.30×10^{-2} S/m。

另外，Zhou 等 [100] 将超分子相互作用引入石墨炔二维材料的控制制备，设计合成了一种高结晶性的苯环取代的石墨炔（Ben-GDY）。Ben-GDY 是由 6 个 1, 3, 5-三苯基苯构成的六边形重复单元组成的 π-共轭碳框架结构。连接在苯环上的相邻的炔键通过大位阻的苯环的保护，使单体获得了更高的稳定性。引入的 π-π/C-H-π 相互作用控制了单体或低聚物的构型取向，抑制了炔基和苯环之间的碳碳单键的自由旋转，进一步通过偶联反应获得了多层晶态石墨炔 Ben-GDY，SEAD 分析显示其为 ABC 型堆叠结构。

二、表面在位化学合成

表面在位化学也被称为表面共价反应（on-surface covalent reaction），是指在二维表面上单体分子之间发生反应形成新的共价键，是"自下而上"的合成新材料的过程。这类反应最初是在超高真空条件下进行的，现已扩展至低真空或大气条件，表面的选用也从金属单晶扩展到石墨、石墨烯及氧化物表面，是一种精确控制制备稳定的新型低维纳米结构的有效途径 [101, 102]。

石墨炔具有二维共轭的网络结构，表面在位化学方法是合成此类材料的重要方法之一。表面在位化学反应中成功率最高的反应主要是在贵金属单晶表面的 Glaser 偶联和 Ullmann 偶联。德国明斯特大学的 Fuchs 和慕尼黑工业大学的 Barth 等在此方面做了大量工作。Glaser 偶联是有机合成中端炔分子在亚铜离子催化下发生氧化偶联的经典反应。近年来的研究发现，Glaser 偶联也可以在金属单晶［如 Ag(111)、Cu(111)、Au(111) 等］表面通过加热或光照实现[103]。目前类石墨炔结构的表面在位化学合成主要是在超高真空体系内进行的，具有如下几个优点：①反应环境干净，且由于基底的催化作用，反应受到限域作用仅能在基底表面进行，更有利于二维网络的形成；②金属单晶基底本身起到催化剂的作用，无需再加入催化剂，而反应生成的副产物为氢气或卤素等，这些可以气态形式从体系中脱离，保证了更干净完美结构的生成；③因为表面催化反应在气-固界面发生，体系中无溶剂，所以反应温度可有更宽的控制范围；④所合成的结构可以直接在超高真空体系内进行原位表征，对产物性质和结构的测试将更精准。因此，该方法不仅可以实现对结构合成的精细设计和控制，且可以对反应过程和机理有更深入的研究。这些超高真空体系内的研究结果，也给石墨炔的表面合成工作提供了非常重要的理论指导。

基于上述表面合成的思路，Liu 和 Zhang 等发展了低温化学气相沉积的方法，以制备大面积单层石墨炔薄膜[104]。反应过程见图 5-17(a) 和 (b)。该反应以六乙炔基苯为碳源，银箔为生长基底，通过化学气相沉积过程获得了仅有单原子层厚度的薄膜。通过拉曼光谱及紫外-可见吸收光谱的表征证实了该薄膜是由单体分子间的炔基偶联反应生成分子间的共价键而得到的，该方法极大地开阔了石墨炔薄膜合成的新思路。然而，目前通过该方法合成的薄膜在高分辨 TEM 的测试条件下仍为无序结构，主要是由于分子在基底表面存在着加成、环化等副反应，影响了生长过程中有序结构的形成。因此，还需要在单体分子的设计合成、基底的预处理及反应温度优化等方面进行更进一步的研究。此化学气相沉积合成法还可用于其他种类石墨炔单体的聚合，为石墨炔薄膜的制备提供了新的思路。

三、固相合成石墨炔

尽管在液相和气相中合成了相对有序的石墨炔和少层的石墨炔，但是找到一种简单的可以实现固相大规模合成石墨炔样品的方法在工业上仍然非常具有价值。Li 等[105]报道了气-液-固（VLS）生长法，在 ZnO 纳米棒阵列上合成新的石墨炔纳米线。VLS 法是通过严格控制石墨炔粉末的质量和相应地在加热管中移动石英舟的位置进行的[106]。在加热过程中，少量的氧化锌（ZnO）还原成金属锌（Zn）。Zn 液滴将作为催化剂和在 VLS 生长过程中吸附石墨炔的位点。

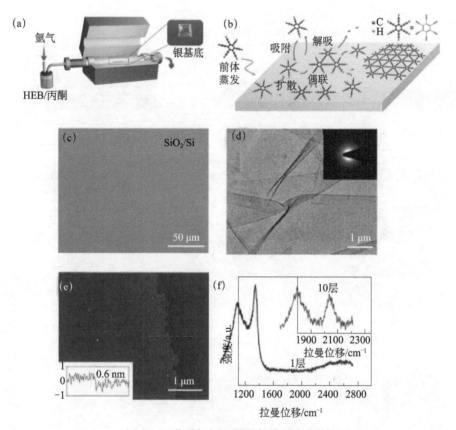

图 5-17　化学气相沉积法合成石墨炔 [104]

(a) 通过化学气相沉积方法在银表面生长石墨炔的示意图; (b) 石墨炔生长过程示意图; (c) 位于 SiO₂/
Si 基底上石墨炔的光学显微镜图像; (d) 石墨炔的高度曲线和 AFM 图像; (e) 石墨炔的 SEAD 图案和
TEM 图像; (f) 转移到 SiO₂/ Si 上的薄膜拉曼光谱, 插图为在银衬底上的 10 层转移膜的拉曼光谱

　　热重分析表明, 石墨炔粉末中分子量较小的石墨炔片段可以在高温下蒸发, 在氩气的推动下沉积在 ZnO 纳米棒阵列膜的表面, 通过 Zn 液滴催化可以成功实现石墨炔纳米线的生长制备。随后, 他们通过改进的 VLS 生长工艺获得了超薄石墨炔膜, 该膜具有出色的导电性和高场效应迁移率 [106]。

　　简化超薄石墨炔的制备过程并扩大产量, 是实现实际应用的重大挑战。Li 和 Zuo 等 [107] 提出了一种燃烧爆炸法, 可以在很短的时间内合成大量的石墨炔（图 5-18）。在该方法中, 六炔基苯前体可以在没有催化剂的情况下进行交叉偶联反应, 实现石墨炔的制备。实验人员只需改变反应气氛（N₂ 或空气）和加热速率即可合成具有三种不同形貌的石墨炔粉末, 包括石墨炔纳米带、三维

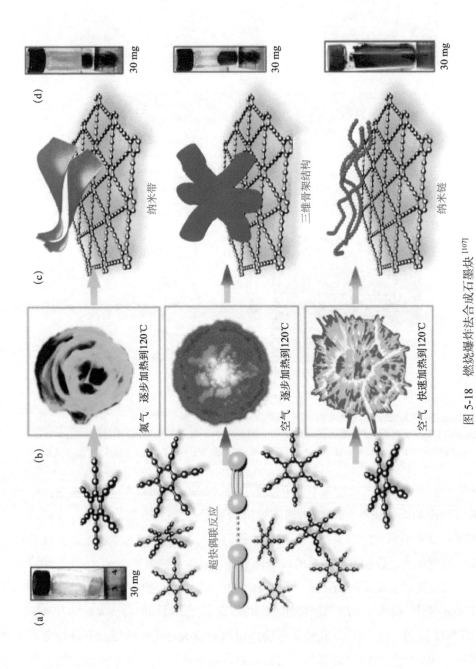

图 5-18　燃烧爆炸法合成石墨块[107]

（3D）石墨炔骨架和石墨炔纳米链。在相同条件下，通过燃烧法可以快速合成出不同形貌的石墨炔，并且只需将前体简单地涂覆在基底表面即可，如铜泡沫、镍泡沫和二氧化硅[108]。最近，通过改良燃烧法，以氮掺杂六乙炔基苯（HEB）为前驱体合成了吡啶二氮掺杂的石墨炔和类三嗪类的氮掺杂的石墨炔[109]。

四、石墨炔聚集态结构

材料的形貌对于其在应用中的性能有至关重要的作用，在前述石墨炔生长普适方法基础上，通过调控反应条件，改变基底种类与形貌（如一维铜纳米线、三维铜网络和泡沫铜），可以实现石墨炔微观形貌的调控。

（一）石墨炔纳米管阵列、纳米线及纳米带

李玉良院士等[110]在通过偶联反应制得石墨炔薄膜后，以垂直贴附在铜箔上的氧化锌纳米管阵列作为模板，铜箔为催化剂，制备出壁厚为 40 nm 的石墨炔纳米管阵列（图 5-19）。此纳米管阵列经过退火处理去除其中少量的低聚物后，纳米管的结构更加致密有序，壁厚变为 15 nm。石墨炔的场发射性质与形貌密切相关，此种纳米管阵列的场发射性质十分优异。在退火后，石墨炔纳米管阵列的开启电压和阈值电压分别降至 4.20 V/μm 和 8.83 V/μm。

通过上述方法，以四炔基乙烯为前体，获得了碳炔纳米带结构[111]［图 5-19(a)］。当溶于吡啶的四炔基乙烯加入到反应体系中时，氧化铝模板的 Al—O 键会与四炔基乙烯的炔氢之间产生氢键，使四炔基乙烯紧贴在氧化铝模板的内壁上，然后在铜离子的催化下发生偶联反应，先在贴近模板内壁区域生成碳炔，随着反应的进行，活性中心（模板底部的铜片）被生成的碳炔覆盖，阻断了其与吡啶的接触，因而反应体系中不再生成铜离子；缺少了反应的"驱动力"——铜离子，反应也最终停止。碳炔纳米带的宽度接近 AAO 模板的内径周长，这归因于多层碳炔纳米管没有完成最后的闭合阶段。

Qian 等[106]还通过 VLS 合成法，以溶液聚合合成的石墨炔粉末为前驱体，在氧化锌纳米阵列上的熔融 ZnO 液滴表面成功合成了石墨炔纳米线。对石墨炔纳米线的电学性质进行测定，得出其电导率为 1.9×10^3 S/m，迁移率为 7.1×10^2 cm^2/(V·s)，确定其是优异的半导体材料。

江等[112]报道了由超亲油开槽模板主导的图案化石墨炔条纹阵列的直接

原位合成［图 5-19(d)］。带槽的模板在微尺度上为原位合成石墨炔提供了许多规则的限域空间，而凹槽模板的润湿性在控制反应物原料的连续传质方面起关键作用。在微尺寸空间内完成交叉偶联反应后，可以相应地生成精确图

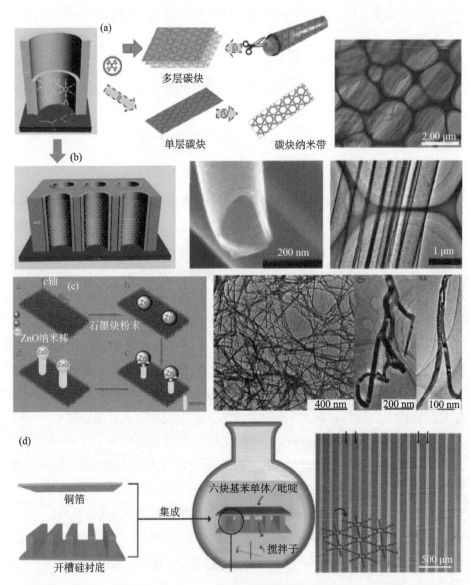

图 5-19　一维石墨炔材料的合成

(a) 碳炔纳米带生长机理示意图及透射电镜图 [111]；(b) 石墨炔纳米管的生长过程示意图及退火后
石墨炔纳米管的 SEM 与 TEM 图像 [110]；(c) VLS 法合成石墨炔纳米线的过程及 TEM 图像 [106]；
(d) 润湿性辅助制备石墨炔条纹阵列 [112]

案化的石墨炔条纹。优化限域空间的几何形状、反应物的数量和反应温度，最终获得最优的石墨炔图案。此外，利用这些石墨炔条纹阵列制备可伸缩传感器，构建了监测人手指运动的原理性器件。预计这种润湿性辅助策略将为石墨炔的可控合成及其在柔性电子和其他光电子的应用方面提供新的思路。

（二）石墨炔二维纳米墙、纳米片

Liu 和 Zhang 等[113]通过优化 Glaser-Hay 反应的溶剂和单体浓度制备了石墨炔纳米墙。这个反应仍以六炔基苯为单体，铜片为催化剂和反应基底。在反应中引入四甲基乙二胺（TMEDA）配体，通过改变 TMEDA 和吡啶的比例来调节催化剂铜离子从铜箔释放的浓度，成功地在铜片上生长出石墨炔纳米墙［图 5-20(a)～(c)］。在反应的初始阶段，铜离子尚未被溶解在溶液中，石墨炔的反应位点仅存在于铜箔上，随着反应的进行，铜箔上的铜离子被溶入反应液中，因此石墨炔可沿着已生长出的石墨炔纳米片继续生长，最终形成石墨炔纳米墙的形貌。高分辨透射电镜的结果显示，上述方法制备的石墨炔纳米墙具有高度的结晶性。Liu 和 Zhang 等[92]在上述研究的基础之上，将基底装在"铜信封"中，"铜信封"为反应提供催化剂，成功实现了在任意基底上生长石墨炔纳米墙（图 5-14）。Nishihara 和 Nagashio 等[95]采用"自下而上"的合成方法，以 HEB 为单体，通过气液界面，将溶解了单体的少量二氯甲烷和甲苯溶液滴在水相上，待其挥发后，在气液界面处成功生长出厚度为 3 nm、区域面积为 1.5 μm 的超薄石墨炔纳米片［图 5-20(d)～(e)］。

（三）三维石墨炔及多级结构

改变铜基底的维度，如三维铜泡沫以及其他可以释放铜离子的基底，可以方便地调控制备石墨炔的多维结构。例如，利用自支撑铜纳米线纸作为原位生长石墨炔的催化剂及基底。铜纳米线不仅可以作为石墨炔生长的模板，还可以为其提供更多的活性位点。使用铜纳米线作为催化剂来大规模制备高质量超薄石墨炔纳米管，其上可生长超薄纳米片（平均厚度约为 1.9 nm），可构建独特的多级结构［图 5-21(a) 和 (b)］[114]。另外可在由三维铜泡沫支撑的 CuO 纳米线上制备石墨炔多维结构。石墨炔独特的多维结构具有很高的光热效率，有望被广泛用于海水淡化和相关技术中[115]。

Liu 和 Zhang 等[116]采用廉价的硅藻土作为模板，铜颗粒作为催化剂，以

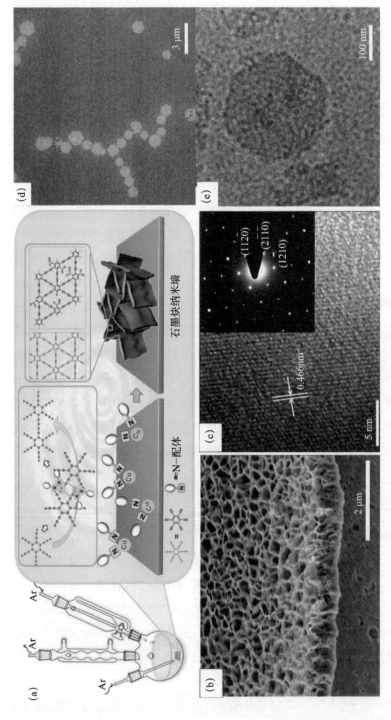

图 5-20 石墨块纳米墙的合成

(a) 制备石墨块纳米墙的示意图；(b) 石墨块纳米墙的 SEM 图像；(c) 石墨块纳米墙上的高分辨 HRTEM 图像，插图为 SEAD 图案[113]；通过气－液界面合成的石墨块超薄纳米片的 SEM 图像 (d) 和 TEM 图像 (e)

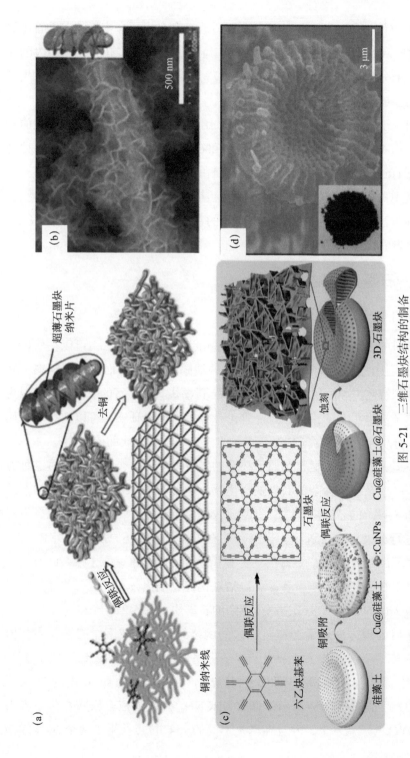

图 5-21 三维石墨炔结构的制备

(a) 以铜纳米线纸为模板生长石墨炔纳米管及多级结构的示意图[114];(b) 石墨炔纳米管多级结构的 SEM 图像;(c) 三维石墨炔的制备过程;

(d) 除去硅藻土模板的自支撑的三维石墨炔的 SEM 图像[94]

HEB 作为单体，通过 Glaser-Hay 偶联反应成功制备出了自支撑的三维石墨炔 [图 5-21(c) 和 (d)]。通过此方法制备的三维石墨炔具有多孔结构和超大的比表面积，十分适合用作锂离子电池的负极材料。其在锂离子电池中表现出了优异的比容量、倍率性能和循环寿命。

近期，李玉良院士和左自成等[105] 采用燃烧法成功合成出多种形貌的石墨炔，包括石墨炔纳米带、三维石墨炔和石墨炔纳米链（图 5-18）。此种合成方法以 HEB 为前体，在没有金属催化剂的情况下，直接加热到 120℃，在不同气氛中可以获得不同形貌的石墨炔。其中在氩气中可得到三维石墨炔。通过此种方法制备得到的石墨炔具有好的热稳定性、好的电导率（20 S/m）和大的比表面积（达 1150 m^2/g）。

五、石墨炔衍生化及掺杂

（一）杂原子掺杂石墨炔

碳材料的杂原子掺杂是制备相关碳基衍生物的有效方法，可以在所掺杂的杂原子周围产生许多与本征性质不同的缺陷[117-120]，从而调控碳材料一些重要的基本特性，如形貌和电子结构[121]。石墨炔具有丰富的炔键，其可以为各种杂原子提供更多的掺杂位点。理论计算工作已经证实，可以选择非金属杂原子、金属原子及多原子掺杂等多种方式来实现石墨炔的掺杂[122]。

高温退火处理是碳材料杂原子掺杂的传统方法。迄今，已经通过这种方法制备了一些杂原子掺杂的石墨炔衍生物，包括 N 掺杂的石墨炔、P 掺杂的石墨炔和 S 掺杂的石墨炔[73, 79, 123-127]。例如，Zhang 等[123, 124] 通过在氨气下对石墨炔进行退火，成功制备了 N 掺杂的石墨炔，在氧还原反应（ORR）中，它甚至表现出比商用 Pt/C 更好的活性和稳定性。除了单一原子掺杂的石墨炔外，还可以在氨气与其他掺杂源（包括氯化锌、氟化铵和硫脲）共存的情况下制备 N/Zn、N/F 和 N/S 双杂原子掺杂的石墨炔（图 5-22）[128]。

上述后处理方法通常会在石墨炔的网络结构上形成多个掺杂位点，但是精确调整掺杂位点并了解杂原子掺杂石墨炔的机理至关重要。王丹等[129] 通过周环置换反应在薄层石墨炔上成功引入新型的 sp 杂化的 N 原子（FLGDYO）。如图 5-22(b) 所示，释放 $NHCNH_2^+$ 片段的三聚氰胺被化学吸附在 FLGDYO 的乙炔基上，并且在两个不同的 sp-C 位点获得了两个 sp-N 掺杂

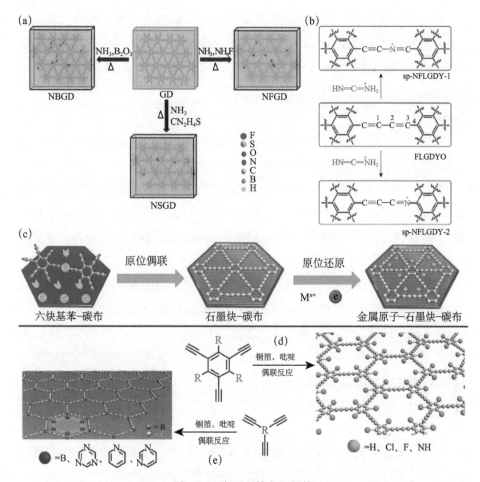

图 5-22 杂原子掺杂石墨炔

(a) 高温退火法 [128]；(b) 周环置换反应法 [129]；(c) 电沉积法 [130]；(d) 和 (e) "自下而上"
法制备杂原子掺杂石墨炔

的 FLGDY。这种 sp-N 掺杂的石墨炔材料表现出非常优异的氧还原反应（ORR）
性能。其碱性条件下的 ORR 活性可媲美 Pt/C 催化剂，并表现出更快的反应动
力学。在酸性条件下，这一材料的活性虽然略低于 Pt/C 催化剂的活性，但相
比于其他非金属催化剂，其活性要高出很多。实验表征和理论计算表明，这种
sp-N 的掺杂是活性的主要来源，sp-N 掺杂使得周围碳原子带有更多的正电荷，
有利于 O_2 的吸附和活化，使其电子更易转移到催化剂表面。该工作不仅首次
在碳材料中得到 sp 杂化的氮原子，还实现了位点可控掺杂和掺杂的比例可调。

考虑到金属离子和炔键的强烈化学吸附，已经开发了一种简单有效的

金属掺杂石墨炔方法。石墨炔和金属离子前体在水溶液中均匀混合，从而促进金属离子在炔键周围的均匀吸附。由于还原剂的原位还原，金属原子（如Pd[131]、Fe[132]和Au[133]）均匀地分布在所制备的石墨炔薄膜上。另外，电沉积方法也可用于在石墨炔膜上沉积金属原子以制备高活性的原子催化剂[图 5-22(c)][130, 134-139]。

可以看出，上述掺杂方法仍存在以下缺陷：①掺杂杂原子的位置存在多种可能性，因此难以准确地研究掺杂过程的机理；②掺杂的杂原子数目不能精确控制；③杂原子随机分布在石墨炔结构上，这可能会破坏共轭的连续性[125]。因此，找到一种有效的方法来精确控制石墨炔网络上杂原子的数量和位置非常重要。制备石墨炔薄膜的经典合成策略启发了我们发展杂原子掺杂石墨炔的新方法。"自下而上"地在石墨炔中掺杂杂原子的方法具有以下优点：①由掺杂位点决定的杂原子规则地分布在石墨炔上，在石墨炔的二维平面上保持完整的共轭骨架；②可以精确地控制键合环境和具有特殊效能杂原子的数量，从而表现出特殊的化学和物理性质。例如，Huang 等[140]用新的单体代替 HEB制备了氢化石墨炔膜（HsGDY）。当将 HsGDY 用作锂离子/钠离子电池的负极材料时，电化学测试显示出高倍率性能和出色的循环稳定性。理论计算结果表明，基于 HsGDY 的电极具有出色的性能，这归因于其用于 Li/Na 储存的额外活性位、增加的高比表面积和高电导率。随后，还制备了其他杂原子取代的石墨炔，包括氯和氟取代的石墨炔［图 5-22(d)][125, 126, 141]。在随后的工作中，石墨炔中的中心苯环部分也被硼原子、吡啶、嘧啶和三嗪单元所取代[138, 142, 143]，从而获得了一系列可用于电化学储能负极材料的石墨炔衍生物［图 5-22(e)］。

（二）石墨炔基复合材料制备

二维碳基复合材料可以将不同组分的优势结合起来，从而改善所制备复合材料的物理和化学性质（如化学稳定性、机械性质、电导率和热导率等），因此在不同领域都得到广泛的研究。石墨炔中乙炔键的存在及其独特的合成策略，不仅为我们提供了更多基于石墨炔的复合材料的合成途径，还可获得丰富的性能可调的石墨炔复合材料。目前基于石墨炔的复合材料的制备策略主要有三种[122]。

一方面，利用石墨炔可在任意基底表面温和可控生长的特性，实现在选定的纳米材料表面上原位生长石墨炔[92, 129]。例如，Li 等[144] 提出了一种在 SiNPs 和 CuNWs 的复合材料上原位生长石墨炔来制备复合结构的策略。该复合结构的石墨炔涂层可有效抑制锂离子电池充放电期间硅的体积效应和界面接触〔图 5-23(a)〕。通过在乙醇溶液中简单混合而制备的由 SiNPs 和 CuNW 组成的 AFPCuSi 纸被用作基材来制备石墨炔的包裹结构。这种策略也可用于氧化物、有机电极材料的保护[145, 146]。Huang 等[147] 开发了一种可控的原位制备策略，实现了在铝负极表面生长超薄石墨炔膜。当其应用于双离子电池时，复合材料的独特结构提高了铝箔的可逆容量和循环稳定性。

另一方面，石墨炔中的乙炔键与单个金属离子之间存在强烈的化学吸附，抑制了金属离子的聚集并增强了金属原子与石墨炔之间的电荷转移行为[149]。通常，石墨炔和金属离子前体可以均匀地在溶液中混合，随后在乙炔键附近的金属离子发生相应的化学反应，所形成的纳米颗粒均匀地分布在石

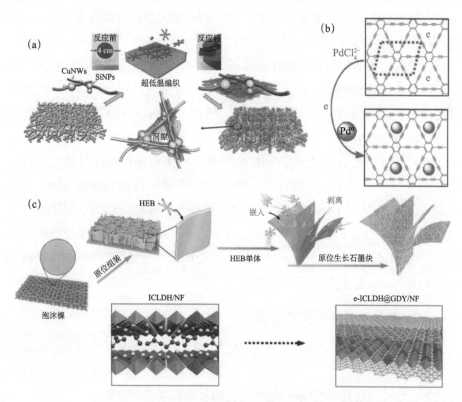

图 5-23　石墨炔复合材料的制备
(a) 原位编织法[144]；(b) 原位反应[134]；(c) 水热法-原位反应连用法[148]

墨炔的纳米孔中。例如，利用原位合成策略[150]，通过将 $FeCl_3$ 分散在氧化石墨炔（GDYO）溶液中，并在室温下与 $Fe(CN)_6^{3-}$ 混合，将原位得到的普鲁士蓝纳米颗粒（PB）固定在氧化石墨炔表面上，制备 PB/GDYO 复合材料。利用石墨炔的还原性，无催化剂原位制备 Pd/GDY 复合材料［图 5-23(b)］[134]。另外，通过相同的方法制备了 ZnO/GDY[151]、$NiCo_2S_4$ NW/GDY[152]、TiO_2/GDY[153]、WS_2/GDY[154]、CdS/GDY[155]、Z 型 Ag_3PO_4/GDY/g-C_3N_4[156]、Ag/AgBr/氧化石墨烯/GDY[157] 等复合材料。

此外，研究结果还表明，通过简单地将石墨炔与其他化合物在特定温度和大气条件下混合，石墨炔基复合材料仍然表现出颇高的性能，如 TiO_2/GDY[73, 87, 158]、PCBM/GDY[89]、P3HT/GDY[159]、ZnO/GDY[160]、PFC/GDY[161]、g-C_3N_4/GDY[162] 及掺杂的 P3CT-K / GDY[163] 等。Wang 等[160] 通过简单混合获得了一种稳定的 GDY:ZnO 纳米复合材料。石墨炔纳米颗粒通过静电相互作用被涂覆在正丙胺修饰的 ZnO 纳米颗粒表面上，而在 ZnO 纳米颗粒表面的带正电荷的胺基与石墨炔纳米颗粒中带负电荷的环氧基之间发生开环反应。另外，利用亚甲基绿自身的共轭结构与石墨炔片层的 π-π 吸附，在水浴超声驱动下进入石墨炔层间的亚纳米空间，从而实现对石墨炔纳米片的物理层间掺杂，构建高选择性的电催化复合材料[164]。除此之外，通过水热法在 N 掺杂石墨炔薄膜上原位控制 2D MoS_2 纳米片的生长，制备了三维多孔异质结构复合材料（MoS_2/NGDY）[165]。通过石墨炔诱导的嵌入/剥离/修饰策略原位剥离并修饰了铁钴 LDH 纳米片（e-ICLDH@GDY/NF）[148]。这种方法不仅能将厚的 LDHs 片原位剥离成超薄的 e-LDHs，还可以同时与石墨炔形成夹心结构［图 5-23(c)］。与具有催化惰性的本体层状双氢氧化物（layered double hydroxide，LDH）相比，e-ICLDH@GDY/NF 复合材料显示出大大提高的析氧反应（OER）和析氢反应（HER）的电催化活性和稳定性。

（三）石墨炔类似物的合成

鉴于 C≡C 键的线型结构和高共轭性，含 sp 碳的碳基材料具有出色的物理、化学和半导体性能。另外，sp 碳原子的存在是石墨炔及其类似物多样性的根本。因此，开发含有 sp 碳的新的碳同素异形体非常重要。

基于此，第一种类型的石墨炔类似物是通过调整 sp 碳原子的比例有效地调控其内在特性而获得的，如 γ-石墨单炔和石墨四炔。必须提及的是，上述两个石墨炔类似物之间的主要结构差异是两个相邻苯环之间的炔键数目。Yang 等将电石和六溴苯等前体放入行星式球磨机中，在球磨下通过交叉偶联反应合成了 γ-石墨单炔粉末[166]。结果证明制成的 γ-石墨单炔用作锂离子电池的负极时，具有高容量和良好的循环稳定性。李玉良、刘辉彪等[167]以二碘丁二炔为前体，通过交叉偶联反应在铜箔表面合成了石墨四炔［图5-24(a)］。实验结果表明，得益于较高的 sp 碳原子含量，石墨四炔具有良好的热稳定性、较大的孔径和较高的电子密度，同时在锂离子电池中也表现出出色的倍率性能和循环性能。

第二种类型的石墨炔类似物是通过修饰中心苯环来构建的［图 5-24(b)］，如氢取代[140]、氟取代[168]、氯取代[169]及胺基[145]取代石墨炔的一种方法。Zhou 等[100]以 1,3,5-三乙炔基-2,4,6-三苯基苯为前体在铜箔表面合成了高度结晶的石墨炔类似物（Ben-GDY）。该结构由六个 1,3,5-三苯苯环通过丁二炔键相连组成的重复单元组成。

第三种类型的石墨炔类似物是通过用其他基团取代石墨炔中的苯环而构成的，而之间起连接作用的炔键长度保持不变。例如，β-石墨炔由乙烯与相邻的乙烯 sp^2 碳原子之间的两个乙炔键组成。这种结构使 β-石墨炔中的炔键比 γ-石墨炔的比例高（分别为 67% 和 50%）[99]。理论计算表明，β-石墨炔不仅是带隙为零的材料，其几何形状还具有大量的六角孔［图 5-24(c)］。此外还有新的石墨炔类似物的报道，如 1,3-二炔连接的共轭微孔聚合物纳米片（CMPNs）[170]由四个苯环基团和乙炔键组成。在室温下，以铜盐为催化剂，通过 Glaser 偶联 1,3,5-三-(4-乙炔基-苯基)-苯（TEPB）合成 CMPN。Kosuke Nagashio 等[171]报道了一种含菲核的石墨炔类似物（TP-GDY）。该类似物通过液/液界面方法合成，其最大厚度达到 220 nm。偶联反应在两相界面发生，下层是含有六炔基菲（HETP）单体的邻二氯苯溶液，上层是含有［Cu(OH)TMEDA］$_2$Cl$_2$ 催化剂的乙二醇溶液。Edamana Prasad 等[172]通过改进的 Glaser-Hay 反应偶联 1,3,6,8-四乙炔基芘，获得厚度为 1.4 nm 的石墨炔类似物（pyrediyne），表现出优秀的导电性［$\sigma=1.23 (\pm 0.1) \times 10^{-3}$ S/m］。6,6,12-石墨炔[173]、石墨炔纳米带[174]、噻吩二炔石墨炔类似物[175]也通过类似策略得到。

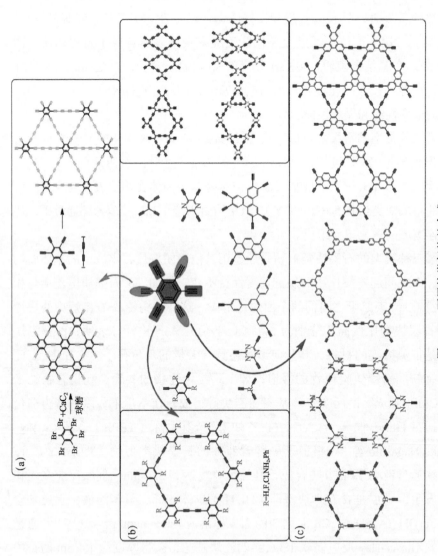

图 5-24 石墨炔类似物的合成

(a) 改变块单元长度；(b) 修饰中心苯环；(c) 其他基团取代石墨块中的苯环

第四节 石墨炔的应用领域及研究现状

石墨炔作为一种由 sp 杂化碳与 sp^2 杂化碳共同结合而成的具有二维平面网络结构的全碳分子，其独特的分子构型决定了材料本身具有丰富的碳化学键、高 π-共轭性、宽面间距、均匀分散的孔洞构型及可调控的电子结构，表现出独特的半导体输运性质，在电子信息、能源转化与存储、光电催化等领域表现出优良的性能，具有重要的应用前景。

一、电子信息

随着碳材料制备技术的不断发展，碳科学已成为目前最具活力和竞争力的研究领域之一。具有 sp^3、sp^2 和 sp 三种杂化态的碳原子之间的相互结合，可以形成多种碳的同素异形体，并表现出一系列丰富而不同的物理特性。例如，自然界中存在的两种碳的同素异形体，sp^3 杂化态的金刚石和 sp^2 杂化态的石墨分别为绝缘体和导体，人工制备的碳的同素异形体（如富勒烯、碳纳米管和石墨烯等）均为优良的导体，但由于能带及电子结构不同，其导电特性及迁移率各有差异。石墨炔特殊的电子结构和化学结构赋予其独特的半导体输运性质，在信息存储、电子、光电等半导体领域具有重要应用前景。

（一）半导体材料

2010 年在实验上首次利用铜基底偶联反应制备了二维石墨炔薄膜以后，关于石墨炔本身物理性能及半导体特性的实验测试才得以迅速发展起来。对于首次合成的均匀的、具有多层结构的二维石墨炔薄膜，以铜箔基底为底电极，蒸镀 Al 膜为顶电极，通过构造两引线 I-V 测试方法，测得石墨炔薄膜的电导率为 2.516×10^{-4} S/m，与硅相当，展示了石墨炔薄膜优异的半导体特性[42]。随后，通过建立一系列石墨炔薄膜可控生长的新方法，获得厚度可以控制在 22～500 nm 的石墨炔薄膜，均表现出良好的半导体性质。研究发现，其电导率随着石墨炔厚度的减小而逐渐增加，厚度为 15 nm 时，其迁移率更是可以达到 100～500 $cm^2/(V \cdot s)$。这些都表明了石墨炔材料在电子及信息技术等半导体领域的广阔应用前景。

与石墨炔薄膜不同，具有纳米线、纳米棒、纳米管等一定结构的低维纳米结构石墨炔材料，往往具有薄膜中很难观测到的独特性质。Qian 等[106] 通过利用硅片上的 ZnO 纳米棒阵列的气-液-固相生长方法，成功获得了石墨炔纳米线的聚集结构，并研究了其导电性及迁移率，如图 5-25 所示。可以看到，基于不同长度单根石墨炔纳米线的器件均表现出非线性的 I-V 特性，说明石墨炔纳米线与电极 W 金属之间存在接触电阻。假定石墨炔纳米线为半导体，其非线性 I-V 曲线则可用金属-半导体-金属模型进行分析。基于PKUMSM 程序的分析，可以得到长度分别为 515 nm、438 nm 及 700 nm 的石墨炔纳米线的平均电阻为 $3.01 \times 10^5\,\Omega$、$2.58 \times 10^5\,\Omega$ 及 $4.3 \times 10^5\,\Omega$，并获得平均电导为 1.9×10^3 S/m，这大大超过石墨炔薄膜及大多数其他半导体材料。该结果也表明，石墨炔纳米线是可以媲美碳纳米管和石墨烯输运性能的优异半导体。此外，通过 PKUMSM 程序分析，还可以获得石墨炔纳米线的平均迁移率为 7.1×10^2 cm^2/(V·s)，其量级与石墨烯的迁移率相似。这可能是由于石墨炔纳米线是一种高度结晶化的一维纳米材料。以上结果表明，石墨炔纳米线在电子领域和光电领域均具有潜在的应用。

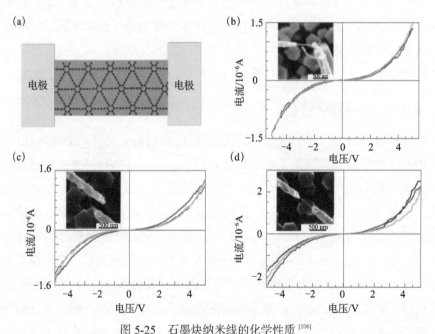

图 5-25　石墨炔纳米线的化学性质[106]

(a) 石墨炔纳米线器件模型; (b)～ (d) 石墨炔纳米线典型的 I-V 曲线，其中左上插图为测量单元的 SEM图，右下插图为实验测得 I-V 曲线及基于金属-半导体-金属模型的拟合曲线

（二）场发射材料

纳米碳材料由于具有独特的结构和功能特性，被认为是较好的场发射冷阴极材料。与其他常规金属、半导体相比，纳米碳材料具有稳定性好、易于制备、结构多样性、发射阈值电压低、发射电流大等优点。Li 等[110]首次通过铜催化的氧化铝模板制备了石墨炔纳米管阵列，并成功地揭示了该材料的高效场发射特性。其中，利用模板获得的石墨炔纳米管［图 5-26(a)］具有光滑的表面，约 200 nm 的直径及约 40 nm 的壁厚。场发射测试结果显示［图 5-26(b) 和 (c)］，退火处理前初始石墨炔纳米管所呈现的 E_{t0} 与 E_{thr} 值分别为 5.75 V/μm 和 12.66 V/μm［场发射开启电场 E_{t0} 与阈值电场 E_{thr} 的值取自电流密度-电场（J-V）曲线中的电流密度值为 10 μA/cm^2 及 1 mA/cm^2 所分别对应的电场值］；而在 650℃退火处理 6 h 后，石墨炔纳米管的场发射 E_{t0} 与 E_{thr} 也下降为 4.20 V/μm 和 8.83 V/μm，并且最大电流密度从 1.5 mA/cm^2 增大至 2 mA/cm^2，表明退火处理能够有效提高石墨炔材料的场发射性能。进一步地，结合 SEM 及 TEM 表征等手段，可以发现石墨炔纳米管在退火处理后的壁厚变薄为 15 nm 左右，并且结晶性也相应增加。由于壁厚是纳米管材料的场发射的关键影响因素，因此更薄的纳米管壁有利于增强场发射性能。退火后的石墨炔纳米管阵列所表现出的开启电压值不仅小于大多数的有机纳米材料，如 CuTCNQF4、聚乙二炔纳米线等，也小于许多无机纳米材料，如石墨烯粉末、ZnO、CdS、CuS 等。此外，石墨炔纳米管的场发射性能与过去人们在单壁碳纳米管及多壁碳纳米管中获得的低开启电压也是高度相当的。另外，从图 5-26(b) 中也可以看出，原始的石墨炔薄膜表现出更高的开启电压（17.18 V/μm）及阈值电压（30.01 V/μm），也表明了石墨炔材料体系中的场发射性能与其形貌密切相关。为了进一步分析石墨炔纳米管阵列中的场发射性能，基于半无限平整金属表面的场发射性能的 Fowler-Nordheim 定律可以被用来描述发射极附近的临界电流密度与电场之间的关系，表达式为 $J=E_{loc}^2\exp\left(-6.8\times10^7\dfrac{\phi^{\frac{3}{2}}}{E_{loc}}\right)$，其中 J 为发射端电流密度，E_{loc} 为局域电场，ϕ 为发射极材料的功函数。对于孤立的半球模型，有 $E_{loc}=\dfrac{V}{\alpha R_{tip}}$，

其中 V 为外加电压，R_{tip} 为尖端曲率半径，α 为修正因子。结合这两个方程，可以得到 $\ln\left(\dfrac{I}{V^2}\right) = \dfrac{I}{V} - 6.8 \times \alpha R_{tip}\phi^{\frac{3}{2}} + \text{offset}$，即 F-N 图。如图 5-26(c) 所示，F-N 图表现出线性变化特点，表明发射过程中的量子隧穿机制。为了评价石墨炔纳米管阵列用于场发射的稳定性，在不同起始电流密度下经过平均 4800 s 连续发射周期的电流密度均未发生明显的退化，表明石墨炔纳米管阵列具有高的场发射稳定性，并且其所表现出来的稳定性优于诸多碳纳米管材料。目前认为，这种稳定性可能主要源于石墨炔材料的结构稳定性，因为石墨炔具有化学上和物理上稳定的结构且能够很好地承受离子轰击，所以电流密度不会发生显著退化。

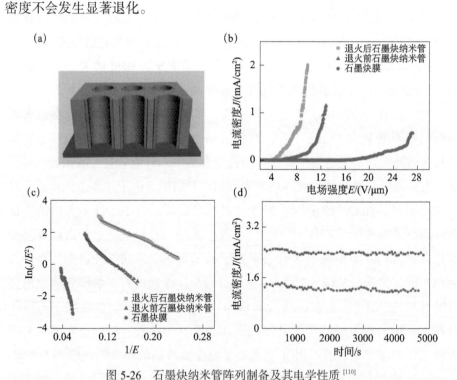

图 5-26　石墨炔纳米管阵列制备及其电学性质 [110]

(a) 基于模板法制备的石墨炔纳米管阵列的结构示意图；退火前后的石墨炔纳米管及纯石墨炔薄膜的 J-E 曲线 (b)，对应的 F-N 曲线 (c)，石墨炔纳米管的场发射稳定性 (d)

最近，Liu 和 Zhang 等 [113] 发现石墨炔纳米墙阵列具有优良的场发射性能，其开启电场为 6.6 V/μm，阈值电场为 10.7 V/μm，仅次于石墨炔纳米管阵列。石墨炔纳米墙阵列优异的场发射性能是由于石墨炔具有高度共轭的结构及均匀分布的锋利的墙结构。

（三）电子器件

作为新兴二维碳材料，石墨炔既具有媲美石墨烯的高迁移率和超越了掺杂硅的电导率，又具有半导体工业中所需要的可调控的本征带隙，被视为有望在高性能逻辑器件中得到广泛应用的替补材料之一。而利用石墨炔材料制备器件，不可避免地涉及材料与金属电极之间的接触，并且这种界面处的良好接触也会显著提高器件的性能。考虑到目前的石墨炔多是在铜基底上合成的，因此有必要对石墨炔-金属间的接触进行理论上的研究。通过基于维也纳从头算模拟软件包 VASP 的密度泛函理论计算，同时考虑石墨炔与金属之间的范德瓦尔斯力，人们发现石墨炔与 Al、Ag、Cu 之间形成的是 n 型欧姆接触或准欧姆接触，而石墨炔与 Pd、Au、Pt、Ni、Ir 之间形成的则是肖特基接触，并且对应的肖特基势垒高度分别为 0.21 eV、0.46 eV、0.30 eV、0.41 eV 及 0.46 eV [176]。通过研究石墨炔与金属截面处碳原子和金属原子在实空间中总电子密度的分布，可以得到界面处的物理图像，图 5-27(a) 和 (b) 分别为 Ag 与石墨炔、Pd 与石墨炔界面处的总电子密度在实空间的分布情况。可以看到，Ag 与石墨炔表面之间并没有电子的积累，表明二者之间缺少共价结合。相反地，Pd 与石墨炔表面之间却存在电子的积累，显示出二者之间存在共价结合。也就是说，这种差别证实了石墨炔在 Ag 上的吸附形式是能带结构完整不变的物理吸附作用，而石墨炔在 Pd 上的吸附形式则是伴随石墨炔能带结构扭曲的化学吸附作用。在此基础上，研究者们选取 Al 电极与石墨炔构造了场效应晶体管（FET）。量子传输计算模拟结果显示，该 FET 器件在沟道长度为 10 nm 时具有高达 10^4 的开关比和非常大的开状态电流（$1.3 \times 10^4 \, mA/mm$）。研究结果预示，石墨炔在高性能纳米尺度 FET 器件应用领域拥有巨大潜力。

与理论研究几乎同时进行的实验研究也展示了基于高度有序大面积石墨炔薄膜组装的 FET 器件具有优良的导电特性及高的载流子迁移率特点。Qian 等 [106] 利用 ZnO 纳米棒阵列上的气相沉积方法制备石墨炔的新策略，合成了大面积、高度有序、具有不同层数的石墨炔薄膜，并以此为基础制备了高性能 FET 器件。由于石墨炔薄膜是生长在 ZnO 纳米棒阵列之上的，因此需要通过转移的方法实现器件的组装。在 OTS/SiO$_2$/Si 基底转移石墨炔薄膜

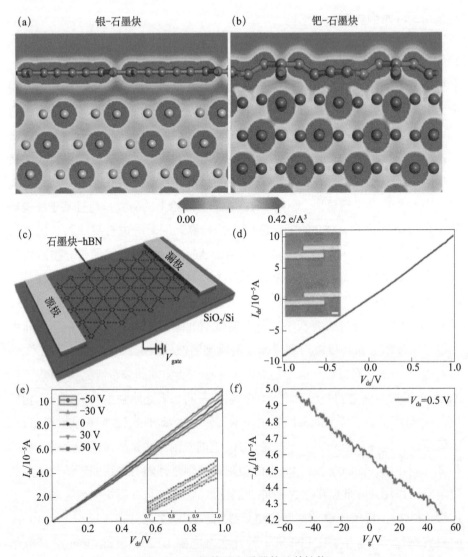

图 5-27　石墨炔基电子器件及其性能

Ag(a)、Pd(b) 等金属与石墨炔组成的界面处的总电子分布示意图 [176]；(c) 石墨炔晶体管的三维示意图；

(d) 器件的 I-V_{ds} 特性；插图：器件的光学图像；(e) 在 -50～50 V 的 V_g 偏压下记录的 I_{ds}-V_{ds} 曲线；

(f)V_{ds}=0.5 V 时器件的转移曲线 [98]

后，直接在石墨炔薄膜之上热蒸发 Au 电极获得底栅极薄膜场效应晶体管
（TFT）。重复制备的 100 个器件的平均迁移率为 30 cm²/(V·s)，最高迁移率为
100 cm²/(V·s)，并且石墨炔薄膜的电导率测量值也高达 2800 S/cm。尽管这些
迁移率的值远小于单层石墨炔薄膜中的理论计算值［>1000 cm²/(V·s)］，但仍

足以展现石墨炔材料优异的半导体特征及场效应迁移率。如果能够进一步优化器件组装及测试过程，如基于微纳加工工艺采用更短的沟道长度、选取合适的金属电极优化石墨炔与电极间的接触、在真空环境中测量及对石墨炔薄膜本身进行氮气氛退火处理等，必将极大改善相关器件的输出性能。

为了评价合成的石墨炔的电学性能，Liu 和 Zhang 等在石墨烯上生长石墨炔[97]，制备了以 SiO_2 为栅介质的场效应晶体管，并在室温下进行了测试。器件 *I-V* 曲线测试显示电导率为 3180 S/m，表明所制备的石墨炔薄膜具有 p 型半导体性质。Zhou 等在六方氮化硼上生长石墨炔[98]，构建场效应晶体管，如图 5-27(c)～(f) 所示。其中，图 5-27(c) 给出的是石墨炔场效应管的三维示意图。图 5-27(e) 和 (f) 展示的即为晶体管的对应输出曲线与转移曲线，测得迁移率为 6.25 $cm^2/(V \cdot s)$。

二、石墨炔基光功能材料

石墨炔作为一种新型二维全碳纳米结构材料，在多个领域都有巨大的潜在应用价值。虽然石墨炔材料的光子学性质研究尚处于起步阶段，但是石墨炔材料可调谐的本征自然带隙、高理论电导率、载流子迁移速率及优异的化学和光学稳定性使其在非线性光学材料及器件等领域有良好的应用前景。

目前广泛应用的石墨烯、黑磷、Mxene、MOFs 等二维材料的被动基频锁模技术主要集中在近红外波段，而石墨炔作为非线性材料可产生中红外激光脉冲，可极大地促进超快激光器的多样化发展。飞秒激光泵浦的闭孔 Z-scan 研究表明石墨炔的非线性光学折射率约为 10^{-8} cm^2/W，比大多数二维材料高一个数量级[177]。不同波长的飞秒脉冲激发泵浦的开孔 Z-scan 测试表明二维石墨炔纳米片从可见光到中红外波段具有良好的饱和吸收特性，其非线性吸收系数绝对值大于 0.89 cm/GW，同时具有较低的饱和强度（<4.03 GW/cm^2），性能优于传统的二维材料。

利用石墨炔优异的非线性光学性质，可将其用作可饱和吸收体构造掺铒光纤和掺铥光纤激光器，实现被动基频锁模[178]。如图 5-28 所示，将掺杂石墨炔的饱和吸收器件集成到掺铥光纤激光器中获得了超短激光脉冲，脉冲间隔为 167.6 ns。稳定的脉冲强度证明了掺铥光纤环形振荡器的高稳定性，在连续测量 10 h 后可以看到光谱轮廓随时间变化并不明显，表明二维石墨炔

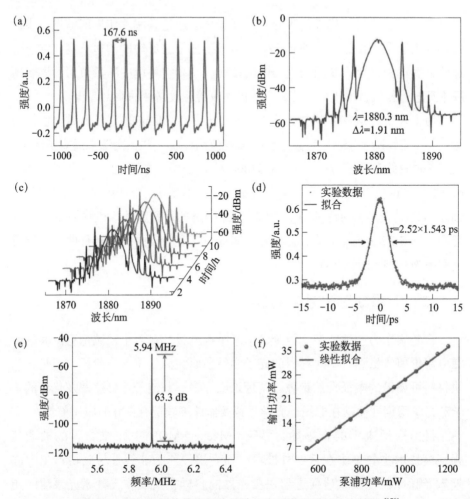

图 5-28 基于石墨炔饱和吸收的掺铥光纤激光器的输出特性[178]

掺铥光纤激光器具有长时间工作的能力。在单脉冲模式下，二维石墨炔掺铥光纤激光器的输出功率几乎与泵浦功率成正比。当泵浦功率为 1200 mW 时，激光器的最大输出功率为 36.4 mW，而石墨烯和黑磷的最大输出功率分别为 1.21 mW 和 8.45 mW。石墨炔作为一种很优异的 NLO 材料，为近、中红外光子器件的发展开辟了新的途径。

为揭示石墨炔优异非线性光学特性的内在机理，研究人员研究了石墨炔在从可见光到红外范围内的瞬态吸收特性，证实了石墨炔在此波段范围的宽带饱和吸收（ESA）特性[179]。在室温下的瞬态吸收（TA）测试结果如图 5-29 所示，在泵浦脉冲激发后的 1 ps、5 ps 和 100 ps 时间延迟处记录的石

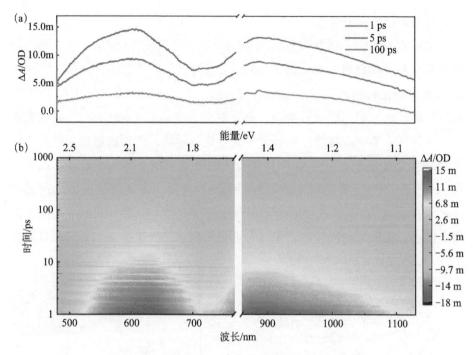

图 5-29　石墨炔从可见到红外的瞬态吸收光谱[179]

墨炔材料的瞬态吸收光谱具有超宽激发态吸收特性。瞬态吸收光谱在 640 nm 和 880 nm 处有两个明显的 ESA 峰，这意味着产生了激发态吸收，其原因是基态电子因为泵浦光激发没有完全跃迁，信号光将电子激发到导带，载流子占据了这两个激发态。另外，通过瞬态吸收光谱的彩色二维图可以识别出石墨炔具有超宽的瞬态响应和超快的载流子动力学。与其他的二维材料相比，石墨炔有更强的非线性吸收（非线性吸收系数绝对值 >1 cm/GW）、较低的饱和强度（<13 GW/cm^2）和超快的弛豫时间（<30 ps）。将石墨炔作为饱和吸收体应用到光纤激光器中，分别在 1 μm 和 1.5 μm 实现了高功率锁模脉冲输出。结果表明，基于石墨炔的锁模激光器在这些波段与基于其他二维材料的锁模激光器具有相似的脉冲宽度，但输出功率远胜于它们。

　　基于纳秒和皮秒激光，采用 Z 扫描方法研究了石墨炔纳米片从紫外到红外波段的宽带非线性吸收特性，发现石墨炔纳米片具有较短的紫外截止波长（200～220 nm），为其在紫外波段的应用提供了可能[180]。此外，与红外波段的结果相比，石墨炔纳米片在紫外波段的优异非线性吸收行为显示了其在光限幅材料方面的应用价值。

利用石墨炔强非线性特性，采用空间自相位调制（SSPM）法，将石墨炔与反饱和吸收材料二硫化锡（SnS$_2$）复合构筑了光子二极管结构，实现了光的非互易性传播[181]，见图 5-30。当激光束从光子二极管的正向（GDY/SnS$_2$）通过时，首先穿过石墨炔，由于其具有窄带隙（0.81 eV），展现出宽带的非线性光学响应特性，从而激发光学克尔效应，产生衍射环，被弱化的光束继续穿过 SnS$_2$。由于 SnS$_2$ 具有较大的带隙（2.6 eV），衍射环难以被激发，从正向方向可看到产生的衍射环图案。相反，激光束从反方向通过时（SnS$_2$/GDY），由于 SnS$_2$ 禁带宽度较大，不会产生衍射环，且激光束的强度也会减小，导致其继续通过石墨炔时不会产生非线性衍射环。最后，只能看

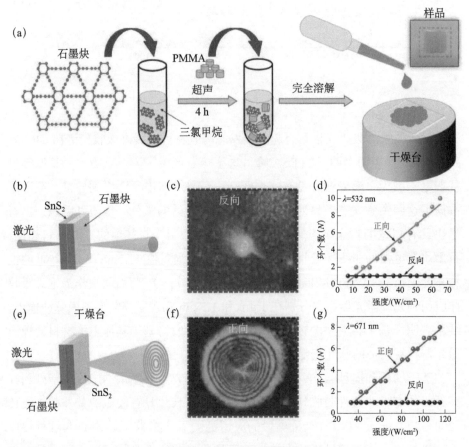

图 5-30　石墨炔非线性光子二极管器件[181]

到一个类似高斯光的光斑。基于此,研究人员提出了一种基于石墨炔的光子二极管器件来实现单向非线性激发。此外,研究人员还提出了估算材料非线性折射率的相似对比法,得出石墨炔的非线性折射系数约为 10^{-5} cm^2/W。石墨炔在非线性光子二极管中的应用表明,石墨炔这种二维非线性光学材料可以在探测器、传感器、信息转换器等光子器件中得到开发与应用。

三、石墨炔在分离、检测方面的应用

石墨炔 sp 与 sp^2 杂化态的成键方式决定了其独特的二维平面网络构型 [182],它的天然三角孔状结构使其在分离纯化方面有得天独厚的优势:其具有 0.46 eV 的天然带隙、良好的空穴传输特性 [106],有助于促进探测器光生电子空穴对的分离,提高探测器性能,从而使其成为一种有效探测紫外光、荧光粒子波长和电子信号的材料,在光电检测领域具有重要的应用前景。

(一)分离纯化

超疏水材料广泛应用于自清洁、防雾、油水分离及能源相关领域。近年来,超疏水材料的开发与设计越来越受到重视。通过将高粗糙表面结构与低表面能涂层结合起来,设计和制造了大量的超疏水材料。在铜衬底上采用湿化学方法可以制备出具有有序多孔结构的石墨炔。Liu 和 Zhang 等 [183] 通过在硬质铜泡沫上原位合成三维蜂窝状石墨炔,构建了一种坚固的超疏水泡沫材料。所制备的基于石墨炔的分层结构具有有序的多孔纳米结构和坚固的三维多孔框架 [图 5-31(a)]。在低表面能 PDMS 涂层上生长的石墨炔基泡沫具有超疏水性(静态接触角约 160.1°),实现了对多种油水混合物的有效分离。此外,还利用石墨炔基泡沫对铅离子污染的水体进行了净化,如图 5-31(b)、(c)所示。由于石墨炔中的炔键与金属离子的强相互作用,制备的石墨炔过滤器可以有效地吸附水中的铅,去除率为 99.6%。

Liu 等 [184] 制备了一种石墨炔修饰的海绵,该海绵能够有效地吸附不同种类的有机溶剂或油脂。以碘化亚铜(CuI)为催化剂,在三聚氰胺海绵基底上进行单体 HEB 的偶联,制备了石墨炔包覆的三聚氰胺海绵(GDYMS)[图 5-31(d)]。由于所制备的 GDYMS 具有优异的疏水性表面,GDYMS 能够有效地吸附有机溶剂和汽油 [图 5-31(e)],具有 100 次以上的良好可回收性。此

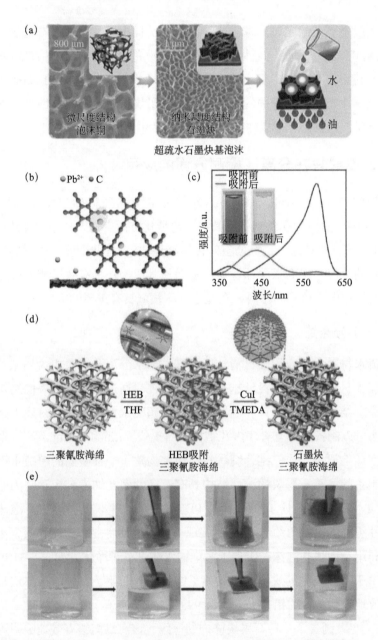

图 5-31 石墨炔用于油水分离 [184]

(a) 石墨炔基油水分离装置的制备工艺；(b) 石墨炔吸附 Pb^{2+} 的原理图；(c) 含 Pb^{2+} 水溶液的吸收光谱，吸附前后加入二甲酚橙指示剂；插图：含 Pb^{2+} 的二甲酚橙水溶液吸附前后的照片；(d) 石墨炔包覆 GDYMS 制作工艺示意图；(e) 氯仿和汽油在 GDYMS 上的全吸附过程照片

外，对多种有机溶剂和油脂的吸附性能也很好地说明了所制备的 GDYMS 的普适性。值得注意的是，所有被测有机试剂的吸附容量都超过 GDYMS 自身质量的 70 倍。更重要的是，GDYMS 的制备工艺简单、成本低、可扩展性好，在实际环境中显示出巨大的应用潜力。

（二）光电探测器

光电探测器是将光信号转换成电信号的光电器件，在许多领域有广泛的应用。由于其工作原理类似于太阳能电池，因此在光电探测器中引入石墨炔以提高其性能是可行的。Wang 等 [160] 利用自组装技术将石墨炔纳米颗粒组装到丙胺稳定的 ZnO 纳米粒子的表面上，从而成功地制备了 GDY:ZnO 纳米复合材料［图 5-32(a)］，并应用于需要高灵敏度材料的紫外光电探测器，GDY:ZnO 纳米复合材料的器件表现出极大的性能提升。响应/恢复时间（上升/衰减时间）是光电探测器的关键参数，且提高器件灵敏度一直是研究的方向。研究者们通过不同的方式将石墨炔整合到基于 ZnO 的光电探测器中，用旋涂法制备了 4 种不同架构的光电探测器，分别是 ZnO、GDY/ZnO 双分子层、GDY:ZnO、GDY:ZnO/ZnO 双分子层光电探测器［图 5-32(b)］。退火过程中，ZnO 纳米粒子之间存在一定程度的颗粒烧结或缩颈现象，而组装在 ZnO 纳米颗粒表面的石墨炔纳米颗粒对这种烧结或颈缩有很大的抑制作用，这会显著降低薄膜的电子迁移率。如图 5-32(c)～(h) 所示，GDY/ZnO 光电探测器具有较低的暗电流、较高的光电流和较短的上升/衰减时间，对光开/关的响应显著提高，与 ZnO 纳米颗粒器件（R 值为 174 A/W，响应/衰减时间为 32.1s/28.7s）相比，以 GDY:ZnO 纳米复合材料为活性层的光电探测器，响应度提高了 7.2 倍（1260A/W），响应/衰减时间显著降低（6.1s /2.1s）。石墨炔纳米粒子与 ZnO 纳米粒子之间形成的异质结极大地改善了载流子的交换过程，进一步提高了器件的性能。该研究为石墨炔未来在光电子领域的各种应用提供了新思路，并促进了新型器件的开发与发展。

Yu 等 [185] 采用溶胶-凝胶法制备了石墨炔修饰的金属-半导体-金属结构的 ZnO 紫外探测器，研究了不同旋涂次数的石墨炔修饰对探测器性能的影响。实验结果表明，石墨炔修饰的探测器比未修饰器件的光电流提高 4 倍，暗电流降低 2 个数量级，同时探测器的响应度和探测率也明显提高，其中旋

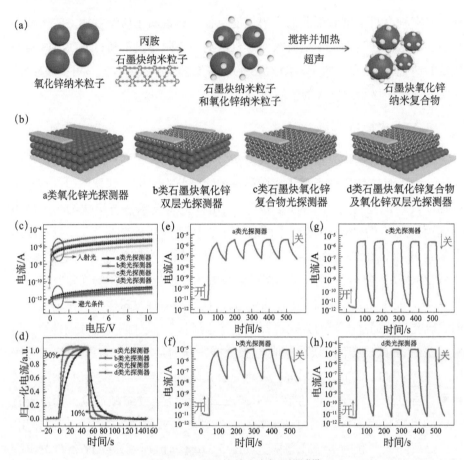

图 5-32　石墨炔基光电探测器[160]

(a) GDY:ZnO 纳米复合材料的制备方法光电探测器的示意图; (b) ZnO 膜、GDY/ZnO 双层膜、GDY:ZnO 膜和 GDY:ZnO/ZnO 双层膜; (c) 在黑暗中和在强度为 0.4 mW/cm² 的 365 nm 紫外光照射下光电探测器的 I-V 曲线; (d) 上升/下降时间比较; 光电探测器的开关特性; (e) ZnO, (f) GDY∶ZnO, (g) GDY/ZnO 双层, (h) GDY:ZnO/ZnO 双层

涂 2 次的石墨炔修饰的器件特性为最优。在 10 V 偏压下，旋涂 2 次的石墨炔修饰的探测器响应度高达 1759 A/W，探测率高达 4.23×10¹⁵ Jones。Yu 等[185]同时研究了石墨炔对 ZnO 探测器光响应特性的影响。研究结果显示，石墨炔的修饰可以大幅降低器件的暗电流，但石墨炔过于密集时会影响 ZnO 薄膜对紫外光的吸收，进而影响光电流的提高，旋涂 2 次的石墨炔修饰的探测器光电流达到最高值。此外，石墨炔的修饰明显缩短了器件的响应时间和恢复时间，且随着旋涂次数的增加，器件的响应速度和恢复速度进一步加快。

Yu 等[186] 以 TiO$_2$ 和石墨炔为改性材料，将 TiO$_2$ 纳米晶封装在石墨炔颗粒上，制备了 TiO$_2$:GDY 纳米复合材料。作为支撑材料，石墨炔具有高比表面积，可优化 TiO$_2$ 纳米晶体的特性，将 TiO$_2$:GDY 纳米复合材料与 MgZnO（MZO）相结合，制备了横向双层紫外探测器。TiO$_2$:GDY 纳米复合材料与 MZO 之间可以形成异质结，当 MZO 的光学带隙高达 3.8 eV 时，紫外光探测器对深紫外光具有很高的灵敏度。改性后的器件在 10 V 偏压下的光电流提高了近 2 个数量级，在 254 nm 下的响应度提高了 1 个数量级，具有 1.5×10^5 的高信噪比（SNR）。在 254～365 nm 范围内，光电流减小约 3 个数量级。这表明，该器件具有很高的检测率和光谱选择性。TiO$_2$:GDY/MZO 双层光探测器的上升和衰减时间分别为 3.50s 和 2.73s，与 MZO 双层光探测器相比，速度得到显著的提高。

单壁碳纳米管在红外区域显示出强烈且可调的光与物质相互作用，并且在红外检测中显示出巨大的潜力。但是合成的碳纳米管通常是单壁碳纳米管和金属碳纳米管的混合物，金属碳纳米管会加速激子的淬灭。此外，单壁碳纳米管中相对较强的聚集会阻碍光致激子的分离。这两个因素阻碍了基于单壁碳纳米管的红外光电检测的发展，因此寻找一种能与单壁碳纳米管相结合的新材料，在增强光电转换的同时，又能保持优良的电输运性能尤为重要。石墨炔的功函数为 4.2 eV，可以维持单壁碳纳米管的通态电流和载流子迁移率，促进激子的离解。Hu 和 Zhang 等[187] 报道了一种由高纯度的单壁碳纳米管和少层石墨炔制成的光电探测器，石墨炔的引入提高了 s-SWNTs/GDY 器件的光电性能，在单壁碳纳米管膜的激子离解中起重要作用［图 5-33(a)～(f)］。实验结果表明，所制备的器件具有超过 10^5 的高开关比和接近 25 cm^2/(V·s) 的迁移率，与 s-SWNTs 器件相比，电传输性能没有降低。石墨炔的引入极大地提高了激子解离的效率，并且 s-SWNTs/GDY 器件在整个通道区域显示出均匀的响应，且快速响应时间低于 1ms，响应率和探测率为 0.38 mA/W 和 1×10^6 cm·Hz$^{1/2}$/W。

s-SWNTs 的高激子结合能导致 s-SWNTs 器件的性能较低，图 5-33(g)、(h) 中的能带图显示，当功函数为 5.0 eV 的 s-SWNTs 在吸收光子时会形成激子，电子无法进入导带。这是由于电子与空穴之间的相互作用太强，电子空穴对不能解离，很容易通过重组淬灭，从而导致效率低下。分离的单壁碳纳

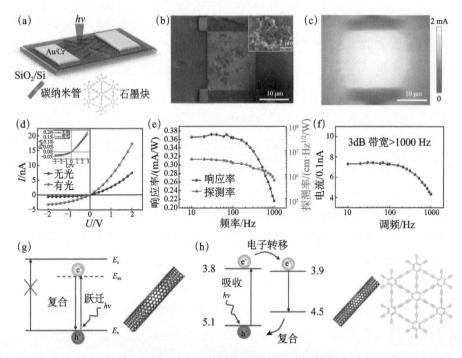

图 5-33　石墨炔和半导体碳纳米管红外探测性能 [187]

(a) 设备的示意图；石墨炔和基于碳纳米管的红外探测器的 SEM 图 (b) 和红外映射 (c)；(d) 在有光和无光情况下的 *I-V* 的响应曲线；(e) 设备在不同频率下的响应率和检测率；(f) 光电流与开关频率的关系；s-SWNTs(g)、s-SWNTs/ γ -GDY(h) 的光电探测器的工作原理示意图

米管相对较短（1～2 μm），并且在薄膜中重叠，导致载流子的迁移率低。石墨炔的引入有利于内置电场激子的离解。由于相邻能级之间的微小差异，光致电子可以转移到石墨炔的 LUMO 中，从而促进激子的离解并增加载流子密度。在光的作用下，通过吸收光子产生激子，然后借助 γ-石墨炔和小的偏置电压将激子分成自由载流子，从而可以通过电极收集信号。因此，无论激光光斑的位置如何，光电流的产生使得在光电流成像过程中整个通道的响应是均匀的。由于载流子密度的增加，光电响应增强，极大地提高了器件的光电性能。

Xu 等 [188] 研究了石墨炔光探测器在弯曲和扭转条件下的光响应行为。超薄石墨炔纳米片旋涂到柔性聚对苯二甲酸乙二醇酯（PET）基板上，可实现基于石墨炔的光电探测，如图 5-34 所示。石墨炔基光电探测器表现出优异的光响应行为：光电流（P_{ph}, 5.98 μA/cm²），光响应（R_{ph}, 1086.96 μA/W），检

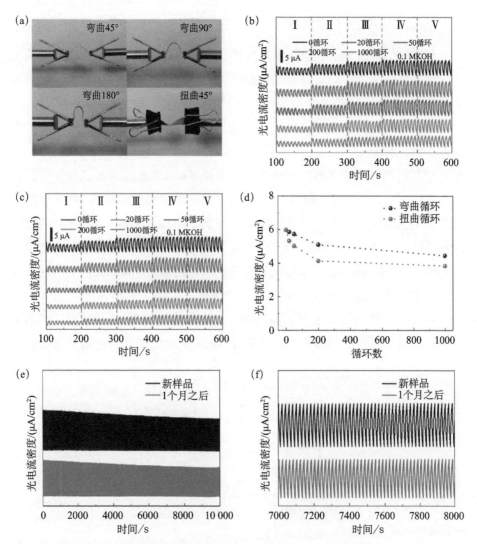

图 5-34 石墨炔基光电探测器在弯曲和扭转条件下的光响应行为 [188]

(a) 石墨炔基光电探测器弯曲（45°、90°、180°）和扭曲（45°）的光学照片; (b)、(c) 石墨炔基光电探测器在不同弯曲和扭转周期下的光响应特性; (d) 不同循环数–光电流密度曲线; (e) 石墨炔基光电探测器长期稳定性测试; (f) 从 (e) 中获得的开/关信号

测率（7.31×10^{10} Jones），并具有超过一个月的优异的长期稳定性。更重要的是，石墨炔与柔性 PET 复合使该结构具有极大的柔韧性，探测器在经过 100 次的弯曲（4.45 μA/cm²）和扭曲（3.85 μA/cm²）后仍然能够保持良好的光电流。

（三）生物分子检测器

石墨炔优异的分子吸附性能使其具有有效的荧光淬灭特性，可以降低生物传感器件的噪声，提高检测的灵敏度。此外，石墨炔的强吸附特性可以大大缩短响应时间。

Mao 等[189] 报道了石墨炔及其氧化物可作为新型纳米淬灭剂建立荧光检测平台，对 DNA 及蛋白质有优异的检测能力。石墨炔及其氧化物可以通过核酸碱基和石墨炔之间的范德瓦耳斯力及 π-π 堆叠来淬灭有机染料标记的单链 DNA 探针的荧光。如图 5-35(a) 所示，有荧光标记的单链 DNA 探针与石墨炔结合后荧光淬灭，体系中的荧光减弱。当用与单链 DNA 互补的靶标 DNA 寡核苷酸进行攻击时，单链 DNA 与互补的 DNA 寡核苷酸配对产生双链 DNA，双链 DNA 的形成削弱了石墨炔和单链 DNA 核酸碱基之间的相互作用，从而释放双链 DNA 并最终使荧光恢复。

Wang 等[190] 开发了基于石墨炔纳米片的多路复用 DNA 传感器，提出了一种新的基于石墨炔的检测路径，它比 MoS₂ 纳米粒子具有更高的灵敏度和

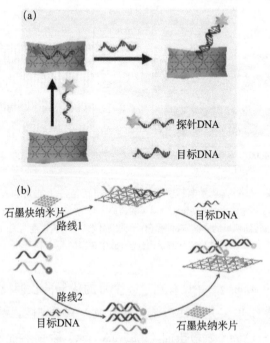

图 5-35 石墨炔基 DNA 传感器

(a) 基于石墨炔的 DNA 荧光分析[189]；(b) 多路复用石墨炔基 DNA 传感器检测原理示意图[190]

更短的检测时间。通过理论计算和实验验证，染料标记的 ssDNA 在石墨炔纳米粒子上的完全荧光淬灭可以通过图 5-35(b) 所示的路线 1 进行，而在路线 2，当目标 DNA (T) 存在时，dsDNA 的形成减弱了染料标记探针与石墨炔纳米粒子之间的相互作用，导致染料标记 DNA 探针从石墨炔纳米粒子表面释放出来，从而导致荧光的恢复。王等首次证明了少层石墨炔纳米粒子具有较高的荧光淬灭能力，并且对 ssDNA 和 dsDNA 具有不同的亲和性。石墨炔纳米粒子的这种优越性能可用于开发新的生物传感原理，以高灵敏度的方式对 DNA 进行多路实时荧光检测，检测限低至 25×10^{-12} m，高效的石墨炔纳米猝灭剂可以很容易地被大面积合成，并且可以装载不同的染料标记 ssDNA，从而使该材料具有分析多重 DNA 的优势。石墨炔纳米探针可用于生物分子的快速、经济高效的多重检测，将为广泛的生物学分析铺平道路，并促进基于 2D 纳米材料的生物传感系统的发展。

（四）石墨炔基湿度传感器

最近，Mao 等[191]在氧化石墨炔的应用上取得了进展。他们发现，如果石墨炔中的炔键被部分氧化成含 O 官能团，所获得的氧化石墨炔将对湿度具有前所未有的响应速度，即仅需约 7 ms。此速度比相同厚度和 O/C 比的氧化石墨烯快 3 倍。究其原因是，氧化石墨炔的炔键比氧化石墨烯的乙烯基能更快地结合水分子。基于氧化石墨炔的传感器能够分辨周围环境中湿度的细微变化（图 5-36），在实际检测中显示出巨大的应用潜力。

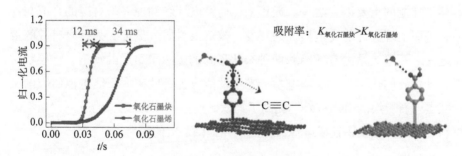

图 5-36　石墨炔基湿度传感器[191]

四、石墨炔在能源转化中的应用

石墨炔是一种 sp 和 sp^2 杂化的 π 共轭二维材料，具有 n 型半导体的特性，且拥有适当的带隙、理论上高的电子态密度及良好的亲水性。石墨炔特殊的电子结构和化学结构使其在光电领域具有重要的应用前景。随着世界各国对环境保护和再生清洁能源的巨大需求，太阳能电池成为全球研究的焦点。石墨炔作为碳材料研究中的新热点领域，近几年在太阳能电池等能源转化领域的应用研究取得了一系列重要成果。本节中的太阳能电池主要指第三代新型太阳能电池，包括钙钛矿太阳能电池、聚合物太阳能电池和量子点太阳能电池。

（一）钙钛矿太阳能电池

近年来，钙钛矿太阳能电池（PSCs）由于光电转换效率高、成本低、加工工艺简单等优异性能而广受人们关注。在短短十年间，其光电转换效率已经超过25%，显示出巨大的应用潜力。这些显著的特点使其在开发下一代可低温处理的光伏技术方面成为有力的竞争者。有机-无机杂化钙钛矿材料的组成可表示为 ABX_3，其中 A 代表有机阳离子［如 $CH_3NH_3^+/CH(NH_2)^{2+}$］，B 代表金属离子（如 Pb^{2+} 等），X 代表卤素离子（如 $Cl^-/Br^-/I^-$ 等）。钙钛矿材料展现出高度可调节的光电特性，其带隙、载流子迁移速率和激子扩散距离等均可通过化学结构或掺杂剂修饰调节。传统平面异质结结构的钙钛矿太阳能电池主要有两种设计原型，即正向（n-i-p）结构和反向（p-i-n）结构，由钙钛矿活性层、空穴与电子传输层（ETLs）组成。界面层直接连接电极与活性层，其电学性质与形貌变化直接影响器件的工作行为。因此，除了钙钛矿活性层薄膜的晶体结构、形貌控制以外，电池器件的界面性质调控也是影响器件性能的重要因素之一。近年来，通过设计和调控界面材料的合成与性质，进而实现高性能光电器件的开发，被广大科研人员证实为行之有效的策略之一。石墨炔是由 sp 和 sp^2 两种杂化形式的碳原子组成的新型二维层状材料，其优异的热学、力学、电学、光学性能成为钙钛矿太阳能电池研究的又一亮点。石墨炔的引入有效地提高了钙钛矿电池的性能[192]，为下一代新型碳材料的应用开发及钙钛矿电池器件的研究提供了新的思路。

1.石墨炔掺杂电子传输层

Kuang 等首次在平面异质结（PHJ）钙钛矿太阳能电池中将石墨炔掺杂进电子传输层 PCBM 中［图 5-37(a)］[89]。石墨炔的掺杂提高了 PHJ 钙钛矿太阳能电池的性能，光电转换效率从 13.5% 增加到 14.8%，短路电流（J_{sc}）从

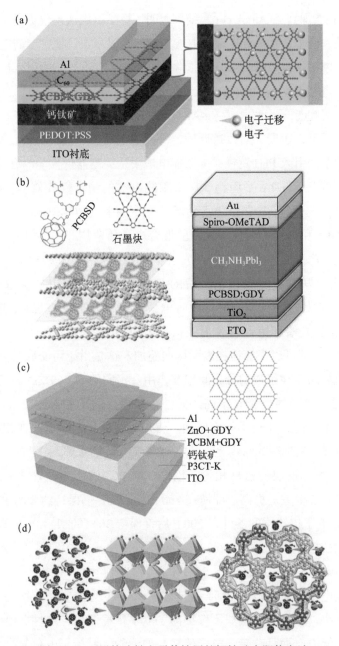

图 5-37   石墨炔改性电子传输层的钙钛矿太阳能电池

(a) PCBM（GDY）为电子传输层的钙钛矿器件结构 [89]；(b) 石墨炔和富勒烯衍生物的化学结构与含有
石墨炔和 PSBSD 的界面层的堆积方式示意图，以及对应的器件结构示意图 [94]；(c) 石墨炔掺杂在纯
碘（MAPbI₃）钙钛矿太阳能电池（p-i-n 倒置器件结构）的双电子传输层 PCBM 和 ZnO 薄膜中 [194]；
(d) ClGDY-PCBM 层作为倒置结构钙钛矿电池器件的电子传输层时氯化石墨炔对电荷转移的影响示意图 [195]

22.3 mA/cm^2 增加到 23.4 mA/cm^2。结果表明，掺杂石墨炔不仅提高了电子传输层的导电性、电子迁移率和电荷提取能力，而且提高了钙钛矿层的电子传输层薄膜的覆盖率，这对数据的重复性非常重要。此外，石墨炔的引入也有助于晶界的钝化，通过减少界面缺陷，有效地避免光生载流子的复合。通过扫描电子显微镜、导电原子力显微镜（c-AFM）、空间电荷限制电流（SCLC）、光致发光（PL）等测试手段，对改进后的器件性能进行了详细的分析。结果表明，将石墨炔掺杂剂引入 PHJ 钙钛矿太阳能电池中是提高器件性能的有效策略。

为了同时提高 n-i-p 平面钙钛矿太阳能电池的稳定性和效率，Li 等设计了一种溶液处理的石墨炔掺杂富勒烯基交联材料（PCBSD:GDY），并应用于器件的 TiO$_2$ 和钙钛矿活性层之间的混合电子传输层[193]。其中，[6,6]-苯基-C$_{61}$-丁基苯乙烯丁酯（PCBSD）是一种富勒烯基交联材料，两个苯乙烯基作为热交联剂。石墨炔改性后的 C-PCBSD 膜呈现出择优取向，有利于后续钙钛矿膜的生长和结晶，同时电子迁移率和提取率也得到提升［图 5-37(b)］。拉曼光谱和掠入射 X 射线衍射（GIXRD）测量显示石墨炔和富勒烯衍生物 PCBSD 可以很好地在表面取向叠加。这是由于可交联的 PCBSD 和共轭石墨炔之间存在很强的分子间相互作用。定向的 C-PCBSD:GD 薄膜有利于后续钙钛矿薄膜的生长和结晶。另外，热退火后的 C-PCBSD:GD 膜具有良好的耐溶剂性能，避免了界面侵蚀。将未封装的钙钛矿电池在相同的储藏条件下（室温、25%～30% 湿度）进行降解实验，结果显示，与仅使用 TiO$_2$/C-PCBSD 电子传输层的器件相比，以 TiO$_2$/C-PCBSD:GDY 为电子传输层的器件稳定性有了很大的提高。即使在 500 h 后，PCE 仍保持约 80% 的初始值，而仅含 TiO$_2$ 电子传输层的器件在 200 h 后仅保持 30% 的初始 PCE 值。

在前期研究的基础之上，Li 等首次将石墨炔掺杂在纯碘（MAPbI$_3$）钙钛矿太阳能电池的双电子传输层 PCBM 和 ZnO 薄膜中，最终获得 MAPbI$_3$ 钙钛矿太阳能电池的效率高达 20%[194]。此外，*J-V* 的迟滞和稳定性也有明显改善。结果表明，双掺杂石墨炔不仅提高了电子传输层的导电性、电子迁移率和电荷提取能力，而且改善了电子传输层的形貌，减少了电荷复合，提高了填充因子。如图 5-37(c) 所示，本研究中的器件为 p-i-n 倒置结构。石墨炔经超声处理后成功溶解在氯苯中，且静置之后没有出现沉淀。众所周知，钙钛矿层和传输层的形貌对电池器件的高效率起着重要的作用。通过石墨炔的优化后，薄膜的表面形貌得以改善。这说明，石墨炔有助于钝化晶界，减少表面的陷阱状态，从而减少载流子的非辐射复合。除此之外，空间电荷限制电流（SCLC）、电化学阻抗谱（EIS）、荧光淬灭等测试结果均表明双掺杂石墨炔可以提高电子传输层的导电性、电子迁移率，并改善膜的形貌。光致发光结果表明，双掺杂石墨炔可以钝化 PCBM 和 ZnO 膜的缺陷，降低界面载流子的复合，从而提高填充因子 FF。同时，双掺杂石墨炔器件的 J-V 迟滞明显减小，稳定性也得到改善。

此外，相比于普通石墨炔，卤素功能化石墨炔由于其结构、导电性和带隙的调控引起了人们的广泛关注，氯化石墨炔就是其中的一类。氯化石墨炔的二维平面中带有大孔洞的结构，这种结构赋予了氯化石墨炔足够多的分子锚点及自聚集的延展结构。基于以上结构特征，将氯化石墨炔掺杂进 PCBM 层中[195]，以 ClGDY-PCBM 层作为倒置结构钙钛矿电池器件的电子传输层。相对于单纯的 PCBM 薄膜，ClGDY-PCBM 薄膜表现出更优异的形貌和电子性质。氯化石墨炔的孔径约为 1.6 nm，为分子锚定提供了足够的空间。PCBM 主体的 C60 约为 8.4 Å，比氯化石墨炔的孔径略小。同时，PCBM 具有的羰基和甲氧基可以与氯化石墨炔产生相互作用。据此可以推测，PCBM 可以锚定在氯化石墨炔的碳骨架中 [图 5-37(d)]。单独的 PCBM 存在一定程度的聚集，在薄膜中形成了"岛状"结构。相比而言，ClGDY-PCBM 分布得更均匀，且其电子迁移率有了明显的提升。以 ClGDY-PCBM 作为电子传输层的器件，器件光电转换效率达到 20.34%。通过进一步的表征发现，其器件高性能主要归结于 ClGDY-PCBM 高的电子传输速率及 ClGDY-PCBM 薄膜优异的形貌。

2. 石墨炔掺杂空穴传输层

在石墨炔改性空穴传输层研究方面，Meng 等首次采用石墨炔对钙钛矿太阳能电池的空穴传输层 P3HT 进行了改性（图 5-38），加入石墨炔可以有效地提高功率转换效率和短路电流（J_{sc}）[159]。由于石墨炔粒子被 P3HT 包覆，因此推测 P3HT/GDY 的 HOMO 能级位置将受到 P3HT 与石墨炔相互作用的影响。通过紫外光电子能谱（UPS）研究了掺杂的石墨炔对 P3HT 电子传输能力的影响，发现 P3HT/GDY 薄层 HOMO 的位置为 -4.9 eV，低于原先 P3HT 的-4.7 eV，表明石墨炔颗粒的存在会降低 P3HT 的 HOMO 能级，这是由于 P3HT 和石墨炔之间的 π-π 堆积可以使部分的电子从 P3HT 转移到石墨炔，如

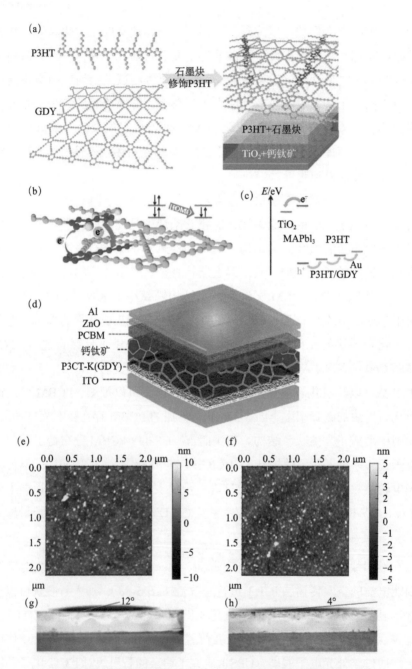

图 5-38　石墨炔改性空穴传输层的钙钛矿太阳能电池

(a) 石墨炔改性 P3HT 空穴传输材料的原理示意图; (b) GDY 与 P3HT 的微观相互作用; (c) P3HT/GDY 基钙钛矿太阳能电池的能级 [159]; (d) 石墨炔修饰 P3CT-K 层示意图; ITO/P3CT-K(e) 和 ITO/P3CT-K (GDY) (f) 的 AFM 图像; P3CT-K(g) 和 P3CT-K(GDY) (h) 在 ITO 衬底上接触角的图像 [163]

图 5-38(b) 所示。显然，π-π 堆积的作用可提高电子从聚合物链到石墨炔表面的传输。总之，P3HT 层 HOMO 能级的减少可以使钙钛矿与 P3HT 之间的电荷转移变得更加顺畅，如图 5-38 所示。除了 UPS 测试外，拉曼光谱也证明 P3HT 和石墨炔之间存在强烈的 π-π 堆积，有利于载流子的传输和器件性能的进一步改善。另外，P3HT 光学显微镜中的石墨炔聚集体具有良好的散射特性，意味着其大大增加了钙钛矿太阳能电池在长波范围内的光吸收。与未加石墨炔的太阳能电池相比，添加 2.5% 石墨炔的太阳能电池的 J_{sc} 和功率转换效率值均得到增加，最终实现了高达 14.58% 的光电转换效率。此外，该器件表现出良好的稳定性和再现性。时间分辨光致发光衰减实验结果表明，与单独的 P3HT 空穴传输层相比，P3HT/GDY 空穴传输层的空穴提取能力有所提高。

为了提高钙钛矿太阳能电池的性能，酒等[163] 提出了一种掺杂石墨炔的 P3CT-K 薄膜的制备方法（图 5-38），以 P3CT-K(GDY) 为空穴传输层的器件的 PCE 从 16.8% 提高到 19.5%[145]。为了探讨石墨炔掺杂对钙钛矿器件的影响，对其表面形貌、光致发光性能、电化学阻抗谱（EIS）、激子产生率等进行了详细的研究。图 5-38(e) 和 (f) 显示了原子力显微镜得到的 P3CT-K 和 P3CT-K(GDY) 膜的表面形貌。P3CT-K 和 P3CT-K（GDY）膜的粗糙度分别为 1.82 nm 和 1.04 nm，表现出良好的膜形态。掺入石墨炔后，P3CT-K 膜的粗糙程度减小，表面更加光滑。良好的形貌可以提高钙钛矿层和界面层接触的覆盖率，从而减少漏电流，提高载流子传输效率。此外，空穴传输层的表面润湿性对钙钛矿薄膜的形成起着至关重要的作用。如图 5-38(e) 和 (f) 所示，石墨炔加入 P3CT-K 溶液后，接触角从 12° 减小到 4°。接触角的减小能够提高钙钛矿前驱体在 P3CT-K(GDY) 层上的流动和扩散，有利于提高钙钛矿的结晶度。阻抗谱测试表明，在 P3CT-K 薄膜中掺杂石墨炔之后，活性层与界面层的界面接触得到极大的改善，进而减少了漏电流和在界面处的电荷复合。这种方法不仅可以改善空穴传输层的表面润湿性，而且提高了薄膜的质量，减少了晶界。在空穴传输层中掺入石墨炔还可以提高空穴萃取的迁移率，减少复合，从而提高器件的性能。与此同时，掺杂石墨炔的器件的 J-V 迟滞现象得到明显的改善。

3. 石墨炔体相掺杂钙钛矿活性层

除了界面传输层的可控调控外，钙钛矿活性层的晶体结构、晶界性质和稳定性也是影响钙钛矿器件性能的主要因素。体相掺杂作为钙钛矿晶体生长的有效调控方式，借助新型碳材料石墨炔，可有效解决晶粒尺寸不可控及稳定性差等很多问题，被证实是制备高性能钙钛矿太阳能电池器件的有效手段。

Meng 等[196] 将石墨炔引入 $FA_{0.85}MA_{0.15}Pb(I_{0.85}Br_{0.15})_3$ 钙钛矿薄膜中，根据石墨炔的半导体特性和钙钛矿的能带结构，构建了用于平面钙钛矿太阳能电池（PSCs）的 PVSK/GDY 体异质结（图 5-39）。考虑到 n 型石墨炔和 p 型钙钛矿的价带最大值、导带最小值和费米能 [图 5-39(c)]，研究者提出了 PVSK/GD 的 p-n 异质结模型。当 PVSK/GDY 体异质结形成时，其内建电场的方向是从石墨炔到钙钛矿。此外，光生载流子传输过程也表明，在工作条件下，光生电子不仅可以通过钙钛矿薄膜本身传输，还可以在漂移和扩散的驱动下，通过存在于晶界和界面处的石墨炔进行提取，然后通过电子传输层进行收集 [图 5-39(d)]，从而改进了 J_{sc}。同时，适量的石墨炔可以有效钝化晶界和界面，抑制复合过程，得到较高的 FF，最终实现了高达 20.54% 的能量转换效率。此外，石墨炔的引入可以有效地提高钙钛矿薄膜及其器件的抗水稳定性。在

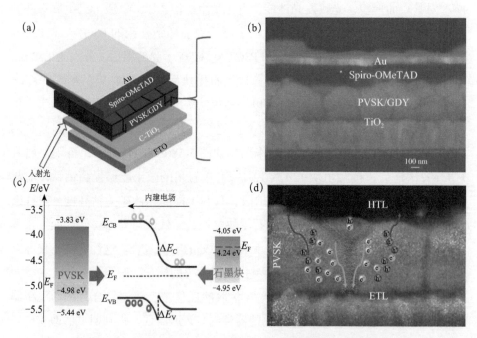

图 5-39　基于石墨炔/钙钛矿体相异质结的钙钛矿太阳能电池

(a) 石墨炔体相掺杂器件结构图; (b) PVSK/GDY 异质结的平面钙钛矿太阳能电池的横截面 SEM 图像;
(c) PVSK/GDY 异质结的能带结构示意图; (d) 具有 GDY/PVSK 体相异质结的钙钛矿层中的光生载流子传输过程[196]

环境条件下，钙钛矿太阳能电池在 140 天后仍能保持初始 PCE 的 95%。

近年来，研究者已经证实石墨炔具有优异的导电性、良好的半导体特性和优越的化学稳定性。在太阳能电池领域，目前石墨炔的应用主要集中在电池界面层的优化，而石墨炔的半导体特性（如带隙和良好的溶液加工性）却很少有人投入研究。利用石墨炔作为钙钛矿活性层主体材料的方法简单，通过比较添加不同比例石墨炔的钙钛矿薄膜，发现活性层 PbI$_2$/MAI/GD 采用的最佳摩尔比为 1∶1∶0.25。XRD 光谱表明，石墨炔在体相中起到促进和诱导结晶的作用，使得所制备的钙钛矿体相薄膜更加优质。XPS 测试表明，加入石墨炔后，Pb 4f 峰明显向低能量方向移动。XPS 的结果力证了石墨炔通过与前驱体溶液中的 PbI$_2$ 发生较强的相互作用来促进诱导钙钛矿的结晶，使得体相晶粒更大，缺陷更少，从而获得高质量的光吸收活性层。由于石墨炔与 Pb 的络合作用弥补了碘空位 [图 5-40(a)]，提升了器件性能和稳定性。经石墨炔优化后的器件 [图 5-40(b)]，电子和空穴传导能力均有一定程度的提升。石墨炔作为一种双极性材料，展现出对电子和空穴两种载流子输运的促进作

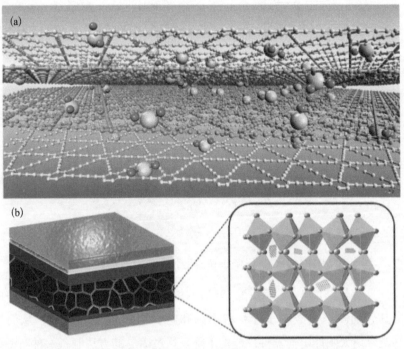

图 5-40　石墨炔与 PbI$_2$ 相互作用示意图 (a) 及器件结构图 (b)[196]

用，提高了载流子提取能力，避免了载流子的复合。通过将石墨炔作为主体材料首次引入钙钛矿的活性层中，使得钙钛矿太阳能电池的性能得到大幅提升，且得到 21.01% 的最优效率[197]。

（二）聚合物太阳能电池

聚合物太阳能电池因其具有低成本、工艺简单、原料丰富等特点而受到广泛关注。聚合物太阳能电池具有较大的激子结合能和较小的激子扩散长度，因此提高效率的关键挑战是如何制备合适的给受体界面。邓振波等[198]提出了一种通过在 P3HT 中掺杂石墨炔来提高聚合物太阳能电池效率的方法（图 5-41）。经研究发现，石墨炔可以提供更好的渗透途径，大大提高了电子的传输效率。与参照器件相比，掺杂石墨炔的器件具有更高的短路电流密度和光电转换效率。当石墨炔的掺杂量为 2.5 wt% 时，器件的短路电流密度提高到 2.4 mA/cm^2，PCE 最高为 3.52%，比未掺杂石墨炔的器件效率高出 56%。

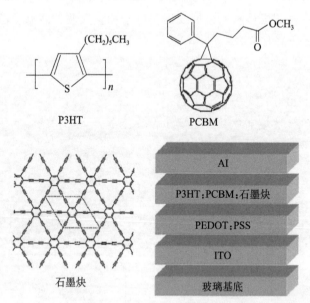

图 5-41 P3HT、PCBM、石墨炔的化学结构及电池器件的结构[198]

ZnO 具有较高的电子迁移率、合适的能级及在低温条件下易于制备的优点，但其表面缺陷造成电子迁移率不高和电子-空穴对的高复合，从而导致 ZnO 基聚合物太阳能电池器件性能的下降。通过简易的方法制备一种新型石墨炔-氧化锌（GDYZO）复合材料，Zn 原子与石墨炔配位成键，同时形成了 C—Zn 键和 C—O 键的加合物[199]。加合物的形成使复合材料具有良好的分散性，有助于高质量成膜。在此基础上，将 GDYZO 复合薄膜作为电子传输层应用于聚合物太阳能电池中，与单纯 ZnO 基电池相比，器件的 PCE 提高到 11.2%。此外，在手套箱或湿度为 90% 的环境中，GDYZO 基器件的稳定性均得到提高。

　　随着聚合物太阳能电池的迅速发展，混合膜的形貌调控成为提高器件性能的重中之重。在各种调控策略中，添加剂对于有机太阳能电池性能的提高至关重要。聚合物太阳能电池数据的重复性问题来源于高沸点添加剂的挥发性。酒等[200]针对聚合物太阳能电池目前存在的添加剂易挥发、数据重复性差、器件填充因子低等问题，将氯化石墨炔作为一种多功能固体添加剂首次成功应用于有机太阳能电池活性层形貌调控，利用氯化石墨炔优良的热稳定性和优异的电学性质，有效解决了挥发性添加剂所导致的批次差异问题，并在此基础上调控活性材料形貌，实现了高重复性、高性能光伏器件的制备，实现器件参数的高度重现性。同时，氯化石墨炔具有优良的共轭结构，可有效改变受体分子的分子共轭及结晶行为。将氯化石墨炔作为固体添加剂加入二元太阳能有机电池中，改变了 Y6 的结晶方式（图 5-42）。通过形貌表征及电学性能测试证明，氯化石墨炔的加入有利于混合膜结晶过程的优化、结晶度的提高及相分离的改善，进而使载流子迁移率得到明显提升，电荷复合受到抑制。因此，与使用传统添加剂氯萘的器件相比，基于氯化石墨炔的器件的短路电流密度及填充因子明显提升，电池效率大幅度提高。实验室器件效率达到 17.3%（中国计量科学研究院认证效率达到 17.1%），是目前报道的二元有机太阳能电池的最高效率之一。石墨炔的引入实现了器件性能的提高，并同时实现器件参数的高重复性，表明石墨炔材料作为多功能固体添加剂在有机太阳能电池领域的巨大应用前景。

（三）量子点太阳能电池

　　石墨炔不仅在钙钛矿太阳能电池和聚合物太阳能电池中有广泛的应用，近年来也逐渐被应用到量子点太阳能领域。由于石墨炔的空穴迁移率值理论估算为 $10^4 \, cm^2/(V \cdot s)$，因此石墨炔可以直接作为空穴传输材料应用。目前，在胶体量子点太阳能电池（CQD）的活性层与阳极之间引入缓冲层，通过界

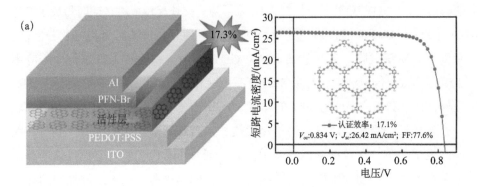

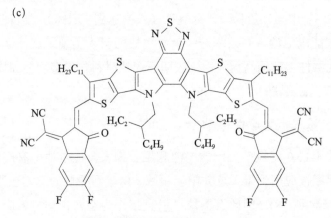

图 5-42　石墨炔基有机太阳能电池器件

(a) 聚合物太阳能电池器件结构及器件性能; PM6(b) 和 Y6(c) 的化学结构 [200]

面修饰提高效率的方法开始被逐渐研究，但对效率的提升甚微。Wang 等将石墨炔（图 5-43 中石墨炔）作为空穴传输层带入 CQD 中，大大提高了器件的性能，保证了器件的稳定性[201]。如图 5-43 所示，其光电转换效率从 9.49%提高到 10.64%。石墨炔降低了胶体量子点固体的功函数，显著增强了空穴从量子点固体活性层到阳极的转移。研究发现，石墨炔缓冲层延长了载流子寿命，减少了之前被忽略的光伏器件背面的表面复合。另外，该器件在大气环

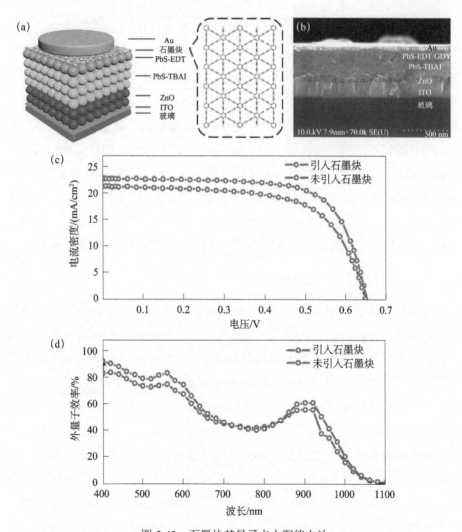

图 5-43　石墨炔基量子点太阳能电池

(a) 器件结构示意图; (b) 器件横截面 SEM 图像; (c) 模拟 AM 1.5 G 辐照下的 *J-V* 特性;
(d)EQE 光谱[201]

境中也表现出令人满意的长期稳定性。

（四）石墨炔基电化学驱动器

离子聚合物－金属复合材料（ionic polymer-metal composites，IPMC）也称为电化学驱动器，是一种典型的仿生人工肌肉材料。它是由两层电极与离子聚合物组装而成的三明治结构，在电场作用下，依靠离子在电极界面的可逆脱嵌过程，实现电能与机械能的转换。因其低电压驱动、柔性大变形等特性，在软体机器人、智能穿戴及医疗器械等方面的应用前景广阔。Chen 等[202]设计制备了一种基于石墨炔新材料的电化学驱动器，并从石墨炔材料微观分子驱动机制的发现，到宏观驱动器件的高能量转换效率驱动特性，开展了全面系统的研究。研究者提出并实验验证了一种新型分子驱动机制——石墨炔烯炔互变效应。该机制完全不同于传统的电容驱动机制，是基于可逆配位转换效应引起的材料结构变化（图5-44）。正是由于这种活性功能单元的作用，石墨炔IPMC柔性电极不仅表现出优异的电化学储能特性，同时也表现出电－机械能量转换能力。石墨炔驱动器比电容高达237 F/g，倍率特性良好，换能效率高达6.03%，远高于同类电化学换能器件，能量密度高达11.5 kJ/m^3，与哺乳动物生物肌肉能量密度相当，将电化学驱动器的性能提升到一个新的水平。

（五）石墨炔基光热转化材料

光热材料通过光激发的电子-空穴对的热化和非辐射复合吸收光，并将其转化为热，为高效的太阳能蒸汽发电提供了一种有前途的解决方案。光热材料的宽带吸收和精细的微/纳米结构的发展在太阳能蒸汽发生领域具有重要的意义。石墨炔的窄禁带（0.46 eV）赋予了它巨大的太阳能蒸汽发电潜力，光学吸收窗口延伸至2700 nm。Liu 和 Zhang 等[115]报道了一种基于三维泡沫铜支撑一维 CuO 纳米线与垂直二维石墨炔纳米片锚固的新结构。在这种结构中，铜泡沫提供了自支撑的骨架，CuO 纳米线负责大部分的太阳能吸收，石墨炔纳米片可以通过结构因素（通过增加材料内部的光传播距离）同时捕获光，并通过其固有的窄带隙增强光吸收（图5-45）。这种结构在整个太阳光谱上表现出良好的太阳能吸收，并具有多孔网络以实现有效的蒸汽流动。结果，在 1 kW/m^2 光照下，光热转换效率高达91%，使得这种基于石墨炔的结构不仅有利于高效的太阳能蒸汽发电，而且在海水淡化和环境修复等多个领

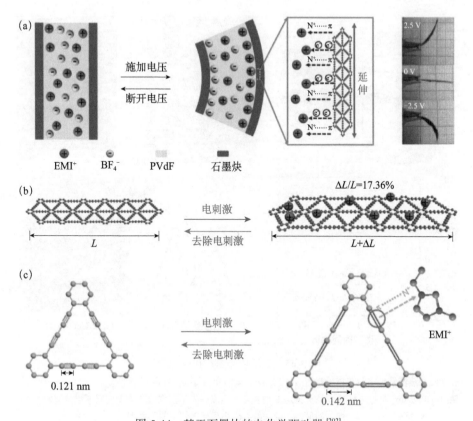

图 5-44　基于石墨炔的电化学驱动器 [202]

(a) 石墨炔电化学驱动器驱动机理示意图，右侧光学图像显示 2.5 V、0.1 Hz 条件下的弯曲驱动器；
(b) 电刺激时石墨炔驱动应变示意图; (c) 一个石墨炔单元中的烯 – 炔络合物过渡机理

域都具有广阔的应用前景。

五、石墨炔在能源存储中的应用

电化学电源的快速发展对新能源的高效利用起到至关重要的作用 [203]。锂离子电池是电化学电源的突出代表，其商业化对人们的生活方式产生了深远的影响 [204]。锂离子电池技术的进步加快推动了各种消费类电子产品的小型化与便携式发展。随着锂离子电池在汽车和电网存储等领域的大规模应用，锂离子电池的需求量将进一步提升，人们对锂离子电池的综合性能也会提出更高的要求 [205]。面对锂离子电池的能量密度极限、寿命瓶颈、安全难点、环境适应性等关键问题 [206]，研究人员越来越清楚地认识到，攻克这些挑战需要在

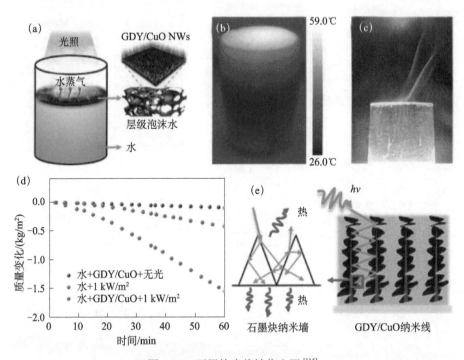

图 5-45　石墨炔光热转化应用 [115]

(a) 太阳能蒸汽发生实验装置示意图；(b) 5 kW/m² 太阳光照持续 10 min 后水面 GDY/CuO-CF 的红外图像；(c) 8 kW/m² 太阳光照下 GDY/CuO-CF 增强蒸汽生成的光学图像；(d) 太阳光照下水分蒸发失重随照射时间的变化曲线；(e) 多重反射效果的示意图

材料的设计和优化方面进行创新 [207]。石墨炔的出现为新型碳材料研究领域打开了一扇大门，进一步活跃了近年来碳材料的研究，让碳材料的基本结构单元的构筑及其相应物理化学性质的定制从此迈入温和可控的阶段。石墨炔具有非常新颖的物理化学特性，很好地弥补了传统碳材料的不足。石墨炔具有的特殊合成方式和结构特征，为解决电化学能源领域的诸多关键问题提出了崭新的思路和理念，取得了很多显著的成果。下面我们将根据石墨炔的特点阐述石墨炔在负极应用、改善电极材料性能及在燃料电池中的应用。

（一）石墨炔基锂离子电池负极材料

1. 石墨炔存储锂离子负极

商业化锂离子电池负极石墨的容量已经非常接近其自身的理论容量极限（372 mA·h/g），难以为锂离子电池的能量密度带来新的突破。理论研究表明，石墨炔丰富的炔键和多孔网络结构为锂离子提供了丰富的存储位点和空间，其理论存锂容量是常规石墨存锂容量（372 mA·h/g）的 2 倍以上[208]，为锂离子电池的能量密度的进一步提升创造了更多的空间。为了深入研究石墨炔在锂离子存储方面的性质，Huang 和 Zhang 等[88, 209] 首先探索了在铜片上生长的石墨炔的锂离子存储性能。石墨炔在铜集流体表面原位生长成膜，可以直接用于锂离子的存储研究，不需添加任何聚合物黏合剂或导电添加剂。在电流密度为 500 mA/g 的充放电条件下，电池在 400 次循环后仍然具有高达520 mA·h/g 的可逆比容量；在充放电电流密度为 2 A/g 的情况下，电池在1000 次循环后仍保持其高达 420 mA·h/g 的比容量。

有别于密实的膜结构，通过溶液调整可以得到石墨炔纳米墙阵列结构。Liu 和 Zhang 等[113] 首先通过调整溶液体系，得到大面积的石墨炔纳米墙结构。纳米墙阵列进一步体现了石墨炔的二维平面性质，不仅增加了石墨炔的活性比表面，而且有利于锂离子的扩散传输。因而，这样的石墨炔作为锂离子电池的负极材料也表现出优异的性质，在 0.05 A/g 的电流下可逆比容量为908 mA·h/g，在 1 A/g 电流下循环 1000 圈没有明显的容量衰减，循环后比容量依然高达 526 mA·h/g[210]。在 Li 等的研究工作中（图 5-46），利用高活性的铜纳米线作为引发石墨炔原位生长的催化剂，得到比表面更高、分散性更好的超薄石墨炔纳米片[114]。高活性的催化剂使得石墨炔纳米片的平均厚度在 2 nm，更好地展现了石墨炔的二维特性，也暴露出更多的平面传输孔道和活性位点。在电化学测试中，用该方法制得的石墨炔负极的可逆比容量高达 1388 mA·h/g。石墨炔优良的倍率性能得到充分的体现，特别是在充放电电流为 10 A/g 条件下，电极仍然保留有 870 mA·h/g 的比容量。Liu 和 Zhang等[94] 以硅藻土为模板，成功地制备了三维多孔石墨炔。所得石墨炔的比表面可以控制在 220~369 m²/g。在电池性能测试中，三维石墨炔在电流密度为50 mA/g 时表现出优异的循环性能，经过 200 次循环后，可逆比容量依然高达 610 mA·h/g。三维石墨炔在电流密度为 500 mA/g 下也表现出良好的循环稳定性，400 次循环后可逆比容量为 250 mA·h/g。

2. 石墨炔衍生物的锂离子电池负极材料

间位取代是目前石墨炔制备中使用最多的合成方法。首先可以将六炔基苯中间位取代为氢原子[140]。研究人员可以生长制备厘米级别的氢化石墨炔

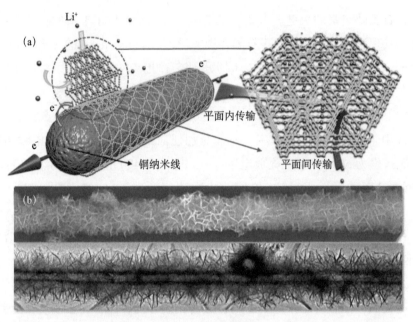

图 5-46　超薄石墨炔纳米片的储锂模型及其形貌特征 [114]

(a) 可能的高倍率性能机制；(b) 未去铜（上）和去铜（下）的石墨炔纳米线透射电镜图

膜，宏观上有较好的连续性和透明性。由于前驱体共平面的共轭炔键数目的减少，单体间 π-π 堆积作用也受到很大程度的削弱，氢化石墨炔薄膜的连续性明显降低。扫描电镜和透射电镜结果均表明该石墨炔薄膜产生了大量的纳米级孔洞。此类结构为活性金属离子提供了更多的活性位点和传输通道，有利于活性离子的吸附和脱附。研究人员将其用作锂离子和钠离子电池负极材料，锂离子的存储比容量高达 1050 mA·h/g，而钠离子的存储比容量高达 650 mA·h/g，该材料在拥有高倍率性能的同时也具有很好的电化学稳定性。

　　卤素取代在石墨炔的骨架中也很容易实现。Wang 等 [169] 成功制备了氯化石墨炔，由于氯元素具有很强的电负性，通过氯的取代有效调节了石墨炔共轭骨架上的电负性，增加了石墨炔的活性位点（图 5-47）。与氢化石墨炔结构相似，弱的分子间堆积性导致所得的氯化石墨炔膜也不致密，形成许多次级孔结构，为锂离子快速传输创造了条件。经过电化学性能测试，可以看出该负极材料具有比容量高（1150 mA·h/g）、倍率性能好、循环稳定性强等优势。

　　进一步对石墨炔骨架电子结构进行调节，用电负性更强的氟元素取代，可以得到氟化石墨炔。氟化石墨炔的制备也是利用了氟元素弱的反应活性，

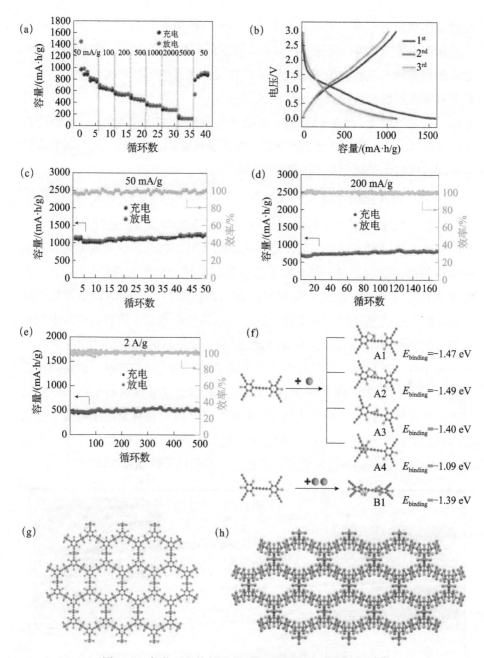

图 5-47 氯化石墨炔的电化学性质及其理论储锂行为 [169]

(a) 锂离子电池电极倍率性能；(b) 氯化石墨炔在 50 mA/g 下的充放电曲线；(c) 柔性电极在 50 mA/g
下的循环曲线；(d) 柔性电极在 200 mA/g 下的循环曲线；(e) 柔性电极在 2 A/g 下的循环曲线；
(f) 四种优化的锂配合物的几何构型和结合能；(g) 锂离子在氯化石墨炔中可能的储存位点以及
(h) 氯原子的功能

在前驱体制备时不与三甲基硅乙炔反应，因而能得到高纯的前驱体。借助成熟的铜催化炔交叉偶联反应可以得到大面积的氟化石墨炔[126]。氟化石墨炔的微观形貌是纳米线状，纳米线交织形成薄膜，薄膜的结构致密性较低，氟化石墨炔多孔形貌也可以归咎于降低的层间堆积。该膜可以用于构筑柔性薄膜电极，在电流密度为 50 mA/g 时，可逆比容量约为 1700 mA·h/g，而当电流密度增加到 5 A/g 时，可逆比容量仍能保持 300 mA·h/g。研究人员将其高的倍率保持性归因于氟化石墨炔优越的导电性。

3. 石墨炔其他衍生物和储锂性质

石墨炔除了炔键数量可以调节以外，苯环结构也可以进行调节。对苯环结构的调节是实现制备不同性能石墨炔的关键，杂原子的引入可调节石墨炔本征的电子结构，进一步丰富了石墨炔的合成、性质和应用[211, 212]。用乙烯基来代替苯环，可以设计得到四炔基乙烯前驱体，sp 碳的含量高达 80%（图 5-48）。sp 碳原子赋予石墨炔更高的理论储锂比容量。该石墨炔衍生物具有新型的四元环的大孔，孔径有所增加[213]。该材料的合成制备也是在非常温和的条件下进行的，并且可以得到薄膜结构。理论计算表明，该材料的能带宽度很小，为 0.05 eV，而通过实际测试该膜的导电性达到 1.4×10^{-2} S/m，这两个参数充分表明该材料是很好的电子材料。在将该材料用于锂离子的储存时可以看出电极具有优异的电化学性能，在 748 mA/g 的高电流密度下能得到 410 mA·h/g 的可逆比容量，显示了该材料优异的储锂潜质。

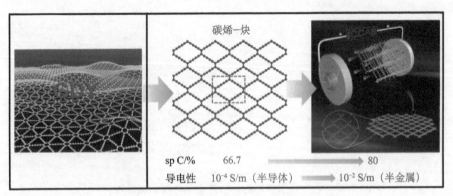

图 5-48　碳烯-炔的结构和电化学储锂应用[213]

进一步用碳替代苯环，可以得到四炔基甲烷前驱体。该前驱体具有空间的四面体结构，sp 碳的含量将进一步提升到 90%[214]，通过 Eglinton 耦合法合成该聚四乙炔基甲烷碳材料（OSPC-1，图 5-49）。首次合成的这种碳材料是一种无规碳材料，具有高电子导电性、高孔隙率和高锂离子吸附率的特点。在储锂电化学测试中，当电流密度为 200 mA/g 时，经过 100 次循环后，OSPC-1 的可逆储锂比容量为 748 mA·h/g。动力学计算模拟表明，锂离子能够很容易地通过聚四乙炔基甲烷的微孔结构，其扩散系数约为 4×10^{-4} cm^2/s，与聚合物电解质中锂离子扩散测定值相近。过充实验的结果证实了聚四乙炔基甲烷的循环稳定性高，可以有效抑制锂枝晶的形成，表明聚四乙炔基甲烷是安全的锂离子电池负极材料。

（二）石墨炔优化电极材料性能

电极界面在器件中发挥着至关重要的作用。界面结构、界面反应、热力学和动力学行为等影响着电化学能源电极方方面面的性能，包括效率、寿命、功率性能、安全性能等 [215]。在电极界面构筑和保护方面，石墨炔得天独厚的性质可能在该领域发挥重要作用，是具有很大潜力的碳同素异形体。石

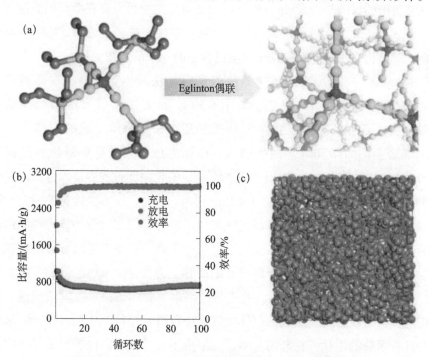

图 5-49　聚四炔基甲烷的结构模型及其电化学储锂性能 [214]

(a) 聚四炔基甲烷的形成过程以及三维结构模型；(b) OSPC-1 在 200 mA/g 下的充放电比容量；
(c) 基于模型 1 的模拟储锂容量

墨炔的温和制备方法对于其广泛应用具有很大的优势，为解决电化学能源存储中普遍存在的界面稳定性相关问题提供了很多思路，为进一步解决高能量密度电池的寿命、安全等问题提供了新的解决办法。

1. 石墨炔包覆高容量锂离子电池负极材料

负极材料的容量密度是制约锂离子电池能量密度进一步提升的关键。由于常规的石墨负极在目前的使用中已经逐渐到达其理论的比容量（372 mA·h/g），通过提升石墨容量来增加锂离子电池的能量密度的办法很难有大的突破空间。发展具有更高容量的负极是一种有效的办法。硅负极具有高于 4000 mA·h/g 的理论比容量。硅负极的使用对于深度挖掘锂离子电池的能量密度具有重要意义[216]。但硅负极的使用面临着严重的体积变化膨胀问题（大于 300 %），导致硅电极的导电网络出现严重的破坏，同时硅电极的界面稳定性极差[216]。这两种因素严重影响着硅负极的可逆性和安全性。碳材料的包覆可以有效地借助碳材料的力学、电学和化学等方面优异的稳定性达到改进硅负极的目的[217]。但是，碳材料对硅负极的包覆需要在极高的温度下进行，造成设备和能耗方面的大量投入，而且常规碳材料改进的方法难以有效构筑孔道结构来缓解硅颗粒在充放电过程中的超大的体积变化。

Shang 等[144]利用铜纳米线原位引发石墨炔的生长，进而在硅纳米颗粒表面生成无缝石墨炔保护层（图 5-50）。该方法不但实现了对硅纳米颗粒的完好保护，形成稳定的界面保护层，而且原位生成的石墨炔构成了三维增强的力学和电学网络结构。由该方法得到的硅负极比容量高达4120 mA·h/g，在 2A/g 的大电流密度下进行的长循环过程容量保持率高，经过 1450 圈循环后比容量仍高达 1503mA·h/g。同时，该方法构筑的面容量密度高达 4.72 mA·h/cm² 的硅负极也能保持很好的高倍率长循环稳定性。由于铜箔是生长石墨炔的基底，而锂离子电池的负极的制备工艺通常将活性物质均匀涂覆在铜箔上，因此二者能很好地兼容。为适应常规的电极加工制备工艺，Li 等[218]做了探索性工作。首先将硅纳米颗粒均匀涂覆在铜箔表面，接着将电极浸泡在含有石墨炔前驱体的溶液中以进行原位的包覆。由于铜基底能引发石墨炔的生长，在硅纳米颗粒上形成了三维的全碳保护界面。三维石墨炔是很好的导电网络和力学骨架。与此同时，该方法还是第一次将电极活性物质和集流体通过化学键的形式密切地连接在一起，有效地改善了高体积变化的硅负极在体积应变过程中产生的与集流体脱离的现象，并增强了电极组分之间的电荷传输。

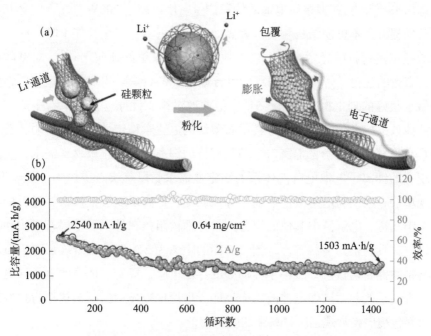

图 5-50　石墨炔包覆硅负极示意图及电化学性能[144]

(a) 石墨炔包覆硅负极的合成示意图；(b) 石墨炔包覆硅负极在 2 A/g 下的循环线

金属氧化物是金属离子电池负极的重要组成部分，大量的金属氧化物负极都被证实具有很高的理论容量密度，具有很大的应用前景[143]。金属氧化物在存储碱金属离子时会发生氧化还原反应，发生严重的体积变化和结构粉化，使得金属氧化物在电化学过程中效率低、循环差、倍率差。Wang 等在研究工作中构建了氧化物的普适性保护方法，利用石墨炔的常温生长特性，成功地将石墨炔原位包覆在氧化物的表面[145]。实验证明，石墨炔是沿着金属氧化物轮廓连续生长的，二者之间形成了很好的面接触模式。该方法的普适性可以实现对具有不同结构和不同组分的金属氧化物的良好保护。将石墨炔包覆前后的金属氧化物作为锂离子电池负极进行测试，发现包覆了石墨炔的金属氧化物的性能得到巨大提升，循环性能得到显著增强。

2. 石墨炔包覆传统正极

钴酸锂（LiCoO$_2$）是锂离子电池正极材料中开发利用较早的材料[219]。

目前商用的钴酸锂电池已经开启高电压（4.45 V vs.Li$^+$/Li）高容量时代（200 mA·h/g），颗粒也由团聚体走向大颗粒单晶，钴酸锂正极的潜力被充分挖掘出来[220]，钴酸锂单体电池的体积能量密度可高达 700W·h/L。随着充电电压的提升，不可逆结构相变、表界面稳定性下降、安全性能下降等问题在钴酸锂正极材料中异常突出，极大地限制了其被更好地应用[220]。对钴酸锂进行有效的包覆是解决以上问题的可行策略。Wang 等[221]就石墨炔包覆钴酸锂做了很好的理论探索（图 5-51）。他们通过第一性原理计算了石墨炔在电解液体系下的电化学窗口，考察了石墨炔的电化学稳定性。计算表明，石墨炔具有很宽的电化学稳定窗口，满足现行的锂离子电池正极材料需求，也满足现有的锂离子电池电解液体系的稳定性需求。以单层石墨炔为计算模型，发现单层石墨炔与电解液体系能很好地匹配，锂离子能够很快地穿过石墨炔的三维孔道，电解液中其他的组分则很好地被阻挡在外。而单层石墨炔和钴酸锂颗粒具有很好的相容性，当二者间的距离为 2 Å 时，结合能最强。石墨炔与钴酸锂密切接触，减小了界面处的界面电阻，提升了体系的电子导电能力，有利于改善钴酸锂电池的功率性能。理论模拟显示出石墨炔作为独特的碳材料包覆层在常规正极材料中的应用前景。

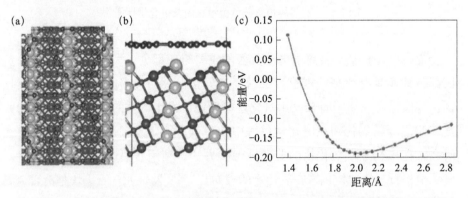

图 5-51　石墨炔包覆钴酸锂理论计算模型及石墨炔与钴酸锂结合能关系变化曲线[221]

(a) 由石墨炔和钴酸锂（101）表面组成的优化异质结构的俯视图和 (b) 侧视图；

(c) 石墨炔与钴酸锂表面层间距与结合能之间的函数关系

3. 石墨炔包覆有机正极材料

常规锂离子电池的重要组成部分——锂、钴、镍等资源有限，在地理上分布不均，而在我国主要是靠进口。随着锂离子电池使用寿命的到期，锂离子电池的回收压力将逐渐显现，锂离子电池资源回收面临着回收难、回收过程污染大、回收成本高等问题。有机小分子正极材料具有高容量、易制备、资源丰富、分子堆积好、组装结构可控性好、可以存储多种碱金属离子[187]等突出优点，对有机分子组装的电池回收处理也更简单[222]。因而，有机小分子正极材料的开发是缓解锂离子电池资源匮乏与回收污染问题的有效途径。然而，有机小分子正极材料面临着电子传导性差和充放电过程中易溶解穿梭的问题。导电性差虽然可以通过添加大量的导电添加剂来弥补，但导致活性物质低于60%[223]，远小于无机电极的90%。溶解穿梭直接导致电池的循环寿命和效率远低于实际应用需求。因而，探索一种稳定有效的包覆技术，抑制溶解传输、改善电子导性、提升活性物质含量到90%以上是实现有机小分子电极实际应用的关键（图5-52）。

Li 等的研究工作实现了在有机小分子正极表面上原位构筑无缝石墨炔包覆层（图5-52）[146]。研究人员通过扫描电镜和透射电镜都很好地证实了石

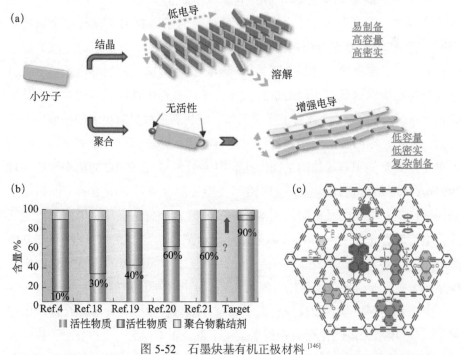

图 5-52 石墨炔基有机正极材料[146]

(a) 有机正极材料面临的问题; (b) 有机正极活性物质含量对比; (c) 石墨炔结构与常用有机正极结构对比

墨炔均匀地包覆在有机小分子上。石墨炔全碳包覆层具有选择性传输碱金属离子的特性，不仅能有效提升有机小分子颗粒的电导率，而且抑制了其在电化学过程中的溶解。利用该方法，有机小分子的活性质量提高到93%。该方法还大大提高了电池的动力性和长循环稳定性。苝酐电极由于工作电位偏低（2.5V），容量为140mA·h/g，其实际质量能量密度却仍能高达310 W·h/kg。这是由于其实际活性质量被提升到93%。可以预见，如果选择一种电压平台更高、容量更高的有机小分子正极，得到的电池的能量密度将大大高于该值，有望比肩现有锂离子电池能量密度。该方法的出现让有机小分子正极的研究不再停留在对不同分子结构的探索，而是转向部分有实际应用前景（容量高、电压高）的有机小分子的深入细致分析。由于小分子正极也能满足其他碱金属离子电池的使用要求，因而该方法也必将有助于推动有机小分子在气体碱金属离子电池中的使用，实现碱金属离子电池的廉价多样化。

4. 石墨炔包覆硫正极材料

硫元素为高能量密度的正极材料，其理论容量高达1670 mA·h/g，而且硫资源丰富，价格便宜，因而是非常理想的正极材料。硫与锂金属的组合——锂-硫电池是很有应用前景的下一代高能量密度电池。但是硫的导电性比较差，且在电化学过程中容易出现溶解穿梭效应。硫的导电性差导致其电极活性物质比例低下，而溶解穿梭导致循环过程中性能衰减过快，自放电问题严重。Zhang 等[224]开展了系列工作，氢化石墨炔具有更大的平面内分子孔洞。他们利用两相溶液法制备了氢化石墨炔，并将其作为储硫介质，硫以S_8分子形式存储于石墨炔的平面内孔洞中（图5-53），在1C的倍率下能实现799 mA·h/g的可逆比容量，说明倍率性能优异。通过对电池的不同倍率下的循环伏安和电化学反应阻抗谱测试研究发现，该硫正极具有很好的反应活性，电荷转移电阻明显降低，体系循环寿命显著增加，在2C下经过200圈循环后，比容量仍然高达557 mA·h/g，明显优于同比例的还原氧化石墨烯体系的电极，充分展示了氢化石墨炔在锂硫正极中的应用前景。

多硫化物穿梭是界面反应、离子转移、质量扩散、相变等综合作用的结果[226]。近年来，虽然存在一些利用金属（重金属）组分[225]和杂原子掺杂来抑制多硫化物的穿梭[227]，但少量的活性中心不足以捕获多硫化物并在高硫负载下催化阴极反应。理想情况下，具有多功能的纳米结构可以同时优化锂硫

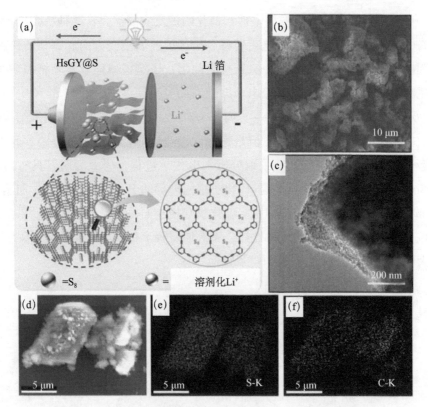

图 5-53 氢化石墨炔锂硫电池正极材料示意图和材料结构图 [224]

(a) 氢化石墨炔电极的配置示意图；(b) 氢化石墨炔的扫描电镜图像；(c) 氢化石墨炔的透射电镜图象；
(d)～(f) 氢化石墨炔的元素分布图

电池中的几个反应因素（如电荷转移、质量迁移、相变）。但由于材料和制备方法的限制，这种结构的成功制备受到严重阻碍。离子聚合物是一类能促进界面附近的传质、离子迁移和相变的材料 [228]，至今未被用于优化纳米结构的内部传质。这是因为其难以嵌入纳米结构中，特别是全碳纳米结构。内部传质过程的改进有利于平衡电荷传递、传质和相变，将为防止多硫化物从多孔基体中穿梭出来提供新的见解。

在 Wang 等 [229] 的研究工作中，将石墨炔原位生长于表面包覆有 Nafion 聚阴离子的铜纳米颗粒表面，从而构筑内嵌聚阴离子的碳纳米中空结构（Nafion@GDY）（图 5-54）。这种方法首次实现了将聚阴离子无缝原位包裹在全碳纳米结构中。这种核壳纳米结构是多功能的。Nafion 被成功地用于调节该纳米结构的内部传质行为，从而改善了阴极反应中的相变过程；石墨炔作为硫的载体，具有良好的导电性和催化阴极反应的能力。这种核壳纳米结构在平衡初级纳米结构中的电荷转移、质量扩散和相变方面起到新的作用，从而在多硫化物离开石墨炔中空结构之前阻止了穿梭效应。实验结果表明，采用这种核壳纳米结构的锂硫电池即使在高电流密度下（0.5C 和 1C）循环约 800 次仍表现出高容量保持率。而作为对比，不采用这种核壳纳米结构的锂硫电池的性能虽然也较好，但是稳定性仍然较前者有一定的差距。此外，作者通过原位的拉曼测试细致地分析了电化学过程。研究表明，具有内嵌Nafion 聚阴离子的纳米结构明显优化了结构内部的电化学反应过程，加速了内部多硫化物的转化，起到抑制多硫化物穿梭从而提升循环性能的效果。而且该电极具有很好的结构保持性能，有效地缓解了硫在电化学反应过程中的巨大的体积变化造成的电极结构的破坏。

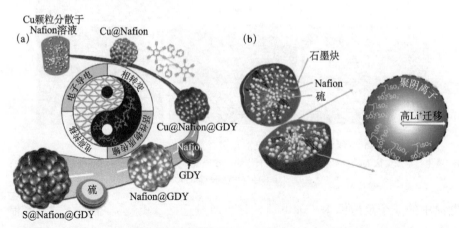

图 5-54　石墨炔/聚合物异质界面的构筑与锂硫电池正极应用 [229]

(a) Nafion@GDY 核壳纳米结构的制备示意图及其二级结构; (b) S@Nafion@GDY 的初级结构示意图

5. 石墨炔改善锂金属负极

使用石墨负极（理论容量为 372 mA·h/g）的锂离子电池已经接近其理论的能量密度（350 W·h/kg），但仍无法达到人们对更高能量密度的需求。在已知的负极材料中，锂金属是最具潜力的负极材料之一，因为它具有超高的理论容量（3860 mA·h/g）和极低的氧化还原电位（相对于标准氢电极为 -3.04 V）[230]。然而，锂金属负极的使用还必须克服如下挑战：①锂枝晶生长不可控制，导致严重的安全问题；②锂金属具有较高的费米能级和高度的热力学不稳定性，导致锂与电解液容易发生不可逆的连续反应，不断地消耗锂和电解液，增加内阻，缩短循环寿命。为了解决这些关键科学问题，科学家尝试了很多的方法[231]，如①通过引入添加剂来构建力学性能更强的固体电解质界面；②构筑多孔膜用于锂的均匀化沉积；③固态电解质用于物理隔离锂枝晶；④用三维导电网络的框架结构来存储锂金属等。

如何实现原子级的均匀沉积和锂枝晶的抑制仍然是研究人员迫切需要解决的问题。石墨炔是具有许多面内空腔（有效孔径为 5.3 Å）的二维碳材料，可以实现锂离子的跨平面无障碍扩散，形成独特的锂离子三维传输通道。敞商虹等[232] 提出了一种室温下的表面聚合法——在铜片上制备超薄石墨炔纳米薄膜（约 10 nm）（图 5-55）。该薄膜很容易实现厘米级的制备，能利用简单的转移方式完整地转移并与现有的锂离子电池隔膜复合。薄膜透明，杨氏模量为 14 GPa。研究人员首次将其用作锂离子选择性分离器，实现了锂离子在电极界面上的原子级均匀扩散，大大提高了成核和生长过程的过电位，从而有效地抑制了锂枝晶。在没有锂枝晶的情况下，电极具有相当高的库仑效率，以及良好的使用寿命。通过理论模拟，我们发现二维石墨炔薄膜是一种

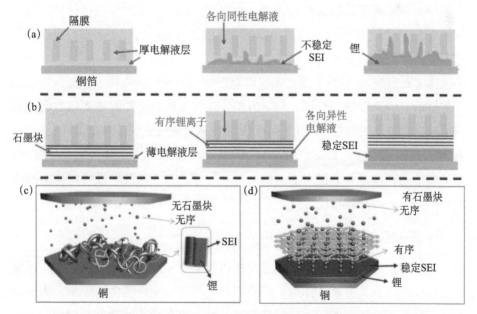

图 5-55 石墨炔用于优化界面出锂离子的传输过程，抑制金属锂晶枝生长 [232]

(a) 各向同性电解液抑制锂枝晶生长的缺陷；(b) 石墨炔将各向同性电解液转变为各向异性电解液的工作机制；(c)、(d) 通过具有原子级空腔的石墨炔薄膜限制锂枝晶生长的可能机制

很有前途的锂离子超滤膜，可实现锂离子的超均匀扩散，并可以有效抑制锂枝晶生长穿刺，实现电池长期可逆性。

石墨炔是富含 sp 杂化碳原子的二维碳材料，sp 杂化碳原子比 sp^2 碳材料具有更高的电子密度，而且理论计算表明石墨炔上的电子由于 sp 和 sp^2 杂化结构而分布不均，而富电子的 sp 杂化碳原子使得石墨炔可能是一种很有前途的亲锂材料。石墨炔对集流体的包覆改性可以提供大量的亲锂活性位点，改善金属锂的沉积过程。商虹等通过理论计算比较发现，在传统的 sp^2 杂化碳材料中，锂原子位于苯环六边形中心的上方，高度为 1.754 Å，相应的吸附能为 -1.18 eV。而在石墨炔上，锂原子可以被稳定吸附于苯环和三角孔洞的一角。与 sp^2 杂化碳材料上的吸附相似，苯环上的锂原子位于石墨炔平面的顶部，高度为 1.798 Å，吸附能相对较低，为 -1.95 eV。然而，锂原子最稳定的吸附构型位于石墨炔的平面上的三角孔处，吸附能低得多，为 -2.60 eV。结果表明，含丰富 sp 杂化碳的石墨炔比 sp^2 杂化碳材料更具亲锂性，有利于锂成核过程的优化。石墨炔薄膜中具有高度亲锂活性的三角孔洞的均匀分布，为解决锂枝晶的关键问题提供了新的启发。为了充分利用石墨炔的高亲石性，在铜纳米线上原位制备了超薄石墨炔纳米薄膜，形成具有均匀分布的亲锂活性位点的三维无缝涂层[233]。与传统铜箔相比，铜纳米线具有更高的比表面积，可以为催化石墨炔的交叉偶联反应提供大量的反应位置。这种质量轻、三维自支撑的集流体（石墨炔@铜纳米线）不仅可以提供许多亲锂活性位点，而且可以提供足够的空间来容纳锂金属。结果表明，在石墨炔修饰的铜纳米线表面上的锂成核过电位比在铜纳米线上的小，从而导致金属锂在集流体上的均匀生长，有效地缓解了锂金属枝晶的生长。石墨炔的改性在锂成核过电位、库仑效率、寿命和抑制锂枝晶等方面有显著的改善。此外，基于该薄电极可以获得高达 1333 mA·h/cm^3 的体积比容量，有望构筑高能量密度的锂金属电池。

（三）石墨炔在燃料电池中的应用

以水为介质的质子选择传输隔膜在燃料电池和液流电池等能源储存系统的发展中起着至关重要的作用。相对于氢氧根离子选择性传输隔膜，质子交换膜是具有更高导电率的隔膜，是发挥燃料电池高功率密度的关键组分。目前已有大量的商业化质子交换膜，包括 Nafion 离子膜、聚苯并咪唑膜和磺化聚醚醚酮膜。此类膜的质子传输性是基于聚合物微相分离形成的离子传输通道，而该种相分离形成的离子传输通道具有若干纳米，且孔大小分布是不均匀的，并且膜的选择性会随着吸水率、温度的变化等出现很大范围的变化。因此，此类膜在具有较高的质子导电性的同时，也存在严重的燃料渗透问题。在直接甲醇燃料电池中，Nafion 膜由于其高的质子导电性和良好的电化学稳定性，仍然是质子交换膜的首选。然而，甲醇渗透会大大降低甲醇的利用率，导致阴极催化剂中毒，使得电池性能迅速下降，从而阻碍了直接甲醇燃料电池作为长期电源的实际应用。几十年来，科学家们一直致力于解决甲醇交叉渗透的问题。目前，利用具有人工纳米孔的二维材料被认为是最有前途的方法。然而，目前流行的二维材料（石墨烯、六方氮化硼）的局限性在于制备和穿孔技术是不可控制的，要实现这种具有均匀人工纳米孔的大规模二维材料具有挑战性。此外，如果不对这些二维材料进行化学改性，它们与Nafion 基体之间的相容性难以实现。因此，在现有二维材料的基础上还很难使直接甲醇燃料电池用质子交换膜实现高选择性和高稳定性。

石墨炔平面内是具有原子级精度可控的孔结构的碳材料，不需要利用复杂、特殊的技术对其进行多孔处理即可得到优异的选择性传输功能。可以看出，全碳石墨炔的天然孔洞为实现质子的选择性传输提供了新的可能性。在Zhao 等 [234] 的深入理论计算研究中，他们分别对 n=1、2、3 和 4（分别对应于 0.69 nm、0.95 nm、1.20 nm 和 1.45 nm 的边长）的石墨炔进行了研究，认为孔径对质子选择传导行为的影响很大（图 5-56）。通过分子动力学模拟，发现水环境中的质子选择传导行为与真空环境中的质子选择传导行为有本质的不同。当 n=1 时，水相中的质子必须与氢离子离解，并与石墨炔的碳原子形成 C—H 键，对应于 (2.80 ± 0.03)eV 的高能势垒。当 n=2 时，质子可以以完整的 H_3O^+ 的形式通过运载机理（vehicular mechanism）穿过膜，或者通过 Grotthuss 机理在两个水分子之间通过膜进行中继而穿过膜，该过程可以产生相对较低的能量屏障。当 n=3 和 n=4 时，水分子可以渗透到石墨炔的孔隙中，形成一个连续的水相，因而在连续的水相中质子可以通过 Grotthuss 机理传导，相应的低活化能垒分别为 (0.27 ± 0.07)eV 和 (0.19 ± 0.02)eV。同时，对于石墨炔（n=3 和 n=4），将形成图案化的水/真空界面，可以有效地阻止甲醇等溶解在水相中的其他物种的渗透。根据计算的势垒，石墨炔中 n=4 可以提供高的面积标准

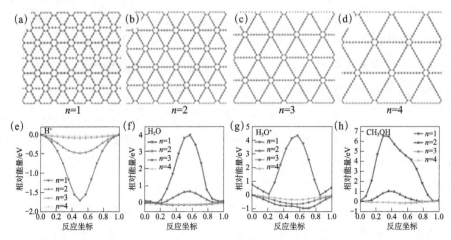

图 5-56　石墨炔炔键数目［(a)～(d)］与其对应的质子和甲醇选择性［(c)～(h)］[234]

化质子电导和超高的质子/甲醇选择性（约 1.0×10^{12}）。因此，在理论上可以看出，石墨炔为发展高效的直接甲醇燃料电池提供了很好的结构基础。

　　在实验室，为实现石墨炔的选择性传输质子的功能，并抑制甲醇的穿梭，汪等做了探索性的工作（图 5-57）[175]。质子转移通道在 Nafion 膜中分布不稳定且较宽，而且随温度和溶胀的影响有较大变化。然而，二维石墨炔全碳骨架中具有大量的刚性二炔键，在较宽的温度范围内，平面内孔道仍然可以保持优异的尺寸稳定性。由此，她们首先想到将这两种材料进行优势互补，将两种材料进行复合并研究了复合材料的选择性传输性质。由于制备具有优异选择性质子转移功能的单层和双层石墨炔薄膜仍然是一项科学挑战，同时如何提高石墨炔与 Nafion 基体的相容性也需要考虑。基于上述原因，她们设计了高质量的氨基化的石墨炔来抑制甲醇的渗透，实现质子的选择性传输。氨基化石墨炔的面内纳米孔比原石墨炔大，保证了质子即使在厚的膜中也能获得面间传输。氨基均匀分布在石墨炔平面上，与 Nafion 分子中的磺酸基团有较强的酸碱分子间相互作用。因此，在氨基化石墨炔附近，Nafion 的微相分离较小，二者显示出较高的相容性。在氨基化石墨炔附近较小的微相分离和固有的面内孔选择性大大抑制了甲醇的穿梭。虽然该石墨炔的加入在一定程度上降低了 Nafion 膜的质子导电率，但却大大地抑制了甲醇的渗透，甲醇的渗透降低了 38%。这样不仅提高了甲醇的利用率，也提高了燃料电池的功率性能和稳定性。这项工作绕开了穿孔技术和碳薄膜制备方面的挑战，

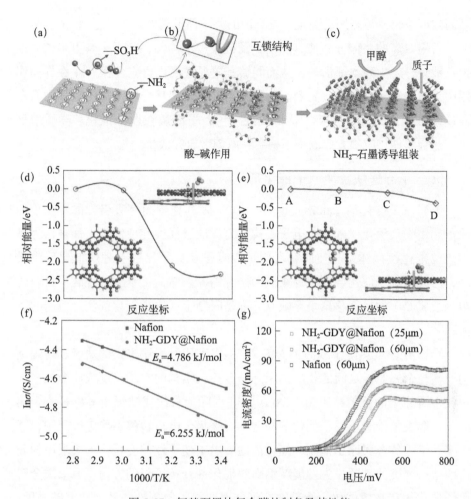

图 5-57 氨基石墨炔复合膜的制备及其性能

(a)~(c)氨基功能化石墨炔与 Nafion 的作用模型; (d)、(e)水合质子和甲醇与氨基功能化石墨炔的理论模拟; (f)、(g)复合膜的质子导电性和甲醇抑制作用[175]

对于构建高选择性、简单易行的二维多孔碳纳米膜具有很大的普适性。

六、石墨炔基多尺度催化剂

如何在温和条件下实现太阳能等绿色能源向高附加值燃料和化学品的转换及利用,是解决当前全球资源紧缺及生态环境恶化等问题的重要途径。催化剂是实现上述转换过程高效进行的关键,它决定了催化反应性能,并最终影响了整体的转换效率。因此,发展新型高选择性、高活性的催化材料是实现高效能量转换与利用的关键，是当前的科学前沿课题。

石墨炔高的炔键分布使其表面电荷分布极不均匀，赋予了其更多的活性位点数量，产生高本征活性，从而能够有效促进催化反应过程[90]。在界面作用中，石墨炔可以与常规材料很好地复合，表现出优异的电荷传输能力，在异质结催化方面展现独特的优势。近几年，石墨炔在原子催化、异质结催化、非金属催化应用方面取得了一系列原创性研究成果。

（一）石墨炔金属原子催化剂

金属原子催化剂（atom catalyst，AC）因其独特而有吸引力的性质（如原子利用率最大化、确定的电子结构、高反应选择性和活性等）而被认为是理想的催化模型体系，使研究者们可以真正从原子尺度上理解催化反应机理，已成为当今催化、能源等领域的研究前沿。然而，基于传统载体材料的单个金属原子的易迁移聚集等缺点，都是限制金属原子催化剂实际应用的巨大障碍。

2018年李玉良院士和薛玉瑞等[130]提出利用石墨炔丰富的炔键、孔洞结构及其与金属原子之间的相互作用并结合多孔结构的空间尺度效应合成零价过渡金属原子的新策略［图5-58(a)］，在国际上首次成功锚定零价过渡金属原子，解决了传统单原子催化剂易迁移、聚集、电荷转移不稳定等问题，真正实现了零价金属原子催化，催化活性展示了变革性的变化，解决了该领域此前从未突破的难题，为发展新型高效催化剂开拓了新的方向。石墨炔金属原子催化剂在高效催化、能量转换等方面取得了原创性、系列性突破进展，已被率先应用于与人们的生活息息相关的裂解水制氢和还原氮合成氨等关系国计民生的重大领域。石墨炔推动了原子催化剂的性质和应用研究。

1. 理论基础

如本章第二节所述，石墨炔的基本结构单元中含有18个C原子，包括具有sp^2杂化的六边形环中的6个C原子和具有sp杂化的线型炔链中的12个C原子。石墨炔的特殊结构使其具备了天然孔洞结构、天然带隙、丰富的化学键、电荷分布不均匀性及高稳定性等独特的性质。石墨炔富含碳碳三键，其π/π^*轨道可以在垂直于—C≡C—的任意方向上旋转，更易于和周围的金属原子相互作用，具有更大的结合能，锚定的金属原子催化剂将具有更高的稳定性，能够有效避免金属原子的团聚[235]。这些都是石墨烯等传统碳材料所不具备的性质。研究者们利用理论计算方法对石墨炔金属原子体系电子结构变化情况进行了详细研究，结果显示石墨炔大三角炔环 S1 位置为金属原子的最佳锚定位点［图 5-58(b)］[130,132, 236–239]。此外，锚定的金属原子能够对石墨炔的电子结构产生显著影响[240]，在石墨炔和金属原子之间产生显著电荷转移及金属原子 s、p 和 d 轨道电荷的重新分布点［图 5-58(c)］。这都将会明

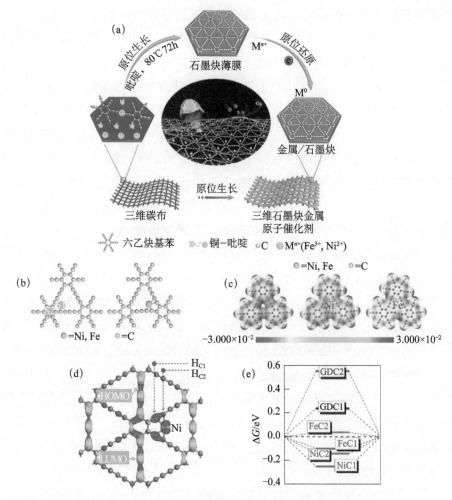

图 5-58　石墨炔金属原子催化剂合成路线及电子结构理论计算[130]

(a) 石墨炔零价金属原子催化剂合成策略；(b) 金属原子锚定位点；(c) 差分电荷图；(d) Ni-on-GDY
上真实空间 HOMO 和 LUMO 等高线图（H_{C1} 和 H_{C2} 分别表示不同 C 位点上的 H 吸附活性位点）；
(e) H 的化学吸附能与自由能曲线（ΔG）的关系

显降低其自由能［图 5-58(d)］，增加体系的活性位点数量。石墨炔金属原子催化剂的这些优势使得其在能量转换与利用等领域显示出巨大的应用前景。

2. 石墨炔零价金属原子催化剂形貌与价态

零价过渡金属原子催化剂一直是催化领域的巨大挑战。科学家们一直期待零价过渡金属原子催化剂的出现。Li 和 Xue 等[130]首次以石墨炔为基底，通过简单、快速的原位电化学还原的方法，高效、可控地实现了对零价过渡金属镍和铁原子的锚定，成功获得了石墨炔零价镍和铁原子催化剂（Ni⁰/GDY 和 Fe⁰/GDY）。该方法具有很强的普适性。Li 等[241]基于该方法获得了首个零价贵金属钯原子催化剂（Pd⁰/GDY）。值得一提的是，自然界中钼普遍以高氧化态化合物形式稳定存在，而传统方法无法得到零价钼原子催化剂。Li 等最近通过石墨炔首次实现对高价态钼原子的还原，获得了零价钼金属原子催化剂（Mo⁰/GDY，负载量高达 7.5wt%）[236]。TEM、HRTEM、XPS、球差电镜及 X 射线吸收谱等结果都充分证明，Ni、Fe、Pd 和 Mo 金属原子相互独立、高度分散地锚定在石墨炔上（图 5-59）。Mo⁰/GDY 的球差电镜表征结果，首次给出了金属原子在石墨炔上锚定位置的清晰照片［图 5-59(m)～(o)］。该实验结果证明了理论计算研究模型的正确性。XANES 能够非常灵敏高效地检测到同一元素的价态变化，可以作为辨别同一种元素不同价态的指纹谱。因此，对所有的样品（Ni⁰/GDY、Fe⁰/GDY、Pd⁰/GDY 和 Mo⁰/GDY）进行了同步辐射原位测试。以 Ni⁰/GDY（Fe⁰/GDY）为例[130]，为了精确地证明金属原子的价态，纯的镍箔（铁箔）被作为对照样品。如图 5-60 所示，Ni⁰/GDY（Fe⁰/GDY）中 Ni(Fe) 的结合能与零价金属的结合能一致，充分证明我们成功制备了石墨炔零价原子催化剂。对催化反应前后及 300℃ 高温处理的样品进行原位同步辐射测试，结果显示金属原子价态仍然为零价，而且依旧保持相互独立高度分散地锚定于石墨炔表面，充分证实了石墨炔零价金属原子催化剂的高稳定性。同样的，XANES 实验结果也证明铁、钯、钼原子均为零价态。

同时利用理论计算从键合能量角度进一步分析了 Ni⁰/GDY（Fe⁰/GDY）中金属原子的价态及金属原子和石墨炔之间的相互作用。以 Ni-3d 轨道为例（图 5-61），在具有高价 Ni²⁺ 的 NiO 上可以观察到明显的开壳效应；零价的 fcc-Ni 则仅有非常轻微的 3d-3d 轨道重叠，表现为典型的闭壳效应；Ni⁰/GDY

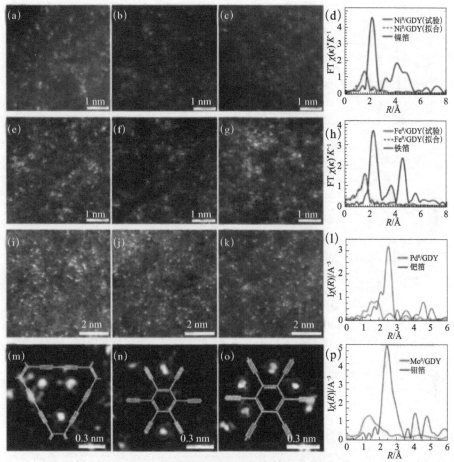

图 5-59　石墨炔零价金属原子催化剂结构表征

(a)～(c) Ni[0]/GDY 球差电镜图; (d) Ni[0]/GDY 与镍箔在镍 K-edge 的非原位 EXAFS 光谱 [130] ; (e)～(g) Fe[0]/GDY 球差电镜图; (h) Fe[0]/GDY 与铁箔在铁 K-edge 的非原位 EXAFS 光谱 [130] ; (i)～(k) Pd[0]/GDY 球差电镜图; (l) Pd[0]/GDY 与钯箔在钯 K-edge 的非原位 EXAFS 光谱 [241] ; (m)～(o) Mo[0]/GDY 球差电镜图; (p) Mo[0]/GDY 与钼箔在钼 K-edge 的非原位 EXAFS 光谱 [236]

表现出非常明显的闭壳效应，与零价的 *fcc*-Ni 结果一致，说明 Ni[0]/GDY 中的金属为零价态。此外，理论计算得到的 Ni—C 键长（1.753Å）与 Ni 3d 轨道能量（9.79 eV）均与实验测量结果一致。利用同样的方法，我们进一步验证了制得的 Pd[0]/GDY 和 Mo[0]/GDY 中的金属均为零价。实验和理论计算结果都充分证明了锚定于石墨炔上的金属原子能够稳定存在，即我们成功制备了零价金属原子催化剂。石墨炔零价原子催化剂的成功合成，解决了传统载

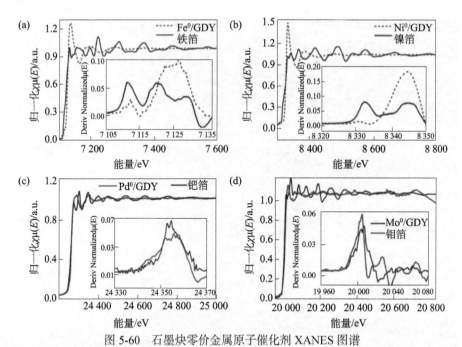

图 5-60　石墨炔零价金属原子催化剂 XANES 图谱

(a) Fe^0/GDY 和铁箔在铁 K-edge 归一化的 XANES 图谱及其一阶导数曲线（内图）；(b) Ni^0/GD 和镍箔在镍 K-edge 归一化的 XANES 图谱及其一阶导数曲线（内图）[130]；(c) d^0/GDY 和钯箔在钯 K-edge 归一化的 XANES 图谱及其一阶导数曲线（内图）[241]；(d) Mo^0/GDY 和钼箔在钼 K-edge 归一化的 XANES 图谱及其一阶导数曲线（内图）[236]

体上单个金属原子易迁移、聚集和电荷转移不稳定等关键问题。对于石墨炔零价原子催化剂，锚定的零价金属原子能够进一步活化锚定位点周围的碳原子[130, 236, 238, 239, 241]，最大化地增加体系的导电性和反应活性位点数量，最大化地提高其催化活性。

3. 石墨炔金属原子催化剂的应用

1）用于电解水产氢

氢气是一种重要的具有高能量密度和可再生的清洁能源，作为能源的载体发挥着重要作用，并且对许多工业过程至关重要。通过析氢反应实现水分解是制备高纯氢的一种简单、经济可行的路线[242]。然而，如何提高电催化或光催化过程中的反应活性、效率及催化剂稳定性，都是目前所面临的重要挑战。石墨炔金属原子催化剂独特的物理化学性质为解决能量转换过程中存在

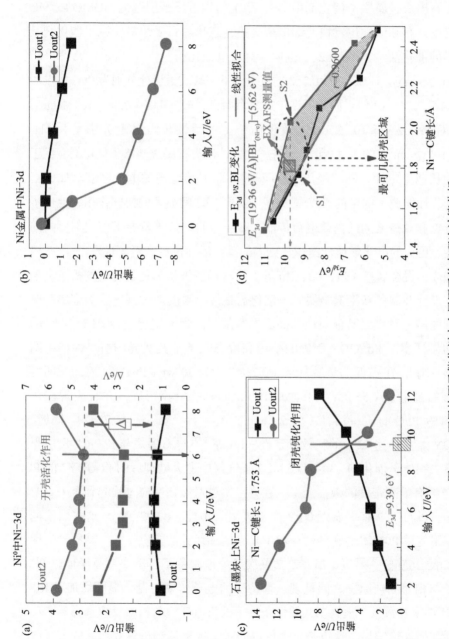

图 5-61 石墨块原子催化剂中金属原子价态理论计算分析

通过开壳和闭壳电荷重叠法测定的 (a) NiO、(b) Ni⁰/GDY 和 (c) Ni-fcc 中 Ni 位点的 3d 轨道能。(d) 轨道能量的变化与源形成的 Ni—C 有关（绿色阴影区域表示与 Ni—C 间距相关的 Ni—C 间距依赖的 Ni 闭壳区域，紫色虚线表示处于热力学平衡状态的 Ni 在 GDY 系统上的最可能的封闭对闭壳层轨道区域；绿色方块表示实验 EXAFS 测量数据）[130]

的问题带来新方案。

在石墨炔金属原子催化剂中[130]，稳定的零价原子引起的 HOMO/LUMO 电荷密度分布和活性位点快速的电荷交换，意味着石墨炔零价原子催化剂具有优异的催化活性（图 5-62）。例如，对于电催化析氢反应，Fe^0/GDY 和 Ni^0/GDY 在 0.5 mol/L H_2SO_4 中，0.2 V 的过电位下，其质量活性分别为 Pt/C 质量活性的 34.6 倍和 7.19 倍。而就活性位点数目而言，Fe^0/GDY（2.56×10^{16} 个/cm^2）和 Ni^0/GDY（2.38×10^{16} 个/cm^2）单位面积上的活性位点数量分别是 Pt(111)（1.5×10^{15} 个/cm^2）的 17 倍和 15.8 倍。此外，该类石墨炔基原子催化剂有优于 Pt/C 的长期稳定性，能够经历 5000 圈循环而保持稳定的电流密度。如此卓越的催化性能源于锚定的 Fe^0/Ni^0 原子与石墨炔之间显著的协同作用，促进了活性位点和载体之间的高效电荷传输，赋予了石墨炔零价原子催化剂更高的导电性、更大的电化学活性面积及更多的反应活性位点数量等优点。

迄今，贵金属基（Pt、Pd、Ru 等）材料仍然被认为是最有效的析氢电催化剂。设计并制备新型贵金属原子催化剂是最大限度地发挥这些贵金属基电催化剂的潜力及克服其稀缺性和高成本等限制因素的理想途径。Li 等[241]的实验结果证实了 Pd^0/GDY 明确的结构和价态赋予了其优异的析氢性能［图 5-62(g)～(i)］，在极低的负载量下（0.2%，仅为 20 wt% Pt/C 的 1/100）即可在极低的过电位（55 mV）下达到 10 mA/cm^2 的电流密度，并且表现出优于 20 wt% Pt/C 的质量活性（61.5 A/mg_{metal}）和转换频率（16.7 s^{-1}）。同时，Pd^0/GDY 兼具长达 72 h 的长效稳定性。Lu 等[243]将石墨炔与 K_2PtCl_4 反应得到石墨炔铂原子催化剂（Pt-GDY），在氩气氛中退火处理后的 Pt-GDY2 的 Pt 5d 轨道拥有最高密度的未占据态，这些空轨道对催化反应过程起到至关重要的作用，Pt-GDY2 有更靠近 0 eV 的氢吸附自由能（0.092 eV）。这些因素的共同作用使得 Pt-GDY2 在酸性环境中具有更加优异的析氢性能，其质量活性为 Pt/C 的 26.9 倍。最近，Li 等[244]首次可控地制备了石墨炔钌原子催化剂，钌原子与相邻的碳原子之间呈现一种特殊的电荷传输机制，显著增加了 Ru/GDY 活性中心数量，提高了其酸性条件下的析氢反应与析氧反应选择性、反应活性和循环稳定性。这也是首个可以同时实现析氢和析氧双功能的金属原子催化剂。为新型催化剂的设计和合成提供了新策略。

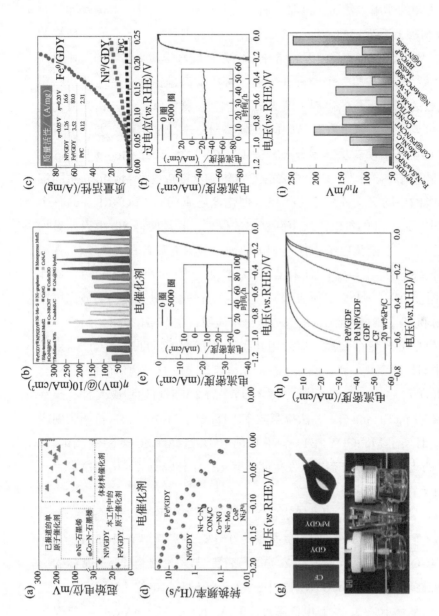

图 5-62　石墨块金属原子催化剂的析氢性能

Fe^0/GDY、Ni^0/GDY 和其他传统单原子催化剂及块体催化剂的起始电位 (a) 及过电位 (b) 的比较; (c) 质量活性; (d) Fe^0/GDY、Ni^0/GDY 与其他 "明星" 析氢电催化剂的转换频率 (TOF) 值比较; Ni^0/GDY(e) 和 Fe^0/GDY(f) 稳定性测试, 闪图分别为其时间 – 电流曲线[130]; (g)CF、GDY、Pd^0/GDY 及三电极电解池的光学照片; (h) Pd^0/GDY 及对照电极的极化曲线; (i) Pd^0/GDY 和其他传统单原子催化剂及块体催化剂在 10 mA/cm 时的过电位比较[24]

2）用于氮还原合成氨

氨是现代工业和农业生产最基础的化工原料之一，对人类的生产、生活等有至关重要的作用。然而，目前工业上主要在高温、高压（400～600℃和20 M～40 MPa）等苛刻的条件下合成氨，不仅耗能巨大，还会导致环境的严重污染。因此，如何实现常温、常压下高效合成氨受到科学界和工业界广泛关注。Mo^0/GDY 是第一个能够在常温、常压下高选择性、高活性和高稳定性合成氨的零价原子催化剂（图 5-63）[236]。在氮气氛围中，钼为最优的氮气吸附位点，从能量上看，最倾向于形成 Mo—N≡N 结构。进一步研究 Mo^0/GDY 的电子活动。从其差分态密度（PDOS）上来看，Mo 4d 和 C-p 轨道主要控制电荷转移行为，两个主要的 C 成键和反键轨道将 Mo 4d 轨道固定在费米能级的中间交叉处。这使得在电催化氮还原反应（ECNRR）的各个中间步骤中，Mo 4d 的价电子态得到稳定的保护，并且使得 Mo 位点能更加轻易地从周围 C 上聚集电子，促进 Mo 与 N 之间的电荷转移［图 5-63(a) 和 (b)］。此外，计算结果显示，C1 和 C2 都是能量上优选的 H 吸附位点。额外的化学吸附能说明，C1 是实现 H 吸附，发生质子-电子电荷交换的最优位点［图 5-63(c) 和 (d)］。对局域结构的进一步分析表明，在［$NH_2\cdots NH_3+(H^++e^-)$］步骤中发生单极 N 键的解离，有效阻止了 N 中间体的过度结合。该结果与 N—N 键中间体的变化一致，确保了在抑制析氢反应或 H 解离时的能量补偿。在 N_2 饱和的 0.1 mol/L Na_2SO_4 中，Mo^0/GDY 在 1.2 V 时可达到最大 NH_3 产率［113.4～145.4 μg/(h·mg_{cat})］和法拉第效率（15.2%～21.0%）；未检测到副产物的生成，证实了 Mo^0/GDY 在 ECNRR 中的 100% 选择性；在 ECNRR 测试后，Mo^0/GDY 的化学结构和价态均未发生明显变化，充分说明其结构的稳定性。

3）用于氧还原反应

Gao 等[132] 利用 $NaBH_4$ 对石墨炔表面 Fe^{3+} 的原位还原，成功制备了一种石墨炔基铁原子催化剂（Fe-GDY，负载量为 0.63%）。实验结果表明，Fe-GDY 可以促进 4e-ORR 路径，同时限制 2e-ORR 路径，与理论预测具有非常好的一致性。在碱性环境（0.1 mol/L KOH）中，Fe-GDY 的起始电位（U_{onset}=0.21 V）、半波电位（$U_{1/2}$=0.10 V）、动态电流密度（0.1 V 下，i_k=6.70 mA/cm^2）、速率常数（k=1.47×10^{-2} cm/s）均接近商品化 Pt/C。与此同时，对比 Fe-GDY 5000 圈加速稳定测试（ADT）前后的起始电位、半波电位及速率常数，其变动可以忽

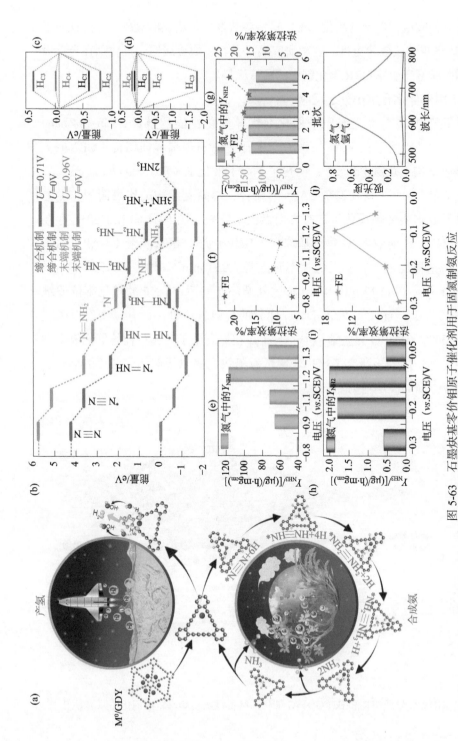

图 5-63 石墨块基零价钼原子催化剂利用于固氮制氨反应

(a) 催化过程的合成和结构构造演变; (b) GDY-Mo 上的 ECNRR 能量通路; (c) H—吸附质在 Mo⁰/GDY 的 C 位上的形成能; (d)C 位上的 H 化学吸附能; Mo⁰/GDY 在 0.1 mol/L Na₂SO₄ 中 NH₃ 产量比较 (e), 不同电位下法拉第第效率 (FE) (f) 及稳定性实验结果 (g); 在 0.1 mol/L HCl 中不同电位下的 NH₃ 产量 (h) 和 FE(i); (j) N₂ 和 Ar 氛围中 ECNRR 测试后的 UV 结果[236]

略不计。相应地，对于商品化 Pt/C，这些参数发生了明显的衰减，充分证实了 Fe-GDY 卓越的长效稳定性。这项研究揭示了石墨炔金属原子催化剂在合理设计与制备新型高活性 ORR 催化剂中的独特优势。

4）用于催化有机小分子反应

受到石墨炔零价金属原子催化剂优异催化性能的鼓舞，Liu 和 Zhang 等[245] 通过基于溶液的 vdW 外延法合成石墨炔/石墨烯异质结构（GDY/G），在此异质结构上负载 Pd 原子，构建了单原子催化剂（Pd1/GDY/G），最高负载量为 0.855 wt%。这在避免 SACs 的聚合、提高支撑物的比表面积和导电性、以低成本实现规模化生产等方面做出了突破（图 5-64）。在 NaBH$_4$ 存在时，Pd$_1$/GDY/G 能够实现 4-硝基苯酚（4-NP）向 4-氨基苯酚（4-AP）的高活性、高选择性催化，其反应速率常数为 0.953 min^{-1}，约为 Pd/C 的 44 倍；其转化频率为 1762.17 min^{-1}。10 次重复循环实验后，4-NP 的转化率依旧维持在 99% 以上，证明了 Pd$_1$/GDY/G 优异的长效稳定性。此外，密度泛函理论计算表明，GDY/G 异质结构中的石墨烯在提高电子转移过程的催化效率方面起到关键作用。该研究工作也表明了石墨炔金属原子催化剂在有机小分子催化反应方面的应用潜力。

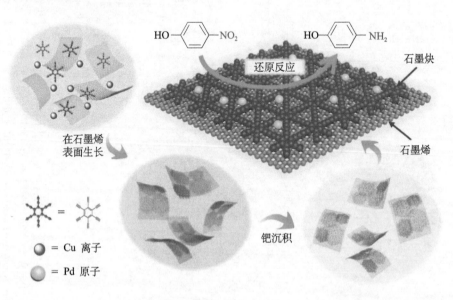

图 5-64 GDY/G 异质结构和 Pd1/GDY/G 催化剂制备以及 4-硝基苯酚催化还原示意图[245]

（二）石墨炔异质结催化剂

单相催化剂具有高的催化效率，在制备成本上和制作工艺上具备极大的优势，但其反应选择性差、电荷传输能力低、稳定性差等缺点限制了其实际应用过程。有效克服单相催化剂存在的这些问题，对于新型催化材料的研究开发意义重大。将不同类型的材料与石墨炔进行复合，便可以形成具有特殊结构的石墨炔基异质结催化材料。基于石墨炔富电子的大面积共轭体系与良好的可调带隙结构，石墨炔基异质结材料展露了非常优秀的电荷转移能力。此外，石墨炔的多孔结构、丰富的活性位点及良好的化学稳定性，使得石墨炔基异质结催化剂拥有更优异的反应活性、选择性和光电催化能力。特别是，石墨炔可在任意材料表面温和可控生长的性质，使其在催化领域中发挥着重要的作用，为解决能量转换过程中存在的问题带来了新的思路，为构建具有高选择性、高活性和高反应稳定性的催化体系提供了新的解决方案。

1. 析氢反应

Li 和 Xue 等创新性地以自支撑的铜纳米线阵列（Cu NA）为基底，通过自催化原位生长的方式构筑了三维自支撑石墨炔纳米线阵列电极材料（Cu@GDY NA）[246]，并将其成功用于析氢反应中。实验结果证明，石墨炔与零价铜原子［Cu(0)］相互作用形成催化活性中心，其独特的电子结构和导电性显著增强了电荷转移能力，在酸性条件中（0.5 mol/L H_2SO_4）显示了优异的催化活性和稳定性。这也是第一个石墨炔基析氢催化剂。水分解的过程包括析氢反应和析氧反应，目前析氧催化剂通常在碱性环境展现出优良的性能，为了提高水分解反应的整体性能，发展宽 pH 范围内具有优异催化性能的析氢催化剂是该领域的挑战之一。针对该挑战，我们团队发展了在石墨炔表面原位组装生长异质结的普适方法，可控合成了系列在宽 pH 范围内都有优异析氢催化性能的石墨炔基异质结催化剂[247]。在 Yu 等的研究工作中[248]，首先在碳布表面均匀生长石墨炔薄膜，然后以此为基底，通过湿化学法在石墨炔表面原位可控生长超薄二硫化钼（MoS_2）纳米片，得到三维柔性石墨炔/二硫化钼异质结电极材料（eGDY/MDS，图 5-65）。实验结果证明，二硫化钼与石墨炔之间形成紧密接触的异质结界面，同时石墨炔诱导二硫化钼由 2H 相向 1T 相转变，实现从半导体到金属性质的转变，使得材料

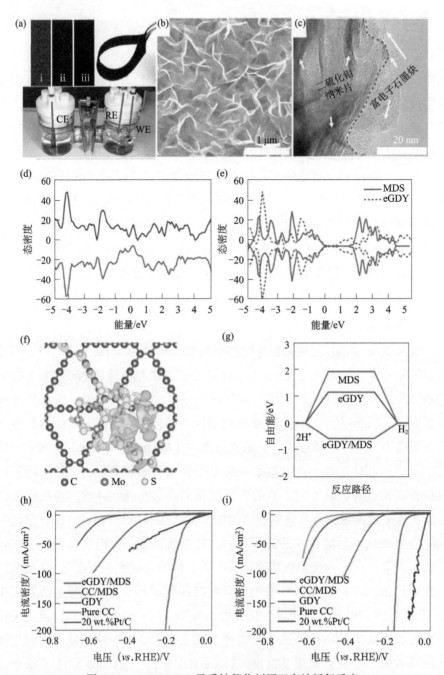

图 5-65 eGDY/MDS 异质结催化剂用于高效析氢反应

(a) 样品 (i) 碳布、(ii) 石墨炔和 (iii) eGDY/MDS 的光学照片；eGDY/MDS 的扫描 (b) 和高分辨 TEM 照片 (c)；eGDY/MDS(d) 和对照样品 (e) 的态密度结果；(f) eGDY/MDS 差分电荷；(g) 样品 H 吸附自由能图；样品分别在碱性 (h) 和酸性 (i) 条件下的极化曲线[248]

的电荷传输能力大幅提高，进而优化其自由能，在酸性（0.5 mol/L H_2SO_4）和碱性（1.0 mol/L KOH）条件下的催化性能都得到巨大的提升，特别是在1.0 mol/L KOH 中的催化活性超过 Pt/C。上述石墨炔负载型异质结的可控合成方法具有很高的普适性，被成功拓展到其他石墨炔负载型复合材料的制备中，如 $MoS_2/NGDY$[165]、$GDY-MoS_2$ NS/CF[249]、WS_2/GDY[154] 等。

　　虽然石墨炔负载型电催化剂在从酸性到碱性的宽 pH 范围内都表现出优异的催化活性，但是在研究过程中我们发现，负载于石墨炔表面的催化剂如果长时间暴露在电解液中会逐渐被腐蚀，导致结构形貌等的变化，降低使用寿命。石墨炔是唯一可在任意基底表面低温温和可控生长的碳材料，可有效实现对催化剂材料的包覆，保护催化剂不被腐蚀，提高其稳定性。与此同时，石墨炔自身的高本征活性、丰富的活性位点数量及大的表面积等优势，都有利于催化剂催化活性的最大化。在 Hui 等[148] 的研究中，石墨炔前驱体六乙炔基苯与铁钴层状双氢氧化物（ICLDH）夹层的阴离子交换，进入 LDH 层间通道，并与 LDH 结构形成氢键等，从而在 LDH 层表面进行高度有序自组装，在限域状态下聚合形成石墨炔膜。石墨炔和 LDH 紧密接触引起的应力/应变将进一步扩大层间距，最终实现对块状 LDH 的剥离，得到石墨炔包覆层状双氢氧化物（layered double hydroxide，LDH）片层的三明治结构催化剂［e-ICLDH@GDY/NF，图 5-23(c)］。实验证明，GDY-LDH之间形成异质结结构，能够显著降低溶液阻抗及电荷转移阻抗，提高其电荷转移能力；电化学活性面积显著增加，提高了其催化活性。例如，在碱性条件下，e-ICLDH@GDY/NF 表现出比 Pt/C 更高的催化活性，在过电势为 200 mV 时其转换频率高达 8.44 s^{-1}，析氢活性在连续 37 000 个循环伏安（CV）测试后无衰减，远远超过纯 FeCoLDH 的稳定性（3000 个 CV 后衰减 35%）。上述研究结果证明石墨炔不仅能够极大地增加催化剂的催化活性，更能有效地提高催化剂的稳定性。该工作对于构建高催化活性、高稳定性的非贵金属基电催化剂提供了新思路。该方法具有很强的普适性，经后续拓展获得了一系列具有优异催化性能的石墨炔包覆型电催化剂（NiO-GDY NC[250]、CoN_x@GDY[251]、FeCH@GDY[252]、$GDY-MoS_2$ NS/CF[249]、GDY/CuS[253] 等）。

2. 光催化产氢

在形成的石墨炔/半导体异质结中，空穴可以通过异质结传导至石墨炔中，有效地阻止光生电子-空穴的复合，使材料表现出优异的光催化性能。Lu 等[155]将石墨炔与 CdS 的纳米颗粒复合得到可用于光催化制氢反应的复合材料。研究结果显示，石墨炔不仅能够稳定 CdS，还能有效地转移光生空穴，有效阻止光生电子-空穴的复合，当石墨炔含量为 2.5 wt% 时，催化剂性能是纯 CdS 的 2.6 倍。该催化剂也展现出了更为优秀的稳定性。Li 等[254]制备了 CdSe QDs/GDY 复合材料并用于光催化产氢反应。实验结果证明，石墨炔可作为空穴传输层，提高光生电子-电荷分离效率，从而提高了材料的光催化产氢性能。Jin 等[255]制备了石墨炔包覆的 CuI 复合材料。实验结果证明，相比于 CuI 和石墨炔较低的光催化制氢效率（分别为 29.42 μmol/5h 和 156.49 μmol/5h），GDY-CuI 析氢效率得到极大的提高（465.95 μmol/5h）。

3. 析氧反应

析氧反应作为水分解的重要半反应，其缓慢的动力学过程严重限制了电解水过程的整体动力学性能和效率，导致需要大的过电位才能达到理想的反应速率。如何设计并可控制备高效稳定的新结构析氧催化剂，认识并诠释材料的本征催化行为，最终实现电催化效率的跃升，始终是该领域的一个重要难题。利用石墨炔可在任意基底上可控生长的特性，Li 和 Xue 等[152]制备了三维石墨炔电极，并以其为基底可控生长了 $NiCo_2S_4$ 纳米线阵列，获得了首个石墨炔基析氧催化剂——$NiCo_2S_4$ NW/GDF。与纯 $NiCo_2S_4$ NW 相比，$NiCo_2S_4$ NW/GDF 的析氧活性和稳定性都得到极大提高。Hui 等[148]将石墨炔包覆的超薄 LDH 纳米片阵列（eICLDH@GDY/NF）用于析氧反应，在碱性条件下，电流密度为 10 mA/cm^2 时的过电位仅为 216 mV，且经过 47000 个连续 CV 测试，其催化活性几乎无衰减；Yu 等[256]制备了石墨炔包覆 NiO 纳米立方体异质结构（NiO-GDY NC），在 1.0 mol/L KOH 中，NiO-GDY NC 在 278 mV 的低过电位下即达到 10 mA/cm^2 的电流密度；为了拓展金属氮化物在析氧反应中的应用，Fang 等[251]做了探索性工作，制备了石墨炔包覆二维氮化钴纳米片阵列电极（CoN$_x$@GDY NS/NF），与纯氮化钴相比，其催化性能得到显著提高。上述催化剂均具有比 RuO_2 优异的析氧活性。最近，Li 等[257]利用空气等离子体方法使石墨炔表面具备了更多的含氧基团（如—O—、

—OH 和—COOH 等），亲水的石墨炔表面显示了更高的电负性，有利于水分子的吸附，改善了界面上物质/电子传输效率，与 CoAl(CO$_3^{2-}$)LDH 形成的复合催化剂（CoAl-LDH/GDY）相比具有更高的析氧催化活性。

除了在电催化析氧反应中的应用之外，石墨炔也可作为空穴传输层构筑性能优异光/光电催化产氧催化材料。例如，Li 等[257] 将 CoAl-LDH/GDY 用作光阳极时，获得了较好的光电催化析氧反应活性。Zhang 等[258] 在 Si 基底表面原位生长石墨炔，随后利用磁控溅射技术在石墨炔表面可控地镀上具有一定厚度的 NiO$_x$ 膜，获得了 SiHJ/GDYNiO$_x$ 异质结材料（图 5-66）。研究结果显示，NiO$_x$ 镀层厚度为 10 nm 时，催化剂具有最高的光电流密度（39.1 mA/cm^2），是具有相同 NiO$_x$ 镀层厚度的 SiHJ/NiO$_x$ 的两倍。Si 等[156] 通过 π-π 堆积作用构建了 Z 型 Ag$_3$PO$_4$/GDY/g-C$_3$N$_4$ 异质结构，该材料显示了优异的电荷分离和转移效率，APO-0.05%GDY-1%CN 表现出高产氧能力 [753.1 μmol/(g·h)]，是纯 Ag$_3$PO$_4$ 纳米粒的 12.2 倍。Mao 等[259] 发现疏水性的石墨炔与亲水性的 Ag$_3$PO$_4$ 能形成稳定的油包水型 Pickering 乳液。研究发

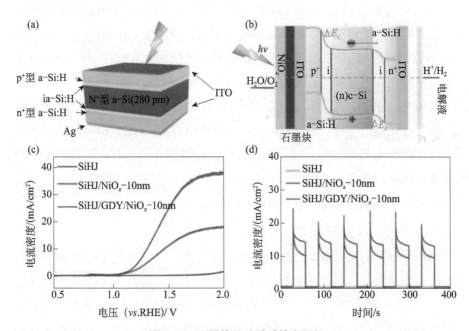

图 5-66　石墨炔基硅异质结光阳极

(a) SiHJ 示意图；(b) SiHJ 光阳极能带示意图；镀有 10 nm 厚度的 NiO$_x$ 薄膜的 SiHJ 在有/无石墨炔修饰时光电极材料的析氧反应测试电流密度－电压极化曲线 (c) 及光电流密度对比图 (d)[258]

现，石墨炔能够增强乳液稳定性，改善能带结构，促进载流子传输，进而提高其催化性能。与碳纳米管和石墨烯等材料相比，Ag_3PO_4/GDY 对于亚甲基蓝的降解反应具有更高的降解表观速率常数（0.477 min^{-1}），反应活性提高 1.89 倍。该系列研究证明了石墨炔在光催化体系中具有的巨大潜力。

4. 全水解反应

寻找能在相同 pH 水电解质中同时展现高活性、高稳定性的析氢和析氧非贵金属催化剂，仍然是水分解领域的巨大挑战。针对该挑战，Li 和 Xue 等较早地利用石墨炔可在任意基底上可控生长的特性制备了三维石墨炔基底，在其表面可控生长 $NiCo_2S_4$ 纳米线阵列。将 $NiCo_2S_4$ NW/GDF 同时用作电解池的阳极和阴极，得到首个石墨炔基全水解电解池[152]。在 1.0 mol/L KOH 中，电位为 1.53 V（标准析氢电位）时，即可达到 10 mA/cm^2 的电流密度，远超 RuO_2∥Pt/C 的性能（1.63 V@10 mA/cm^2），在电流密度为 20 mA/cm^2 时，持续工作 140 h 后性能几乎无衰减。此外，通过石墨炔在类水滑石[148]、金属氧化物[256]、金属氮化物[251]等材料表面的原位生长，后续还获得了性能更优异的全水解催化剂。例如，e-ICLDH@GDY/NF 构成的全水解电解池在 1.49 V 标准析氢电位时即可获得 1000 mA/cm^2 的超高电流密度［图 5-67(a)~(f)］，远超 RuO_2∥Pt 体系的性能及已报道的电催化剂的性能，并且能在 100 mA/cm^2 的高电流密度条件下连续工作超过 60h 后性能无衰减[148]，阳极析氧法拉第效率为 (97.40 ± 1.30)%。Liu 和 Zhang 等[92] 在 $BiVO_4$ 表面生长石墨炔的纳米墙［图 5-67(g)~(k)］，构筑了石墨炔-$BiVO_4$ 异质结材料（GDY/$BiVO_4$），并被用于光电催化全水解反应中。实验结果证明，石墨炔有效地改善了 $BiVO_4$ 中载流子重组现象，提高了其稳定性和反应活性，在 1.23 V（标准析氢电位）时，电流密度为 1.32 mA/cm^2，是纯 $BiVO_4$ 的 2 倍。

5. 在其他反应中的应用

Mao 等[134] 发现石墨炔及其氧化物可作为 Pd^{2+} 化学法沉积的还原剂，所获得的石墨炔负载金属钯纳米颗粒复合物可高效催化还原 4-硝基苯酚。在此基础上，Shen 等[131] 制备了一种由 Pt-NP 和石墨炔组成的杂化材料，并研究了催化醛和酮氢化反应。多孔石墨炔与铂纳米粒子（Pt NPs）的强相互作用可以防止 Pt NPs 在石墨炔表面的热迁移，从 Pt NPs 到石墨炔的强电荷转移可

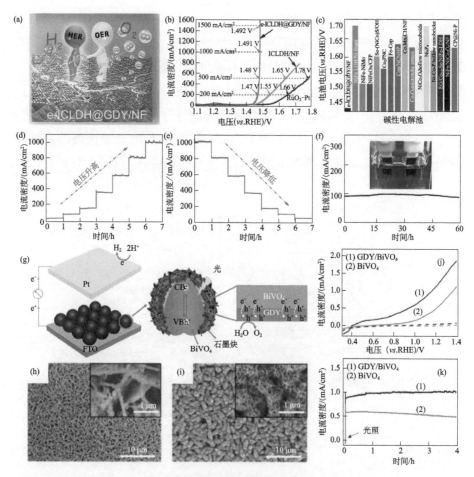

图 5-67 石墨炔基异质结催化剂在全水解反应中的应用

(a) e-ICLDH@GDY/NF 全水解示意图; (b) 样品全水解性能极化曲线; (c) e-ICLDH@GDY/NF 全水解性能与已报道催化剂的比较; 随着电池电压增加（红线）(d) 和减少（蓝线）(e) 记录的电流密度－时间曲线; (f) e-ICLDH@GDY/NF 在碱性电解槽中恒压（1.56 V）持续 60 h 以上分解水的电流密度－时间曲线（插图: 双电极系统的照片）[129]; (g) PEC 装置中 GDY/BiVO₄ 光电阳极的示意图及界面处光生激子的迁移图; BiVO₄(h) 和 GDY/BiVO₄(i) 的扫描电镜图; (j) 在 Xe 灯辐射下, BiVO₄ 和 GDY/BiVO₄ 光电极材料的电流-电压图像; (k) BiVO₄ 和 GDY/BiVO₄ 光电极材料在 4 h 测试中的电流密度-时间曲线[92]

以调控 Pt NPs 的电子密度, 增强金属纳米颗粒和反应物之间的相互作用。在石墨炔悬浮液中加入 0.05 mol/L H₂PtCl₄ 和 1 mol/L 乙酸钠/乙二醇, 将反应混合物在 160 ℃微波下加热 2 min 以形成 Pt-GDY。Pt-NP 平均粒径为 2.05 nm, 实际负载率为 13.4 wt%。在室温条件下乙醇溶液中, Pt-GDY 催化剂 12 h 内即可达到 100% 的高转化率。乙基-2-氧代-4-苯基丁酸酯的氢化反应可在 12 h

内完成（图 5-68）。与 Pt 负载量为 20 wt% 的商业 Pt-C 相比，Pt-GDY 具有更高的起始反应速率。Pt/C 在温度 >40℃时活性下降，而 Pt-GDY 的活性则随着反应温度的升高而增强，这可能是由于石墨炔对 Pt-NPs 的保护作用。

作为一种优异的空穴传输材料，石墨炔也已被用于光/光电催化降解等反应。Wang 等 [158] 的研究显示，石墨炔能够有效地降低 P25 TiO₂ 的带隙宽度，相比于 P25-碳纳米管和 P25-石墨烯，P25-GDY 展现出更加优秀的光催化活性，能够高效地光催化降解亚甲基蓝，当石墨炔含量为 0.6 wt% 时，P25-

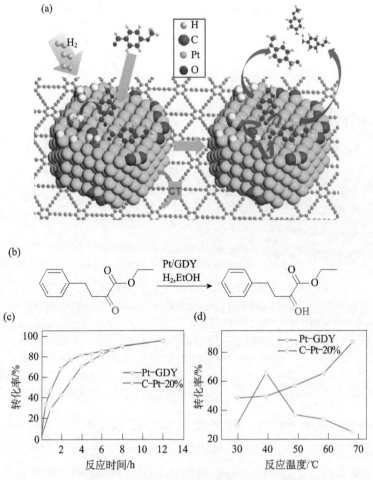

图 5-68　Pt-GDY 用于催化醛酮氢化反应 [131]

(a) Pt-GDY 复合物催化醛酮加氢的反应机理; (b) 乙基-2-氧代-4-苯基丁酸酯加氢反应;
Pt-GDY 与 Pt/C 催化加氢反应的比较: (c) 反应速率; (d) 反应温度

GDY 具有最优催化活性。Yang 等[87]的研究结果显示，石墨炔与 $TiO_2(001)$ 晶面复合形成的催化剂具有高载流子分离效率、光生载流子寿命及光催化氧化能力，光催化降解亚甲基蓝反应速率是纯 $TiO_2(001)$ 的 1.63 倍。最近，Yang 等[250]的研究结果显示，石墨炔/TiO_2、氧化石墨炔/TiO_2 之间的强相互作用能够优化空穴传输和增大光电流密度，无偏压时，氧化石墨炔/TiO_2 光电流密度约是纯 TiO_2 的 10 倍。

（三）石墨炔基非金属催化剂

金属基催化剂成本高且稳定性差，严重限制了其工业化应用。无金属碳材料具有丰富可调的化学/电子结构及对酸性/碱性条件的高耐受性，是一类非常有前景的催化剂。石墨炔具有丰富的碳化学键、天然孔洞结构及表面电荷分布不均匀等特性，是一类优良的非金属催化剂。石墨炔可控的制备过程、明晰的化学结构为研究无金属催化反应机制提供了理想模型，同时为制备大面积性能优异的柔性电极材料提供了研究思路，开创了新型无金属电催化剂研究的一个新方向。

1. 电解水

在 Xing 等[252]的研究工作中，以氟原子取代的石墨炔前驱体在碳布上可控生长了三维柔性氟化石墨炔（p-FGDY/CC）电极材料，其独特的化学/电子结构使无金属 p-FGDY/CC 电极在全 pH 条件下都具有高析氢、析氧及全水解（overall water splitting，OWS）活性和稳定性（图 5-69）。例如，在酸性及碱性条件下，电流密度为 10 mA/cm^2 时，析氢过电位分别只有 92 mV 和 82 mV。该催化活性可分别经过 3000 个和 8500 个 CV 循环之后不发生明显衰减，性能超过当时已报道的非金属乃至大部分金属催化剂。此外，该催化剂也表现出优异的析氧活性，在酸性及碱性条件下电流密度达到 10 mA/cm^2 时，过电位分别为 600 mV 及 475 mV。理论计算表明强 F—C 键导致 p–电子轨道重分布，增强了 C2 位点的富电子特性，从而提高了电子转移能力。这保证了 p-FGDY/CC 对各种 O/H 中间体的吸附/解吸具有更高的选择性，确保了 p-FGDY/CC 在全 pH 条件下具有优异的水分解性能。Zhao 等[260]制备了 N、S 共掺杂的石墨炔基析氧电催化剂，通过优化 N、S 原子的比例，实现了对其析氧活性的调控，在电流密度为 10 mA/cm^2 时，其过电位只有 299 mV，低于

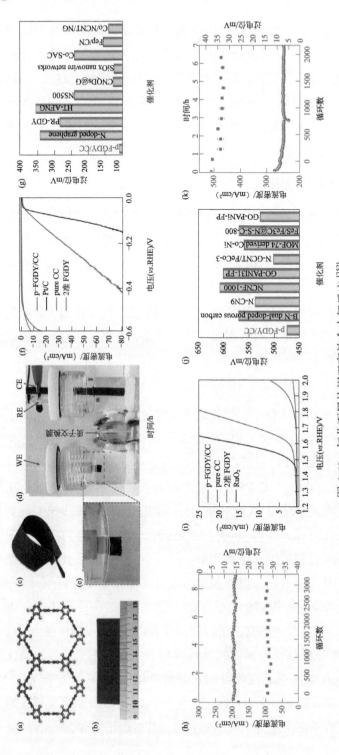

图 5-69　氟化石墨块用于高效全水解反应[252]

(a) FGDY 的结构示意图；(b) p-FGDY/CC 的照片；(c) p-FGDY/CC 的照片；(d) 三电极系统照片；(e) WE 的放大图像；(f) 催化剂在
1.0 mol/L KOH 中的析氢极化曲线；(g) p-FGDY/CC 与报道的无金属和金属基催化剂析氢性能的比较；(h) 析氢过程中 p-FGDY/CC 在 1.0 mol/L KOH 中的长
期稳定性实验；(i) 催化剂在 1.0 mol/L KOH 中的析氧极化曲线；(j) p-FGDY/CC 与报道的无金属和金属基催化剂析氧性能的比较；(k) 析氧过程中 pFGDY/
CC 在 1.0 mol/L KOH 中的长期稳定性实验

RuO$_2$ 催化剂（305 mV），性能也优于 N 或 S 单独掺杂的石墨炔。这是双掺杂和立体位置协同作用的结果。其中，sp-N 在所有的 N 构型中占据主导地位，可显著降低过电位，进一步引入 S 元素可提高电流密度，使其具有更好的催化活性和更快的动力学。

2. 氧还原反应

杂原子掺杂的石墨炔不仅在电解水领域展现出优异的性质，分子设计有序掺杂的石墨炔对促进氧还原反应动力学也有重要的意义。Li 等设计了一种 N、F 共掺杂的石墨炔[128]，在碱性环境下（1.0 mol/L KOH），催化剂展现出与 Pt/C 电极相当的催化活性，且具有优异的稳定性，在经历了 6000 个 CV 循环之后，性能未发生明显变化，并且自制了以 NFGDY 为阴极催化剂的一次性锌空气电池。测试结果显示，以 NFGDY 为阴极催化剂的电池开路电压为 1.18 V，与商用电池接近。Zhao 等[129] 通过环取代乙炔基团将一种新形式的氮掺杂基团——sp 杂化的氮（sp-N），引入超薄石墨炔的化学定义位点中，设计合成了一种 sp-N 掺杂的石墨炔，并用于催化 ORR（图 5-70）。sp-N 掺杂促进了 O$_2$ 在催化剂表面的吸附和电子转移，使材料具有优异的电催化 ORR 性能。在碱性条件（0.1 mol/L KOH）下，其具有比 Pt/C（76 mV/dec）更小的塔菲尔斜率（60 mV/dec），同时具有与 Pt/C 催化剂（0.86 V）相接近的半波电位（0.87 V），且具有更好的甲醇耐受性。在酸性条件下，性能略低于 Pt/C，但性能仍优于其他非金属催化剂。

黄和李等制了一种 N 掺杂的石墨炔[118]。电化学测试显示，在 0.1 mol/L KOH 溶液中 N 550-GDY 在 0.05 V（*vs.* RHE）时的极限电流密度达到约 4.5 mA/cm^2，可以与 20% 的 Pt/C 相媲美，且 N 550-GDY 展现出优秀的稳定性，持续运行 40000 s 后，性能仍有原本性能的 96%，同时具有对交叉效应的耐受性。为阐述 N 掺杂对石墨炔电子结构的影响，进行了量子力学计算。计算表明，与 N 掺杂物相邻的 C 原子具有明显更高的正电荷密度，以抵消 N 原子的强电子亲和力，促进了电子从阳极移动，从而促进了 ORR 反应。计算结果还发现，亚胺 N 对吡啶原子 N 的相邻 C 原子的电荷密度显示出更大的正效应。

3. 光催化

石墨炔作为一种直接带隙的天然半导体，具有很好的电子和空穴传输能

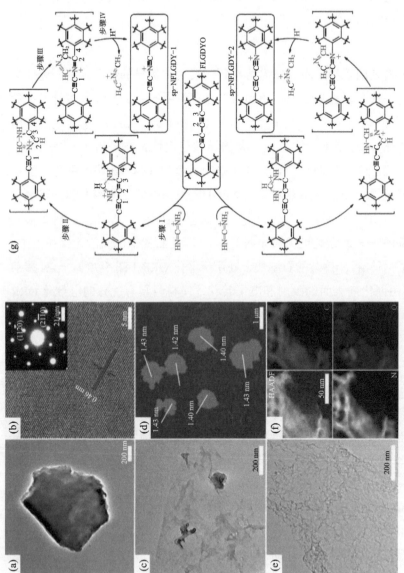

图 5-70 样品形貌结构表征及合成过程示意图

(a) BGDY 二维形貌 TEM 图像; (b) BGDY 的 HRTEM 图像; (c) BGDY 的 TEM 图像; (d) FLGDYO 的 AFM 图像和 FLGDYO 纳米片的厚度; (e) NFLGDY-900c 的 TEM 图像, 显示出明显的褶皱和瘢痕; (f) NFLGDY-900c 中 C、N、O 原子的高角环形暗场 (HAADF) 和电子能量损失谱 (EELS) 映射; (g) sp 杂化氮原子掺杂石墨块过程[129]

力，已被作为一种优异的光催化非金属材料用于光催化过程。受益于石墨炔优异的空穴传输能力及其与 g-C$_3$N$_4$ 间的强相互作用，g-C$_3$N$_4$/GDY 光生电子寿命提升了 7 倍，石墨炔可快速地转移 g-C$_3$N$_4$ 的光生空穴，有效抑制了光生载流子复合，提升了异质结构的光电催化性能。在 0 V 的电位下，相比于 g-C$_3$N$_4$（$-32\ \mu A/cm^2$），异质结构的光电流密度获得了大幅增长（$-98\ \mu A/cm^2$），展现了更加优越的光催化解水能力[94]。Xu 等[261] 将石墨化的氮化碳与石墨炔复合形成了异质结构，提高了载荷子的分离效率并延长了载荷子的寿命，电子在光催化剂中的流动加快，减小了析氢反应的过电位。Pan 等[262] 以吡啶基、吡嗪基及三嗪基单体为原料，通过液/液界面处聚合得到三种新的氮掺杂石墨炔。随着氮含量比例的增加，材料表面逐渐由润湿性向亲水性转变。实验结果证明，光照下，亲水性最好的 N3-GDY 表现出最高的催化活性，如 NADH 转换率在 3 h 内可达 35%。相较于 N1-GDY 和 N2-GDY、N3-GDY 具有更大的负电位，同时较高的亲水性保证了催化剂与溶液紧密接触，并促进了 NADH 再生反应。

第五节 挑战和展望

石墨炔独特的化学结构和电子结构展示了物理和化学新性质、新效应和新现象，为实现光、电和磁学、光电、催化、储能、智能器件及新模式能量转换技术的变革性突破提供了宝贵的材料源泉和契机。新时期表征手段、理论、大数据的迅速发展为我们带来很多新知识，是石墨炔未来发展的命脉。石墨炔原子催化新理念的建立，改变了传统的催化观念。长期以来，科学家们一直期待稳定的零价金属原子催化剂的出现，制备零价金属原子催化剂也一直是催化领域的巨大挑战。利用石墨炔丰富的 π 键、超大的表面和孔洞结构，成功锚定零价的金属原子，突破了催化剂领域的科学瓶颈，实现了零价金属原子催化。解决了传统催化剂原子易迁移、聚集、电荷转移不稳定等问题，原子催化剂的出现为发展新型高效催化剂开拓了新的方向。在原子催化剂的引导下，催生了一批具有优异功能的无金属催化、异质结催化等多尺度催化剂，为解决催化领域的关键科学问题提出了崭新的思路，开拓了新的方向。石墨炔特殊的合成方式和结构特征，为科学家的思考和研究提供了新空间，涌现了崭新的思路和理念，为解决电化学能源领域的诸多关键问题提供了新方案，引发了原创性成果。石墨炔本身是二维多孔全碳材料，具有优异的电子离子传导能力，十分契合电化学能源器件需求。石墨炔表面电荷不均匀分布，带来了丰富的活性位点，在电化学智能器件方面显示了奇特的优势。石墨炔本身的"炔烯互变"的特性可衍生出具有不同带隙的新结构、新材料，是基于石墨炔母体材料扩展的源泉，展示了在材料调控方面的显著优势。石墨炔可在低温、常压下任意基底原位生长是石墨炔的突出特点，很好地弥补了传统碳材料在低温加工、图案化和器件化等方面的不足，同时可获得大量石墨炔基性质可调的表界面及基于石墨炔的异质结构、复合材料等，在半导体、催化、能源和光电等领域逐渐展示了巨大的发展潜力。石墨炔简单的制备工艺、绿色环保无污染的特点，适应国家重大需求，具备了很强的应用潜质，对未来经济社会和科学技术的可持续发展具有重大意义。

我国科学家在国际上一直引领该领域的发展。然而，如何实现石墨炔单层或少数层的精准控制合成及单层的本征测量；如何实现石墨炔结构对性能的合理调控；如何拓展石墨炔材料在半导体、催化、能源、光电等领域的新功能和新应用等，都是该领域中亟待解决和探索的问题。石墨炔带来的新奇结构和性质，需要我们打破对传统碳材料的常规认识和理解，新的科学问题的解决和瓶颈的突破，将为我们的高科技发展带来丰富的变革性新材料。我们希望，在未来 5～10 年，石墨炔能够引发产生更多具有我国自主知识产权的新材料，我们期待着石墨炔在诸多领域展示出更多突破性的进展，推动我国材料科学与技术的发展和进步。

本章参考文献

[1] Diederich F, Rubin Y. Synthetic approaches toward molecular and polymeric carbon allotropes. Angewandte Chemie International Edition, 1992, 31(9): 1101-1123.

[2] Balaban A T, Rentia C C, Ciupitu E. Chemical graphs 6 estimation of relative stability of several planar and tridimensional lattices for elementary carbon. Revue Roumaine de Chimie, 1968, 13(2): 231-248.

[3] Hoffmann R, Hughbanks T, Kertesz M, et al. Hypothetical metallic allotrope of carbon. Journal of the American Chemical Society, 1983, 105(14): 4831-4832.

[4] Johnston R L, Hoffmann R. Superdense carbon, C_8: supercubane or analog of γ-Si. Journal of the American Chemical Society, 1989, 111(3): 810-819.

[5] Balaban A T. Carbon and its nets. Computers & Mathematics with Applications, 1989, 17(1-3): 397-416.

[6] Baughman R H, Galvao D S. Crystalline networks with unusual predicted mechanical and thermal-properties. Nature, 1993,365(6448): 735-737.

[7] Best S A, Bianconi P A, Merz K M. Structural analysis of carbyne network polymers. Journal of the American Chemical Society, 1995, 117(36): 9251-9258.

[8] Klein D J, Zhu H Y. All-conjugated carbon species//From Chemical Topology to Three-Dimensional Geometry. Boston: Kluwer Academic Publishers, 2002.

[9] Balaban A T. Theoretical investigation of carbon nets and molecules//Theoretical and Computational Chemistry. Amsterdam: Elsevier, 1998.

[10] Scott L T, Boorum M M, McMahon B J, et al. A rational chemical synthesis of C_{60}. Science, 2002, 295(5559): 1500-1503.

[11] Gleiter R, Esser B, Kornmayer S C. Cyclacenes: Hoop-shaped systems composed of conjugated rings. Accounts of Chemical Research, 2009,42(8): 1108-1116.

[12] Kawase T, The synthesis and physicochemical and supramolecular properties of strained phenylacetylene macrocycles. Synlett, 2007, (17): 2609-2626.

[13] Simpson C D, Brand J D, Berresheim A J, et al. Synthesis of a giant 222 carbon graphite sheet. Chemistry, 2002,8(6): 1424-1429.

[14] Zhi L J, Mullen K. A bottom-up approach from molecular nanographenes to unconventional carbon materials. Journal of Materials Chemistry, 2008, 18(13): 1472-1484.

[15] Baeyer A. Ueber polyacetylenverbindungen. Berichte Der Dtschen Chemischen Gesellschaft, 1885, 18(1): 674-681.

[16] Korshak V V, Kudryavtsev Y P, Korshak Y V, et al. Formation of β-carbyne by dehydrohalogenation. Die Makromolekulare Chemie-Rapid, Communications, 1988, 9(3): 135-140.

[17] Whittaker A G. The controversial carbon solid-liquid-vapor triple point. Nature, 1978, 276 (5689): 695-696.

[18] Smith P P K, Buseck P R. Carbyne forms of carbon: Do they exist? Science, 1982, 216(4549): 984-986.

[19] Eastmond R, Walton D R M, Johnson T R. Silylation as a protective method for terminal alkynes in oxidative couplings: A general synthesis of the parent polyynes —H(C=C)$_n$H—

(*n*=4～10, 12). Tetrahedron, 1972, 28 (17): 4601-4616.

[20] Kroto H W. C_{60}: Buckminsterfullerene, the celestial sphere that fell to earth. Angewandte Chemie International Edition, 1992, 31(2): 111-129.

[21] Sondheimer F .Annulenes. Accounts of Chemical Research, 1972, 5(3): 81-91.

[22] Staab H A, Ipaktsch J, Nissen A. Intramolecular interactions of triple bonds 6 parallel triple bonds - attempted synthesis of 7.8.15.16-tetradehydrocyclodeca 1.2.3: de-6.7.8-d'e' dinaphthalene. Chemische Berichte Recueil, 1971, 104(4): 1182-1190.

[23] Nakagawa M. Annulenoannulenes. Angewandte Chemie International Edition, 1979, 18(3): 202-214.

[24] Kudryavtsev Y P, Evsyukov S E, Babaev V G, et al. Oriented carbyne layers. Carbon, 1992, 30 (2): 213-221.

[25] Gleiter R, Kratz D. Conjugated enediynes: An old topic in a different light. Angewandte Chemie International Edition, 1993, 32(6): 842-845.

[26] Gleiter R. Cycloalkadiynes: From bent triple bonds to strained cage compounds. Angewandte Chemie International Edition, 1992, 31(1): 27-44.

[27] Houk K N, Scott L T, Rondan N G, et al. Cyclynes. Part 5. Pericyclynes: "exploded cycloalkanes" with unusual orbital interactions and conformational properties. MM2 and STO-3G calculations, X-ray crystal-structures, photoelectron-spectra, and electron transmission spectra. Journal of the American Chemical Society, 1985, 107 (23): 6556-6562.

[28] Scott L T, Cooney M J, Johnels D. Cyclynes. 7. Homoconjugated cyclic poly(diacetylenes). Journal of the American Chemical Society, 1990, 112 (10): 4054-4055.

[29] Demeijere A, Jaekel F, Simon A, et al. Cyclynes. 9. Regioselective coupling of ethynylcyclopropane units: hexaspiro[2.0.2.4.2.0.2.4.2.0.2.4]triaconta-7,9,17,19,27,29-hexayne. Journal of the American Chemical Society, 1991, 113 (10): 3935-3941.

[30] Hoffmann R. Extended hückel theory—V. Cumulenes, polyenes, polyacetylenes and C_n. Tetrahedron, 1966, 22 (2): 521-538.

[31] Diederich F, Rubin Y, Knobler C B, et al. All-carbon molecules: Evidence for the generation of cyclo [18] carbon from a stable organic precursor. Science, 1989, 245 (4922): 1088-1090.

[32] Diederich F, Rubin Y, Chapman O L, et al. Synthetic routes to the cyclo [n]carbons. Helvetica Chimica Acta, 1994, 77 (5): 1441-1457.

[33] Tobe Y, Fujii T, Matsumoto H, et al. Towards the synthesis of monocyclic carbon clusters: [2+2]cycloreversion of propellane annelated dehydroannulenes. Pure and Applied Chemistry, 1996, 68 (2): 239-242.

[34] Tobe Y, Umeda R, Iwasa N, et al. Expanded radialenes with bicyclo [4.3.1]decatriene units:

New precursors to cyclo [n]carbons. Chemistry: A European Journal, 2003, 9 (22): 5549-5559.

[35] Kaiser K, Scriven L M, Schulz F, et al. An sp-hybridized molecular carbon allotrope, cyclo[18]carbon. Science, 2019, 365(6459): 1299-1301.

[36] Karfunkel H R, Dressler T. New hypothetical carbon allotropes of remarkable stability estimated by MNDO solid-state SCF consistent computations. Journal of the American Chemical Society, 1992, 114 (7): 2285-2288.

[37] Elguero J, Foces-Foces C, Llamas-Saiz A L. Another possible carbon allotrope. Bulletin Des Societes Chimiques Belges, 1992, 101 (9): 795-799.

[38] Grosser T, Hirsch A. Dicyanopolyynes: Formation of new rod-shaped molecules in a carbon plasma. Angewandte Chemie International Edition, 1993, 32 (9): 1340-1342.

[39] Rubin Y, Kahr M, Knobler C B, et al. The higher oxides of carbon $C_{8n}O_{2n}$ ($n = 3\sim5$) : Synthesis, characterization, and X-ray crystal-structure. Formation of cyclo (n) carbon ions C_n^+ (n=18, 24), C_n^- (n=18, 24, 30), and higher carbon-ions including C_{60}^+ in laser desorption fourier transform mass-spectrometric experiments. Journal of the American Chemical Society, 1991, 113 (2): 495-500.

[40] McElvany S W, Ross M M, Goroff N S, et al. Cyclocarbon coalescence: Mechanisms for tailor-made fullerene formation. Science, 1993, 259(5101): 1594-1596.

[41] Baughman R H, Eckhardt H, Kertesz M. Structure-property predictions for new planar forms of carbon : Layered phases containing sp^2 and sp atoms. The Journal of Chemical Physics, 1987, 87 (11): 6687-6699.

[42] Li G X, Li Y L, Liu H B, et al. Architecture of graphdiyne nanoscale films. Chemical Communications, 2010, 46 (19): 3256-3258.

[43] Liu H B, Xu J L, Li Y J, et al. Aggregate nanostructures of organic molecular materials. Accounts of Chemical Research, 2010, 43 (12): 1496-1508.

[44] Li Y J, Xu L, Liu H B, et al. Graphdiyne and graphyne: from theoretical predictions to practical construction. Chemical Society Reviews, 2014, 43 (8): 2572-2586.

[45] Li Y J, Li Y L. Two dimensional polymers-progress of full carbon graphyne. Acta Polymerica Sinica, 2015, (2): 147-165.

[46] 李玉良. 先进功能分子体系的设计与组装:从低维到多维. 中国科学:化学, 2017, 47 (9): 1045-1056.

[47] Jia Z Y, Li Y J, Zuo Z C, et al. Synthesis and properties of 2D carbon—graphdiyne. Accounts of Chemical Research, 2017, 50 (10): 2470-2478.

[48] Huang C S, Li Y J, Wang N, et al. Progress in research into 2D graphdiyne-based materials. Chemical Reviews, 2018, 118 (16): 7744-7803.

[49] Gao X, Liu H B, Wang D, et al. Graphdiyne: synthesis, properties, and applications. Chemical Society Reviews, 2019, 48 (3): 908-936.

[50] Puigdollers A R, Alonso G, Gamallo P. First-principles study of structural, elastic and electronic properties of α-, β- and γ-graphyne. Carbon, 2016, 96: 879-887.

[51] Cranford S W, Brommer D B, Buehler M J. Extended graphynes: Simple scaling laws for stiffness, strength and fracture. Nanoscale, 2012,4(24): 7797-7809.

[52] Coluci V R, Galvão D S, Baughman R H. Theoretical investigation of electromechanical effects for graphyne carbon nanotubes. The Journal of Chemical Physics, 2004, 121(7): 3228-3237.

[53] Narita N, Nagai S, Suzuki S, et al. Optimized geometries and electronic structures of graphyne and its family. Physical Review B, 1998, 58(16): 11009-11014.

[54] Bai H C, Zhu Y, Qiao W Y, et al. Structures, stabilities and electronic properties of graphdiyne nanoribbons. RSC Advances, 2011, 1(5): 768-775.

[55] Mirnezhad M, Ansari R, Rouhi H, et al. Mechanical properties of two-dimensional graphyne sheet under hydrogen adsorption. Solid State Communications, 2012, 152(20): 1885-1889.

[56] Peng Q, Ji W, De S. Mechanical properties of graphyne monolayers: a first-principles study. Physical Chemistry Chemical Physics, 2012, 14(38): 13385-13391.

[57] Carper J. CRC handbook of chemistry and physics. Library Journal, 1999, 124(10): 192-192.

[58] Yang Y L, Xu X M. Mechanical properties of graphyne and its family: A molecular dynamics investigation. Computational Materials Science, 2012, 61: 83-88.

[59] Zhang S Q, Wang J Y, Li Z Z, et al. Raman spectra and corresponding strain effects in graphyne and graphdiyne. The Journal of Physical Chemistry C, 2016, 120(19): 10605-10613.

[60] Enyashin A N, Ivanovskii A L. Graphene allotropes. Physica Status Solidi B, 2011, 248(8): 1879-1883.

[61] Xu Y G, Ming C, Lin Z Z, et al. Can graphynes turn into graphene at room temperature? Carbon, 2014, 73: 283-290.

[62] Shin H, Kang S, Koo J, et al. Cohesion energetics of carbon allotropes: Quantum Monte Carlo study. The Journal of Chemical Physics, 2014, 140(11): 114702.

[63] Long M, Tang L, Wang D, et al. Electronic structure and carrier mobility in graphdiyne sheet and nanoribbons: Theoretical predictions. ACS Nano, 2011, 5(4): 2593-2600.

[64] Luo G F, Qian X M, Liu H B, et al. Quasiparticle energies and excitonic effects of the two-dimensional carbon allotrope graphdiyne: Theory and experiment. Physical Review B,

2011, 84(7): 075439.

[65] Kang B, Shi H, Wang F F, et al. Importance of doping site of B, N and O in tuning electronic structure of graphynes. Carbon, 2016, 105: 156-162.

[66] Bu H, Zhao M, Zhang H, et al. Isoelectronic doping of graphdiyne with boron and nitrogen: Stable configurations and band gap modification. Journal of Physical Chemistry A, 2012, 116(15): 3934-3939.

[67] Bhattacharya B, Singh N B, Sarkar U, et al. Tuning of band gap due to fluorination of graphyne and graphdiyne. Journal of Physics: Conference series, 2014, 566: 012014.

[68] Yue Q, Chang S L, Kang J, et al. Mechanical and electronic properties of graphyne and its family under elastic strain: Theoretical predictions.The Journal of Physical Chemistry C, 2013, 117 (28): 14804-14811.

[69] Zheng Q Y, Luo G F, Liu Q H, et al. Structural and electronic properties of bilayer and trilayer graphdiyne. Nanoscale, 2012, 4(13): 3990-3996.

[70] Kang J, Li J B, Wu F M, et al. Elastic, electronic, and optical properties of two-dimensional graphyne sheet. Journal of Physical Chemistry C, 2011, 115(42): 20466-20470.

[71] Zhang Y Y, Pei Q X, Wang C M. Mechanical properties of graphynes under tension: A molecular dynamics study. Applied Physics Letters, 2012, 101(8): 081909.

[72] Bhattacharya B, Singh N B, Sarkar U. Pristine and BN doped graphyne derivatives for UV light protection. International Journal of Quantum Chemistry, 2015, 115(13): 820-829.

[73] Zhang M J, Sun H J, Wang X X, et al. Room-temperature ferromagnetism in sulfur-doped graphdiyne semiconductors. The Journal of Physical Chemistry C, 2019, 123(8): 5010-5016.

[74] Mohajeri A, Shahsavar A. Tailoring the optoelectronic properties of graphyne and graphdiyne: Nitrogen/sulfur dual doping versus oxygen containing functional groups. Journal of Materials Science, 2017, 52(9): 5366-5379.

[75] Hirsch A. The era of carbon allotropes. Nature Materials, 2010, 9(11): 868-871.

[76] Zhong J, Wang J, Zhou J G, et al. Electronic structure of graphdiyne probed by X-ray absorption spectroscopy and scanning transmission X-ray microscopy. The Journal of Physical Chemistry C, 2013, 117 (11): 5931-5936.

[77] Zheng Y P, Chen Y H, Lin L H, et al. Intrinsic magnetism of graphdiyne. Applied Physics Letters, 2017, 111(3): 033101.

[78] Zhang M J, Wang X X, Sun H J, et al. Preparation of room-temperature ferromagnetic semiconductor based on graphdiyne-transition metal hybrid. 2D Materials, 2018, 5(3): 035039.

[79] Zhang M J, Wang X X, Sun H J, et al. Enhanced paramagnetism of mesoscopic graphdiyne

by doping with nitrogen. Scientific Reports, 2017,7: 11535.

[80] Wang J, Zhang A J, Tang Y S. Tunable thermal conductivity in carbon allotrope sheets: Role of acetylenic linkages. Journal of Applied Physics, 2015, 118(19): 195102.

[81] Tan X J, Shao H Z, Hu T Q, et al. High thermoelectric performance in two-dimensional graphyne sheets predicted by first-principles calculations. Physical Chemistry Chemical Physics, 2015, 17(35): 22872-22881.

[82] Zhang Y Y, Pei Q X, Hu M, et al. Thermal conductivity of oxidized gamma-graphyne. Rsc Advances, 2015, 5(80): 65221-65226.

[83] Ouyang T, Xiao H P, Xie Y E, et al. Thermoelectric properties of gamma-graphyne nanoribbons and nanojunctions. Journal of Applied Physics, 2013, 114(7): 073710.

[84] Wei X L, Guo G C, Ouyang T, et al. Tuning thermal conductance in the twisted graphene and gamma graphyne nanoribbons. Journal of Applied Physics, 2014, 115(15): 154313.

[85] Yan H L, Yu P, Han G C, et al. High-yield and damage-free exfoliation of layered graphdiyne in aqueous phase. Angewandte Chemie International Edition, 2019, 58(3): 746-750.

[86] Trofimenko S. Boron-pyrazole chemistry. Ⅳ. Carbon- and boron-substituted poly[(1-pyrazolyl) borates]. Journal of the American Chemical Society, 1967, 89(24): 6288-6294.

[87] Yang N L, Liu Y Y, Wen H, et al. Photocatalytic properties of graphdiyne and graphene modified TiO$_2$: From theory to experiment. ACS Nano, 2013, 7(2): 1504-1512.

[88] Huang C S, Zhang S L, Liu H B, et al. Graphdiyne for high capacity and long-life lithium storage. Nano Energy, 2015, 11: 481-489.

[89] Kuang C Y, Tang G, Jiu T G, et al. Highly efficient electron transport obtained by doping PCBM with graphdiyne in planar-heterojunction perovskite solar cells. Nano Letters, 2015, 15(4): 2756-2762.

[90] Zuo Z C, Wang D, Zhang J, et al. Synthesis and applications of graphdiyne-based metal-free catalysts. Advanced Materials, 2019, 31(13): 1803762.

[91] Li C, Lu X L, Han Y Y, et al. Direct imaging and determination of the crystal structure of six-layered graphdiyne. Nano Research, 2017,11(3): 1714-1721.

[92] Gao X, Li J, Du R, et al. Direct synthesis of graphdiyne nanowalls on arbitrary substrates and its application for photoelectrochemical water splitting cell. Advanced Materials, 2017, 29(9): 1605308.

[93] Zhao F H, Wang N, Zhang M J, et al. In situ growth of graphdiyne on arbitrary substrates with a controlled-release method. Chemical Communications, 2018, 54(47): 6004-6007.

[94] Dong R H, Zhang T, Feng X L. Interface-assisted synthesis of 2D materials: Trend and challenges. Chemical Reviews, 2018, 118(13): 6189-6235.

[95] Matsuoka R, Sakamoto R, Hoshiko K, et al. Crystalline graphdiyne nanosheets produced

at a gas/liquid or liquid/liquid interface. Journal of the American Chemical Society, 2017, 139(8): 3145-3152.

[96] Song Y W, Li X D, Yang Z, et al. A facile liquid/liquid interface method to synthesize graphyne analogs. Chemical Communications, 2019, 55 (46): 6571-6574.

[97] Gao X, Zhu Y, Yi D, et al. Ultrathin graphdiyne film on graphene through solution-phase van der Waals epitaxy. Science Advances, 2018, 4(7): 6378.

[98] Zhou J Y, Xie Z Q, Liu R, et al. Synthesis of ultrathin graphdiyne film using a surface template. ACS Applied Materials & Interfaces, 2019, 11(3): 2632-2637.

[99] Li J Q, Xie Z Q, Xiong Y, et al. Architecture of β-graphdiyne-containing thin film using modified Glaser-Hay coupling reaction for enhanced photocatalytic property of TiO$_2$. Advanced Materials, 2017, 29(19): 28295780, 1700421.

[100] Zhou W X, Shen H, Wu C Y, et al. Direct synthesis of crystalline graphdiyne analogue based on supramolecular interactions. Journal of the American Chemical Society, 2019, 141(1): 48-52.

[101] Klappenberger F, Zhang Y Q, Bjork J, et al. On-surface synthesis of carbon-based scaffolds and nanomaterials using terminal alkynes. Accounts of Chemical Research, 2015, 48(7): 2140-2150.

[102] Wang H, Zhang H M, Chi L F. Surface assisted reaction under ultra high vacuum conditions. Acta Physico Chimica Sinica, 2016, 32(1): 154-170.

[103] Gao H Y, Wagner H, Zhong D Y, et al. Glaser coupling at metal surfaces. Angewandte Chemie International Edition, 2013, 52(14): 4024-4028.

[104] Liu R, Gao X, Zhou J Y, et al. Chemical vapor deposition growth of linked carbon monolayers with acetylenic scaffoldings on silver foil. Advanced Materials, 2017, 29(18): 1604665.

[105] Qian X M, Liu H B, Huang C S, et al. Self-catalyzed growth of large-area nanofilms of two-dimensional carbon. Scientific Reports, 2015, 5: 7756.

[106] Qian X M, Ning Z Y, Li Y L, et al. Construction of graphdiyne nanowires with high-conductivity and mobility. Dalton Transactions, 2012, 41(3): 730-733.

[107] Zuo Z, Shang H, Chen Y, et al. A facile approach for graphdiyne preparation under atmosphere for an advanced battery anode. Chemical Communications, 2017, 53 (57): 8074-8077.

[108] Wang F, Zuo Z C, Shang H, et al. Ultrafastly interweaving graphdiyne nanochain on arbitrary substrates and its performance as a supercapacitor electrode. ACS Applied Materials & Interfaces, 2019, 11 (3): 2599-2607.

[109] Shang H, Zuo Z C, Zheng H Y, et al. N-doped graphdiyne for high-performance

electrochemical electrodes. Nano Energy, 2018, 44: 144-154.

[110] Li G X, Li Y L, Qian X M, et al. Construction of tubular molecule aggregations of graphdiyne for highly efficient field emission. The Journal of Physical Chemistry C, 2011,115(6): 2611-2615.

[111] Jia Z Y, Li Y J, Zuo Z C, et al. Fabrication and electroproperties of nanoribbons: Carbon ene-yne. Advanced Electronic Materials, 2017, 3(11): 1700133.

[112] Wang S S, Liu H B, Kan X N, et al. Superlyophilicity-facilitated synthesis reaction at the microscale: Ordered graphdiyne stripe arrays. Small, 2017, 13(4): 1602265.

[113] Zhou J Y, Gao X, Liu R, et al. Synthesis of graphdiyne nanowalls using acetylenic coupling reaction. Journal of the American Chemical Society, 2015, 137(24): 7596-7599.

[114] Shang H, Zuo Z C, Li L, et al. Ultrathin graphdiyne nanosheets grown in situ on copper nanowires and their performance as lithium-ion battery anodes. Angewandte Chemie International Edition, 2018, 57(3): 774-778.

[115] Gao X, Ren H Y, Zhou J Y, et al. Synthesis of hierarchical graphdiyne-based architecture for efficient solar steam generation. Chemistry of Materials, 2017, 29(14): 5777-5781.

[116] Li J Q, Xu J, Xie Z Q, et al. Diatomite-templated synthesis of freestanding 3D graphdiyne for energy storage and catalysis application. Advanced Materials, 2018, 30 (20): 1800548.

[117] Tang Q, Zhou Z, Chen Z. Graphene-related nanomaterials: Tuning properties by functionalization. Nanoscale, 2013, 5(11): 4541-4583.

[118] Lv Q, Si W, He J, et al. Selectively nitrogen-doped carbon materials as superior metal-free catalysts for oxygen reduction. Nature Communications, 2018, 9: 3376.

[119] Liu H, Li J, Lao C, et al. Morphological tuning and conductivity of organic conductor nanowires. Nanotechnology, 2007, 18(49): 495704.

[120] Du H P, Zhang Z H, He J J, et al. A delicately designed sulfide graphdiyne compatible cathode for high-performance lithium/magnesium-sulfur batteries. Small, 2017, 13(44): 1702277.

[121] Paraknowitsch J P, Thomas A. Doping carbons beyond nitrogen: An overview of advanced heteroatom doped carbons with boron, sulphur and phosphorus for energy applications. Energy & Environmental Science, 2013, 6 (10): 2839-2855.

[122] Xie C P, Wang N, Li X F, et al. Research on the preparation of graphdiyne and its derivatives. Chemistry: A European Journal, 2020, 26(3): 569-583.

[123] Liu R, Liu H, Li Y, et al. Nitrogen-doped graphdiyne as a metal-free catalyst for high-performance oxygen reduction reactions. Nanoscale, 2014, 6(19): 11336-11343.

[124] Zhang S L, Du H P, He J J, et al. Nitrogen-doped graphdiyne applied for lithium-ion storage. ACS Applied Materials & Interfaces, 2016, 8(13): 8467-8473.

[125] Lv Q, Si W Y, Yang Z, et al. Nitrogen-doped porous graphdiyne: a highly efficient metal-free electrocatalyst for oxygen reduction reaction. ACS Applied Materials & Interfaces, 2017, 9(35): 29744-29752.

[126] Shen X Y, Yang Z, Wang K, et al. Nitrogen-doped graphdiyne as high-capacity electrode materials for both lithium-ion and sodium-ion capacitors. ChemElectroChem, 2018, 5(11): 1435-1443.

[127] Yang Z, Cui W W, Wang K, et al. Chemical modification of the sp-hybridized carbon atoms of graphdiyne by using organic sulfur. Chemistry: A European Journal, 2019, 25(22): 5643-5647.

[128] Zhang S S, Cai Y J, He H Y, et al. Heteroatom doped graphdiyne as efficient metal-free electrocatalyst for oxygen reduction reaction in alkaline medium. Journal of Materials Chemistry A, 2016, 4(13): 4738-4744.

[129] Zhao Y, Wan J, Yao H, et al. Few-layer graphdiyne doped with sp-hybridized nitrogen atoms at acetylenic sites for oxygen reduction electrocatalysis. Nature Chemistry, 2018, 10(9): 924-931.

[130] Xue Y R, Huang B L, Yi Y P, et al. Anchoring zero valence single atoms of nickel and iron on graphdiyne for hydrogen evolution. Nature Communications, 2018, 9: 1460.

[131] Shen H, Li Y J, Shi Z Q. A novel graphdiyne-based catalyst for effective hydrogenation reaction. ACS Applied Materials & Interfaces, 2019, 11 (3): 2563-2570.

[132] Gao Y, Cai Z W, Wu X C, et al. Graphdiyne-supported single-atom-sized Fe catalysts for the oxygen reduction reaction: DFT predictions and experimental validations. ACS Catalysis, 2018, 8 (11): 10364-10374.

[133] Li Y X, Li X H, Meng Y C, et al. Photoelectrochemical platform for MicroRNA let-7a detection based on graphdiyne loaded with AuNPs modified electrode coupled with alkaline phosphatase. Biosensors and Bioelectronics, 2019, 130: 269-275.

[134] Qi H T, Yu P, Wang Y X, et al. Graphdiyne oxides as excellent substrate for electroless deposition of Pd clusters with high catalytic activity. Journal of the American Chemical Society, 2015, 137(16): 5260-5263.

[135] Ren H, Shao H, Zhang L J, et al. A new graphdiyne nanosheet/Pt nanoparticle-based counter electrode material with enhanced catalytic activity for dye-sensitized solar cells. Advanced Energy Materials, 2015, 5(12): 1500296.

[136] Li Y R, Liu Y, Li Z, et al. Pd nanoparticles anchored on N-rich graphdiyne surface for enhanced catalysis for alkaline electrolyte oxygen reduction. International Journal of Electrochemical Science, 2018, 13 (12): 12226-12237.

[137] Si C, Zhou J, Sun Z M. Half-metallic ferromagnetism and surface functionalization-

induced metal-insulator transition in graphene-like two-dimensional Cr_2C crystals. ACS Applied Materials & Interfaces, 2015, 7 (31): 17510-17515.

[138] Si W Y, Yang Z, Wang X, et al. Fe,N-codoped graphdiyne displaying efficient oxygen reduction reaction activity. ChemSusChem, 2019, 12(1): 173-178.

[139] Li Y R, Guo C Z, Li J Q, et al. Pyrolysis-induced synthesis of iron and nitrogen-containing carbon nanolayers modified graphdiyne nanostructure as a promising core-shell electrocatalyst for oxygen reduction reaction. Carbon, 2017, 119: 201-210.

[140] He J, Wang N, Cui Z, et al. Hydrogen substituted graphdiyne as carbon-rich flexible electrode for lithium and sodium ion batteries. Nature Communications, 2017, 8(1): 1172.

[141] Shen X Y, He J J, Wang K, et al. Fluorine-enriched graphdiyne as an efficient anode in lithium-ion capacitors. ChemSusChem, 2019, 12(7): 1342-1348.

[142] Yang Z, Liu R R, Wang N, et al. Triazine-graphdiyne: A new nitrogen-carbonous material and its application as an advanced rechargeable battery anode. Carbon, 2018, 137: 442-450.

[143] Tabassum H, Zou R R, Mahmood A, et al. A universal strategy for hollow metal oxide nanoparticles encapsulated into B/N Co-doped graphitic nanotubes as high-performance lithium-ion battery anodes. Advanced Materials, 2018, 30(8): 1705441.

[144] Shang H, Zuo Z C, Yu L, et al. Low-temperature growth of all-carbon graphdiyne on a silicon anode for high-performance lithium-ion batteries. Advanced Materials, 2018, 30(27): 1801459.

[145] Wang F, Zuo Z C, Li L, et al. A universal strategy for constructing seamless graphdiyne on metal oxides to stabilize the electrochemical structure and interface. Advanced Materials, 2019, 31(6): 1806272.

[146] Li L, Zuo Z C, Wang F, et al. In situ coating graphdiyne for high-energy-density and stable organic cathodes. Advanced Materials, 2020,32(14): 2000140.

[147] Wang K, Wang N, Li X, et al. In-situ preparation of ultrathin graphdiyne layer decorated aluminum foil with improved cycling stability for dual-ion batteries. Carbon, 2019, 142: 401-410.

[148] Hui L, Xue Y R, Huang B L, et al. Overall water splitting by graphdiyne-exfoliated and-sandwiched layered double-hydroxide nanosheet arrays. Nature Communications, 2018, 9(1): 5309.

[149] Weber P B, Hellwig R, Paintner T, et al. Surface-guided formation of an organocobalt complex. Angewandte Chemie International Edition, 2016, 55(19): 5754-5759.

[150] Zhuang X M, Mao L Q, Li Y L. In-situ synthesis of a Prussian blue nanoparticles/ graphdiyne oxide nanocomposite with high stability and electrocatalytic activity.

Electrochemistry Communications, 2017, 83: 96-101.

[151] Thangavel S, Krishnamoorthy K, Krishnaswamy V, et al. Graphdiyne-ZnO nanohybrids as an advanced photocatalytic material. The Journal of Physical Chemistry C, 2015,119 (38): 22057-22065.

[152] Xue Y R, Zuo Z C, Li Y J, et al. Graphdiyne-supported $NiCo_2S_4$ nanowires: A highly active and stable 3D bifunctional electrode material. Small, 2017, 13 (31):1700936.

[153] Lin Z Y, Liu G Z, Zheng Y R, et al. Three-dimensional hierarchical mesoporous flower-like TiO_2@graphdiyne with superior electrochemical performances for lithium-ion batteries. Journal of Materials Chemistry A, 2018, 6 (45): 22655-22661.

[154] Yao Y, Jin Z W, Chen Y H, et al. Graphdiyne-WS_2 2D-nanohybrid electrocatalysts for high-performance hydrogen evolution reaction. Carbon, 2018, 129: 228-235.

[155] Lv J X, Zhang Z M, Wang J, et al. *In situ* synthesis of CdS/graphdiyne heterojunction for enhanced photocatalytic activity of hydrogen production. ACS Applied Materials & Interfaces, 2018, 11 (3): 2655-2661.

[156] Si H Y, Mao C J, Zhou J Y, et al. Z-scheme Ag_3PO_4/graphdiyne/g-C_3N_4 composites: Enhanced photocatalytic O_2 generation benefiting from dual roles of graphdiyne. Carbon, 2018, 132: 598-605.

[157] Zhang X, Zhu M S, Chen P L, et al. Pristine graphdiyne-hybridized photocatalysts using graphene oxide as a dual-functional coupling reagent. Physical Chemistry Chemical Physics, 2015, 17(2): 1217-1225.

[158] Wang S, Yi L X, Halpert J E, et al. A novel and highly efficient photocatalyst based on P25-graphdiyne nanocomposite. Small, 2012,8(2): 265-271.

[159] Xiao J, Shi J, Liu H, et al. Efficient $CH_3NH_3PbI_3$ perovskite solar cells based on graphdiyne (GD)-modified P_3HT hole-transporting material. Advanced Energy Materials, 2015, 5(8): 1401943.

[160] Jin Z W, Zhou Q, Chen Y H, et al. Graphdiyne: ZnO nanocomposites for high-performance UV photodetectors. Advanced Materials, 2016, 28 (19): 3697-3702.

[161] Cui W W, Zhang M J, Wang N, et al. High-performance field-effect transistor based on novel conjugated P-o-fluoro-*p*-alkoxyphenyl-substituted polymers by graphdiyne doping. The Journal of Physical Chemistry C, 2017, 121(42): 23300-23306.

[162] Han Y Y, Lu X L, Tang S F, et al. Metal-free 2D/2D heterojunction of graphitic carbon nitride/graphdiyne for improving the hole mobility of graphitic carbon nitride.Advanced Energy Materials, 2018, 8(16): 1702992.

[163] Li J S, Zhao M, Zhao C J, et al. Graphdiyne-doped P3CT-K as an efficient hole-transport layer for MAPbI3 perovskite solar cells. ACS Applied Materials & Interfaces, 2019, 11(3):

2626-2631.

[164] Guo S Y, Yu P, Li W Q, et al. Electron hopping by interfacing semiconducting graphdiyne nanosheets and redox molecules for selective electrocatalysis. Journal of the American Chemical Society, 2020, 142(4): 2074-2082.

[165] Yu H D, Xue Y R, Hui L, et al. Controlled growth of MoS_2 nanosheets on 2D N-doped graphdiyne nanolayers for highly associated effects on water reduction. Advanced Functional Materials, 2018, 28(19): 1707564.

[166] Yang C, Li Y, Chen Y, et al. Mechanochemical synthesis of γ-graphyne with enhanced lithium storage performance. Small, 2019, 15(8): 1804710.

[167] Gao J, Li J F, Chen Y H, et al. Architecture and properties of a novel two-dimensional carbon material-graphtetrayne. Nano Energy, 2018, 43: 192-199.

[168] He J J, Wang N, Yang Z, et al. Fluoride graphdiyne as a free-standing electrode displaying ultra-stable and extraordinary high Li storage performance. Energy & Environmental Science, 2018, 11(10): 2893-2903.

[169] Wang N, He J, Tu Z, et al. Synthesis of chlorine-substituted graphdiyne and applications for lithium-ion batteries. Angewandte Chemie-International Edition 2017, 56 (36): 10740-10745.

[170] Wang L, Wan Y Y, Ding Y J, et al. Conjugated microporous polymer nanosheets for overall water splitting using visible light. Advanced Materials, 2017, 29(38): 1702428.

[171] Matsuoka R, Toyoda R, Shiotsuki R, et al. Expansion of the graphdiyne family: A triphenylene-cored analogue. ACS Applied Materials & Interfaces, 2019, 11(3): 2730-2733.

[172] Prabakaran P, Satapathy S, Prasad E, et al. Architecting pyrediyne nanowalls with improved inter-molecular interactions, electronic features and transport characteristics. Journal of Materials Chemistry C, 2018, 6(2): 380-387.

[173] Kilde M D, Murray A H, Andersen C L, et al. Synthesis of radiaannulene oligomers to model the elusive carbon allotrope 6,6,12-graphyne. Nature Communications, 2019, 10: 3714.

[174] Zhou W X, Shen H, Zeng Y, et al. Controllable synthesis of graphdiyne nanoribbons. Angewandte Chemie, 2020, 132(12): 4908-4913.

[175] Wang F, Zuo Z C, Li L, et al. Large-area aminated-graphdiyne thin films for direct methanol fuel cells. Angewandte Chemie International Edition, 2019, 131(42): 15010-15015.

[176] Pan Y Y, Wang Y Y, Wang L, et al. Graphdiyne—metal contacts and graphdiyne transistors. Nanoscale, 2015, 7(5): 2116-2127.

[177] Dong Y Z, Semin S, Feng Y Q, et al. Solvent induced enhancement of nonlinear optical response of graphdiyne. Chinese Chemical Letters, 2021, 32(1):525-528.

[178] Guo J, Wang Z H, Shi R C, et al. Graphdiyne as a promising mid-infrared nonlinear optical material for ultrafast photonics. Advanced Optical Materials, 2020,8(10): 2000067.

[179] Guo J, Shi R C, Wang R, et al. Graphdiyne-polymer nanocomposite as a broadband and robust saturable absorber for ultrafast photonics. Laser & Photonics Reviews, 2020, 14(4): 1900367.

[180] Zhang F, Liu G, Yuan J, et al. 2D graphdiyne: An excellent ultraviolet nonlinear absorption material. Nanoscale, 2020, 12(11): 6243-6249.

[181] Wu L M, Dong Y Z, Zhao J L, et al. Kerr nonlinearity in 2D graphdiyne for passive photonic diodes. Advanced Materials, 2019, 31(14): 1807981.

[182] Long M Q, Tang L, Wang D, et al. Electronic structure and carrier mobility in graphdiyne sheet and nanoribbons: Theoretical predictions. ACS Nano, 2011, 5(4): 2593-2600.

[183] Liu R, Zhou J Y, Gao X, et al. Graphdiyne filter for decontaminating lead-ion-polluted water. Advanced Electronic Materials, 2017, 3(11): 1700122.

[184] Li J F, Chen Y H, Gao J, et al. Graphdiyne sponge for direct collection of oils from water. ACS Applied Materials & Interfaces, 2019, 11 (3): 2591-2598.

[185] Huang Z J, Yu Z N, Li Y, et al. ZnO ultraviolet photodetector modified with graphdiyne. Acta Physico-Chimica Sinica, 2018, 34 (9): 1088-1094.

[186] Li Y, Kuang D, Gao Y F, et al. Titania:Graphdiyne nanocomposites for high-performance deep ultraviolet photodetectors based on mixed-phase MgZnO. Journal of Alloys and Compounds, 2020, 825: 153882.

[187] Zheng Z, Fang H H, Liu D, et al. Nonlocal response in infrared detector with semiconducting carbon nanotubes and graphdiyne. Advanced Science, 2017, 4(12): 1700472.

[188] Zhang Y, Huang P, Guo J, et al. Graphdiyne-based flexible photodetectors with high responsivity and detectivity. Advanced Materials, 2020,32(23): 2001082.

[189] Wang C X, Yu P, Guo S Y, et al. Graphdiyne oxide as a platform for fluorescence sensing. Chemical Communications, 2016, 52(32): 5629-5632.

[190] Parvin N, Jin Q, Wei Y Z, et al. Few-layer graphdiyne nanosheets applied for multiplexed real-time DNA detection. Advanced Materials, 2017, 29(18): 1606755.

[191] Yan H L, Guo S Y, Wu F, et al. Carbon atom hybridization matters: Ultrafast humidity response of graphdiyne oxides. Angewandte Chemie International Edition, 2018,57(15): 3922-3926.

[192] Wang X. Chemically synthetic graphdiynes: Application in energy conversion fields and

the beyond. Science China Materials, 2015, 58(5): 347-348.

[193] Li M, Wang Z K, Kang T, et al. Graphdiyne-modified cross-linkable fullerene as an efficient electrontransporting layer in organometal halide perovskite solar cells. Nano Energy, 2018, 43, 47-54.

[194] Li J S, Jiu T G, Duan C H, et al. Improved electron transport in MAPbI$_3$ perovskite solar cells based on dual doping graphdiyne. Nano Energy, 2018, 46: 331-337.

[195] Li J S, Wang N, Bi F Z, et al. Inverted MAPbI$_3$ perovskite solar cells with graphdiyne derivative-incorporated electron transport layers exceeding 20% efficiency. Solar RRL, 2019, 3(10):1900241.

[196] Li H S, Zhang R, Li Y S, et al. Graphdiyne-based bulk heterojunction for efficient and moisture-stable planar perovskite solar cells. Advanced Energy Materials, 2018, 8(30): 1802012.

[197] Li J S, Jiu T G, Chen S Q, et al. Graphdiyne as a host active material for perovskite solar cell application. Nano Letters, 2018, 18(11): 6941-6947.

[198] Du H L, Deng Z B, Lü Z, et al. The effect of graphdiyne doping on the performance of polymer solar cells. Synthetic Metals, 2011, 161(19-20): 2055-2057.

[199] Li J S, Jian H M, Chen Y H, et al. Studies of graphdiyne-ZnO nanocomposite material and application in polymer solar cells. PRL Solar, 2018, 2(11): 1800211.

[200] Liu L, Kan Y Y, Gao K, et al. Graphdiyne derivative as multifunctional solid additive in binary organic solar cells with 17.3% efficiency and high reproductivity. Advanced Materials, 2020, 32(11): 1907604.

[201] Jin Z, Yuan M, Li H, et al. Graphdiyne: An efficient hole transporter for stable high-performance colloidal quantum dot solar cells. Advanced Functional Materials, 2016, 26(29): 5284-5289.

[202] Lu C, Yang Y, Wang J, et al. High-performance graphdiyne-based electrochemical actuators. Nature Communications, 2018, 9(1): 752.

[203] Li B, Liu J. Progress and directions in low-cost redox-flow batteries for large-scale energy storage. National Science Review, 2017, 4(1): 91-105.

[204] Fan E S, Li L, Wang Z P, et al. Sustainable recycling technology for Li-ion batteries and beyond: Challenges and future prospects. Chemical Reviews, 2020, 120(4): 7020-7063.

[205] Massé R C, Liu C F, Li Y W, et al. Energy storage through intercalation reactions: electrodes for rechargeable batteries. National Science Review, 2017, 4(1): 26-53.

[206] Lin F, Liu Y J, Yu X Q, et al. Synchrotron X-ray analytical techniques for studying materials electrochemistry in rechargeable batteries. Chemical Reviews, 2017, 117(21): 13123-13186.

[207] Xin S, Guo Y G, Wan L J. Nanocarbon networks for advanced rechargeable lithium batteries. Accounts of Chemical Research, 2012, 45(10): 1759-1769.

[208] Zhang H Y, Zhao M W, He X J, et al. High mobility and high storage capacity of lithium in sp-sp^2 hybridized carbon network: The case of graphyne. The Journal of Physical Chemistry C, 2011, 115(17): 8845-8850.

[209] Zhang S L, Liu H B, Huang C S, et al. Bulk graphdiyne powder applied for highly efficient lithium storage. Chemical Communications, 2015, 51(10): 1834-1837.

[210] Wang K, Wang N, He J J, et al. Graphdiyne nanowalls as anode for lithium-ion batteries and capacitors exhibit superior cyclic stability. Electrochimica Acta, 2017, 253(1): 506-516.

[211] Kan X N, Ban Y Q, Wu C Y, et al. Interfacial synthesis of conjugated two-dimensional N-graphdiyne. ACS Applied Materials Interfaces, 2018, 10(1): 53-58.

[212] Yang Z, Shen X Y, Wang N, et al. Graphdiyne containing atomically precise n atoms for efficient anchoring of lithium ion. ACS Applied Materials & Interfaces, 2019, 11(3): 2608-2617.

[213] Jia Z Y, Zuo Z C, Yi Y P, et al. Low temperature, atmospheric pressure for synthesis of a new carbon Ene-yne and application in Li storage. Nano Energy, 2017, 33: 343-349.

[214] Zhao Z Q, Das S, Xing G L, et al. A 3D organically synthesized porous carbon material for lithium-ion batteries. Angewandte Chemie-International Edition, 2018,57(37): 11952-11956.

[215] Zuo Z C, Li Y L. Emerging electrochemical energy applications of graphdiyne. Joule, 2019, 3(4): 899-903.

[216] Xu Z X, Yang J, Zhang T, et al. Silicon microparticle anodes with self-healing multiple network binder. Joule, 2018, 2(5): 950-961.

[217] Liu N, Lu Z D, Zhao J, et al. A pomegranate-inspired nanoscale design for large-volume-change lithium battery anodes. Nature Nano Technology, 2014, 9(3): 187-192.

[218] Li L, Zuo Z C, Shang H, et al. In-situ constructing 3D graphdiyne as all-carbon binder for high-performance silicon anode. Nano Energy, 2018, 53: 135-143.

[219] Xiao X L, Liu X F, Wang L, et al. LiCoO$_2$ nanoplates with exposed (001) planes and high rate capability for lithium-ion batteries. Nano Research, 2012, 5(6): 395-401.

[220] Zhang J N, Li Q H, Ouyang C Y, et al. Trace doping of multiple elements enables stable battery cycling of LiCoO$_2$ at 4.6 V. Nature Energy, 2019, 4(7): 594-603.

[221] Gong S, Wang S, Liu J Y, et al. Graphdiyne as an ideal monolayer coating material for lithium-ion battery cathodes with ultralow areal density and ultrafast Li penetration. Journal of Materials Chemistry A, 2018, 6 (26): 12630-12636.

[222] Lu Y, Chen J. Prospects of organic electrode materials for practical lithium batteries. Nature Reviews Chemistry, 2020, 4(3): 127-142.

[223] Jiang Q, Xiong P X, Liu J J, et al. A redox-active 2D metal-organic framework for efficient lithium storage with extraordinary high capacity. Angewandte Chemie-International Edition, 2020, 59(13): 5273-5277.

[224] Li J Q, Li S, Liu Q, et al. Synthesis of hydrogen-substituted graphyne film for lithium-sulfur battery applications. Small, 2019, 15 (13): 1805344.

[225] Fan L L, Li M, Li X F, et al. Interlayer material selection for lithium-sulfur batteries. Joule, 2019, 3 (2): 361-386.

[226] Yu X W, Manthiram A. Electrode-electrolyte interfaces in lithium-sulfur batteries with liquid or inorganic solid electrolytes. Accounts of Chemical Research, 2017, 50(11): 2653-2660.

[227] Demir-Cakan R, Morcrette M, Nouar F, et al. Cathode composites for Li-S batteries via the use of oxygenated porous architectures. Journal of the American Chemical Society, 2011, 133(40): 16154-16160.

[228] Jiang S, Lu Y Y, Lu Y, et al. Nafion/titanium dioxide-coated lithium anode for stable lithiumsulfur batteries. Chemistry, an Asian Journal, 2018, 13(10): 1379-1385.

[229] Wang F, Zuo Z C, Li L, et al. Graphdiyne nanostructure for high-performance lithium-sulfur batteries. Nano Energy, 2020, 68: 104307.

[230] Liu Y Y, Zhou G M, Liu K, et al. Design of complex nanomaterials for energy storage: past success and future opportunity. Accounts of Chemical Research, 2017, 50(12): 2895-2905.

[231] Yamada Y, Wang J H, Ko S, et al. Advances and issues in developing salt-concentrated battery electrolytes. Nature Energy, 2019, 4(4): 269-280.

[232] Shang H, Zuo Z C, Dong X, et al. Efficiently suppressing lithium dendrites on atomic level by ultrafiltration membrane of graphdiyne. Materials Today Energy, 2018, 10: 191-199.

[233] Shang H, Zuo Z C, Li Y L. Highly lithiophilic graphdiyne nanofilm on 3D free-standing Cu nanowires for high-energy-density electrodes. ACS Applied Materials & Interfaces, 2019, 11 (19): 17678-17685.

[234] Shi L, Xu A, Pan D, et al. Aqueous proton-selective conduction across two-dimensional graphyne. Nature Communications, 2019, 10(1): 1165.

[235] He J J, Ma S Y, Zhou P, et al. Magnetic properties of single transition-metal atom absorbed graphdiyne and graphyne sheet from DFT+U calculations. The Journal of Physical Chemistry C, 2012, 116(50): 26313-26321.

[236] Hui L, Xue Y, Yu H, et al. Highly efficient and selective generation of ammonia and

hydrogen on a graphdiyne-based catalyst. Journal of the American Chemical Society, 2019, 141: 10677-10683.

[237] Lin Z Z. Graphdiyne-supported single-atom Sc and Ti catalysts for high-efficient CO oxidation. Carbon, 2016, 108: 343-350.

[238] Sun M Z, Wu T, Xue Y R, et al. Mapping of atomic catalyst on graphdiyne. Nano Energy, 2019, 62: 754-763.

[239] He T W, Matta S K, Will G, et al. Transition-metal single atoms anchored on graphdiyne as high-efficiency electrocatalysts for water splitting and oxygen reduction. Small Methods, 2019, 3(9): 1800419.

[240] Lu Z S, Li S, Lv P, et al. First principles study on the interfacial properties of NM/graphdiyne (NM = Pd, Pt, Rh and Ir): The implications for NM growing. Applied Surface Science, 2016, 360: 1-7.

[241] Yu H D, Xue Y R, Huang B L, et al. Ultrathin nanosheet of graphdiyne-supported palladium atom catalyst for efficient hydrogen production. i Science, 2018, 11: 31-41.

[242] Walter M G, Warren E L, McKone J R, et al. Solar water splitting cells. Chemical Reviews, 2010, 110(11): 6446-6473.

[243] Yin X P, Wang H J, Tang S F, et al. Engineering the coordination environment of single-atom platinum anchored on graphdiyne for optimizing electrocatalytic hydrogen evolution. Angewandte Chemie, 2018, 57(30): 9382-9386.

[244] Yu H, Hui L, Xue Y, et al. 2D graphdiyne loading ruthenium atoms for high efficiency water splitting. Nano Energy, 2020, 72: 104667.

[245] Li J Q, Zhong L X, Tong L M, et al. Atomic Pd on graphdiyne/graphene heterostructure as efficient catalyst for aromatic nitroreduction. Advanced Functional Materials, 2019, 29(43): 1905423.

[246] Xue Y R, Guo Y, Yi Y P, et al. Self-catalyzed growth of Cu@graphdiyne core-shell nanowires array for high efficient hydrogen evolution cathode. Nano Energy, 2016, 30: 858-866.

[247] Xue Y R, Li J F, Xue Z, et al. Extraordinarily durable graphdiyne-supported electrocatalyst with high activity for hydrogen production at all values of pH. ACS Applied Materials & Interfaces, 2016, 8(45): 31083-31091.

[248] Yu H D, Xue Y R, Hui L, et al. Efficient hydrogen production on a 3D flexible heterojunction material. Advanced Materials, 2018, 30(21): 1707082.

[249] Hui L, Xue Y R, He F, et al. Efficient hydrogen generation on graphdiyne-based heterostructure. Nano Energy, 2019, 55: 135-142.

[250] Ramakrishnan V, Kim H, Yang B. Improving the photo-cathodic properties of TiO$_2$ nano-

structures with graphdiynes. New Journal of Chemistry, 2019, 43(33): 12896-12899.

[251] Fang Y, Xue Y R, Hui L, et al. In situ growth of graphdiyne based heterostructure: Toward efficient overall water splitting. Nano Energy, 2019, 59: 591-597.

[252] Xing C Y, Xue Y R, Huang B L, et al. Fluorographdiyne: A metal-free catalyst for applications in water reduction and oxidation. Angewandte Chemie International Edition, 2019, 58(39): 13897-13903.

[253] Shi G D, Fan Z X, Du L L, et al. In situ construction of graphdiyne/CuS heterostructures for efficient hydrogen evolution reaction. Materials Chemistry Frontiers, 2019, 3(5): 821-828.

[254] Li J, Gao X, Liu B, et al. Graphdiyne: A metal-free material as hole transfer layer to fabricate quantum dot-sensitized photocathodes for hydrogen production. Journal of the American Chemical Society, 2016, 138(12): 3954-3957.

[255] Li Y B, Yang H, Wang G R, et al. Distinctive improved synthesis and application extensions graphdiyne for efficient photocatalytic hydrogen evolution. Chemistry Catalysis Chemical, 2020, 12(7): 1985-1995.

[256] Yu H D, Xue Y R, Hui L, et al. Graphdiyne-engineered heterostructures for efficient overall water-splitting. Nano Energy, 2019, 64: 103928.

[257] Li J, Gao X, Li Z Z, et al. Superhydrophilic graphdiyne accelerates interfacial mass/electron transportation to boost electrocatalytic and photoelectrocatalytic water oxidation activity. Advanced Functional Materials, 2019, 29(16): 1808079.

[258] Zhang S, Yin C, Kang Z, et al. Graphdiyne nanowall for enhanced photoelectrochemical performance of Si heterojunction photoanode. ACS Applied Materials & Interfaces, 2019, 11(3): 2745-2749.

[259] Guo S Y, Jiang Y N, Wu F, et al. Graphdiyne-promoted highly efficient photocatalytic activity of graphdiyne/silver phosphate pickering emulsion under visible-light irradiation. ACS Applied Materials & Interfaces, 2019, 11(3): 2684-2691.

[260] Zhao Y S, Yang N L, Yao H Y, et al. Stereodefined codoping of sp-N and S atoms in few-layer graphdiyne for oxygen evolution reaction. Journal of the American Chemical Society, 2019, 141 (18): 7240-7244.

[261] Xu Q L, Zhu B C, Cheng B, et al. Photocatalytic H_2 evolution on graphdiyne/g-C_3N_4 hybrid nanocomposites. Applied Catalysis B: Environmental, 2019, 255: 117770.

[262] Pan Q Y, Liu H, Zhao Y J, et al. Preparation of N-graphdiyne nanosheets at liquid/liquid interface for photocatalytic NADH regeneration. ACS Applied Materials & Interfaces, 2019, 11(3): 2740-2744.

第六章
推动我国纳米碳材料的
快速发展建议

碳材料是人类文明的助推器，孕育了一个又一个的"新材料"产业，如石墨产业、金刚石产业、活性炭产业、炭黑产业，以及近年来蓬勃发展的碳纤维产业等。20 世纪 80 年代中期以来，纳米碳材料成为人们关注的热点，富勒烯、碳纳米管、石墨烯、石墨炔等相继问世，其中富勒烯和石墨烯"成就"了两个诺贝尔奖。纳米碳材料具有独特的结构特征和优异的电学、光学、磁学、热学、力学性能，在能源、环境、光电信息、国防军工和航空航天等诸多领域有广阔的应用前景，欧洲、美国、日本、韩国等国家和地区竞相投入巨资大力发展。毋庸置疑，纳米碳材料必将催生新的"新材料"产业，续写 21 世纪碳材料家族的新篇章。

中国拥有全球最大的纳米碳材料研究队伍和产业大军，在基础研究、技术研发和产业化推进方面处于全球第一方阵，取得了举世瞩目的成就。我国科学家在纳米碳材料领域发表论文的数量早已跃居世界首位，且呈遥遥领先之势。在纳米碳材料的产业化应用方面也呈蓬勃发展之势，尤其在纳米碳材料的规模化生产和下游初级产品开发方面更是引领群雄。截至 2020 年 4 月，国内纳米碳材料相关的注册企业数量已经超过 17 000 家，遍及大多数省份，横跨多个行业。以石墨烯为例，中国石墨烯产业的市场规模在 2018 年已经上升至 100 亿元，年均复合增长率超过 100%。然而，这些数字的背后也隐含着很多深层次的问题和发展隐患。

　　这些深层次的问题在前面各章节中已有专门讨论，很多问题是共性的、普遍的、甚至不局限于纳米碳材料领域。首先是大而不强、缺少原创性的成果和"撒手锏"级的核心技术。从统计数字上看，中国的纳米碳材料基础研究和产业化推进速度都是独步全球的。但是，这些新材料都是舶来品，并非我们的从 0 到 1 的原创性研究。石墨炔具有中国特色，但也是早有大量的理论工作在先，实验上也已有零星报道。基于人多力量大的优势和"数字化"的评价机制的激励，我国的纳米碳材料论文和专利申请居全球首位。同样是基于一系列政策引导，我国的纳米碳材料产业也呈现遍地开花、蓬勃发展之势，但急功近利的短平快追求模式极为普遍，且存在着简单重复和低水平竞争等严重问题。

　　缺少对未来核心技术的关注和布局是必须引起重视的另一个严重问题。以石墨烯为例，大健康和电加热产品、导电添加剂、防腐涂料是我国石墨烯行业关注的"三大件"，占当前石墨烯产业的 90% 以上。实际上，我们的关注点与美国、欧洲和日本等发达国家及地区根本不在一个频道上，后者更关注未来的技术研发，如碳基光电子技术和芯片、碳基传感器和物联网、碳基可穿戴技术、新一代碳基复合材料等。一方面是由于投入力度不够和急功近利的成果评价机制，使得科学家们不敢做需要耐心和投入的原创性研究与核心技术研发。另一方面是创新主体的差异，我国的纳米碳材料产业主体是小微和初创企业，缺少可持续发展能力。小微企业虽然经营灵活，但综合实力弱，大多都没有自己的研发团队，只能采取合作或委托研发的模式，关注的也是一些投入小、产出快的领域，如储能、复合材料、热管理和大健康等。反观美国、欧洲、日本、韩国等发达国家和地区，IBM、英特尔、诺基亚、三星等龙头企业发挥了主导作用，有足够的实力进行长远布局，久久为功。如果不改变现行做法，尽管我国在纳米碳材料领域拥有规模上的优势，但在未来的产业竞争中极有可能出现众多新的"卡脖子"问题。

　　纳米碳材料产业是一个重大的历史机遇，更是一个巨大的挑战。它挑战着我们的原始创新能力，挑战着我们的政产学研用协同创新能力，挑战着我们的耐心和可持续发展能力，挑战着中华民族在下一个百年高科技产业领域的全球引领能力。我们应抓住机遇，科学地应对挑战。以下是几点建议，希望能够对纳米碳材料产业的健康发展有所助益。

（一）发挥制度优势，加强顶层设计

纳米碳材料的自身特点决定了发展纳米碳材料产业的长期性和艰巨性，因此需要做好战略性、全局性的规划设计，这正是我国的制度优势所在。首先在时间维度上，在明确纳米碳材料未来发展的主流脉络基础上，制定纳米碳材料产业发展的路线图，通过五年规划、十年规划、二十年规划，稳步推进纳米碳材料产业的可持续发展，同时对各阶段的发展目标、关键技术、下游应用、产业布局等进行统一部署，分阶段长远布局，确保未来核心竞争力。同时，根据国际和国内纳米碳材料产业发展的实时进展，合理规划、及时调整研发产业布局。需要注意的是，纳米碳材料的重点攻关项目和研究方向应与制造业强国战略相统一，围绕新一代信息技术、航空航天装备、节能环保、新能源汽车、生物医药等重点领域的发展需求，从国家层面进行前沿性和战略性的布局，充分体现国家意志。其次，在空间维度上，我国纳米碳材料产业发展区域差异明显，应统筹合理规划全国纳米碳材料的产业发展布局，因地制宜，推进差异化、特色化、集群化发展，有效避免低水平重复建设和恶性竞争。各地政府在政策引导下积极布局纳米碳材料产业的同时，应该增强对纳米碳材料产业的认识，明确产业推进思路，根据当地资源禀赋、研发基础和产业特点进行针对性的布局，避免简单重复建设产业园区现象。

事实上，强化政府对纳米碳材料产业发展的引导也是由我国企业的特质所决定的。与国外相比，中国的纳米碳材料产业缺少有实力的大企业参与，可持续发展能力有限。对于需要大规模、持续投入的未来型纳米碳材料高科技产业来说，小微企业根本无法面对国外大企业的技术和市场竞争，只能投入一些见效快的低端应用领域。目前央企和国企是我国整体产业和市场的主导力量，而由于诸多根本性的原因，他们缺少对新材料、新技术和高新技术产业的敏感度，更缺少参与度和投入度。因此，在纳米碳材料产业发展过程中，必须强化政府角色和担当。

另外，加强纳米碳材料产业顶层设计，需要理性审视和评估我国纳米碳材料产业的发展现状和存在的问题，实时深入了解全球纳米碳材料产业化进程，研究美国、欧洲、日本、韩国等国家和地区的纳米碳材料发展战略、重点方向、研发布局等，真正掌握纳米碳材料产业的最新进展，把握纳米碳材

料产业发展的主流脉络。尤其需要强调的是，要充分依靠专家，兼听科技界、产业界、地方政府等各方面的意见，综合研判，力避偏听偏信和"拍脑门"现象。在此基础上，制定相应的发展战略、规划和路线图，合理规划产能和发展路径。尤其不能只关注短期利益，要分阶段长远布局，确保未来核心竞争力。

（二）聚焦"卡脖子"技术，加大经费支持力度，培育核心竞争力

真正把握纳米碳材料产业发展的主流脉络，加强对基础研究、关键共性技术、颠覆性技术创新等"卡脖子"技术的支持力度。纳米碳材料的制备是未来纳米碳材料产业的基石，也是制约纳米碳材料产业发展的主要"卡脖子"问题。富勒烯的发展史可以给我们启示，富勒烯于 1985 年被发现，但初期研究仅限于在科学实验装置上得到的有限质谱数据信息，以理论研究为主。真正打开富勒烯产业化大门的钥匙是日本三菱化学株式会社基于美国 IBM 的苯燃烧法专利，开发的工业化生产富勒烯装置。该装置于 2003 年完成了吨级富勒烯的产能，为之后富勒烯应用奠定了物质基础。随着日本三菱化学株式会社燃烧法富勒烯制备技术的成熟，给市场提供了足够的富勒烯原料，富勒烯应用研究和产业化也渐渐发展起来，最近 5 年呈现飞速发展之势。然而，目前困扰富勒烯大规模产业应用的一个主要问题仍然集中在富勒烯的制备和提纯方面。富勒烯的形成一般需要 2000℃ 以上的高温和高真空环境，电弧法生产还需要高纯氦气，生产出富勒烯后需要进一步分离纯化。生产链条长，条件苛刻，导致富勒烯的生产成本居高不下，高纯度的富勒烯价格更是高达 100 万元 /kg。因此富勒烯产业化的未来应聚焦在制备和提纯技术上。对于石墨烯和碳纳米管产业，就产能方面，中国高居全球榜首，甚至出现了产能过剩的问题，但是目前制备技术仍不过关，且规模化生产过程中存在工艺稳定性差等问题，碳纳米管的产品均一性、可控性有待提高，石墨烯产品的品质和性能参差不齐，这直接导致了纳米碳材料产业领域诸多乱象乃至信任危机。

制备决定未来，材料制备是纳米碳材料产业化过程中首要且必须解决的"卡脖子"问题。因此，必须整合资源，加大投入力度，潜心攻坚克难，突破纳米碳材料规模化制备的核心技术。此外，纳米碳材料研究及其产业化核心技术研发涉及的主要科学问题和"卡脖子"技术还包括：①新的碳同素异

形体设计理论与合成方法；②碳材料在液相、高分子、金属中的分散和复合技术；③碳基结构材料和功能材料的跨尺度设计理论和制备方法；④碳基显示、电磁屏蔽和超导材料；⑤碳基传感器件、可穿戴与物联网技术；⑥碳基光纤与光电子技术；⑦硅基-碳基复合器件及全碳电子器件；⑧碳基储能与分离技术；⑨碳基催化剂与单原子催化等。

与此同时，布局未来，探索纳米碳材料的"撒手锏"级应用，方能使我国在未来纳米碳材料高端产业应用竞争中立于不败之地。如前所述，目前我国纳米碳材料产业化主要布局在短期内投资可以快速见效的领域，总体上技术含量和产品附加值不高，对于未来高精尖产业的拉动能力有限。从应用现状来看，大多数产品中的纳米碳材料类似于味精和添加剂的角色，技术门槛相对较低，且多数以样品和实验室产品为主，尚未真正形成商品。而且下游应用企业面临着成熟的传统技术和产业竞争的巨大挑战，不仅需要支出研发、改变生产工艺和生产线、培训员工、市场推广等方面的费用，还要承担应用效果不确定带来的风险，可谓是"理想很丰满，现实很骨感"。

因此，我们不能只关注立竿见影的"味精"角色的纳米碳材料应用产品，而是应该探索真正意义上的战略新兴材料。此种材料具备以下特征：要么创造全新的产业，要么给现有产业带来变革性的飞跃。以碳纳米管为例，利用小尺寸、高载流子迁移率、电学性质可调的特性构建低能耗、高性能的碳基集成电路，应该是其最具吸引力、最诱人的应用愿景。我国在面临芯片自身产能低、严重依赖进口的现状下，碳纳米管基高性能电子芯片有望成为未来全球高科技竞争中的"撒手锏"和制胜法宝。

石墨炔是有望贴上中国标签的原创性纳米碳材料，其独特的晶体结构和电子结构赋予了其诸多新奇的物理、化学特性，拥有广阔的应用前景。相比于其他纳米碳材料，石墨炔材料尚处于实验室基础研究阶段。但是，这也孕育着新的机遇，加大投入力度，抓住先机，有望引领新的纳米碳材料产业发展。

（三）加快纳米碳材料标准体系建设，建立行业准入标准

目前，国内市场中商业化的纳米碳材料产品良莠不齐，甚至存在着有人弄虚作假的行为。根本原因在于缺乏统一的评价标准，所以统一纳米碳材料

品质、性能等标准体系迫在眉睫。以石墨烯为例，目前我国各地石墨烯产业联盟多达 12 个，处于各自为战、发声混乱甚至鱼目混珠的状态，严重缺少权威性和专业性，进一步加剧了我国石墨烯产业的乱象，也影响了我们在石墨烯领域的国际声誉。同时，关于纳米碳材料的安全性问题争议不断，如富勒烯、碳纳米管，统一的检测标准和安全指南也亟需制定。

因此，明确权威机构，真正代表国家发声，是结束当前混乱局面的必由之路。根据我国纳米碳材料发展现状，对下游快速发展的应用领域，应尽快完善相关产品统一的定义、检测和使用标准。同时，加快研究制定纳米碳材料行业准入标准，从产业布局、生产工艺与装备、环境保护、质量管理等方面加以规范，使纳米碳材料的应用及其产品有标准可依，有规范可循。此外，加强国际交流合作，积极参与国际标准制定，确保我国的纳米碳材料标准体系及时与国际接轨。

以石墨烯为例，自 2014 年石墨烯相关国家标准开始立项制定以来，目前仅《纳米科技 术语 第 13 部分：石墨烯及相关二维材料》（GB/T 30544.13—2018）一项国家标准已颁布实施，同期立项的其他几项标准未能按计划完成。此外，目前纳米碳材料相关标准特别是国家标准的立项审核非常严格，每年立项的相关标准很少，标准立项方面没有按照专业或应用领域考虑标准需求，导致当下已实施的纳米碳材料相关国家标准、地方标准与产业发展不匹配。因此，在加快纳米碳材料标准建立的同时，应综合考虑现有的应用领域标准需求，结合产业发展规律和现状，有效指导产业发展。

随着纳米碳材料研究的不断深入，不断涌现出新的纳米碳材料产品和产业链。现有标准应及时调整以适应纳米碳材料相关材料和产品的工业化发展。社会各界应积极提出纳米碳材料产业发展亟需的标准化的项目，在国家有关部门的统筹协调下，按计划有序推进相关标准的制定工作，逐步充实完善我国纳米碳材料标准体系，让标准真正起到对纳米碳材料产业的规范和引领作用。

（四）试点"研发代工"，打造纳米碳材料领域产学研结合新模式

缺乏明确的应用牵引和龙头企业参与、经济与科技"两张皮"是我国纳米碳材料产业发展的制约因素。中国和西方国家在纳米碳材料领域有不同的

产业发展模式，美国、欧洲等典型的市场经济国家或地区，在推动纳米碳材料产业发展过程中，一方面充分发挥私营非盈利中介组织的作用，给予地方和企业充分的自由竞争空间；另一方面政府这只"看得见的手"也扮演着重要角色，从基础研究到应用研究再到商业化整个过程始终发挥着引导、支撑和支持的作用。同时，对纳米碳材料研究的扶持坚持集中、持续性地直接投入，尤其对基础性、战略性、前沿性的研究更是如此。我国纳米碳材料科研成果与下游产业应用脱节严重，大部分成果以学术论文和发明专利的形式躺在书架上，没有成为真正的产业化源头。很多基础研究成果还缺少进一步的实用化研发，技术成熟度低，导致下游企业兴趣不足。"企业＋研发机构＋孵化器/创新中心"的发展模式尚在摸索阶段。目前来看，各地推进纳米碳材料产业发展的思路大同小异，比较常见的是政策引导加产业园模式，基本属于自发性的群众运动模式。虽然政府和企业都有意愿发展壮大纳米碳材料产业，但是由于对前端的技术培育和后端的产业牵引重视不够，具体表现在研发投入力度小、支持部门分散、持续性不强，缺乏龙头企业带动，导致企业核心竞争力不足，产品低端化、同质化现象严重。

"研发代工"是近几年引起人们广泛关注和肯定的全新的政产学研协同创新模式，已经在北京石墨烯研究院得到成功实践。"研发代工"是由科技研发机构针对特定企业的技术需求，组建由高水平专业人员构成的专门研发团队，面向市场需求开展订制化的技术研发，通过全过程利益捆绑，实现从基础研究到产业化落地的无缝衔接，有望解决研究缺乏应用牵引和企业创新能力不足的难题，推动纳米碳材料科技成果快速转化。建议在纳米碳材料领域成立若干由高校或科研院所、企业或行业组织共同组建的新型研发机构，开展"研发代工"模式的试点工作，并制定配套政策，对"研发代工"机构在科研资金、人才引进、税收优惠等方面给予倾斜支持。同时，建议以"研发代工"模式，在国家级的产业创新中心框架内，实现优质科创资源、企业及市场的有机融合和高效协同创新。

"研发代工"是适合中国国情的产学研协同创新模式，可有效避免科研人员"闭门造车"、研究成果不接地气的问题，也回避了"教授办企业"存在的高风险，同时解决了企业研发力量不足、核心竞争力欠缺的难题。实践与丰富"研发代工"模式，对于推动我国纳米碳材料产业健康发展具有现实意义，对于探索中国高科技产业发展之路也具有重要示范作用。

经过十几年的发展，中国纳米碳材料产业化发展已经初具规模。此时组建纳米碳材料领域国家级产业创新中心的时机已经成熟，建设统领全国、服务全国的纳米碳材料研究和产业国家队伍势在必行。该创新中心应集成代表中国纳米碳材料相关的基础研究、高技术研发及产业化应用最高水准的骨干企业和研究团队，同时吸纳社会资本和具有产业引领能力的大型央企、国企和私企参与，共同打造中国纳米碳材料研究和产业的旗舰。

（五）释放政策红利，培育创新生态

纳米碳材料产业是处在发展初级阶段的高科技产业，需要及时有效的政策引导，最大限度地释放政策红利，打造创新性的文化环境和高科技研发生态。

高科技产业发展的核心要素是具有创新能力、掌握核心技术的专业人才。如何最大限度地调动这些专业人才的主观能动性，最大限度地释放他们的创造力，决定着未来高科技产业的核心竞争力。中国拥有最大规模的纳米碳材料研发力量和产业化大军，无论是相关论文和发明专利，还是产业化发展，都走在世界的前列。但是，由于现行人才和科技成果评价机制方面的原因，这些统计数字上的优势并没有形成真正的产业竞争优势，绝大部分所谓的成果都是躺在书架上，科研院所的科研人员缺少推进成果转化的动力和勇气。国家已陆续出台新的人才和科技评价政策，相信"破四唯"改革会给纳米碳材料产业带来新的发展动力。

与此同时，纳米碳材料的可持续发展需要雄厚的资金支撑。要充分发挥政策和资金的引导作用，鼓励社会资本积极参与，共同设立产业基金，建立完善的投资和培育机制，实现人才、资金等资源向优质企业和科研单位汇聚，并促进产学研有机结合，协同创新。在这方面，通过软性的和硬性的政策引导，吸引更多的具有资源优势和成熟市场通道的大企业参与至关重要。过去十年来，一大批中小微型企业投入到以石墨烯为代表的纳米碳材料产业化浪潮之中，其中不乏有创新能力和发展潜力的骨干企业。但是，这些企业多数面临着可持续发展的危机，这是当前中国纳米碳材料产业界面临的严峻挑战，需要从政策层面突破困境。

此外，真正有效的产学研协同创新平台建设及在运行机制上的不断完善极为重要。目前，许多地方已进行了大量的探索实践，需要交流和总结经验，探索适合我国国情的产学研协同创新机制。同时，需要完善相关服务支撑体系，让创新创业人员把精力更多地用在刀刃上。综合来讲，这是一个高科技产业发展过程中的创新性文化生态建设问题，也是培育真正具有国际竞争力的纳米碳材料产业的根本问题。这方面还有很大的改革提升空间，也需要积极借鉴美国等西方发达国家的成熟经验。

（六）加强国际交流合作，加快国际优秀人才引进

纳米碳材料作为各国未来高科技竞争的战略制高点，抢占人才先机至关重要。在当前特殊的国际形势下，尤其考虑到当下新冠肺炎疫情复杂多变的国际环境，我国稳定的政治经济环境和快速发展的高科技产业，对于引进国际人才尤其是华裔科学家反而是一大优势。建议要以更加包容的心态，放眼全球，积极参与纳米碳材料领域的全球人才竞争，打造开放性的、国际化的人才聚集地和创新创业高地。加强与国际纳米碳材料领域优势机构和专家学者的交流合作，积极吸纳海外优秀人才，重点引进我国纳米碳材料研究相对欠缺的基础理论、电子器件、光电器件、生物医药方面的国际人才。

附　录

附表 1　纳米碳材料相关论文发表、专利申请、企业数量情况汇总

纳米碳材料	论文数 [1]			专利数 [2]			企业数 [3]
	中国	全球	中国占比 /%	中国	全球	中国占比 /%	
石墨烯	104 753	314 052	33.36	56 227	80 136	70.16	14 994
碳纳米管	83 559	310 317	26.93	19 948	57 930	34.43	1 781
富勒烯	19 524	105 730	18.47	1 918	10 217	18.77	190
石墨炔	429	1 511	28.39	338	646	52.32	44

① 数据来自 Web of Science 所有数据库，截至 2020 年 4 月。
② 数据来自国家知识产权运营平台，截至 2020 年 3 月。
③ 数据截至 2020 年 4 月。

附表 2　全国主要的纳米碳材料研发团队

领域	机构	团队	主要研发方向
石墨烯	中国科学院金属研究所	成会明团队	石墨烯粉体及薄膜材料制备技术、石墨烯薄膜剥离与转移技术、石墨烯储能技术、石墨烯导电薄膜
	中国科学院化学研究所	刘云圻团队	石墨烯薄膜生长和掺杂方法
	北京大学	刘忠范团队	石墨烯薄膜制备技术及规模化装备、超级石墨烯玻璃、超级石墨烯纤维、石墨烯 LED、烯碳光纤
		彭海琳团队	石墨烯薄膜生长及装备、石墨烯规模化转移技术

领域	机构	团队	主要研发方向
石墨烯	清华大学	魏飞团队	三维介孔石墨烯粉体宏量制备技术、石墨烯导电添加剂和超级电容器
		曲良体团队	功能化石墨烯粉体材料与组装技术、石墨烯新能源器件
		朱宏伟团队	石墨烯材料制备技术、海水淡化、石墨烯柔性器件
	天津大学	杨全红团队	石墨烯粉体材料组装、石墨烯锂电池、超级电容器
	清华大学深圳研究生院	康飞宇团队	石墨烯粉体材料、石墨烯基能量存储和转化技术
	中国科学院宁波材料技术与工程研究所	刘兆平团队	石墨烯粉体和薄膜材料规模化制备、锂离子电池材料
		王立平团队	石墨烯防腐涂料
		林正得团队	石墨烯导热材料
	中国科学院上海微系统与信息技术研究所	谢晓明团队	石墨烯单晶晶圆、石墨烯/超导异质结、超导量子干涉器件
		丁古巧团队	石墨烯粉体规模化制备技术及应用
	南开大学	陈永胜团队	石墨烯粉体材料制备、石墨烯新能源技术
	中国科学院重庆绿色智能技术研究院	史浩飞团队	石墨烯薄膜规模化生产、石墨烯传感器件、石墨烯光电器件
	浙江大学	高超团队	石墨烯化学与宏观组装、石墨烯纤维
	国家纳米科学中心	智林杰团队	石墨烯基锂离子电池和超级电容器
	中国科学技术大学	朱彦武团队	石墨烯及其他新型碳材料制备、石墨烯高性能能量转换和存储技术
	北京航空材料研究院	王旭东团队	石墨烯粉体制备、石墨烯/金属复合材料
	厦门大学	蔡伟伟团队	石墨烯化学气相沉积生长装备、石墨烯薄膜器件
	北京化工大学	邱介山团队	石墨烯基功能碳材料制备及应用
	北京石墨烯研究院	高翾团队	石墨烯玻璃制备装备及其应用
		尹建波团队	石墨烯太赫兹器件、石墨烯光电器件
	中国科学院山西煤炭化学研究所	陈成猛团队	石墨烯粉体制备及电化学储能技术
	东华大学	朱美芳团队	石墨烯在纤维及织物领域的应用
	中车集团	阮殿波团队	石墨烯超级电容器

续表

领域	机构	团队	主要研发方向
石墨烯	中国科学院半导体研究所	李晋闽团队	石墨烯 LED 照明器件
	东南大学	孙立涛团队	石墨烯等新型纳米材料在能源、环保和微纳器件上的应用
	中国科学院苏州纳米技术与纳米仿生研究所	刘立伟团队	石墨烯可控制备及其储能、电磁防护、传感器件
	上海交通大学	张亚非团队	巨吸附与敏感材料、新型石墨烯器件
		郭守武团队	纳米材料原位可控合成、组装及器件化
	北京化工大学	张立群团队	石墨烯、碳纳米管橡胶复合材料
		于中振团队	石墨烯高分子复合导热材料
	山东大学	侯士峰团队	粉体石墨烯制备、石墨烯涂料
	兰州大学	拜永孝团队	石墨烯和类石墨烯二维材料制备及其复合材料、石墨烯储能技术
	北京航空航天大学	沈志刚团队	射流空化法石墨烯粉体规模化制备、石墨烯负极材料
	广西大学	沈培康团队	石墨烯粉体制备、石墨烯沥青、能源技术
	西北大学	王惠团队	石墨烯基锂/钠离子电池、石墨烯改性太阳能电池
	中国石油大学（北京）	李永峰团队	石墨烯粉体材料规模化制备
	华侨大学	陈国华团队	石墨烯粉体材料制备及复合技术
	复旦大学	卢红斌团队	石墨烯纳米片制备、石墨烯复合材料及储能技术
	青岛大学	曲丽君团队	氧化还原法石墨烯规模化制备、石墨烯改性导电纤维及纺织品
	中国石油大学（华东）	吴明铂团队	石墨烯粉体材料、超级电容器、锂离子电池
	中国科学院半导体研究所	陈弘达团队	石墨烯光电子与射频电子器件
碳纳米管	中国科学院金属研究所	成会明团队	浮动催化剂化学气相沉积法生长单壁碳纳米管
		刘畅团队	单壁碳纳米管的导电属性调控及其薄膜、纤维等宏观体的制备和应用
		孙东明团队	纳米碳材料（碳纳米管/石墨烯）电子学器件
	中国科学院大连化学物理研究所	包信和团队	碳纳米管限域纳米金属催化剂

领域	机构	团队	主要研发方向
碳纳米管	中国科学院物理研究所	解思深团队	碳纳米管的合成、结构及物理性质研究
		王恩哥团队	纳米管结构调制、合成与物理性质的研究
		周维亚团队	碳纳米管制备、结构控制和性能研究
	中国科学院苏州纳米技术与纳米仿生研究所	李清文团队	半导体碳纳米管精准制备及碳基电子器件、纳米碳宏观组装体制备及加工、功能复合材料
	钱学森空间技术实验室	张光团队	微纳材料的热学性能研究
		常慧聪团队	红外光电材料制备及其性能研究
	国家纳米科学中心	方英团队	纳米碳材料能源存储及转换器件、碳纳米多孔吸附材料、低维纳米材料电学性能的理论模拟和分析
		戴庆团队	碳基纳米光子学材料
	中国科学院成都有机化学研究所	瞿美臻团队	碳纳米管在锂离子电池中的应用研究
	中国科学院兰州化学物理研究所	裴小维团队	碳纳米管的功能化修饰及碳纳米管基气敏传感器
	清华大学	范守善团队	超顺排碳纳米管阵列和透明导电薄膜的研究应用
		魏飞团队	单壁阵列碳纳米管结构控制、批量生产及复合，碳纳米管储能技术
		韦进全团队	优质碳纳米管薄膜的连续制备、纳米导线、碳纳米管海绵
		姜开利团队	碳纳米管的生长机理、可控合成、物性研究、应用研究
		张跃钢团队	碳纳米管合成、表征及器件
	清华大学深圳研究生院	康飞宇团队	新型碳材料储能应用研究
	北京大学	张锦团队	单壁碳纳米管生长、分离、属性研究
		彭练矛团队	碳纳米管集成电路研究
		李彦团队	单壁碳纳米管结构/手性可控生长
		曹安源团队	碳纳米管海绵
	北京化工大学	张立群团队	碳纳米管复合材料制备
	南开大学	陈永胜团队	碳纳米管、石墨烯材料
		黄毅团队	碳纳米管及其高性能复合材料

续表

领域	机构	团队	主要研发方向
	常州大学	李亚利团队	气相流催化反应制备连续碳纳米管纤维
	天津大学	许史杰/杨静团队	复合纳米材料的制备及光催化性能
	南京大学	姚亚刚团队	碳纳米管导热界面材料基础研究
	南京林业大学	朱玉香团队	复合纳米材料的制备及光催化性能
		刘建团队	复合纳米材料的制备及光催化性能
	复旦大学	彭慧胜团队	取向碳纳米管/高分子复合材料
		郑耿锋团队	合成与组装低维半导体纳米材料，制备高性能电子、光子器件；制备与研究基于新型有机－无机复合纳米材料的光电转化器件、锂离子电池；研究纳米材料与生物材料的界面相互作用，开发疾病诊断和治疗的新方法
	华东师范大学	潘丽坤团队	碳纳米管合成及能量存储技术
	上海大学	张田忠团队	碳纳米管力学
	华中科技大学	徐鸣团队	碳纳米管传感器、能源转换/存储、复合材料
		卢兴团队	新型碳结构材料的基础与应用研究
碳纳米管	哈尔滨工业大学	李宜彬团队	碳纳米管增强纳米复合材料
	南昌大学	孙晓刚团队	晶须碳纳米管
		曾效舒团队	碳纳米管器件
	中国科学技术大学	朱彦武团队	新型纳米碳材料
		杜平武团队	有机共轭材料、有机合成化学，高分子合成与化学、共轭高分子，光催化与太阳能利用、能量转换材料
	厦门大学	邓林龙团队	碳纳米管的制备、分离、功能化及其在能源材料化学中的应用
	湖南大学	陈小华团队	碳纳米管增强复合材料
	山东大学	慈立杰团队	碳纳米管材料合成及复合、电化学储能应用
	大连理工大学	赵宗彬团队	碳纳米管的可控合成、有序组装和应用探索
	大连海事大学	田莹团队	碳纳米管的可控合成及其在非线性光学中的应用研究
	西安交通大学	张锦英团队	碳纳米管、石墨烯等合成、性能及应用研究 [光、电、催化及储能（氢）]
	燕山大学	赵元春团队	碳纳米管薄膜器件
	温州大学	徐向菊团队	碳纳米管的可控合成及生长机理研究

领域	机构	团队	主要研发方向
富勒烯	国家纳米科学中心	赵宇亮团队	纳米生物效应分析、放射化学
		肖作团队	富勒烯化学、有机太阳能电池
	北京大学	甘良兵团队	富勒烯衍生物的合成，新型金属配合物的合成及其在有机合成中的应用
		刘元方团队	富勒烯材料的化学修饰、生物分布和毒性；富勒烯在生物医学领域的应用
		齐利民团队	胶体化学法合成大小、形貌和结构可控的无机粒子，有机分子/生物分子/聚合物及其有序聚集体诱导下的仿生合成，新奇微纳结构的控制合成与高级有序组装
		施祖进团队	富勒烯包合物的高产率合成、分离和纯化；富勒烯包合物的化学修饰及功能化
	中国科学院化学研究所	王春儒团队	富勒烯和金属富勒烯的基础和应用研究
		王太山团队	金属富勒烯、电子自旋、分子磁性
	清华大学	王泉明团队	金属团簇及其纳米材料、碳材料等
	北京航空航天大学	孙艳明团队	有机太阳能电池材料与器件、有机自旋电子器件、钙钛矿太阳能电池
	北京师范大学	范楼珍团队	电化学、荧光纳米碳材料和金属纳米材料的制备及其在生物成像、传感器领域和发光器件的应用研究
	北京工业大学	张泽团队	从事准晶、低维纳米材料等电子显微结构研究
	中国科学技术大学	王官武团队	富勒烯化学、绿色化学、计算化学、分子化学
		杨上峰团队	长期从事富勒烯材料的研究、新型纳米碳材料及在新型太阳能电池中的应用
		杜平武团队	主要研究有机光化学、无机光化学、太阳能转化及洁净能源
	南开大学	梁嘉杰团队	高分子纳米基材料、油墨、可穿戴功能器件、3D打印功能器件
	天津大学	封伟团队	功能有机碳复合材料、新能源材料与器件、高性能纳米复合材料、智能材料、二维材料与性能
	河北工业大学	金朋团队	长期从事富勒烯等低维纳米材料的理论计算研究
	上海大学	谭启涛团队	药物和天然产物合成、有机功能材料合成
	东华大学	原一高团队	功能梯度硬质合金、金属材料的高性能化、零件成型与强化

续表

领域	机构	团队	主要研发方向
富勒烯	同济大学	胡霞林团队	环境有机污染物的生物有效性及环境风险、纳米材料的环境效应、环境分析方法
	华中科技大学	卢兴团队	无机非金属团簇材料、晶体工程与非经典配位化学、新型碳结构材料在新能源及生物医学中的应用、新型碳基材料的理性设计与宏量生产技术开发
		赤阪健团队	碳材料
	郑州大学	张振中团队	药学相关
	青岛科技大学	贺继东团队	功能与特种高分子材料的设计合成及组装、纳米生物可降解性高分子材料与药物控释体系、高性能橡胶弹性体的结构与物性
	吉林大学	刘冰冰团队	碳材料合成及其高压结构研究
	苏州大学	谌宁团队	富勒烯纳米碳材料及其在有机光电器件应用的相关研究
		张茂杰团队	有机太阳能电池有关的课题研究
		李永舫团队	聚合物太阳能电池光伏材料，包括共轭聚合物给体和受体光伏材料、新型富勒烯衍生物受体光伏材料
		冯莱团队	内嵌金属富勒烯、多孔碳材料、太阳能电池
		屠迎锋团队	嵌段共聚物和嵌段分子以环状寡聚酯为单体，基于笼状分子纳米粒子（富勒烯、POSS等）的嵌段分子的合成及其自组装构筑新型超分子液晶
	厦门大学	洪文晶团队	精密科学仪器研发、单分子（单团簇）尺度研究
		张前炎团队	富勒烯有机修饰、碳纳米管及类石墨烯片段的有机合成
		谢素原团队	发展和应用了微波等离子体等一些富有特色的合成富勒烯及相关纳米材料的方法，建立了复杂体系的高效分离方法
		陈立富团队	主要从事先进陶瓷、陶瓷纤维及复合材料方面的研究
		邓林龙团队	富勒烯、碳纳米管及石墨烯等碳材料的制备、分离、功能化及在能源材料化学中的应用
	中国人民大学	王志永团队	内嵌金属富勒烯的分子设计、合成与光电磁性质，原子级厚度二维纳米材料的制备、性质与储能应用
		郭志新团队	碳纳米管和富勒烯的有机功能化及相关性质，聚合物分子的合成及光、电、磁特性研究，精细有机化学品的合成
		张璞副团队	富勒烯化学与物理功能性有机材料的设计、合成及性质

领域	机构	团队	主要研发方向
富勒烯	南京航空航天大学	沈海军团队	飞行器结构疲劳、断裂失效，纳米器件中的力学模拟与仿真，纳米/分子电子学基础研究，CAE 虚拟设计、二次开发及其在结构破坏中的作用
	河海大学	唐春梅团队	致力于使用和发展第一性原理计算方法（Dmol3,Gaussian,VASP）与模型，对多种物质体系的结构和性质进行了深入而系统的理论研究
	山东大学	郝晓涛团队	低维有机半导体物理、有机太阳能电池，超快光谱学等
		李海蓓团队	纳米材料包括纳米管、石墨烯、富勒烯生长机理的分子动力学研究
	中国海洋大学	夏树伟团队	海洋防污（防止海洋生物污损）材料的分子设计、定量构效关系研究，持久性有机污染物在矿物表面化学吸附行为和降解过程的研究
	中国科学院高能物理研究所	孙宝云团队	富勒烯和内嵌金属富勒烯纳米化学研究及碳纳米管一维功能材料的合成、表征及应用研究
	陕西师范大学	房喻团队	胶体与界面化学、光物理技术应用
	复旦大学	赵东元团队	介孔材料合成、结构和机理的物理化学及其催化研究
		林阳辉团队	从事碳纳米管修饰、富勒烯化学及金属有机化学的基础研究，在应用方面进行贵金属 (如 Rh、Pt、Pd) 催化剂的开发
		沈建中团队	过渡元素化学、富勒烯化学
	暨南大学	李丹团队	配位超分子笼、金属团簇的结构修饰与性能调控孔材料中的主客体相互作用研究
	中国计量大学	刘子阳团队	主要从事质谱学、富勒烯化学研究
		何建伟团队	纳米碳材料：富勒烯及其衍生物制备工艺；碳量子点制备工艺、光致发光聚合物、耐晒性荧光染料
		杨华团队	大碳笼富勒烯及金属富勒烯的合成、分离、结构及性能研究
	北京交通大学	富鸣团队	光子晶体、超常电磁介质等人工电磁微结构的构建与应用研究，基于独特纳米制造技术的石墨烯、无机半导体材料的光电子器件及敏感特性研究
	电子科技大学	陈远富团队	磁性、介电、半导体的集成生长、界面控制与调制耦合效应。石墨烯在光电器件方面的应用研究；石墨烯在新能源器件（太阳能电池、锂离子电池、超级电容器）方面的应用研究；石墨烯基射频场效应晶体管研究；石墨烯的宏量、可控制备方法及其物理效应研究

续表

领域	机构	团队	主要研发方向
富勒烯	浙江理工大学	俞梅兰团队	富勒烯和金属富勒烯的合成制备及生物学研究生物酶在纺织中的应用研究
	浙江大学	杜特怀勒西蒙特聘研究员	催化、有机合成、有机方法学、弱配位阴离子研究
		李宏年团队	富勒烯物理、表面物理、同步辐射应用、光电子能谱与扫描隧道显微镜应用
	武汉大学	刘英团队	富勒烯与纳米碳材料在电子能谱仪和转靶多晶衍射仪上从事测试服务和教学科研工作
		张勋高团队	有机化学富勒烯、碳纳米管、石墨烯制备方法研究；碳基纳米复合材料制备、性能及其在有机合成中的应用研究
	湖北大学	李法宝团队	富勒烯化学过渡金属催化有机新反应有机功能光电材料合成与应用
	黑龙江大学	廉永福团队	碳纳米管和内嵌金属富勒烯的高效合成及纯化、内嵌金属富勒烯化学反应的规律研究、碳纳米管的填充和功能化研究、内嵌金属富勒烯作为药物和信息存储材料的应用研究、纳米碳基电极材料和传感器件
	福州大学	齐嘉媛团队	富勒烯及生物材料 X 射线光谱的理论研究、多元掺杂碳团簇结构规律的理论研究
	中国科学院兰州化学物理研究所	李洪光团队	以富勒烯 C_{60} 为代表的纳米碳材料的化学修饰、性能及应用，突破传统结构的新型两亲分子体系的构筑及自聚集行为研究
	佳木斯大学	赵艳丽团队	富勒烯分子结构和稳定性的理论研究、小分子反应机理的理论研究、取代基效应的理论研究
	四川大学	李德富团队	天然高分子的化学改性、生物质化学与材料
	中国科学院宁波工业技术研究院	刘富团队	主要聚焦在高性能聚合物分离膜材料方向的研究
	华南理工大学	高松团队	配位化学与分子磁性研究
	中国科学院长春应用化学研究所	高翔团队	富勒烯及其负离子化学、富勒烯自组装
	太原理工大学	贾虎生团队	主要从事光电材料的研究与应用，纳米洋葱状富勒烯（NOLFs）的制备和性能研究
	西安交通大学	宋小龙团队	主要从事材料组织与性能，高温和低温环境下材料断裂与疲劳，碳纳米管及富勒烯等方面的研究工作

续表

领域	机构	团队	主要研发方向
富勒烯	西安交通大学	马伟团队	从事有机光电子材料（有机太阳能电池，场效应晶体管等）形貌表征和同步辐射 X 射线散射技术开发
		赵翔团队	从事富勒烯理论计算研究
	西北大学	史启祯团队	金属复合高分子材料
	扬州大学	汪洋团队	从事富勒烯的理论计算研究
	西南大学	甘利华团队	从事富勒烯的理论计算研究
	西南科技大学	彭汝芳团队	从事富勒烯的含能材料制备研究
	新疆大学	阿布力克木·克热木团队	富勒烯类化合物的芳香性、多环化合物的全局芳香性和局部芳香性
石墨炔	中国科学院化学研究所	李玉良团队	碳基和富碳分子基材料定向、多维、大尺寸聚集态结构和异质结构自组织生长、自组装方法学及在能源、催化和光电等领域的应用
		王树团队	石墨炔的化学生物学
		宋卫国团队	石墨炔基催化剂制备和性能
		王吉政团队	石墨炔薄膜与光电器件
		王建平团队	石墨炔光谱学
	北京大学	张锦团队	石墨炔和基于石墨炔材料的合成及其结构、电子、机械和光谱特性
	中国科学院理化技术研究所	吴骊珠团队	有机光化学研究
	北京科技大学	张跃团队	石墨炔薄膜及光电转换器件
	南开大学	卜显和团队	功能配合物化学、晶体工程、材料化学
		袁明鉴团队	石墨炔的制备和太阳能电池
		徐文涛团队	人工突触器件
	国家纳米科学中心	陈春英团队	石墨炔在生命科学中的癌症检测和治疗
		聂广军团队	新型纳米材料在生物医学领域的应用
	北京师范大学	毛兰群团队	石墨炔电化学和生物检测
	苏州大学	迟力峰团队	石墨炔单层和少数层薄膜的制备
	清华大学	李隽团队	理论及计算机模拟
		帅志刚团队	理论化学、复杂材料体系电子过程的理论计算与模拟
	中国科学院过程工程研究所	王丹团队	介尺度结构材料的设计、合成及其作为药物载体、蛋白分离介质、能源材料等应用

续表

领域	机构	团队	主要研发方向
石墨炔	中国科学院物理研究所	孟庆波团队	太阳能电池
	北京化工大学	邱介山团队	功能碳材料合成及应用、电化学和能源化工
		周伟东团队	锂离子电池
	天津理工大学	鲁统部团队	石墨炔的可控制备和在催化能源方面的应用
	大连理工大学	李琳团队	通量石墨烯、石墨炔复合碳膜的设计、结构调控及气体渗透机制的研究
	上海大学	刘轶团队	石墨炔电子结构的第一性原理研究
	香港城市大学	支春义团队	可穿戴柔性电存储器件、水系电池等
	北京市理化分析测试中心	刘伟丽团队	石墨炔标准制定
	湖南大学	曾光明团队	城市农村废物资源化、河湖污染湿地修复、环境系统分析等
	新疆大学	贾殿赠团队	碳材料、储能材料的研究
	天津大学	冯亚青团队	精细有机合成及超分子化学研究
	吉林大学	张红星团队	新型发光材料设计和生物体系的计算机模拟
		蒋青团队	材料热力学与计算材料科学
		樊晓峰团队	材料表面与界面、半导体合金和碳基材料的功能化
	中国科学院青岛生物能源与过程研究所	黄长水团队	功能性分子材料的设计、新型能源存储和转化材料的开发
		酒同钢团队	碳基能源转换材料
	山东大学	薛玉瑞、李国兴团队	石墨炔的可控制备和在催化储能方面的应用
		杨文龙、王宁团队	新的碳同素异形体的制备
	中国科学院生物物理所	张先恩团队	生物检测和效应
	青岛科技大学	赵英杰团队	石墨炔的合成化学
	香港理工大学	黄勃龙团队	石墨炔在储能和催化中的理论计算和计算机模拟
		陶肖明团队	智能纺织可穿戴科学与技术的研究与应用
		陈韦团队	智能驱动纳米材料与器件
	西北工业大学	韩楠楠团队	二维材料的物性调控

领域	机构	团队	主要研发方向
石墨炔	北京理工大学	陈楠团队	功能材料与器件
	北京高压科学研究中心	李阔、郑海燕团队	高压化学
	深圳大学	张晗团队	石墨炔非线性光学和光学器件研究
	兰州大学	金志文团队	石墨炔基钙钛矿电池
	华中科技大学	郭彦炳团队	环境化学
	北京航空航天大学	胜献雷团队	计算凝聚态物理
	上海师范大学	肖胜雄团队	合成化学与分子器件
	武汉理工大学	肖生强团队	光电材料与器件
		余家国团队	纳米结构材料、半导体材料的光电化学
	南方科技大学	段乐乐团队	石墨炔的制备和催化
	河南大学	贾瑜团队	材料计算与模拟
	福州大学	贾力团队	生物医药研发
		林森团队	理论与计算化学和光催化研究
	中国科学院大连化学物理研究所	汪国雄团队	电能高效存储和转化中的电催化反应研究

注：截至 2020 年 3 月，排序不分先后。

附表 3　全国纳米碳材料代表性企业

领域	省份	企业
石墨烯	北京	北京石墨烯技术研究院有限公司
		北京石墨烯研究院有限公司
		东旭光电科技股份有限公司
		北京创新爱尚家科技股份有限公司
		北京绿能嘉业新能源有限公司
		北京北方国能科技有限公司
		北京清大际光科技发展有限公司
		北京现代华清材料科技发展中心

续表

领域	省份	企业
石墨烯	江苏	常州第六元素材料科技股份有限公司
		常州富烯科技股份有限公司
		常州二维碳素科技股份有限公司
		常州中超石墨烯电力科技有限公司
		常州国成新材料科技有限公司
		常州恒利宝纳米新材料科技有限公司
		常州墨之萃科技有限公司
		常州碳索新材料科技有限公司
		常州瑞丰特科技有限公司
		江苏道蓬科技有限公司
		江苏先丰纳米材料科技有限公司
		江苏墨泰新材料有限公司
		江苏江山红化纤有限责任公司
		江苏红东科技有限公司
		无锡格菲电子薄膜科技有限公司
		无锡云亭石墨烯技术有限公司
		南京吉仓纳米科技有限公司
		南京鼎腾石墨烯研究院有限公司
		南京科孚纳米技术有限公司
		泰州巨纳新能源有限公司
		烯晶碳能电子科技无锡有限公司
		苏州格瑞丰纳米科技有限公司
		苏州高通新材料科技有限公司
		南通强生石墨烯科技有限公司
	浙江	杭州白熊科技有限公司
		杭州高烯科技有限公司
		宁波墨西科技有限公司
		宁波柔碳电子科技有限公司
		宁波杉元石墨烯科技有限公司

领域	省份	企业
石墨烯	浙江	宁波富理电池材料科技有限公司
		宁波中车新能源科技有限公司
		杭州牛墨科技有限公司
		浙江华正新材料股份有限公司
		浙江王点科技有限公司
		超威电源集团有限公司
		多凌新材料科技股份有限公司
	山东	青岛德通纳米技术有限公司
		青岛昊鑫新能源科技有限公司
		青岛华高墨烯科技股份有限公司
		青岛墨金烯碳新材料科技有限公司
		山东欧铂新材料有限公司
		山东玉皇新能源科技有限公司
		山东利特纳米技术有限公司
		山东中厦电子科技有限公司
		济南圣泉集团股份有限公司
	广东	广东墨睿科技有限公司
		广东暖丰电热科技有限公司
		广东深瑞墨烯科技有限公司
		深圳市国创珈伟石墨烯科技有限公司
		深圳石墨烯创新中心有限公司
		深圳市本征方程石墨烯技术股份有限公司
		深圳贝特瑞新能源材料股份有限公司
		鸿纳（东莞）新材料科技有限公司
		烯旺新材料科技股份有限公司
		珠海聚碳复合材料有限公司
		广州奥翼电子科技股份有限公司
		深圳天元羲王材料科技有限公司
		深圳烯创先进材料研究院有限公司

续表

领域	省份	企业
石墨烯	广东	深圳烯材料科技有限公司
	上海	上海利物盛企业集团有限公司
		上海超碳石墨烯产业技术有限公司
		上海烯望材料科技有限公司
		上海新池能源科技有限公司
	福建	厦门凯纳石墨烯技术股份有限公司
		厦门烯成石墨烯科技有限公司
		永安市泰启力飞石墨烯科技有限公司
		信和新材料股份有限公司
		福建翔丰华新能源材料有限公司
		国烯（福建）新能源科技有限公司
	黑龙江	宝泰隆新材料股份有限公司
		黑龙江省华升石墨股份有限公司
		哈尔滨万鑫石墨谷科技有限公司
	四川	德阳烯碳科技有限公司
		绵阳麦思威尔科技有限公司
		大英聚能科技发展有限公司
	重庆	重庆墨希科技有限公司
		重庆石墨烯研究院有限公司
	河北	新奥石墨烯技术有限公司
		唐山建华实业集团有限公司
		中节能（唐山）环保装备有限公司
		高碑店市隆泰丰博石墨烯有限公司
	湖南	湖南医家智烯新材料科技股份有限公司
		湖南金阳烯碳新材料有限公司
		长沙暖宇新材料科技有限公司
		中蓝科技控股集团（湖南）股份有限公司
	天津	天津普兰能源科技有限公司
		天津中健国康纳米科技股份有限公司
	安徽	合肥微晶材料科技有限公司
	广西	广西清鹿新材料科技有限责任公司

领域	省份	企业
石墨烯	湖北	中金态和（武汉）石墨烯科技股份有限公司
	陕西	陕西燕园众欣石墨烯科技有限公司
		陕西金瑞烯科技发展有限公司
		陕西墨氏石墨烯科技有限公司
碳纳米管	北京	北京宝航新材料有限公司
		北京天奈科技有限公司
		北京三维碳素科技有限公司
	上海	上海甘海材料科技有限公司
		上海卡吉特化工科技有限公司
		上海超威纳米科技有限公司
		华碳（上海）纳米材料有限公司
		宇瑞（上海）化学有限公司
		上海煜志科技有限公司
		上海益捷科贸有限公司
		上海柔晖材料科技有限公司
	天津	天津卡本新材料科技有限公司
	重庆	华碳（重庆）新材料产业发展有限公司
	广东	深圳市德方纳米科技股份有限公司
		深圳市纳米港有限公司
		广东鸿凯智能科技有限公司
		东莞瑞泰新材料科技有限公司
		江门道氏新能源材料有限公司
		佛山市格瑞芬新能源有限公司
		卡博特高性能材料（深圳）有限公司
		广东银港纳米工程技术股份有限公司
		深圳市沃特新材料股份有限公司
		惠州碳世界科技有限公司
		深圳市联翔创贸易有限公司
		东莞市雄克纳米科技有限公司
		深圳市晶力康科技有限公司

续表

领域	省份	企业
碳纳米管	广东	深圳市华禹墨烯科技有限公司
		深圳市广麟材耀新能源材料科技有限公司
		广东顺德伟德创通智能科技有限公司
		深圳赛兰仕科创有限公司
		珠海新莱特科技有限公司
		深圳超碳材料科技有限公司
		珠海中科兆盈丰新材料科技有限公司
		深圳市国创石墨烯科技有限公司
		深圳市昂星新型碳材料有限公司
		深圳市九龙恒新材料有限公司
		深圳市国恒启航科技有限公司
		卡博特高性能材料（珠海）有限公司
		深圳市氩氪新材料技术研究服务有限公司
		深圳市阿肯特克科技有限公司
		深圳晶格纳米科技有限公司
		深圳市众鑫高通科技有限公司
		深圳黑金碳烯材料技术有限公司
		深圳市光明区新材贸易部
		广东东特新能源科技有限公司
	江苏	赫曼斯碳纳米管科技江苏有限公司
		南京先丰纳米材料科技有限公司
		江苏捷峰高科能源材料股份有限公司
		江苏新奥纳米碳材料应用技术研究院有限公司
		苏州汉纳材料科技有限公司
		常州乾元碳素科技有限公司
		江苏天奈科技股份有限公司
		苏州捷迪纳米科技有限公司
		江苏国宏科汇新材料有限公司
		常州天奈材料科技有限公司
		苏州纳磐新材料科技有限公司

领域	省份	企业
碳纳米管	江苏	常州烯源谷新材料科技有限公司
		卡博特高性能材料（徐州）有限公司
		江苏诺舟纳米科技有限公司
		江苏赛恩特纳米材料科技有限公司
		扬州卡本碳能科技有限公司
		苏州汉新纳诺材料科技有限公司
		江苏普莱姆新材料有限公司
		无锡德先新材料有限公司
		丹阳正方纳米电子有限公司
		苏州谦元新材料科技有限公司
		苏州泰岩新材料有限公司
		苏州碳丰石墨烯科技有限公司
		南京微米电子产业研究院有限公司
		常州泰鸿新材料有限公司
		丹阳图森破纳米科技有限公司
		苏州市力丽纳米科技有限公司
		南京赫拉斯材料科技有限公司
		无锡东恒纳米科技有限公司
		南京澜海纳米科技有限公司
	浙江	德清创诺尔新材料科技有限公司
		群乔纳米材料股份有限公司
		金华时超新能源科技有限公司
		宁波杉元石墨烯科技有限公司
		碳火科技（浙江）有限公司
		浙江云墨绿能科技有限公司
		浙江宝纳纳米科技有限公司
		浙江王点科技有限公司
		浙江优可丽新材料有限公司
		嘉兴骏茗新材料有限公司
		金华王点科技有限公司

续表

领域	省份	企业
碳纳米管	浙江	杭州美世邦新材料科技有限公司
		杭州好好新材料有限公司
	安徽	滁州纳盾碳材料有限公司
		滁州汉威光电科技有限公司
		安徽恒锦新能源科技有限公司
		安徽金帛纳米科技有限公司
		滁州利美实业有限公司
		安徽宜立新型材料有限公司
	河北	新奥石墨烯技术有限公司
		武强县顺发碳素制品科技有限公司
		霸州市新宝石墨烯科技有限公司
		远科秦皇岛节能环保科技开发有限公司
		碳源创贝（沧州）科技有限公司
	河南	河南克莱威纳米碳材料有限公司
		河南德福通材料科技有限公司
		焦作熔创石墨科技有限公司
		河南省郑新石墨烯研究院有限公司
		河南烯碳合成材料有限公司
		河南高品石墨烯科技有限公司
		河南省丰烯新材料科技有限公司
	湖北	中科新兴（宜昌）新材料有限公司
		大冶市旺科纳米技术有限公司
		武汉高正新材料科技有限公司
		武汉联维新材料科技有限公司
		湖北泰沃科新材料有限公司
		湖北中霸新能源材料科技有限公司
		韩中石墨烯产业园（竹溪）有限公司
	黑龙江	哈尔滨万鑫石墨谷科技有限公司

领域	省份	企业
碳纳米管	黑龙江	哈尔滨金纳科技有限公司
		黑龙江墨林新材料有限责任公司
		哈尔滨雷鹏科技有限公司
	吉林	吉林华高碳业科技有限公司
		吉林省纵横石墨烯科技有限公司
	江西	江西晶纳新材料有限公司
		江西黑马纳米科技有限公司
		江西晶力康新材料科技有限公司
		江西三丰光电纳米科技有限公司
	辽宁	华光高科特种材料（大连）有限公司
		辽宁世之源碳科技有限公司
		海城市泰利新能源科技有限公司
		沈阳汇晶纳米科技有限公司
		辽宁中褚石墨烯材料股份有限公司
		辽宁迈方碳科技有限公司
	山东	山东大展纳米材料有限公司
		济南得瑞数控机械设备有限公司
		青岛海纳尔纳米科技有限公司
		烟台奥英新材料科技有限公司
		山东国宏赛则新材料有限公司
		青岛泰联新材料有限公司
		青岛联奥碳材料有限公司
		青岛昊鑫新能源科技有限公司
		烟台德鹏晟阳碳材料有限公司
		青岛泰歌新材料有限公司
		山东高通新材料科技有限公司
		山东碳垣纳米科技有限公司
		淄博宇星新材料科技有限公司
		青岛格烯坤碳材料有限公司
		青岛金纳新材料科技有限公司

续表

领域	省份	企业
碳纳米管	山东	临沂云墨绿能科技有限公司
		青岛燕恩纳米新材料有限公司
		山东诚合新材料有限公司
		明渝（山东）新材料科技有限责任公司
		山东刚强烯碳科技有限公司
	陕西	陕西国能新材料有限公司
		铜川市耀州区润泽智工科技有限公司
		咸阳华康赛则科技有限公司
		陕西华阳赛则采暖科技有限公司
	新疆	克州汉纳材料科技有限公司
		新疆护翼新材料科技有限公司
	四川	大英聚能科技发展有限公司
富勒烯	北京	碳立方科技有限公司
		北京清大际光科技发展有限公司
		北京福纳康生物技术有限公司
	上海	碳中纳米科技（上海）有限公司
	广东	通产丽星（002243）
		广东汝元生物科技有限公司
	江苏	苏州大德碳纳米科技有限公司
		南京先丰纳米材料科技有限公司
	浙江	亿利达（002686）
	安徽	江淮汽车（600418）
		安徽康祯生物科技有限公司
	河南	濮阳市永新富勒烯科技有限公司
		豫金刚石（300064）
		河南富乐烯纳米新材料科技有限公司
	湖北	武汉甲基科技有限公司
	辽宁	大连美乐生物技术开发有限公司
	山东	山东龙海润滑科技发展有限公司
	福建	厦门福纳新材料科技有限公司

领域	省份	企业
富勒烯	内蒙古	内蒙古京蒙纳米材料高科技有限公司
		内蒙古碳谷科技有限公司
	山西	山西中兴环能科技股份有限公司
	广西	广西富勒星科技有限责任公司
石墨炔	江苏	南京先丰纳米材料科技有限公司
	广东	深圳市卡尔森实业有限公司
		深圳市矢量科学仪器有限公司
		研启科学仪器（东莞）有限公司
	山西	山西溢源恒瑞新材料有限公司
	哈尔滨	哈尔滨博达新能源材料有限公司
	甘肃	甘肃昆仑黛尔石墨烯科技有限公司

注：截至 2020 年 3 月，按省（自治区、直辖市）分类，排序不分前后。

附表 4　全国各地成立的纳米碳材料产业园

领域	园区名称	所在区域
石墨烯	常州石墨烯科技产业园	江苏
	无锡石墨烯产业发展示范区	
	无锡石墨烯科技产业园	
	南京石墨烯创新中心暨产业园	
	青岛石墨烯产业园	山东
	中英石墨烯产业园	
	宁波石墨烯产业园区	浙江
	金华石墨烯应用研究产业园	
	重庆石墨烯产业园	重庆
	永安石墨烯和石墨产业园	福建
	厦门火炬高新区	
	泉州晋江石墨烯产业聚集区	
	厦门石墨烯工业化量产基地	福建
	高碑店石墨烯产业园	河北

续表

领域	园区名称	所在区域
石墨烯	攀枝花石墨烯产业园	四川
	遂宁石墨烯产业园	
	自贡石墨烯产业园	
	四川石墨烯产业园	
	江西共青城石墨烯产业园	江西
	凌源石墨烯产业园	辽宁
	大同石墨烯科技产业园	山西
	哈尔滨石墨烯产业基地	黑龙江
	西安丝路石墨烯创新中心	陕西
	宝鸡石墨烯产业基地	
	上海石墨烯产业化技术功能平台	上海
	长沙石墨烯产业集群基地	湖南
	桂林石墨烯众创空间	广西
	石墨烯创新创业小镇	
	西控同创石墨烯产业园	湖北
碳纳米管	北京纳米科技产业园	北京
	北京石化新材料科技产业基地	
	兰州高新技术产业园区	甘肃
	平凉工业园区	
	广东新材料产业基地	广东
	碳纳米管新材料产业园	河北
	沧州高新区	
	国家濮阳经济技术开发区	河南
	新乡化学与物理电源产业园	
	河南（焦作）台湾工业园	
	洛阳高新技术产业开发区	
	平顶山市高新技术产业开发区	
	哈尔滨石墨烯产业基地	黑龙江
	岳阳绿色化工产业园	湖南
	长沙高新技术开发区	

续表

领域	园区名称	所在区域
碳纳米管	苏州工业园区	江苏
	常州西太湖科技产业园	
	常州石墨烯科技产业园	
	南京江北新材料科技园	
	如皋港化工新材料产业园	
	南昌国家经济技术开发区	江西
	宁夏石嘴山经济开发区	宁夏
	南墅石墨新材料科技产业园	山东
	泾河工业园	陕西
	西安高新技术开发区	
	深圳高新区新材料产业基地	深圳
	宜良工业园区	云南
	晋宁工业园区	
	富民工业园区	
	镇江新区新材料产业园	浙江
富勒烯	内蒙古富勒烯产业园	内蒙古
	漳州富勒烯高科技产业园	福建
	苏州工业园区	江苏
	常州石墨烯科技产业园	
	通化医药高新技术产业开发区	吉林
	沧州高新区	河北
	西安高新技术开发区	陕西
	哈尔滨科技创新城新材料产业园	黑龙江
	富顺化工新材料产业园	四川

注：截至 2020 年 3 月，按省区市排序，排序不分先后。

附表 5　全国各地成立的纳米碳材料研究院

领域	单位	成立时间	单位性质	所在区域
石墨烯	北京石墨烯研究院	2016 年	新型研发机构	北京
	北京石墨烯技术研究院	2017 年	企业	

续表

领域	单位	成立时间	单位性质	所在区域
	北京华科讯能石墨烯新技术研究院	2016 年	企业	北京
	江南石墨烯研究院	2011 年	事业单位	
	南京鼎腾石墨烯研究院	2017 年	企业	
	德尔石墨烯研究院	2016 年	企业	江苏
	江苏集智石墨烯研究院	2018 年	企业	
	如东高新石墨烯产业研究院	2016 年	企业	
	新华石墨烯发展研究院	2016 年	—	
	深圳先进石墨烯应用技术研究院	2015 年	社会组织	
	深圳市烯旺石墨烯研究院	2017 年	社会组织	
	深圳市华新石墨烯研究院	2019 年	社会组织	
	东莞市道睿石墨烯研究院	2016 年	社会组织	广东
	深圳市前海科创石墨烯新技术研究院	2019 年	社会组织	
	深圳市石墨烯应用研究院	2016 年	企业	
石墨烯	河南煜和石墨烯应用技术研究院	2019 年	企业	
	河南石墨烯产业研究院	2016 年	—	河南
	洛阳宏坤石墨烯科学技术研究院	2018 年	企业	
	内蒙古石墨烯材料研究院	2013 年	社会组织	
	包头市石墨烯材料研究院有限责任公司	2015 年	企业	内蒙古
	内蒙古矿业集团石墨烯与储能技术研究院	2017 年	企业	
	成都石墨烯产业应用技术研究院	2017 年	企业	四川
	乐山创新石墨烯产业技术研究院	2017 年	企业	
	碳谷（青岛）石墨烯研究院	2016 年	企业	
	军能石墨烯研究院	2019 年	企业	
	青岛萃升石墨烯研究院	2016 年	企业	
	青岛博士石墨烯研究院	2016 年	企业	山东
	新泰泰山石墨烯产业应用研究院	2016 年	社会组织	
	新泰市晶泰星石墨烯应用研究院	2017 年	企业	
	厦门大学石墨烯工程与产业研究院	2014 年	—	
	福建永安永清石墨烯研究院	2018 年	企业	福建
	泉州信和石墨烯研究院	2016 年	企业	
	福建海峡石墨烯产业技术研究院	2016 年	企业	

领域	单位	成立时间	单位性质	所在区域
石墨烯	泉州华盛石墨烯产业应用研究院有限公司	2016 年	企业	福建
	晋江石墨烯产业技术研究院	2016 年	企业	
	中金态和（武汉）石墨烯研究院有限公司	2018 年	企业	湖北
	宜昌石墨烯产业研究院	2017 年	—	
	广丰石墨烯研究院	2017 年	—	江西
	天津北方石墨烯产业研究院	2017 年	社会组织	天津
	长沙市湘江石墨烯应用研究院	2018 年	社会组织	湖南
	湖南元素密码石墨烯研究院	2012 年	企业	
	重庆石墨烯研究院	2016 年	企业	重庆
	重庆新恒力盛泰石墨烯新材料研究院	2017 年	企业	
	烯成石墨烯材料应用研究院	2016 年	—	
	天航黑金石墨烯研究院	2019 年	企业	陕西
	德通石墨烯研究院	2019 年	企业	
	宝鸡燕园众欣石墨烯研究院	2017 年	企业	
	陕西未来三沃石墨烯技术研究院	2018 年	企业	
	西安安聚德石墨烯技术研究院	2019 年	企业	
	华清海康（西安）石墨烯医疗应用研究院	2019 年	企业	
	广西石墨烯研究院	2016 年	—	广西
	石墨烯生物医药应用技术研究院	2017 年	—	
	黑龙江省乐新石墨烯研究院	2017 年	社会组织	黑龙江
	黑龙江省盛奎石墨烯应用技术研究院	2018 年	企业	
碳纳米管	新材料与产业技术北京研究院	2013 年	事业单位	北京
	北京碳基集成电路研究院	2012 年	事业单位	
	江苏省产业技术研究院	2013 年	企业	江苏
	江苏新奥纳米碳材料应用研究院	2018 年	企业	
富勒烯	内蒙古碳谷富勒烯产业研究院	2017 年	企业	内蒙古
	厦门福纳富勒烯产业研究院	2018 年	企业	福建
石墨炔	中国科学院海西研究院	1960 年	事业单位	福建
	前沿纳微科学（青岛）研究院	2017 年	企业	山东
	天津理工大学新能源材料与低碳技术研究院	2014 年	事业单位	天津

注：截至 2020 年 3 月，排序不分先后。

附表6 全国各地成立的纳米碳材料创新中心

领域	单位	重点方向	成立时间	单位性质	所在区域
石墨烯	北京石墨烯产业创新中心	石墨烯复合技术研究及产业孵化	2017年		北京
	浙江省石墨烯制造业创新中心	电动汽车、海洋工程、功能复合材料、柔性电子、电子信息	2017年		浙江
	宁波石墨烯创新中心	石墨烯产业前沿技术、共性关键技术研发供给、转移扩散和首次商业化	2017年		
	青岛国际石墨烯创新中心	石墨烯工艺装备、工艺技术、材料宏量制备技术的研发与产业化应用	2014年		山东
	山东省石墨烯制造业创新中心	技术研发、创新孵化、检验检测、产业标准化等	2019年		
	广东省石墨烯创新中心	整合石墨烯新材料产业的创新资源,致力于解决"材料制备+计量检测+装备制造+终端应用"全产业链中关键技术的首次商业化应用问题	2019年		广东
	西安思路石墨烯创新中心	军工、汽车、电加热、建筑、医疗、节能等石墨烯产业应用推广	2018年		陕西
	江苏省石墨烯创新中心	从顶层设计、政策、公共服务平台等方面系统部署,培育打造特色优势产业基地和产业集群	2019年		江苏
富勒烯	广西大学无机富勒烯研究中心		2018年	事业单位	广西
	张勇民院士富勒烯研究中心		2019年	事业单位	内蒙古

注:截至2020年3月,排序不分先后。

附表7 全国各地成立的纳米碳材料联盟

领域	联盟名称	成立时间	所在区域	成员单位
石墨烯	中国石墨烯产业技术创新战略联盟	2013年	北京	目前已发展到127家,其中高校28家,科研院所12家,企业86家,政府1家
	中关村石墨烯产业联盟	2016年	北京	清华大学、北京大学、中国科学院国家纳米科学中心、中关村发展集团等多家单位发起,现有会员单位96家
	国家石墨烯材料产业技术创新战略联盟	2016年	四川	四川聚能仁和新材料有限公司、四川大学、西南交通大学、青岛蓝鲸新材料产业园发展有限公司等17家产学研单位联合发起成立

续表

领域	联盟名称	成立时间	所在区域	成员单位
石墨烯	中国北方石墨（烯）新材料产学研用创新联盟	2017 年	广东	由清华大学深圳研究生院牵头组建，内蒙古石墨（烯）新材料产业基金由同方股份牵头设立
	中国石墨烯改性纤维及应用开发产业发展联盟	2017 年	山东	由民营企业圣泉集团发起，成员单位有 80 多家
	中关村华清石墨烯产业技术创新联盟	2015 年	北京	由北京现代华清材料科技发展中心、北京科技大学等单位自愿联合发起成立
	江苏省石墨烯产业技术创新战略联盟	2013 年	江苏	由江南石墨烯研究院、常州二维碳素科技有限公司等石墨烯骨干企业，南京大学、常州大学等院校联合发起
	山东省石墨烯产业技术创新战略联盟	2013 年	山东	由山东大学、青岛大学、济南墨西新材料科技有限公司等 20 多所大学和企业组成
	京津冀石墨烯产业发展联盟	2015 年	北京	国家纳米科学中心、清华大学、北京大学、东旭集团、唐山建华实业集团等 100 余家石墨烯研发产业化机构组成
	福建省石墨烯产业技术创新战略联盟	2016 年	福建	永安市石墨与石墨烯产业园管委会、厦门市火炬高新区管委会、中船重工 725 所厦门材料研究院、厦门信达股份有限公司等 19 家企事业单位、高校、科研院所发起
	陕西省石墨烯产业技术创新战略联盟	2016 年	陕西	由西安电子科技大学、西北工业大学、西安交通大学、西北大学、陕西汽车集团有限责任公司、陕西省科技资源统筹中心等 25 家机构和企业共同发起
富勒烯	中国富勒烯应用产业创新联盟	2018 年	吉林	

注：截至 2020 年 3 月，排序不分先后。

附表 8　全国各地成立的纳米碳材料检测机构

单位	基本情况	成立时间
北京中科光析化工技术研究所（中化所）	中化所已有三十余年的产品检测及新产品研发经验，为国家重点实验室。经国家科学技术委员会批准，目前已成为国内大型的分析测试技术服务机构，具备科学技术部认可的科研成果及人才储备资格，属于正规研究单位，承担科学技术部化学化工行业分析测试资源共享服务平台建设项目，得到国家创新的支持。中化所，国内权威司法鉴定机构。中化所提供 MSDS 编写服务、配方分析、成分检测、成分分析、配方还原、未知物分析、工业问题诊断、食品检测、药品检测、指标测试等检测项目	2012 年

续表

单位	基本情况	成立时间
中国计量科学研究院	中国计量科学研究院（以下简称"中国计量院"）成立于 1955 年，隶属国家市场监督管理总局，是国家最高的计量科学研究中心和国家级法定计量技术机构，属社会公益型科研单位	1955 年
国家石墨烯产品质量监督检验中心	由国家市场监督管理总局同意广州特种承压设备检测研究院负责筹建（国质检科〔2016〕566 号）的国家级石墨烯产品质检机构。国家石墨烯产品质量监督检验中心坚持以国内外技术标准为依据，完善的检测技术和先进的设备为基础，完整的质量体系为保证，真实客观地建设石墨烯材料、纳米材料两大类产品的检测和研究工作。国家石墨烯产品质量监督检验中心规划实验室面积为 5000m²，共有 8 个检测实验室。实验室目前拥有检验仪器、设备达 300 多台（套），总价值 4000 余万元。中心现有员工 35 人。中心主要承担政府行政管理部门下达的产品质量监督检查等指令性任务；并为全社会及企业提供授权范围内的产品质量监督检验、委托检验、仲裁检验、质量咨询、技术分析等多方面的服务	2016 年
国家石墨烯产品质量监督检验中心（广东）	依托江苏省特种设备安全监督检验研究院筹备建设，是经国家质量监督检验检疫总局和国家认证认可监督管理委员会联合批准成立，是具备石墨烯及其制品检测认证资质的国家级石墨烯质检中心，国家石墨烯产品质量监督检验中心在石墨烯等新材料领域具备国际一流的检测和研究能力。国家石墨烯产品质量监督检验中心占地 20 亩（1 亩≈666.67m²），总投资 1.3 亿，设备总值 6000 余万元，拥有 11 个涵盖石墨烯及其制品、纳米材料、新型复合材料等多种材料的热学、电学、力学、形貌、成分等性能检测、分析实验室等。国家石墨烯产品质量监督检验中心拥有一支由教授级高工领军、以博士和硕士为主体的高素质石墨烯及新材料检测研究团队，设立石墨烯生产制备、功能复合材料等多个应用研发实验室，科研项目获得"国家质量基础的共性技术研究与应用"专项支持	2016 年
泰州石墨烯研究及检测平台	泰州石墨烯研究及检测平台是泰州市人民政府与泰州巨纳新能源有限公司在 2011 年 8 月共同成立的石墨烯性能测试与结构表征的综合性研究及检测机构，是国内首个石墨烯检测平台。平台总面积 3000m²，目前建有近千平方米的检测洁净室，拥有高分辨拉曼光谱仪、原子力显微镜、三维共聚焦显微镜、电子束曝光系统、近场光学显微镜等国际先进的新材料性能检测及结构表征设备	2011 年

注：截至 2020 年 3 月。

附表 9　纳米碳材料相关国家政策（2017～2020 年）

发文部门	题目	相关内容	发文时间
科技部	《"十三五"材料领域科技创新专项规划》	单层薄层石墨烯粉体、高品质大面积石墨烯薄膜工业制备技术，柔性电子器件大面积制备技术，石墨烯粉体高效分散、复合与应用技术，高催化活性纳米碳基材料与应用技术	2017 年
工信部	《2018 年工业转型升级资金（部门预算）项目指南》	解决高品质石墨烯粉体和石墨烯薄膜的可控与规模化制备共性技术难题，设计研发规模化制备关键设备，打造不低于 5 个的石墨烯示范应用产业链	2018 年
统计局	《战略性新兴产业分类（2018）》	入选的碳材料种类包括石墨烯粉体、石墨烯薄膜、纳米碳管、富勒烯（单质碳的第三种同素异形体）	2018 年
工信部	2019 年度工业强基工程重点产品、工艺"一条龙"应用计划	石墨烯储能正极材料、石墨烯铝合金电缆、石墨烯树脂耐磨材料、石墨烯重防腐涂料材料、石墨烯改性铜接触线、石墨烯轴承钢等各类石墨烯应用产品	2019 年
工信部		粉体石墨烯项目的生产规模、工艺技术与装备做了如下规定：氧化还原法规模不低于 10t/年（折合成石墨烯粉体），成品率不低于 80%。剥离法规模不低于 1t/年（折合成石墨烯粉体），成品率不低于 60%	2019 年
科技部	国家重点基础研究发展计划（含重大科学研究计划）2018 年结题项目验收	中国科学院物理研究所高鸿钧院士团队——《与硅技术融合的石墨烯类材料及其器件的研究》项目验收结果为优秀	2018 年
国家发改委	《产业结构调整指导目录（2019 年本）》	石墨烯材料生产及应用开发被列入鼓励类项目	2019 年
国家发改委、商务部	《鼓励外商投资产业目录（2019 年版）》	石墨烯技术研发及应用，石墨烯、碳纤维（复合材料）等碳系材料的生产设备（气相沉积、碳化烧结等）的研发制造，石墨烯、碳纤维（含复合材料）等碳系材料的研发生产及终端产品制造	2019 年
九部委	《新材料标准领航行动计划（2018—2020 年）》	石墨烯材料术语和代号，含石墨烯材料的产品命名方法国家标准，开展石墨烯材料相关新产品设计、研发、制备、包装储运、应用、消费等全产业链标准化研究，建立材料应用和性能长周期数据库	2018 年

注：截至 2020 年 3 月。

关键词索引

225, 226, 227, 230, 231, 232, 233, 234, 235, 236, 238, 239, 240, 243, 246, 247, 249, 254, 255, 257, 261, 262, 263, 272, 275, 277, 289, 293, 308, 315, 320, 331, 339, 340, 341, 342, 345, 351, 354, 359

导电添加剂 16, 17, 95, 96, 163, 190, 199, 308, 314, 315, 339, 340, 341, 342, 343, 344, 345, 351, 353, 355, 359, 593, 601, 654

电池 2, 5, 16, 17, 20, 23, 28, 29, 86, 94, 96, 97, 98, 151, 152, 156, 157, 164, 167, 174, 182, 184, 185, 194, 195, 248, 261, 274, 288, 293, 307, 308, 309, 310, 311, 312, 314, 315, 316, 317, 318, 319, 320, 338, 341, 342, 343, 344, 345, 347, 353, 355, 359, 400, 406, 408, 412, 416, 417, 418, 436, 453, 454, 455, 456, 457, 458, 463, 464, 465, 491, 493, 537, 552, 555, 571, 577, 580, 583, 585, 587, 592, 593, 597, 599, 600, 601, 603, 606, 607, 609, 629

电催化 319, 320, 321, 322, 537, 556, 559, 614, 616, 617, 618, 621, 623, 624, 626, 629, 631

电荷转移 241, 243, 244, 246, 406, 411, 418, 436, 438, 441, 555, 579, 583, 602, 603, 610, 614, 618, 621, 623, 626, 633

电弧放电 38, 52, 251, 254, 255, 405, 406, 424, 425, 428, 429, 430, 431, 434, 435, 438, 488, 491, 492, 496

电化学储能 16, 307, 314, 554, 590

电容器 16, 17, 19, 20, 22, 23, 28, 86, 94, 95, 96, 97, 99, 100, 101, 102, 116, 151, 173, 182, 189, 192, 194, 261, 264, 274, 301, 307, 312, 313, 314, 451

电子器件 9, 14, 16, 20, 23, 28, 94, 101, 103, 119, 126, 164, 167, 173, 189, 190, 196, 197, 278, 280, 281, 282, 285, 286, 287, 288, 289, 290, 291, 293, 294, 296, 300, 301, 303, 305, 306, 307, 359, 526, 563, 657, 661

电子受体 5, 243, 406, 413, 416, 418, 453, 467, 493

电子信息 14, 23, 94, 119, 126, 147, 155, 164, 165, 167, 172, 174, 189, 196, 522, 559

电子自旋 421, 422, 423, 425, 426, 427, 467, 476, 482

毒性 126, 138, 330, 331, 332, 333, 356, 357, 358, 419, 468, 469, 470, 473, 474, 483, 486, 487, 497, 498, 499

多壁碳纳米管 7, 8, 9, 20, 52, 216, 218, 219, 221, 226, 227, 229, 232, 233, 234, 235, 236, 238, 248, 249, 250, 253, 254, 262, 274, 298, 308, 310, 312, 315, 324, 325, 326, 334, 338, 339, 340, 341, 345, 352, 353, 356, 357, 561

E

二维材料 22, 106, 186, 200, 284,

549, 555, 593, 603, 621, 625, 626, 634

原子催化　11, 321, 554, 610, 611, 612, 613, 614, 616, 617, 618, 619, 620, 633, 657

原子催化剂　321, 554, 610, 611, 612, 613, 614, 616, 617, 618, 619, 620, 633

智能器件　101, 537, 633

自由基　19, 63, 73, 75, 356, 405, 406, 407, 410, 417, 419, 425, 426, 437, 449, 452, 465, 466, 467, 468, 469, 471, 482, 487, 497